悦享生活

茶道

乐之 主编

中医古籍出版社
Publishing House of Ancient Chinese Medical Books

图书在版编目（CIP）数据

茶道 / 乐之主编. -- 北京 : 中医古籍出版社,
2022.5
（悦享生活）
ISBN 978-7-5152-2265-3

Ⅰ. ①茶… Ⅱ. ①乐… Ⅲ. ①茶道–中国 Ⅳ.
①TS971.21

中国版本图书馆CIP数据核字(2021)第228414号

悦享生活
茶道
主编　乐之

策划编辑　姚强
责任编辑　李炎
封面设计　李荣
出版发行　中医古籍出版社
社　　址　北京市东城区东直门内南小街 16 号（100700）
电　　话　010–64089446（总编室）010–64002949（发行部）
网　　址　www.zhongyiguji.com.cn
印　　刷　天津海德伟业印务有限公司
开　　本　880mm × 1230mm　1/32
印　　张　5
字　　数　112 千字
版　　次　2022 年 5 月第 1 版　2022 年 5 月第 1 次印刷
书　　号　ISBN 978-7-5152-2265-3
定　　价　298.00 元（全 8 册）

前言

“茶者，南方之嘉木也。”“茶圣”陆羽用简洁、诚恳的八个字给予了茶清晰、深刻的概括与赞赏。几千年来，茶在世人的眼中，因品性而多姿，因蕴香而馥郁，因气润而清雅，因内敛而神秘……

不论是远古人在寻觅食物过程中的发现，还是烹煮食物时随风飘入锅中的巧合，茶叶与人的相识、相知、相伴过程，更像是一场旷世奇缘的爱恋，跌宕起伏、历久弥新。

中国，是茶之古国，是茶及茶文化的发源地，是世界上最早种茶、制茶、饮茶的国家。我国的茶文化源远流长，从神农尝百草开始，茶历经了无数个朝代，见证了历代的荣辱兴衰，具有悠远深邃的文化底蕴和内涵。千百年来，茶不仅仅是人们用来解渴的饮品，更包含了中国人细腻含蓄的思维与情感，因而，茶在人们的眼中是不可或缺的。无论是独自一人，还是亲朋相聚，抑或是会客访友，茶都是人们品饮的首选。对茶的研究也成了每个爱茶之人所必须掌握的知识之一。其中，修茶道则成了很多人休闲生活中十分重要的一部分。

人们可以在茶中品饮人间情、世间味，感悟出别样的茶味人生。正因为如此，茶才备受人们喜爱，茶道也大为盛行。据考证，茶道始于中国唐代。唐代封演的《封氏闻见记》中即已提到："又因鸿渐之论，广润色之，于是茶道大行。"唐代刘贞亮在《饮茶十德》中也明确提出："以茶可行道，以茶可雅志。"茶道的定义有很多种，有学者将其定义为鉴赏茶的美感之道，认为它是一种关于泡茶、品茶和悟茶的艺术；也有学者认为它是以茶为媒的生活礼仪，是修身养性之道……但这些定义都只说出了茶道的一部分，因为茶道的内涵和外延十分广阔，是很难用语言概括出来的。这也正是茶道的魅力所在。

本书是一本为想学茶或正在学茶的爱茶人士打造的入门图书，将与茶相关的细节一一展现在众人面前，就像是带大家走进了一个有关茶的清净世界，为大家的健康生活增添了一道靓丽的茶韵风景。全书图文并茂，可以让你在品读文字的同时，也欣赏到精美的图片，既能感受到茶的无穷魅力，又能获得精神的愉悦与满足，终将收获一份清净平和的心境。

Contents 目录

第一章

修身养性论茶道

第二章

茶的起源

第三章

茶的种类

第四章

茶的甄别

第五章

茶的冲泡

第六章

如何品茶

壹

第一章

修身养性论茶道

何谓茶道

“茶道”一词从出现以来，历代茶人都没有给它下过一个准确的定义，直到近年来，爱茶之人才开始讨论起这个悠久的词语来。有人认为，茶道是把饮茶作为一种精神上的享受，是一种艺术与修身养性的手段；也有人认为，茶道是一种对人进行礼法教育、道德修养的仪式；还有人认为，茶道是通过茶引导个体在美的享受过程中实现全人类和谐安乐之道。真可谓仁者见仁、智者见智，一时间“茶道”这个词被茶人越来越多地探讨起来。

其实，每个人对茶道的理解都是正确的，茶道本就没有固定的定义，只需要人们细心体会。如果硬要为茶道下一个准确僵硬的定义，那么茶道反而会失去其神秘的美感，同时也限制了爱茶之人的想象力。

一般认为，茶道兴起于中国唐代，诗僧皎然第一次以诗歌的形式提出了茶道的概念，解释了什么是茶道。他将佛家的禅定般若的顿悟，道家的羽化修炼，儒家的礼法、淡泊等有机结合融入了“茶道”，开启了中华茶道的先河。

茶道在宋明时期达到了鼎盛。在宋朝，上至皇帝贵族，下至黎民百姓，无一不将饮茶作为生活中的大事。当时，茶道还形成了独特的品茶法则，即“三点三不点”。“三点”其一是指新茶、甘泉、洁器；其二是指天气好；其三是指风流儒雅、气味相投的佳客，反之就是“三不点”。到了明朝，由

茶道

于散茶兴起，茶道又开辟了另一番辉煌的图景，其中爱茶之人也逐渐涌现出来，为悠久的茶文化留下浓墨重彩的一笔。

清代之后，茶道渐渐开始衰败。但随着改革开放的发展，茶道又开始全面复兴起来，时至今日，茶道已经被越来越多人推崇。

我国茶道中，饮茶之道是基础，饮茶修道是目的，也就是说，饮茶是中国茶道的根本。饮茶往往分四个层次，一是以茶解渴，为“喝茶”；二是注重茶、水、茶具的品质，细细品尝，这便是第二个层次“品茶”；品茶的同时，我们还要鉴赏周围的环境与气氛，感受音乐，欣赏主人的冲泡技巧及手法，这个过程便是“茶艺”；第四个层次，通过“品茶”和“茶艺”之后，由茶引入人生等问题，陶冶情操、修身养性，从而达到精神上的愉悦与性情上的升华，这便是饮茶的最高境界——“茶道”。

真正懂得茶道的人，一定懂得人生。著名作家周作人曾这样说：“茶道的意思，用平凡的话来说，可以称作‘忙里偷闲，苦中作乐’，在不完全的现世享乐一点美与和谐，在刹那间体会永久。”由此看来，他一定真正地懂得人生。

茶道不仅是一种关于泡茶、品茶、鉴茶、悟茶的艺术，同时也算得上是大隐于市、修身养性的一种方式。它不但讲求表现形式，更重要的是注重精神内涵，从而将茶文化的精髓在一缕茶香中传遍世界各地。

茶道的核心灵魂

茶道的核心灵魂是“和”。它源于《周易》中的“保合大和”，其含义是：世界万物都是由阴阳组成，只有阴阳协调，才能保全普利万物。

我国的佛、道、儒各家都有其自己的茶道流派，从表面上看，他们各自的价值取向皆有差别。佛家重视明心见性；道家讲求无为而治，避世超生，空灵虚静；儒家提倡中庸之道，积极入世，以茶励志，认为无过亦无及的“和”才能恰到好处。由此来看，三家表面上追求的各有不同，其本质却都以“和”为贵。

世界虽大，可人与人之间的距离却越来越短，矛盾也因

茶道的核心灵魂——和

此而生。解决这些矛盾的办法，并不是像有些人想的那样，“不是你死便是我活”，而是应该以和处之。中国人主张有秩序，相携相依，多些友谊与理解。在与自然的关系中，主张天人合一，五行协调，向大自然索取，但不能无休无止，破坏平衡。水火本来是对立的，但在一定条件下却可相容相济。

这种“和”的思想同时也体现在茶道之中。采茶的时候，雨天不可采摘，阴天不可采摘，晴天方可采摘；制茶过程中，焙火不能过高，也不能过低，而一定要恰到好处；泡茶时，投茶量要适中，投多则茶苦，投少则茶淡；分茶时，要用公道杯给每位客人分茶，这样茶汤才会均匀，不会有所偏袒……这些都体现了一个“和”字，可以说，“和”是茶道的核心灵魂。

除了现代茶道中“和”的体现，古时的茶人也讲求一个“和”字。茶圣陆羽无论从形式、器物方面都体现出“和”的特点。他所做的煮茶风炉，形状像古鼎一样，整个用《周易》思想为指导。而《周易》被儒家称为“五经之首”。除用易学象数原理严格定其尺寸、外形，风炉主要运用了《易经》中三个卦象：坎、离、巽，以此说明煮茶包含的自然和谐的原理。坎在八卦中代表了水；巽在八卦中代表着风；离在八卦中寓意着火。因而，陆羽曾这样解释“风能兴火，火能煮水”。水与火看似对立，实际却相辅相成，最终达到和谐统一的状态。

人们品茶的过程，也讲求一个“和”字。饮茶可以更多地自省、清醒地看自己，也清醒地对待别人，各自内省的结果，是加强彼此理解，减少许多不必要的纷争。因而，当儒家把这种“以和为贵”的思想引入中国茶道时，他们主张在饮茶中沟通思想，创造和谐气氛，增进彼此的友情。这也是越来越多的人喜欢以开茶宴聚会的原因所在：过年过节，各单位举行“茶话会”，用来表示团结；客来敬茶可表示主人的友好与尊重。我们经常见到酗酒斗殴的，却极少见到茶人喝茶之后打架的，看起来，茶道中的“和”字的确已经深入人心了。据说，英国议员开会的时候，怕彼此吵起来，特意准备茶作为饮品，以改善气氛，这大概也是中国茶道精神的延伸。

身边的世界充满了喧嚣与吵闹，无论对我们每个人来说，还是对整个世界而言，还是清醒、平和一些比较好。于是，茶便成了安定气氛、稳定情绪的一剂良药。中国的茶道也许会唤起更多人类善良的本性，也许会让世间的纷争更少一些，由此可见，茶道的核心灵魂的确非“和”字莫属。

茶道修习的法则

茶道不但讲求表现形式，更注重精神内涵。如今的茶道主要包括两个方面的内容，一是备茶品饮之道，二是思想内涵。当品茶至一定境界，从生理感受上升到心理感受，再上升到精神感受之后，我们便可以进入茶道修行的境界。就中国的茶道而言，就是要求“和、静、怡、真”这 4 个字，而其中的“静”，就是中国茶道修习的不二法则。

老子曾说：“至虚极，守静笃，万物并作，吾以观复。”另外，庄子也说过：“圣人之心，静乎，天地之鉴也，万物之镜也。”由此看来，老庄学派的“虚静观复法”是人们修身养性、体悟人生的无上妙法，而中国的茶道也正是通过这一法则达到一种至高无上的境界。

静与美相得益彰。古往今来，无论是高僧、羽士（道士）还是儒生，都把“静”作为茶道修习的必经大道。因为静则明，静则虚，静可内敛含藏，静可虚怀若谷，静可洞察明澈，静可体道入微，因而可以说“欲达茶道通玄境，除却静字无妙法”。

茶道修习的法则——静

古往今来的人在茶道中获得了愉悦之感，也自然体悟到了茶的美感。

中华茶道不仅是要修习者获得身心的愉悦，提升自我的境界，还是修习者寻回迷失自我的必由之路。无论是煮水，还是泡茶、分茶、品茶，都给人们营造出一个无比温馨祥和的氛围，没有纷争，没有喧嚣，一切皆化为静谧之光，让品茶者的心灵在这种静中显得空明澄澈，精神得以净化并升华，从而达到“天人合一”的“虚静”状态。

“圣人之心，静乎，天地之鉴也，万物之镜也。”在茶道中，只有将守静进行到纯笃的程度，我们才能发现世间万物的本来面目。而在修习茶道的过程中保持心静，修习者就可以放下心中的私心杂念，变得襟怀宽广。茶道正是通过茶事创造一种宁静的氛围和空灵虚静的心境，当茶的清香静静地浸润你的心田和肺腑的每一个角落的时候，你的心灵便在这种虚静中显得空明，你的精神便在虚静中升华净化，你将在虚静中与大自然融涵玄会，达到“天人合一”的“天乐”境界。

得一静字，便可洞察万物、思如风云、心中常乐。道家主静，儒家主静，佛家同样主静。由此看来，“静”的确称得上是中国茶道修习的重要法则，在寂静的环境中煮水，听山泉水被煮沸发出的声响；将沸水冲入杯中，看茶叶起起伏伏，无声地翻腾；细品茶汤，感受茶汁滑过喉咙的柔滑感觉；观香气袅袅，闻琴声悠悠，体悟茶道带给人们深邃的内涵。也便是“静”的妙处，心静，神静，万事万物的细微声音才更加凸显，我们的头脑才会变得更为清明。

茶道的身心享受

茶道中的身心享受可称为“怡”。中国的茶道中，可抚琴歌舞，可吟诗作画，可观月赏花，亦可论经对弈，可独对山水，亦可邀三五友人，共赏美景。儒生可“怡情悦性”，羽士可“怡情养生”，僧人可“怡然自得”。中国茶道的这种怡悦性，使得它有极广泛的群众基础。

但从古代开始，不同地位、不同信仰、不同阶级的人对茶道却有着不同的追求：古代的王公贵族讲茶道，意在炫耀富贵、附庸风雅，他们重视的往往是一种区别于“凡夫俗子”的独特；文人墨客讲茶道，意在托物寄怀、激扬文思、交朋结友，他们真正地体会着茶之韵味；佛家讲茶道，意在去困提神、

茶道中的身心感受——怡

参禅悟道，更重视茶德与茶效；普通百姓讲茶道，更多地是想去除油腻，一家人围坐在一起闲话家常……由此看来，上至皇帝，下至黎民，都可以修习茶道。而每位茶人都有自己的茶道，但殊途同归，品茶都给予他们精神上的满足和愉悦。

也可以说，只有身心都获得圆满，才是领悟了茶道的终极追求，也就是茶道中所说的身心享受——怡。

茶道中的“怡”，并不是指普通的感受，它包含三个层次：首先是五官的直观享受。茶道的修习首先是从茶艺开始的。优美的品茶环境，精致的茶具，幽幽的茶香，都会对修习者形成强烈的视觉冲击，并将最直观的感受传递给修习者。接下来是愉悦的审美享受，即在闻茶香、观汤色、品茶味的同时，修习者的情绪也会在不知不觉间变得敏感起来。再加上此时泡茶者通常会对茶道讲出一番自己的理解，修习者就会感到身心舒泰，心旷神怡。最后是一种精神上的升华。提升自己的精神境界是中华茶道的最高层次，同时也是众多茶人追求的最高境界。当修习者悟出茶的物外之意时，便达到提升自我境界的目的了。

中国茶道是一种雅俗共赏的文化，不仅存在于上流社会中，在百姓间也广为流行。正是因为“怡”这个特点，才让不同阶层的茶人都能沉浸在茶的乐趣之中。

茶道的终极追求

“真”是中国茶道的起点，也是中国茶道的终极追求。真，乃真理之真，真知之真，它最初源自道家观念，有返璞归真之意。

中国茶道在从事茶事活动时所讲究的“真”，包括茶应是真茶、真香、真味；泡茶的器具最好是真竹、真木、真陶、真瓷制成的；泡茶要“不夺真香，不损真味”；品茗的环境最好是真山真水，墙壁上挂的字画最好是名家名人真迹……

以上皆属于茶道中求真的“物之真”，除此之外，中国的茶道所追求的“真”还有另外三重含义：

首先，追求道之真。即通过茶事活动追求对“道”的真切体悟，达到修身养性、品味人生之目的。

其次，追求情之真。即通过品茗述怀，使茶友之间的真情得以发展，在邀请友人品茶的时候，敬客要真情，说话要真诚，从而达到茶人之间互见真心的境界。

第三，追求性之真。即在品茗过程中，真正放松自己，在无我的境界中去放飞自己的心灵，放飞自己的天性，让自己飞翔在一片无拘无束的天空中。

以真我的灵魂与茗共品，以真实的心境寄情山水，以真挚的情怀融入自然造化之中，在茶香茶色茶味中陶醉、品味、顿悟、修行、升华人格、锤炼意志。让自己的身心都更健康、更畅适，让自己的一生过得更真实，做到“日日是好日”，这是中国茶道的终极追求。

中国人不轻易言“道”，而一旦论道，则执着于“道”，追求于“真”。饮茶的真谛就在于启发人们的智慧与良知，使人在日常生活中俭德行事，淡泊明志，步入真、善、美的境界。当我们以真心来品真茶，以真意来待真情时，想必就能理解茶道的终极追求了。

中国的茶道流派

中国的茶道已经流传了千年，沉浸在其中的人们也越来越多。由于品茶人文化背景的不同，中国的茶道流派可分为四大类，即贵族茶道、雅士茶道、世俗茶道和禅宗茶道。

1. 贵族茶道

贵族茶道由贡茶演化而来，源于明清的潮闽工夫茶，发展到今天已经日趋大众化。贵族茶道最早流传于达官贵人、富商大贾和豪门乡绅之间。他们不必懂诗词歌赋、琴棋书画，但一定要身份尊贵，有地位，且家中一定要富有。他们用来品饮的茶叶、水、器具都极尽奢华，可谓“精茶、真水、活火、妙器”，缺一不可。如此的贵族茶道，无非是在炫耀其权力与地位，似乎不如此便有损自己的形象。

晋代常璩（qú）在《华阳国志·巴志》中记载，周武王姬发联合当时居住在川、陕、鄂一带的庸、蜀、羌、髳、微、纑、彭、濮几国共同伐纣。此后，巴蜀之地所产的茶叶便正式列为朝廷贡品。这便是将茶列为贡品最早的记载。

茶的功能虽然被大众所认知，但一旦被列为贡品，首先享用的必然是皇帝、妃子以及皇室成员。正因为各地要进献贡茶，在某种程度上也造成了百姓的苦难。试想，当黎民为了贡茶夜不得息昼不得停地劳作，得到的茶叶却被贵族们用来攀比炫耀，即便茶本是洁品，也会失去其质朴的品格和济世活人的德行了吧。

2. 雅士茶道

雅士茶道中的茶人主要是古代的知识分子，他们有机会得到名茶，有条件品茗，是他们最先培养起对茶的精细感觉，也是他们雅化了茶事并创立了雅士茶道。

中国文人嗜茶者在魏晋之前并不多见，且人数寥寥，懂品饮者也只有三五人而已。但唐以后凡著名文人不嗜茶者几乎没有，不仅品饮，还咏之以诗。但自唐代以后，这些文人雅士颇不赞同魏晋的所谓名士风度，一改“狂放啸傲、栖隐山林、向道慕仙”的文人作风，人人皆有“入世”之想，希望一展所学、留名千古。于是，文人的作风变得冷静、务实，以茶代酒蔚为时尚，随着社会及文化的转变，开始担任茶道的主角。

对于饮茶，雅士们已不只图止渴、消食、提神，而在乎导引人之精神步入超凡脱俗的境界，于清新雅致的品茗中悟出点什么。“雅”体现在品茗之趣、以茶会友、雅化茶事等方面。茶人之意在乎山水之间，在乎风月之间，在乎诗文之间，在乎名利之间，希望有所发现，有所寄托，有所忘怀。由于茶助文思，于是兴起了品茶文学、品水文学，除此之外，还有茶歌、茶画、茶戏等等，于是，雅士茶道也使饮茶升华为精神的享受。

3. 世俗茶道

茶是雅物，也是俗物，它生发于“茶之味”，以享乐人生为宗旨，因而添了几分世俗气息。唐朝，茶叶打开丝绸之路开始输往海外，茶便与政治结缘；文成公主和亲吐蕃，带去了香茶；宋朝朝廷将茶供给西夏，以取悦强敌；明朝将茶输边易马，用茶作为杀手锏“以制番人之死命”……由此来看，茶在古代被用在各种各样的途径上。

而现代茶的用途也不在少数，它作为特色的礼品，人情往来靠它，成好事也成坏事，有时温情，有时却显势利。但茶终究是茶，虽常被扔进社会这个大染缸之中，可罪却不在它。

茶作为俗物，由“茶之味”竟生发出五花八门的茶道，大致分为几类，如官场茶道、情场茶道、家庭茶道、社区茶道、平民茶道等等，其中确实含有较多的学问。为了使这些学问更加完整与系统，我们可将这些概括为世俗茶道。

如今，随着生活水平逐渐提高，生活节奏加快，还出现了许多速溶茶、袋泡茶，都是既方便又实用的饮品。由此看来，最受中国百姓欢迎的还是世俗茶道，但它展现在人们面前的，已经完全不是古时的那种格局了。

4. 禅宗茶道

唐代著名诗僧皎然是中华茶道的奠基人之一，他提出的“三饮便得道”为禅宗和茶道之间架起了第一座桥梁；另外，佛家认为茶有三德，即坐禅时通夜不眠，满腹时帮助消化，还可抑制性欲。由此，茶成为佛门首选饮品。

古代多数名茶都与佛门有关，例如有名的西湖龙井茶。陆羽在《茶经》中说“杭州钱塘天竺、灵隐二寺产茶”；宋代天竺所产的香杯茶、白云茶都被列为贡茶献给皇室；阳羡茶的最早培植者也是僧人；松萝茶也是由一位佛教徒创制的；安溪铁观音“重如铁，美如观音”，其名取自佛经。普陀佛茶更不必说，直接以“佛”名其茶……

茶与佛门有着千丝万缕的联系，佛门中居士“清课”有“焚香、煮茗、习静、寻僧、奉佛、参禅、说法、做佛事、翻经、忏悔、放生……”等许多内容，其中“煮茗”名列第二，由此可知“禅茶一味”的提法所言非虚。

现如今，中国的茶道仍然在世界产生深远影响，它将日常的物质生活上升到精神文化层次，既是饮茶的艺术，也是生活的艺术，更成为人生的艺术。

中国茶道的三种表现形式

中国茶道有三种表现形式，即煎茶、斗茶和工夫茶。

1. 煎茶

煎茶所用的原料

煎茶是从何时何地产生，没有确切的记载，但我们可以从诗词中捕捉到其身影。北宋著名文学家苏东坡在《试院煎茶》中写道：“君不见，昔时李生好客手自煎，贵从活火发新泉。又不见，今时潞公煎茶学西蜀，定州花瓷琢红玉。”由此看来，苏东坡认为煎茶出自西蜀。

古人对茶叶的食用方法经过了几次变迁，先是生嚼，后又加水煮成汤饮用，直到秦汉以后，才出现了半制半饮的煎茶法。唐代时，人们饮的主要是经蒸压而成的茶饼，在煎茶前，首先将茶饼碾碎，再到烤茶，用火烤制，烤到茶饼呈现“蛤蟆背”时才可以。接着将烤好的茶趁热包好，以免香气散掉，等到茶饼冷却时将它们研磨成细末。以风炉和釜作为烧水器具，将茶加以山泉水煎煮。这便是唐代民间煎茶的方法，由此看来，当时的人们已经在煎茶的技艺上颇为讲究，过程既烦琐又仔细。

2. 斗茶

斗茶又称茗战，兴于唐代末，盛于宋代，是古代品茶艺术的最高表现形式，要经过炙茶、碾茶、罗茶、候汤、焰盏、点茶6个步骤。

斗茶

斗茶是古代文人雅士的一种品茶艺术，他们各自携带茶与水，通过比斗、品尝、鉴赏茶汤而定优胜。斗茶的标准主要有两方面：

（1）汤色

斗茶对茶水的颜色有着严格的标准，一般标准是以纯白为上，青白、灰白、黄白等次之。纯白的颜色表明茶质鲜嫩，蒸时火候恰到好处；如果颜色泛红，是炒焙火候过了头；颜色发青，则表明蒸时火候不足；颜色泛黄，是采摘不及时；颜色泛灰，是蒸时火候太老。这样看来，斗茶之人对汤色的好坏真是了如指掌。

（2）汤花

汤花是指汤面泛起的泡沫。与茶汤相同的是，汤花也有两条标准：其一是汤花的色泽，其标准与汤色的标准一样；其二是汤花泛起后，以水痕出现的早晚定胜负，早者为负，晚者为胜。如果茶末研碾细腻，点汤、击拂恰到好处，汤花匀细，就可以紧咬盏沿，久聚不散，名曰“咬盏”。反之，汤花泛起，不能咬盏，会很快散开。汤花一散，汤与盏相接的地方就会露出茶色水线，即水痕。

斗茶的最终目的是品茶，通过品茶汤、看色泽等这些比斗，评选出优劣茶，唯有那些色、香、味俱佳的茶才算得上好茶，而那些人才能算斗茶胜利。

3. 工夫茶

工夫茶

工夫茶起源于宋代，在广东潮汕地区以及福建一代最为盛行。工夫茶讲究沏茶、泡茶的方式，对全过程操作手艺要求极高，没有一定的工夫是做不到的，既费时又费工夫，因此称为工夫茶。有些人常把“工夫茶”当作“功夫茶”，其实是错误的，因为潮州话“工夫”与“功夫”读音不同。

工夫茶在日常饮用中，从点火烧水开始，到置茶、备器，再到冲水、洗茶、冲茶，再经过冲水、冲泡、冲茶，稍候片刻才可以被人慢慢细饮。之后，再添水烧煮重复第二泡的过程，数泡以后换茶再泡，这一系列的过程听起来就十分费时间。

工夫茶所需要的物品都比较讲究，茶具要选择小巧的，一壶带 2 ~ 4 个杯子，以便控制泡茶的品质；冲泡的水最好是天然的山泉水；茶叶一般选择乌龙茶，以便于冲泡数次仍有余香；另外，冲泡工夫茶的手艺也是有较高要求的。

中国茶道的这三种表现形式，不仅包含着我国古代朴素的辩证唯物主义思想，而且包含了人们主观的审美情趣和精神寄托，它渲染了茶性清纯、幽雅、质朴的气质，同时也增强了艺术感染力，是我国茶文化的瑰宝。

茶道的自然美

茶道是中国传统文化的精髓，也是中国古典美学的基本特征和文化沉淀。它用自身的特性和独特的美感将古代各家的美学思想融为一体，构成了茶道独特的自然美感。

自然美的本意即自然而然、自然率真，因而用它来形容茶道可谓相得益彰。茶道看似平淡，可平淡之中却又不平淡，具有深刻的韵味及深意。

茶道在美学方面追求自然之美、协调之美和瞬间之美。中华茶道的自然之美，赋予了美学以无限的生命力及艺术魅力，大体可分为虚静之美与简约之美。

1. 虚静之美

虚，即无的意思。天地本就是从虚无中来，万事万物也是从虚无中而生。静从虚中产生，有虚才有静，无虚则无静。我国茶道中提出的“虚静”，不仅是指心灵的虚静，同时也指品茗环境的宁静。在茶道的每一个环节中,仔细品味宁静之美，只有摒弃了尘世的浮躁之音后，我们才能聆听到自然界每一种细微的声音。

2. 简约之美

简，即简单的意思。约，乃是俭约之意。茶，其贵乎简易，而非贵乎烦琐；贵乎俭约，而非贵乎骄奢。茶历来是雅俗共赏之物，也因其简朴而被世人所喜爱，越是简单的茶，越能从中品出其独特的味道。

我国茶道追求真、善、美的艺术境界，这与其自然美都是分不开的。从采摘到制作,茶经历的每一个过程都追求自然，而不刻意。茶的品种众多,但给人的感觉无一不是自然纯粹的，无论从色泽到香气，都能让人感受到大自然的芬芳美感，相信这也是人们爱茶的根本原因之一。

贰

第二章

茶的起源

茶的渊源与盛行

从远古时代的神农尝百草，及至今日，现代人对茶的需求越来越广泛，“以茶敬客”也成为生活中最常见的待客礼仪。饮茶习俗，在中国各民族传承已久。

取茶叶作为饮料，古人传说始于黄帝时代。《神农本草经》中说：“神农尝百草，日遇七十二毒，得荼（茶）而解之。”

神农就是炎帝，我们的祖先之一。一日，他尝了一种有剧毒的草，当时他正在烧水，水还没有烧开就晕倒了。不知道过了多久，神农在一种沁人心脾的清香中醒了，他艰难地在锅中舀水喝，却发现沸腾的水已经变成了黄绿色，里面还飘着几片绿色的叶子，那清香就从锅里飘来。几个小时后，他身上的剧毒居然解了！神农细心查找之后发现锅的正上方有一棵植物，研究之后又发现了它更多的作用，最后将它取名为“茶”。这则关于茶的传说，可信性有多大，尚不可知。但有一点是明确的，即茶最早是一种药用植物，它的药用功能是解毒。

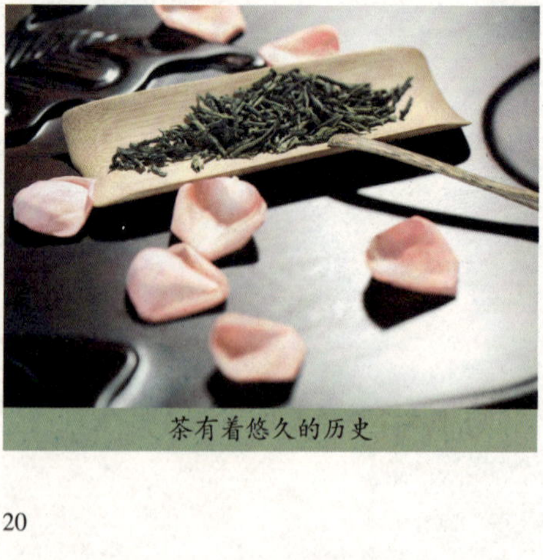
茶有着悠久的历史

两汉到三国时

期，茶已经从巴蜀传到长江中下游。到了两晋南北朝时期，茶叶已被广泛种植，它渐渐地在人们日常生活中居于显著地位，甚至有些地方还出现了以茶为祭的文化风俗。茶已经从普通百姓中进入上层社会，不仅僧人与道家借此修行养生，在当时的文化人中，茶也成了一种“新宠”。

“茶兴于唐、盛于宋”。到了唐代，茶圣陆羽总结了历代制茶和饮茶的经验,写了《茶经》一书。陆羽在书中对茶的起源、种类、特征、制法、烹蒸、茶具、水的品第、饮茶风俗等作了全面论述。当时他还曾被召进宫，得到皇帝赞赏。唐朝当时注重对外交往，经济开放，因而从各种层面上对茶文化的兴盛起了推波助澜的作用。于是唐代茶道大兴，这在我国茶文化发展史中具有划时代的意义。

再到宋代，中国饮茶习俗达到更高地步，茶已经成为“家不可一日无也”的日常饮品之一。上至皇帝，下至士大夫，都有关于茶饮的专著。这时民间还出现了茶户、茶市、茶坊等交易、制作场所。其习俗中，最有特色的是斗茶。斗茶，不仅是饮茶方式，也是一种精神文化享受，把饮茶的美学价值提升到一个新的高度。与此同时，茶叶产品不再只是单一的团茶、饼茶形式，先后出现了散茶、末茶。此时，茶文化已然呈现出一派繁荣的景象，并传播到世界各国。

明清时期，茶叶的加工制作和饮用习俗有了很大改进。尤其进入清代以后，茶叶出口已经成了正式的贸易途径，在各国间的销售数量也开始增加。此时，炒青制茶法得到普遍推广，于是“冲饮法”代替了以往的“煎饮法”，这就是我们今天所使用的饮茶方法。明朝时还涌现出大量关于茶的诗画、文艺作品和专著，茶与戏剧、曲艺、灯谜等民间文化活动融合起来，茶文化也有了更深层次的发展。

发展至近代，随着品种越来越丰富，饮用方式越来越多样，茶已成为风行全世界的健康饮品之一，各种以茶为主题的文化交流活动也在世界范围内广泛开展，茶及茶文化的重要性也因此日趋显著。品茶已经成为美好的休闲方式之一，为人们的生活增添了更多的诗情画意，深受各阶层人们喜爱。

穿越千年墨香的茶历史

作为中国最古老的饮品，茶已经成为国人生活中不可分割的一部分。它不受地域限制，也没有民族差别，几千年来一直流传下来。

1. 古老的药材

我国最早发现茶和利用茶的时间，大约可以追溯到原始社会时期。当时，人们直接食用茶树的新鲜叶片，从中汲取茶汁。据《淮南子·修务训》记载："神农尝百草之滋味，水泉之甘苦，令民知所避就。"由这一传说可以得知，我国大约在五千年以前就开始食用茶了。

那时，人们将含嚼茶叶作为一种习惯，时间久了之后，生嚼茶叶变成了煮熟服用。人们将新鲜的茶叶洗净之后，用水煮熟，连着汤汁一同服

茶具有药用价值

下。不过煮出来的茶叶味道苦涩，当时人们主要将它当作药或药引。如果有人生病了，人们就从茶树上采摘下新鲜的芽叶，取其茶汁，或是配合其他中药让病人一同服用，虽然煮出来的茶水非常苦，但确实有消炎解毒的作用。这可以说是茶作为药用的开端。

2. 以茶为食

茶不仅可以喝，还可以吃

慢慢地，茶在人们生活中的作用开始了改变。以茶作为食物，并不是近现代才发明的新创意。《诗疏》说："椒树、茱萸，蜀人作茶，吴人作茗，皆合煮其中以为食。"早在汉代之前，人们就以茶当菜，茶叶煮熟了之后，与饭菜一同食用。那时，茶的作用不仅作为食物解毒，同时也为了增加营养。三国时，魏朝已出现了茶叶的简单加工，采来的叶子先做成饼，晒干或烘干，这是制茶工艺的萌芽。

到了唐宋时期，皇宫、寺院以及文人雅士之间还盛行茶宴。不过寻常百姓是没有机会参加茶宴的，它主要是为那些有权势的人准备的。茶宴的大致过程是：先由主人亲自调茶或指挥、监督，以表示对客人的敬意，接着献茶、接茶、闻茶香、观察色、品茶味。客人接下来需要评论茶的品第，称颂主人道德，赏景作诗等。整个茶宴的气氛庄重雅致，礼节严格，所用茶叶必须是贡茶或高级茶叶，茶具必为名贵茶具，所选取的水也一定要取自名泉、清泉，其奢侈程度实在令人咂舌。

3. 饼茶、串茶、茶膏的出现

饼茶又称团茶，就是把茶叶加工成饼。它始于隋唐，盛于宋代。隋唐时，为改善茶叶苦涩的味道，人们开始在饼茶中掺和薄荷、盐、红枣等。欧阳修在《归田录》中写道：“茶之品，莫贵于龙凤，谓之团茶，凡八饼重一斤。”初步加工的饼茶仍有很浓的青草味，经反复实践，人们发明了蒸青制茶，即通过洗涤鲜叶，蒸青压榨，去汁制饼，使茶叶苦涩味大大降低。

沈括在《梦溪笔谈·杂志二》中提到：“古人论茶，惟言阳羡、顾渚、天柱、蒙顶之类，都未言建溪。然唐人重串茶黏黑者，则已近乎建饼矣。”唐朝人将饼茶用黑茶叶包裹住，在中间打一个洞，用绳子串起来，称其为串茶。

茶膏现如今很少被人提及，只有在过去宫廷中才会被饮用。饮茶时先将茶膏敲碎，再经过仔细研磨、碾细、筛选，最后置于杯中，然后冲入沸水，由此看来，其整个制作过程和饮用都非常烦琐。

饼茶

串茶

茶膏

4. 散茶的出现

最早的砖茶、团茶被称为块状茶，饮茶方式也不像现在一样对茶叶进行冲泡，而是采用“煮”的方式。直到宋朝中后期，茶叶生产才由先前的以团茶为主，逐渐转向以散茶为主。到了明代，明太祖朱元璋发布诏令，废团茶，兴叶茶，才出现散茶。从此人们不再将茶叶制作成饼茶，而是直接在壶或盏中沏泡条形散茶，人类的泡茶、饮茶方式发生了重大的变革。饮茶方法也由“点”茶演变成“泡”茶。我们现在通行的“泡茶”的说法是明代才出现的，清代才开始广为流行。

散茶

5. 七大茶系产生

茶文化发展到清朝时，奢侈的团茶和饼茶虽然已经被散茶所取代，但我国的茶文化却在清朝完成了由鼎盛到顶级的转化。清朝的茶饮最突出的特点就是出现了七大茶系，即绿茶、红茶、黄茶、黑茶、白茶、花茶和青茶。

红茶（白琳工夫）

白茶（白牡丹）

花茶（茉莉银针）

绿茶（黄山毛峰）

黄茶（霍山黄芽）

黑茶（熟饼茶）

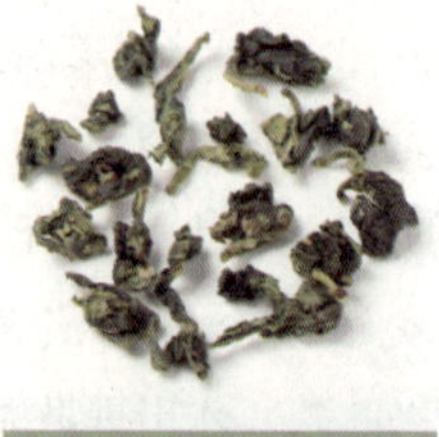

青茶（铁观音）

6. 现代茶的发展

时至今日，茶文化已经融入了各家各户的生活中。除了茶叶品种越来越丰富，饮用方式也趋于多样化。除了七大茶系之外，人们还逐步发明出各式各样的茶饮，例如花草茶、果茶和保健茶等。这些茶饮的形式也开始多样化：液体茶、速溶茶、袋泡茶……这些缤纷的茶饮充分满足了人们的日常需要，其独特的魅力也让各类人群越来越热衷。

液体茶

速溶茶

袋泡茶

饮茶方式的演变

茶叶被人类发现以后，人类的饮茶方式经过了三个阶段的发展演变过程。

第一个阶段，煮茶。无论是神农用水煮茶，还是陆羽在

《茶经》中提到的煎茶、煮茶理论，人类最开始都是将茶叶煮后服用。郭璞在《尔雅注》中提到茶“可煮作羹饮”。也就是说，煮茶时，还要加粟米及调味的作料，煮作粥状。直到唐代，人们还习惯于这种饮用方法。时至今日，我国部分少数民族仍习惯于在茶汁中加其他食品。

第二个阶段，半饮半茶。到了秦汉时期，茶已经不仅作为药材，同时也在人们的生活中登场，逐渐成了待客的饮品。人们也在此时创造出“半茶半饮”的制茶和用茶方式。他们将团茶捣碎放入壶中，加入开水，并加工和调味。

三国时期的张揖在《广雅》中记载：“荆巴间采叶做饼。叶老者，饼成以米膏出之。欲煮茗饮，先炙令赤色，捣末，置瓷器中，以汤浇覆之，用葱、姜、橘子芼之。其饮醒酒，令人不眠。”大概是说，当时采下茶叶之后，要先制作成茶饼，饮茶时再捣碎成末，用热水冲泡。但这时煮茶的过程中，仍要加入葱、姜、橘子等调味料，由此可以看出从煮茶向冲泡茶过渡的痕迹。这种方法可算得上是冲泡法的初始模样，类似于现代饮用砖茶的方法。

沏茶

茶食

第三个阶段，泡茶。这种饮茶的方式也可叫作全叶冲泡法，它始于唐代，盛行于明清，是茶在饮用上的又一进步。唐代中叶以前，陆羽已明确反对在茶中加其他香料、调料，强调品茶应品茶的本味，说明当时的饮茶方法也正处在变革之中。纯用茶叶冲泡，便被唐人称为“清茗”。饮过清茗，再咀嚼茶叶，细品其味，能获得极大的享受。从此开始，人们煮茶时只放茶叶。唐代发明的蒸青制茶法，专采春天的嫩芽，经过蒸焙之后加工成散茶，饮用时用全叶冲泡。这种散茶的品质极佳，能够引起饮者的极大兴趣，而且饮用方法也与现代基本一致，以全叶冲泡为主。

茶字的演变和形成

我国是最早发现和利用茶的国家。世界各种语言中的“茶”字，都是从中国对外贸易港口所在的地区通过“茶”的方言音译而来。我国古代的许多史料中，都有关于茶的记载：《神农本草经》中，称茶为“荼草”；司马相如的《凡将篇》中提到的“荈诧”就是指茶；扬雄的《方言》中，称茶为“蔎”……此外，还有“槚”“茗”等称谓，均认为是茶的异名同义字。

1. 唐前的主要称谓：荼

“荼”字是“茶”字的古体字之一。《诗·豳风·七月》中有记载：“采荼、薪樗，食我农夫。”在《诗·邶风·谷风》中也记有：“谁谓荼苦？其甘如荠。”但对《诗经》中的荼，有人认为指的是茶，也有人认为指的是苦菜，至今也没有达成统一。我国最早的一部字书《尔雅》中有记载表明，当时茶的生产和饮用已经从巴蜀传播到了长江下游沿海一带。此书写于公元前2世纪的秦汉时期，我国茶叶生产和饮用中心正是当时的巴蜀，这时荼已经明确表示有茶字的意义了。

陆羽在《茶经》“七之事”章，辑录了中唐以前几乎全部的茶资料，经统计，荼（含苦荼）25则，荼茗3则，荼荈4则，茗11则，槚2则，荈诧3则，蔎1则。荼、苦荼、荼茗、荼荈共32则，约占总茶事的70%。槚、蔎都是偶见，茗、荈也较荼为少见。况茗是茶芽，荈是茶老叶，荼、茗、荈，其实是一种东西。由此看来，荼是中唐以前对茶的最主要称谓。

2. 茶的其他称谓

《茶经》“一之源”中有记载，“其字，或从草，或从木，或草木并。其名，一曰茶，二曰槚，三曰蔎，四曰茗，五曰荈。”

（1）槚

《尔雅·释木第十四》有记载：“槚，苦荼。”《说文解字》也提到：“槚，楸也。”“楸，梓也。”也就是说，槚即是楸，即是梓。由此看来，槚、楸、梓皆是茶的意思。

有关茶的著作

（2）蔎

《说文解字》中提到：“蔎，香草也，从草设声。”

段玉裁注云：“香草当作草香。”蔎本义是指香草或草香。因茶具香味，故用蔎借指茶。西汉扬雄在《方言》中有言：“蜀西南人谓茶曰蔎。”

（3）茗

茗，古通萌。《说文解字》中记载："萌，草木芽也，从草明声。""芽，萌也，从草牙声。"茗与萌的本义都是指草木的嫩芽。"茗"字由"艹"和"名"组成，"名"字意为"众口皆碑""广为人知"，因而，"茗"字组合起来的意思为"众口皆碑的茶""广为人知的茶"。唐前饮茶往往是生煮羹饮，年初正、二月采的是上年生的老叶，三、四月采的才是当年的新茶，所以晚采的反而是"茗"。以茗专指茶芽，当在汉晋之时。茗由专指茶芽进一步又泛指茶，一直沿用至尽。

（4）荈

《茶经》"七之事"引司马相如《凡将篇》中有"荈诧"。荈不像槚、荼等字是借指茶，它只有茶一种含义，所以，《凡将篇》中的"荈"指茶是很有可能的。《三国志·吴书·韦曜传》中提到"曜饮酒不过二升，皓初礼异，密赐茶荈以代酒"，茶荈代酒，荈应是茶饮料。这也是荈为茶的可靠记载。

茶的主要分布区域

我国幅员辽阔、气候多样，自古就是产茶大国。由于我国茶区面积辽阔，按照国家茶区划分标准，故将全国产茶地划分为三个级别的茶区，即一、二、三级茶区。一级茶区，是全国性的划分，用来进行宏观指导；二级茶区，是由各产茶省（区）划分，用来进行省区内生产指导；三级茶区，是由各地、县划分，用以具体指挥茶叶生产。

我国一级茶区分为四个，即江北茶区、华南茶区、西南茶区和江南茶区。

1. 江北茶区

江北茶区是我国最靠北的茶区，它南起长江，北至秦岭、淮河，西起大巴山，东至山东半岛，包括河南、陕西、甘肃、山东等省和安徽、江苏、湖北北部等地。

江北茶区的地形比较复杂，土壤多为黄棕壤，少数为棕壤，为我国南北土壤的过渡类型，很多地方的土壤酸碱度略偏高。这里的茶区，年平均气温为 15℃ ~ 16℃，冬季绝对最低气温一般为 -10℃左右。年降水量较少，为 700 ~ 1000 毫米，分布不均，常使茶树受旱。不过该茶区中虽只有少部分有良好的气候，但种植的茶树大多为灌木型中叶和小叶种，所产出的茶叶质量并不次于其他茶区。

2. 华南茶区

华南茶区位于中国南部，在大樟溪、雁石溪、梅江、连江、浔江、红水河、南盘江、无量山、保山、盈江以南，包括广东、广西、福建、台湾、海南等省（自治区）。

华南茶区大多地方为赤红壤，少部分为黄壤。华南茶区具有丰富的水热资源，茶园在森林的覆盖下，土壤非常肥沃，有机物质含量非常丰富，这里的平均气温高达 19℃ ~ 22℃，最低月平均气温为 7℃ ~ 14℃，年降水量为中国茶区之最，一般为 1200 ~ 2000 毫米。其中台湾省雨量最为充沛，年降水量常超过 2000 毫米。茶区土层深厚，有机质含量丰富，为中国最适宜茶树生长的地区。该区品种资源丰富，有乔木、小乔木、灌木等各种类型的茶树品种，生产的红茶、乌龙茶、花茶和六堡茶等在国内外都比较有名。

3. 西南茶区

西南茶区是我国最古老的茶区。它地处米仓山、大巴山以南，红水河、南盘江、盈江以北，神农架、巫山、方斗山、武陵山以西，大渡河以东，包括云南、贵州、西藏东南部和四川省。

西南茶区地形十分复杂，以盆地、高原为主，有些同纬度地区海拔高低悬殊，气候差别很大，大部分地区均属于热带季风气候，冬季不冷，夏季不热，年平均气温为 15℃ ~ 19℃，年降水量为 1000 ~ 1700 毫米。云南主要为赤红壤和山地红壤，四川、贵州和西藏东南部以黄壤为主，有少量棕壤。土壤有机质含量一般比其他茶区丰富。西南茶区生长的茶树种类很多，主要是灌木型和小乔木型茶树，一些地区还有乔木型茶树。本区茶树品种资源丰富，生产红茶、绿茶、沱茶、紧压茶和普洱茶等，是中国发展大叶种茶的主要基地之一。出产的红茶有滇红工夫红茶、云南红碎茶，绿茶有蒙山甘露、蒙顶茶、都匀毛尖、蒙山春露、竹叶青、蛾眉毛峰，黑茶有普洱茶、云南沱茶等。

4. 江南茶区

江南茶区位于长江以南，梅江、连江、大樟溪、雁石溪以北，包括浙江、湖南、江西等省和皖南、苏南、鄂南等地。江南茶区主要分布在丘陵地带，少数在海拔较高的山区，如浙江的天目山、福建的武夷山、江西的庐山、安徽的黄山等。这里是中国茶叶的主要产区，年产量约占总产量的 2/3。

江南茶区的土壤主要是红壤，部分为黄壤或棕黄壤，少数是冲积土。该区气候四季分明，年平均气温在 15℃ ~ 18℃，冬季的绝对最低气温一般在 –8 ℃左右，年平均降水量在

1400 ~ 1600毫米，春夏两季雨水最多，约为全年降水量的60% ~ 80%，秋季干旱。该区所种植的茶树大多为灌木型中叶种和小叶种，以及少量小乔木型中叶种和大叶种。主要出产绿茶、红茶、黑茶、花茶，以及各种品质的特种名茶，诸如西湖龙井、洞庭碧螺春、君山银针、庐山云雾、九曲红梅、修水宁红等。

武夷山茶园

茶马古道

所谓茶马古道，实际上就是一条地道的马帮之路。茶马古道最早起源于唐宋时期的“茶马互市”。古代战争主力多是骑兵，马就成了战场上决定胜负的条件，而我国西南地区的少数民族，将茶与粮食看成重要的生活必需品，这样，西藏和川、滇边地出产的骡马、毛皮、药材和川滇及内地出产的茶叶、布匹、盐和日用器皿等等，在横断山区的高山深谷间南来北往，川流不息，并随着社会经济的发展而日趋繁荣。因此，“茶马互市”一直是历代统治者所采取的重要措施之一。

茶马古道的主要干线为青藏线、滇藏线和川藏线。其中青藏线发展最早，开始于唐朝时期；滇藏线经过西双版纳、丽江、大理等地，又经过喜马拉雅山运往印度等国，甚至更远，是路线最远的一条线路；而三条线路中，川藏线对后来的影

茶是文化交流的媒介

响最大，也最为著名。

茶马古道随着茶马互市制度的兴起而繁荣，盛于明清。从明朝开始，川藏茶道正式形成。早在宋元时期官府就与吐蕃等地开展茶马贸易，但数量较少，所卖茶叶只供应当地少数民族。到了明朝，政府规定于四川、陕西两省接待西藏的入贡使团，而明朝使臣亦分别由四川、陕西入藏，其余大部川茶，则由碉门（今天全）、黎（黎州，今汉源）、雅（雅州，今雅安）输入西藏。

到了清朝，川藏茶道得到了进一步繁荣和发展。川藏线道路崎岖难行，开拓十分艰巨，当时运输茶叶少量靠骡马驮运，大部分靠人力搬运。有一段民间谚语正描述了行路的艰难程度："正二三，雪封山；四五六，淋得哭；七八九，稍好走；十冬腊，学狗爬。"川茶就是在这种艰苦的条件下运至各地的。

茶马古道的主要干线除了这三条之外，还包括若干支线，如由川藏线北部支线经原邓柯县（今四川德格县境）通向青海玉树、西宁乃至旁通洮州（今甘肃临潭）的支线；由昌都向北经类乌齐、丁青通往藏北地区的支线；由雅安通向松潘乃至连通甘南的支线；等等。

《茶马古道研究模式以及意义》一文中提到：茶马古道是当今世界上地势最高的贸易通道，也是民族融合与和谐之道。它见证了中国乃至亚洲各民族间因茶而缔结的血肉情感，在世界文明传播史上做出了卓越的贡献。

茶马古道不仅对世界各国各民族的贡献巨大，对我们每个人来说，也具有显著的作用。历史已经证明，茶马古道原本就是一条人文精神的超越之路。马帮每次踏上征程，就是一次生与死的体验之旅。茶马古道的艰险超乎寻常，然而沿途壮丽的自然景观却可以激发人潜在的勇气、力量和忍耐，使人的灵魂得到升华，从而衬托出人性的真义和伟大。

现如今，几千年前古人开创的茶马古道上，成群结队的马帮身影不见了，远古飘来的茶香也消失得无影无踪，那清脆悦耳的驼铃声也早已消散，但千百年来茶马古道上的先人足迹与远古留下的万千记忆却深刻地印刻下来。它幻化成中华民族生生不息的拼搏精神与崇高的民族创业精神，为中国乃至世界的历史添加了浓墨重彩的一笔。

茶的雅号别称

由古至今，人们逐渐意识到了茶的妙用，不仅利用其制药，更让其成了日常必需品。人们对茶深情厚爱的程度，完全可以从为茶取的高雅名号看出来。

酪奴：出自《洛阳伽蓝记》。书中记载，南北朝时，北魏人不习惯饮茶，而是喜爱奶酪，戏称茶为酪奴，也就是奶酪的奴婢。

消毒臣：出自唐朝《中朝故事》。晚唐诗人曹邺《饮茶诗》云："消毒岂称臣，德真功亦真。"唐武宗时期李德裕说天柱峰茶可以消减酒肉的毒性，曾派人煮茶浇在肉食上，并用银盒密封起来，过了一段时间打开之后，肉已经化成了水，因而人们称茶为消毒臣。

苦口师：相传，晚唐著名诗人皮日休之子皮光业在一次品赏新柑的宴席上，一进门，对新鲜甘美的橙子视而不见，急呼要喝茶。于是，侍者只好捧上一大瓯茶汤，皮光业手拿着茶碗，即兴吟诵道：“未见甘心氏，先迎苦口师。”从此以后，茶就有了一个苦口师的雅号。

余甘氏：宋朝学者李郛在《纬文琐语》中写道：“世称橄榄为余甘子，亦称茶为余甘子。因易一字，改称茶为余甘氏，免含混故也。”五代诗人胡峤在《饮茶诗》中也说：“沾牙旧姓余甘氏。”于是，茶又被称为余甘氏。

叶嘉：这是苏轼为茶取的昵称与专名。因《茶经》首句言：“茶者，南方之嘉木也。”又因人们常常利用茶的叶片，所以为茶取别名为“叶嘉”。《苏轼文集》载此文，并作《叶嘉传》，文中言：“风味恬淡，清白可爱，颇负盛名。有济世之才，虽羽知犹未评也。为社稷黎民，虽粉身碎骨亦不辞也。”此传中用拟人手法刻画了一位貌如削铁、志图挺立的清白自守之士，一心为民，一尘不染，为古来颂茶散文名篇，这也是茶别名中的最佳名号。

清友：宋朝文学家苏易简在《文房四谱》中记载有“叶嘉，字清友，号玉川先生。清友，谓茶也”。唐朝姚合《品茶诗》云：“竹里延清友，迎风坐夕阳。”

水厄：灾难之意，出自《世说新语》，里面记载了这样的故事：晋代司徒长史王蒙喜欢饮茶。他常常邀请客人陪他一同饮茶，但那些人并不习惯喝茶，

茶的别号雅称

每次去拜访王蒙的时候都会说：“今天有水厄了。”

清风使：唐朝诗人卢仝的《茶歌》中有饮到七碗茶后，“惟觉两腋习习清风生，蓬莱山，在何处，玉川子，乘此清风欲归去”之句。据宋人笔记《清异录》记载，五代时期，也有人称茶为清风使。

涤烦子：唐朝诗人施肩吾有诗云：“茶为涤烦子，酒为忘忧君。”饮茶，可洗去心中的烦闷，历来备受赞咏。唐朝史籍《唐国史补》中记载：“常鲁公（即常伯熊，唐朝煮茶名士）随使西番，烹茶帐中。赞普问：‘何物？’曰：‘涤烦疗渴，所谓茶也。’因呼茶为涤烦子。”因此，茶又被称为涤烦子。

森伯：出自南朝汤悦的《森伯颂》。书中提到，饮茶之后会感觉体内生成了一股清气，令浑身舒坦，因此称赞茶为“森伯”。

玉川子：唐代诗人卢仝，自号玉川子，平素极其喜爱饮茶，后被世人尊称为“茶仙”。他写了许多有关茶的诗歌，并著有《茶谱》，因此，有人以“玉川子”代称茶叶。

不夜侯：晋朝学者张华在《博物志》中说：“饮真茶令人少睡，故茶别称不夜侯，美其功也。”唐朝诗人白居易在诗中写道：“破睡见茶功。”宋朝大文豪苏东坡也有诗赞茶有解除睡意之功：“建茶三十片，不审味如何。奉赠包居士，僧房战睡魔。”五代胡峤在《饮茶诗》中赞道：“破睡须封不夜侯。”因而，茶又被称为不夜侯。

除此之外，人们还为茶取了不少高雅的名号。如唐宋时的团饼茶称“月团”“金饼”；唐代陆羽的《茶经》把茶誉为“嘉木”“甘露”；杜牧的《题茶山》赞誉茶为“瑞草魁”；宋代陶穀的《清异录》对茶有“水豹囊”“清人树”“冷面草”等多种称谓；宋代杨伯岩的《臆乘·茶名》喻称茶为“酪苍头”；五代郑遨的《茶诗》称赞茶为“草中英”；元代杨维桢的《煮茶

茶给人们带来感官和精神上的愉悦，增进身心健康

梦记》称呼茶为“凌霄芽”；清代阮福的《普洱茶记》把茶称为“女儿茶”；等等。

后世，随着各种名茶的出现，往往以名茶的名字来代称“茶”字，如“铁罗汉”“大红袍”“白牡丹”“雨前”“黄金桂”“紫鹃”“肉桂”等。时至今日，随着人们对茶的喜爱程度越来越高，茶的种类与别称也越来越多。

叁

第三章

茶的种类

传统七大茶系分类法

中国的茶叶种类很多，分类自然也很多，但被大家熟知和广泛认同的就是按照茶的色泽与加工方法分类，即传统七大茶系分类法：红茶、绿茶、黄茶、青茶、白茶、黑茶和花茶七大茶系。

1. 红茶

红茶是我国出口量最大的茶类，出口量占我国茶叶总产量的 50% 左右，属于全发酵茶类。它因干茶色泽、冲泡后的茶汤和叶底以红色为主调而得名。但红茶开始创制时被称为“乌茶”，因此，英语称其为“Black Tea”，而并非“Red Tea”。

红茶以适宜制作本品的茶树新芽叶为原料，经萎凋、揉捻、发酵、干燥等典型工艺过程精制而成。香气最为浓郁高长，滋味香甜醇和，饮用方式多样，是全世界饮用国家和人数最多的茶类。

红茶中的名茶主要有以下几种：祁门红茶、政和工夫、闽红工夫、坦洋工夫、白琳工夫、滇红工夫、九曲红梅、宁

滇红工夫　九曲红梅　祁门红茶　政和工夫

红工夫、宜红工夫，等等。

2. 绿茶

绿茶是我国产量最大的茶类，其制作过程并没有经过发酵，成品茶的色泽、冲泡后的茶汤和叶底均以绿色为主调，较多地保留了鲜叶内的天然物质。其中茶多酚、咖啡因保留鲜叶的 85% 以上，叶绿素保留 50% 左右，维生素损失也较少，从而形成了绿茶“清汤绿叶，滋味收敛性强”的特点。由于营养物质损失少，绿茶也对人体健康更为有益，对防衰老、防癌、抗癌、杀菌、消炎等均有特殊效果。

绿茶是历史最早的茶类，距今约有三千多年。古代人类采集野生茶树芽叶晒干收藏，可以看作是广义上的绿茶加工的开始。但真正意义上的绿茶加工，是从公元 8 世纪发明蒸青制法开始，到 12 世纪又发明炒青制法，绿茶加工技术已比较成熟，一直沿用至今，并不断完善。

绿茶中的名茶主要有以下几种：西湖龙井、洞庭碧螺春、黄山毛峰、信阳毛尖、庐山云雾、六安瓜片、太平猴魁，等等。

洞庭碧螺春

黄山毛峰

六安瓜片

西湖龙井

3. 黄茶

由于杀青、揉捻后干燥不足或不及时，叶色变为黄色，于是人们发现了茶的新品种——黄茶。黄茶具有绿茶的清香、红茶的香醇、白茶的愉悦以及黑茶的厚重，是各阶层人群都喜爱的茶类。其品质特点是"黄叶黄汤"，这种黄色是制茶过程中进行闷堆渥黄的结果。

由于品种的不同，黄茶在茶片选择、加工工艺上有相当大的区别。比如，湖南省岳阳洞庭湖君山的君山银针，采用的全是肥壮的芽头，制茶工艺精细，分杀青、摊放、初烘、复摊、初包、复烘、再摊放、复包、干燥、分级十道工序。加工后的君山银针外表披毛，色泽金黄光亮。

黄茶中的名茶主要有以下几种：君山银针、蒙顶黄芽、霍山黄芽、海马宫茶、北港毛尖、鹿苑毛尖、广东大叶青，等等。

广东大叶青 霍山黄芽 君山银针 蒙顶黄芽

4. 青茶

青茶，主要指乌龙茶，属于半发酵茶，在中国几大茶类中，具有鲜明的特色。它融合了红茶和绿茶的清新与甘鲜，品尝后齿颊留香，回味无穷。

青茶因其在分解脂肪、减肥健美等方面有着显著功效，又被称为"美容茶""健美茶"，受到海内外人士的喜爱和追捧。

青茶中的名茶主要有以下几种：凤凰水仙、武夷肉桂、武夷岩茶、冻顶乌龙、凤凰单枞、黄金桂、安溪铁观音、本山，等等。

冻顶乌龙

凤凰单枞

凤凰水仙

安溪铁观音

武夷肉桂

武夷岩茶

5. 白茶

白茶是我国的特产，一般地区并不多见。由于人们采摘了细嫩、叶背多白茸毛的芽叶，加工时不炒不揉，晒干或用文火烘干，使白茸毛在茶的外表完整地保留下来，这就是它呈白色的缘故。

优质成品茶毫色银白闪亮，素有“绿妆素裹”之美感，且芽头肥壮，汤色黄亮，滋味鲜醇，叶底嫩匀。冲泡后品尝，滋味鲜醇可口，还能起到药理作用。中医药理证明，白茶性清凉，具有退热降火之功效，海外侨胞往往将白茶视为不可

白毫银针

白牡丹

寿眉

多得的珍品。

白茶中的名茶主要有以下几种：白牡丹、贡眉、白毫银针、寿眉、福鼎白茶，等等。

6. 黑茶

黑茶因其茶色呈黑褐色而得名。由于加工制造过程中一般堆积发酵时间较长，所以叶片多呈现暗褐色。其品质特征是茶叶粗老、色泽细黑、汤色橙黄、香味醇厚，具有扑鼻的松烟香味。黑茶属深度发酵茶，存放的时间越久，其味越醇厚。

黑茶中的名茶主要有以下几种：普洱茶、四川边茶、六堡散茶、湖南黑茶、茯砖茶、老青茶、老茶头、黑砖茶，等等。

老茶头

普洱散茶（熟）

生饼茶

生砖茶

7. 花茶

花茶又称熏花茶、香花茶、香片，属于再加工茶，是中国独特的一个茶叶品种。花茶由精致茶胚和具有香气的鲜花混合，使花香和茶味相得益彰，受到很多人尤其是偏好重口味的北方朋友青睐。

花茶具有清热解毒、美容保健等功效，适合各类人群饮用。随着人们生活水平不断提高，时尚生活越来越丰富，花茶也增添了许多品种，例如保健茶、工艺茶、花草茶，等等。

常见的花茶主要有：茉莉花茶、玉兰花茶、珠兰花茶、玫瑰花茶、菊花茶、千日红、女儿环、碧潭飘雪，等等。

碧潭飘雪

茉莉龙珠

茉莉银针

女儿环

按茶树品种分类

我国是世界上最早种茶、制茶、饮茶的国家，已经有几千年的茶树栽培历史。植物学家通过分析得出的结论是，茶树从起源到现在已经有 6000 万 ~ 7000 万年的漫长历史了。

茶树是一种多年生的常绿灌木或小乔木的植物，高度在 1 ~ 6 米，而在热带地区生长的茶树有的为乔木型，树高可达 15 ~ 30 米，基部树围可达 1.5 米以上，树龄在数百年甚至上千年。花开在叶子中间，为白色、五瓣，有芳香。茶树叶互生，具有短柄，树叶的形状有披针状、椭圆形、卵形和倒披针形等，树叶的边缘有细锯齿。茶树的果实扁圆，呈三角形，果实成熟开裂后会露出种子。果实为扁球形，外长有三纵棱。茶树的种子呈卵圆形、棕褐色。

茶树同其他物种一样，需要有一定的生长环境才能存活。茶树由于长期在某种环境中生长，受到特定环境条件的影响，通过新陈代谢，形成了对某些生态因素的特定需要，从而形成了茶树的生存条件。这种生存条件主要包括地形、土壤、阳光、温度、雨水等。

根据自然情况下茶树的高度和分枝习性，茶树可分为乔木型、小乔木型和灌木型。

1. 乔木型

乔木型的茶树是较原始的茶树类型，分布于和茶树原产地自然条件较接近的自然区域，即我国热带或亚热带地区。植株高大，分枝部位高，主干明显，分枝稀疏。叶片大，叶片长度的变异范围为 10 ~ 26 厘米，多数品种叶长在 14 厘米以上。结实率低，抗逆性弱，特别是抗寒性极差。芽头粗大，芽叶中多酚类物质含量高。这类品种分布于温暖湿润的地区，适宜制红茶，品质上具有滋味浓强的特点。

2. 小乔木型

小乔木型茶树属于进化类型，分布于亚热带或热带茶区，抗逆性相比于乔木类型要强。植株较高大，从植株基部至中部主干明显，植株上部主干则不明显。分枝较稀，大多数品种叶片长度在 10 ~ 14 厘米,叶片栅栏组织多为两层。

小乔木类型的茶树品种介乎灌木乔木类型之间，区域适应性和茶类适制性亦较广。栽培茶树的目的是采摘其幼嫩新梢，作为制茶原料。因此，茶树的长相、叶和芽的性状、芽的萌发和生长特性，以及新梢的性状，也就成为研究茶树品种的重要经济性状。

3. 灌木型

灌木型茶树也属于进化类型，主要分布于亚热带茶区，我国大多数茶区均有其分布，包括的品种也最多。灌木类型的茶树品种,植株低矮,分枝部位低,从基部分枝,无明显主干,分枝密。叶片小，叶片长度变异范围大，为 2.2 ~ 14 厘米。叶片栅栏组织 2 ~ 3 层。结实率高，抗逆性强。芽中氨基氮含量高。地理分布广，茶类适制性亦较广。

茶叶可按茶树品种分为以下类别：根据茶树的繁殖方式分类，可分为有性品种和无性品种两类；根据茶树成熟叶片大小分类，可分为特大叶品种、大叶品种、中叶品种和小叶品种四类。

以下介绍几种我国台湾地区按茶树品种分类的茶叶：

1. 青心乌龙

属于小叶种，适合制造部分发酵的晚生种，由于本品种是一个极有历史并且被广泛种植的品种，因此有种仔、种茶、软枝乌龙等别名。树型较小，属于开张型，枝叶较密，幼芽呈紫色，叶片呈狭长椭圆形，叶肉稍厚柔软富弹性，叶色呈浓绿富光泽。本品种所制成的包种茶不但品质优良，且广受消费者喜好，故成为本省栽植面积最广的品种，可惜树势较弱，易患枯枝病，且产量低。

2. 硬枝红心

茶树

别名大广红心，是从福建引进的本省四大名种之一。属于早生种，适合制造包种茶，树型大且直立，枝叶稍疏，幼芽肥大且密生茸毛，呈紫红色，叶片锯齿较锐利，树势强健，产量中等。制造铁观音茶泽外观优异且滋味良好，品质与市场需求有直追铁观音原产地所制造产品的趋势。本品种大部分分布在新北市淡水茶区，目前以石门区居多，所制成的条形或半球形包种茶，具有特殊香味，但因成茶色泽较差而售价较低。

3. 大叶乌龙

台湾地区四大名种之一。属于早生种，适合制造绿茶及包种茶，树型高大直立，枝叶较疏，芽肥，大茸毛多呈淡红色，叶片大且呈椭圆形，叶色暗绿，叶肉厚，树势强，但收成量中等。本品种目前零星散布于新北市汐止、深坑、石门等地区，面积在逐年减少。

按产地取名分类

我国的许多省份都出产茶叶，但主要集中在南部各省，基本分布在东经 94° ~ 122° 、北纬 18° ~ 37° 的广阔范围内，有浙、苏、闽、湘、鄂、皖、川、渝、贵、滇、藏、粤、桂、赣、琼、台、陕、豫、鲁、甘等省、自治区、直辖市的上千个县市。

由于茶树是热带、亚热带多年生常绿树种，要求温暖多雨的气候环境，酸性土壤的土地条件。南方地区多山，云雾大，散射光多，日照短，昼夜温差大，气候阴凉，对形成茶叶优良品种非常有利，因而可以高产。

茶树最高种植在海拔 2600 米高地上，而最低仅距海平面几十米。在不同地区，生长着不同类型和不同品种的茶树，从而决定着茶叶的品质及其适制性和适应性，形成了颇为丰富的茶类结构。

根据产地取名的茶叶品种很多，以下列举几种精品茶叶：

西湖龙井

1. 西湖龙井

中国十大名茶之一，因产于中国杭州西湖的龙井茶区而得名。龙井既是地名，又是泉名和茶名。“欲把西湖比西子，从来佳茗似佳人。”这优美的句子如诗如画，泡一杯龙井茶，喝出的却是世所罕见的独特而骄人的龙井茶文化。

2. 洞庭碧螺春

中国十大名茶之一，因产于江苏省苏州市太湖洞庭山而得名。太湖地区水气升腾，雾气悠悠，空气湿润，极宜于茶树生长。碧螺春茶叶早在隋唐时期即负盛名，有千余年历史。喝一杯碧螺春，仿如品赏传说中的江南美女。

3. 安溪铁观音

1725 ~ 1735 年间，由福建安溪人发明，是中国十大名茶之一。铁观音独具“观音韵”，清香雅韵，“七泡余香溪月露，满心喜乐岭云涛。”以其独特的韵味和超群的品质备受人们青睐。

4. 祁门红茶

因产于安徽省祁门一带而得名。“祁红特绝群芳最，清誉高香不二门。”祁门红茶是红茶中的极品，享有盛誉，高香美誉，香名远播，素有“群芳最”“红茶皇后”等美称，深受不同国家人群的喜爱。

祁门红茶

5. 黄山毛峰

产于安徽省黄山，是我国历史名茶之一。特级黄山毛峰的主要特征：形似雀嘴，芽壮多毫，色如象牙，清香高长，汤色清澈，滋味鲜醇，叶底黄嫩。由于新制茶叶白毫披身，芽尖锋芒，且鲜叶采自黄山高峰，于是将该茶取名为黄山毛峰。

黄山毛峰

6. 冻顶乌龙

冻顶乌龙产自台湾地区鹿谷附近的冻顶山，山中多雾，山路又陡又滑，上山采茶都要将脚尖“冻”起来，避免滑下去。山顶被称为冻顶，山脚被称为冻脚。冻顶乌龙茶因此得名。

7. 庐山云雾

因产自中国江西的庐山而得名。素来以“味醇、色秀、香馨、汤清”享有盛名。茶汤清淡，宛若碧玉，味似龙井而更为醇香。

8. 阿里山乌龙茶

阿里山实际上并不是一座山，只是特定范围的统称，正确说法应是“阿里山区”。这里不仅是著名的旅游风景区，也是著名的茶叶产区，阿里山乌龙茶算得上是台湾地区高山茶的代表。

9. 君山银针

君山银针产于湖南岳阳洞庭湖中的君山，故称君山银针。茶芽外形很像一根根银针，雅称“金镶玉”。据说文成公主出嫁时就选带了君山银针。

君山银针

10. 广东大叶青

大叶青是广东的特产，是黄茶的代表品种之一。

广东大叶青

11. 花果山云雾茶

因产于江苏省连云港市花果山而得名。花果山云雾茶生于高山云雾之中，纤维素较少，茶内氨基酸、儿茶多酚类和咖啡因含量都比较高。

12. 南京雨花茶

雨花茶因产自南京雨花台而得名，此茶以其优良的品质备受各类人群喜爱。

13. 婺源绿茶

江西婺源县地势高峻，土壤肥沃，气候温和，雨量充沛，极其适宜茶树生长。“绿丛遍山野，户户有香茶”，是中国著名的绿茶产区，婺源绿茶因此得名。

14. 安吉白茶

安吉县位于浙江省北部，山川隽秀，绿水长流。安吉白茶是用绿茶加工工艺制成的，属绿茶类，白色是因为它的加工原料为一种嫩叶全为白色的茶树。

安吉白茶

按采收季节分类

茶叶的生长和采制是有季节性的，随着自然条件的变化也会有差异。如水分过多，茶质自然较淡；孕育时间较长，接受天地赐予，茶质自然丰腴。因而，按照不同的季节，可以将茶叶划分为春、夏、秋、冬四季茶。

1. 春茶

春茶俗称春仔茶或头水茶，为3月上旬～5月上旬之间采制的茶，采茶时间在每年春天的惊蛰、春分、清明、谷雨4个节气。依时日又可分早春、晚春、（清）明前、（清）明后、（谷）雨前、（谷）雨后等茶（孕育与采摘期：冬茶采摘结束后至5月上旬，所占总产量比例为35%），采摘期为20～40天，随各地气候而异。

春茶

由于春季温度适中，雨量充沛，无病虫危害，加上茶树经半年冬季的休养生息，使得春梢芽叶肥硕，色泽翠绿，叶质柔软鲜嫩，特别是氨基酸及相应的全氮量和多种维生素，使春茶滋味鲜活，香气馥郁，品质极佳。

2. 夏茶

夏茶的采摘时间在每年夏天，一般为5月中下旬～8月，是春茶采摘一段时间后所新发的茶叶，集中在立夏、小满、芒种、夏至、小暑、大暑6个节气之间。其中又分为第一次

夏茶

夏茶和第二次夏茶。

第一次夏茶为头水夏仔或二水茶（孕育与采摘期：5月中下旬～6月下旬，所占总产量比例为17%）。

第二次夏茶俗称六月白、大小暑茶、二水夏仔（孕育与采摘期：7月上旬～8月中旬，所占总产量比例为18%）。

由于夏季天气炎热，茶树新梢芽叶生长迅速，使得能溶解茶汤的水浸出物含量相对较少，特别是氨基酸及全氮量较少。由于受高温影响，夏茶很容易老化，使得茶汤滋味比较苦涩，香气多不如春茶强烈。

3. 秋茶

秋茶为秋分之后所采制之茶，采摘时间在每年立秋、处暑、白露、秋分4个节气之间。其中又分为第一次秋茶与第二次秋茶。

第一次秋茶称为秋茶（孕育与采摘期：8月下旬～9月中旬，所占总产量比例为15%）。

第二次秋茶称为白露笋（孕育与采摘期：9月下旬～10月下旬，所占总产量比例为10%）。

秋茶

由于秋季气候条件介于春夏之间，秋高气爽，有利于茶叶芳香物质的合成与积累。茶树经春夏二季生长、采摘，新梢芽内含物质相对减少，叶片大小不一，叶底发脆，叶色发黄，滋味、香气显得比较平和。

4. 冬茶

冬茶的采摘时间在每年冬天，集中在寒露、霜降、立冬、小雪 4 个节气之间（孕育与采摘期：11 月下旬至 12 月上旬，所占总产量比例为 5%）。

由于气候逐渐转凉，冬茶新梢芽生长缓慢，内含物质逐渐堆积，滋味醇厚，香气比较浓烈。

人们多喜爱春茶，但并不是每种茶中都是春茶最佳。例如乌龙茶就以夏茶为优。因为夏季气温较高，茶芽生长得比较肥大，白毫浓厚，茶叶中所含的儿茶素等也较多。总之，不同的季节，茶叶有着不同的特质，要因茶而异。

按茶叶的形态分类

我国不但拥有齐全的茶类，还拥有众多的精品茶叶。茶叶除了具有各种优雅别致的名称，还有不同的外形，可谓千姿百态。茶叶按其形态可分为以下类别：

1. 长条形茶

外形为长条状的茶叶，这种外形的茶叶比较多，例如：红茶中的金骏眉、条形红毛茶、工夫红茶、小种红茶及红碎茶中的叶茶等，绿茶中的炒青、烘青、特珍、珍眉、特针、雨茶、信阳毛尖、庐山云雾等，黑茶中的黑毛茶、湘尖茶、六堡茶等，青茶中的水仙、岩茶等。

2. 螺钉形茶

茶条顶端扭转成螺丝钉形的茶叶，例如青茶中的铁观音、色种、乌龙等。

3. 卷曲条形茶

外形为条索紧细卷曲的茶叶，如绿茶中的洞庭碧螺春、都匀毛尖、高桥银峰等。

4. 针形茶

外形类似针状的茶叶，如黄茶中的君山银针，白茶中的白毫银针，绿茶中的南京雨花茶、安化松针等。

5. 扁形茶

外形扁平挺直的茶叶，如绿茶中的西湖龙井、旗枪、大方等。

6. 尖形茶

外形两端略尖的茶叶，如绿茶中的太平猴魁等。

7. 团块形茶

毛茶复制后经蒸压造型呈团块状的茶，其中又可分为砖形、枕形、碗形、饼形等。砖形茶形如砖块，如红茶中的米砖茶等，黑茶中的黑砖茶、花砖茶、茯砖茶、青砖茶等。枕形茶形如枕头，如黑茶中的金尖茶。碗形茶形如碗臼，如绿茶中的沱茶。饼形茶形如圆饼，如黑茶中的七子饼茶等。

条形茶 金骏眉

螺钉形茶 毛蟹（一种铁观音）

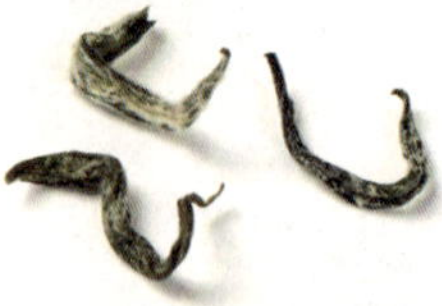

卷曲条形茶 洞庭碧螺春

针形茶 白毫银针

扁形茶 西湖龙井

尖形茶 太平猴魁

团块形茶 茯砖茶

束形茶

8. 束形茶

束形茶是用结实的消毒细线把理顺的茶叶捆扎成的茶，如绿茶中的绿牡丹等。

9. 花朵形茶

即芽叶相连似花朵的茶叶，如绿茶中的舒城小兰花，白茶中的白牡丹等。

花朵形茶

10. 颗粒形茶

形状似小颗粒的茶叶，如红茶中的碎茶，用冷冻方法制成的速溶茶等。

颗粒形茶

11. 圆形茶

外形像圆珠形的茶叶，亦称珠茶，如绿茶中的平水珠茶，花茶中的茉莉龙珠等。

圆形茶 茉莉龙珠

片形茶 六安瓜片

12. 片形茶

有整片形和碎片形两种。整片形茶如绿茶中的六安瓜片，碎片形茶如绿茶中的秀眉等。

“中华茶苑多奇葩，色香味形惊天下”，不同形态的茶叶构成了多姿多彩的茶文化，为这个悠久文明的古国带来旖旎的风姿与风情。

按萎凋程度分类

所谓萎凋就是茶叶在杀青之前消散水分的过程。新鲜的茶青丧失一部分水分，水分丧失的过程中，叶孔充分地打开，空气中的氧趁机进入到叶孔之中：在一定的温度条件下，氧与叶子细胞中的成分发生化学反应，也就是发酵。萎凋是发酵的必要前提条件。

刚采摘下来的鲜叶水分含量高达 75% ~ 80%，当新鲜叶片采摘后，应立即摊开晾置，避免堆置。有些云南普洱茶制作，时常可见叶底红变的现象，这与不当堆置有关。如果想要避免类似情况发生，可以让新鲜的叶片保持适当温湿度，根据当时当地气候调整，静置萎凋时间最好在 8 ~ 10 小时。

萎凋时间与方式依采摘时间、季节、气候、鲜叶嫩度、厂家设施与观念来决定。根据方法和先后的顺序，传统的萎凋方法有日光萎凋（日晒）、室内自然萎凋（摊晾）以及兼用上述两种方法的复式萎凋，现在也采用人工控制的半机械化萎凋设备——萎凋槽。

日光萎凋是以太阳的热能加速生叶水分的消散，而室内萎凋不仅在室内静置萎凋，使生叶水分缓慢持续消散，还配以搅拌促使茶叶进行发酵，因此萎凋前期的主要目的是使茶青的水分迅速消散，具有引发茶叶发酵的作用，萎凋后期的主要目的是借搅拌作用调节茶叶发酵程度，发挥茶叶的香气与滋味。

因此，茶叶按萎凋与不萎凋分类，可分为萎凋茶和不萎凋茶。一般地，绿茶不萎凋、不发酵；黄茶不萎凋、不发酵，但杀青后渥黄再补足发酵；黑茶不萎凋、后发酵；白茶为重萎凋、不发酵；青茶为萎凋、部分发酵。

萎凋的主要目的在于减少鲜叶与枝梗的含水量，促进酵素产生复杂的化学变化。萎凋及发酵过程所产生的化学作用牵涉范围甚广，与茶叶香气、滋味、汤色有绝对关系。正常而有效的萎凋，可以使鲜叶的青草气消退并产生清香的气味，同时还具有水果香或花香，成茶滋味香醇却不苦涩。萎凋需要适宜的温度、湿度和空气流通等条件。我国白茶、红茶、青茶等茶类制作中的第一道工序都是萎凋，但程度各不相同。青茶萎凋程度最轻，要求含水量在 68% ~ 70%；红茶萎凋程度次重，含水量降至 60% 左右；白茶萎凋程度最重，鲜叶含水量要求降至 40% 以下。

按发酵程度分类

茶叶的发酵，就是将茶叶破坏，使茶叶中的化学物质与空气发生氧化作用，产生一定的颜色、滋味与香味的过程，只要将茶青放在空气中即可。就茶青的每个细胞而言，要先萎凋才能引起发酵，但就整片叶子而言，是随萎凋而逐步进行的，只是在萎凋的后段，加强搅拌与堆厚后才快速地进行。

根据制茶过程中是否有发酵以及不同工艺划分，可将茶叶分为不发酵茶、半发酵茶、全发酵茶和后发酵茶四大类别。

1. 不发酵茶

不发酵茶又称为绿茶。采摘适宜茶树新梢为原料，不经发酵，直接进行杀青、揉捻、干燥等典型工艺过程，以区别经发酵制成的其他类型茶叶。

2. 半发酵茶

（1）轻发酵茶，是指不经过发酵过程的茶。因为制作过程不经过发酵，所以气味天然、清香爽口、茶色翠绿。例如白茶、武夷、水仙、文山包种茶、冻顶茶、松柏常青茶、铁观音、宜兰包种、南港包种、明德茶、香片、茉莉花茶等。

（2）重发酵茶，指乌龙茶。真正的“乌龙茶”是东方美人茶，即白毫乌龙茶，然而俗称的乌龙茶已经混淆。

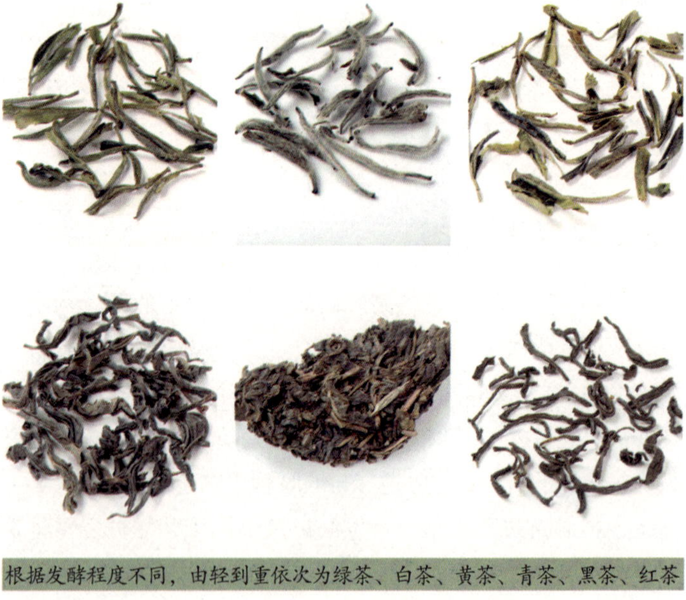

根据发酵程度不同，由轻到重依次为绿茶、白茶、黄茶、青茶、黑茶、红茶

3. 全发酵茶

全发酵茶是指100%发酵的茶叶，冲泡后茶色呈现出鲜明的红色或深红色。其中可按品种和形状分为下列两类：

（1）按品种分：小叶种红茶、阿萨姆红茶。

（2）按形状分：条状红茶、碎形红茶和一般红茶。

4. 后发酵茶

后发酵茶中，最有名最被人熟知的就是黑茶。以黑茶中的普洱茶为例，它的前加工是属于不发酵茶类的做法，再经渥堆后发酵而制成。

茶叶中发酵程度会有小幅度的误差，其高低并不是绝对的，按照发酵程度，大致上红茶为95%发酵，制作时萎凋的程度最高、最完全，鲜茶内原有的一些多酚类化合物氧化聚合生成茶黄质和茶红质等有色物质，其干茶色泽和冲泡的茶汤以红黄色为主调；黄茶为85%发酵，为半发酵茶；黑茶为80%发酵，为后发酵茶；青茶为60%～70%发酵，为半发酵茶，制造时较之绿茶多了萎凋和发酵的步骤，鲜叶中一部分天然成分会因酵素作用而发生变化，产生特殊的香气及滋味，冲泡后的茶汤色泽呈金黄色或琥珀色；白茶为5%～10%发酵，为轻发酵茶；绿茶是完全不发酵的，在制作过程中没有发酵工序，茶树的鲜叶采摘后经过高温杀青，去除其中的氧化酶，

按照汤色不同，由浅到深依次为绿茶、白茶、黄茶、青茶、黑茶、红茶

然后经过揉捻、干燥制成，成品干茶保留了鲜叶内的天然物质成分，茶汤青翠碧绿。

按烘焙温度分类

香气不足的茶，或存储一段时间之后茶味走样的茶，人们经常会借用火的力量改变茶的色、香、味、形，以便于迎合市场的需要和客户的口味，这种过程就是烘焙。

我们如果想让制成的茶有股火香味，可以用火来烘焙。焙火是决定茶汤品质的关键步骤，也会造成茶叶不同的风味。焙火轻的茶叶喝起来感觉比较生，在口感上像是吃口味清淡的菜一样；焙火重的茶叶喝起来感觉比较熟，在口感上犹如吃红烧的菜一样。

而焙火的程度不同，茶叶也不同，对人体的效应也有所不同。茶本是性寒的食物，焙火可以让它温度升高，不再那么寒，但也不至于产生热的效果。喝不焙火的茶比较寒，喝焙火的茶比较温。

我们可以通过外观看出焙火的轻重程度：焙火轻的茶，颜色较为明亮，焙火越轻，明度越高；焙火重的茶，颜色较为暗沉，焙火越重，明度越低。焙火影响的是茶颜色的深浅，这颜色包括干茶的颜色与冲泡后茶汤的颜色。因此，人们根据焙火的程度将茶分为生茶、

生茶饼（左）、熟茶饼（右）

半熟茶和熟茶三种：

生茶：轻焙火，只将水分焙干到 5% 以下的茶。

半熟茶：焙火程度较高，时间较长。

熟茶：高温长时间焙火的茶。

所谓的生茶与熟茶，主要都是指焙火的程度。但茶青采得越嫩，揉捻得越轻，发酵越少，茶就会越加偏生；反之，茶青采得越成熟，揉捻得越重，发酵得越多，茶就会越加偏熟。

茶叶焙火的目的主要有四个：

（1）蒸发水分，降低茶叶中的含水量，延长保质期。茶叶由于本身结构疏松，并且许多内含成分多带有羟基等亲水基团，因而茶叶具有较强的吸湿性。茶叶水分达到一定程度后，霉菌开始出现，茶叶会逐渐发霉变质，进而失去饮用价值。焙火可以减缓茶叶品质变低的速度，确保存放期间的质量。

（2）改变品质，改善或调整茶叶的香气、滋味以及茶汤水色。初制茶中常常伴有臭青味、苦味以及储藏不当带来的异杂味和陈味，通过一定温度的焙火，能使茶叶滋味变得纯正，增加新鲜感，恢复火香。

（3）增进香色和熟感，用来弥补制作过程中的缺陷，满足不同口味，制成迎合市场需求的品质。

（4）杀菌。茶叶中存有微生物包括霉菌、蘑菇菌和酵母菌等。霉菌是茶叶霉变的标志。一般在 160℃以上可杀灭霉菌，因此，用焙火的方式可以清除细菌。除此之外，含有农药残留的茶叶，也可通过高温促使其降解和挥发，减少残留。

其实，并不是所有茶类都需要焙火，例如红茶。因为红茶的脂肪酸在发酵过程中已经被转换掉，已没有脂肪酸可以酸化，所以不需要焙火。

按熏花种类分类

茶叶按是否熏花，可分为花茶与素茶两种。所有茶叶中，仅绿茶、红茶和包种茶有熏花品种，其余各种茶叶，很少有熏茶。这种茶除茶名外，都冠以花的名称，以下为几种花茶：

1. 茉莉花茶

又称茉莉香片。它是将茶叶和茉莉鲜花进行拼合，用茉莉花熏制而成的品种。茶叶充分吸收了茉莉花的香气，使得茶香与花香交互融合。茉莉花茶使用的茶叶以绿茶为多，少数也有红茶和乌龙茶。

茉莉花茶

茶胚吸收花香的过程被称为窨制，茉莉花茶的窨制是很讲究的。有“三窨一提，五窨一提，七窨一提”之说，意思是说制作花茶时需要窨制3～7遍才能让毛茶充分吸收茉莉花的香味。每次毛茶吸收完鲜花的香气之后，都需要筛出废花，接着再窨花，再筛废花，再窨花，如此进行数次。因此，只要是按照正常步骤加工并无偷工减料的花茶，无论档次高低，冲泡数次之后仍应香气犹存。

2. 桂花茶

桂花茶是由精制茶胚与鲜桂花窨制而成的一种名贵花茶，香味馥郁持久，茶色绿而明亮。茶叶用鲜桂花窨制后，既不失茶原有的香气，又带有浓郁的桂花香气。饮用之后有通气和胃的作用，桂花茶是普遍适合各类人群饮用的佳品。

桂花龙井茶

桂花茶盛产于四川成都、广西桂林、湖北咸宁、重庆等地。西湖龙井与代表杭州城市形象的桂花窨制而成的桂花龙井、福建安溪的桂花乌龙等，均以桂花的馥郁芬芳衬托茶的醇厚滋味而别具一格，成为茶中之珍品。另外，桂花烘青还远销日本、东南亚，深受各类人群以及国内外消费者的喜爱。

3. 玫瑰红茶

玫瑰红茶

玫瑰红茶是玫瑰茶的一种，是由上等的红茶与玫瑰花混合窨制而成的。它口感醇和，除了具有一般红茶的甜香味，还散发着浓郁的玫瑰花香。除此之外，玫瑰红茶还可以帮助人们美容养颜，补充人体水分，实现抗皱、降血脂、舒张血管等目标。也正因为如此，玫瑰红茶成为深受广大女性喜爱的佳品。

按制造程序分类

茶按照制造程序分类，可分为毛茶与精茶两类。

1. 毛茶

毛茶又称为粗制茶或初制茶，是茶叶经过初制后含有黄片、茶梗的成品。其外形比较粗糙，大小不一。

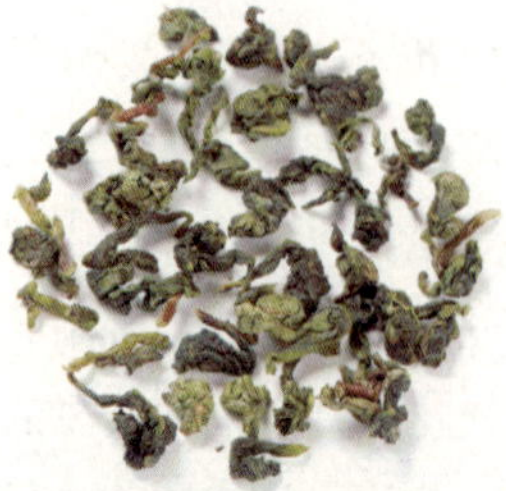

毛茶

精茶

毛茶的加工过程就是筛、切、选、拣、炒的反复操作过程。筛选时可以分出茶叶的轻重，区别品质的优次；接着经过复火，可以使头子茶紧缩干脆，便于切断，提高工效。因为茶胚身骨软硬不同，不仅很难分出茶叶品质的好坏，且容易走料，减少经济收入。所以必须在茶胚含水量一致的情况下，再经筛分、取料、风选、定级，才能达到精选茶胚、分清品质优次、取料定级的目的；拣剔是毛茶加工过程中最费工的作业。为了提高机器拣剔的效率，尽量减轻拣剔任务，达到纯净品质的目的，首先要筛分、风选，使茶胚均匀一致，这样才能充分发挥机器拣剔的作用，减少手工拣剔的工作量，达到拣剔质量的要求。

从毛茶到精茶，经过整个生产流水作业线的过程，被称为毛茶加工工艺程序。我国目前有的茶厂采用先抖后圆的做法，也有先圆后抖的做法。

由于产地、鲜叶老嫩、采制的季节、初制技术等的不同，毛茶的品质往往差异很大，但却不妨碍人们饮用。

2. 精茶

精茶又称为精制茶、再制茶、成品茶，是毛茶经分筛、拣剔等精制的手续，使其成为形状整齐与品质划一的成品。

按制茶的原材料分类

按照制茶所需的原材料，茶叶又可分为叶茶和芽茶两类。不同的茶对原材料的要求各不相同，有的需要新鲜叶片制作，因而要等到枝叶成熟后才可摘取；有的则需要采摘其嫩芽，需要芽越嫩越好。

1. 叶茶

顾名思义，以叶为制造原料的茶类称为“叶茶”。叶茶类以采摘叶为原则，如果外观上有明显的芽尖，则可能是品质较差的夏茶。以下列举两种叶茶：

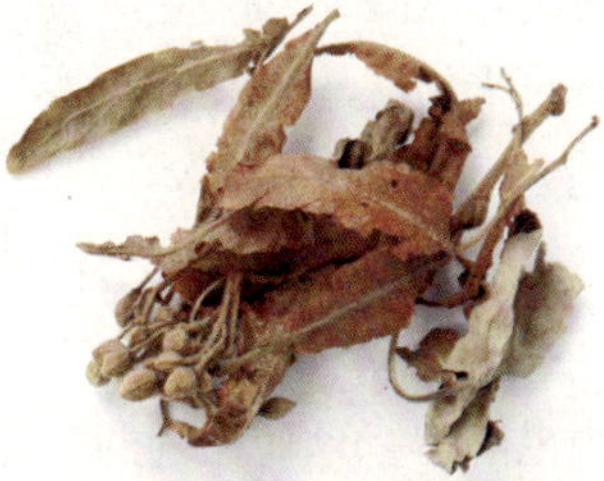
菩提叶茶

（1）酸枣叶茶

酸枣产于我国北方地区，属于落叶灌木或小乔木。酸枣全身都是宝，不仅其果实可以食用，根茎叶皆有药用价值，种子也具有镇静、安神的作用。

除此之外，采摘野生酸枣 4 ~ 5 月份的嫩叶，可以制成酸枣叶茶。酸枣叶茶具有镇定、安神、降温、提高免疫力等作用，它对调节神经衰弱、心神不安、失眠多梦都具有良好的作用，对高血压人群的降压效果也很显著。

（2）菩提叶茶

菩提树的花朵为米黄色，因其含有特殊的挥发性油，香味十分清远。在德国，菩提叶茶又称为“母亲茶”，因为它的香气犹如母亲般的慰藉。

菩提叶中含有丰富的维生素 C，对人体的神经系统、呼吸系统以及新陈代谢作用极大。菩提叶可以让人镇定心情，有助于排出体内的废弃物，降低血压以及清除血脂，防止动脉硬化，消除疲劳，还可以消除黑斑、皱纹等等。

2. 芽茶

用芽制作而成的茶类叫作“芽茶”。芽茶以白毫多为特色，茸毛的多少与品种有关，这些茸毛在成茶上体现出来的就是白毫。例如白毫、毛峰或龙井茶等。

白毫银针

市场上，只要看见标有“白毫”或“毛峰”的产品，例如白毫乌龙、白毫银针或黄山毛峰等，这些品种的茶都十分注重白毫，原材料也必须挑选茸毛多的品种。当然，并不是所有的芽茶都注重白毫，有的芽茶在制作过程中就将茸毛压实，俗称“毫隐”。

按茶的生长环境分类

根据茶树生长的地理条件，茶叶可分为高山茶、平地茶和有机茶几个类型，品质也有所不同。

1. 高山茶

我国历代贡茶、传统名茶以及当代新创的名茶，往往多产自高山。因而，相比平地茶，高山茶可谓得天独厚，也就是人们平常所说的“高山出好茶”。

冻顶乌龙（高山茶）

明代陈襄有诗曰：“雾芽吸尽香龙脂。”意思是说高山茶的品质之所以好，是在云雾中吸收了“龙脂”的缘故。我国名茶以山名加云雾命名的特别多。例如花果山云雾茶、庐山云雾茶、高峰云雾茶、华顶云雾茶、南岳云雾茶、熊洞云雾茶，等等。其实，高山之所以出好茶，是优越的茶树生态环境造就的。

茶树一向喜温湿、喜阴，而海拔比较高的山地正好满足了这样的条件，温润的气温，丰沛的降水量，浓郁的湿度，以及略带酸性的土壤，促使高山茶芽肥叶壮，色绿茸多。制成之后的茶叶条索紧结，白毫显露，香气浓郁，耐于冲泡。

而所谓高山出好茶，是与平地相比而言，并非山越高，茶越好。那些名茶产地的高山，海拔都集中在 200 ~ 600 米。一旦海拔超过 800 米，气温就会偏低，这样往往会影响茶树的生长，且茶树容易受白星病危害，用这种茶树新梢制出来的茶叶，饮起来涩口，味感较差。另外，只要气候温和，云雾较多，雨量充沛，以及土壤肥沃，土质良好，即使不是高山，普通的地域也同样可以产出好茶来。

2. 平地茶

西湖龙井（平地茶）

平地茶的茶树生长比较迅速，但是茶叶较小，叶片单薄，相比而言比较普通；加工之后的茶叶条索轻细，香味比较淡，回味短。

平地茶与高山茶相比，由于生态环境有别，不仅茶叶形态不一，而且茶叶内质也不相同：平地茶的新梢短小，叶色黄绿少光，叶底硬薄，叶张平展。由此加工而成的茶叶，香气稍低，滋味较淡，身骨较轻，条索细瘦。

3. 有机茶

有机茶

有机茶就是在完全无污染的产地种植生长出来的茶芽，在严格的清洁的生产体系里面生产加工，并遵循着无污染的包装、储存和运输要求，且要经过食品认证机构的审查和认可而成的制品。有机茶是近期出现的一个茶叶新品类，也可以说是一个新的茶叶鉴定标准。

从外观上来看，有机茶和常规茶很难区分，但就其产品质量的认定来说，两者存在着如下区别：

（1）常规茶在种植过程中通常使用化肥、农药等农用化学品；而有机茶在种植和加工过程中禁止使用任何人工合成的助剂和农用化学品。

（2）常规茶通常只对终端产品进行质量审定，往往很少考虑生产和加工过程；而有机茶在种植、加工、贮藏和运输过程中，都会进行必要的检测，以保证全过程无污染。因此，消费者在从市场上购买有机茶之后，如果发现有质量问题，完全可以通过有机产品的质量跟踪记录追查到生产过程中的任何一个环节，这也是购买常规茶难以实现的。

其他分类方法

除了以上的分类方法，茶叶还有其他的分类：

1. 老茶与熟茶

老茶是指陈放多年的茶，它的特点是茶汤色红。例如安溪铁观音和云南普洱茶等。

熟茶是指高温烘焙的茶，不限老茶或新茶，茶汤也是红褐色，但味道较新，虽然茶汤颜色与老茶很相似，但口味差别却很大。

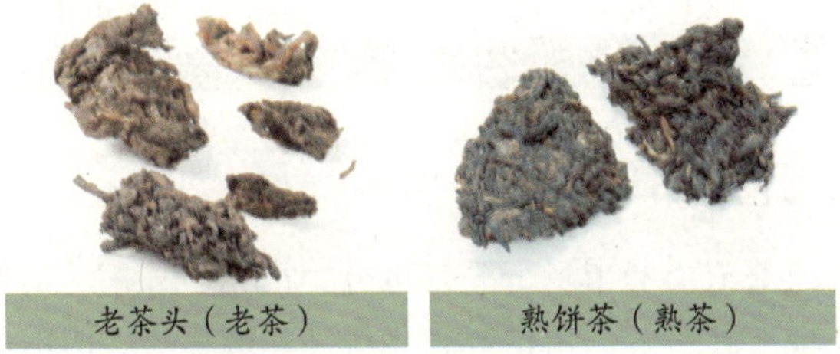

老茶头（老茶）　熟饼茶（熟茶）

2. 青茶与清茶

青茶是指半发酵的乌龙茶等。

冻顶乌龙（青茶）

碧螺春（清茶）

清茶专指轻发酵、直条形的龙井茶、碧螺春、包种茶、毛峰之类。

3. 团茶与散茶

团茶是指挤压成块的茶，如古代的龙团、凤饼，现代的饼茶、砖茶、沱茶等。

散茶是指一叶一叶散开的茶，一般常饮的绿茶、红茶、乌龙茶等，皆属散茶。

生沱茶（团茶）

金骏眉（散茶）

4. 依消费市场分类

中国茶依消费市场分类，可分为内销、外销、侨销、边销等几种。其中侨销指销售到华侨居住的地区，边销指销售到边疆少数民族地区。

此外，茶叶还可以分为露天茶及覆下茶。除日本玉露茶及碾茶外，其余均为露天茶。因覆下茶仅日本有，此种分类方法在日本以外的地区并无价值可言。

中国是茶叶的兴起之地，拥有的茶叶众多，因而茶叶的分类方法也有许多种。但无论哪一种分法，都使每种茶叶更具特点，同时也构成了多姿多彩的茶文化。

中国十大名茶

我国茶叶种类数量繁多，名茶更是茶叶中的珍品。那么，何谓名茶？究竟什么样的茶叶算得上名茶呢？尽管人们对名茶的概念并不统一，但综合各类情况来看，名茶必须在色、香、味、形四个方面具有独特的风格和特色。

1959 年，全国“十大名茶”评比会评出了中国的“十大名茶”，它们分别是西湖龙井、洞庭碧螺春、黄山毛峰、庐山云雾、六安瓜片、君山银针、信阳毛尖、武夷岩茶、安溪铁观音和祁门红茶。后来这一标准几经变迁。如今，于 2012 年 7 月 6 日 ~ 10 日在大连星海会展中心召开的第八届大连国际茶文化博览会又评出了最新的“中国十大名茶”。新出炉的“十大名茶”的名单大体延续了 1959 年的评选结果，只是顺序上有所变化，庐山云雾被都匀毛尖取代而已。

1. 西湖龙井

居于中国名茶之冠的西湖龙井，是产于浙江省杭州市西湖周围的群山之中的绿茶。它以“色绿、香郁、味醇、形美”四绝著称于世。西湖群山的产茶历史已有千百年，在唐代时就享有盛名。龙井茶叶为扁形，外形挺直削尖，叶细嫩，条形整齐，宽度一致，色泽为绿中显黄，手感光滑匀齐，一芽一叶或二叶；芽长于叶，芽叶均匀成朵，不带夹蒂、碎片，小巧玲珑，栩栩如生。龙井茶味道清香，沁人心脾。假冒龙井茶则多是青草味，夹蒂较多，手感不光滑。

2. 洞庭碧螺春

碧螺春产于江苏苏州太湖的洞庭山碧螺峰，是中国著名绿茶之一。洞庭山气候温和，空气清新，冬暖夏凉，为茶树的生长提供了得天独厚的环境，也使碧螺春茶形成了别具特色的品质特点。碧螺春茶条索纤细，银芽显露，一芽一叶，芽为白豪卷曲形，叶为卷曲青绿色，披满茸毛。叶底幼嫩细匀，色泽碧绿。假的为一芽二叶，芽叶长度不齐，呈黄色。民间对碧螺春是这样判断的："钢丝条，螺旋形，浑身毛，一嫩三鲜自古少。"

高级碧螺春可以先冲水再放茶叶，茶叶依然会徐徐下沉，展开叶片释放香味，这是茶叶芽头壮实的表现，也是其他茶叶所不能比拟的。

3. 信阳毛尖

信阳毛尖是河南省著名土特产之一，素来以"细、圆、光、直、多白毫、香高、味浓、汤色绿"的独特风格享誉中外。唐代茶圣陆羽所著的《茶经》，将信阳列为全国八大产茶区之一，而信阳毛尖也成了河南省优质绿茶的代表。

信阳毛尖外形条索紧细、圆、光、直，银绿隐翠，色泽鲜亮，内质香气新鲜，浓爽而鲜活，白毫明显。叶底嫩绿匀整，青黑色，一般一芽一叶或一芽二叶。假的为卷曲形，叶片发黄，并无茶香。

西湖龙井

洞庭碧螺春

信阳毛尖

君山银针

4. 君山银针

君山银针为我国著名黄茶之一。君山茶始于唐代，清代纳入贡茶。其生长的环境土壤肥沃，多为砂质土壤，年降水量约为1340毫米，相对湿度较大，这正是茶树生长的适宜环境。君山银针芽头肥壮挺直、匀齐，满披茸毛，色泽金黄光亮，香气清鲜，茶色浅黄，味甜爽，冲泡起来芽尖冲向水面，悬空竖立，然后徐徐下沉，再升再沉，三起三落，形如群笋出土，又像银刀直立。假银针为青草味，泡后银针不能竖立。

5. 六安瓜片

六安瓜片又称片茶，产于安徽六安和金寨两地的齐云山，为绿茶特种茶类，是国家级历史名茶。六安瓜片驰名古今中外，不仅因为其品质的优势，更得惠于其独特的产地和工艺。当地高山环抱，气候温和，云雾缭绕，为茶树的生长提供了良好的环境。其外形平展，形似瓜子的片形茶叶，每一片都不带芽和茎梗，叶呈绿色光润，微向上重叠，内质香气清高，水色碧绿，滋味回甜，叶底厚实明亮，肉质醇厚。假的则味道较苦，颜色较黄。

6. 黄山毛峰

黄山是我国景色绮丽的自然风景区之一，那里终年云雾弥漫，山峰露出云上，像坐落于云中的岛屿一样，故称为云海。著名绿茶黄山毛峰就生长于这片迷离的山中，因而也沾染了其神秘的特点。

黄山毛峰，其外形细嫩稍卷曲，茶芽格外肥壮、匀齐，柔软细嫩，有锋毫，形状有点像雀舌。叶片肥厚，呈金黄色；叶底芽叶成朵，厚实鲜艳，色泽嫩绿油润，香气清鲜，经久耐泡。水色清澈、杏黄、明亮，味醇厚、回甘，是茶中的上品。假茶则呈土黄，味苦，叶底不成朵。

7. 祁门红茶

祁门红茶简称祁红，是红茶中的精品。祁门红茶产于安徽省西南部，当地气候温和、日照适度、雨水充足，土壤肥沃，十分适宜茶树生长。因而，祁门红茶向来以“香高、味醇、形美、色艳”四绝驰名于世。

祁门红茶颜色为棕红色，外形条索紧细匀整，内质清芳并带有蜜糖香味，味道浓厚，甘鲜醇和，即使添加鲜奶亦不失其香醇。而假茶一般带有人工色素，味苦涩、淡薄，条叶形状不齐。

8. 都匀毛尖

都匀毛尖又名“白毛尖”“鱼钩茶”“雀舌茶”，是贵州特产绿茶。它产于贵州省都匀市，主产地在团山、哨脚、大槽一带。

六安瓜片

黄山毛峰

祁门红茶

都匀毛尖

这里冬无严寒，夏无酷暑，土层深厚，土壤疏松湿润，且土质呈现酸性或微酸性。特殊的自然条件不仅为茶树的生长繁衍带来了福音，而且还帮助都匀毛尖形成了自己独特的风格。

都匀毛尖外形条索紧细卷曲，毫毛显露，色泽绿润，整张叶片细小短薄，一芽一叶初展，形似雀舌。不仅如此，它的内质也颇具风韵，其汤色清澈，滋味新鲜回甘，香气清嫩，叶底嫩绿匀齐。而假茶则滋味苦涩，叶底不匀。

9. 安溪铁观音

安溪铁观音历史悠久，素有茶王之称，是我国著名青茶之一。品质优异的铁观音，叶体厚实如铁，形美如观音，多呈螺旋形，芙蓉沙绿明显，光润，绿蒂，具有天然兰花香，汤色清澈金黄，味醇厚甜美，入口微苦，立即转甜，冲泡多次后仍有余香，叶底肥厚柔软，青绿红边，艳亮均匀，每颗茶都带茶枝。

安溪铁观音

铁观音的制作工序与一般乌龙茶的制法基本相同，一般在傍晚晒青，通宵摇青、凉青，次日清晨完成发酵，再经过烘焙，历时一昼夜。这种精细的制作工序也让安溪铁观音有了更显著的优势。假茶叶形长而薄，条索较粗，无青翠红边，叶泡三遍后便无香味。

10. 武夷岩茶

武夷岩茶产于闽北的名山武夷，茶树生长在岩缝之中。其外形条索肥壮、紧结、匀整，带扭曲条形，俗称“蜻蜓头”，叶背起蛙皮状砂粒，俗称“蛤蟆背”，内质香气馥郁、隽永，滋味醇厚回苦，润滑爽口，汤色橙黄，清澈艳丽，叶底匀亮，边缘朱红或起红点，中央叶肉黄绿色，叶脉浅黄色，耐泡6～8次以上。

武夷岩茶

武夷岩茶具有绿茶之清香，红茶之甘醇，是青茶中之极品。其主要品种有“大红袍”“水仙”“肉桂”等。假茶味淡，欠韵味，色泽枯暗。

肆

第四章

茶的甄别

好茶的五要素

市场上的茶叶品种繁多，可谓五花八门，因此，如何选购茶叶成了人们首先要做的。一般说来，选茶主要从视觉、嗅觉、味觉和触觉等方面来鉴别甄选。好茶在这几方面比普通茶叶要突出许多。总体来看,选购茶叶可从以下五个要素入手：

1. 外形

选购茶叶，首先要看其外形如何。外形匀整的茶往往较好，而那些断碎的茶则差一些。可以将茶叶放在盘中，使茶叶在旋转力的作用下，依形状大小、轻重、粗细、整碎形成有次序的分层。其中粗壮的在最上层,紧细重实的集中于中层,断碎细小的沉积在最下层。各茶类都以中层茶多为好。上层一般粗老叶子多，滋味较淡，水色较浅；下层碎茶多，冲泡后往往滋味过浓，汤色较深。

除了外形的整碎，还需要注意茶叶的条索如何，一般长条形茶看松紧、弯直、壮瘦、圆扁、轻重；圆形茶看颗粒的松紧、匀正、轻重、空实；扁形茶看平整光滑程度等。一般来说，条索紧、身骨重，说明原料嫩，做工精良，品质也好；如果条索松散，颗粒松泡，叶表粗糙，身骨轻飘，就算不上是好茶了，这样的茶也尽量不要选购。

各种茶叶都有特定的外形特征，有的像银针，有的像瓜子片，有的像圆珠，有的像雀舌，有的叶片松泡，有的叶片紧结。名优茶有各自独特的形状，如午子仙毫的外形特点是微扁、条直。

除了这两种方法，还可以通过净度判断茶的好次。净度好的茶，不含任何夹杂物，例如茶片、茶梗、茶末、茶籽和制作过程中混入的竹屑、木片、石灰、泥沙等物。

根据外形判断茶叶不是很难，只要取适量的干茶叶置于手掌中，通过肉眼观察以及感受就可以判断其好坏了。另外，抓取茶叶的时候也不要忘了看里面是否含有杂质。

2. 香气

香气是茶叶的灵魂，无论哪类茶叶，都有其独特的香味。例如绿茶清香，红茶略带焦糖香，乌龙茶独有熟果香，花茶则有花香和茶香混合的强烈香气。

每种茶的外形、香气、颜色、味道和韵味都不同

我们选购茶叶时，可以根据干茶的香气强弱、是否纯正以及持久程度判断。例如，手捧茶叶，靠近鼻子轻轻嗅一嗅，一般来说，以那些浓烈、鲜爽、纯正、持久并且无异味的茶叶为佳；如果茶叶有霉气、烟焦味和熟闷味均为品质低劣的茶。

除了闻一闻干茶的香气，如果商家允许，购茶之前最好冲泡尝试一下。冲泡好的茶，香气更加馥郁，带着各类茶独特的香味，更易于鉴别。

3. 颜色

各种茶都有着不同的色泽，但无论如何，好茶均有着光泽明亮、油润鲜活的特点，因此，我们可以根据颜色识别茶的品质。总体来说，绿茶翠绿鲜活，红茶乌黑油润，乌龙茶呈现青褐色，黑茶呈黑油色等等，呈现这些色泽的各类茶往往都是优品。而那些色泽不一、深浅不同或暗而无光的茶，说明原料老嫩不一，做工粗糙，品质低劣。

茶叶的色泽与许多方面有关，例如原料嫩度、茶树品种、采摘的茶园条件、加工技术等等。如高山绿茶，色泽绿而略带黄,鲜活明亮；低山茶或平地茶色泽深绿有光。如果杀青不匀，也会造成茶叶光泽不匀、不整齐；而制作工艺粗劣，即使鲜嫩的茶芽也会变得粗老枯暗。

除了干茶的色泽之外，我们还可以根据汤色的不同辨别茶叶好坏。好茶的茶汤一定是鲜亮清澈的,并带有一定的亮度，而劣茶的茶汤常有沉淀物，汤色也浑浊。只要我们谨记不同类好茶的色泽特点，相信选好优质茶叶也不是难事。

4. 味道

茶叶种类不同，其各自的口感也不同，因而甄别的标准也往往不同。不过各类茶中的好茶口感大体却是相同的，例如：绿茶茶汤鲜爽醇厚，初尝略涩，后转为甘甜；红茶茶汤甜味更浓，回味无穷；花茶茶汤滋味清爽甘甜，鲜花香气明显。茶的种类虽然较多，但均以少苦涩、带甘滑醇厚、能口齿留香的为好茶，以苦涩味、陈旧味或火味重者为次品。

轻啜一口茶，闭目凝神，细品茶中的味道，让茶香融化在唇齿之间。或香醇，或甘甜，或润滑，抑或是细腻，相信每一类好茶的共同特点，都是令人回味无穷才对。

5. 韵味

所谓韵味，不仅仅是茶叶的味道这么简单，而是一种丰富的内涵以及含蓄的情趣。从古至今，名人墨客，王侯百姓，无一不对茶的韵味大加赞美。无论是雅致的茶诗茶话，还是通俗的茶联茶俗，都包含着人们对茶的浓浓深情。品一口茶，顿时舌根香甜，再尝一口，觉得心旷神怡。直到饮尽杯中茶之后，其中韵味却如余音绕梁一般，久久不去，令人飘然若仙，仿佛人生皆化为馥郁清香的茶汁，苦尽甘来，实在美哉美哉。

无论是哪类茶，都可以用以上五种方法甄别出优劣。只要常常与茶打交道，在外形、香气、颜色、味道、韵味上多下功夫，相信大家一定会选出好茶来。

新茶和陈茶的甄别

所谓新茶，是指当年从茶树上采摘的头几批新鲜叶片加工制成的茶；所谓陈茶，是指上了年份的茶，一般超过五年的都算陈茶。市场上，有些不法商家常常以陈茶代替新茶，欺骗消费者。而人们购买到这类茶叶之后，往往懊悔不已。在此，我们提供一些判断新茶和陈茶的方法，以供大家参考，这样也可以确保今后正确地选购到需要的茶叶。

1. 根据茶叶的外形甄别新茶和陈茶

一般来说，条索明亮，大小、粗细、长短均匀者为新；条索枯暗，外形不整，甚至有茶梗、茶籽者为陈。细实、芽头多、锋苗锐利的嫩度高；粗松、老叶多、叶脉隆起的嫩度低。

扁形茶以平扁光滑者为新，粗、枯、短者为陈；条形茶以条索紧细、圆直、匀齐者为新，粗糙、扭曲、短碎者为陈；颗粒茶以圆满结实者为新，松散块者为陈。

2. 根据茶叶的色泽甄别新茶和陈茶

茶叶在贮存过程中，由于受空气中氧气和光的作用，构成茶叶色泽的一些色素物质发生缓慢的自动分解，因此，我们可以从色泽上甄别出新茶和陈茶。一般情况下，新茶色泽都清新悦目，绿意分明，呈嫩绿或墨绿色，冲泡后色泽碧绿，而后慢慢转微黄，汤色明净，叶底亮泽。而陈茶由于不饱和成分已被氧化，通常色泽发暗，无润泽感，呈暗绿或者暗褐色，茶梗断处截面呈暗黑色，汤色也变深变暗，茶黄素被进一步氧化聚合，偏枯黄，透明度低。

绿茶中，色泽枯灰无光，茶汤色变得黄褐不清等都是陈茶的表现；红茶中，色泽变得灰暗，汤色变得混浊不清，失去红茶的鲜活感，这些也是贮存时间过长的表现；花茶中，颜色重，甚至发红的往往都是陈茶。

3. 根据茶叶的香气甄别新茶和陈茶

茶叶中带香气成分的物质有几百种，而这些物质经过长时间贮藏，往往会不断挥发出来，也会缓慢氧化。因而，时间久了，陈茶中的芳香物质渐渐挥发掉，类脂成分发生水解和氧化，香气开始转淡转浅，香型也会由新茶时的清香馥郁而变得低闷混浊。

陈茶会产生一种令人不快的老化味，即人们常说的“陈味”，甚至有粗老气或焦涩气。有的陈茶会经过人工熏香之后出售，但这种茶香味道极为不纯。因此，我们可以通过香气对新茶与陈茶进行甄别判断。

4. 根据茶叶的味道甄别新茶和陈茶

再好的茶叶，只有细细品尝、对比之后才能判断出品质的好坏。因此，我们可以在购买茶叶之前，让卖家泡一壶茶，自己坐下来仔细品饮，通过茶叶的味道来甄别。茶叶在贮藏过程中，其中的酚类化合物、氨基酸、维生素等构成滋味的物质，有的分解挥发，有的缩合成不溶于水的物质，从而使可溶于茶汤中的滋味物质减少。可以说，不管哪种茶类，新茶的滋味往往都醇厚鲜爽，而陈茶却显得味道寡淡，鲜爽味也自然减弱。

有很多人认为，“茶叶越新越好”，其实这种观点是对茶叶的一种误解。多数茶叶是新比陈好，但也有许多茶叶是越陈越好，例如普洱茶。因此，大部分人买回这些新茶之后都会存储起来，放置五六年或更长时间，等到再开封的时候，这些茶泡完之后香气更加浓郁香醇，可称得上优品；就连那些追求新鲜的绿茶，也并非需要新鲜到现采现喝。例如一些新炒制的名茶如西湖龙井、洞庭碧螺春、黄山毛峰等等，在经过高温烘炒后，立即饮用容易上火。如果能贮存 1 ~ 2 个月，

新茶

陈茶

不仅汤色清澈晶莹，而且滋味鲜醇可口，叶底青翠润绿，而未经贮存的闻起来略带青草气，经短期贮放的却有清香纯洁之感。又如盛产于福建的武夷岩茶，隔年陈茶反而香气馥郁，滋味醇厚。

总之，新茶和陈茶之间有许多不同点，如果我们掌握了这些，在购买茶叶时再用心地品味一番，相信一定能对新茶和陈茶做出准确的判断，选择自己喜欢的种类。

春茶、夏茶和秋茶的甄别

许多茶友购买到茶叶之后总会觉得，自己每次买完相同的茶叶，其味道总是不同的。这并不完全是指买到了陈年的茶或劣质茶，有时候，也可能是由于我们买到了不同季节的茶。

根据采摘季节的不同，一般茶叶可分为春茶、夏茶和秋茶三种，但季节茶的划分标准是不一致的。有的以节气分：例如清明至小满采摘的茶为春茶，小满至小暑采摘的茶为夏茶，小暑至寒露采摘的茶为秋茶。有的以时间分：在5月底以前采制的为春茶，6月初～7月上旬采制的为夏茶，7月中旬以后采制的为秋茶。不同季节的茶叶因光照时间不同，生长期的长短不同，气温的高低以及降水量多寡的差异，品质和口感差异也非常之大。那么，如何判断春茶、夏茶和秋茶呢？下面就简单介绍一下几种茶的甄别方法：

1. 观看干茶

我们可以从茶叶的外形、色泽等方面大体判断该茶是在哪个季节采摘的。

由外形上看，春茶的特点往往是叶片肥厚，条索紧结，绿茶色泽绿润，红茶色泽乌润，珠茶则颗粒圆紧；夏茶的特点是叶片轻飘松宽，梗茎瘦长，色泽发暗，绿茶与红茶均条索松散，珠茶颗粒饱满；秋茶的特点是叶轻薄瘦小，茶叶大小不一，绿茶色泽黄绿，红茶色泽较为暗红。

从茶的香气来看，春茶香气馥郁，夏茶香气稍带粗老，秋茶香气较为平和。三季茶中,夏茶的品质与口感都是最差的。

除了这两种方法辨别三类茶，有时还可根据夹杂在茶叶中的茶花、茶果来判断是哪种季节的茶。由于从 7 月下旬 ~ 8 月为茶的花蕾期，而 9 ~ 11 月为茶树开花期，因此，若发现茶叶中包含花蕾或花朵，那么就可以判断该茶为秋茶。我们也可根据其中的果实进行判别。例如，茶叶中夹杂的茶树幼果大小如绿豆一样大时，可以判断此茶为春茶；如果幼果较大，如豌豆那么大时，可判断此茶为夏茶；如果茶果更大时，则可以判断此茶为秋茶了。不过，一般茶叶加工时都会进行筛选和拣除，很少会有茶花、茶果夹杂在其中，在此只是为了方便大家多一种鉴别方法而已。

2. 品饮闻香

判断茶最好的方法还是坐下来品尝一番。春茶、夏茶、秋茶因采摘的季节不同，其冲泡后的颜色与口感也大为不同。

（1）春茶

冲泡春茶时，我们会发现叶片下沉较快，香气浓烈且持久，滋味也较其他茶更醇厚。绿茶茶汤往往绿中略显黄色，红茶茶汤红艳显金圈。且茶叶叶底柔软厚实，叶张脉络细密，正常芽叶较多，叶片边缘锯齿不明显。

（2）夏茶

冲泡夏茶时，我们会发现叶片下沉较慢，香气略低一些。

春茶　夏茶　秋茶

绿茶茶汤汤色青绿，滋味苦涩，叶底中夹杂着铜绿色的茶芽；而红茶茶汤较为红亮，略带涩感，滋味欠厚，叶底也较为红亮。夏茶的叶底较薄而略硬，夹叶较多，叶脉较粗，叶边缘锯齿明显。

（3）秋茶

冲泡秋茶时，我们能感觉到其香气不高，滋味也平淡，如果是铁观音或红茶，味道中还夹杂着一点酸。秋茶的叶底夹杂着铜绿色的茶芽，夹叶较多，叶边缘锯齿明显。

通常来说，春茶的品质与口感较其他两种茶好，比如购买龙井时一定要买春茶，尤其是明前的龙井，不仅颜色鲜艳，香气也馥郁鲜爽，且能够存储较长的时间。但茶叶有时候因采摘季节不同而呈现出不同的特色与口感，不一定都以春茶为最佳。例如，秋季的铁观音和乌龙茶的滋味比较厚，回甘也较好，因而，喜欢味道醇厚的茶友们可以选择购买这两种茶的秋茶。

通过简单的对比，我们可以看出几种茶还是有很大差别的，下次再选购茶叶的时候，一定要根据自己的爱好以及茶叶的品质购买才好。

绿茶的甄别

绿茶是指采摘茶树的新叶之后，未经过发酵，经杀青、揉捻、干燥等工序制成的茶类。其茶汤较多地保存了鲜茶叶的绿色主调，色泽也多为翠绿色。我们甄别绿茶的好坏可以从以下几个方面入手：

1. 外形

绿茶种类有很多，外形自然也相差很多。一般来说，优质眉茶呈绿色且带银灰光泽，条索均匀，重实有锋苗，整洁光滑；珠茶深绿而带乌黑光泽，颗粒紧结，以滚圆如珠的为上品；烘青呈绿带嫩黄色，瓜片翠绿；毛峰茶条索紧结、白毫多为上品；炒青碧绿青翠；而蒸青绿茶中外形紧缩重实，大小匀整，芽尖完整，色泽调匀，浓绿发青有光彩者为上品。

假如绿茶是低劣产品，例如次品眉茶，它的条索常常松扁，弯曲、轻飘、色泽发黄或是很暗淡；如果毛峰茶条索粗松，质地松散，毫少，也属于次品。

2. 香气

高级绿茶都有嫩香持久的特点。例如，珠茶芳香持久；蒸青绿茶香气清鲜，又带有特殊的紫菜香；屯绿有持久的板栗香；舒绿有浓烈的花香；湿绿有高锐的嫩香。不同的绿茶都有其不同的特点。

而那些带有烟味、酸味、发酵气味、青草味或其他异味的绿茶则属于次品。

3. 汤色

高级绿茶的汤色较为清澈明亮，例如眉茶、珠茶的汤色清澈黄绿、透明，蒸青绿茶淡黄泛绿、清澈明亮。

而那些汤色呈现出深黄色，或是浑浊、泛红的绿茶，往往都是次品。

4. 滋味

高级绿茶经过冲泡之后，其滋味都浓厚鲜爽。例如眉茶浓纯鲜爽；珠茶浓厚，回味中带着甘甜；蒸青绿茶的滋味也新鲜爽口。

那些滋味淡薄、粗涩，甚至有老青味和其他杂味的绿茶，皆为次品。

5. 叶底

高级绿茶的叶底往往都是明亮、细嫩的，且质地厚软，叶背也有白色茸毛。

那些叶底粗老、薄硬，或呈现出暗青色的茶叶，往往都是次品。

绿茶对人体有很大的益处。常饮绿茶能防癌防辐射，降血脂，还可以减少吸烟者体内的尼古丁含量，称得上是人体内的“清洁剂”。绿茶的价值如此高，选购的人也不在少数，因而有许多不法商家经常会为了牟取暴利而作假。只有我们掌握了甄别绿茶的方法，才能选择出品质最好、最适合自己的绿茶。

绿茶中的极品——黄山毛尖的干茶及冲泡之后的成品茶

红茶的甄别

红茶属于全发酵茶，是以茶树的芽叶作为原料，经过萎凋、揉捻、发酵、干燥等工序精制而成的茶叶。红茶一直深受人们的欢迎，但也有许多人不了解该如何选购优质的红茶，以下就为大家提供几种甄别红茶的方法。

红茶因其制作方法不同，可分为工夫红茶、红碎茶和小种红茶三种。不同类型的红茶有着不同的甄别方法。

1. 工夫红茶

工夫红茶条索紧细圆直、匀齐，色泽乌润、富有光泽，香气馥郁、鲜浓纯正，滋味醇厚，汤色红艳，叶底明亮、呈现红色的为优品。

反之，那些条索粗松、匀齐度差，色泽枯暗不一致，香气不纯，茶汤颜色欠明，汤色浑浊，滋味粗淡，叶底深暗的为次品。

工夫红茶中以安徽祁门红茶品质为名贵，其他的如政和工夫、坦洋工夫和白琳工夫等在国内外也都久负盛名，皆为

优质红茶政和工夫的干茶及成品茶

优质红茶。

2. 红碎茶

优质红碎茶的外形匀齐一致，碎茶颗粒卷紧，叶茶条索紧直，片茶皱褶而厚实，末茶成砂粒状，体质重实；碎茶中不含片末茶，片茶中不含末茶，末茶中不含灰末；碎、片、叶、末的规格要分清；香高，具有果香、花香和类似茉莉花的甜香，要求尝味时，还能闻到茶香；茶汤的浓度浓厚、强烈、鲜爽；叶底红艳明亮，嫩度相当。凡有着这些特点的红碎茶，往往都是优品。

反之，那些颜色灰枯或泛黄，茶汤浅淡，香气较低，颜色暗浊的红碎茶品质较次。

3. 小种红茶

优质的小种红茶，其条索较壮、匀净整齐，色泽乌润，具有松烟的特殊香气，滋味醇和，汤色红艳明亮，叶底呈古铜色。

反之，如果香气有异味，汤色浑浊，叶底颜色暗沉，这样的小种红茶往往都是次品。

小种红茶中，较为著名的有正山小种、政和小种和坦洋小种等几种。

相信大家已经掌握了红茶的甄别方法，这样在选购红茶时，就不会买到不如意的红茶了。

黄茶的甄别

人们从炒青绿茶中发现，由于杀青、揉捻后干燥不足或不

优质黄茶君山银针的干茶及成品茶

及时，茶叶的颜色发生了变化，于是将这类茶命名为黄茶。黄茶的特点是黄叶黄汤，制法比绿茶制法多了一个闷堆的工序。

黄茶分为黄芽茶、黄大茶和黄小茶三类。下面以黄芽茶中的珍品——君山银针为例，简单介绍一下如何甄别黄茶的真假。

君山银针上品茶茶叶芽头茁壮，芽身金黄，紧实挺直，茸毛长短大小均匀，密盖在表面。由于色泽金黄，而被誉称“金镶玉”。冲泡后，香气清新，汤色呈现浅黄色，品尝起来甘甜爽口、滋味甘醇，叶底比较透明。

君山银针是一种较为特殊的黄茶，它有幽香、有醇味，具有茶的所有特性，但它更注重观赏性。君山银针的采制要求很高：例如采摘茶叶的时间只能在清明节前后 7 ~ 10 天内，另外，雨天、风霜天不可采摘；茶叶本身空心、细瘦、弯曲、茶芽开口、茶芽发紫、不合尺寸、被虫咬的情况下都不能采摘。

以上是从外形甄别的方法，这种茶的最佳甄别方法是看其冲泡时的形态。刚开始冲泡君山银针时，我们可以看到真品的茶叶芽尖朝上、蒂头下垂而悬浮于水面，随后缓缓降落，竖立于杯底，升升降降，忽升忽降，特别壮观，有“三起三落”之称，最后竖直着沉到杯子底部，像一柄柄刀枪一样站立，十分壮观。看起来又特别像破土而出的竹笋，绿莹莹的实在耐看。而假的君山银针则不能站立，从这一点很好判断出来。

茶叶会站立的原因很简单，是因为“轻者浮，重者沉”。由于茶芽吸水膨胀和重量增加不同步，因此，芽头比重瞬间产生变化。最外一层芽肉吸水，比重增大即下沉，随后芽头体积膨胀，比重变小则上升，继续吸水又下降，如此往复，浮浮沉沉，这才有了“三起三落”的现象。

除了君山银针之外，这种浮沉的现象在许多芽头肥壮的茶中也有出现。我们可以利用这点来区分真假茶，以免被干茶的形态所蒙骗。

黑茶的甄别

现在茶市场上有许多以次充好的黑茶，价钱卖得也很贵，初识茶叶的茶友们很容易被欺骗，因此，辨别黑茶的真假也成了我们首要认识的问题。

市场上的假冒伪劣黑茶不过是从以下四个方面入手：

1. 假冒品牌和年份

有些不法商贩会冒用优质或认证标志，冒用许可证标志来欺瞒消费者；或是将时间较短的黑茶经过重新包装，冒充年份久远的陈年老茶。大家都知道，黑茶年份越久口感越好，这些不法商贩这样做，无疑是在投机取巧。

2. 以次充好

茶叶根据不同类型也会分几个等级，但那些不法商贩往往将低等级的黑茶重新包装，或是掺杂到高等级的黑茶中，定一个较高的价钱，以次充好，低质高价出售，以牟取暴利。

3.“三无”产品

“三无”产品是指无标准、无检验合格证或未按规定标明产地、生产企业等详细信息的产品。这样的“三无”茶叶，大家一定要谨慎辨别，千万不要贪图便宜而买到假货。

4. 掺假

掺假并不仅仅是掺杂次等黑茶，有些商贩往往在优品黑茶中掺杂价格便宜的红茶、绿茶碎末等。其本质与以次充好一样，都是为了投机取巧，以低质的茶叶赚取高额的利润。

那么，如何从茶叶本身甄别真假呢？首先，我们要了解黑茶的特点，这样才能真正做到“知己知彼，百战百胜”。

黑茶的特点是“叶色油黑或褐绿色，汤色橙黄或棕红色”。

优质的黑茶生沱茶的干茶及成品茶

因此，我们可以从外形、香气、颜色、滋味四个方面甄别。

1. 外形

如果黑茶是紧压茶，那么上品茶往往都会具有这样几个特点：砖面完整，模纹清晰，棱角分明，侧面无裂，无老梗，没有太多细碎的茶叶末掺杂。黑茶中，这种砖茶有许多种类。由于生产的时间不同，砖茶的外形规格都具有当时的特点：例如前期生产的砖茶，砖片的紧压程度和光洁度都比现时的要紧、要光滑。这是由于当时采用的机械式螺旋手摇压机，压紧后无反弹现象。后来采用摩擦轮压机后，茶叶紧压后，有反弹松弛现象，砖面较为松泡。

如果要甄别的是散茶，那么条索匀齐、油润则是好茶；以优质茯砖茶和千两茶为例，“金花”鲜艳、颗粒大且茂盛的，则是优品茶的重要特征。

2. 香气

上品黑茶具有菌花香，闻起来仿佛有甜酒味或松烟味，老茶则带有陈香。以茯砖茶和千两茶为例，两者都具有特殊的菌花香；而野生的黑茶则有淡淡的清香味，闻一闻就会令人心旷神怡。

3. 颜色

这里提到的颜色分两种。优品黑茶的颜色多为褐绿色或油黑色，茶叶表面看起来极有光泽。冲泡之后，优品黑茶的汤色橙色明亮。陈茶汤色红亮，如同琥珀一样晶莹透亮，十分好看；而上好野生的新茶汤色可以红得像葡萄酒一样，极具美感。

4. 滋味

上品黑茶的口感甘醇或微微发涩，而陈茶则极其润滑，令人尝过之后唇齿仍带有其甘甜的味道。

只要我们掌握了这几种辨别黑茶的方法，就可以在今后挑选黑茶的时候，做到有效判断，不会被假货蒙蔽了双眼。

白茶的甄别

由于茶的外观呈现白色，人们便将这类茶称为白茶。传统的白茶不揉不捻，形态自然，茸毛不脱，白毫满身，如银似雪。

与其他类茶叶相同，白茶也可以从外形、香气、颜色和滋味四方面鉴别，我们现在来看一下具体的方法：

1. 外形

由外形区分白茶可以包含四个部分。

（1）观察叶片的形态。品质好的白茶叶片平伏舒展，叶面有隆起的波纹，叶片的边缘重卷。芽叶连枝并且稍稍有些并拢，叶片的尖部微微上翘，且不是断裂破碎的。而那些品质差的茶叶则正好相反，它们的叶片往往是人为地强加摊开、折叠与弯曲的，而不是自然的平伏舒展，仔细辨别即可看出。

（2）观察叶片的净度。品质好的白茶中只有干净的嫩叶，而不含其他的杂质；那些品质不好的茶叶，里面常常含有碎屑、老叶、老梗或是其他的杂质。我们挑选时，只要用手捧出一些，手指拨弄几下就可以看出茶叶的好坏。

（3）观察叶片的嫩度。白茶中，嫩度高的为上品。如果我们要买的茶叶毫芽较多，而且毫芽肥硕壮实，这样的茶可以称得上优品；反之，毫芽较少且瘦小纤细，或是叶片老嫩不均匀，嫩叶中夹杂着老叶，则表示这种茶的品质较差。

（4）观察叶底。如果叶色呈现明亮的颜色，叶底肥软且匀整，毫芽较多而且壮实，这样的茶算得上是优品；反之，如果叶色暗沉，叶底硬挺，毫芽较少且破碎，这样的白茶品质往往很差。

2. 香气

拿起一些白茶，仔细嗅一嗅，通过其散发出的香味也可辨别茶叶好坏。那些香味浓烈显著，且有清鲜纯正气味的茶叶称得上是优品；反之，如果香气较淡，或其中夹杂着青草味，或是其他怪异的味道，这样的白茶往往品质较差。

3. 颜色

通过颜色辨别也包含两个方面。首先是叶片、芽叶的色泽。上品白茶的毫芽的颜色往往是银白色，且具有光泽；反之，如果叶面的颜色呈现草绿色、红色或黑色，毫芽的颜色毫无

优质白茶白毫银针的干茶及成品茶

光泽，或是呈现蜡质光泽的茶叶，品质一般很差。

冲泡白茶之后，我们还可以根据汤色判断其品质好坏。上品茶冲泡之后，汤色呈现杏黄、杏绿色，且汤汁明亮；而质量差的白茶冲泡之后，汤色浑浊暗沉，且颜色泛红。

4. 滋味

好茶自有好味道，这个道理一点也不假。冲泡白茶之后，我们可以细品茶的滋味，甄别茶叶的好坏。那些茶味鲜爽、味道醇厚甘甜的茶，都算得上优品；如果茶味较淡且比较粗涩，这样的茶往往都是次品。

无论是什么类型的白茶，都可以从以上四个方面来甄别，相信时间久了，大家一定能又快又准确地判断出白茶的好坏与真假。

青茶的甄别

青茶又被称为乌龙茶，属于半发酵茶。其制法经过萎凋、做青、炒青、揉捻、干燥五道工序。青茶的特点是“汤色金黄”，它是中国几大茶类中，具有鲜明特色的茶叶品类。

辨别青茶的方法也可以分为观外形、闻香气、看汤色和品滋味四种。

1. 观外形

我们可以观看茶叶的条索，细看条索形状、紧结程度，那些条索紧结、叶片肥硕壮实的茶叶品质往往较好；反之，条索粗松、轻飘，叶片细瘦的茶叶品质往往不佳。上好的青茶色泽沙绿乌润或青绿油润；反之，那些颜色暗沉的茶叶往往品质不佳。

而不同青茶的外形特点也有些许不同，例如铁观音茶条索壮结重实，略呈圆曲；水仙茶条索肥壮、紧结，带扭曲条形。

2. 闻香气

茶叶冲泡后 1 分钟，即可开始闻香气，1.5 ~ 2 分钟香气最浓鲜，闻香每次一般为 3 ~ 5 秒，长闻有香气转淡的感觉。好的青茶香味兼有绿茶的鲜浓和红茶的甘醇，具有浅淡的花香味。而劣质的青茶不仅没有香气，反而有一种青草味、烟焦味或是其他异味。

3. 看汤色

冲泡青茶之后我们可以看出，上品青茶的汤色呈现金黄或橙黄色，且汤汁清澈明亮，特别好看；而劣质的青茶冲泡之后，其汤色往往都是浑浊的，且汤色泛青、红暗。由于乌龙茶兼具绿茶和红茶的品质特征，其叶底为绿叶红镶边，颜色极其艳丽，边缘颜色以鲜红色为佳。

4. 品滋味

上品青茶品尝一口之后，顿时觉得茶汤醇厚鲜爽，味道甘美灵活；而劣质青茶冲泡之后，茶汤不仅味道淡薄，甚至还伴有苦涩的味道，令人难以下咽。

说到青茶，不得不说一说青茶中的名品——武夷大红袍。大红袍有三个等级，即特级、一级、二级。三种级别的大红袍有着各自不同的特点，分别如下所述：

特级大红袍外形上条索匀整、洁净、带宝色或油润，香气浓长清远，滋味岩韵明显、味道醇厚甘爽，汤色清澈、艳丽、

优质青茶冻顶乌龙的干茶及成品茶

呈深橙黄色，叶底软亮匀齐、红边或带朱砂色，且杯底留有香气。

一级大红袍外形上也会呈现出紧结、壮实、稍扭曲的特点，叶片色泽稍带宝色或油润，整体较为匀整。香气上浓长清远，滋味岩韵明显，味道醇厚，回甘快。但是，这些特点却不如特级大红袍明显。一级大红袍汤色较为清澈、艳丽、呈深橙黄色，叶底较软亮匀齐、红边或带朱砂色，且杯底有余香。

二级大红袍无论在外形、色泽、香气等方面都远不如前两者。但味道品尝起来，却仍带有岩韵，滋味也比较醇厚，回甘快。

总体来说，青茶的辨别方法不难，只要我们牢记青茶的特点，就不会在下一次购买时弄错了。

花茶的甄别

自古以来，茶人就提到“茶饮花香，以益茶味”的说法，由此看来，饮花茶不仅可以起到解渴享受的作用，更带给人一种两全其美、沁人心脾的美感。

我们选购花茶时，可以从以下四方面入手：

1. 外形

品质好的花茶，其条索往往是紧细圆直的；如果花茶的条索粗松扭曲，这样的茶品质往往较差。并且，好茶中并无花片、梗子和碎末等；而次茶中常含有这些杂质。

2. 颜色

好花茶色泽均匀，以有光亮的为佳；反之，如果色泽暗沉，往往品质较差，或者是陈茶。

3. 重量

我们在购买花茶时，可以随便抓起一把茶叶，在手中掂掂重量。品质较好的花茶较重，较沉；而那些重量较轻，较虚浮的则是次品。

4. 味道

由于花茶极易吸附周围的异味，因此，我们可以按照这一特点甄别茶叶好坏。抓一把花茶深嗅一下，辨别花香是否纯正，其中是否含有异味。品质较高的花茶茶香扑鼻，香气浓郁；而那些香气不浓或是其中夹杂异味的茶叶往往都是次品。

花茶也划分了五个等级：一级的花茶条索紧细圆直匀整，有锋苗和白毫，略有嫩茎，色泽绿润，香气鲜灵浓厚清雅；二级花茶条索圆紧均匀，稍有锋苗和白毫，有嫩茎，色泽绿润，香气清雅；三级花茶条索较圆紧，略有筋梗，色泽绿匀，香气纯正；四级花茶条索尚紧，稍露筋梗，色泽尚绿匀，香气纯正；五级花茶条索粗松有梗，色泽露黄，香气稍粗。这些特点可以让我们在购买花茶时不易选购次品。

花茶中，菊花茶是众多茶友们喜爱的种类之一。它不仅可以去火，还可以治疗眼睛疲劳，对电脑一族有着特别大的好处。在此，我们介绍一下菊花茶的选购标准，以便于今后选择较为优质的菊花茶。

（1）由外形上看，优品菊花茶花朵大小整齐，没有碎花，没有杂质，没有粉尘，没有小虫子。而品质差的正好相反，花朵有大有小，其中常常伴有碎花和杂质、粉尘等，有的还会带些小虫子。

（2）冲泡优品菊花茶之后，可以看到茶水颜色清澈晶莹；而那些茶汤浑浊，还常伴有杂质的菊花茶往往是次品。

（3）冲泡之后，优品菊花茶花朵舒展开来，好像活的一样，带着活力与生机。而差的菊花茶泡开之后令人觉得死气沉沉，没有半点活力。

优质花茶碧潭飘雪的干茶及成品茶

花茶中，类似菊花茶这种带花朵的都可以按照这几种方法甄别。闲暇时候，泡上一杯泛着浓浓香气的花茶，感觉一定惬意无比！

伍

第五章 茶的冲泡

初识最佳出茶点

出茶点是指注水泡茶之后，茶叶在壶中受水冲泡，经过一段时间之后，我们开始将茶水倒出来的那一刹那，而最佳出茶点则被认为在这一瞬间倒茶最恰当，得到的茶汤品质最佳。

常泡茶的人也许会发现，在茶叶量相同、水质水温相同、冲泡手法等方面完全相同的情况下，自己每次泡的茶味道也并不是完全相同，有时会感觉特别好，而有时则相对一般。这正是由于每次的出茶点不同，也许有时离这个最佳的点特别近，有时又有偏差导致的。

其实，最佳出茶点只是一种感觉罢了。这就像是形容一件东西、一个人一样，说他哪里最好，哪里最美，每个人的感觉都是不同的，最佳出茶点也是如此。它只是一个模糊的时间段，在这短短的时间段中，如果我们提起茶壶倒茶，那么得到的茶水自然是味道最好的，而一旦错过，味道就会略微逊些。

既然无法做到完全准确地找到最佳出茶点，那么我们只要接近它就好了。我们虽然有时候会偶然间“碰到”这样的一个点，但多数时候，如果技术不佳，感悟能力还未提升到一定层次时，寻找起来仍比较困难。万事万物都需要尝试，只要我们常泡茶、常品茶，在品鉴其他人泡好的茶时多感受一些，相信自己的泡茶技巧也会不断提升。

寻找最佳出茶点

当我们泡茶、鉴茶、品茶的水平达到一定层次时，这样再用相同的手法泡茶，又会达到一个全新的高度和领域。也许在某一次我们泡出的茶味道很美，那么就继续这个冲泡水平，稳定自己的技巧，并以这个标准严格要求自己，在接下来的一次次尝试中不断超越自己。久而久之，我们自然会离这个“最佳出茶点”更近，泡出的茶味道也自然会达到最好。

投茶与洗茶

投茶也称为置茶，是泡茶程序之一，即把称好的一定数量的干茶置入茶杯或茶壶，以备冲泡。投茶的关键就是茶叶用量，这也是泡茶技术的第一要素。

由于茶类及饮茶习惯、个人爱好各不相同，每个人需要的茶叶都略有些不同，我们不可能对每个人都按照统一标准去做。但一般而言，标准置茶量是以 1 克茶叶搭配 50 毫升的水。现代评茶师品茶按照 3 克茶叶兑 150 毫升水这一标准来判断茶叶的口感。当然，如果有人喜欢喝浓茶或淡茶，也可以适当增加或减少茶叶量。

因此，泡茶的朋友需要借助这两样工具：精确到克的小天平或小电子秤和带刻度的量水容器。有人可能会觉得量茶很麻烦，其实不然，只有茶叶量标准，泡出的茶才会不浓不淡，适合人们饮用。

有的时候，我们选用的茶叶不是散茶，而是像砖茶、茶饼一类的紧压茶，这个时候就需要采取一定的方法处理。我们可以把紧压茶或茶饼、茶砖拆散成叶片状，除去其中的茶粉、茶屑。还有另一种方法，就是不拆散茶叶，将它们直接投入到茶具中冲泡。两种方法各有其利弊，前者的优势为主动性程度高，弊端是损耗较大；后者的优势是茶叶完整性高，弊端是无法清除里面夹杂的茶粉与茶屑，这往往需要大家视情况而定。

接下来要做的就是将茶叶放置于茶具中。如果所用的茶具为盖杯，那么可以直接用茶则来置茶；如果使用茶壶泡茶，就需要用茶漏置茶，接着用手轻轻拍一拍茶壶，使里面的茶叶摆放得平整。

人们在品茶的时候有时会发现，茶汁的口感有些苦涩，这也许与茶中的茶粉和茶屑有关。那么在投茶的时候，我们就需要将这些杂质排除在外，将茶叶筛选干净，避免带入这些杂质。

当茶叶放入茶具中之后，下一步要做的就是洗茶了。洗茶是一个笼统说法。好茶相对比较干净，要洗的话，也只是洗去一些黏附在茶叶表面的浮尘、杂质，再就是通过洗茶把茶粉、茶屑进一步去除。

注水洗茶之后，干茶叶由于受水开始舒张变软，展开成叶片状，茶叶中的茶元素物质也开始析出。沸水蕴含着巨大的热能注入茶器，茶叶与开水的接触越均匀充分，其展开过程的质量就越高。因此，洗茶这一步骤做得如何，将直接影响到第一道茶汤的质量。

我们在洗茶时应该注意以下几点：

（1）洗茶注水时要尽量避免直冲茶叶，因为好茶都比较细嫩，直接用沸水冲泡会使茶叶受损，直接导致茶叶中含有的元素析出质量下降。

（2）水要尽量高冲，因为冲水时，势能会形成巨大的冲力，茶器里才能形成强大的旋转水流，把茶叶带动起来，随着水平面上升。这一阶段，茶叶中所含的浮尘、杂质、茶粉、茶屑等物质都会浮起来，这样用壶盖就可以轻而易举地刮走这些物质。

（3）洗茶的次数根据茶性决定。茶叶的茶性越活泼，洗茶需要的时间就越短。例如龙井、碧螺春这样的嫩叶绿茶，几乎是不需要洗茶的，因为它们的叶片从跟开水接触的那一刻起，其中所含的茶元素等物质就开始快速析出；而陈年的普洱茶，洗茶一次可能还不够，需要再洗一次，它才慢吞吞地析出茶元素物质。总之，根据茶性不同，我们可以考虑是否洗茶或多加一次洗茶过程。

说了这么多，洗茶究竟有什么好处呢？首先，洗茶可以保持茶的干净，在洗茶的过程中，能够洗去茶中所含的杂质与灰尘；其次，洗茶可以诱导出茶的香气和滋味；第三，洗

洗茶

茶能去掉茶叶中的湿气。所以说，洗茶这个步骤往往是不可缺少的。

第一次冲泡

投茶洗茶之后，我们就可以开始进入第一次冲泡了。

冲泡之前别忘了提前把水煮好，至于温度只需根据所泡茶的品质决定即可。洗过茶之后，要记得冲泡注水前将壶中的残余茶水滴干，这样做对接下来的泡茶极其重要。因为这最后几滴水中往往含有许多苦涩的物质，如果留在壶中，会把这种苦涩的味道带到茶汤中，从而影响茶汤的品质。

接下来，将合适的水注入壶中，接着盖好壶盖，静静地等待茶叶舒展，将茶元素慢慢析出来，释放到水中。这个过程需要我们保持耐心，在等待的过程中，注意一定不要去搅动茶水，应该让茶元素均匀平稳地析出。这个时候我们可以凝神静气，或是与客人闲聊几句，以打发等候的时间。

一般而言，茶的滋味是随着冲泡时间延长而逐渐增浓的。据测定，用沸水冲泡陈茶首先浸出来的是维生素、氨基酸、咖啡因等，大约到 3 分钟时，茶叶中浸出的物质浓度才最佳。因此，对于那些茶元素析出较慢的茶叶来说，第一次冲泡需要在 3 分钟左右时饮用为好。因为在这段时间，茶汤品饮起

第一次冲泡步骤

来具有鲜爽醇和之感。也有些茶叶例外，例如冲泡乌龙茶，人们在品饮的时候通常用小型的紫砂壶，用茶量也较大，因此，第一次冲泡的时间在1分钟左右就好，这时的滋味算得上最佳。

对于有些初学者来说，在时间的把握上并不十分精准，这个时候最好借助手表来看时间。虽然看时间泡茶并不是个好方法，但对于入门的人来说还是相当有效的，否则时间过了，茶水就会变得苦涩；而时间不够，茶味尚未挥发出来。我们可以先通过手表时间来计算茶叶的冲泡时间，等到经验丰富之后，再凭借自己的感觉把握时间，这样才是最好的办法。

以上就是茶叶的第一次冲泡过程，在这个阶段，需要我们对茶叶的舒展情况、茶汤的质量做出一个大体的评鉴，这对后几次冲泡时的水温和冲泡时间都有很大的作用。

第二次冲泡

在第二次冲泡之前，我们应该回忆一下上一泡茶的各方面特色，例如茶的香气如何，茶叶的舒展情况如何，这些都关系到第二次冲泡时的各方面要求。

回味茶香是必要的，因为有大量信息都蕴藏在香气中。如果茶叶采摘的时间是恰当的，茶叶的加工过程没有问题，茶叶在制成后保存得当，那冲泡出来的茶香必定清新活泼，有植物本身的气息，有加工过程的气息，但没有杂味，没有异味。如果我们闻到的茶香散发出来的是扑鼻而来的香气，那么就说明这种茶中茶元素的物质活性高，析出速度快，因此在第二次冲泡的时候，就不要过分地激发其活性，否则会导致茶汤品质下降；如果茶香味很淡，是一点点散发出来的香气，那么我们就需要在第二次冲泡过程中注意充分激发它的活性，

第二次冲泡步骤

使它的气味以及特色能够充分散发出来。

回味完茶香之后，我们需要检查泡茶用水。观察水温是十分必要的，在每次冲泡之前都需要这样做。如果第二次冲泡与前一次之间的时间间隔很短，那么就不要再给水加温了，这样做可以保持水的活性，也可以使茶叶中的茶元素尽快地析出。需要注意的是，泡茶用水不适宜反复加热，否则会降低水中的含氧量。

当我们对第一次冲泡之后的茶水做出综合评判之后，就可以分析第二次冲泡茶叶的时间以及手法了。由于第一次冲泡时，茶叶的叶片已经舒展开，所以第二次冲泡就不需要冲泡太长时间，大致上与第一次冲泡时间相当即可，或是稍短些也无妨；如果第一次冲泡之后茶叶还处于半展开状态，那么第二次冲泡的时间应该比前一次略长一些。

第二次冲泡的过程，需要我们对前一次的茶叶形态、水温等方面做出判断，这样才能在第二次冲泡时掌握好时间。

第三次冲泡

我们在第三次冲泡之前同样需要回忆一下第二次冲泡时的各种情况，例如水温高低、茶香是否挥发出来，综合分析之后才能将第三次冲泡时的各项因素把控好。

在经过前两次冲泡之后，茶叶的活性已经被激发出来。经过第二泡，叶片完全展开，进入全面活跃的状态。此时，茶叶从沉睡中被唤醒，在进入第三次冲泡的时候渐入佳境。

首先，冲泡之前我们还是需要掌握好水温。注意与前一次冲泡的时间间隔，如果间隔较长，此时的水温一定会降低许多，这时就需要让它提高一些，否则会影响冲泡的效果；如果两次间隔较短，就可以直接冲泡了。

此时茶具中的茶叶片应该处于完全舒展的状态了，经过了前两次冲泡，茶叶中的茶元素析出物应该减少了许多。我们按照析出时间的先后顺序，可以将析出物分为速溶性析出物和缓溶性析出物两类。顾名思义，速溶性析出物释放速度较快，最大析出量发生在茶叶半展开状态到完全展开状态的这个区间内；而缓溶性析出物大概发生在茶叶展开状态之后，且需要通过适当时间的冲泡才能慢慢析出。

由几次冲泡时间来看，速溶性析出物大概在第一、二次冲泡时析出；而缓溶性析出物大概在第三次冲泡时开始析出。因此，前两次冲泡的时间一定不能太长，否则会导致速溶性析出物由于析出过量，茶汤变得苦涩，而缓溶性析出物的质量也不会很高。

至于第三次冲泡的时间则因情况而定，完全取决于前两次冲泡后茶叶的舒展情况以及茶叶本身的特点。比第二次冲

第三次冲泡步骤

泡时间略长、略短或与其持平，这三种情况完全有可能，我们可以依照实际情况判断。

只要掌握好各种因素，第三次冲泡也不会太难，而冲泡出来的茶汤品质也是相当高的。

茶的冲泡次数

我们经常看到这样几种喝茶的人：有的投一点茶叶之后，反复冲泡，一壶茶可以喝一天；有的只喝一次就倒掉，过会儿再喝时，还要重新洗茶泡茶。虽然不能说他们的做法一定是错误的，但茶的冲泡次数确实有些讲究，要因茶而异。

据有关专家测定，茶叶中各种有效成分的析出率是不同的。一壶茶冲泡之后，最容易析出的是氨基酸和维生素 C，它们大概在第一次冲泡时就可以析出；其次是咖啡因、茶多酚和可溶性糖等。也就是说，冲泡前两次的时候，这些容易析出的物质就已经融入茶汤之中了。

以绿茶为例，第一次冲泡时，茶中的可溶性物质能析出 50%左右；冲泡第二次时，能析出 30%左右；冲泡第三次时，能析出约 10%。由此看来，冲泡次数越多，其可溶性物质的析出率就越低。相信许多人一定有所体会，冲泡绿茶太多次数之后，其茶汤的味道就与白开水相差不多了。

通常，名优绿茶只能冲泡 2 ～ 3 次，因为其芽叶比较细嫩，冲泡次数太多会影响茶汤品质；红茶中的袋泡红碎茶，冲泡 1 次就可以了；白茶和黄茶一般也只能冲泡 2 ～ 3 次；而大宗红、绿茶可连续冲泡 5 ～ 6 次；乌龙茶可连续冲泡 5 ～ 9 次，甚至能冲泡更多次，所以才有“七泡有余香”之美誉；至于陈年的普洱茶，有的能泡到 20 多次，因为其中所含的析出物释放速度非常慢。

除了冲泡的次数之外，茶叶冲泡时间的长短，与茶叶内含有的有效成分的利用也有很大的关系。任何品种的茶叶都不宜冲泡过久，最好是即泡即饮，否则有益成分被氧化，不但降低营养价值，还会泡出有害物质。此外，茶也不宜太浓，浓茶有损胃气。

优质绿茶六安瓜片三次冲泡的茶汤

由此看来，茶叶的冲泡次数不仅影响着茶汤品质的好坏，更与我们的身体健康有关，实在不能忽视。

居家泡茶过程

千百年来，茶一直是中国人生活中的必需品。无论有没有客人，爱茶之人都习惯冲泡一壶好茶，慢慢品饮，自然别有一番风趣。

生活中的泡茶过程很简单，每个人都可以在闲暇时间坐下来，为自己或家人冲泡一壶茶，解渴怡情的同时，也能增加生活趣味。一般来说，生活中的泡茶过程大体可分为七个步骤：

1. 清洁茶具

清洁茶具不仅是清洗那么简单，同时也要进行温壶。首先，用沸水烫洗一下各种茶具，这样可以保证茶具被清洗得彻底，因为茶具的清洁度直接影响着茶汤的成色和质量好坏。在这个过程中，需要注意的是沸水一定要注满茶壶，这样才能使整个茶壶均匀受热，以便在冲泡过程中保住茶性不外泄；另外，整个茶壶都受热之后，冲泡用的水也不会因茶壶而温度下降，影响水温。

清洁茶具的步骤

2. 置茶

置茶时需要注意茶叶的用量和冲泡的器具。茶叶量需要统计人数，并且按照每个人的口味喜好决定茶叶的用量。

一般来说，在生活中泡茶往往会选择茶壶和茶杯两种容器。当容器是茶壶时，我们可以先从茶叶罐中取出适量茶叶，

置茶的步骤

然后用茶匙将茶叶拨入茶壶中；当容器是茶杯时，我们可以按照一茶杯一匙的标准进行茶叶的放置。

3. 注水

向容器中注水之前一定要保证水的温度，如果需要中温泡茶，那么经过前两步之后，我们需要确保此时水的温度恰好在中温。注水的过程中，需要等到泡沫从壶口处溢出时才能停下。

注水的步骤

4. 倒茶汤

冲泡一段时间之后，我们就可以将茶汤倒出来了。首先，刮去茶汤表面的泡沫，接着再将壶中的茶倒进公道杯中，使茶汤均匀。

5. 分茶

将均匀的茶汤分别倒入茶杯中，注意不能将茶倒得太满，以七分满为最佳。

分茶的步骤

6. 敬茶

分茶之后，我们可以分别将茶杯奉给家人品尝，也可以由每个人自由端起茶杯。如果我们是自己品饮，这个步骤自然可以忽略。

敬茶的步骤

7. 清理

这个过程包括两部分：清理茶渣和清理茶具。品茶完毕之后，我们需要将冲泡过程中产生的茶渣从茶壶中清理出去，可以用茶匙清理；清理过茶渣之后，我们一定不要忘记清理茶具，要用清水将它们冲洗干净。否则时间久了，茶汤会慢

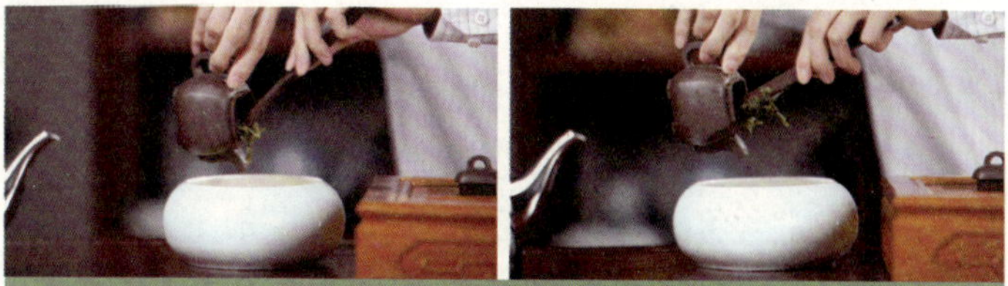

清理的步骤

慢变成茶垢，不仅影响茶具美观，其中所含的有害物质还会影响人的身体健康。

简简单单的 7 个过程，让我们领略了生活中泡茶的惬意美感。那么下一次如果有闲暇时间，别忘了为自己和家人泡一壶茶，尽享难得的休闲时光。

办公泡茶过程

生活在职场中的人们，常常会感觉到身心疲惫，尤其是午后，更是昏昏欲睡，毫无精神。这时，如果为自己泡一杯鲜爽的清茶或一杯浓浓的奶茶，不仅能提神健脑，解除疲劳，还能使办公室的生活更加惬意舒适，重新投入工作时更有活力。

那么，现在我们就开始学习在办公室中如何泡茶吧。

1. 选择茶叶及茶具

由于办公室空间有限，并不能像在家中一样方便各种冲泡流程，所以我们可以选择简单的原料及茶具，例如袋泡茶和简单的茶杯。这样做的好处是：我们可以根据自己的爱好和口味选择茶包中的茶品，也可以免去除茶渣的麻烦。原材料虽然简单，但却可以在最短的时间内为自己泡上一杯好茶，其功效往往不会减少。

以奶茶为例，假设我们此时需要泡一杯香浓的奶茶，那么首先要选择的原料有：袋泡茶、牛奶、糖和玻璃杯。一般来说，人们常常将红茶与奶混合，因为红茶的茶性最温和，可以起到暖胃养身的效果。因此，许多上班族都喜欢随身携带红茶包，以便工作之余冲泡饮用。

2. 泡茶

泡茶

办公室中的泡茶过程较其他几种要简单得多。首先，我们可以向茶杯中冲入沸水，大约占杯子的 1/3 即可。接下来，将红茶包浸入杯中。过一两分钟之后，提起茶叶包上的棉线上下搅动，这样可以使茶叶充分接触到沸水，可以有效地使茶性散发出来，也就相当于传统泡茶中的“闷香”过程。在棉线上下搅拌的时候，茶性也就更容易扩散了。

需要注意的是，有些人并不喜欢奶茶，而是选择冲泡袋装茶。其实，袋装茶的冲制过程比简易奶茶还要简单，不过必须注意一点：冲泡袋装茶时一定要先将开水注入杯中再放入茶包。如果先放茶包再注水，会严重影响茶汤的品质和滋味。

3. 加入牛奶和糖

经过泡茶的过程之后，茶性此时已经得到了充分的散发。

加入牛奶和糖

接下来，我们可以加入牛奶，牛奶的加入量取决于每个人的口味。但一般来说，加入浓茶的不超过 30 毫升，加入中度茶的不超过 20 毫升，加入淡茶的不超过 15 毫升。

加糖的时候要注意根据个人的喜好，并不一定要加糖才能得到香醇的奶茶，有些人不适宜服用太多的糖，这时就需要酌情减少或不添加。

在办公室中泡茶的过程就是这么简单，只需要以上三步即可。工作之余，我们完全可以为自己冲泡一杯香浓的茶，忙碌的同时也不要忘了享受生活才对。

商家销售泡茶过程

有些人在茶店买完茶叶，回家冲泡之后忽然发现，自己泡的茶为什么和在茶叶店中不一样呢？不仅茶的香气不如商家卖的浓郁，连茶汤的口感都相差很多。因此，许多人大呼上当，认为是商家将次品茶叶卖给了自己。

其实，这种现象不一定是大家所想象的，有时候即使是相同的茶叶、器具和水温，因不同手法冲泡，得到的茶汤品质及香气也是不同的。在茶叶店中，商家往往采用销售冲泡法，其特点是在最短的时间内将茶的优点展示出来，将缺点掩盖一些，起到扬长避短的作用。而这种商家冲泡法并没有多深奥，对每个人来说都是可以学会的。

下面我们以铁观音为例，大致讲一下商家销售的冲泡过程，主要分为五步，且每步过程的名字都特别好听：

1. 白鹤沐浴

这个过程也就是我们常说的烫洗茶具、温壶的过程，此时注意烫洗的水需要沸水。

2. 观音入宫

这是指置茶的过程。将适量的铁观音干茶放入茶具中，数量大概占茶具容量的 50%。

3. 悬壶高冲

商家在这个过程中往往采用高冲水的方式，将沸水注入茶壶之中，最后可再转动一下茶壶。这样做的目的在于使茶叶充分翻转，使茶性浸出。

白鹤沐浴

观音入宫

悬壶高冲

4. 春风拂面

这是商家用壶盖刮去浮在茶面上的泡沫的过程。

5. 关公巡城

春风拂面

关公巡城

将刮去泡沫后的茶汤闷上一二分钟之后，为了使每杯茶浓淡一致，商家在分茶时将品茗杯排成“一”字或“品”字，将茶汤按照顺序倒入品茗杯中，巡回分茶，取名关公巡城，形容得十分生动。

另外，还需要注意的是，分到最后剩下的茶汤也要均匀分配，一杯一滴，平分到每个茶杯中，这就是点茶，即所谓的韩信点兵。

点茶过后，商家需要将每杯茶奉上，让顾客先观汤色，再闻茶香，最后品尝茶汤。至此，整个商家销售泡茶的过程就结束了。

这只是铁观音的一般冲泡方法，不过，铁观音并非种类单一的茶品。即使是同属铁观音，不同的种类之间在茶叶用量和用水方面也有不小的差异。这是需要特别注意的。不过，无论是何种茶品，一般情况下当水温低于90℃、冲泡时间短的时候，泡出来的茶汤就会显得色泽鲜艳，尝起来甘爽可口；当水温高于95℃、冲泡时间稍长的时候，茶品本身特有的茶香才会在身边萦绕。因此，我们在购买茶叶的时候可以要求商家将茶泡得久一些。这样，茶品的一些弱点或缺点就很容易暴露出来。

当我们挑好一款茶时，最好当时按自己的习惯冲泡一下，商家通常是不会反对的，并且还会给我们一些好的建议。这

样我们不仅容易挑到满意的茶，还可以学习一些泡茶方法，也算得上是一举两得了。

掌握了商家销售泡茶的方法之后，相信下次我们再买茶叶的时候，就不会因为味道与购买时不同而苦恼了。

陆

第六章
如何品茶

品茶四要素

观茶色

观茶色即观察茶汤的色泽和茶叶的形态，以下的哲理故事与其有一定的关联：相传，闲居士与老禅师是朋友。一次，老禅师请闲居士喝普洱茶。闲居士接过茶杯正要喝时，老禅师问他："佛家有言，色即是空，空即是色，你看这杯茶汤是什么颜色的？"闲居士以为老禅师在考他的领悟能力，于是微笑着回答："是空色的。"老禅师又问："既然是空色的，又哪来颜色？"闲居士一听完全不知道怎么回答，便请教老禅师。老禅师心平气和地回答道："你没有看见它是深红色的吗？"闲居士听完之后，对其中的深意忽然顿悟。

故事中两人喝的普洱茶，它所呈现的茶汤颜色是深红色的，而每类茶都有着不同的色泽，我们可以分别从茶汤的色泽和茶叶的形态两方面品鉴一下：

1. 茶汤的色泽

冲泡之后，茶叶由于冲泡在水中，几乎恢复到了自然状态。茶汤随着茶叶内含物质的渗出，也由浅转深，晶莹澄清。而几泡之后，汤色又由深变浅。各类茶叶各具特色，不同的茶类又会形成不同的色泽。有的黄绿，有的橙黄，有的浅红，有的暗红等。同一种茶叶，由于使用不同的茶具和冲泡用水，茶汤也会出现色泽上的差异。

黄山毛峰茶汤　　西湖龙井茶汤

观察茶汤的色泽，主要是看茶汤是否清澈鲜艳、色彩明亮，并具有该品种应有的色彩。茶叶本身的品质好，色泽自然好，而泡出来的汤色也十分漂亮。但有些茶叶因为存放不善，泡出的茶不但有霉腐的味道，而且茶汤也会变色。

除此之外，影响茶汤色泽的因素还有许多，例如用硬水泡茶，有石灰涩味，茶汤色泽也混浊。假若用来泡茶的自来水带铁锈，茶汤便带有铁腥味，茶汤也可能变得黯沉瘀黑。

以下介绍几类优质茶的茶汤色泽特点：

（1）绿茶。绿茶由于制作时以高温杀青，因此叶绿素使茶叶保持翠绿的色泽。按叶片的色泽来说，可分深绿色、黄绿色，而茶叶愈嫩，叶绿素深绿色的含量愈少，便呈黄绿色。这也是龙井茶的色泽称为“炒米黄”的原因所在。而毛峰茶冲泡之后，茶汤都应是清澈浅绿，高级烘青冲泡之后，茶汤却显深绿，我们完全可以由茶汤的这个特点来判断绿茶品质的好坏。

（2）普洱茶。普洱茶因制作工艺不同，茶汤所呈现的色泽也略有不同，常见的滋味醇和的汤色有以下几种：茶汤颜色呈现红而暗的色泽，略显黑色，欠亮；茶汤颜色红中透着紫黑，均匀且明亮，有鲜活感；茶汤颜色黑中带紫，红且明亮，有鲜活感；茶汤呈现暗黑色，有鲜活感；等等。这几种汤色

宫廷普洱茶汤

老茶头茶汤

普洱散茶茶汤

熟饼茶茶汤

熟砖茶茶汤

坦洋工夫茶汤

铁观音茶汤

都算得上优品普洱茶的表现。

（3）工夫茶。工夫茶往往观茶色也可以辨“功夫”。4 ~ 5 泡的茶色浓而不红，淡而不黄，即在橙红与橙黄之间时，应有鲜亮的感觉，这样的汤色可谓工夫茶中的上品。

2. 茶叶的形态

观察茶叶的形态主要分为观察干茶的外观形状以及冲泡之后的叶底两部分。

（1）干茶的外观。每类茶叶的外观都有其各自的特点，观察干茶的外观、色泽、质地、均匀度、紧结度、有无显毫等。

一般说来，新茶色泽都比较清新悦目，或嫩绿或墨绿。炒青茶色泽灰绿，略带光泽；绿茶以颜色翠碧、鲜润活气为好，特别是一些名优绿茶，嫩度高，加工考究，芽叶成朵，在碧绿的茶汤中徐徐伸展，亭亭玉立，婀娜多姿，令人赏心悦目。

如果干茶叶色泽发枯发暗发褐，表明茶叶内质有不同程

信阳毛尖的干茶

茉莉银针的干茶

西湖龙井的干茶

茉莉龙珠的干茶

安吉白茶　女儿环　祁门红茶　黄金桂的叶底

度的氧化；如果茶叶片上有明显黑色或深酱色斑点或叶边缘为焦边，也说明不是好茶；如果茶叶颜色深浅反差较大，说明茶叶中夹有黄片，老叶甚至有陈茶，这样的茶也谈不上是好茶。

（2）看叶底。看叶底即观看冲泡后充分展开的叶片或叶芽是否细嫩、匀齐、完整，有无花杂、焦斑、红筋、红梗等现象，乌龙茶还要看其是否具有“绿叶红镶边”。

茶叶随陈化期时间增长，叶底颜色由新鲜翠绿转橙红鲜艳。生茶的茶叶是由新鲜翠绿，随着空气中的水分来氧化发酵，进而转嫩软红亮。反之若是在潮湿不通风的仓储环境陈化，在半世纪或一百年也没有多大效益，因为茶的发酵将彻底失去意义，叶面将是暗黑无弹性感。

以上两种即观茶色的重点，也是大家对茶叶最初的印象，不过有时候茶叶的色泽会经过处理，这就需要我们仔细品鉴，并从其他几要素中综合考虑茶叶的品质。

闻茶香

观茶色之后，我们就需要嗅闻茶汤散发出的香气了。闻茶香主要包括三个方面，即干闻、热闻和冷闻。

1. 干闻

干闻即闻干茶的香味。一般来说，好茶的茶香格外明显。如新绿茶闻之有悦鼻高爽的香气，其香气有清香型、浓香型、

干闻

热闻

冷闻

甜香型；质量越高的茶叶，香味越浓郁扑鼻。口嚼或冲泡，绿茶发甜香为上，如闻不到茶香或是香气淡薄或有一股陈气味，例如闻到一股青涩气、粗老气、焦煳气则是劣质的茶叶。

2. 热闻

热闻即冲泡茶叶之后，闻其中茶的香味。泡成茶汤后，不同的茶叶具有各自不同的香气，会出现清香、板栗香、果香、花香、陈香等，仔细辨认，趣味无穷，而每种香型又分为馥郁、清高、鲜灵、幽雅、纯正、清淡、平和等多种。

3. 冷闻

当茶器中的茶汤温度降低后，我们可以闻一闻茶盖或杯底的留香，这个过程即冷闻，而此时闻到的香气与高温时亦不同。因为温度很高时，茶叶中的有些独特的味道可能被芳香物质大量挥发而掩盖，但此时不同，由于温度较低，那些曾经被掩盖的味道趁这个时候会逐渐散发出来。

在精致透明的玻璃杯中加少许的茶叶，在沸水冲泡的瞬间，让迷蒙着的茶香清奇袅袅地腾起，来得快，去得急。深深地吸一口气，那香气已经深深地吸入肺腑，茶香混合着热气屡屡沁出，又是一番闻香的享受。

品茶味

闻香之后，我们用拇指和食指握住品茗杯的杯沿，中指

品茶

托着杯底，分三次将茶水细细品啜，这就是品茶的第三个要素——品茶味。

清代大才子袁枚曾说过："品茶应含英咀华，并徐徐咀嚼而体贴之。"这句话的意思就是，品茶时，应该将茶汤含在口中，像含着一片花瓣一样慢慢咀嚼，细细品味，吞下去时还要注意感受茶汤经过喉咙时是否爽滑。这正是教我们品茶的步骤，也特别强调了一个词语：徐徐。

茶汤入口时，可能有或浓或淡的苦涩味，但这并不需要担心，因为茶味总是先苦后甜的。茶汤入口后，也不要立即下咽，而要在口腔中停留，使之在舌头的各部位打转。舌头各部位的味蕾对不同滋味的感觉是不一样的，如舌尖易感觉酸味，舌对鲜味最敏感，近舌根部位易辨别苦味。让茶汤在口腔中流动，与舌根、舌面、舌侧、舌端的味蕾充分接触，品尝茶的味道是浓烈、鲜爽、甜爽、醇厚、醇和还是苦涩、淡薄或生涩，让舌头充分感受到茶汤的甜、酸、鲜、苦、涩等味，这样才能真正品尝到茶汤的美妙滋味。最后咽下之后，不久就口里回甘，韵味无穷。一系列的动作皆验证了"徐徐"二字，细细品尝，慢慢享受。

一般来说，品茶品的是五感，即调动人体的所有感觉器官用心去品味茶，欣赏茶。这五品分别是眼品、鼻品、耳品、口品、心品。眼品就是用眼睛观察茶的外观形状、汤色等，即观茶色的部分；鼻品就是用鼻子闻茶香，也就是闻茶香的部分；耳品是指注意听主人或茶艺表演者的介绍，知晓与茶有关的信息的过程；口品是指用口舌品鉴茶汤的滋味韵味，这也是品茶味的重点所在；心品是指对茶的欣赏从物质角度的感性欣赏升华到文化的高度，它更需要人们有一定的领悟能力。

我国的茶品繁多，其品质特性各不相同，因此，品饮不同的茶所侧重的角度也略有不同。以下分别介绍了品饮不同茶叶的方法，以供大家参考：

1. 绿茶

绿茶，尤其是高级细嫩绿茶，其色、香、味、形都别具一格。品茶时，可以先透过晶莹清亮的茶汤，观赏茶的沉浮、舒展和姿态，察看茶汁的浸出、渗透和汤色的变幻。然后端起茶杯，先闻其香，再呷上一口，含在口中，让茶汤在口舌间慢慢地来回旋动。上好的绿茶，汤色碧绿明澄，茶叶先苦涩，后浓香甘醇，且带有板栗的香味。这样往复品赏几次之后，便可以感受得到其汤汁的鲜爽可口。

2. 红茶

品饮红茶的重点在于领略它的香气、滋味和汤色。品饮时首先观其色泽，再闻其香气，然后品尝茶味。饮红茶须在“品”字上下功夫，慢慢斟饮，细细品味，才可获得品饮红茶的真趣。品饮之后，我们一定会了解人们将红茶称为“迷人之茶”的理由了。

3. 青茶

青茶品饮的重点在于闻香和尝味，不重品形。品饮时先将壶中茶汤趁热倒入公道杯，之后分注于闻香杯中，再倾入对应的小杯内。品啜时，先将闻香杯置于双手手心间，使闻香杯口对准鼻孔，再用双手慢慢来回搓动闻香杯，使杯中香气尽可能得到最大限度的享用。品啜时，可采用“三龙护鼎”

式端杯方式，体悟青茶的美妙与魅力。

4. 白茶与黄茶

白茶和黄茶都具有极高的欣赏价值，品饮的方法也与其他类茶叶有所不同。首先,用无花纹的透明玻璃杯以开水冲泡，观赏茶芽在杯中上下浮动，再闻香观色。一般要在冲泡后 10 分钟左右才开始尝味，这时的味道才最好。

5. 花茶

花茶既包含了茶胚的清新，又融合了花朵的香气，品尝起来具有独特的味道。茶的滋味为茶汤的本味。花茶冲泡 2 ~ 3 分钟后，即可用鼻闻香。茶汤稍凉适口时，喝少许茶汤在口中停留，以口吸气、鼻呼气相结合的方法使茶汤在舌面来回流动，口尝茶味和余香。

以上是对不同种类茶叶的品饮方法，一般来说，茶汤入口后甘鲜，浓醇爽口，在口中留有甘味者最好。

茶是世间仙草，茶是灵秀隽永的诗篇，我们要带着对茶的深厚感情去品饮，才能真正领略到好茶的“清、鲜、甘、活、香”等特点，让其美妙的滋味在舌尖唇齿中演绎一番别样的风情。

悟茶韵

茶韵是一种感觉，是美好的象征，是一种超凡的境界，是茶的品质、特性达到了同类中的最高品位，也是我们在饮茶时所得到的特殊感受。

我们知道观茶色、闻茶香，小口品啜温度适口的茶汤之后,便是悟茶韵的过程了。让茶汤与味蕾最大限度地充分接触，轻缓地咽下，此时，茶的醇香味道以及风韵之曼妙就全在于你自己的体会了。

茶韵渺渺

茶品不同，品尝之后所得到的感受也自然不同。也可以说，不同种类的茶都有其独特的“韵味”，例如，西湖龙井有“雅韵”，岩茶有“岩韵”，普洱茶有“陈韵”，午子绿茶有“幽韵”，黄山毛峰有“冷韵”，铁观音有“音韵”，等等。以下分别介绍各类茶的不同韵味，希望大家在品鉴该茶的时候能感悟出其独特的韵味来。

1. 雅韵

雅韵是西湖龙井的独特韵味。龙井茶色泽绿翠，外形扁平挺秀，味道清新醇美。取些泡在玻璃直筒杯中，可以看到其芽叶色绿，好比出水芙蓉，栩栩如生。因此，龙井茶向来以“色绿、香郁、味甘、形美”四绝称著，不愧称得上“雅韵”，实在是雅致至极。

2. 岩韵

岩韵是岩茶的独特韵味，即“岩骨花香”中岩骨，俗称岩石味，滋味有特别的醇厚感。人说“水中有骨感”就是这意思；饮后回甘快、余味长；喉韵明显；香气不论高低都持久浓厚、冷闻还幽香明显，亦能在口腔中保留持久深长味道的感觉。

由于茶树生长在武夷山丹霞地貌内，经过当地传统栽培方法，采摘后的茶叶又经过特殊制作工艺形成，其茶香茶韵自然具有独有的特征。品饮之后，自然独具一番情调。

3. 陈韵

众所周知，普洱茶是越陈的越香，就如同美酒一样，必须要经过一段漫长的陈化时间。因而品饮普洱茶时，就会感悟其中“陈韵”的独特味道。其实，陈韵是一种经过陈化后所产生出来的韵味，优质的热嗅陈香显著浓郁，具纯正，“气感”较强，冷嗅陈香悠长，是一种干爽的味道。将陈年普洱冲入壶中，冲泡几次之后，其独特的香醇味道自然散发出来，细细品味一番，你一定会领略到普洱茶的独特陈韵。

4. 幽韵

午子绿茶外形紧细如蚁，锋毫内敛，色泽秀润，干茶嗅起来有一股特殊的幽香，因而，有人称其具有“幽韵”。冲泡之后，其茶汤色清澈绿亮，犹如雨后山石凹处积留的一洼春水，清幽无比，幽香之味也更浓，品饮之后，那种幽香的感觉仿佛仍然环绕在身旁。

细啜一杯午子绿茶，闭目凝神，细细体味那一缕绿幽缥缈的韵味，感悟唇齿间浑厚的余味以及回甘，相信这种“幽韵”一定能带给你独特的感悟。

5. 冷韵

冷韵是黄山毛峰的显著特点。明代的许楚在《黄山游记》中写道：“莲花庵旁，就石隙养茶，多清香，冷韵袭人齿腭，谓之黄山云雾。”这首诗中提到的就是黄山云雾，而据考证，黄山云雾即黄山毛峰的前身。

用少量的水浸湿黄山毛峰，看着那如花般的茶芽在水中簇拥在一起。由于温度较低，褶皱着的茶叶还未展开，其色泽泛绿，实在惹人怜爱。那淡淡的冷香之气也随着茶杯摇晃而散发出来，轻抿一口，仿佛能体味到黄山中特有的清甘润爽之感。

6. 音韵

音韵是铁观音的独特韵味，即观音韵。冲泡之后，其汤色金黄浓艳似琥珀，有天然馥郁的兰花香，滋味醇厚甘鲜，回甘悠久，留香沁人心脾，耐人寻味，引人遐思。观音韵赋予了铁观音浓郁的神秘色彩，也正因为如此，铁观音才被形容为“美如观音，重如铁”。

当你感到身心疲惫的时候，或是心里失去平衡的时候，不如播一曲轻松的大自然乐曲，或是一辑古典的筝笛之音，点一炷檀香，冲一壶上好的茶叶，有人同啜也好，一人独品也罢，只要将思绪完全融入茶中，细品人生的味道即可。

茶之十德

唐末刘贞亮提出茶有“十德”，分别是以茶散闷气，以茶驱腥气，以茶养生气，以茶除病气，以茶利礼仁，以茶表敬意，以茶尝滋味，以茶养身体，以茶可雅志，以茶可行道。由此看来，茶之十德其实是指茶之“十用”，即茶的十种益处或功效。

茶的作用非常多，根据其“十德”，我们可归纳为茶有如下用途，即散郁结、养生、养气、除病、行道、利礼仁、表敬、赏味、养身、雅志。

1. 散郁结

散郁结即消除郁结情绪。现在市场上有许多茶类产品都可以起到这种作用，例如保健茶、花草茶等等。冲泡之后，看着其艳丽的色泽，闻着其袅袅的香气，以及独特的味道，人们心中的郁结之情一定会减少许多。更何况这些茶类中含有

茶之风情

可以舒缓心情的茶元素，散郁的效果自然也很显著。

2. 养生

茶具有养生作用，例如提神醒脑、消脂减肥、利尿通便、保护牙齿、消炎杀菌、美容护肤、清心明目、消渴解暑、戒烟醒酒、暖胃护肝等。

3. 养气

养气主要是指保养人的元气，如菊花茶。人们还可根据自己的喜好，用红枣、桂圆等滋补类的食材制成香浓的滋补花草茶，既起到养气的作用，又能将其作为营养的饮品，实在是一举多得。

4. 除病

多种实验和数据表明，茶还具有抑制心脑血管疾病、防癌抗癌等作用。

5. 行道

在日本，茶有茶道，花有花道，香有香道，剑有剑道，而中国不同。中国人不轻易言道，在所有饮食、玩乐等活动中能升华为“道”的只有茶道。

6. 利礼仁

我国自来讲究礼仁二字。以礼待客，以礼待人，都是我们从茶中得到的启示。茶德仁，自抽芽、展叶、采摘、揉碾、发酵、烘焙到成茶，需要经历一个漫长而艰难的过程。这是一次苦难的洗礼，也是对道德的升华，唯有仁人志士才能体会出茶的仁德，并生仁爱之心。

7. 表敬

我国的茶道就包含“敬”这个字，即尊敬。对待客人要尊敬，对待亲人要尊敬，对待朋友要尊敬，茶道茶艺中的每个动作皆可以带给人们这种感觉。

8. 赏味

品茶时，我们自然可以品尝到茶汤的美味。通过各类不同茶叶的滋味，我们还可以体会其茶韵，获得极大的收获。

9. 养身

茶中有许多种滋养身体、强身健体的茶元素，这些物质可以起到养身的作用。因此，老年人很适合饮茶。

10. 雅志

无论是冲泡之后茶叶的舒展形态，还是别具一格的清幽香气，抑或是极富深意的茶韵以及品茶时的环境特点，都包含了“雅志”二字。焚一炷香，听一段舒缓的古筝曲，捧起茶盏，与友人轻声慢语地闲谈几句，相信这幅画面必定极其雅致。

茶之十德，将喝茶与生活中的各类事联系在一起，不仅使它看起来极其重要，同时也使茶文化被更多人认可。

斟茶七分满

“七分茶、八分酒”是我国的一句俗语，也就是说斟酒斟茶不可斟满，茶斟七分，酒斟八分。否则，让客人不好端，溢出来不但浪费，还会烫着客人的手或撒到他们的衣服上，不仅令人尴尬，同时也使主人失了礼数。因此，斟酒斟茶以七八分为宜，太多或太少都是不可取的。

“斟茶七分满”这句话还有这样一个典故，是关于两个名人王安石和苏东坡的故事。

一日，王安石刚写下了一首咏菊的诗：“西风昨夜过园林，吹落黄花遍地金。”正巧有客人来了，他这才停下笔，去会客了。这时刚好苏东坡也来了，他平素恃才傲物、目中无人，当看到这两句诗后，心想王安石真有点老糊涂了。菊花最能耐寒、耐久，敢与秋霜斗，他所见到的菊花只有干枯在枝头，哪有被秋风吹落得满地皆是呢？“吹落黄花遍地金”显然是大错特错了。于是他也不管王安石是他的前辈和上级，提起笔来，在纸上接着写了两句：“秋英不比春花落，说与诗人仔细吟。”写完就走了。

王安石回来之后看到了纸上的那两句诗，心想着这个年轻人实在有些自负，不过也没有声张，只是想用事实教训他一下，于是借故将苏东坡贬到湖北黄州。临行时，王安石又让他再回来时为自己带一些长江中峡的水回来。

苏东坡在黄州住了许久，正巧赶上九九重阳节，就邀请

斟茶

奉茶

朋友一同赏菊。可到了园中一看，见菊花纷纷扬扬地落下，像是铺了满地的金子，顿时明白了王安石那两句诗的含义，同时也为自己曾经续诗的事感到惭愧。

等苏东坡从黄州回来之后，由于在路途上只顾观赏两岸风景，船过了中峡才想起取水的事，于是就想让船掉头。可三峡水流太急，小船怎么能轻易回头？没办法，他只能取些下峡的水带给王安石。

王安石看到他带来了水很高兴，于是取出皇上赐给他的蒙顶茶，又用这水冲泡。斟茶时，他只倒了七分满。苏东坡觉得他太过小气，一杯茶也不肯倒满。王安石品过茶之后，忽然问："这水虽然是三峡水，可不是中峡的吧？"苏东坡一惊，连忙把事情的来由说了一遍。王安石听完这才说："三峡水性甘纯活泼，泡茶皆佳，唯上峡失之轻浮，下峡失之凝浊，只有中峡水中正轻灵，泡茶最佳。"他见苏东坡恍然大悟一般，又说："你见老夫斟茶只有七分，心中一定编排老夫的不是。这长江水来之不易，你自己知晓，不消老夫饶舌。这蒙顶茶进贡，一年正贡 365 叶，陪茶 20 斤，皇上钦赐，也只有论钱而已，斟茶七分，表示茶叶的珍贵，也是表示对送礼人的尊敬；斟满杯让你驴饮，你能珍惜吗？好酒稍为宽裕，也就八分吧。”

由此，“七分茶，八分酒”的这个习俗就流传了下来。现如今，“斟茶七分满”已成为人们倒茶必不可少的礼仪之一，这不仅代表了主人对客人的尊敬，也体现了我国传统文化的博大精深。

六艺助兴

传统文化中所说的“六艺”是指古代儒家要求学生掌握的六种基本才能，即礼、乐、射、御、书、数。而品茶时的六艺却与这有些不同，指的是书画、诗词、音乐、焚香、花艺与棋艺。

1. 书画

书画与品茶二者之间自古就有着紧密的关联。在现代茶社内部人文环境布置上，很注重书画的安排，茶人多将之挂在墙上，衬托茶席的书香气息。与书画相伴来品茶，可以营造浓重的文化氛围，并激发才学之士的灵感，同时也能烘托出具有文化底蕴且宁静致远的品茗气氛。

书画

南宋刘松年的《斗茶图卷》、元代画家赵孟頫的《斗茶图》、清代画家薛怀的《山窗清供图》、文徵明的《品茶图》、仇英的《松亭试泉图》等意境都很高远，均为古代书画家抒发茶缘的名作珍品。除了这些名人的作品，那些只要能反映出主人心境、志趣的作品也可。

2. 诗词

古人常常在茶宴上作诗作词，"诗兴茶风，相得益彰"便是由此而来。茶宴上的诗词既是诗人对生活的感悟，也是一种即兴的畅言。因为诗词，让茶的韵味更具特色；因为诗词，使人的品位提升。在品着新茶的同时吟几句诗似乎是自娱，亦是一种助兴。古往今来，数不胜数的诗可信手拈来，在与友人对饮时一展文采，高雅脱俗，真可谓一种怡情养性的享受。

诗词

吟诗作对对有些茶人来说很难，那么也可在墙壁上悬挂与茶有关的诗词。看得久了，读得久了，也自然能咂摸出其中的几分气韵来。

3. 音乐

品茶时的音乐是不可缺少的。古人在饮茶时喜欢临窗倾听月下松涛竹响，抑或是雪落沙沙、清风吹菊，获得高洁与闲适的心灵放松。由此看来，音乐与茶有着陶冶性情的妙用，正如白居易在《琴茶》诗中所言"琴里知闻唯渌水，茶中故旧是蒙山"。

我们可以在品茶时听的音乐有很多，例如《平湖秋月》《梅花三弄》《雨打芭蕉》等，或是古琴、古筝、琵琶等乐器所奏的古典音乐也可，都能营造品茗时宁静幽雅的氛围，传送出缕缕的文化韵味，具有很强的烘托和感染性。

音乐

4. 焚香

中国人自古就有“闻香品茶”的雅趣。早在殷商时期，青铜祭器中就已经出现了香器，可见，焚香在那时起就已经成为生活祭奠中的必需品。香之于茶就像美酒之于佳人，二者相得益彰。饮茶时焚的香多为禅院中普遍燃点的檀香，既能够与茶香很好地协调，更能促使杂念消散和心怀澄澈。

当我们心思沉静下来，焚一盘沉香，闻香之际，就会感到有一股清流从喉头沉入，口齿生津，六根寂静，身心气脉畅通。饮茶时点上一炷好香，袅袅的烟雾与幽香，成就了品

焚香

花艺

茶时的另一番风景。

5. 花艺

品茶时的鲜花一定不能被我们忽视。因为花能协调环境，亦能调节人的心情。花是柔美的象征，其美妙的姿态与芬芳的气息都与茶相得益彰。因此，品茶的环境中摆放几枝鲜花，一定会为茶宴增辉不少。

6. 棋艺

一杯香茗，一盘棋局，组成了一副清雅静美的画面。在悠闲品茶的同时，将智慧融入对弈之中，僵持犹豫时轻啜一小口清茶，让那种舒缓棉柔的感觉冲淡胜负争逐的欲望，相信品茶的趣味一定会大大提升。

茶与六艺之间的关系极为紧密，六艺衬托了品茶的意境，而茶也带给六艺不同的韵味。我们在品茶的同时，别忘了这几种不同的艺术形式，相信它们一定会带给你独特的精神与艺术的享受。

花艺

棋艺

茶与修养

品茶是一门综合艺术，人们通过饮茶可以明心见性，提高审美情趣，完善人生价值取向的作用，也就是说，茶与个人的修养息息相关。

《茶经》中提到 :“茶者，南方之嘉木也。”茶之所以被称为嘉木，正是因为茶树的外形以及内质都具有质朴、刚强、幽静和清纯的特点。另外，茶树的生存环境也很特别，常生在山野的烂石间，或是黄土之中，向人们展示着其坚强刚毅的特点，这与人们的某些品质也极其相似。

人们通过接触茶、了解茶、品茶评茶之后，往往能够进入忘我的境界，从而远离尘世的喧嚣，为自己带来身心上的愉悦感受。因为茶洁净淡泊、朴素自然，因而，在感受茶之美的过程中，我们常常借助茶的灵性去感悟生活，不断调适自己，修养身心，自我超越，从而拥有一份美好的情怀。

冲泡沸水之后，茶汤变得清澈明亮，香味扑鼻，高雅却不傲慢，无喧嚣之态，也无矫揉造作之感。茶的这种特性与人类的修养也很相似，表现在人生在世，做人做事的一种态度。而延伸到人们的精神世界中，则成了一种境界，一种品格，一种智慧。因而，我们可以将茶与人的修养联系在一起，从

通过饮茶可以明心净性，提高审美情趣，完善人生价值取向

而达到“以茶为媒”、修身养性的作用。

除此之外，茶在操守、雅志、养廉等方面一直被历代茶人所推崇。《茶经》中记载了许多有关饮茶的名人轶事，各朝各代皆有之：齐国的宰相晏婴大家一定不陌生，文中记载，晏婴平日吃糙米饭，除了少量荤菜之外，只有茶而已，以此来要求自己一切从简；东晋大将桓温也与他很像，平日里宴请宾客只奉上几盘茶和果品招待客人，表明其崇尚简朴，追求廉俭之风。与他们相似的名人还有许多，这些人均以茶崇俭，被后世敬仰。

然而，现代生活节奏加快，人们承受着来自各方面的压力，常常感叹活得太累、太无奈，似乎已经失去了自我。而茶的一系列特点，例如性俭、自然、中正和纯朴，都与崇尚虚静自然的思想达到了最大程度的契合。所以，生活在现今社会的人们已经将饮茶作为一种清清净净的休闲生活方式，它正如一股涓涓细流滋润着人们浮躁的心灵，平和着人们烦躁的情绪，成为人们最好的心灵抚慰剂。看似无为而又无不为，让心境回复清静平和状态，使生活、工作更有条理，同样也是一种积极的人生观的体现。

烹茶以养德，煮茗以清心，品茶以修身。通过品茶这一活动的确可以表现一定的礼节、意境以及个人的修养等。我们在品茶之余，可以在沁人心脾的茶香中将自己导入冷静、客观的状态，反省自己的对错，反思自己的得失，以追求“心”的最高享受。

吃茶、喝茶、饮茶与品茶

经常与茶打交道的人一定常听到这几个词：吃茶、喝茶、饮茶与品茶。一般而言，人们会觉得这四个词都是同样的意思，并没有太大的区别，但是细分之后，彼此之间还是有差别的。

1. 吃茶

吃茶

吃茶强调的是“吃”的动作。在我国有些地区，我们常常会听到这样的邀请，“明天来我家吃饭吧，虽然只是‘粗茶淡饭’……”这里的“粗茶”只是主人的谦辞罢了，并不是指茶叶的好坏。由此看来，“吃茶”一词便有了一点方言的味道。

一般来说，吃茶的说法在农家更为常见，这词听起来既透露出农家特有的淳朴气息，又多了一份狂放与豪迈之情。如果是小姑娘说出来，仿佛又折射出其柔美、淳朴、热情好客的品质。我们可以想象得到，吃茶在某些地区俨然成了生活中不可或缺的一部分：一家人围在桌旁，桌上放着香气四溢的茶水，老老少少笑容满面地聊天，看起来其乐融融。

喝茶

2. 喝茶

喝茶强调的是“喝”的动作，它给人的直观感觉就是：将茶水不断地往咽喉里引流，突出的是一个过程，仿佛更多的是以解渴为目的。为了满足人的生理需要，补充人体水分不足，人们在剧烈运动、体力流失之后，大口大口地急饮快咽，直到解渴为止。而在喝茶的过程中，人们对于茶叶、茶具、茶水的品质都没太多要求，只要干净卫生就可以了。

喝茶也是大家普遍的说法，可以是口渴时胡乱地灌上一碗，可以随便喝一杯，可以是礼貌的待客之道，可以是自己喝，可以是几个人喝，可以是一群人喝，可以在家里喝，可以在热闹的茶馆喝，可以是懂茶之人喝，也可以是不懂茶之人喝。总之，喝茶拉近了人与人的关系。

3. 品茶

品茶的目的就已经不止于解渴了，它重在品鉴茶水的滋味，品味茶中的内涵，重在精神。品茶要在“品”字上下功夫，品的是茶的质、形、色、香、味、气、韵，仔细体会，徐徐品味。茶叶要优质，茶具要精致，茶水要美泉，泡茶时要讲究周围环境的典雅宁静。品的是过程，品的是时间文化的积淀，品的是茶中的优缺点，品的是感悟，并从品茶中获得美感舒畅，

品茶

饮茶

达到精神升华。

可以说，品茶与喝茶极其不同，它主要在于意境，而不在于喝多少茶。哪怕随意地抿一小口，只要能感受到茶中的韵味，其他的也就无足轻重了。

4. 饮茶

饮茶包含的是一种含蓄的美，它要求饮者心无杂念，注重的是人与茶感情的融合。同时，它还要求环境静、人静、心静，环境绝对不是热闹的街头茶馆，人也绝对不是三五成群随意聚集，更显得正式一些。

其实，我们现实里常常把喝茶、饮茶与品茶混为一谈，这在某些程度来说，也并没什么太大的影响。无论是吃茶、喝茶、饮茶还是品茶，都说明了我国茶起源久远，茶历史悠久，而茶文化博大精深，同时也使茶的精神和艺术得到弘扬。

品茶如品人

“不羡黄金罍，不羡白玉杯。不羡朝入省，不羡暮入台。千羡万羡西江水，曾向竟陵城下来。”由《六羡歌》这首诗中，我们可以品味出一个人的人性与特点。茶圣陆羽不慕黄金宝物、高官荣华，所慕的只是用江西的流水来冲泡一壶好茶。而这些也将品茶和品人联系在一起，使品茶成为评判人品如何的一种方法。

茶有优劣之分。好茶与次茶不仅在色泽、形状、香气以及韵味方面有很大差异，人们对其品饮之后的感觉也各有不同。喝好茶是一种享受，喝不好的茶简直是受罪。有时去别人家做客，主人热情地泡上一杯茶来。不经意间喝上一口，一股陈味、轻微的霉味、其他东西的串味直扑肺腑，真是难受。含在口里，咽又咽不下，吐又太失礼，实在让人左右为难。

而人也同样如此，也可分出个三六九等。一个人的气质、谈吐、爱好和行为都可以体现这个人的水平与档次。茶可以使人保持轻松闲适的心境，而那些整天醉生梦死地生活的人，是不会有这样的心情的；那些整天工于心计，算计别人的人也不能是好的茶客；心浮气躁喝不好茶，盛气凌人也无法体会茶中的真谛；唯有那些心无纷杂、淡泊如水的人，才能体会到那缕萦绕在心头的茶香。

泡好一壶茶，初品一口，觉得有些苦涩，再品其中味道，又觉得多了几分香甜，品饮到最后，竟觉得唇齿留香，实在耐人寻味。这不正如与人交往一样吗？人们开始接触某些人的时候，可能会觉得与其性格格格不入，交往得久了才领略到他的独特魅力，直至最后，两人竟成了推心置腹的好友。

人们常常以茶会客，以茶交友。人们在品茶、评茶的同时，其言谈举止、礼仪修养都被展现无余，我们完全可以根据这些方面评判一个人的人品。也许在品茗之时，我们就对一个

将品茶和品人联系在一起，使品茶成为评判人品的一种方法

人的爱好、性格有所了解。若是两人皆爱饮茶，且脾气相投，那么人生便多了一位知己，总会令人愉悦；而一旦从对方饮茶的习惯等方面看出其人品稍差，礼貌欠缺，还是远远避开为好。

人有万象，茶有千面。茶分许多类，而人也是如此。这由其品质决定，是无法改变的事实。真正的好茶经得起沸腾热水的考验，真正有品质的人同样也要能承受尘世的侵蚀，眼明心清，始终保持着天赋本色。品茶如品人，的确如此。

人生如茶，茶如人生

对一般茶来说，初次泡时，其味道苦涩，继而转为甘爽，最后味道转淡转浅。有人也因此将茶比喻为人生，起初时苦涩艰辛，而后甘美宜人，最后转为平淡。

人生如茶，人一生的经历都仿佛融入一壶茶水之中，随着滚烫的开水冲入，茶叶翻腾，水花滚动，最后归为平静。因此，人们常把少年期的涉世茫然用刚沏泡的头道茶水的浑浊来形容，此时应该去除泡沫，冲洗茶具，而后才能让茶汤清澈见底，韵味有神。这正如少年时期一样，应摒弃浮躁，让心灵沉静下来，这样才会凸显出年轻生命的韵味来。

而二道茶则用来比喻人的青壮年时期。二道茶水中所含的茶碱和茶多酚最多，同时还夹有或多或少的其他味道，所以喝起来带有较浓的青涩苦味。正如青壮年时期的人们，辛苦打拼，经历了一段艰难困苦的时期，也为人生留下了不可磨灭的记忆。

第三道茶水才是真正的茶叶好坏的韵味体现，这道茶汤最醇，最甘甜，最有韵味。因而，人们用这道茶来形容中年时期，经历了前两个时期的青涩与艰辛，这个年纪的人都已经有所成就，所以用这道茶来形容人生中年后的成果收获期是最恰当不过的。

第四道茶水虽清淡韵暇，却能让人回味起前几道茶来。就仿佛步入老年时期的人们，往往会怀念年轻时的一幕幕美好时光：少年时的青涩懵懂，青壮年时期的拼搏，中年时期的成就与满足，每一幕都令人感慨万千，最终化为一缕茶香，萦绕在清新恬淡的生活中。因此，用第四道茶汤形容老年时期实在很贴切。

也有人将第一道茶比为生命，第二道茶比喻成爱情，第三道茶则化为人生。生命是苦涩的，正如第一道茶，或浓烈或平淡，功名利禄，起起伏伏，其中还夹杂着苦涩的味道，使生命也变得厚重起来；爱情是甘甜的，即便其中有小矛盾、小分歧，最终也仍会化为甘美，留住余香；人生是平淡的，也应该平平淡淡，当一切化为尘土，一切归于平静之后，看透人生的大起大落，想必此时的人们，一定更懂得人生。

在这个功名利禄的世界中，人人都在为生存而奔波，忙忙碌碌地实现着自己的希望与梦想。与其被生活与工作的压力压得喘不过气来，不如冲泡一杯清茶，享受一份独有的心情，塑造一片淡然的心境。在淡淡的甘美之中细细品尝茶中所独有的韵味，在那蓦然回首之中感悟真正的人生。

悦享生活

电影 音乐

乐之 主编

中医古籍出版社
Publishing House of Ancient Chinese Medical Books

图书在版编目（CIP）数据

电影　音乐 / 乐之主编. -- 北京 : 中医古籍出版社, 2022.5

（悦享生活）

ISBN 978-7-5152-2265-3

Ⅰ. ①电… Ⅱ. ①乐… Ⅲ. ①电影－鉴赏－世界②音乐欣赏－世界 Ⅳ. ①J905.1②J605.1

中国版本图书馆CIP数据核字(2021)第228411号

悦享生活

电影　音乐

主编　乐之

策划编辑　姚强

责任编辑　李炎

封面设计　李荣

出版发行　中医古籍出版社

社　　址　北京市东城区东直门内南小街 16 号（100700）

电　　话　010-64089446（总编室）010-64002949（发行部）

网　　址　www.zhongyiguji.com.cn

印　　刷　天津海德伟业印务有限公司

开　　本　880mm × 1230mm　1/32

印　　张　5

字　　数　112 千字

版　　次　2022 年 5 月第 1 版　2022 年 5 月第 1 次印刷

书　　号　ISBN 978-7-5152-2265-3

定　　价　298.00 元（全 8 册）

前言
preface

人世间最甜美的享受往往来自自然，源自生命本身。幸福的开关，其实就在每个人的身上。亲情、友情、爱情、创意、遐思、艺术创作、欣赏大自然等，让时间驻足在这些美好的事物上，开启记忆中的影像和旋律，体会那些简单纯粹的小时刻，用心感受，才不枉此生。

岁月飞逝，往事如烟。影像和声音不仅雕刻时光，也雕刻人生。这是一本妙不可言的幸福书，全书精选了世界电影史上不同时期具有代表性的电影作品，以及数十张世界音乐史上历久弥新的经典唱片，它们穿越时空，重新在眼前、耳边荡漾。

莫扎特说："音乐不是一切，但没有音乐什么都不是。"音乐不仅可以让我们放松精神，更可以让我们愉悦身心。柔美的，粗犷的，欢快的，悲伤的……各有各的魅力。总有一些旋律，听了就会让人想起过去，想起曾经的人，曾经的事，曾经的感动和温暖。记忆有可能褪色，但与记忆有关的歌却可以留下来。

从无声到有声、从黑白到彩色、从平面到立体，总有某种让人牵挂的感念支撑着我们。熟悉的音乐响起，时空转换，经典画面再现眼前。那些流失的岁月，记忆中的故事，再次敲开心扉，呈现出一个时代的映像。也许感动，也许伤感，也许激情荡漾，这一切只因有了老电影。

时光带走了很多东西，但是，终究慷慨地留下了回忆。当帷幕拉开，熟悉的旋律响起，那些令人荡气回肠的情节与故事，那些在光影中既模糊又清晰的容颜与身影，那些具有穿透心灵的对白与歌声，是你的，也是我的……

时光停驻，昔日重现。看一部带有时光温度的老电影，听一张光阴发酵过的老唱片，发现一种精神，寻求一种信仰，感受一个生命对另一个生命的启示。

目录

contents

一生不可错过的经典电影

一生不可错过的经典音乐

BEN-HUR

一生不可错过的

经典电影

必看理由

角色性格鲜明强烈，人物心理刻画细腻而层次分明，堪称同类爱情故事中的经典之作。

乱世佳人 Gone With The Wind

——旷世爱情的绝世佳作，奥斯卡影史上不可逾越的“至高点”

出品：美国米高梅制片公司 1939 年
编剧：西德尼・霍华德
导演：维克多・弗莱明
主演：克拉克・盖博、费雯・丽、李思廉・霍华德、奥丽薇娅・德哈维兰

本片获 1939 年第 12 届奥斯卡最佳影片、最佳女主角、最佳女配角、最佳导演、最佳摄影、最佳艺术指导、最佳剪辑、最佳编剧共 8 项大奖。

>>> 剧情简介

“世界上唯有土地与明天同在”，一句简单而又无奈、无奈而又叫人悲伤的话竟成了她——一个倔强而独立的美丽女子郝思嘉对这茫茫土地的凄凉感叹。

该片故事发生在1861年南北战争爆发前夕，陶乐庄园的千金小姐郝思嘉对另一庄园主的儿子艾希礼心有所仪。但不幸的是，艾希礼喜欢的是郝思嘉的表妹媚兰妮。郝思嘉又气又恨，于是在得知他们要结婚时抢先嫁给了媚兰妮的弟弟查尔斯。

战争爆发后，艾希礼和查尔斯上了前线。郝思嘉的丈夫查尔斯在战争中死亡,可成了寡妇的郝思嘉仍然深爱着艾希礼——尽管他已为人夫。在一次义卖的舞会上，风度翩翩的商人白瑞德看上了美丽动人的郝思嘉，并开始展开爱情攻势，但遭到了拒绝。同时，艾希礼对郝思嘉的心迹表露无动于衷。

战争中，南方军队惨败。耳闻战事、目睹伤兵，从前任性孤傲的郝思嘉成熟了不少。她和表妹媚兰妮自愿加入了护士队伍，为伤兵们看护。这时前线传来消息，北方军队很快要打过来了，人们惊慌失措，纷纷逃离家园。可是表妹临产，看着痛苦不堪的媚兰妮和乱了方寸的仆人，郝思嘉勇敢地留了下来，承担起照顾表妹的责任。

大军压境之日，郝思嘉哀求白瑞德护送她和媚兰妮回陶乐庄园。但白瑞德告诉郝思嘉他要参加南方军队作战，不过留下一把手枪给她防身并与其吻别。此时的郝思嘉变得更加坚强起来，她独自驾驶马车回到了陶乐庄园。可是眼前是一片混乱和萧条，母亲已在惊吓中死去。

影片链接

《绿野仙踪》是由维克多·弗莱明导演、美国米高梅公司出品的又一部名片。这部片子不是《乱世佳人》那样史诗般的爱情故事，恰恰相反，它的观众是儿童和那些还保有童真的人们，该片获第12届奥斯卡最佳原创音乐和最佳歌曲奖。影片中的小女孩桃乐丝因与婶婶顶嘴，独自外出，结果被龙卷风刮到一个鲜花盛开的小人国。在仙女和人们的帮助下，她沿路到绿水晶城去找大魔法师寻找回家的办法。路上，桃乐丝遇见了稻草人、锡皮人和胆小的狮子。稻草人想找魔法师要头脑，锡皮人想要一颗心，胆小的狮子想要胆，于是他们结伴而行。冲破重重阻挠后，他们找到了魔法师并且实现了自己的愿望，桃乐丝终于回到了亲人的身边。

战争结束了，北方的统治者要庄园主缴纳重税。为贫困所迫的郝思嘉在绝望中找白瑞德借钱，却发现他已被关进监狱。归途中，郝思嘉遇上本要迎娶她妹妹的暴发户弗兰克，一心想要摆脱贫困的郝思嘉骗他和自己结了婚。郝思嘉在丈夫的木材厂非法经营并与北方人做生意而大赚横财。此时，白瑞德通过金钱关系恢复了自由。两人偶然碰面，白瑞德依然期望得到郝思嘉的爱情。

北方军包围了反政府的秘密组织，成员之一的弗兰克中弹身亡，艾希礼也负伤逃跑，后被白瑞德所救。郝思嘉再次成为寡妇，白瑞德前来向她求婚，这回终于如愿，不久生下了爱女邦妮。郝思嘉偶然翻阅艾希礼的照片却被白瑞德发现，导致两人感情产生裂痕。艾希礼的生日会前夕，郝思嘉与他的拥抱更增添了白瑞德的不满。当郝思嘉告诉白瑞德她已经再次怀孕时，白瑞德竟怀疑孩子不是自己的，郝思嘉欲怒打他时不慎滚下楼梯引起流产。白瑞德深感歉疚，想与妻子重修旧好，谁知此时小女邦妮坠马而死，白瑞德心如刀割。媚兰妮因操劳过度卧病不起，临终前将丈夫和孩子托付给郝思嘉。激动不已的郝思嘉扑向艾希礼的怀中，紧紧拥抱住他，结果使丈夫白瑞德陷入绝望而转身离去。此时，郝思嘉才终于明白，艾希礼只不过是精神上的虚幻寄托，而白瑞德才是她的真爱，是她梦魂牵绕的温馨港湾。当郝思嘉奔回家中想要畅言她对丈夫的爱时，却发现一直呵护着她的白瑞德已经收拾行装，准备离开了......

经典对白

郝思嘉：这一切等到明天回到陶乐庄园再考虑吧。到那时候我就能够忍受了。明天我要想个办法来重新得到他。不管怎么说，明天就是另外一天了……

郝思嘉：上帝为我作证，上帝为我作证，北佬休想把我整垮。我要挺住，等熬过这一关，我决不再忍饥挨饿。也决不再让我的亲人挨饿。哪怕我得去偷，去杀人——请上帝给我作证，我无论如何不再忍饥挨饿了。

郝思嘉：请听我说，白瑞德，这些年来，我一定一直都爱着你，只是我不晓得。

>>> 影片评析

《乱世佳人》有两条主线，其一是南方奴隶主在战争中的节节失败，其二是女主人公的爱情悲剧。导演并没有具体地描绘战争中的宏大场面，而仅仅通过女主角的爱情波折及陶乐庄园和奥克斯庄园的兴衰，向观众展开战争的进程以及人们对战争的态度。

影片紧紧围绕着郝思嘉的爱情故事铺张情节，成功地塑造了这位在南北战争中成熟起来的望族千金。首先是她对艾希礼疯狂的盲目的爱，然后是出于嫉妒和伤心而成就的第一次婚姻，接着是因为窘迫和生存而骗取的第二次婚姻，最后是因爱与白瑞德的结合，中间穿插着表妹的爱情和爱女的意外亡故。女主人公在感情上不断受挫，最后陷入孤零境地，可是依然勇敢、执着地追求个人的独立、尊严和爱情，永远乐观进取。

故事的结局是悲剧性的，可是主人公的魅力和精神却深深地感染和影响着人们！

罗生门 Rashômon

——日本电影走向世界的开端

出品：日本大映公司京都制片厂 1950 年
编剧：桥本忍、黑泽明
导演：黑泽明
主演：三船敏郎、京町子、志村乔
本片曾于 1951 年获威尼斯国际电影节金狮奖。1952 年获奥斯卡最佳外语片奖。

必看理由

日本电影走向世界的开端，也是日本电影表现流动美最为光辉的典范。

>>> 剧情简介

一个雨天，在平安京的西南门——罗生门下，一位行脚僧、樵夫和一位杂工到这里躲雨，他们在闲聊中谈到了一起凶杀案。

那位樵夫说，三天前，他到山上砍柴，发现了一具男尸，他报了案并被叫到纠察署讯问……樵夫在说话中掩盖了自己贪图小便宜拿走尸体身上的短刀的行为。樵夫还说多襄丸是江洋大盗，但他在作案后便很快被抓了。

在审讯过程中，多襄丸承认自己是为金泽武弘妻子真砂的美貌所倾倒，使用诡计将武弘缚起来，并强行占有了真砂。本来他并不想杀武弘的，可是真砂让他杀了武弘，等他杀了武弘，真砂却逃跑了。

那位行脚僧说，真砂在纠察署里招供说，自己被多襄丸强奸后，受到丈夫歧视，真砂在愤怒中扑向了武弘……可等她醒来后，却发现武弘已死，胸口还有一把刀，她想自杀，但终没有死成。

可是，行脚僧却又向杂工和樵夫说出了死了的武弘借女巫之口说出来的话：他说，多襄丸强奸真砂以后，要与真砂私奔，可真砂竟然同意，多襄丸见真砂是这样一个女人，便不再同意带真砂走。真砂便悄悄地溜走了。这时，武弘拿起短刀刺向了自己的胸口。

影片链接

黑泽明导演的另一部影片《七武士》则是日本大型古装影片的代表作品。影片讲述的是在古代的日本，有七位侠肝义胆的武士帮助农民赶走了侵犯山村的山贼，保卫了家园。简单的故事情节，简陋的场景，以及并不太多的人物，黑泽明却演绎了一场正义战胜邪恶的动人故事，被认为是黑泽明对东西方文化兼收并蓄的电影典范之作。

黑泽明的另外两部影片《影武者》和《乱》也获得巨大的成功，并成为日本影片在国际影坛上大放异彩的鲜活例子。总之，黑泽明的电影，不仅仅是电影本身所取得的巨大成功，更是黑泽明高超的电影技巧和他的电影所带给人们的深深的思考。

在他们争吵的同时，街上传来了婴儿的哭声，他们循声找去，看到婴儿，杂工上去剥了婴儿的衣服下来，樵夫骂杂工是恶鬼，杂工却说丢孩子的人才是恶鬼，还揭露了樵夫偷拿尸体上短刀的行为，说得樵夫哑口无言。深受感动的樵夫便收养了婴儿，行脚僧感动地说："还是你是我可以相信的人。"

>>> 影片评析

《罗生门》一片采用了与美国影片《公民凯恩》相类似的多角度的叙述方式。对于《罗生门》一片，向来是评价不一的。一种认为：影片企图向人们灌输这样一种思想：人是自私的，而且人也是不可信的。因而，有人认为该片带有强烈的怀疑主义色彩。也有人认为：从黑泽明的影片风格来看，应该是强调

经典对白

（在罗生门下）

杂工：你说的仿佛倒是真话了？

樵夫：我从来不撒谎，这是我亲眼看见的。

杂工：那也靠不住。

樵夫：我不说假话，这可是真的。

杂工：没有一个撒谎的人说自己的话是撒谎。

行脚僧：这可真是可怕的事了，要是任何人的话都不能相信的话，这世界不就成了地狱了吗？

杂工：是呀，这世界本身就是一个地狱呀。

行脚僧：不，要相信人，不要把这世界看成是地狱。

杂工：说得好听有什么用，你倒说说，这三个人的话，该相信谁的呢？谁的话又是真话呢？

（行脚僧悄然）

樵夫：不懂，我简直不懂你们的话。

杂工：没有什么值得大惊小怪的。人做事本来就是捉摸不定的。

人道主义的胜利，并且赞颂了道德的高尚。客观地说，影片既指出了人性自私的一面，又强调了人是可信的，善良和真诚的人占了大多数。特别是在影片的结尾，黑泽明的处理方式带有十分明显的倾向性。当樵夫决心收养弃婴时，他身后的天气由晴朗代替了阴雨。这一积极的改变，宣扬了人道主义的胜利和道德的复兴。《罗生门》积极的主题思想和新颖别致的结构及叙事方式，获得电影界普遍的赞赏。

罗马假日 Roman Holiday

——电影史上爱情文艺片的典范

出品：美国派拉蒙影业公司 1953 年
编剧：戴尔顿·特隆波
导演：威廉·惠勒
主演：奥黛丽·赫本、格利高里·派克
本片获 1954 年第 26 届奥斯卡金像奖最佳女主角、最佳原著故事、最佳服装设计三项奖。

必看理由

凭借男女主角的成功出演以及罗马的街头风景成为世界经典，尤其是奥黛丽·赫本的魅力倾倒了无数影迷。60 年来，《罗马假日》仍是浪漫爱情电影的代表，至今无出其右者。

>>> 剧情简介

英国王室的安妮公主作为王位继承人将出访欧洲的各大城市，消息传出，引起极大的轰动。

清丽脱俗、气质典雅的赫本在《罗马假日》中的出色表演，奠定了她在影坛神话般的地位，成为众多影迷心目中难以替代的偶像。图为她在剧中饰演的安妮公主。

安妮公主自幼受良好教育，博学慎思，端庄典雅，更兼貌美如花，魅力无限，深得景仰和拥戴。她活泼好动，像所有妙龄少女一样，对深宫之外的世界充满好奇。欧洲之行的最后一站是罗马，安妮公主很想尽情地饱览一下它的优美风光，可是随行人员认为公主身份高贵，不宜在平民百姓面前抛头露面，并给她注射了镇静剂，企图阻止公主出行。公主假装睡着了，待侍从们退出之后，她从窗户偷偷溜了出去。然而没过多久，医生给她注射的镇静剂就发生了效力，公主在广场附近喷水池边的一条长椅上迷迷糊

电影知识

奥黛丽·赫本以她扮演的第一个女主角获得了大多数演员都梦寐以求的奖项。1954 年她获得了奥斯卡最佳女主角奖。24 岁的赫本之所以引起了普遍关注，不仅因为她是演员，更因为她塑造了一种新女性形象，而这种形象成为下一个时代美女的最高典范。她身上体现出来的少女的妩媚感与二十世纪三四十年代流行的大胆开放的性感形成了鲜明对比。

糊地睡去。

英俊魁梧、相貌堂堂的美国新闻社驻欧记者乔·布莱德恰好路过，发现路旁酣睡的安妮公主，以为这是一个在狂欢中被灌醉的少女，就租了一辆出租车想把她送回家。可是公主睡得很沉，怎么也叫不醒，乔无计可施，只好把她带回了自己的住所。第二天，乔赶到新闻处上班，报上赫然刊登公主突发急症取消当日所有日程的消息和安妮的巨幅照片。乔意识到自己带回的少女就是安妮公主，他欣喜若狂，打算写一篇关于公主生活内幕的独家报道。公主醒后发现陌生的乔，乔连忙解释，公主才安心了，并向乔借了一些钱，又回到罗马大街上闲逛。长年幽闭深宫的安妮骤然来到人声鼎沸的平民生活中间，她对眼前的所见所闻，既新鲜又好奇。

乔给他的摄影师朋友欧文打电话，同时跟踪公主，在花园广场上假装和她偶遇，便自告奋勇地要给公主做导游，骑着摩托车带她游览罗马城。而欧文则驾车跟踪他们，并拍下了许多珍贵的镜头。原来这是乔和欧文事先安排好的善意阴谋。公主却浑然不觉，全身心陶醉在游玩中。

公主的失踪引起了人们的惊慌，国王秘密派出许多便衣四处寻找公主的下落。公主和乔因摩托车意外交通肇事被带进警

奥黛丽·赫本与格利高里·派克在《罗马假日》中创造了一个浪漫、经典的爱情故事。

局，乔随机应变，装成和安妮是一对热恋情人。

乔带领公主来到水上舞厅参加舞会时被国王派出的便衣警察发现了，他们请公主回去，公主坚决不肯，警察欲强行绑架她回去，乔与欧文同警察发生争执，最后动起手来。调皮任性的安妮公主觉得好玩，也大打出手，非常开心。混乱之际，乔带着公主逃之夭夭……

快乐的一天过去了，公主终于要回宫了，可她和乔发现他们彼此间已经擦出了爱的火花，男女间不期而至的爱情已经悄然萌发。然而公主毕竟是公主，平民终究是平民，上天注定两个人要分开。乔将欧文拍摄的照片送给公主作为留念，四目交投，两情依依，公主轻轻地对乔说了声“再见”……

>>> 影片评析

美丽的神话源自古老的传说，现代的童话则出于文明古城，短暂的造访成就了长盛不衰的浪漫经典，《罗马假日》演绎了一段感动人心、让无数难成眷属的有情人聊以慰藉的爱情故事。

高贵任性而又童心未泯的公主，在率性游荡罗马城的两天时光里，不但爱上了自由自在的平民生活，而且还爱上了落魄却又倜傥潇洒的记者。可惜幸福的时刻总是那么的短暂，甜蜜的恋爱之后，她无奈地回到了那个冷冰冰的皇宫，恢复了她刻板沉闷的生活，履行她作为王室成员的出访职责；珠光宝气、

影片链接

《诺丁山》是著名影星朱丽娅·罗伯茨和休·格兰特联袂主演的一部浪漫的爱情喜剧片。“一个普通人与一个名人不可思议地相遇、相爱，他们的生活会变得怎样？”这是影片的切入点。朱丽娅·罗伯茨在片中饰演一位著名的明星，而休·格兰特只是一家旅游书店的老板，由于两人生活背景和环境的巨大差异，无论是他们自己还是别人都想不到他们之间会发生爱情纠葛，但就当他们在诺丁山附近相遇时，故事发生了……一切就如同影片的宣传语所说的那样——“缘分总是有些突然，爱情让人迫不及待。”

经典对白

安妮：这世界需要的是保持年轻心灵般的甜美及尊严。我对欧洲各国间的友谊非常有信心，就像我对人与人之间的关系一样有信心。

安妮：我若未完全明白我对家人及国家的职责，今晚便不会回来了。

安妮：我访问过的每个城市都有其特点，都令人难忘。印象最深刻的是罗马，绝对是罗马。我将在毕生的岁月中，珍惜来此访问的回忆。

风光旖旎的背后，她承受着与她的天性不符的重重负担，一个原该鲜活灵动的灵魂就这样被无情地锁进幽深皇宫里。

身为王室公主，就失去了许多平凡人拥有的权利，就不能体验凡夫俗子的淳朴生活，就不能享受两情相悦的心心相印，公主与王子的真心姻缘，那是童话中才会有的故事。她明白自己“对家人及国家的责任”，否则“便不会回来了”。也许无数次在睡梦中，她来到王宫之外的凡尘世间，享受着美妙动人的甜蜜爱情，可那也仅仅只是在梦中。可是这一次，她真真正正地付诸实施，摆脱了现实加诸她的名缰利锁，卸下于人前须臾不离的面具，回归到天性本然的安妮。这时候，我们才感到她的可爱鲜活灵动；这时候，她才能把真正的爱情献给一个她中意的男人；这时候，她才真真正正、痛痛快快地做了一回自己。

出品：美国 20 世纪福克斯公司 1965 年
编剧：欧内斯特·雷曼
导演：罗伯特·怀斯
主演：朱莉·安德鲁斯、克里斯多弗·普卢麦
本片获 1966 年第 38 届奥斯卡金像奖最佳影片、最佳导演、最佳音响、最佳改编音乐、最佳剪辑 5 项大奖。

必看理由
集真善美于一身，献给人类灵魂的高尚礼物。是全世界票房最高的电影之一，在各国的民意测验中经常被评为最受欢迎的影片。

音乐之声 The Sound of Music

——好莱坞音乐歌舞片经典中的经典

>>> 剧情简介

见习修女玛丽亚是个性格开朗、热情奔放的姑娘。她爱唱歌、爱跳舞，还十分喜爱大自然的清新、宁静和美丽。修道院院长觉得玛丽亚不适应这种与尘寰隔绝的生活，于是派她到前奥地利帝国海军退役军官冯·特拉普家当七个孩子的家庭教师。不料她那破旧的穿戴和鲁莽的举止使她碰了一鼻子灰。

因为家中没有妻子和母亲，房子里就没有了歌声和欢乐，特拉普先生像对待水兵一样用哨声和命令管理着自己的孩子们。只要他的哨声一响，孩子们就从各自的房间里以最快的速度奔跑出来，排好队，按水兵操练的要求报出自己的姓名。玛丽亚认为他的哨声简直是在召唤猫和狗，是对人的一种侮辱。

孩子们像往常捉弄他们的老师：向玛丽亚的口袋中放青蛙，在她坐的地方藏个松球……这一切只是为了引起爸爸的注意。特拉普收到劳夫送来的电报，他告诉家人将离开一段时间，并要求玛丽亚带好他的孩子们。当晚特拉普的大女儿莉莎和劳夫在雷雨中偷偷约会，回来时被玛丽亚发现，但她为之保守了秘密。由于外

影片链接

音乐剧是一门独立的大众表演艺术。它既不从属于戏剧，也不从属于音乐，更不从属于舞蹈，而是戏剧、舞蹈、音乐三大门类的综合。《音乐之声》可以说是一部叙事性的音乐剧，只不过是戏剧的因素多一些罢了；而《猫》或许可以归为以视听享受为主的类型。它是以非线性的剧情、可以各自独立的片段、极度鲜明个性的角色建构出的一场以华丽的舞蹈和音乐诠释“猫”的音乐剧。一个人有多种感官，但如果能单凭听觉就能吊住观众的胃口，那么剧作者的确不凡了。

面电闪雷鸣，孩子们一个个都害怕得躲到了老师的卧室中。玛丽亚用她欢快明朗的歌声安抚着这帮可怜的家伙，大家的心里不再恐惧，并很快喜欢上了这位老师。

特拉普走后，玛丽亚用窗帘布给孩子们做了游戏服，带他们去野餐、郊游、爬树和划船；教他们唱歌，从“哆唻咪”学起，直到排练歌曲。于是这个家庭平添了笑语、欢乐和生气，充满着音乐之声……

特拉普回来了，同行的还有男爵夫人，他们正相爱着。玛丽亚带着孩子们用歌声欢迎他们的归来。之后她又“领导”孩子们表演了一出滑稽可爱的音乐剧；在舞会上，她的学生们在大人面前更是出尽了风头。特拉普家中呆板、冰冷的空气完全变了，他的“水兵们”已被训练成了一支很有素养的家庭合唱队。特拉普似乎也变得有生气起来，好像找回了往日的幸福。漂亮、美丽、有风度、完美的男爵夫人对他不再具有吸引力，因为他

经典对白

玛丽亚：上帝在此处关上一扇门时，会在彼处打开一扇窗……你需要寻求自己的生命。

特拉普：玛丽亚，我想你已经找到了。

玛丽亚：是的，我找到了。

特拉普：我爱你。

的眼睛在盯着那位家庭教师。

男爵夫人用计使玛丽亚离开了特拉普家。当她重新回到修道院，院长的鼓励唤起了玛丽亚对爱情的执着。她又回到了孩子们身边，此时却传来特拉普将要结婚的消息。

特拉普结婚了，夫人却突然成了灰姑娘玛丽亚。然而好景不长，纳粹分子嗅到了特拉普家浓郁的自由气味。在萨尔茨堡举行奥地利民谣节的当天，柏林来电，命令上校参加纳粹的海军，并把他和全家置于严密监视之下。借着参加民谣节的机会，特拉普家庭合唱队在奥地利同胞面前奉献出了他们心底里的歌，并在朋友们和修女们的协助下，全家逃出了多难的祖国。

>>> 影片评析

《音乐之声》取材于 1938 年发生在奥地利的一个真实故事。一部音乐片的成功与否，作曲是重要的因素。本片善于在复杂的节奏中寻求一种惊人的和谐，从而使得影片节奏感很强，曲子本身旋律自然、简洁流畅，像《哆唻咪》《雪绒花》《再见》

等都是如此优美动人，余音绕梁，三日不绝，以至于该片在中国公映后，立刻广为流传。也许当身边有人哼起“雪绒花，雪绒花，清晨醒来看见它”时，你会马上用歌声接出“一朵朵，小白花，洁白而无瑕”呢。更有那《哆咪咪》，只要是上过初高中的孩子，没有哪个不会来上几句。

本片还被认为是一部讲述知真、向善、求美的教育片。仔细想想也没错，该片的确给了我们这样的感觉。玛利亚的活泼率真、宽容善良和对爱情勇敢的追求不就是“真”吗？特拉普一家不畏纳粹追捕，宁可流亡也不效忠法西斯不就是“善”吗？阿尔卑斯那迷人的湖光山色，萨尔茨堡那悠扬的歌声不就是“美”吗？如果你是老师，请给学生看这部充满理解和爱的片子吧；如果你是家长或孩子，请给你的家庭成员们看这部充满着天伦之乐的片子吧；如果你是一个爱国者，请在最合适的时机用此片鼓动大家的热情吧；如果你只是一个普通人，也请你用这样一部充满着生气和活力的片子——去影响爱你的和你爱的人，甚或是陌生的人吧！

出品：美国派拉蒙影业公司 1972 年
编剧：马里奥·普佐
导演：弗朗西斯·科波拉
主演：马龙·白兰度、艾尔·帕西诺
本片获 1973 年第 45 届奥斯卡金像奖最佳影片、最佳男主角、最佳改编剧本奖。

必看理由

不仅是一部关于黑帮的影片，更是一部关于家庭和爱的影片。看似毫不经意地表现逝去的爱，但却穿越时空，让人感到非同寻常的深沉。

教父 | The Godfather

——最具史诗气魄的揭露黑社会明争暗斗内幕的影片

经典对白

教父：我一辈子只为我的家庭而工作，我不会成为任何大人物手下的玩偶。

汤姆：杀你的人和你的兄弟有关系吗？

迈克尔：所谓兄弟，就是使钱办事；你知道，那些所谓兄弟就是谁拿钱便替谁办事。

>>> 剧情简介

维多·科莱昂是纽约黑手党的教父。他有三个儿子和一个女儿。大儿子桑尼是一个性格凶悍、脾气倔强的人，是科莱昂的主要助手；二儿子弗雷德胆小怕事、性格怯弱，不受其父重视；三儿子迈克尔斯文稳重，却对父亲的事业不感兴趣，大学毕业到军队服役；女儿康妮年轻貌美、性格温顺。

教父科莱昂虽然是一个心狠手辣的人，但他重义气、讲信誉，为朋友，为教子、教女解决了许多他们本身不能解决的问题。因此，科莱昂在家族，在纽约政界、财界都有十分高的威望，并建立了广泛的关系网。科莱昂在纽约开设赌场，还经营色情业，但是不参与贩毒，因为教会和政府都不允许贩毒。科莱昂坚决

拒绝与毒枭孛洛佐合作，从而引起了塔德林和巴齐尼等黑手党家族的不满和仇恨，在同他们谈判后遭到暗算，身中数枪险些丧命。随后，迈克尔代替父亲谈判，他机智沉着，在谈判中击毙了孛洛佐和他收买的警官。迈克尔被迫逃到西西里岛，并同当地的姑娘结了婚。然而，黑手党并没有放过他，不久，迈克尔的长兄桑尼被黑手党乱枪打死，迈克尔的妻儿也被炸死。

迈克尔孤身一人回到纽约。他并不想卷入黑社会这个旋涡之中。然而，老父被刺、长兄被杀、妻子被炸、家道衰落等一系列打击迫使迈克尔重新走

影片链接

由著名导演吴宇森执导的香港影片《英雄本色》也是一类似题材的影片。宋子豪和马克厌倦了黑社会的生活，然而曾经和他们是好友的谭成却一心想做黑社会老大，并不惜以宋子豪和马克的牺牲为代价。宋子豪和马克不得不同谭成斗争，因而付出了惨重的代价。本片也大量运用了对比和蒙太奇的剪辑手法，使观众从影片中看到家庭温情对人的重要性，从而更加严厉谴责黑社会犯罪集团，在某种程度上使人的心灵得到一次荡涤和升华。

上了老父走过的老路。他同前女友凯结了婚。迈克尔计划重振家族威风，他有计划、有步骤地实施复仇计划。他派人以暗杀等手段重新占领拉斯维加斯的莫·格林赌场，并有计划地对所有仇敌进行报复。迈克尔枪杀了其他几个家族的首领，勒死了出卖桑尼的妹夫卡洛。迈克尔扫清了前进的道路。教父病故后，迈克尔被科莱昂家族尊为新的教父。

>>> 影片评析

这是一部表现黑手党家族之间尔虞我诈、互相残杀、争权夺利的黑手党家族史。从中可以看出警匪一家，财界、政界、商界同流合污的黑暗现实，也能看出以科莱昂家族为代表的社会犯罪集团是如何滋生并发展壮大的。

在《教父》这部可以说是电影史上最具史诗气魄的黑社会犯罪片中，马龙·白兰度把一个老谋深算、凶狠毒辣但又善于排忧解难、不失慈父情怀的“教父”形象演绎得入木三分。

这部展示暴力犯罪的影片之所以吸引人，在于它突出了一个“情”字，它舍弃了一般暴力片所追求的给观众的感官刺激，而突出在腥风血雨的社会中突现家庭温情。通过这种亲情的得失，让每一位观众在血与火的拼斗中，去认真思考人生的意义，去反省社会的弊端，关注家庭的幸福。

为了达到这个目标，本片的编导采用了一系列的对比。这种对比鲜明突出：一边为女儿举行舞会，一边却在进行着阴谋；一面与参议员进行肮脏的交易，一边却在进行着圣餐晚会，等等。温馨场面同进行着的卑鄙行径，相互交织着展开。

与此同时，影片还采用了异地对比和内部对比等方法。通过这一系列的对比，更加有力地谴责了黑帮所走过的罪恶道路。

再从审美的角度看，这一系列的对比，取得了冷热相济、相辅相成的效果。同时，影片采用了蒙太奇的剪辑手法，多次让温情的场面同冷酷的现实交替出现，表面上看起来两者风马牛不相及，实则相辅相成，让观众在暴力与温情两极冲突却又统一中受到极大的心理冲击。

电影知识

数十年来，印度和巴基斯坦的电影观众似乎只需要也只喜欢一类电影，那就是风格轻松、且歌且舞，有明星参与的爱情歌舞片。但后来，印、巴两国的电影也开始变换套路，同时这两个南亚电影大国也不约而同地开始关注对方的电影发展情况，而且都开始在意对方如何看待本国的电影。《克什米尔任务》便是这一题材的影片，出乎市政当局的意料，观众对这部影片十分着迷。

必看理由

被视为科幻电影的经典之作，带给人们的影响是无与伦比的。

星球大战 Star Wars

——影响了整整一代人的科幻电影经典之作

出品：卢卡斯电影有限公司 1977 年

编剧：乔治·卢卡斯

导演：乔治·卢卡斯

主演：马克·哈米尔、哈里林·福特、卡丽·费希尔、安尼托·丹尼尔斯等

>>> 剧情简介

在我们居住的银河系里，有一个古老的共和国，她的广袤和悠久远非时间和空间能衡量。在共和国参议院的治理和武士们的英勇保护下，共和国兴旺发达。然而，不久以后，参议员巴尔廷夺取了共和国的政权，他野心很大，将共和国改为帝国。帝国总督和他的官僚们用阴险的手段消灭正义的化身——杰迪武士。从此，总督们着手消灭星系里其他的共和国，进而建立一个恐怖的统治实体，以加强他们的霸权。同时，巴尔廷总督又建立了一个威力无比的武器基地——“死星”，用来镇压人们的反抗。

为了反抗暴政，主持正义，奥尔德兰星的丽娅公主准备联合其他行星的人们起义，推翻暴政。他们盗取了死星的构造图，准备送给反抗军，让他们分析，以便找出它的弱点。不料秘密泄露，丽娅公主在沙漠行星不幸被俘虏。

丽娅公主的卫士兼伙伴机器人 R2 和 C3PO 来到沙漠行星，在具有正义感的青年卢克的帮助下找到了杰迪族的老武士克诺比并向他求助。克诺比为了给亲人报仇，准备同卢克等一起行动。

卢克和克诺比一起乘坐校罗船长的宇宙飞船来到已被“死星”毁灭的奥尔德兰所在的星系，但他们却在死星上被帝国军俘虏。在机器人的帮助下，卢克和克诺比与死星上的黑勋爵展开殊死的搏斗。

经过一番激烈的拼斗，他们救出了丽娅公主，但克诺比却在与黑勋爵的较量中牺牲了。卢克保护着丽娅公主来到反

影片链接

《星球大战：原力觉醒》(Star Wars: The Force Awakens) 是科幻电影《星球大战》系列的第七部，由 J. 艾布拉姆斯执导，由黛茜·雷德利、约翰·波耶加、哈里森·福特、奥斯卡·伊萨克联合主演。

影片故事设定在《星球大战 6：绝地归来》中恩多战役之后的 31 年，银河系发生了巨大的变化：银河帝国皇帝帕尔帕廷和西斯黑暗尊主达斯·维德都已经不在人世了。

影片于 2015 年 12 月 18 日在美国上映，2016 年 1 月 9 日在中国上映，上映首日票房达到 2.15 亿元，成绩仅次于《速度与激情 7》和《复仇者联盟 2》。

2016 年 1 月 14 日，该影片获第 88 届奥斯卡金像奖最佳剪辑、最佳配乐奖、最佳音效剪辑、最佳混音、最佳视觉效果提名。

抗军的基地，准备同“死星”决战。卢克在克诺比教给他的“大能”的帮助下，终于找到死星的弱点，一举战胜了死星，取得胜利。

>>> 影片评析

《星球大战》整部影片在人物塑造上并没有什么新颖之处，整部影片想象奇特，色彩斑斓，对观众的视觉冲击力很强。实际上，《星球大战》不仅仅是一部电影，更是美国文化的象征。有人认为：美国强权和霸权最大的杀伤在于文化上的扩张和渗透，《星球大战》也正体现了这一点。

《星球大战》是一部将美国文化渗透力和扩张力集大成的影片。它集中了当时最先进的高科技电脑和数字制作手段，给观众创造了一个前所未有的太空世界。它对宇宙中各种星系、文明、生物的描述，以及它创造的奇特的航天器和外星人，还有它展现的波澜壮阔的星球大战，不能不说的确超越了常人的想象。应该说，这的确是一种视角上的奇观。

电影知识

乔治·卢卡斯 1945 年出生在加利福尼亚，他与好莱坞著名摄影家哈斯凯·伍克斯勒相识后，对电影产生了兴趣，并到南加利福尼亚大学改读电影。毕业后与华纳影片公司签约。1970 年导演第一部电影《THX-1138》，剧本改自他学生时代拍摄的科幻短片《THX》。1973 年他导演影片《美国风情画》，该片轰动全美，获得极高评价，1983 年的《星球大战》获得 10 项奥斯卡提名，引起好莱坞制作科幻片的热潮。

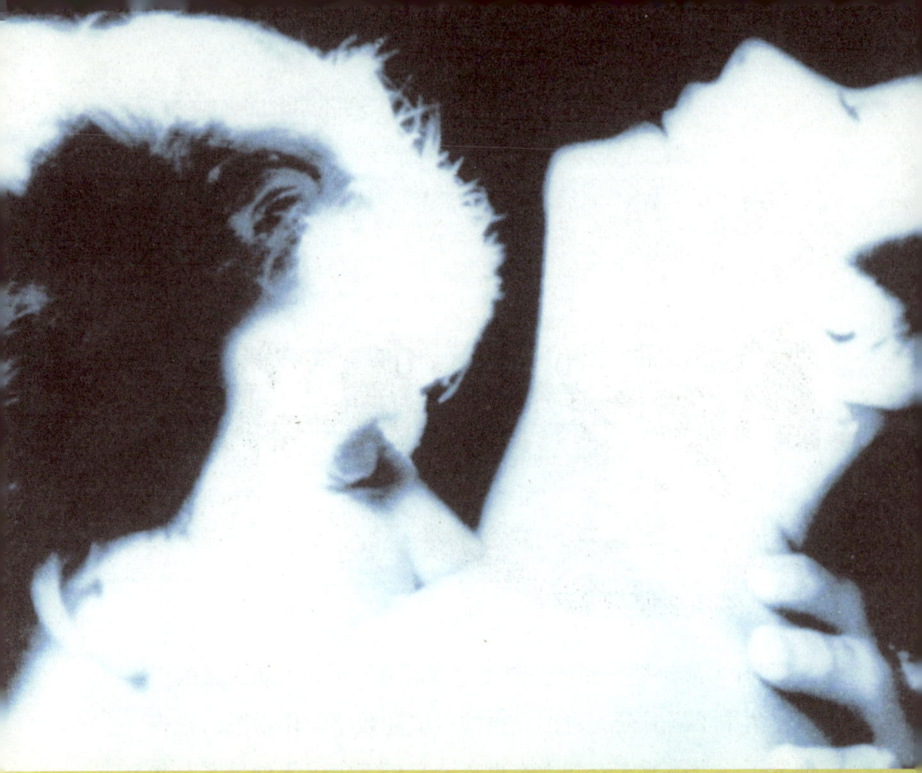

出品：美国派拉蒙影业公司 1990 年
导演：杰里·朱克
主演：帕特里克·斯维兹、黛米·摩尔、乌比·戈登堡
本片获第 63 届奥斯卡金像奖最佳女配角奖。

必看理由

集浪漫爱情与惊险冲突于一体的现代爱情片，在一段生离死别的爱情故事中探寻阴阳相隔的神秘世界，再现了生死不渝的真情境界。

人鬼情未了 Ghost

——杰出的爱情悲剧，体现了超越生死的浪漫柔情

>>> 剧情简介

纽约华尔街股票经纪人萨姆和女艺术家莫丽深深地相爱着。卡尔是和他们两人形影不离的好朋友，在卡尔的帮助下，萨姆和莫丽搬进了一家新的公寓，他们为结婚忙碌地准备着。

有一次，他俩从戏院归来的路上遇到拦路抢劫的歹徒。萨姆在与歹徒的英勇搏斗中不幸被害。莫丽为此悲痛欲绝。虽然萨姆的肉体已经不存在了，但他的灵魂却以另外一种形式存在着。他可以看见一切，但别人却无法看见他。

萨姆的灵魂终于找到了杀害自己的凶手威利。为了报仇，他找到了能通阴阳两界的黑人女巫奥达，请求她的帮助。由于奥达的努力，莫丽终于相信萨姆的灵魂的存在。

在一个偶然的机会，萨姆发现卡尔竟然与威利鬼混在一起。原来，卡尔利用电脑洗钱并从事毒品买卖，被萨姆发现并改变了电脑密码。为了得到密码，卡尔竟丧心病狂地雇威利杀了萨姆。萨姆看到自己的好友竟是这样一个人，他悲痛极了。

卡尔竟然到萨姆家引诱莫丽，情急之下，萨姆的灵魂撞碎了自己与莫丽的合影，莫丽这才恢复了理智。

在萨姆的灵魂指引下，奥达取出了巨款，并将这笔钱捐给了修女。威利也得到应有的惩罚——他被汽车撞死了。一群厉鬼立刻把威利的灵魂拖进了地狱……

>>> 影片评析

《人鬼情未了》是一部杰出的爱情悲剧。影片别出心裁地将故事的发展放置到一个独特的边缘地带——阴阳界之间，以一个充满传奇色彩的现代人鬼恋情故事，在银幕上再现了为传统道德观念所褒扬的真挚爱情，体现了正义战胜邪恶的伟力，弘扬了人们期待已久的真善美。

男女主人公苦苦相爱，但终因阴阳陌路不能相见，无法互吐衷情。影片正是借鬼魂幽灵产生了一系列的悬念和曲折离奇的情节，让观众沉浸在虚幻与真实之中，时而欢乐，时而忧伤，时而为正义所鼓舞，时而又被主人公生死不渝的爱情所感动。

"萨姆！" 莫丽含泪呼唤着她的爱人。现在她能如此真切地看见他了。这是上天的美意，他们生死不渝的爱情感动了上天。萨姆深情地亲吻着莫丽。与莫丽分手之际，无法跨越的阴阳之隔于瞬间消失，萨姆显出身形与爱人紧紧相拥在万丈光芒之中。

影片链接

由著名导演关锦鹏执导，张国荣、梅艳芳主演的《胭脂扣》是一部描写阴阳两界的爱情电影。背景是20世纪30年代的香港和50年后变得非常现代的香港。两段相隔半个世纪的爱情故事相比较，不由得使人产生“问世间情为何物，直教人生死相许”的感慨。名妓如花和十二少相恋了，但如花不为十二少家庭所接受。两人相约殉情。不料如花的阴魂50年后发现十二少未死，在垂老之年落魄地当了一名演员。于是，如花的鬼魂又一次来到人间，一个在报馆上班的编辑与其女友知道如花的身世，便帮助如花寻人，在这个过程中，他们也反省了自己的爱情。本片十分细腻动人，洋溢着浓厚的哀怨缠绵的气氛。

爱情到底是什么呢？是天空中飘过的云朵，还是涨潮后留在沙滩上孤苦无依的贝壳？

或许爱情是一种亲身的体验，需要两个人的真切付出和感悟，它是一种任谁都说不出的感觉，100对恋人沐浴在爱情中就说得出100种感觉：有浪漫的，有痴缠的，有绚丽的，有伤感的，有隽永淡雅的，也有人鬼殊途的……世事沧桑，人潮汹涌，相信爱情的人已是越来越少，乏味庸常的现实生活和多姿多彩的银幕爱情使爱情的信仰者常常不得不面对一个悖论：橘红的温暖和粉色的浪漫只存在于虚幻的光影世界中，越多的美丽色泽和感人画面，越反衬出这种爱的虚拟性质，即便不虚伪，起码也遥不可及；如果身边有爱，那绝不是电影中的样子，在大多数情形下，它呈现的是电影不愿表现的苍白和平庸。

电影知识

就像没有人能准确预知和解释 20 世纪 80 年代末 90 年代初的世界政治、经济变化一样，走向千禧年的美国好莱坞电影呈现一派纷繁芜杂的局面。在这一时期，电影在逃避现实、展示东方家族奇观等内容上大做文章，连续剧样式和喜剧风格仍然十分强劲。这一时期最大的努力是大力发展科技动画片。

对演员的大力包装是走向千禧年的电影特色之一，这时好莱坞出现了朱丽娅·罗伯茨、黛米·摩尔、米歇尔·法伊弗等三位超级女明星。当然，像莎朗·斯通、乌比·戈登堡等人因表演性感剧和喜剧也在好莱坞女影星中占据了一席之地。汤姆·克鲁斯和哈里森·福特则在A级男星中几无对手。

《人鬼情未了》是美国经典影片之一。它是集浪漫惊险、刺激于一身的现代爱情故事。整部影片都是在萨姆与卡尔的角逐之间展开。即在正义与邪恶的大搏杀中贯穿了人与鬼之间的恋情。

影片的真正开始是在萨姆遇害之后展开的。影片有萨姆与莫丽的苦苦相思和萨姆与卡尔之间正邪的较量两条线索。在本片中，主角萨姆是以“幽灵”的身份出现的。这样就可以使观众直观地看到阴阳两界人的不同行为和心态。在整个影片中，编导强化了萨姆的心态，使观众对萨姆有了一种更强的认同感。

影片的高潮是萨姆和莫丽在女巫奥达的帮助下，两人又一次重温了甜蜜的爱情。萨姆的胜利是正义的胜利。它又一次告诉人们，正义必将战胜邪恶，好人终将得到好报。

本片成功地塑造了一位对爱情忠贞不渝、同邪恶进行毫不妥协斗争的英雄形象。将一个爱情故事通过阴阳两界来叙述，大大增强了影片的感染力。

出品：美国 1991 年
编剧：特德·塔利
导演：乔纳森·德默
主演：朱迪·福斯特、安东尼·霍普金斯
本片获 1992 年第 64 届奥斯卡金像奖最佳影片、最佳导演、最佳改编剧本、最佳男主角、最佳女主角 5 项大奖。

必看理由

商业与电影艺术的表现张力、悬疑与恐怖有机结合，将美国电影艺术推到历史性的高度。

沉默的羔羊 The Silence of the Lambs

——令人透不过气来的心理分析片，好莱坞最令人激动的恐怖片之一

>>> 剧情简介

联邦调查局（FBI）实习特工克拉丽斯接到上司一项任务：帮助寻找被绑架的参议员的女儿，而嗜好将肥胖女性人皮剥下来的连环杀手“野牛比尔”难脱重大干系。但是此人狡猾老练，警方多次侦察仍无结果。上司告诉她“精神病医生”汉尼伯能提供重大线索，此人有着渊博的学识、高雅的品位、超常的记忆、精准的判断及无穷的力量；但他同时有着凶残的性格，以奚落人为乐，盗取别人隐私，吮吸他人痛苦。他是一个天才，但同时也是个变态杀手，他有着恐怖的癖好——爱吃人肉。

为了早日将凶手缉拿归案，克拉丽斯只好一次次地前往人间地狱——汉尼伯被囚禁的牢房。她每一次从博士那儿获得案件的线索，都必须以自己的隐私作为交换，包括她童年时候没能救出的一只羔羊——这小动物惊悚的叫声折磨了她多年。通过汉尼伯断断续续提供的信息，克拉丽斯的思路变得越来越清晰，但是她仍少不了去实地侦查，也少不了与恐惧打交道。

汉尼伯用一根牙签使自己摆脱了牢笼的束缚，但警察们却因为他的越狱损失惨重。电梯间上层的凶手不知怎的又成了同事僵硬的身躯……克拉丽斯和 FBI 分两路与凶手接触，但是后者扑了个空，年轻而瘦弱的女子与对手展开惊心较量……

深井下被囚禁的参议员之女受尽了“野牛比尔”的折磨，

但也终于能在女探员的帮助下重见天日。因为立功克拉丽斯获得了表彰，但就在此时汉尼伯博士打来电话……

更危险的杀人魔出现了，羔羊是否真的停止了尖叫？

>>> 影片评析

《沉默的羔羊》实际上是美国著名作家托马斯·哈里斯的“食人博士”三部曲之一。他的三部曲由《红龙》《沉默的羔羊》和《汉尼伯》组成，而成就最高的就是本部影片。汉尼伯博士本有一个幸福的家庭，但因为战争使他家破人亡，他年仅两岁的小女儿被一些饥饿的士兵当作食物吃掉。从此，博士成了恶魔，但同时他也同情弱者，例如克拉丽斯。正是因为他，女探员才能破获连环凶杀案。

影片链接

《汉尼伯》是《沉默的羔羊》之续集，由美国米高梅影业公司出品。在《沉默的羔羊》中，汉尼伯获得了自由，在克拉丽斯的庆功会上他打来了电话。之后，博士躲了起来，又设法出国到了意大利的佛罗伦萨，从此过着一种平静的生活。但他发现有必要回到美国，再去见一见那个联邦调查局特工，可是不期落入梅森·韦尔热的圈套……

《沉默的羔羊》分为两条线索，一条是汉尼伯与克拉丽斯的交谈及他的逃走，另一条是 FBI 们追拿“野牛比尔”的过程。影片主要刻画了两名主人公，即汉尼伯和克拉丽斯。前者由安东尼·霍普金斯饰演，片子中他的形象极端残忍，简直就是个

疯子。哪怕只有一颗小小的钉子，此人就能造成无数血淋淋的场面。他那眼镜在黑暗中反射出来的光也足够叫人离魂。饰演克拉丽斯的演员是朱迪·福斯特。因为她在《沉默的羔羊》中塑造的多面、感人的女性形象，使她获得了奥斯卡影后的桂冠。

奥斯卡获奖电影当中，大都有商业与机遇因素起着推波助澜的作用，但《沉默的羔羊》中电影艺术被推进到了极致，悬疑与恐怖的有机结合将它推到了历史性的高度。看此片，我们不仅仅是在欣赏一部美国FBI的侦探片，因为它同时也是一部心理片。该片的恐惧不仅来自血腥，更来自人的意识。如果没有良好的心理素质，没有承受极端恐惧的力量，您最好别看此片。

电影知识

如何更好地表现人物的心理过程？《沉默的羔羊》在克拉丽斯抓捕“野牛比尔”的时候，我们看到了一位弱女子，在漆黑的空间里寻找凶手，她的眼睛已经完全丧失了功能，所依靠的只有触觉，或者，还有第六感吧？气氛紧张极了，最大的噪音竟是女主角的呼吸！对手凭借夜视镜能清楚地看到她的惊恐，他的手在她眼前招摇，可是她却只能“视而不见”。就在凶手扣动扳机的一刹那，克拉丽斯却更加迅速地做出了反应！凶手倒下了，房子亮了起来……导演所营造的气氛真是太强烈了，一个个幽暗的镜头、一次次紧张的音乐，光影、色彩、声音的融合使人透不过气来，导演那出神入化的电影技巧运用令人叹为观止！

出品：汤臣（香港）电影有限公司 1993 年
导演：李碧华、芦苇
导演：陈凯歌
主演：张国荣、张丰毅、巩俐、葛优
本片获 1993 年第 38 届亚太影展最佳导演奖、第 46 届戛纳国际电影节金棕榈奖。

必看理由

将两个伶人的悲欢故事糅合了半个世纪以来的中国历史发展，兼具史诗格局与细腻的男性情谊。中国电影中雅俗共赏的典范作品。

霸王别姬 Farewell My Concubine

——中国电影史上的旷世之作，一部绚烂而凄美的史诗

>>> 剧情简介

20世纪20年代，9岁的小豆子随着母亲来到关家班。他母亲是个妓女，她请求关师傅收留儿子学京戏。小豆子是个六指，母亲狠下心来用刀子切掉了他那根畸形的手指，号啕大哭的小豆子被强行按在香案前完成了入梨园的仪式。

科班里的孩子大都出身贫寒，可他们都因为小豆子的母亲是妓女而歧视他，只有大师兄小石头怜悯他，处处关照他，豪情仗义的小石头自然而然成了小豆子的保护神。

影片链接

由王家卫编导的《春光乍泄》是一部同性恋题材的影片。黎耀辉与何宝荣是一对同性恋人，两人同往阿根廷游玩。他们从地摊上买回一盏旧台灯，灯罩上的那条瀑布令两人心驰神往，于是相约一起寻找。可惜好景不长，两人发生争执进而分手，荣丢下一句“让我们从头开始”，消失在茫茫人海之中。辉在小酒馆做侍者，而荣则彻夜不归，勾搭洋人同志。其实两人的心中仍旧彼此牵挂。

关师傅让小豆子学坤角，小豆子虽然对于这种性别颠倒的意识做过本能的抗拒，但是在戏院潜移默化的影响下，小豆子最终接受了“女娇娥”的角色。

在关师傅的严厉要求之下，小石头和小豆子的技艺突飞猛进，师兄弟第一次唱堂会合演《霸王别姬》获得满堂喝彩。不久，他们都成了炙手可热的名角。小石头艺名段小楼，小豆子艺名程蝶衣。演虞姬时间长了，程蝶衣的内心发生性别错位，“戏如

经典对白

程蝶衣：师兄，咱们就好好地唱一辈子戏，不行吗？

段小楼：这不都唱了小半辈子了吗？

程蝶衣：说好了是一辈子，就是少一年，一个月，一天，一个时辰都不叫一辈子！

段小楼：蝶衣，你真是不疯魔不成活啊！可人要真是疯魔了，在这世上还活得下去吗？

人生，人生如戏”，他对段小楼的友情逐渐发展为同性之爱，在他的意识深处段小楼就是霸王，自己就是虞姬，他们相约要演一辈子的《霸王别姬》。

菊仙是青楼里的一个风尘女子，她的出现使师兄弟之间的感情出现了裂痕，她对段小楼以身相许，使程蝶衣的梦想化为泡影。程蝶衣把自己用屈辱换来的、段小楼向往已久的名贵宝剑赠予了师兄作为纪念，然后同段小楼分道扬镳。由于关师傅出面撮合，师兄弟二人再次合演《霸王别姬》。

抗日战争胜利后，国民党伤兵大闹戏院，抓走了程蝶衣，为救蝶衣，段小楼和菊仙四处奔走，但由于误解，二人再度分手。

“文革”中，段小楼被打成“牛鬼蛇神”。师兄弟和其他挨

斗者一律戏妆示众，并被逼相互揭发“罪行”，无奈之下，段小楼将程蝶衣历史上的污点和美丽的梦想作为“罪行”抖搂出来。程蝶衣有点不相信师兄会这么做，他认为段小楼之所以背叛他，是因为菊仙，他就以牙还牙，大骂菊仙是“臭婊子”，菊仙被抓住了把柄，段小楼无奈喊出：她是妓女，我不爱她。菊仙忍受不了这份沉重的打击，悬梁自尽。

时光流逝，“文革”结束了，“四人帮”被打倒了，程蝶衣和段小楼师兄弟二人在分离了22年的舞台上再次合演《霸王别姬》，程蝶衣假戏真做，用他送给段小楼的那把倾注了他感情和梦想的宝剑结束了自己的生命，最终实现了他的人生和艺术理想。

>>> 影片评析

《霸王别姬》展现了程蝶衣、段小楼和菊仙三个主人公的情感故事。这种情感延绵了50年，经历了中国社会的沧桑巨变，也经历了他们之间情感的巨变与命运的巨变，体现了人性追求自由和解放的艰难过程。诚如该片导演陈凯歌所言，这种电影的主题“并不是为了表现中国50年的历史演进，而是以此作为背景表现了人性的两个主题——迷恋和背叛。”

程蝶衣的一生是纯粹迷恋的过程。他总是在理想和现实的夹缝中苦苦挣扎，虽屡屡碰壁却依然雌雄不分，真假不辨，甚至生死也浑然不觉，生活对于他来说都是模糊的、笼统的。程蝶衣的迷恋,注定他的一生将孤单寂寞,他是个“不疯魔不成活”的戏痴，可惜生活不是戏。

程蝶衣的内心极度渴望关爱，可是绝情的母亲和严酷的科班生涯损毁了小豆子的梦想，是男？是女？是错？是对？也都理所当然变得不再重要。原本小豆子希望能够明辨是非地活着，可是天下人都希望小豆子糊里糊涂地活着。于是迷恋的程蝶衣取代了明辨的小豆子。

霸王段小楼是唯一给程蝶衣带来安慰和温情的人。对程蝶衣而言，段小楼不仅仅是师兄了，他变成了程蝶衣迷恋的对象和不能自拔的根源。

程蝶衣在戏台上越是唱得婉转动人，在戏台下越是寂寞痛苦不能自拔，没有人尝试走进他干涸的内心，也没有人能够走进他痴迷的内心。沉沦不是程蝶衣的初衷，只是为了麻醉支离破碎的心，烟雾缭绕的时候烧掉给娘的家信，抽吧烧吧，反正他也分不清哪出是戏，哪出是生活，反正他的生活也被糟蹋得不成模样了。菊仙是不认命的人，她的机智、果敢胜过程蝶衣的迷恋百倍，自然赢得了段小楼的爱情和尊重。菊仙是霸王的真虞姬，她用智慧数次在霸王落难时保全他的安危，从没有离开过霸王一步。

段小楼当然深知爱妻对自己的关爱和厚望，他们山盟海誓。霸王用尽一生的爱都难以报答这个坚韧女子的爱。山雨欲来，忧心忡忡的菊仙说：“我站在一个大高楼上四面都是白云，我就想往下跳……”意气风发的霸王说：“你跳啊，我在那呢！”菊仙啊菊仙，早就知道了这个结局，伤心地对霸王说：“你不在那里！”

影片结尾，菊仙被揪住，段小楼歇斯底里地大叫：“不！我不爱她！我跟她划清界限，我要离婚！”菊仙陡地抬头，大吃一惊。段小楼凄厉地喊：“我不爱她！我要跟她划清界限！”菊仙的目光一下子僵住了，直直地瞪着段小楼，情如陌路。为什么？无情的背叛！菊仙上吊自杀了，她用死表明了她清白的人格和对段小楼的绝望。

电影知识

陈凯歌原名陈皑鸽，1952 出生于北京，1982 年北京电影学院导演系毕业，后任北京电影制片厂导演。1984 年开始执导了影片《黄土地》。1987 年赴美国进修，1990 年回国。主要电影有《大阅兵》《孩子王》《边走边唱》《霸王别姬》《风月》《荆轲刺秦王》《和你在一起》等。其作品从不同领域、以不同方式对历史和文化进行反思，具有风格化的视觉形象，新颖的画面结构、寓言化的电影语言和深沉的批判力量。

必看理由

一部以轻松形式来表现严肃主题的电影，一部将高雅与通俗、庄重与诙谐、严肃与轻松、含蓄与直白、商业与艺术、朴实与技术完美结合的影片。

阿甘正传 Forrest Gump

——以小人物的经历透视美国的政治和社会史，美国“反智电影”的代表作

出品：美国派拉蒙影业公司 1994 年

编剧：埃力克·罗斯

导演：罗伯特·泽米斯基

主演：汤姆·汉克斯、莎莉·菲雅等

本片夺得 1995 年第 67 届奥斯卡金像奖最佳影片、最佳导演、最佳男主角、最佳改编剧本、最佳剪辑、最佳视觉效果 6 项大奖。

>>> 剧情简介

二次世界大战后期，阿甘出生于美国南部亚拉巴马州一个落后、闭塞的小镇。阿甘天生就是一个有智力障碍的儿童，他的智商只有75，但父母并没有放弃对他的培养和教育。

幼年的阿甘腿有残疾，父母只好用一对铁夹子夹住他的双腿，以便使他能独立行走。上学以后班上的同学都欺侮他蠢笨，在放学路上用石头追打他。同班女同学珍妮的一句“快跑啊”激起了他内心的勇气和力量。从此，阿甘使劲迈起了双腿，并练就了一双健步如飞的飞毛腿，从此，跑步伴随了他一生。中学时，躲避同学追打，他跑进了一个橄榄球场，被人看中，破格升入大学，很快，阿甘出色的表现使他成为一名橄榄球明星，并受到总统肯尼迪的接见。

大学毕业后，阿甘应征入伍，并随部队到了越南战场。在一次战斗中，阿甘的部队中了埋伏。部队奉命撤退，一声令下，阿甘又记起了珍妮的嘱咐

阿甘经历了水门事件、乒乓外交等多次重大历史事件。汤姆·汉克斯将阿甘轻松愉快地面对世界的变迁、不屈不挠直至成功的坚韧形象表现得淋漓尽致、感人肺腑。

撒腿就跑，结果，全队只有阿甘幸免，没有受伤。与此同时，阿甘儿时好友珍妮已开始堕落，她整天过着放荡的生活。阿甘心里一直暗恋并爱着珍妮。然而，珍妮却一点也不爱阿甘。战争结束后，阿甘受到了约翰逊总统的接见。一时阿甘名声大噪。在一次和平的集会上，阿甘与珍妮再次重逢。俩人匆匆相遇又匆匆而别。70年代初，阿甘作为一名乒乓球队员来到中国，为中美建交立下了功劳。

小时候，母亲曾教过阿甘说“说到就要做到”。在这一信念的指引下，阿甘走出了一片属于自己的天地。阿甘单纯正直、没有半点邪念，为了完成战友布巴的遗愿，他当了捕虾船队的队长。由于阿甘勤恳工作，他很快就拥有了属于自己的公司和捕捞船队。阿甘还为一家叫“苹果”的公司投资，起初，阿甘以为这家公司只是做水果生意而已。他竟然没意识到自己搭上了计算机革命的列车，很快成了大富翁。阿甘将自己在公司的股份给了战友布巴的母亲，而自己却去做了一名义务园丁。

阿甘热恋的珍妮误入歧途，不可自拔，终于陷入了绝望。

经典对白

阿甘：我妈常说，人生就像一盒巧克力。你无法知道会吃到什么味道。

阿甘：我妈说，从鞋子看人，可以看出许多事情来，知道他们要上哪儿去，并去过哪里。

阿甘：要忘掉先前发生的事情，那就是我为什么想跑步的意思。

一天，珍妮终于回到了阿甘身边，并与他共同生活了一段日子。然而，珍妮又在一个黎明悄悄离开。早晨醒来的阿甘为了寻找珍妮，他又甩开了有力的双腿奔跑起来，阿甘又一次成为全国名人。三年后，感到身心疲惫的阿甘决定回故乡。不久，阿甘收到了珍妮的来信，他俩又一次重逢。这时，珍妮身边还带有阿甘的儿子。不幸的是，珍妮得了不治之症。没过多久，珍妮就离开了阿甘父子。阿甘的儿子该上学了，阿甘将儿子送上了校车。他的儿子比他上学时显得聪明了许多。

影片链接

由N.艾普隆导演，汤姆·汉克斯主演的《西雅图不眠夜》讲述了一个浪漫的喜剧故事，巴尔的摩的安妮和年轻的鳏夫山姆（汤姆·汉克斯）分别住在美国的东西两边，山姆的儿子不愿父亲再孤独下去，于是在一个全国性广播节目替父亲找一个伴侣。在这之后，求爱信堆满了山姆的房间。这其中也有安妮的。这部影片中汤姆·汉克斯的表演细腻生动，让观众难以忘怀。

>>> 影片评析

在一般情况下，人们会片面地认为：一个有智力障碍的人是无法适应社会竞争的，一定会被残酷的现实社会淘汰。然而，本片通过阿甘这样一个智力障碍人士的生活，生动地用一个较为独特的视角，对美国几十年来的社会和生活中的许多重大事件做了展示。影片把一个本来具有荒诞意味的小说进行了美的修饰与装潢。智力障碍的阿甘成为美德的化身，体现在他身上的是诚实、善良、守信。影片对传统的道德进行了宣扬，使影片更易为人所接受。智力障碍的阿甘一生创造了许多令人叫绝的奇迹。但观众不会，也没必要去羡慕阿甘。它只是从一个方面肯定智力障碍人士生命存在的巨大价值。而从智力障碍人士身上表现出来的进取精神更值得一般人去学习。

纵观整部影片，编、导的编排手法和技巧都显得极为高明。本片在造型和叙事上大量地运用了拼贴的手法。如阿甘和已故肯尼迪总统握手的画面，就是电脑技术合成的结果。虚幻的画面给人一种极为真实的现实感。还有其他一些场面都是通过这种手法做成的。几十年的美国历史成了阿甘个人的成长日记。历任美国总统等一些重要人物反成了阿甘人生经历中的匆匆过客，使得影片更为精彩。

必看理由

迪士尼公司有史以来最壮观和最雄伟的动画片，书写下动画电影史的票房奇迹和不朽传奇。

狮子王 The Lion King

——动物界的“哈姆雷特”，动画电影史上的票房奇迹和不朽传奇

出品：沃尔特·迪士尼公司 1994 年
编剧：艾琳·梅奇、乔纳森·罗伯茨
导演：罗伯特·明科夫
作曲：埃尔顿·约翰
作词：提姆·瑞斯
本片获 1995 年第 67 届奥斯卡金像奖最佳原作音乐、最佳电影歌曲奖，1995 年第 52 届金球最佳原作配乐、最佳原作歌曲奖。

>>> 剧情简介

太阳在地平线上冉冉升起，非洲大地苏醒了。“荣耀王国”的动物们都涌聚于山岩之下，向伟大的狮王木法沙和他的荣耀石致敬。狮王的儿子辛巴出生了，老巫师拉飞奇和众多鸟兽欢呼雀跃，歌颂着未来的国王，父亲也告诉孩子他将是那片土地的统治者。

小辛巴像所有小孩一样，顽皮、吵闹、自以为是、不懂烦恼为何物，成天和好友娜娜、国王的侍者犀鸟沙祖东奔西跑、追逐打闹。幼小的辛巴没有分辨善恶的能力，它一次次地被叔叔刀疤——这个一直窥伺着王位的邪恶之徒——利用。直到有一天，在刀疤布下的陷阱中，狮王木法沙含冤死去，小辛巴被叔叔的部下土狼们逼得背井离乡。

经典对白

辛巴：我以为国王可以随心所欲啊。

木法沙：哦，国王也不能凡事随心所欲。

辛巴：不能吗？

木法沙：辛巴，世界上所有的生命都在微妙的平衡中生存。身为国王，你不但要了解那种平衡，还要尊重所有的生物，包括爬行的蚂蚁和跳跃的羚羊。

辛巴：但是爸爸，我们不是吃羚羊的吗？

木法沙：是啊，辛巴，我来解释一下：我们死后，尸体会成为草，而羚羊是吃草的。所以在这个庞大的生命圈里我们是互相关联的。

影片链接

大家可知道在《狮子王》"Can You Feel the Love Tonight"歌曲中，辛巴和娜娜为何会滚下山坡？辛巴和刀疤进行王位争夺战的同时，彭彭和丁满又是如何摆脱土狼的攻击的？如果想知道的话，看看《狮子王 3》就得到结果了。在这部片子中，彭彭和丁满的大爆料就如同把观众带到了表演的后台，因为他俩揭示了《狮子王》故事的众多内幕，而且到了片子最后，还有一大堆"特别来宾"会突然出现，爱与冒险的生命感动让人们再次得以重新体会！当然，您也许会奇怪，那《狮子王 2》又讲的是什么呢？如果您看过莎士比亚的《罗密欧与朱丽叶》，答案就自然水落石出了。

眼看着辛巴将被兀鹰撕得粉碎，突然出现了两个小家伙：疣猪彭彭和狸猫丁满。他们救下了这个孤独和无助的小动物。"Hakula matata"是他俩教给辛巴的生存哲学，在衣食无忧的美丽森林中，辛巴长得更高大了，或许他本会在这里永远过着没有烦恼的生活，但是娜娜和拉飞奇的到来打破了这里祥和宁静的生活……

大家的劝说和鼓励以及天空中突然出现的父亲，唤醒了辛巴的勇气，他奔回了荣耀王国。那里的一切已经被叔叔刀疤糟蹋殆尽，连母亲也受着他的虐待，辛巴和他的朋友们与邪恶的力量进行了一番激战，直到他夺回了本该属于自己的世界……

非洲大地又恢复了平静，在繁茂的土地上，动物们聚集在荣耀石下，又一次庆祝着新生命的诞生——他是辛巴和娜娜爱情的结晶……

>>>影片评析

这是一部充满冒险和传奇色彩的动画片。影片制作者们用他们的智慧和创造力，经过精雕细琢，将性格化的音乐和人类的感情与主题有机结合起来，片中恢宏的场面更是跳出了传统卡通片的局限和一般文学作品的表现手法，使影片锦上添花，雅俗共赏。

这部动物版的《哈姆雷特》没有人物角色，全部角色均为动物。故事背景在广袤无垠的非洲大地，特别是影片开场百兽朝拜的序幕，更令人感叹非洲大地的雄伟壮阔，片中的各种动物也大都采取人性化的描写，木法沙的王者之风，小辛巴的机灵活泼都给人以深刻的印象。但如果完全不了解动物的生活习性，准确掌握动物的各种动态造型，影片的合理性和可视性肯定会大打折扣。譬如影片开始不久，小狮子辛巴要推醒熟睡中的雄狮木法沙，在画面上还出现有几只睡卧的母狮。看到这一细节，观众就想到，一头雄狮总

是与或多或少几只母狮同居的，与实际非常相符。还有影片中辛巴两次被母狮娜娜扑倒在地，要是观众知道母狮相对于雄狮来说，更称得上是捕猎好手，这也就不足为怪了。由此可见，动画设计师们用心良苦到何等细微之处。

假如你的英语不是很好，相信第一次看《狮子王》的时候，不一定会觉得它美；但如果你曾经读过莎士比亚的《哈姆雷特》（又名《王子复仇记》）或看过同名电影，你就会觉得《狮子王》很不简单了。

有时候会发生一些事而你无能为力，该怎么办？

就像辛巴——这个万兽敬慕的天之骄子，原本有一个幸福的家。他热情、单纯、充满幻想；他有勇猛威武的国王爸爸、慈祥和蔼的皇后妈妈；他有青梅竹马的小母狮娜娜，有忠心耿耿的犀鸟沙祖以及数不尽的动物朋友为伴。但是，当一切突然消失——当我们看着它消失却不能做任何补救，我们还会有往昔的快乐和幸福吗？

“Hakula matata，不必担忧”真的能使心灵得到拯救？即使日子渐渐磨掉心中的锐气，但是那曾经伤害过我们的阴影会一直折磨着内心！人生就是这样，要甩掉阴暗就只有奋起，勇敢去面对污秽和邪恶。当辛巴不再逃避，他也就找到了自己！

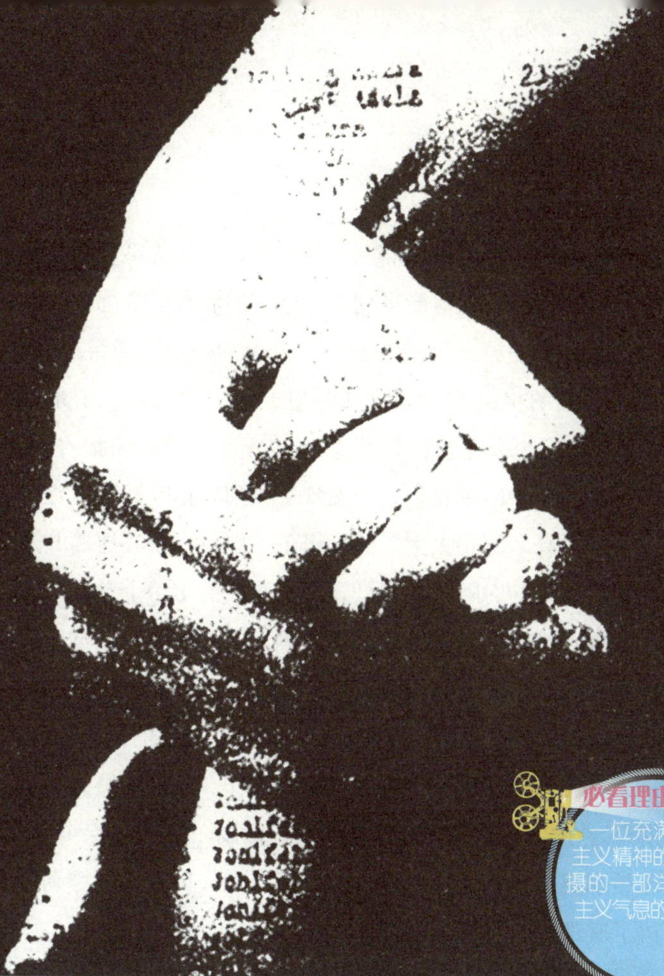

必看理由

一位充满人道主义精神的导演拍摄的一部洋溢人道主义气息的电影。

辛德勒的名单 Schindler's List

——具有巨大震撼力和深沉的艺术魅力，深具史诗的格局和撼人心魄的情绪力量

出品：美国环球影业公司 1993 年

编剧：史蒂弗 · 赞林

导演：史蒂文 · 斯皮尔伯格

主演：阿姆 · 内森、本 · 金斯利

本片获 1994 年第 66 届奥斯卡金像奖 12 项提名，获最佳影片、最佳导演、最佳改编剧本、最佳艺术指导、最佳摄影、最佳剪辑、最佳原创音乐 7 项大奖。

>>> 剧情简介

辛德勒是一名德国投机商人，善于处理人际关系，同时也好女色。他到处行贿使他能得到更加坚实的后台。辛德勒找到了犹太人会计师史顿，请他为自己新开业的搪瓷厂当管账者。战争使犹太人的生活充满艰难和恐惧，他们成为社会中最便宜的劳工。精明的辛德勒看到了这一点，于是大肆雇佣犹太人。

辛德勒的妻子前来看他，却发现丈夫到处拈花惹草。在得不到丈夫“只有辛德勒太太”的允诺下，她只好伤心地离开了他。一天，德军上尉阿蒙在自己管理的营中挑出一个女佣海伦并命令她为自己服务。尽管阿蒙贪恋酒色，杀人如麻，可他似乎对犹太人海伦充满爱意，只是因为种族政策使他不能接近她。当爱与恨交织的时候，阿蒙选择了对海伦进行残酷的折磨。

犹太人如果能够到辛德勒的搪瓷厂工作，就等于得到了暂时的安全。在他这里，不会有阿蒙的随意射杀，男女不会分开，孩子不被隔离，他们不用躲进地窖、柜子和粪坑中。辛德勒搪瓷厂成了避难所的代名词。

辛德勒曾劝阿蒙不要滥杀，但此人的善良坚持不到一天……犹太人居住区遭到残酷血洗，辛德勒因为“吻”了一个

经典对白

史顿：这名单……就是生命，名单外的世界，是深渊。

史顿：凡救一命，即救全世界。

辛德勒：我做得不够……

犹太女子而被关起来，他早就知道德国人建造的火葬场及煤气室，早就听说浴室和蒸汽室的喷头上流出的不是水，而是毒气，辛德勒对纳粹的最后一点幻想破灭了。于是，出狱后的辛德勒开始用大量的钱，数不尽的珠宝钻石贿赂纳粹军官，买下犹太人的命。辛德勒名单中的人都得到了这位德国“纳粹”的庇护。

法西斯战败，苏联红军来到了克拉科夫市，向在辛德勒工厂里干活幸存的犹太人宣布：战争结束了。辛德勒因为自己的德国人身份只能离去，临行时，被他救出的一千多名犹太人自发将一份由所有人签名的“辛德勒非战犯”的证词

影片链接

史蒂文·斯皮尔伯格，这位“学院门外汉”，却是“幸运人上人”。除了《辛德勒的名单》，由他执导的《胡克船长》《侏罗纪公园》《失落的世界》《拯救大兵瑞恩》等想必大家都很熟悉。但这些作品都是他成名后的作品，而要看他早期的实力，我们就不得不看他1975年拍摄的《大白鲨》（JAWS）了，因为此片改变了斯皮尔伯格的一生。影片易如反掌地打破了《教父》的票房，并且把他从B级导演，推向A级导演之列。

交给他。同时送给辛德勒的还有工人们用自己的金牙和私藏的金首饰打造的一枚金戒指，上书：凡救一命，即救全世界。

>>> 影片评析

失去亲人的悲痛，观者深有体会，但是二战期间无数犹太人遭遇的大屠杀，还真是见所未见，闻所未闻！

看纳粹的淫威：人群被要求脱光衣服像牲口一样赶来赶去；健康的到右边，有病的到左边；老弱病残者被枪毙；为逃避猎捕，小孩子跳进粪坑；因为一只鸡几十人受到株连；为证明健康，女人们用血给自己抹上口红和腮红……生命可以被随意践踏，就连死也没有尊严。纳粹杀人就像踩蚂蚁，一个世界沉浸在极端的享乐中，一个世界沉浸在极端的痛苦中……

影片最后，苏联红军对上千犹太人说了句：你们解放了！此时观者竟热泪盈眶，仿佛自己也获得了新生！残酷的战争终于成为过去！

幕后，导演斯皮尔伯格在拍摄的几个星期里，不曾和剧组里的德籍演员握手，不向那些身着纳粹军服的演员打招呼。影片

在波兰封镜，斯皮尔伯格谢绝了片酬并决定将个人赢利全部捐给纳粹大屠杀博物馆。据说，斯皮尔伯格身上流着犹太人的血液，他童年时曾亲身体验过犹太人遭受歧视的痛苦，他的家族中有17人在纳粹集中营被谋害。

是因为这些使他拍出了如此深沉而又令人震撼的片子吗？当一个人想宣泄心中的悲闷时，需要找到打开情感的阀门。斯皮尔伯格曾说："这次我感到重要的不是我的想象力，而是我的良心，突然间，我一贯用来逃避现实的摄像机直面现实，在拍摄中我哭了，我每天都流下了热泪！"

一部好的片子，胜过千言万语。

但愿我们的心不再被种族主义所蒙蔽，但愿我们生活的世界不再有战争和屠杀，但愿阳光永远普照大地……

1993年，美国著名导演史蒂文·斯皮尔伯格带领《辛德勒的名单》一片摄制组初抵波兰，就在他们跨进二战期间克拉科夫集中营准备安营扎寨之时，突然收到全美犹太人协会从纽约发来的一封急电："请勿惊扰亡魂，让他们安息吧。"斯皮尔伯格读完这寥寥数语的电文，一言不发。他当即下令摄制组全体人员撤离克拉科夫集中营，转移到几十公里以外，搭置布景拍摄。与此同时，他独自一人离开了摄制组，直接飞回纽约。斯皮尔伯格不派代表，不借助电话、电报、电传等迅速方便的现代化通信工具而是横跨大西洋，亲赴纽约向"犹协"致歉，他的谦逊和诚意令"犹协"全体成员无不动容。难怪后来国际影评界交口赞誉《辛德勒的名单》是"一位充满人道主义精神的导演拍摄的一部洋溢人道主义气息的电影"。

电影知识

《辛德勒的名单》是一部纯粹的黑白片吗？不是，因为我们分明看到了一个穿红衣服的女孩！她是全片转变的关键人物，在片子黑白摄影的画面中，只有这小女孩用红色。她第一次出现在辛德勒目睹纳粹的大屠杀中，后来在一辆运尸车上再次出现。这个穿行于暴行和屠杀而几乎未受到伤害的纯洁可爱的红衣小女孩照样摆脱不了死亡的命运！这个画面成为经典之笔，它使人们的心由希望走向了绝望。

在纳粹的阴影笼罩下，犹太人一直都生活在阴暗中，黑白摄影体现了那个暗无天日的时代。结尾处纳粹投降，犹太人走出了集中营，银幕上突然大放光明，出现灿烂的彩色，人类获得了解放，观众的心情豁然开朗。从噩梦中惊醒后能在阳光下沐浴片刻，那种心境何以言传！

必看理由

这是关于两个小孩的故事，一个女孩和一个男孩，在他们心里，他们都是12岁，他们都感到失落而他们深爱彼此。

这个杀手不太冷 Léon

——吕克·贝松谱写的一曲杀手挽歌

出品：美国哥伦比亚影片公司、法国欧罗巴电影公司联合摄制 1994年

编剧：吕克·贝松

导演：吕克·贝松

主演：让·雷诺、娜塔丽·波特曼

本片获1995年法国凯撒奖最佳影片、最佳导演、最佳男演员、最佳剪辑、最佳摄影、最佳声效、最佳配乐七项提名，1996年第19届日本学院奖最佳影片提名。

>>> 剧情简介

莱昂是意大利裔的顶尖职业杀手，一直独自住在纽约，只有一株盆栽是他最好的朋友。他觉得盆栽“比人友善多了。他跟我一样沉默,从来不会问问题,也不会想杀我。他也跟我一样，没有根”。他虽然身怀绝技，但内心非常缺乏安全感。他甚至从不敢睡在床上，而是坐在椅子上睡，并把枪放在手边。

一天，12 岁的邻居女孩玛蒂尔德从外归家，路过走廊时看见被血洗的一家大小，不动声色地忍痛直接敲开邻居莱昂的房门，要求在他家暂避杀身之祸。原来，玛蒂尔德当毒贩的父亲因私吞了一包缉毒局警察黑吃黑的毒品，而遭恶警诺曼·史丹菲尔诛杀全家，玛蒂尔德因为出门帮莱昂买牛奶逃过一劫。

在得到莱昂的收留后，玛蒂尔德开始帮莱昂管家并教他识字，莱昂则教她杀手的技能，两人渐渐生起似父女又似恋人的复杂情愫。

之后，玛蒂尔德跟踪史丹菲尔，贸然去报仇反倒被抓。莱昂及时赶到，将她救回。他们再次搬家，但玛蒂尔德还是落入史丹菲尔之手。这次史丹菲尔调动了超过 200 名警力与火箭炮等重装备包围公寓，决心致莱昂于死地。莱昂击倒大量警察，再次救出玛蒂尔德，让她带着那株盆栽通过通风管道逃生，并嘱咐她去把他积攒的钱取出来。由于管道太小，只有体型较小的玛蒂尔德能通过。莱昂化装成受伤的警察混出包围圈，但最终仍被埋伏在背后的史丹菲尔识破，中枪倒地。最后一刻，濒死的莱昂引爆身上所有手榴弹，和史丹菲尔同归于尽。

莱昂死后，玛蒂尔德将莱昂生前唯一的朋友——那株盆栽，移出了窄小的盆子并栽种在大地，让莱昂终于得以“落地生根”。

经典对白

玛蒂尔德：人生总是这么苦么，还是只有童年苦？

莱昂：总是这么苦。

影片链接

《这个杀手不太冷》正式版本是110分钟，但另有一133分钟的版本。该加长版本正式名称为“国际版”(International Version)，不过只在日本上映。但导演吕克·贝松表示，他自己比较喜欢称之为“加长版”(Long Version)。

长出的23分钟片段主要增加了莱昂和玛蒂尔德相处，尤其是偏向男女感情描写的片段(这些在正式版本里着墨非常之少)。包括她向他明白表示想成为他的恋人而莱昂拒绝的对话、两人同床共眠的镜头、莱昂提到因自己失去旧情人而成为杀手的谈话等。

>>> 影片评析

《这个杀手不太冷》的导演是法国著名的吕克·贝松，影片当中充满着艺术的气息，甚至杀人的现场也像艺术品一样独特和唯美。导演在影片中更多表达了对现实中丑恶事物的批判：为了利益，警察可以在正义的大旗下肆意屠杀；玛蒂尔德那毫无亲情可言的家庭，最终因为贪婪而葬送了性命。当然，影片更多的是讲述陌生人之间的友爱、呵护、交融与为爱献身的精神。

影片开场就是一段精彩的刺杀行动，充分表达了一个杀手的冷酷无情，杀手莱昂部署周密，冷静无畏地执行着行动。这也是导演处心积虑为之后表现莱昂真实的一面做铺垫。

电影最终，杀手莱昂成为少女玛蒂尔德的忠实的佑护者。仅仅从这一点看出去，莱昂无疑属于真正的英雄。在处理他中弹的场景时，导演采用了慢动作和消音的方法，人们看见的是他眉心慢慢扩大的血斑，直至倒地。他用自己的死换来玛蒂尔德的生，编织了一部最纯洁的童话，英勇而凄美。

这部电影是吕克·贝松写的一首杀手挽歌，在这曲挽歌中，我们看到的是人性由泯灭到复苏的全过程。

电影知识

吕克·贝松，1959 年 3 月 18 日生于法国巴黎，法国导演，兼任制片、编剧、演员和剪辑等。1983 年，拍摄剧情长篇处女作《最后决战》获戛纳电影节特别奖。1985 年，执导他的第二部影片《地铁》，获第 11 届法国电影恺撒奖十三项提名和三项奖。1987 年的《碧海蓝天》获第 14 届凯撒奖八项提名和两项奖。1989 年的《尼基塔》获第 16 届凯撒奖九项提名和一项奖。1994 年，执导拍摄《这个杀手不太冷》，也因这部作品被中国观众熟识。1997 年，拍摄想象力四溢的科幻片《第五元素》。2005 年，完成风格独特的《天使 A》。2006 年，吕克·贝松再度出手，改编了他自己的畅销系列儿童小说，结合真人与 CGI 动画技术制作完成同名电影《亚瑟和他的迷你王国》。2009 年贝松制片还金·凯瑞与伊万·麦克格雷格主演的同性题材喜剧《我爱你莫里斯》。2014 年，执导拍摄一部大胆想象人类大脑潜能开发的电影《超体》。2015 年，吕克·贝松担任第五届北京国际电影节评委会主席。

必看理由

一部融信念、勇气、牺牲和爱于一身的不朽传奇。

泰坦尼克号 Titanic

——电影史上第一昂贵的电影，沉没之船上永不沉没的爱情绝唱

出品：美国 20 世纪福克斯公司、派拉蒙影业公司出品 1997 年

编导：詹姆斯·卡梅隆

主演：莱昂那多·迪卡普里奥、凯特·温丝莱特、比利·赞恩等

本片获 1998 年第 70 届奥斯卡金像奖最佳影片、最佳导演、最佳音效、最佳摄影等 11 项大奖。

>>> 剧情简介

1912 年 4 月，在英国的南安普敦港，人流如海，人们都希望能目睹世界最豪华的游轮“泰坦尼克”号的首航。没落贵族小姐露丝与其未婚夫卡尔和她母亲也登上了“泰坦尼克”号的头等舱，他们准备去美国结婚。

年轻且穷困潦倒的画家杰克在赌博中幸运地赢得了一张三等舱的船票。他高兴极了，怀着无比快乐的心情登上了船。

“泰坦尼克”号终于启航，杰克站在甲板上享受着快乐。这时，他看到了也在甲板上闷闷不乐的露丝，他被露丝深深地迷住了。晚上，心情压抑的露丝欲跳海，却被杰克救了。就这样他们相识，在短暂的交往中，露丝发现杰克就是自己爱情中要

经典对白

杰克：我一无所缺，呼吸着自由的空气，享受着自由的生活，从来不必看别人的脸色，听别人的命令，我喜欢这种生活，喜欢一觉醒来，自己不知身在何处，不知正在发生什么事情，也不知道会遇到一些什么样的人。就在前一夜我还睡在桥下，可是现在，在全世界最豪华的客轮上，我在与你们这些尊贵的人品着香槟。生命是上帝赐予我的，我不想浪费生命，谁能说清楚自己的生命会如何呢？很难知道明天将要发生的事，因此，最关键的是要把握好现在，想吃就吃，想睡就睡，尽可能地不浪费上帝的恩赐，尽情地享受每一天的食物和阳光，我只有一个信念，就是享受每一天。

找的人。她开始憧憬与杰克美好的爱情。但不久就被未婚夫卡尔发现。卡尔开始试图用各种方式来挽回露丝的心。卡尔送给了露丝一枚价值连城的“海洋之心”钻石，露丝不为所动，毅然决定与杰克相爱，充分享受着爱情的快乐。在船舱里，杰克为露丝画下了露丝终生难忘的画像。

可是，正当杰克与露丝沉浸在甜蜜的爱情中时，不幸发生了，泰坦尼克号撞上了冰山，很快就会沉没。杰克也由于被卡尔陷害而被关在船底。露丝只身一人冒着危险，从船底救出了杰克。在船的甲板上，杰克将露丝推

影片链接

1953年拍的影片《冰海沉船》是电影史上第二次将这段真实的历史搬上银幕。

导演尼古拉斯并没有用纪念性的画面来再现这场灾难，而是更注重几个乘客在轮船沉没前令人同情的命运。这部影片最成功的地方是感情描写的成功，因为它通过在人们心中制造紧张悬念进而准确地再现人们对灾难有所准备的情绪。这种制造悬念的手法在20世纪70年代的电影中曾风靡一时。

上救生艇，但露丝拒绝上艇。两人紧紧地拥抱在了一起。“泰坦尼克”号沉没了，杰克和露丝坠入海中，在生离死别之际，杰克将露丝推上了一块木板，自己却沉入了冰冷的海底。

80年后，露丝随打捞船来到了“泰坦尼克”号沉没的地方，露丝将“海洋之心”扔进了大海，以告慰杰克在天之灵。

>>> 影片评析

这又是一个令人无法忘却的激动人心的故事。“泰坦尼克”沉没是一个真实的历史事件。此前，已有一些影片描述这一悲剧。这部影片之所以能再次取得成功，是编导在以下几个方面做得较为成功。

一是影片的定位比较准，整个影片将一场甜蜜的爱情故事融入一场令人心碎的悲剧之中，令人无法忘记。它既在一定程度上满足男性的猎奇心理，又满足女性追求浪漫爱情的要求。从某种程度上讲，这场爱情故事仍然较为老套。但在一定程度上为过惯了平淡生活的人们的生活增添了一抹亮色。

二是精心构思的细节。本片在细节的刻画上不厌其精，力求对观众产生最大的视觉冲击力，沉船的过程，人们争先恐后挤救生艇的场

景，几位音乐家临危不惧的气概，海面上漂浮的尸体，这些都令人刻骨铭心。

三是荡气回肠的音乐。与故事情节紧密相扣的《我心永恒》，伴随着苏格兰风笛的演奏，更加哀婉和凄美，足可拨动人的心弦。最后，还要提一下本片运用的出神入化的特技，船上走动的人们、海中的海豚、海面上漂浮的尸体等都是电脑合成的。这些足可以假替真的场面都给观众留下了深刻的印象。

电影知识

本片是高科技的产物，英国世界级巨轮“泰坦尼克”号在 1912 年 4 月横越大西洋的处女航中于 15 日上午撞上冰山沉没的惊人事件和巨大灾难多次被搬上银幕，不过这次与以往不同的是好莱坞花费了近三亿美元来拍这部灾难加爱情片，创下了有史以来电影制作的最高成本。当然，回报也是惊人的，共达 18 亿美元之巨。

卡梅隆的《泰》剧最受人注目的是为了拍片而建造了和原来巨轮几乎差不多的复制品，并动用了迄今为止最为先进且极其复杂的数字成像技术，使巨轮沉没的过程变得异常逼真，在视觉效果上远远胜过了过去任何一部以这一历史事件为内容的影片。

出品：美国 20 世纪福克斯公司 2009 年
编剧：詹姆斯·卡梅隆
导演：詹姆斯·卡梅隆
主演：萨姆·沃辛顿、佐伊·索尔达娜、西格妮·韦弗、乔·摩尔
本片获得第 82 届奥斯卡金像奖最佳艺术指导、最佳摄影、最佳视觉效果奖，第 67 届美国电影电视金球奖最佳影片（剧情类）和最佳导演奖等多项大奖。

必看理由
开启了好莱坞电影的崭新时代。

阿凡达 Avatar

——科幻史诗巨制

>>> 剧情简介

故事发生在2154年，潘多拉星球上有一种别的地方都没有的矿物元素“Unobtanium”，能够吸引人类不远万里来到这里拓荒的原因就是“Unobtanium”将彻底改变人类的能源产业。但问题是，资源丰富的潘多拉星球并不适合人类生活，这里的空气对人类致命，本土的动植物都是凶猛的掠食者，极度危险。这里的环境也造就了与人类不同的种族：10英尺高（约3米）的蓝色类人生物纳威族。纳威族不满人类拓荒者的到来，也不喜欢人类的机器在这个星球的土地上因为到处挖矿而留下的斑斑伤痕。

由于人类即使学会纳威语也无法和纳威人直接交流，于是科学家们转向了克隆技术：他们将人类DNA和纳威人的DNA结合在一起，制造了一个克隆纳威人，这个克隆纳威人可以让人类的意识进驻其中，成为人类在这个星球上自由活动的“化身”。然而并不是任何人都可以操纵这个克隆纳威人，只有DNA与他身上人类DNA配型相符的人才有这样的能力。杰克·萨利的双胞胎哥哥是这个克隆纳威的人类DNA捐献者，他可以操纵这个克隆纳威人，然而他被杀死了。采矿公司为了不让砸下去的钱白花，必须找到一个可以代替他操纵克隆纳威的人，这个人的DNA必须和其配型相符，于是他们自然就找

经典对白

杰克：我看到你了（I see you）！

到了杰克·萨利。

战斗中负伤而下身瘫痪的前海军战士杰克·萨利决定替死去的同胞哥哥到潘多拉星操纵格蕾丝博士用人类基因与当地纳美部族基因结合创造出的“阿凡达”混血生物。杰克的目的是打入纳威部落，说服他们自愿离开世代居住的家园，从而采矿公司可砍伐该地区的原始森林，开采地下昂贵的“Unobtanium”。

影片链接

这部卡梅隆耗时4年半制作，总斥资接近5亿美元打造的《阿凡达》不仅开辟了电影3D技术的新天地，其带给人的视听感受也是划时代的。它将一度被家庭投影和蓝光高清DVD狠狠冲击的电影院们终于拉回到了影迷视线的焦点，一个电影史上的新纪元就此开启。

在探索潘多拉星的过程中，杰克遇到了纳威部落的公主娜蒂瑞，向她学习了纳威人的生存技能与对待自然的态度。与此同时，采矿公司的经理和军方代表上校迈尔斯逐渐丧失耐心，决定诉诸武力驱赶纳威人……

没有了生存之地的纳威族人被迫暂居神树之下。杰克骑着“魅影”到达了纳威族人暂居的神树下，呼吁纳威族人做出反抗，他终于又得到纳威族人的信任。在他的呼吁下，他们联络了潘多拉星球上其他民族的人，一起组建了一支几千人的反抗军。结果，纳威族人反抗军最终打败了人类。

最后，纳威族人用自己的感受器（辫子）与神树相连，借助神树的力量，将杰克·萨利的精神（灵魂）转移到他的阿凡达身上，杰克最终成为这个星球上纳威人的领袖。故事到这里就结束了。

>>> 影片评析

杰克的目的是打入身高九尺、身后长尾，蓝皮肤黄眼睛的纳威部落，说服他们自愿离开世代居住的家园，从而使人类能在SecFor公司的带领下砍伐该地区的原始森林，开采地下昂贵的“Unobtainium”矿石。

《阿凡达》总共162分钟的故事里有探险、挑战、爱情，有大爆炸、大冒险、大动作，也有熟悉的好莱坞个人英雄主义，有欲擒故纵的传奇剧式套路……虽然并不完美，但是《阿凡达》

情节本身的动人之处也足够余音绕梁。这份动人，来自剧中尽管有些脸谱化，却又有真实得可怕的正反面人物对比。

杰克无疑是片中主角，他的天真流露与心灵成长的经历，动人心扉，但跟天人合一的纳威公主比起来，还是后者的生命力更流光溢彩，就像她生活的潘多拉星一样，生机盎然。

人类“天下万物皆为我有”的贪婪触角一点点伸入美丽的纳威家园，就好像我们自己的足迹在这个星球上不顾后果的肆意扩张一样，不禁让人发出“愧而为人”的慨叹。但当我们随着杰克去观察体验那妙不可言的潘多拉世界时，跟着他体会重生、爱情、尊严和救赎，又不得不为身而为人的这份执着深感骄傲。

我们复杂、矛盾，罪孽深重，但同时也单纯、脆弱，希望永存。

一生不可错过的
经典音乐

第五、第七交响曲

——贝多芬强劲的爆发力和起伏的动感代表之作

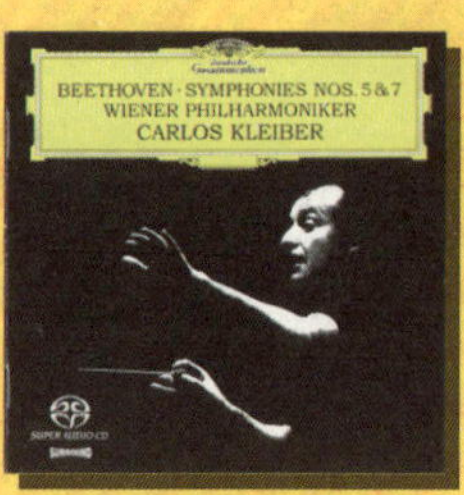

唱片名称：《第五、第七交响曲》
作 曲：路德维希 · 冯 · 贝多芬
指 挥：卡洛斯 · 克莱伯
演 奏：维也纳爱乐乐团

必听理由

被《企鹅唱片指南》(The Penguin Guide to Compact Discs) 评为“三星带花”、被日本《唱片艺术》评为最佳名曲，同时登上 DG 100（英国的 Gramophone 杂志为纪念 Deutsche Grammophon 的百岁生日，特别评选出的榜单，名为“DG 百年历史最伟大的百张唱片”）和 Classic CD 百大（由台湾著名古典音乐杂志《CD Hi》推出）榜单，历史上只有一张唱片享此殊荣，这就是由卡洛斯 · 克莱伯指挥维也纳爱乐乐团录制的贝多芬《第五、第七交响曲》。它是唱片史上不朽的经典之作，是经典中的经典。

路德维希·冯·贝多芬（1770—1827）

1770 年 12 月 26 日，路德维希·冯·贝多芬诞生于德国莱茵河畔的波恩城。他是 18 世纪下半叶以来世界最著名的音乐家，维也纳古典乐派代表人物之一，被后人尊称为“乐圣”。贝多芬最杰出的作品有：降 E 大调第三交响曲《英雄》、c 小调第五交响曲《命运》、F 大调第六交响曲《田园》、A 大调第七交响曲、d 小调第九交响曲《合唱》（《欢乐颂》）、序曲《爱格蒙特》、序曲《柯利奥兰》、c 小调第八钢琴奏鸣曲《悲怆》等。

>>>唱片欣赏

贝多芬是人类艺术史上最伟大的创造者之一。他以时代和个人的命运为主题，通过深刻的哲理和感人的艺术形象的结合，写出了一系列不朽的作品，表现了从斗争到胜利、从黑暗到光明、从苦难到快乐的资产阶级上升时期的精神历程。其中，他的 9 首交响曲像珍珠一样永远闪闪发光。唱片《第五、第七交响曲》收录了贝多芬 9 首交响曲里较有特色的两首——第五、第七交响曲。这张唱片是由伟大的指挥家卡洛斯·克莱伯和著名的维也纳爱乐乐团倾情演绎的。

贝多芬开始构思并动笔写 c 小调第五交响曲是在 1804 年。那时，他的耳聋已完全失去治愈的希望，而热恋的情人朱丽叶塔·齐亚蒂伯爵小姐也因为门第原因离他而去。一连串的精神打击使贝多芬处于死亡的边缘。但是，贝多芬并没有因此而选择死亡。他在一封信里写道："假使我什么都没有创作就离开这世界，这是不可想象的。"在一生中最痛苦的时期，贝多芬展开了一次旺盛的创作高潮。经过反复推敲、酝酿，第五交响曲《命运》于 1807 年末至 1808 年初最终完成。

交响曲第一乐章的开头，便写下一句引人深思的警语："命运在敲门。"这句话被引用为该交响曲具有吸引力的标题，并作为主题贯穿全曲，使人感受到一种不可言喻的感动与震撼。乐曲正体现了作者这一与命运搏斗的思想，贝多芬说："我要扼住命运的咽喉，它不能使我完全屈服。"这是一首英雄意志战胜宿命论、光明战胜黑暗的壮丽凯歌。恩格斯曾盛赞这部作品为最杰出的音乐作品，他说："要是没有听过这部壮丽的作品的话，那么你这一生可以说是什么作品也没听过。"该作品的调性 c 小调，被认为对贝多芬有特殊的意义，象征着"风暴般的英雄色彩"。

全曲共分四个乐章：

第一乐章 灿烂的快板，c 小调，2/4 拍子，奏鸣曲形式 乐章的开始由单簧管与弦乐齐奏出著名的四个音动机（motive，在旋律和节奏上短小而可辨认的音型，几个动机可以构成一个主题。这个术语常用在音乐分析中，视为最少单位），并发展为第一主题，即命运主题，极富男性粗壮的气息。通过圆号对第一主题的号角式变奏，引出明朗、抒情的第二主题。

第二乐章 稍快的行板，降 A 大调，3/8 拍子，自由变奏曲 第一主题抒情、安详、令人沉思，由中提琴和大提琴奏出。与之对应的第二主题先由木管、后由铜管乐器奏出豪迈的英雄凯旋进行曲，表现了战士们的信心和勇气。

第三乐章 快板，c 小调，3/4 拍子，诙谐曲形式 在这一乐章中，命运主题的变奏依然凶险逼人，但在大提琴和低音提琴跃跃欲试的曲调后，乐队奏出旋风般的舞蹈主题，引出振奋人心的赋格曲段，象征着人民参加到与命运斗争的行列中，黑暗必将过去，曙光就在眼前。在低音乐器震撼人心的渐强声中，不间断地进入第四乐章。

第四乐章 快板，C 大调，4/4 拍子，奏鸣曲形式 乐章的主题是乐队以极大的音量合奏出的辉煌而壮丽的凯歌，如长江大河浩浩荡荡，表现了这一场与命运的斗争最终以彻底的胜利而告终。

《第七交响曲》即 A 大调第七交响曲，是无副标题的作品，人们通常喜欢把它称之为“舞蹈性的交响曲”“舞蹈的颂赞”。在贝多芬所有没有副标题的交响曲当中，这部作品也是最受人欢迎的。它拥有贝多芬所写出的最著名的慢板乐章以及最著名的快板乐章，它的地位终究是九大交响曲中不可忽视的一部。

《第七交响曲》拥有非常独特的舞蹈风格，显示出作曲家卓越的艺术创造力。在这部作品的创作中，贝多芬已摆脱了凡尘俗念对他精神的困扰和折磨，全身心地投入到艺术构思中，爆发出惊人的力量。它具有英雄性的性格，但它并不像第三、第五交响曲那样，有一个通过人民群众的各种欢乐场面来表达一种富于活力的英雄形象。

全曲共四个乐章：

第一乐章 稍稍绵延的活板 引子很长，展开得很充分。似乎是一切快乐的源泉，优雅而欢快，充满了明亮的色彩。整个乐章自始至终贯穿着一种力度的运动，一个雄伟而朴素的主题在乐队中自上而下地阔步走来，它以6/8拍子带有附点节奏的舞蹈性主题作为基础，除了用全乐队的全奏和弦偶尔加以强调外，甚少渲染。在这个乐章，有不少力度的变化，也有不少紧张的高潮，但是它们并不是由于对立形象戏剧性的冲突所造成的，而是整个乐章的音乐就像一股巨大的浪潮一样，不停地在起伏，造成了充满激情和充满激情的力量。

第二乐章 忧郁小快板 这一乐章与整个交响乐形成鲜明的对比，是一首富于歌唱性的葬礼进行曲。音乐非常动听，而且十分深情。交响曲的终曲又回到第一乐章的愉快、明朗、生气勃勃的气氛中来，甚至比第一乐章更强烈，更富于力量。这里在舞蹈性音乐中又加入了进行曲的因素。当高潮平息下来的时候，这主题的片段时而在这个乐器上、时而在那个乐器上低声

“企鹅三星带花”

《企鹅唱片指南》(The Penguin Guide to Compact Discs) 是英国企鹅出版公司出版的一本权威唱片评价书籍，在古典爱乐者中有着相当大的影响力和权威性。《企鹅唱片指南》是入门爱乐者和唱片收藏者的不错读物。企鹅唱片指南的分级标准是星号（★），其中 3 星（★★★）是指演绎、录音俱臻最佳境界的名盘，而企鹅的评论员认为还有一些“极品级”的唱片，他们给这些唱片三星荣耀的同时，还额外冠上一朵花，这就是大名鼎鼎的“企鹅品鉴三星带花”，一般被认为是同类唱片的上上之选，具有很高的可听性和极高的收藏价值。

耳语，最后，这一乐章在小提琴的叹息、回响声中结束。

第三乐章　不太快的急板　曲调充满着使人惊异的爆发性和动力性的对比，一上来就表现出愉快的感觉，会让人不由得跟随它手舞足蹈，跳跃的热情一轮高于一轮。这倒不是由于它轻快的节奏、多变的乐队色彩以及情趣横溢的机智，而是由于各主题的绝妙联系和曲式上的高度完善。

第四乐章　有活力的快板　在旋风般的末乐章中，舞曲的冲力以更有力的方式出现。开头的主题可理解为一种大型的弗吉尼亚舞曲，但不久它就发展成壮丽无比的、令人激动的篇章，使任何舞蹈花式都相形见绌。这种不停息的旋动席卷全篇，像是酒神的狂欢，高潮迭起，让人感觉呼吸都急促起来！贝多芬用最迅捷、最激昂的手法，写出了这个十分出名的快板。其创作手法，简直是天下无双！

聆听整张，人们仿佛借由克莱伯那舞蹈性的指挥棒，透过慷慨激昂的音效，进入“乐圣”狂热的内心世界。

施特劳斯：维也纳森林的故事

——圆舞曲之王的家族神话

唱片名称：《施特劳斯：维也纳森林的故事》

作 曲：小约翰·施特劳斯

出 版：上海音像公司

必听理由

名家巨献、典藏保证，名师的卓越品质， 满足你的高尚品位。盛世名人为你演绎来自维也纳森林、蓝色多瑙河的天籁，给你无限遐想。

小约翰·施特劳斯（1825—1899）

奥地利著名作曲家，老约翰·施特劳斯的儿子，被称为“圆舞曲之王”。他的音乐以舞蹈性的圆舞曲、进行曲为主，保存了奥地利民间音乐的朝气和魅力。他的圆舞曲独具特色，旋律酣畅，柔美动听，节奏自由，生机盎然，是每年维也纳新年音乐会的主要曲目。家喻户晓的《维也纳森林的故事》《蓝色多瑙河》是他最具代表性的杰作。

>>>唱片欣赏

从诞生之日起，施特劳斯家族就是一个神话。这个神话的主人公带有世俗成功的面目，处于艰难的境地中。时至今日，印有施特劳斯家族徽记的神话不仅没有坍塌，相反有飙升之势。小约翰·施特劳斯用音乐进行的祈祷，成了逼近教皇座椅的台阶。

小约翰·施特劳斯的音乐可以看成是维也纳风情的音乐范本。19 世纪中期至 1899 年的维也纳乐坛，是属于小约翰·施特劳斯的。狂欢、舞会、盛宴让当时的奥国都城有了变味的巴黎生活情态，小约翰·施特劳斯处在五光十色的泡沫与色彩中心。他的作品《蓝色多瑙河》《南方的玫瑰》《维也纳森林的故事》《醇酒、女人与歌》《皇帝圆舞曲》《维也纳气质》等，一次又一次地让维也纳人倾倒、发狂，而这些作品本身就是一部维也纳风情的编年史。

《蓝色多瑙河》圆舞曲作于 1866 年。当时，小约翰·施特劳斯任维也纳宫廷舞会指挥。维也纳男声合唱协会的指挥赫尔

贝克约请小约翰·施特劳斯为他的合唱队写一首合唱曲。1867年，这部作品诞生并在维也纳首演。当时的维也纳正在普鲁士的围攻之下，导致作品首演失败。直到1868年2月，小约翰·施特劳斯住在维也纳郊区离多瑙河不远的布勒泰街五十四号，把这部合唱曲改为管弦乐曲，并命名为《蓝色多瑙河》圆舞曲。同年这部作品在巴黎公演获得了极大的成功。仅仅几个月之后，就得以在美国公演。不久，这首圆舞曲传遍了世界各地，成为作者最重要的代表作。直至今日，这首乐曲仍然深受世界人民喜爱。在每年元旦维也纳举行的“新年音乐会”上，该曲甚至成了保留曲目。

乐曲由序奏、五个圆舞曲和尾声组成。序奏开始时，小提琴在 A 大调上奏出徐缓的震音，好像是多瑙河的水波在轻柔地翻动。在这个背景上，圆号吹奏出这首乐曲最重要的一个动机，它象征着黎明的到来。第一圆舞曲描写了在多瑙河畔，陶醉在大自然中的人们翩翩起舞时的情景。第二圆舞曲首先在 D 大调上出现，巧妙而富于变化的乐曲描绘出南阿尔卑斯山下的小姑娘们，穿着鹅绒舞裙的欢快舞蹈；突然乐曲转为降 B 大调，变幻的色彩显得格外动人。第三圆舞曲属歌唱性旋律，这段音乐采用了切分节奏，给人以亲切新颖的感觉。第四圆舞曲在开始时节奏比较自由，琶音上行的旋律美妙得连作曲家本人都很得意，仿佛春意盎然，沁人心脾。第五圆舞曲是第四圆舞曲音乐情绪的继续和发展，只是转到 A 大调上。起伏、波浪式的旋律使人联想到在多瑙河上无忧无虑地荡舟时的情景。

《维也纳森林的故事》是小约翰·施特劳斯继圆舞曲《蓝色多瑙河》之后的又一部杰作。完成于 1868 年，同年 6 月 19 日初演于维也纳，并由作者亲自指挥。奥地利首都维也纳的郊区有一片美丽的森林，它离城市不远，历来吸引着千千万万的游人。这片森林也是许多居住在维也纳的大作曲家们经常光顾的地方，森林的美景常常激起他们的创作灵感。小约翰·施特劳斯是地道的维也纳人，《维也纳森林的故事》就是他献给故乡的赞歌。为了使乐曲具有浓厚的乡土气息，作者在管弦乐队里破例地加上了奥地利的民间乐器——齐特尔琴（Zither，一种拨奏弦乐器）。

这首乐曲也由序奏、五个圆舞曲和尾声构成，其结构属于典型的维也纳圆舞曲式。乐曲的开始是一段很长的序奏。两支圆号的旋律描绘了优美动人的风景，双簧管和单簧管吹出抒情流畅的曲调，像是牧人的牧歌和角笛。不时响起的钟声，使音乐增加了很多光彩。然后，大提琴缓缓奏出第一圆舞曲的主题动机，作为全曲的引子。大提琴浑厚的音调、圆号美丽的牧歌和长笛玲珑的装饰音节，构成了一幅极美妙且色彩斑斓的音画，十分优雅动人。齐特尔琴的加入更增添了浓厚的奥地利民族色彩，这种有特色的乐器拨奏出这首圆舞曲中最主要的一段旋律，轻柔而华美，仿佛晨曦透过浓雾照进维也纳森林，还伴随着鸟儿婉转的鸣叫。

第一圆舞曲为 F 大调，描绘出了森林清晨的美景及人们轻歌曼舞的场面。第二圆舞曲为降 B 大调，由大提琴呈示出来。这段主旋律与前面序奏中齐特尔琴所演奏的主题几乎完全相同，但节奏要快得多，舞蹈性极强。第三圆舞曲为降 E 大调，三部曲式，描绘的仍然是森林美景。第四圆舞曲在降 B 大调上，二部曲式。前半部分轻快、流畅，旋律充满跳跃性；后半部分活泼、优雅，伴奏部分引人入胜。第五圆舞曲为降 E 大调，这一部分不仅活泼，而且节奏性非常强，使得整个乐曲达到高潮。乐曲的结尾部分很长，在这里依次出现了第四圆舞曲、第一圆舞曲和第二圆舞曲的主题；之后，序奏时的齐特尔琴动人的旋律重新出现；终止部分采用了乐队的合奏。这一切好似一个总结，引人再一次回顾维也纳森林的各种美丽景色。

维也纳欢快的圆舞曲之夜，施特劳斯的作品在这肥沃的土壤中生长。

施特劳斯家族——两代“圆舞曲之王”之争

施特劳斯家族是 19 世纪奥地利维也纳的音乐世家。现在通常提到的作曲家施特劳斯父子，是指老约翰·施特劳斯（1804—1849）和他的三个儿子，即小约翰·施特劳斯（1825—1899）、约瑟夫·施特劳斯（1827—1870）和爱德华·施特劳斯（1835—1916）。为了区别都叫约翰的施特劳斯父子，人们习惯在他们名字的前面分别加上“老”字和“小”字。

两代“圆舞曲之王”为发展圆舞曲音乐艺术做出了不朽的贡献。但施特劳斯父子之间的关系十分冷漠。小施特劳斯从小天资聪颖，他 6 岁时就写出了第一首圆舞曲《第一个想象》，并立志成为一个音乐家。但跋扈的父亲却横加干涉，要求他去从事商业银行的工作。小施特劳斯只得偷偷地学习小提琴，由于勤奋刻苦，他很快就具备了专业演奏水平。当老施特劳斯发现后，狭隘自私的心理作祟，他凶暴地夺走了儿子的小提琴。老施特劳斯竭力反对小施特劳斯投身音乐，表面上是考虑这个职业没有社会地位、工作紧张而无保障，实质上深层次的原因却是，他已看到了儿子的音乐才能，他害怕不久的将来乐坛会出现一个强有力的竞争对手，从而危及他在音乐领域中的王者地位。可以说，小施特劳斯从小到大，其音乐才华一直受到老施特劳斯的压制，其在音乐界的活动也一直受到老施特劳斯的排挤和诋毁。直到老施特劳斯与世长辞，这场旷日持久的父子之争才落下帷幕。两代人的纠葛终于随着一代音乐巨匠的辞世而告结束。

莫扎特：5 首小提琴协奏曲

——K. 戴维斯演绎莫扎特，几十年来备受推崇

唱片名称：《莫扎特：5 首小提琴协奏曲》
作 曲：莫扎特
演 奏：伦敦交响乐团
指 挥： K. 戴维斯
版权公司：REAL MUSIC

沃尔夫冈·阿玛多伊斯·莫扎特（1756—1791）

伟大的奥地利作曲家，维也纳古典乐派的杰出代表。一生共写歌剧 19 部，著名的有《费加罗的婚礼》《魔笛》等；他写了 40 部交响曲、27 部钢琴协奏曲、5 部小提琴协奏曲，以及各种体裁的声乐、器乐作品，其中有不少是流传甚广的杰作。

必听理由

大师传世之作，名家倾情演绎，几十年来一直备受推崇。

>>>唱片欣赏

《莫扎特:5首小提琴协奏曲》由欧洲家喻户晓的指挥家K.戴维斯操纵指挥棒，著名的伦敦交响乐团录制，收录了莫扎特平生的5首小提琴协奏曲。戴维斯以出众的天赋将莫扎特的5首小提琴协奏曲演绎得无与伦比，将莫扎特小提琴协奏曲美妙动听、晶莹剔透、充满幽默感的品质完美展现。尤其是其中的第三号和第五号更是无可挑剔。

莫扎特《G大调第三小提琴协奏曲》完成于1775年，时年19岁。与前两部协奏曲作品相比，第三协奏曲规模更大，技术更为精湛，表现的幅度以及艺术性都有飞速的进展，因而十分引人注目。此曲第一次强烈地展示了莫扎特独有的风格。第一乐章开头的主题，与同年（1775年）4月23日初演的二幕音乐剧《牧人之王》每幕第三首阿敏达咏叹调的管弦乐开头相同。此曲的三首《萨尔兹堡协奏曲》，是迄今经常演奏的曲目，同时也常被用来作为教材，原因是它们形式完整、音色优美，而且内容丰富，是当今被演奏最多的十大小提琴作品之一。

作品共分三个乐章，在戴维斯的演绎下令听众如沐春风！第一乐章：快板，旋律流畅，感情朴实明朗，富有朝气。第二乐章：柔板，加弱音器的第一小提琴奏出的开始乐句十分美丽，使得这个乐章显得极其柔美。第三乐章：回旋曲，快板，充满了日耳曼或奥地利民歌的韵味，这个乐章的开头平淡无奇，像一首轻盈的回旋曲。中间突然出现阴影，速度放慢，成为行板，但不祥之感很快一掠而过，天真无邪的大调旋律重新回来，最终在静悄悄中结束。

音乐神童

莫扎特学起音乐来就如同别的婴儿学说话一样快。他有一个姐姐叫作玛丽安娜。莫扎特长到刚会走路时，他父亲给小玛丽安娜上音乐课，他就听着。然后他蹒跚着走到拨弦古钢琴那里，把教材从头到尾弹得一点不差。到他 4 岁时，他不仅能弹拨弦古钢琴，而且开始写作小步舞曲，甚至为乐队写一部协奏曲。

在任何人都不知道的情况下，他得到一个小型的小提琴并且学着拉它。有一天，当他的父亲和三个朋友正在花园里的凉亭里弹奏一部弦乐四重奏时，莫扎特把那第二小提琴分部一点不错地拉出来，之后同样准确地把第一小提琴分部拉完。

《A 大调第五小提琴协奏曲》于 1775 年完成。此曲气势宏大，作为这一系列作品的总结十分相称。这首乐曲德国色彩非常浓厚，令人倾心；其线条之流畅，贯通全曲；单纯而朝气蓬勃的曲风，已预示了莫扎特的突破与创新。在第一乐章里，全合奏的呈示部与紧跟其后的主奏呈示部之间，安插了主奏乐器的慢板序奏，这种新手法是值得注目的。此外，主奏的呈示部引子里，以曲首全乐队所奏的音形，作为主奏小提琴所奏的主题之对旋律，这也是很新鲜的。再者，有别于以往采用回旋曲体的最终乐章，这首协奏曲用了小步舞曲速度，况且小调的中段采用了土耳其型节奏，使得此曲面貌一新，所以其结构是耐人寻味的。这首曲子不但很美妙，而且洋溢着年轻人的活力，充分表露出青年莫扎特的一种音乐风格。

《A 大调第五小提琴协奏曲》分为三个乐章。第一乐章：爽朗的快板，A 大调，4/4 拍子，协奏曲型奏鸣曲体。乐曲由全乐队的强奏开始，然后在第二小提琴与中提琴细碎的音乐伴奏之下，第一小提琴以拨奏轻轻地奏起了分解和弦。第二乐章：慢板，E 大调，2/4 拍子。首先由第一小提琴奏出第一主题，旋即移至第二主题，以第一小提琴为中心，出现了律动细碎、曲趣细腻的音形。第三乐章：回旋曲，小步舞曲，A 大调，3/4 拍子。此曲不像前面的那样，手法多彩多姿，而是采用古老的小步舞曲。

卓绝的音乐天才风趣轻快之作和绝妙的指挥天赋，妙合无间共同打造古典音乐的精品《莫扎特：5 首小提琴协奏曲》。无须多言，沏一杯咖啡，拿一本书，坐在洒满阳光的窗台边，静静品味吧！

柴可夫斯基：芭蕾组曲

——古曲浪漫派巅峰之作

唱片名称：《柴可夫斯基：芭蕾组曲》
作 曲：柴可夫斯基
指 挥：罗斯特洛波维奇
演 奏：柏林爱乐乐团
获得荣誉：企鹅评鉴三星带花

必听理由

该唱片是 DG Original 系列，虽然是 1978 年的模拟录音，但音响效果奇佳。由《天鹅湖》《睡美人》《胡桃夹子》构成的组曲版，曲目优美，众多朋友耳熟能详。

彼得·伊里奇·柴可夫斯基（1840—1893）

彼得·伊里奇·柴可夫斯基是俄罗斯历史上最伟大的作曲家，俄罗斯民族音乐与西欧古典音乐的集大成者。他的作品中，很多都是极其优秀的世界名曲，如歌剧《叶甫盖尼·奥涅金》《黑桃皇后》等，芭蕾舞剧《天鹅湖》《胡桃夹子》《睡美人》，交响曲《第四交响曲》《第五交响曲》《悲怆(第六)交响曲》《降b小调第一钢琴协奏曲》《D大调小提琴协奏曲》，以及交响诗《罗密欧与朱丽叶》，音乐会序曲《1812 序曲》等。透过他的艺术作品，人们不难发现他不仅是把现实主义和浪漫主义高妙结合的伟大音乐家，而且是一位擅长以音乐描绘心理活动、探索人生奥秘的艺术大师。

>>>唱片欣赏

古典浪漫时期的经典作品浩如烟海，迄今各大唱片公司推出的各类录音版本汗牛充栋。爱乐一族们要想在碟海中拾贝，确实是件难事。不过，仅就旋律的美妙、配器的精彩、意境的迷幻等项进行遴选的话，柴可夫斯基的《天鹅湖》《胡桃夹子》《睡美人》三部芭蕾舞剧的音乐应该是首批入选之作，尤其是这三部舞剧的组合版唱片。

虽然被视为芭蕾代名词的《天鹅湖》光是经典版本就有几十个，如罗杰斯特文斯基指挥苏联国家大剧院乐团的 Melodila VIC 版、安塞美指挥瑞士罗曼德乐团的 Philips 版、普列文指挥伦敦交响乐团的 EMI 版等，但毋庸置疑，这张由罗斯特洛波维奇指挥柏林爱乐乐团的“企鹅三星带花”版本《柴可夫斯基：

芭蕾组曲》堪称经典，是柴氏一生所写的三部芭蕾舞曲《天鹅湖》《睡美人》《胡桃夹子》的节选组合，其中《天鹅湖》是作者亲自选编的6段最隽美、生动与华丽的精华段子，充满了斯拉夫舞曲的张力。此外，该唱片也是DG公司的“Originals”（原创）系列版本，经过高比特数字技术处理，大大提升了原录音的空间感和解析力。在整张唱片中，各种乐器的质感非常鲜明，铜管乐流光溢彩，绚烂异常；鼓乐动态凌厉；三角铁定位清晰，光泽灼人；弦乐甜美圆润，特别是“双人舞”中，小提琴独奏如丝绸般柔美光滑的音色，配以泛音极美的竖琴声，将人带入童话般的梦境。然后再与大提琴一唱一和，形象地描绘了王子与白天鹅互诉衷肠的感人场面。

《天鹅湖》的音乐像一首首具有浪漫色彩的抒情诗篇，每一场的音乐都极出色地完成了对场景的抒写、对戏剧矛盾的推动以及对各个角色性格和内心的刻画，具有深刻的交响性。这些充满诗情画意和戏剧力量，并有高度交响性发展原则的舞剧音乐，是作者对芭蕾音乐进行重大改革的结果，从而成为舞剧发

《天鹅湖》剧情

被魔法师罗德伯特变成天鹅的奥杰塔公主，在湖边与王子齐格弗里德相遇，倾诉自己的不幸，她告诉王子：只有忠诚的爱情才能使她摆脱魔法师的控制。王子发誓永远爱她。在为王子挑选新娘的舞会上，魔法师伪装成使臣，以外貌与奥杰塔相似的女儿奥吉莉雅欺骗了王子。王子发觉受骗，激动地奔向湖岸，在奥杰塔和众天鹅的帮助和鼓舞下，战胜了魔法师。天鹅们都恢复了人形，奥杰塔和王子终于结合在一起。

《胡桃夹子》剧照：玛丽被骑士们抬在中间

展史中一部划时代的作品。其中的许多音乐都是流芳百世的佳作，这里只能选择其中著名的几首加以介绍。

序曲一开始，双簧管吹出了柔和的曲调引出故事的线索，这是天鹅主题的变体，它概略地勾画了被邪术变为天鹅的姑娘那动人而凄惨的形象。全曲中最为人们所熟悉的是第一幕结束时的音乐，那是庆祝王子成年礼的盛大舞会，音乐主要由各种华丽明朗和热情奔放的舞曲组成。在第一幕结束时，夜空出现一群天鹅，这是乐曲第一次出现天鹅的主题，它充满了温柔的美和伤感，在竖琴和提琴颤音的伴随下，由双簧管和弦乐先后奏出。《匈牙利舞》即匈牙利民间的《查尔达什舞》。音乐的前半段舒缓而伤感，如舞蹈前的准备，音乐后半段节奏强烈，显示出舞蹈者的粗犷，是一首狂热的舞曲。《西班牙舞》，音乐富有浓厚的西班牙民族风味，西班牙响板的伴奏色彩明亮，更加

《胡桃夹子》剧情

圣诞节，女孩玛丽得到一只胡桃夹子。夜晚，她梦见这胡桃夹子变成了一位王子，领着她的一群玩具同老鼠兵作战。后来又把她带到果酱山，受到糖果仙子的欢迎，享受了一场玩具、舞蹈和盛宴的快乐。

重了音乐的民族特色。音乐前半部分热情奔放，气氛热烈；后半部分则充满了旋律性。《四小天鹅舞》也是该舞剧中最受人们欢迎的舞曲之一，音乐轻松活泼，节奏干净利落，描绘出了小天鹅在湖畔嬉游的情景，质朴动人而又富有田园般的诗意。

《胡桃夹子》组曲舞剧的音乐充满了单纯而神秘的神话色彩，具有强烈的儿童音乐特色。舞剧音乐中最为著名的是《花之圆舞曲》，选自舞剧第二幕中糖果仙子与众仙女群舞时的音乐，经常被单独演出。竖琴华丽流畅的序奏之后，圆号以重奏形式奏出圆舞曲的主题，旋律如歌，表现出糖果仙子与仙女们轻盈婀娜的舞姿，在单簧管相呼应的独奏之后，乐曲的主题抒情而优美。《进行曲》选自舞剧第一幕第一场中孩子们登场时的音乐。轻快活泼的旋律生动地描绘了孩子们吹着小喇叭，昂首挺胸，神气十足的神态，同时也表现了孩子们活泼敏捷的特点。《特列帕克舞曲》选自舞剧第二幕中糖果仙子的盛大宴会中的音乐，是一首双拍子的俄罗斯舞曲，情绪欢快奔放，力度变化激烈，节奏动力感极强，音调带有浓厚的乡土气息和鲜明的民族色彩，整个舞曲洋溢着兴奋奔放的情绪。《芦笛舞曲》也是选自舞剧第二幕中糖果仙子的盛大宴会中的音乐，音乐用长笛代替芦笛，以长笛三重奏的形式展开主题，节奏轻快而带有诙谐的色彩，主题愉快活泼，宛若一首清新宜人的田园晨曲，这是一首著名的体现长笛特色的音乐。

三幕芭蕾舞剧的《睡美人》组曲，完成于1889年。原剧为一出童话剧，根据法国作家贝洛的作品《林中睡美人》改编。剧中最著名的两个片段，一是《圆舞曲》，为《睡美人》组曲中的第五曲。这一片段选自第一幕中远道而来的四位王子手持鲜花向奥洛拉公主求婚时的场面。旋律由乐队的弦乐部分奏出，充满了轻松活泼、抒情优美的圆舞曲特色。二是《慢板》，为组曲中的第二曲。第一幕中，公主在16岁生日宴会上深情地接过求婚者赠送的玫瑰，因此这一段也被称为《玫瑰花的慢板舞曲》，柔婉抒情的主旋律生动地表现出公主优雅大方的舞姿。

ENCORE

——日本配乐大师久石让精心力作

唱片名称：《ENCORE》(安可曲)
制　作：久石让
发行时间：2002 年 3 月
发　行：Polydor 唱片公司

必听理由

日本配乐大师久石让亲自选曲并以钢琴演绎，再运用最新高科技所研发的铷元素直接记录 CD，以获得比一般 CD 音质更加精细的效果，让大师的精心杰作更能永久典藏。

PRO-008

久石让（1950年— ）

久石让，本名藤泽守，日本作曲家、指挥家、歌手、钢琴家。日本国立音乐大学作曲科毕业。久石让以担任电影配乐为主，特别是宫崎骏导演的（从《风之谷》至《悬崖上的金鱼姬》的24年间）所有长篇动画电影的音乐制作，为宫崎骏作品中不可欠缺的人物。久石让曾七度获得日本电影金像奖最佳音乐奖，并于2009年获得日本政府授予紫绶褒章。

>>>唱片欣赏

人们近距离接触久石让，更多的通过电影大师北野武和动画大师宫崎骏的几部优秀作品当中的精彩配乐。在电影界，“久石让”这个名字，已与宫崎骏、北野武一起享誉国际。从1984年久石让首次为宫崎骏的动画片《风之谷》配乐以来，动画大师宫崎骏的经典作品如《天空之城》《龙猫》《魔女宅急便》《红猪》《魔法公主》等都是出自久石让之手。而他的配乐功力不仅获得宫崎骏的肯定，也深获导演北野武的青睐，《花火》《菊次郎的夏天》《兄弟》等的电影配乐也是他的代表作。

迄今为止，久石让已经发表了20余张唱片。也许这是久石让最经典的一张精选集。专辑收录了《Summe》(选自电影《菊次郎的夏天》)、《Hatsukoi》(选自电影《初恋》)、《One Summer's Day》(选自电影《千与千寻》)、《The Sixth Station》(选自电影《千与千寻》)、《Labyrinth Of Eden》(选自个人作品专辑《地上的乐园》)、《Ballade》(选自电影《兄弟》)、《Silencio De Parc Guell》(选自个人作品专辑《I am》)、《HANA-BI》(选自电影《花火》)、《Ashitaka And San》(选自电影《幽灵公主》)、

《千与千寻》

《千与千寻》是宫崎骏执导、编剧，吉卜力工作室制作的动画电影，影片于 2001 年 7 月 20 日在日本正式上映，讲述了少女千寻意外来到神灵世界后发生的故事。本片荣获 2003 年奥斯卡最佳长篇动画，同时也是历史上第一部至今也是唯一一部以电影身份获得欧洲三大电影节之一的柏林电影节金熊奖的动画作品。

《La Pioggia》(选自电影《阵雨记》)、《Friends》(选自个人作品专辑《Piano stories Ⅱ》)。

在这张唱片中，他用钢琴重新演奏了以往的一些优秀作品。透过琴键的敲击，表现出的温婉沉静与劲健洒脱紧紧抓住了听者的神经，引领你体会旋律深处的内涵。

久石让的音乐最突出的特质是深沉的情感，一旦身临其中，像小说或者电影情节带来的浓厚情绪就用力地扑打过来，你脑海里似乎有一个故事，有一组画面，而实际上却是虚空，有的不过是音符带来的联想罢了。他的音乐不是最激烈，大多数作品都是饱含温柔的抒情之作，缓慢，哀伤，却又有明艳的色调。

在《summer》中，可以真切地感受到自然的那种原味纯真。空灵的钢琴声，有一丝淡淡的忧伤出没，它把记忆拉回了遥远的曾经。

《one summer's day》是一首和千寻一起成长的歌，充满了迷茫和痛楚。当千寻终于彻彻底底哭了出来，《one summer's day》的旋律如泪水般轻轻流出，那是千寻内心的痛苦与迷茫，一个个音符都似乎在流着泪，发出一声声叹息。但是泪水毕竟也是温暖的，旋律中也游弋着白龙的温柔与关怀，尽管在如此困境之下，仍有这一份的温暖，也可以说是一种幸福……

久石让的音乐跨越了时间和空间的界限，听着他的音乐，那些模糊的光影，依然遗留在时间的荒野里。记忆是如此深刻，相遇它们，是一场美丽的邂逅。

Anniversary Tour Collection

——法国情调大师保罗·默里埃乐团经典巨作

必听理由　在国际乐坛行走三十年的情调音乐大师保罗·默里埃乐团，以跨越古典与流行音乐的形象，情调式的浪漫风格，让二十世纪八九十年代的恋人们深深迷醉，其唱片的号召力和受乐迷爱戴的程度依旧未变。

唱片名称：Paul Mauriat：Anniversary Tour Collection

作 曲：保罗·默里埃巡回精选集

演 奏：保罗·默里埃乐团

出版发行：辽宁文化艺术音像出版社

ISRN 码： CN-D05-97-303-00/A.J6

发行年份： 2001 年

>>>唱片欣赏

Plus fort que les Beatles

关于保罗·默里埃世界巡演的法文报纸

20世纪60年代后期，法国的音乐舞台在悄悄地进行一场革命。保罗·默里埃乐团以一曲《蓝色的爱情》征服了世界，从此成为世界明星。只要一听到那种独特、新鲜、浪漫的弦乐音响，那种明晰、活泼的节奏和铜管及打击乐器的音色后，就很容易分辨出这就是法国著名的保罗·默里埃轻音乐团。

《保罗·默里埃巡回精选集》专辑，除了收录《蓝色的爱情》和《橄榄项链》两首他的传世金曲外，《钢丝上的木偶》也以轻松活泼、幽默风趣的风格，让人百听不厌。为了让广大听众更好地理解这张唱片，现将主要歌曲介绍如下：《Love Is Blue》(《蓝色的爱情》) 作于1968年，原型是一首并不成功的流行歌曲，经保罗·默里埃改编为轻音乐后竟然脱胎换骨，风靡全世界。本曲风格流畅，曲调和节奏都洋溢着全新的感觉，至今仍是保罗·默里埃最著名的乐曲；《El Bimbo》(《橄榄的项链》)，这是比伯杰特乐团《伤感的宾伯》的原作曲目，保罗·默里埃采用这种罗曼蒂克的标题，于1975年先于原曲发行了唱片，使该唱片顿时走红，但与之竞争的宾伯原作唱片却严重受损。改编曲竟然抢了原作的风头，这在音乐史上也是不多见的；《Penelope》(《爱琴海的珍珠》)，该曲作者是西班牙的辛格松和奥古斯特，但却因为保罗·默里埃乐团非常出色的演奏而闻名。贝尔罗塔是神话中女主人公的名字。

该曲是保罗·默里埃最受欢迎的曲目之一；《I Will Follow Him》（《天涯海角永相随》）词作者夏库·佛朗特，曲作者为富朗克·布尔杰和保罗·默里埃；《Toccata》（《泪的即兴曲》）与《Love Is Blue》《Penelope》一样，是保罗·默里埃最畅销的唱片。取材于古典题材，是戈思登·罗兰1973年的作品；《Nocturne》（《苍茫小夜曲》）如标题的幻想曲，1966年保罗·默里埃作曲，这是音乐会上极受欢迎的曲目。

保罗音乐的每个音符都渗透着法兰西民族特有的浪漫情调，让你联想到葡萄酒、玫瑰、郁金香，联想到地中海的阳光，情人的欢笑和眼泪……他的音乐华丽而不艳俗，浪漫而不轻浮，粗犷之中带着细腻，热情之中蕴藏着宁静。他的基调是蓝色的，像地中海海水那样的蓝，沁人心脾，充满诗意。这蓝色中带着一点忧郁，这忧郁也许是情人的忧郁，也许是法国雨季的忧郁，也许是人类共有的忧郁，也许都不是，这忧郁是保罗式的，你只能用心去感受。他的音乐也许达不到不朽的境地，但他却是和普通人一样站在地上，生活在尘世中，听他的音乐你不必正襟危坐，他抒发的是普通人的喜怒哀乐，是存在于每个人心中的那些难以察觉和捕捉的各种情思。如果说他有什么了不起的话，那就是他通过他的音乐把生活中的诗意展现在你的面前，使你对他所创造的美的意境产生心灵上的共鸣……

光辉岁月

——黄家驹质感永恒的声音

必听理由

唱片中的《长城》《大地》《农民》《Amani》《光辉岁月》……这些倾注着青春、理想与热血的歌曲，至今仍是全面商业化的香港乐坛为数不多的“良心歌曲”。Beyond用他们的歌声赤诚地呼吁着和平、理想和爱，畅诉青春的迷惘和思考。

唱片名称：光辉岁月

作词作曲： Beyond 乐队

专辑语言：粤语

出版时间：1991 年 6 月

发 行：滚石唱片公司

>>>唱片欣赏

黄家驹，Beyond，曾经是香港流行乐坛的光荣与梦想。黄家驹会写非常好听的歌，能写内涵深刻的词，他的声音更能唱出恰到好处的激情，不流于简单的煽情，也不陷于枯燥。对他的眷恋，不仅仅是一些好听的歌，更是一种思路。黄家驹和Beyond乐队的成就不仅仅是一堆销量数字以及惊人的K场常青点唱率，更是一种从音乐根源引发的关于创作与表达的思考。无论过去多久，这个名字引起的种种叹息与思考都不会被淹没。

相信很多人，都不会忘记黄家驹的名字以及他的音乐。如今回想起来，关于痴迷Beyond乐队（四人组）的时光，真的是如同黄家驹的歌声一样，年轻而富有激情。

《光辉岁月》多数是收录Demo（示范）歌曲,《长城》《大地》《农民》《Amani》《光辉岁月》等经典金曲，几乎是这一代歌迷都耳熟能详的歌曲。其主打曲《光辉岁月》更是经典中的经典，曲中黄家驹低纯质感的声音得以无与伦比地发挥；《Amani》中乐队齐声唱的“Amani，A Co Panda，We We”一句，让人感到呼唤和平的声音可以如此震撼；《农民》一曲则表达了一种淳朴辽阔的乡土之情;《长城》那雄厚刚劲的声音让人不得不联想到现实中的长城……

在这张专辑里，才可以找到原来的那个由黄家驹担当灵魂人物的真正的Beyond乐队。这个专辑里的许多歌都是不加修饰的，没有留下太多商业包装的痕迹，在大部分歌曲里甚至连立体声都很难感受到。让人们开始喜欢Beyond乐队的是那首《真的爱你》，这首歌很上口，旋律很动听，翻开歌词，知道了歌曲的主题是母爱，于是开始对这首歌肃然起敬，爱不释手。到了

后来，人们才听到了诸如《大地》《光辉岁月》《喜欢你》等由黄家驹主唱的经典老歌。可以这么说，人们痴迷 Beyond 乐队不仅是因为黄家驹的才华和他充满磁性的唱腔，更主要的是因为那些让人可以触摸到内心情感以及人性光辉的歌词和音乐。

黄家驹的离开，在音乐的天空留下了一片空白，这是一个无法弥补的遗憾。好在，任时光流逝、风水轮转，任人来人往、潮起潮落，Beyond 乐队留下的音乐便如一束不灭的圣火，常明于流行歌坛。而今，有许多人开始关注和喜欢，有更多人永远崇敬和怀念。

“家驹后”时代的 Beyond

失去了黄家驹的 Beyond 乐队路在何方？当时很多人以为 Beyond 乐队已经走到了路的尽头。然而，Beyond 乐队剩下的三兄弟却化悲痛为力量，无比坚强地把大旗扛了起来。其后十年间，三人的 Beyond 乐队一共推出了十张大碟，这十张唱片一步一步走出了黄家驹的影子：黄家驹时期 Beyond 乐队的音乐有较强的流行成分，一定程度上与商业的要求达成了妥协。没有了黄家驹的 Beyond 乐队，流行的色彩越来越淡化，不断开发出属于自己的音色，日趋浓厚的电子风格给他们的作品蒙上浓重的实验色彩，他们更接近音乐的本质，却又渐渐走出了主流的视野，在市场上反响寥寥。

这真是一个悖论：黄家驹时代的 Beyond 乐队虽然很受市场的欢迎、商家的青睐，但却不是他们自己理想中想要的；等到他们终于能做自己喜欢的东西时，市场又抛弃了他们。从各方面看，家驹之逝是 Beyond 乐队音乐生涯的一个分水岭。在此之前的 Beyond 乐队是香港乐队中最积极也最朴素的一支。在此之后的 Beyond 乐队自觉地调整了姿态，成为一群更关注艺术表达的摇滚青年，音乐更趋于个人化，当然亲和力也就打了折扣。

必听理由

4 月 1 日，伤感的回忆，让我们追思永远的张国荣。此碟全部歌曲均经 DSD 数码混音，重现无瑕音质！

History

——风华绝代，歌以永恒

唱片名称：《History》

演 唱：张国荣

出版发行：华星唱片公司

发行日期：2004 年 4 月 1 日

>>>唱片欣赏

犹记得2003年那令人难忘的4月1日，华语乐坛失去了一位受人宠戴的天王巨星——张国荣（LeslieCheung）。常言道“光阴似箭”，在不知不觉间，张国荣离开了我们已经十余年。为了纪念这位不朽的巨星，他生前所在的华星唱片公司于2004年4月1日推出了一张名为《History》的纪念专辑，收录他38首旧作。

大碟封套是全黑色，是封套上印有“天长地久有时尽，此情绵绵无绝期”的诗句。碟内经唱片公司精心挑选的作品，多为乐迷所津津乐道。曲风快慢参半，全面再现了张国荣洒脱与深情的特质。收录的歌曲如《Monica》《不羁的风》《爱慕》《当年情》《为你钟情》《少女心事》等，无一不是乐迷耳熟能详、能随口哼出旋律的经典之作。多首合唱作品如《只怕不再遇上》《缘分》和《谁令你心痴》也是精彩之作。至于其他作品如《恋爱交叉》《黑色午夜》和金曲中的金曲《风继续吹》也值得一

张国荣所获音乐奖项

1977 年丽的电视亚洲歌唱大赛香港区亚军；

1984 年第 7 届港台十大中文金曲（得奖歌曲《Monica》）；

1984 年第 2 届无线十大劲歌金曲（得奖歌曲《Monica》）；

1985 年第 8 届港台十大中文金曲（得奖歌曲《不羁的风》）；

1985 年第 3 届无线十大劲歌金曲（得奖歌曲《不羁的风》）；

1986 年第 9 届港台十大中文金曲（得奖歌曲《当年情》）；

1986 年第 4 届无线十大劲歌金曲（得奖歌曲《有谁共鸣》《当年情》，《有谁共鸣》同时获选金曲金奖）；

1987 年第 10 届港台十大中文金曲（得奖歌曲《无心睡眠》，《SummerRomance》大碟获得“CD 激光大奖”“IFPI1987 年全年销量冠军大奖”）；

1987 年第 5 届无线十大劲歌金曲（得奖歌曲《无心睡眠》）；

1988 年第 11 届港台十大中文金曲（得奖歌曲《沉默是金》《无需要太多》）；

1988 年第 6 届无线十大劲歌金曲（得奖歌曲《沉默是金》《贴身》），同时获选最受欢迎男歌星；

1988 年第 1 届商台叱咤乐坛男歌手金奖；

1989 年第 7 届无线十大劲歌金曲（得奖歌曲《由零开始》），并同时获选最受欢迎男歌星；

1989 年第 2 届商台叱咤乐坛男歌手金奖，《侧面》大碟获选 IFPI 大碟奖；

1999 年港台世纪金曲奖（得奖歌曲《Monica》）；

2000 年第 23 届香港电台十大中文金曲（得奖歌曲《左右手》）；

2000 年第 13 届商台叱咤乐坛至尊歌曲大奖（得奖歌曲《左右手》）；

2000 年新城劲爆年度歌曲金奖（得奖歌曲《左右手》）；

2001 年四台联颁音乐大奖之大碟奖（得奖大碟《Untitled》）；

2002 年荣获香港电台第 25 届十大中文金曲“金曲银禧荣誉大奖”。

听。此精选辑也收录了从未出现在任何大碟里的《浮生若梦》——无线电视剧《武林世家》的主题曲，歌曲的曲词不俗，有深远的意味，是首动听的古装片主题曲。

唱片记录了张国荣从20世纪70年代末至今，在香港乐坛走过的20多年的足迹。用歌声记录了他的成长、发展与辉煌，记下了他从无名小子到天王巨星的心路历程。

大碟中亦收录了张国荣在1985年为商台亲述的一段珍贵自传，包括“我的童年”“我的恋爱史”“我在娱乐圈的日子”“华星与我”“对我最好的女人”等。

4月的风再次吹起，张国荣的歌声重回我们的记忆。惆怅的《烟花烫》里依稀闪现出他的容颜，化身飞鸟一跃而起的瞬间，已成就了艺坛一段不老的传奇。

A New Day Has Come

——席琳·迪翁复出专辑

唱片名称：A New Day Has Come
译 名：真爱来临
演 唱：席琳·迪翁 /Celine Dion
出版发行：索尼唱片公司
发行日期：2002 年 3 月 27 日

必听理由

唱片同名单曲《A New Day Has Come》，以细腻悠扬、情感丰沛的歌声，把旺盛的生命能量，热烈地传送到世界每个角落。另外还收录了节奏轻快带来好心情的《I'm Alive》、典型的激昂高亢情歌《I Surrender》、令人潸然泪下的《Goodbye Is（The Saddest Word）》和重新诠释 Nat King Cole 的旧作等，无一不是精心打造。

席琳·迪翁（1968年—　）

席琳·迪翁，1968年3月30日生于加拿大魁北克省，加拿大歌手。1980年，12岁的席琳·迪翁步入歌坛，15岁时推出首支法文单曲，1990年推出首张英文专辑《UNISON》，1996年为美国亚特兰大奥运会演唱了主题曲《The Power of The Dream》，1997年为电影《泰坦尼克号》献唱片尾曲《My Heart Will Go On》并获得第70届奥斯卡最佳电影歌曲奖。曾获格莱美音乐奖最佳流行女歌手、全美音乐奖最佳成人流行歌手、格莱美音乐奖年度唱片奖 、世界音乐奖钻石奖等。

>>>唱片欣赏

2002年是席琳承诺乐迷们复出的时间，她践行了自己的诺言。她说过："我只想唱歌，好好享受这一切，我的灵魂想表达自己，我的心想要唱歌。所以就让我的心和灵魂歌唱。"另外，她以满腔的爱与希望孕育出另一个炙热的生命——她第一个宝宝的诞生，因此唱片《A New Day Has Come》对于席琳有特别意义。通过这张专辑，她希望能从某种角度鼓动、激励人们迎向未来。作为席琳自1991年来的第八张英语专辑，《A New Day Has Come》意境深远，乐风色彩丰富。情歌温馨浪漫，曲目敏感、抒情，充分展示了她的天籁嗓音。

《A New Day Has Come》单曲是由金牌制作人Walter Afanasieff与席琳共同完成的。此曲一方面歌颂了之前曾与席琳合作《My Heart Will Go On》（《爱无止境》）的Walter Afanasieff在腿部创伤后，能重新站起来的勇气；另一方面则是受到儿子雷奈查尔斯的启发，她希望能以母爱护佑儿子，让他在成长路上无论面临多大的风雨，终会有崭新的一天。《I'm Alive》的制作人员是曾经制作了《That's The Way It Is》的班底，这首歌在这张专辑中显得很明快、很阳光、很新鲜。《I Surrender》是典型的席琳式的歌曲，由 David Foster 制作。通过此曲，席琳诠释了一种被禁锢的爱情，震撼人心。《Nature Boy》，这首柔美舒缓、简洁单纯的歌曲是专辑中的最后一首歌。这首歌原先是收录在 Nat King Cole（纳京高）的专辑中，带有爵士风格。而席琳只用钢琴伴奏，演绎出全新的感动。《Goodbye Is（ The Saddest Word ）》这首歌表达了丧母之痛，启迪我们要珍惜身边的人，及时坦言你对他们的爱和关怀。《Sorry For Love》由瑞典重量级的音乐人制作，是前所未有的舞曲风格，轻快活泼，充满生机和力量。《At Last》是来自席琳的老歌新唱。

在这张复出专辑《A New Day Has Come》中，不仅可以听到席琳让人们曾经感动、熟悉的声音，也可以感受到她以热情倾诉着暂别歌坛后的人生历程。

#1

——玛丽亚·凯莉出击，独一无二

唱片名称：《#1》
译 名：《独一无二》
演 唱：Mariah Carey
出 版：索尼唱片公司
版权提供： Sony Music 新力哥伦比亚音乐股份有限公司
发 行：上海声像出版社

必听理由

打破 Billboard 单曲排行榜史纪录、流行乐至尊天后向乐迷致敬的超级献礼，囊括 12 首席卷排行榜冠军单曲的专辑大碟。其中包括与 Whitney Houston 双天后破天荒对唱《埃及王子》电影主题曲《When You Believe》、1998 年全新单曲《Sweetheart》等 6 首新旧巨作，带给我们超过 75 分钟的音乐震撼！

玛丽亚·凯莉（1970年— ）

玛丽亚·凯莉，美国天后级歌手、唱片制作人、词曲作家、演员。她的母亲是拥有爱尔兰血统的白人歌剧女歌手，而曾任航空工程师的父亲则拥有非洲及委内瑞拉血统，因此凯莉常被美国媒体归类于黑人歌手。凯莉因其2亿张的唱片销量和无数的音乐榜单记录，以及5个八度的高亢音域和R&B式的演唱技巧闻名于世。

>>>唱片欣赏

1997年9月，随着《Honey》一曲再度强势拿下Billboard单曲排行榜冠军宝座，玛丽亚·凯莉已以12首冠军单曲纪录成为Billboard杂志热门流行单曲排行榜（Hot 100 Singles）史上、摇滚范畴中勇夺冠军单曲数目最多的女歌手。之后，她又迅速地以《My All》登上Billboard单曲排行宝座，不仅刷新了她自己不久前才创下的纪录，更拉远了她与纪录竞争者的距离，使她成为名副其实的天后！

在此《独一无二》的超级献礼专辑中，玛丽亚·凯莉除了将12首冠军单曲一次收录外，更额外赠送6首新旧巨作，包括：她与长期搭档、制作人Jermaine Dupri合作的第一支1998全新单曲《Sweetheart》；与Whitney Houston双天后破天荒合作、为“梦工厂”首部动画电影《埃及王子》真情对唱的主题曲《When You Believe》；玛丽亚重唱为她开启乐坛奇迹之门的《I Still Believe》；重唱Diana Ross于1975年为电影《Mahogany》所主唱的第一主题曲《Do You Know Where You're Going To》；《Butterfly》专辑内她心中排行第一的钟情作品《Whenever You Call》，与知名R&B男歌手Brian McKnight的1998全新对唱版；以及众多乐迷心中第一凄美情歌《Without You》，弥足珍贵。

成功的背后意味着实力，正如专辑名称“独一无二”一样，玛丽亚也是“独一无二”的。魔鬼般的身材，天使般的面容固然是她独一无二的资本，但她那天籁般的歌声，给人以心灵的抚慰才是玛丽亚能够在如此短暂的时间里获得如此巨大的成功的关键所在。《独一无二》专辑仍然是玛丽亚天使般的天籁之音，她尽其所能地给人带去希望和力量：一曲《I Still Believe》那透明清澈的声音给人带来铿锵有力的信念是多么难能可贵；甜美的《Whenever You Call》让人如饮芳香醇厚的法国干红；《Do You Know Where You're Going To》婉转如莺；而《Without You》一曲更是让人怦然心动，谁还愿意伤害这个天使……

玛丽亚·凯莉流行乐至尊天后钻金大碟。天后出击，独一无二！

Just Whitney

——天才歌后惠特妮衣锦荣归之作

唱片名称：《Just Whitney》
演 唱：惠特妮・休斯顿
发 行：Arista
出版年份：2003 年

必听理由

《Just Whitney》象征着一位天后歌手充满喜悦地衣锦荣归，而且不负众望地用她极佳的嗓音，唱出一张终于能足以与她绝佳的天赋匹配、令人手舞足蹈的绝妙专辑。

惠特妮·休斯顿（1963—2012）

1963 年8月9日出生于美国新泽西。惠特妮·休斯顿出道以来获得了令人惊羡的成绩：单曲蝉联冠军周数最长、连续七首单曲拿到排行榜冠军、同张专辑有3首歌进入排行榜Top10、格莱美最佳女歌手奖、美国音乐奖最佳女歌手。惠特妮·休斯顿就是奖项与排行榜冠军的代名词：6项格莱美奖、21项全美音乐奖、15项告示牌音乐奖以及多项灵魂音乐奖……

>>>唱片欣赏

惠特妮·休斯顿以其嗓音之美、诠释歌曲功力之深、情感之浓而打动20世纪90年代无数乐迷的心，她也因此成为欧美流行乐坛的女皇级人物。她模特般分明的外形和深厚的演唱功力，在她初展歌喉时就震惊了乐坛。她是吉尼斯世界纪录上记载的有史以来出首张专辑销量最大的女歌手。美妙的声音掠过世界，征服了人们的心。她的嗓音浓郁、绵密、富有光泽感；表演真挚、浓烈、大气，有着澎湃的激情和强大的冲击力。寂寂无闻的《I Will Always Love You》经她一翻唱便红遍全球，破纪录地蝉联 Billboard 单曲榜冠军达14周。她总能以激情和深沉的力量感动我们，这也是我们深爱她的原因。

当全世界都在兴致勃勃地窥探天后的八卦消息，惠特妮却充满自信地于2003年推出一张大碟《Just Whitney》！因为听见惠妮·休斯顿的歌声才是乐迷最关心的事。凭借着1.2亿张的专辑外加5000万张单曲的全球总销售量，惠特妮·休斯顿早已为自己建立举世无双的天后地位，如今更要带着她的全新专辑再度引领世界潮流！此张专辑的制作人，是黄金名单中的头号人选，而且是由惠特妮与 Arista 唱片公司的总裁 L.A.Reid 共同精心挑选出来的，其中包括了娃娃脸（Babyface Edmonds）、蜜西·艾略特（Missy Elliott）以及惠特妮与巴比（Bobby）皆亲自参与制作的作品。这张唱片不仅是惠特尼继 2000 年所发行的精选专辑《Greatest Hits》之后所发表的首张作品，更是她迈入 21 世纪的全新巨作。

《Just Whitney》是惠特妮带有绝对个人风格，展现出一流天后音乐水准的新作。正如她闪亮出色的新专辑名称所暗示的，在拥有这一切的成绩与成就之后，她还依然保有真我的个性，因为惠特妮就是惠特妮！《Whatchulookinat》(《你在看什么》)是首支热身单曲，首创狗仔队话题的动感单曲，是激起娱乐界的话题之作；《Tell Me No》(Featuring Santana，《对我说不》) 是专辑第二支主打抒情单曲，惠特妮的歌声与山塔那的吉他独奏完美组合；《One of Those Days》(《美好的一天》)，取样于 Isley Brothers 的名曲《Between the Sheets》；《Things You Say》(《情话

绵绵》）是由蜜西·艾略特身兼填词谱曲以及制作大任的旧日学校风格劲曲；《My Love》（Featuring Bobby Brown，《吾爱》）是惠特妮与同为乐界巨星的老公巴比·布朗（Bobby Brown）深情对唱，羡煞旁人；《Love That Man》（《爱上那个人》）娃娃脸与Rob Fusari 共同打造的新城市情歌经典，引起欧美城市 K 歌风潮；《On My Own》（《孤军奋斗》）是由娃娃脸亲手打造的新曲，足以媲美《I Will Always Love You》，令人深深感动；《Dear John Letter》（《绝情信》）是一首详述了爱情中无可避免的起伏不定以及最终无奈的经典情歌；《Unashamed》（《问心无愧》）带有轻拉丁风味的抒情佳作，惠特妮宽广的音域在这首歌中展露无遗；《You Light Up My Life》（《你照亮我的生命》）将黛比邦（Debbie Boone）的 1977 年经典名曲重新诠释、充满恋人情感魅力……

《Just Whitney》是流行天后的倾情之作，就连从不轻易对歌手专辑做评价的 Billboard 也称这是“足以与她绝佳的天赋匹配、令人手舞足蹈的绝妙专辑”。

I Will Always Love You

惠特妮·休斯顿的《I Will Always Love You》是经典中的经典。在世界范围内，不知有多少女歌手以能驾驭这首歌而倍感“自豪”。然而，我们听到的大多是缺乏个性的模仿，而“天后”给我们带来的则是货真价实的听觉“震撼”。另外，1992 年，惠特妮·休斯顿涉足影坛，与凯文·考斯特联袂演出了《护花倾情》（Body Guard），在全世界获得了 3.9 亿美元的票房收入，其电影原声带也销出了 2600 万张。而插曲《I Will Always Love You》更是将她高低自如、深厚的唱功发挥得淋漓尽致。

HISTORY: Past, Present and Future, Book I

——流行音乐天王杰克逊冠军生涯回顾

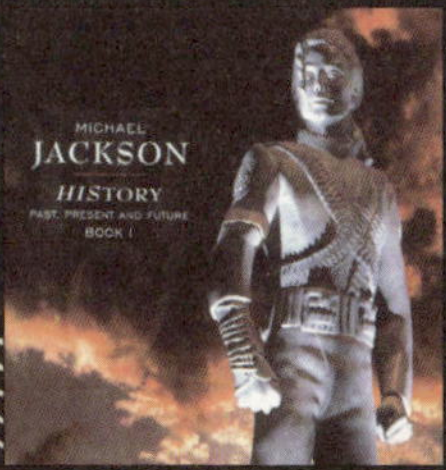

唱片名称：《HISTORY: Past, Present and Future, Book I》
译名：《历史之旅：过去、现在、未来》
作词作曲：迈克尔·杰克逊
发行日期：1995 年
发行：滚石唱片公司

必听理由

迈克尔·杰克逊演唱生涯的一次最全面回顾。

获得荣誉：

杰克逊一生中两次入选摇滚名人堂，获得了17个格莱美奖项和26个全美音乐奖。在他单飞生涯中，他拥有13支美国冠军单曲。2000年吉尼斯世界纪录大全里认证他资助过39个慈善机构。2010年，迈克尔·杰克逊被授予格莱美终生成就奖。

>>>唱片欣赏

素有摇滚巨星和流行音乐之王美称的迈克尔·杰克逊，是音乐史上最富有传奇色彩的人物，在全球拥有十几亿崇拜者和歌迷。他每到一个地方演出，都会引起巨大的轰动。对于一个歌手，刹那的辉煌也许可以永恒，杰克逊应是如此。

The Jackson 5 乐队，左起第四位就是后来的流行天王杰克逊。

杰克逊是继猫王之后西方流行乐坛最具影响力的歌星，他以刚劲、狂暴的歌舞征服了世界上千千万万的年轻人，其唱片总销量已经过亿，被载入“吉尼斯世界大全”。杰克逊5岁便展露出音乐舞蹈方面的才华，1969年与兄长组成The Jackson 5合唱团，正式踏入音乐界，从此这位在流行乐史上最伟大的传奇人物便开始了他近40年的音乐历史。他所创下的纪录、荣获的奖项与对乐界的影响，数不胜数。里根、布什与克林顿，连续三届美国总统都对他在音乐与社会领域的贡献与成就给予肯定。

《History》记录了“流行之王”迈克尔·杰克逊的音乐生命传奇，该唱片时长达150分钟，配送52页彩色画册，更刊载有数十幅别具纪念性的珍贵照片，及杰克逊的亲笔速描与文字，绝对物超所值！

专辑包括两大部分，第一部分《History Begins》囊括了杰克逊歌坛最具代表性的作品，像《Beat It》《Billie Jean》《Thriller》《Heal the World》《Bad》等。另一部分为《History Continues》，收录的都是杰克逊后期创作的作品，包括《Scream》等。

唱片第一部分的15首历年畅销金曲，取自杰克逊过去音乐生涯最具代表性，总销售已将近一亿张的四张专辑。其中《Beat It》曾停留在Billboard排行榜冠军达数月之久，劲野狂暴的节奏风靡一时；《Billie Jean》怪诞的MV给人留下深刻的印象；《Thriller》中杰克逊奇特幽灵般的舞姿不愧是舞中之王；《Heal The World》《Bad》等不单在美国、西欧盛行，中国喜欢摇滚乐的歌迷也都耳熟能详……这15首怀旧金曲，几乎每首都是排行榜冠军单曲，让乐迷可迅速地对他的传奇音乐历史做一番回顾与认识。

第二部分的15首巨作，有他与胞妹Janet首度携手编制与合唱的《Scream》，让歌迷着实领略到杰克逊家族一王一后的风采；节奏轻快的《They Don' t Care about Us》，让人看到昔日舞王更加精纯的舞中宗师风范；怀旧感伤的《Stranger in Moscow》，再现了早期杰克逊的天王风格；关怀世界的《Earth Song》，唱出了当今世界渴望和平的心声；电影《威鲸闹天关第二集》主题曲《Childhood》，让人相信天王始终保持着一颗年轻的心；单曲《You Are Not Alone》再创历史新纪录，首周

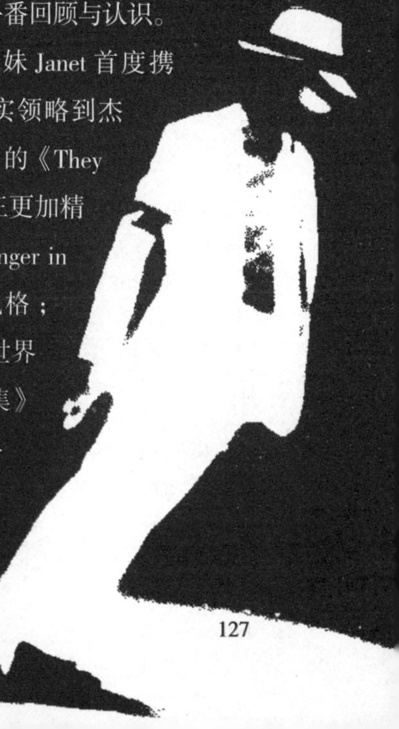

进入流行单曲榜即获冠军——这是 Billboard 杂志创刊 40 多年来，从来都没有人能够达到的成绩……所有这些势必将再为他的传奇音乐历史打开另一扉页。

《History》不仅让乐迷对他的传奇音乐历史做一番回顾与认识：重温他那跨时代的记录及流行潮流；重温他那对流行乐界的不可估量的影响及贡献。更重要的是，让广大歌迷看到一个不屈的天王坚定的信念，这对于杰克逊潮流追随与信奉者来讲，无疑是一个惊喜。

斯人已逝，但一代歌王、一代舞神将是这世间一个永恒、美好的存在。

This is it

2009 年 6 月 25 日，流行天王迈克尔·杰克逊的生命仓促地画上了句号，而在这之前，他正在准备举办他的告别演唱会。这场名为“This is it”的告别演唱会的排练过程都被翔实地记录下来。经过精选剪辑，配上幕后花絮，完整呈现杰克逊生前对演唱会的选曲、舞蹈、舞台设计、编舞、音乐、灯光等每个环节事必躬亲参与并提供创意的全貌。

“这是一次冒险，这是一次伟大的冒险，”迈克尔·杰克逊在电影中说，“我们要带他们去他们从未去过的地方，我们要让他们看到他们从未见过的天才。”

即便仅仅是排练片段，但所有的迈克尔·杰克逊的歌迷和观众朋友们依然可以从中领略到流行音乐之王的认真和专业，并在他娴熟的演唱、改良的舞步及新拍摄的高清音乐录影中，收获到顶级的视听享受。

这部电影没有炫耀，只有真实；没有平凡，只有超越；没有伤感，只有慨叹。为什么他是王？为什么他拥有神奇的力量？为什么他是充满灵性的天才？为什么他如此深远地影响着世界？看完电影，你会得到答案。

拉丁风情

——永恒的歌者娜娜·莫斯科利，
世上最美妙的声音

唱片名称：拉丁风情
演 唱：娜娜·莫斯科利
发 行：上海声像出版社
ISBN 码：CN-E04-97-360-00/A.J6
版权提供：宝丽金远东办事处中国业务部
发行日期：1996 年 10 月

必听理由

娜娜·莫斯科利，一个永恒歌者的拉丁风情专辑，世上最美丽的声音。

娜娜·莫斯科利（1934年— ）

1934 年 10 月 13 日出生于希腊雅典，有“希腊的音乐大使”之称。至少出现在 65 个国家的舞台上，获得过 250 多个金唱片、银唱片奖，其中还包括一张在荷兰获得的钻石唱片奖。

>>>唱片欣赏

20 世纪 60 年代，娜娜以专辑《Over and Over》闯入了具有排外性的英国流行音乐排行榜。1976 年娜娜的《Passport》成就了她在英国的巅峰时期。娜娜是一位永恒的歌者，透过她的诠释，你才知道真正伟大音乐的优雅、感性及朴实无华。40 年的音乐生涯让她得以尝试多种音乐形式——流行、爵士、民谣、古典，并且运用过至少五国语言——法语、希腊语、德语、英语、意大利语。她有至少 1350 首以上的畅销曲，超过 300 张以上的金、白金及钻石唱片的荣耀，共有超过两亿张以上的销售佳绩，30 年以来每年演唱会平均 100 场……若不是对音乐的热爱，若不是有过人的音乐才华，哪会有今日享誉世界乐坛的奇迹。

从 20 世纪 50 年代末至今，《Weisse Rosen Aus Athen》《Au Coeur De September》《Over and Over》《Only Love》……这些脍炙人口的歌曲曾在一代又一代乐迷的耳边传唱不已。她以清澈透明且无比感怀的歌声一次又一次地触动人们的心灵深处。娜娜·莫斯科利擅长在音乐中融入古典和爵士风格，她丰富的想象力使得她富有地域特色的音乐更具吸引力。

娜娜《拉丁风情》专辑，无论舒缓抑或轻快，无论抒情抑或感伤……你绝对能听出她带给你的音乐情境，你也能感受到有音乐就有希望的娜娜。拉丁“情歌之王”胡里奥与娜娜精彩万分的合唱曲《Se Que Volveras》(《思念》)，是这一王一后的倾情巨献，请细品尝；几年来《Madreselva》(《金银花》)早已飞出希腊、响遍世界的每一个角落；《Gracias A La Vida》(《感谢生命》)那充满希望的声音让每个听众都听到生命的力量和意义；而歌曲《Alfonsina yel Mar》(《阿芳与海》)与《India》(《女孩》)又以轻快的节奏向我们叙述着一个昔日女孩的情怀；《Yolanda》(《幽兰达》)美丽的旋律，让我们相信音乐是没有国界的；《Cuando Sale La Luna》(《明月东升时》)娜娜又一次将我们带入如梦如幻的意境；《Ojitos Latinos》(《你的眼神》)独特的拉丁打击节奏伴着轻快的旋律在娜娜的歌声中依然是如此的美丽；《La Hiedra》(《常春藤》)犹如其名让人如置身爬满常春藤的园林里面，微风轻送……

虽然不是每个人都能领会其中的意境，然其音乐的热情、浪漫、轻松、愉悦感却是每个人都能体会的……

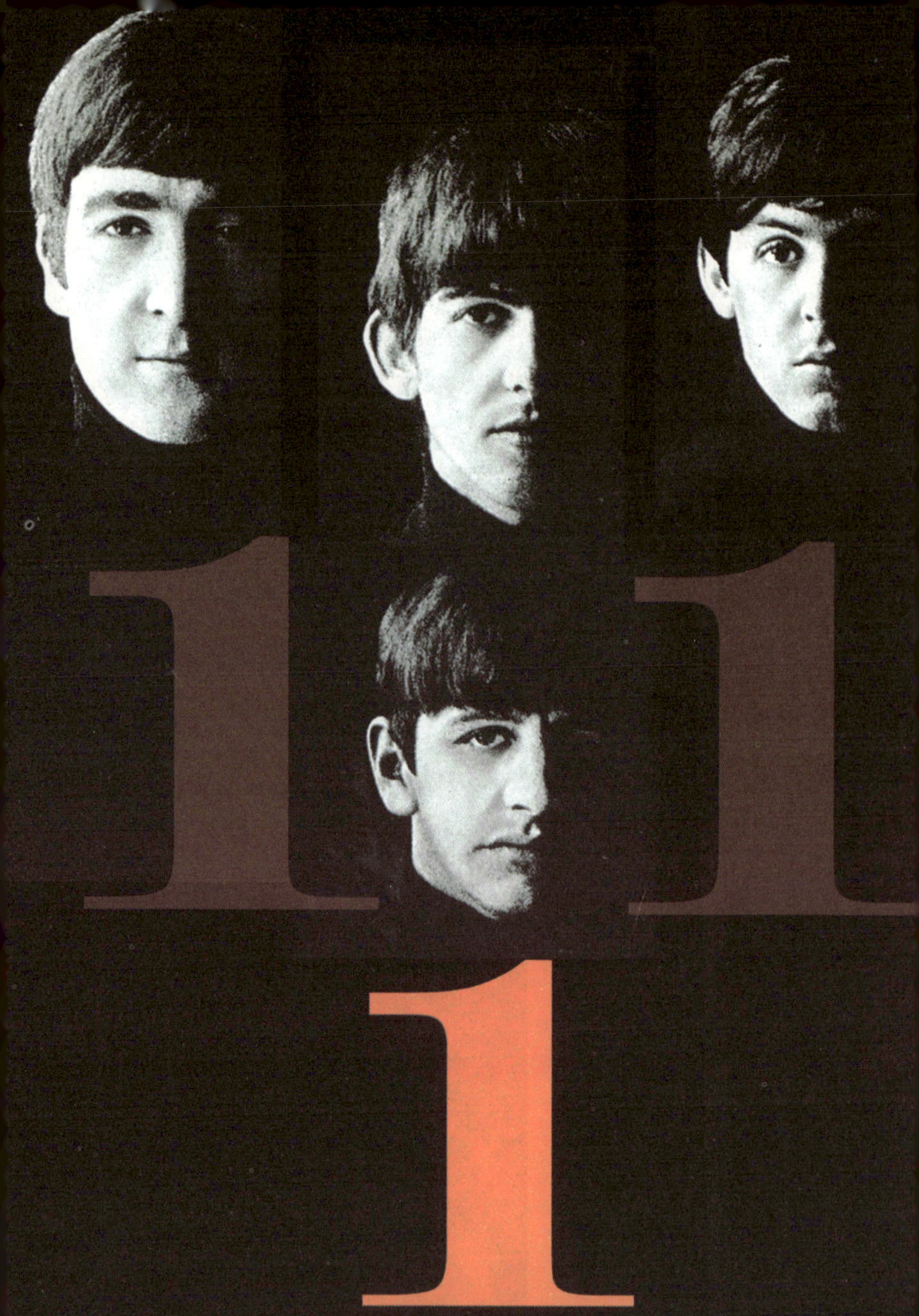

——披头士乐队主要成员约翰·列侬逝世 20 周年纪念

唱片名称：1

作词作曲：披头士乐队

发　行：EMI

发行时间：2000 年 8 月

发行背景：在约翰·列侬逝世即将满 20 周年的这个时候，EMI 首次推出了披头士自 1963 年 5 月至 1970 年 6 月，总共 27 首冠军单曲。

必听理由

他们改变了 20 世纪的流行文化，创造了摇滚史上的奇迹，是音乐史上最受欢迎、最成功的音乐组合。披头士乐队用他们的音乐领导了一个时代，成为当时文化的一种象征。他们是漫长音乐史上一颗燃烧着的蜡烛，照亮了所处时代整个音乐的旅程。没有了他们，人类的音乐之旅将不再完整。

披头士乐队

披头士乐队由 John Lennon（主唱、吉他手）、Paul McCartney（贝斯手）、George Harrison（吉他手）、Ringo Starr（鼓手）这四个年轻的小伙子在英国的利物浦组成。他们的作品大致可分为四个代表时期：一是初期，以专辑《Meet The Beatles》为代表；二是 1965 年的《Rubber Soul》代表他们严肃的实验期；三是代表神秘及迷幻期的《Sgt Peeper' s Lonely Hearts Club Band》；四是由《The White Album》（1968 年）所揭示的百家齐放的成熟期以及后来的一张《白色专辑》和《The Beatles Anthology》。

>>>唱片欣赏

披头士从某种意义上说不仅仅只是一个摇滚团体，他们更主要的是引领了一个具有划时代意义的文化潮流。他们用音乐改变了一代人的大脑，抚平了战争留给人们的心灵创伤。20世纪60年代，披头士乐队以超凡脱俗的风格与特点俘虏了无数的年轻人，他们一共拥有42张白金唱片，对世界摇滚乐的发展具有划时代的意义，在世界摇滚乐史上的贡献是首屈一指的。披头士那种“把明天遥远地抛在脑后，愿你多欢乐”的无忧无虑的情调，一扫当时充斥在英国舞台上的陈腐、伤感、古板和陈旧的气氛，几乎使英国年轻的一代狂热不已，披头士的崛起意味着美国流行音乐在英国的统治地位宣告结束。

在约翰·列侬逝世即将满20周年的这个时候，EMI首次推出了披头士自1963年5月至1970年6月，总共27首在美国及英国榜上停留128周的冠军单曲。在披头士解散多年后，这张专辑不但是披头士首屈一指的选辑，更为披头士缔造一个新奇迹。这张取名为《1》的专辑，以抢眼的红色画上大大的“1”为封面，给人独一无二的印象，专辑内同时也放入一本授权的披头士音乐宝典，作为新旧披头士乐迷进入披头士音乐世

界的指南。

唱片涵盖了乐队四个时期的佳作。首先包括了刚出道时期，青春萌动爱情期的披头士的歌曲如《Love Me Do》《I Feel Fine》及《I Want to Hold Your Hand》等，这些如雷贯耳的歌曲，对于当时笼罩在二战留下的阴云下的人们，犹如暴风雨过后的彩虹，显得格外绚丽。长期的战火早已将人们的心灵烧得只剩下荒芜的废墟，这些歌曲给当时的人带来了新的希望和快乐。简单的旋律、愉悦的节奏使人们又回到爱的世界；其次包括披头士与滚石乐队在歌坛上抗衡以及乐队受到印度禅师 Maharishi 的影响后成熟大气的作品如：《All You Need Is Love》《Yellow Submarine》《Hey Jude》等，这些至今仍广为传唱的歌曲诞生于披头士乐队成熟时期。随着岁月的推移和音乐史的发展，这些歌曲渐渐地接近现代流行歌曲，无论从作曲旋律还是乐器匹配上，都算是现代流行歌曲的萌芽。其中不乏节奏强劲、旋律曲折多变的流行劲曲，加之披头士乐队成员高超的音乐素质，它们代表了一个时代；最后，当然

The Beatles 早期的音乐风格

披头士乐队于 1962 年推出他们的首张专辑后便立即受到世界瞩目。他们竭力打破传统音乐模式的束缚，以自己的方式来诠释音乐。1962 年的《Love me do》等是简单的吉他和口琴伴奏，1967 年的《Baby You're a Rich Man》为清新的钢琴伴奏而无其他刻意雕饰。他们的歌词也总是写得很简单，时时夹杂着一些童稚般的可爱，却又不无哲理，从而渗透听者的心灵。开始，披头士的风格是多种音乐风格的糅合体，但不久，他们便摒弃其他流行音乐的影响，从古典音乐和印度音乐中汲取营养，形成他们自己的风格。

如果说前期的披头士音乐是一种片面化的流行而缺乏思想性和纪念性，那么 1967 年 6 月推出的《Sgt.Pepper's Lonely Heart Club Band》（帕伯军士孤独之心俱乐部乐队）就完全改变了流行圈以外的人对其所持的否定态度。它是首张得到古典音乐大师们喝彩的专辑。至今，它仍被称为披头士最有艺术价值的作品。

还包括了“披头士”后期，在大野洋子介入乐队后的作品。

如果说有一个乐团可以让全球艺人都推崇的话，那也许只能是披头士了。而这张名为《1》的唱片在流行音乐史上是当之无愧的。

Golden Hits

——“猫王”艾尔维斯·普莱斯利逝世 20 周年纪念特辑

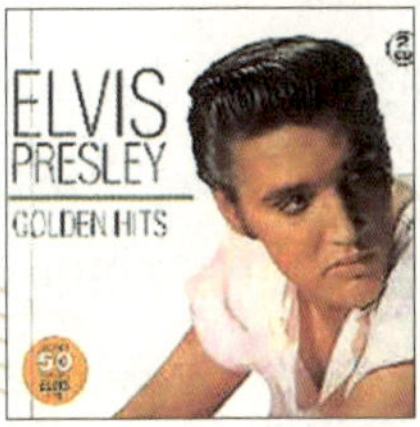

唱片名称：《Golden Hits》
作词作曲：“猫王”艾尔维斯·普莱斯利
发行时间：1997 年 1 月
发　行：RCA Victor 唱片公司
发 行 量：2500 万

必听理由

永不陨落的万世巨星和摇滚乐之王“猫王”艾尔维斯·普莱斯利最全的冠军曲专辑。

“猫王”艾尔维斯·普莱斯利（1935—1977）

“猫王”艾尔维斯·普莱斯利是 20 世纪美国流行音乐中最重要的人物，堪称永不陨落的万世巨星和摇滚乐之王。在当时的流行音乐历史上，他是唱片销量最高的艺人。1971 年的统计表明，普莱斯利的唱片销量已达到 1.55 亿张单曲唱片，2500 万张专辑和 1500 万张 EP 唱片，这一纪录只有宾·克罗斯比（Bing Crosby）和“披头士”（the Beatles）乐队达到过。

>>> 唱片欣赏

猫王逝世已经40多年了，这位歌迷心中永远的巨星，不但留给歌迷许多动听的音乐、恒久的回忆，也为流行音乐开启了一个全新的纪元。“猫王”艾尔维斯·普莱斯利用42年的短暂一生，从密西西比州的小镇到五光十色的拉斯维加斯，一步一步成长为摇滚乐之王。自1966年以《Heartbreak Hotel》(伤心旅店)一曲成名，并夺下8周排行榜冠军之后，猫王所推出的每一张专辑，几乎都能得到所有歌迷的青睐，并被列为流行乐史上的重要作品。甚至在他过世之后，他生前所录制的未发表的作品，亦持续在排行榜中出现。他的衣着打扮，他歌唱时的绝酷模样，在今天依然是许多人模仿的对象。

专辑《Golden Hits》除了收录了猫王生前最受欢迎的代表作品，如成名冠军曲《Heartbreak Hotel》《Teddy Bear》《Don't Be So Cruel》，及最脍炙人口的情歌《Love Me Tender》《Can't Help Falling in Love with You》等，同时也收录了流行乐坛中许多上乘摇滚佳作，其中包括

艾尔维斯成年后对空手道产生了兴趣，他将空手道的动作融入舞台表演之中，就像这张他在1971年的拉斯维加斯演出时的照片展现的一样。

《It's Now or Never》《Hound Dog》《Are You Lonesome Tonight》《You Don't Have to Say You Love Me》等。让我们在猫王成熟的歌声中，体验这位永垂不朽的巨星现场演唱的魅力，更多地了解这位流行音乐史上最伟大的经典人物。

猫王早期的唱腔来源于蓝调和乡村传统音乐，不过他很快就找到了一条属于自己的音乐之路，这一点在这张唱片中得到了体现。《Don't Be So Cruel》是单纯的快乐，欢快的背景音乐，摇摆的节拍，“我是真的爱你年轻的宝贝/穿透了我的心”。通过《Hound Dog》，他以忧郁的形象把无数青少年引向了摇滚乐，这是猫王最狂怒的声音吗？这里程碑式的歌曲让人鼓掌地疯狂，谁还会在意其他呢？《Can't Help Falling in Love with You》是猫王在电影《蓝色夏威夷》里面演唱的，这

首歌曲是以古典旋律为基础的，低音部分也很迷人。这是一首那个年代的婚礼歌曲，20 世纪六七十年代猫王的演唱会几乎都是以这首歌收尾。《Heartbreak Hotel》）是 RCA Victor 唱片公司发行的第一首猫王新歌，从这首歌中我们发现，他有了新的标志性的震声男中音唱腔。

猫王巅峰时期的一些舒缓的热门歌曲也收录于该唱片中，如《It's Now Or Never》《Are You Lonesome Tonight》《Surrender》《Wooden Heart》，等等。此外，猫王在他的首部电影《Love Me Tender》中的同名主题曲也收录其中。

听罢整张唱片，感觉到这位 20 世纪流行音乐最重要的人物，并没有远离我们，他依旧在我们心中。

“猫王”称号由来：从山猫到猫王

1935 年 1 月 8 日出生在密西西比州的一个贫穷的农场工人家庭里，全名叫艾尔维斯·阿伦·普莱斯利（Elvis Aron Presley），虽然外人习惯将他名字中的阿伦（Aron）去掉，但他签名时总用“Aron”这个字。

普莱斯利最早接受音乐方面的教育是在教堂的唱诗班。谁也不曾想到唱诗班会培养出引领摇滚乐发展，而且影响深远的歌星。10 岁就曾登台献歌的普莱斯利，正式走上歌坛的机会非常偶然。18 岁的时候，他在去孟菲斯的一家录音服务公司的录音棚去录制一首作为生日礼物送给母亲的歌曲时，这家录音棚的老板萨姆·菲利普斯（Sam Phillips）和他的助手里恩·凯斯克（Marion Keisker）发现了他的歌唱潜质，记下了他的地址，并在第二年请他加盟自己的公司。

普莱斯利原本在乡村音乐领域发展，但他的歌吸取了黑人蓝调的成分之后，已经很难将他归类，于是人们给他起了个绰号叫“山猫”（The Hillbilly Cat）。直到后来歌迷认识到他所演唱的就是摇滚时，又给了一个“猫王”的封号，以此标示他无与伦比的身价。

猫

——世界四大经典音乐剧之一

必听理由 世界四大经典音乐剧之一《猫》，是英国作曲家安德鲁·劳伊德·韦伯的撼世杰作，无与伦比，曾被授予"世纪音乐剧"的称号，自 1981 年在伦敦首演后，相继在美、日、法、德、中等国公演，都造成了前所未有的轰动。

唱片名称：猫

编 剧：安德鲁·劳伊德·韦伯

发 行：上海音像公司

版权提供：环球唱片有限公司中国业务部

ISBN 码：CN-E02-03-312-00/A.J6

所获奖项

1981 年荣获伦敦晚会权威奖——奥利弗奖晚星奖的最佳音乐剧奖

1983 年荣获百老汇的 7 项托尼奖、最经典音乐剧之王

>>>唱片欣赏

既然是音乐剧，音乐自然是最重要的一个组成部分。《猫》中共有21首旋律优美的歌曲，每首歌都是一种情绪的载体，最经典的唱段当属《Memory》，这段天籁般的歌声和旋律有一种挥之不去的悲伤，曾经打动过无数心灵，近距离地聆听，更会有非凡的情境之感。

写出了《Memory》这样经典旋律的安德鲁是个天才的音乐大师，他把爵士、蓝调、摇滚乐、古典音乐等各种风格的音乐元素完美地融合在一起，构成了一部如此杰出的音乐剧。剧中每种风格的音乐都和它所衬托的叙述内容配合得丝丝入扣，相得益彰。开场的“杰里科猫族颂歌”是爵士风格的群猫的联唱，生动地描述了杰里科猫族的特性。摇滚猫的演唱是典型的摇滚风格，带着拉丁音乐的性感和不羁。而几段关于领袖猫的唱段则是教堂风格的音乐，有着唱诗班的味道，曲调和歌声或柔美悠扬，或磅礴恢宏，既烘托了气氛，又衬托出领袖猫在猫族中的地位。最后的群猫合唱则有古典歌剧咏叹调的风格，有力地收结全剧。

荡气回肠的《Memory》是全剧音乐唱段的焦点。这首歌是由剧中的魅力猫“格里泽贝拉”演唱的，这是一只年轻时魅力十足而年老后邋遢肮脏的猫，她孤独衰弱，遭人唾弃，流浪在最下等的街区，受到猫族的排挤。她也渴望能升入天堂，但这对她显然是一种奢望。在这个背景下，她演唱了这首《Memory》。在她唱完之后，猫儿们都被感动了，一致推选她升上天堂，全剧落下帷幕。从中我们就可以看出，这首歌在剧中所占的分量，可以说，它是全剧的转折点，也是高潮点，因为所有的猫对“格里泽贝拉”的看法都将在这首歌后发生改变，如果这首歌不感人，无疑就是全剧的失败。

这支歌由女高音伊莲·佩吉唱出：

夏日阳光穿过树林
又一个清晨在等待
犹如破晓时分的花朵
记忆淡去
触碰我吧
让我重享
往日记忆的美丽时光
是多么容易
触碰我
你将明白什么是幸福
看吧
新的一天已经开始

悠扬凄美的歌声，把一只既有风光青春、年老后又孤苦伶仃的老猫的凄凉和坎坷表现得淋漓尽致，还表达了她对天堂的向往，既充满宿命感，又有对生命不可抑制的激情。

伊莲·佩吉的歌声是成功的，《Memory》那优美的旋律在她的歌声中得到最完美的体现。作曲家安德鲁的创作意图和全剧要表达的主题在这里都得到了升华。事实证明，这首《Memory》确实起到了感化人心、支撑剧情和终结全剧的效果。

必听理由

在绚烂的华章中，重温千古传颂的凄美爱情故事。

梁山伯与祝英台

——中国人自己的交响音乐

唱片名称：《梁山伯与祝英台》

作 曲：陈 钢、何占豪

演 奏：俞丽拿等

出 版：中国唱片上海公司

>>>唱片欣赏

知道梁祝故事的人，听过梁祝音乐的人，都会为这个千古传颂的爱情故事所深深感动。爱情就是这样，它是两情相悦、两厢倾慕、两性向往、生死相随之最完美体现。而更让人永世不忘的就是那感人心魄的绝唱。梁祝的化身，就是那翩翩起舞、紧密相随的蝴蝶,在云南民间传说中是指美凤蝶。从它诞生以来，就一直成为世人爱情的楷模和忠贞的理想，人们用不同的音乐形式来表达这种情愫，在其中赋予高尚的精神寄托……

《梁山伯与祝英台》以浙江的越剧唱腔为素材，按照剧情构思布局，综合采用交响乐与中国民间戏曲音乐的表现手法，深入而细腻地描绘了梁祝相爱、抗婚、化蝶的情感与意境。

引子：乐曲一开始由长笛奏出了华美的旋律，呈现出一派春光明媚、鸟语花香的景象。由双簧管奏出的主题音调，取自越剧的过门音乐。

（一）呈示部

在轻柔的弦乐颤音背景上，长笛吹出了优美动人的鸟鸣般的精彩旋律；接着，双簧管以柔和抒情的引子主题，展示出一幅风和日丽、春光明媚、桃红柳绿、百花盛开的画面。

主部，独奏小提琴从柔和朴素的 A 弦开始，在明朗的高音区富于韵味地奏出了诗意的爱情主题。在音色浑厚的 G 弦上重复一次后，乐曲转调，大提琴以潇洒的音调与独奏小提琴形成对答。之后，乐队再次奏出爱情主题，充分揭示了梁祝真挚、纯洁的友谊及相互爱慕之情。

在独奏小提琴的自由浪漫的乐段后，乐曲进入副部。柔美

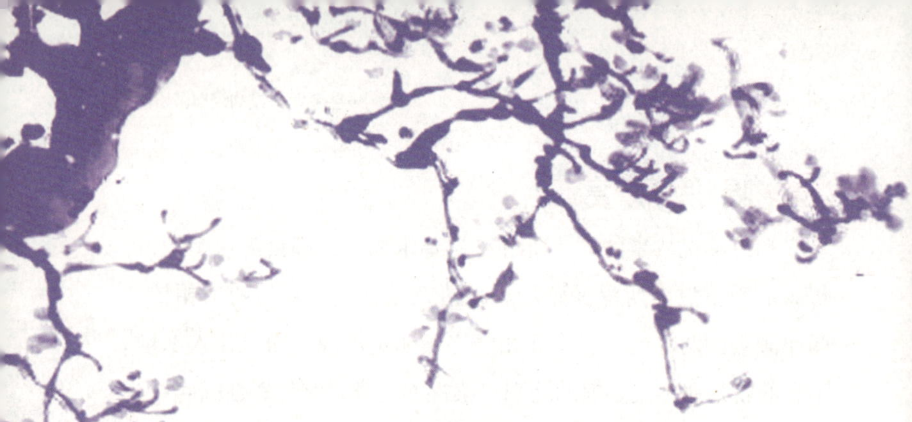

的小提琴音色奏出由越剧过门变化来的另一主题，与爱情主题形成鲜明的对比。

第一插部为副部主题动机的变化发展；第二插部更轻松活泼，独奏小提琴用 E 徵调模仿古筝、竖琴、琵琶的演奏，作者巧妙地吸取了中国民族乐器的演奏技巧来丰富交响乐的表现力。这段音乐以轻松的节奏、跳动的旋律、活泼的情绪生动地描绘了梁祝三载同窗共读共玩、追逐嬉戏的情景。它与柔和抒情的爱情主题一起，从不同角度反映了梁祝的友情与学习生活两个侧面。

结束部，由爱情主题发展而来，抒情而徐缓（B 徵调，2/4 拍子）。表现了祝英台有口难言，欲言又止的神态。在弦乐颤音背景上出现的梁祝对答，清淡的和声与配器，出色地描写了十八相送、长亭惜别、恋恋不舍的画面。

（二）展开部

突然，音乐转为低沉阴暗。阴森可怕的大锣与定音鼓，惊惶不安的小提琴，把我们带到这场悲剧性的斗争中。

抗婚：铜管以紧张的节奏、阴沉的音调，奏出了封建势力凶暴残酷的主题。独奏小提琴以戏曲散板的节奏，叙述了祝英台的悲痛与惊惶。接着乐队以强烈的快板全奏，衬托小提琴果断的反抗音调，成功地刻画了祝英台誓死不屈的反抗精神。其后，上面两种音调形成了矛盾对立的两个方面，它们在不同的调性上不断出现，最后达到一个斗争高潮——强烈的抗婚场面。当乐队全奏的时候，似乎充满了对幸福生活的向往与憧憬，但现实给予的回答却是由铜管代表的强大封建势力的重压。

楼台会：缠绵悱恻的音调，如泣如诉；小提琴与大提琴的对答，时分时合，把梁祝相互倾诉爱慕之情表现得淋漓尽致。

哭灵控诉：音乐急转直下，弦乐快速的切分节奏激昂而果断，独奏的散板与乐队齐奏的快板交替出现。这里加入了板鼓，变化运用了京剧倒板与越剧嚣板（紧拉慢唱）的手法，深刻地表现了祝英台在坟前对封建礼教的血泪控诉。这里，小提琴吸取了民族乐器的演奏手法，和声、配器及整个处理上更多运用了戏曲的表现手法，将祝英台的形象与悲伤的心情刻画得非常细致入微。她时而呼天号地，悲痛欲绝；时而低回婉转，泣不成声。当乐曲发展到改变节拍（由二拍子变为三拍子）时，祝英台以年轻的生命，向苍天做出了最后的控诉，接着锣鼓齐鸣，祝英台纵身投坟，乐曲达到高潮。

（三）再现部

化蝶：长笛以美妙的旋律，结合竖琴的级进滑奏，把人们带到了神仙般的境界。在加弱音器的弦乐背景上，第一小提琴与独奏小提琴先后奏出了那使人难忘的爱情主题。然后，钢琴在高音区轻柔地演奏五声音阶起伏的音型，并多次移调，仿佛梁祝在天上翩翩起舞。

彩虹万里百花开，

花间彩蝶成双对。

千年万代分不开，

梁山伯与祝英台。

随着最后一个音符的结束，一段流传千古、可歌可泣的爱情故事被重新演绎，凄凉而又美丽，让人感动至极。

《梁祝》：我们自己的交响音乐

这首绚丽多彩、抒情动人并带有浓郁的生活气息的交响作品，在民族化、群众化方面，做了大胆的创新与成功的尝试，在国内外演出均受到热烈的欢迎，群众称之为“我们自己的交响音乐”。它已在欧、亚、美各大洲演出，并以其中华民族的鲜明风格与特点，得到国际公认。香港艺术家把它改编成高胡协奏曲、清唱及舞台剧，美国的舞蹈家还把它改编成美丽动人的冰上舞蹈。20 世纪 80 年代初，“彩蝶”飞过海峡，台湾唱片厂翻版出售《梁祝》，受到普遍欢迎。台湾刊物还发专论评介，引起各界人士很大的重视。如今《梁祝》已飞进世界音乐之林，成为活跃在国际乐坛上的彩蝶。

悦享生活

读书

乐之 主编

中医古籍出版社
Publishing House of Ancient Chinese Medical Books

图书在版编目（CIP）数据

读书 / 乐之主编. -- 北京：中医古籍出版社，
2022.5
（悦享生活）
ISBN 978-7-5152-2265-3

Ⅰ.①读… Ⅱ.①乐… Ⅲ.①世界文学—文学欣赏
Ⅳ.①I106

中国版本图书馆CIP数据核字(2021)第232393号

悦享生活
读书
主编　乐之

策划编辑　姚强
责任编辑　李炎
封面设计　李荣
出版发行　中医古籍出版社
社　　址　北京市东城区东直门内南小街 16 号（100700）
电　　话　010-64089446（总编室）010-64002949（发行部）
网　　址　www.zhongyiguji.com.cn
印　　刷　天津海德伟业印务有限公司
开　　本　880mm × 1230mm　1/32
印　　张　5
字　　数　112 千字
版　　次　2022 年 5 月第 1 版　2022 年 5 月第 1 次印刷
书　　号　ISBN 978-7-5152-2265-3
定　　价　298.00 元（全 8 册）

前言
Preface

人非生而知之，读书无疑是获取知识、信息的最主要途径之一。人生有限，学问无涯。一个人要在有限的一生中将所有的书籍一一博览涉猎，既不现实，也不科学。这就决定了一个人的读书一定要有所选择，要用尽可能短的时间阅读尽可能好、尽可能有用的书。因而，从个人一生读书生活的角度来看，制订一个周详、完备、切实可行的读书计划十分重要。唯其如此，一个人的读书生活才会具备明确的目的性、较强的可操作性，才有可能更加合理、灵活地安排自己的读书时间，更加直接、快速、有效地获取知识，丰富、提高自身的综合素质。

当然，对于非专业人士而言，想要开列出一个精当且具指导性的书目殊非易事。鉴于此，我们组织有关人员，在查阅大量文献、征询众多专家的基础上，考虑到国人的阅读品味和实际需要，经反复细致的讨论，最终从中外经典著作中精选出数十本不可不读的书。所选著作涉及政治学、经济学、哲学、社会学、军事学、文学、美学、历史学、成功学、宗教经典等领域，一一读之，在达到怡情悦性、轻松获取知识目的的同时，更能于潜移默化中陶冶情操、提高素质和修养。

为了帮助读者加深对作品的理解，本书设置了“必读理由”“背景搜索”“内容提要”“作品影响”“延伸阅读”等栏目。

其中“必读理由”点明每部作品的独特之处，让读者在阅读之前对作品有个初步的认识；“背景搜索”介绍作家的生平经历及作品创作的时代、社会背景和创作中的轶事；“内容提要”对作品的内容、情节等进行提纲挈领的勾画；“作品影响”讲述作品在历史上的地位及影响；“延伸阅读”介绍与作品相关的其他著作等。所有这些内容，由点及面，或纵向深入，或横向延伸，从不同角度和层面剖析作品，帮助读者在较短时间内把握这些作品的精髓。

同时，为了给读者创造一个轻松的阅读氛围，我们还为每部作品选配了契合文意的精美图片，包括作者小像、作品书影、原作插图、历史照片、电影剧照、经典油画、手绘插图等，图文联袂，相得益彰，给读者身临其境般的感受，让读者近距离感受作品的魅力，充分享受阅读的乐趣。

由于篇幅所限，这些经典书籍编者无法尽现其全貌，只能从思想性入手，尽量彰显其最夺目的光辉，展示其最迷人的风采，力求能呈冰山之一角，使读者尝一脔肉而知一镬之味。

目录

Contents

·必读理由·

中国第一部诗歌总集 / 现实主义的伟大宝库 / 中国文学的光辉起点
抒情言志的源头所在 / 中国最早的教育范本 / 世界文艺殿堂中的瑰宝

中国先秦时期的百科全书

诗　经

※ 背景搜索

《诗经》是中国第一部诗歌总集，共收入诗歌305首。这些诗歌反映了西周初期至春秋中叶大约500多年的史实和风土人情。《诗经》由风、雅、颂三部分组成。风指国风，创作于东周时期，包括周南、召南、邶、鄘、卫、王、郑、齐、魏、唐、秦、陈、桧、曹、豳等15个诸侯国的本地民歌，共160首，为《诗经》的精髓部分。雅是“正乐”“正声”，是西周京畿地区的乐歌，分为大雅、小雅，“大雅”多为颂扬赞美，“小雅”多为讽刺嘲讽，共105首。颂是朝廷祭祀鬼神的舞曲乐歌，分为周颂31首，鲁颂4首，商颂5首，共40首。

《诗经》是先秦诗歌创作的代表作品，产生的地域涉及现在的陕西、山西、河北、山东、河南、湖北等省。作者中有贵族、农夫、牧人，也有士兵和奴隶。关于它的编集，汉代班固说：“孟春之月，群居者将散，行人振木铎绚于路以采

编者 / 孔子　国别 / 中国　类型 / 文学著作　成书年代 / 春秋晚期，前6～前5世纪　阅读时间 / 青年

诗，献之太师，比其音律，以闻于天子。”（《汉书·食货志》）大意是说朝廷派人到各地采诗，然后由史官整理给天子，以图体恤民情。春秋末年，众多的作品由孔子重新编订，作为弟子的教科书。先秦时代，统称《诗经》为“诗”或“诗三百”，到了汉代，儒家将它奉为经典，才称为“经”。现存的《诗经》，是由西汉时期鲁国人毛亨和赵国人毛苌所传，自东汉末年大行于世，因此也被称为《毛诗》。

※内容提要

《诗经》的作品内容丰富、范围广泛，主要有以下几个方面的内容：

一、政治。《诗经》中有很多抨击政治现实的诗，例如国风中的《魏风·伐檀》《魏风·硕鼠》就是很著名的篇章，讽刺贵族的不劳而获，揭露统治者的丑恶行径，饱含着愤怒与不平。许多解读《诗经》者认为305首的每一首都是颇有深意的，虽稍有过分，但也不是空穴来风。《邶风·新台》讽刺卫宣公强娶儿媳的丑行，《秦风·黄鸟》展现秦穆公以活人殉葬的暴行，《邶风·二子乘舟》抨击卫宣公信谗言杀贤子的恶行，这些诗或含蓄或直白，有的掷地有声，有的使人欲哭无泪，但都主题鲜明，有棱有角。

二、民生。《诗经》中最灿烂的诗篇是反映民众爱情、劳动和生活的作品。这些作品在《诗经》中比重最大，内容也最丰富，同时也最动人。这里有衣食住行的糟糕，有劳动生活的快乐，有兵役的痛苦，有归家的企盼，有离别的心酸，有甜蜜的爱情。其中尤以描写爱情的诗最为瞩目。《诗经》的第一首诗《周南·关雎》就写男士的相思：“窈窕淑女，寤寐求之。求之不得，寤寐思服。悠哉悠哉，辗转反侧。”相思之

诗经图　南宋　马和之

《诗经》自诞生之日起，便成为历代艺术家着力表现的题材。在众多的艺术作品中，以绘画为首，其中最为著名的是南宋马和之所绘的《诗经图册》。此图表现了《诗经·周颂·昊天有成命》的文章大意，人物造型准确生动，笔法古朴流畅，是画家对《诗经》的艺术再创作。

苦如在目前，活灵活现，跃然纸上，成为千古名句。

三、历史。这些题材的诗大部分保存在大雅和“三颂”中，大多是记述周族发生、发展的历史，赞颂先王的丰功伟绩，如《生民》《公刘》《绵》《大明》《皇矣》等。它们篇幅不长，但极具价值。

阅读《诗经》，我们能获得美的享受。诗歌的美不仅体现在内容上，而且体现在手法与节奏上。古人说《诗经》有“六义”，即风、雅、颂与赋、比、兴。风、雅、颂是诗的性质、体制上的分类，赋、比、兴则是诗在创作手法上的分类。朱熹《诗传纲领》云：“赋者，直陈其事；比者，以彼状此；兴者，托物兴词。”“赋”是直抒情意，直述人事；“比”是借物为比，喻其情事；“兴”是托物兴起，抒写情意。例如，“关关雎鸠，在河之洲。窈窕淑女，君子好逑”这一章，以河洲上雎鸠之关关而鸣以求其偶为比，以兴起后二句所赋的淑女、君子之为嘉偶，这一类诗是“兴”的做法。

※作品影响

《诗经》作为中国最早的一部诗歌总集，它在文学史上有着崇高的地位，具有开创性的价值，是中国现实主义文学的开端，它的内容、手法和形式都为后世之人取用和效法。《诗经》句法多为四言，有规矩，但又灵活多变。它最早运用了赋、比、兴三种艺术手法，成就巨大，深刻地影响了两千多年来中国文学的发展。它的很多优秀作品妇孺皆知，耳熟能详，不但描写生动，语言优美，而且富有韵律，思想健康，虽历经千载，仍不可替代。

《诗经》在当时人的心目中地位已经很高。孔子很注重《诗》的价值，不仅用于生活中的方方面面，而且用于教育、外交、军事等其他领域。他在《论语·阳货》中说：“小子何莫学夫诗？诗可以兴，可以观，可以群，可以怨。迩之事父，远之事君；多识于草木鸟兽之名。”他甚至还说：“不学诗，无以言。”可见《诗》的重要。汉武帝时，《诗》被列入五经之一，称《诗经》，成为儒家经典，是教育民众的法宝和安定社会的精神支柱。随着时间的推移，历朝历代的读书人都对它高山仰止，顶礼膜拜，视之为神圣的代名词。正因为这样，《诗经》成为中国人的文化财富，成为中国文化的象征，唐朝时就传至朝鲜、越南、日本等亚洲国家，明朝时传入欧洲，历时数百年，盛行不衰，甚至被视为世界的不朽之作，作为送给外星系生命的礼物之一而飞向太空。

这部包罗万象、穿越时空，描述中华文明的经典诗作，无论在过去，还是在今天，都以其独特的文化底蕴、高深的美，焕发着无穷的魅力。

※延伸阅读

“四书五经”是中国古代的儒家经典。《庄子·天运篇》说：“丘治《诗》《书》《礼》《乐》《易》《春秋》六经，自以为久矣。”汉代独尊儒术，立“五经博士”，《尚书》《礼记》《周易》《春秋》与《诗经》合称为“五经”。到南宋的时候，著名理学家朱熹将《论语》《大学》《中庸》《孟子》与“五经”合称为“四书五经”，成为中国历代读书人的必读书。

·必读理由·

中国人的“圣经”/最能代表中国文化的书/中国两千年政治伦理与社会伦理的基石/影响人类文化的100本书之一/半部《论语》治天下

垂范千古的儒家经典

论 语

※ 背景搜索

《论语》是记载孔子及其弟子言行的语录体散文集。孔子（前551—前479）名丘，字仲尼，春秋后期鲁国陬邑（今山东曲阜东南）人，是中国历史上最具有影响力的教育家、思想家、儒家学派的创始人，同时也是中国古代地位最高、最受推崇的“圣人”。他先世为宋国贵族，后来为了避难逃至鲁国定居下来。他的父亲叔梁纥以臂力过人闻名于世，66岁时与未满20的颜徵在结合并在曲阜东南的尼丘拜神求子；之后生下孔子，取名“丘”，字“仲尼”。孔子3岁丧父，家境贫困，15岁立志求学，博习诗书礼乐，青年时代做过管理仓库和牛羊的小吏。34岁时，他在曲阜城北设学舍，开始授徒讲学，据说弟子有3000，著名者72人。鲁昭公二十六年（前516年），鲁国发生内乱，孔子离鲁奔齐，不久返回，先后担任中都宰、司空、司寇等职。55岁时，他又被迫离开

作者/孔子及其弟子　国别/中国　类型/哲学著作　成书年代/战国初期，前5世纪　阅读时间/一生

鲁国，率领众弟子先后到过卫、宋、陈、蔡等十多个国家，但都郁郁不得志，抱负终未能施展。68岁时他回到鲁国，从事教育，整理《诗》《书》《易》《礼》《乐》《春秋》等古代典籍。五年后，孔子溘然逝去，终年73岁。孔子死后，他的弟子们把所记录的言行汇集起来，取名《论语》，成书时间在战国初期。

※内容提要

《论语》全书一共有20篇，每一篇都包含有记述一件事或者数句话的若干个小章，涉及政治、文学、音乐、伦理、教育等各个方面，但从始至终，都贯穿着孔子仁与礼的学说，囊括了孔子思想的精华。

全书主要包含以下几个内容：

一、为政。孔子认为治国者要“赦小过，举贤才”，做到大度豁然，推己及人，实事求是，重视礼乐教化，勤政爱民，以尧、舜、禹、周文王为榜样，达到“老者安之，朋友信之，少者怀之”的状态。《论语·学而》说：“道千乘之国，敬事而信，节用而爱人，使民以时。”这就是孔子对治国之道的精辟阐述。

二、教育。孔子主张有教无类，提倡诲人不倦，重视礼乐对人的熏陶和影响，强调文化教育的重要性，所以他提纲挈领地说：“夷狄之有君，不如诸夏之亡也。”

三、学习。《论语》的第一章就是《学而》，可见学习在这本书中的分量和它的重要性。孔子欣赏不耻下问，鼓励温故而知新，认为好的学生应该要经常与朋友切磋，向前人学习，不断积累知识，抱着“学而时习之，不亦说乎”的心情，拥有“知之为知之，不知为不知”的态度，达到“三人行，必有我师”的境界。

孔子杏林讲学图

四、修养。孔子特别强调修身养性。应该言而有信，知过必改，一言一行，一举一动，无不准于礼法，乐天知命，不怨天，不尤人，成为一个温、良、恭、俭、让的君子。君子是孔子一生追求的个人道德规范，正如“仁”是他心中追求的最高理想一样，这使得《论语》中记载了大量关于个人修养及道德规范的言行。

《论语》包含了丰富的内涵，处处闪烁着孔子思想的闪光点，蕴含着孔子的大智慧。

阅读《论语》一书，关键在于读者的出发点。这里所提出只是可供选择的版本。自《论语》成书以来，最有代表性的是三国魏何晏的《论语集解》、南朝皇侃的《论语义疏》、北宋邢昺的《论语注疏》、南宋朱熹的《论语章句集注》、清人刘宝楠的《论语正义》，还有近人杨树达的《论语疏证》、杨伯峻的《论语译注》。

※作品影响

《论语》自西汉武帝以后，由于孔子及儒家地位的提升，成为每个文人的必读书。从元代仁宗皇帝开始直到明清，更是被定为科举考试的教科书，不仅是平民百姓教育子孙的启蒙读物，而且是士人考取功名、齐家治国平天下的宝典。北宋赵普曾对太宗赵光义说：“臣有《论语》一部，以半部佐太祖定天下，以半部佐陛下致太平。”可见，《论语》包含有深邃的政治思想和治国之道。《论语》与《孟子》《大学》《中庸》合称为《四书》。

该书的另一大价值体现在文学上。由于它是中国散文的最初形式——语录体，多为记言，所以言简意赅，生动凝练，质朴无华。不少篇章闪烁着智慧的光芒，妙语连珠，发人深省，如“子在川上曰：‘逝者如斯夫，不舍昼夜。’”“岁寒，然后知松柏之后凋也。”前者由东流之水联想到人生的沧桑，富有诗意，含着哲理；后者由树的常青象征风骨的凛然。这样的句子，在《论语》中比比皆是，许多已成为今天常用的成语，如因材施教、当仁不让、过犹不及、三思而行、功亏一篑，等等。此外《论语》大量运用语气词、叠句、排比、对偶等手法，许多章节富有故事情节和感情色彩，对后世的小说、散文、诗歌产生了很大影响。

总之，作为构成中华文明的儒家经典，《论语》对几千年来中国人的心理结构、文化价值观、道德素质、风俗习惯都有着不可估量的作用，是了解中国古代社会的一把钥匙。

※延伸阅读

荀子是孟子之后的儒家学派的代表人物，他的著名弟子有李斯、韩非。《荀子》同样是荀子门人辑纂的语录，其构思之缜密，结构之严整，条理之清晰，可称鸿篇巨制，在文学上成就斐然。荀子站在儒家学派的立场上，总结了百家争鸣的理论成果，提出了自己既尊崇礼义又提倡法制的观点，并主张人性本恶，应该通过学习使人接受礼仪教化。最可贵的是，他提出了天道有其内在规律性，不以人的意志而改变；同时，他又主张发挥人的主观能动性，提出了人定胜天的思想。这些思想已经具备了唯物主义的因素。

·必读理由·

影响世界历史的100部名著之一/展示和构筑中华文明的杰作/跨越文史界的不朽巨著/治国安邦、为人处世的最佳教科书/不读《史记》，难以深刻了解中国人思想的“根蒂”

史家之绝唱，无韵之《离骚》

史 记

※背景搜索

司马迁（约前145年—约前87年），字子长，左冯翊夏阳（今陕西省韩城）人。他的父亲司马谈学识渊博，对天文、地理、历史都深有研究。汉武帝即位后，司马谈做了太史令，举家移至长安。司马迁30岁时开始漫游全国的生活。《史记·太史公自序》说：“二十而南游江淮，上会稽，探禹穴，窥九疑，浮于沅湘，北涉汶泗，讲业齐鲁之都，观孔子之遗风，乡射邹峄，厄困鄱薛彭城，过梁楚以归。”归来以后，司马迁仕为郎中，奉使两征巴蜀以南，南略邛、笮、昆明。又因侍从汉武帝巡狩封禅而游历了更多的地方。汉武帝元封元年（公元前110年），司马谈去世。临终前，司马谈就把自己著述历史的理想托付给了司马迁。三年后，司马迁正式继任父职，时年38岁。为完成父亲的遗志，他广泛搜集资料，于

作者/司马迁　国别/中国　类型/历史著作　成书年代/西汉，前91年
阅读时间/一生

公元前104年正式开始撰修《史记》。天汉二年（公元前99年），司马迁因为李陵投降匈奴一事进行辩护，触怒汉武帝，被下狱并遭受腐刑。这样的屈辱和摧残使他想到了死，但他以完成著作为宏愿，忍受心灵的折磨和痛苦，终于在公元前91年完成了这部用自己灵魂、心血和生命浇铸的《史记》，前后用了大约18年的时间。

※ 内容提要

《史记》全书130篇，由本纪12篇、表10篇、书8篇、世家30篇、列传70篇组成，计52.65万字。它记载了上起黄帝轩辕氏，下迄汉武帝太初四年（公元前101年），近3000年的历史。

司马迁的伟大历史功绩之一，在于他开创了新的历史著作的编写方法，它就是后世史学家所称誉的“纪传体”。它由“本纪”“表”“书”“世家”“列传”5种体例组成。《史记》的五体结构是一个完整的体系。

“本纪”是全书的提纲，按编年记载历代帝王的兴衰和重大历史事件。专取历代帝王为纲，以编年的形式，提纲挈领地记载了上起轩辕，下迄汉武这一历史阶段的国家大事。

司马迁像

“十表”以年表形式，按年月先后的顺序，记载重要的历史大事。以清晰的表格，概括地排列各个历史时期的人事，或年经国纬，或年纬国经，旁行斜上，纵横有致。分世表、年表、月表三类，以汉代年表为详。

“八书”记载各种典章制度的演变，以及天文历法等，以叙述社会制度和自然现象为主体，对礼乐、天文、历法、经济、水利等制度的发展状况进行了系统记述，具有文化史性质。

“三十世家”记载自周以来开国传世的诸侯，以及有特殊地位的人物事迹；其中主要包括春秋战国以来的诸侯国君、汉代被封的刘姓诸侯子侄以及汉朝所封的开国功臣。此外，还有《孔子世家》《陈涉世家》和《外戚世家》。

“列传”记载社会各阶层代表人物的事迹，其中有著名的思想家、政治家、军事家、文学家等，还有循吏、儒林、酷吏、游侠、刺客、名医、日者、龟策、商人的传记。该部分以“扶义倜傥，不令己失时，立功名于天下”为标准。最后，还专录《太史公自序》一篇。

司马迁主要通过史例来选择、组织、论述史料，读者可以扣住史例来分析和评价历史。读者还可以在对客观史实的叙述过程中，来感悟司马迁的观点。由于司马迁在某些章节上的写法是“显古隐今”的，读者可以委婉含蓄地看出他的观点。

※作品影响

《史记》是中国第一部纪传体通史，是中国历史上一部具有划时代意义的巨作，是中国文化史上的瑰宝，开中国古代两千多年历朝“正史”的先河。

《史记》是含有政治、经济、文化、法律、军事、伦理、道德、宗教、文学、天文、医学等各种门类的百科全书，最为称道的是其文学价值。首先，它成功地描写了众多的人物，几乎涵盖了各种行业、各个阶层，有妙计藏身的食客，有威仪四方的王侯将相，有揭竿而起的农民起义领袖，有家财万贯的富商大贾以及医卜、俳优等各种人物。其次，它具有浓郁的诗意，强烈的感情，爱憎分明，极富感染力，比如对荆轲的敬佩，对屈原的同情，对刘邦的藐视，都掺入了深厚的感情。再次，它的语言浑厚，气势沉雄，将中国散文推上了一个新的高峰，唐宋八大散文家无不标举它为典范。它在文学上的成就，可与《三国演义》《红楼梦》《水浒传》《西游记》相媲美，而且毫不逊色。

此外，《史记》的众多人物原型为后世的小说、戏剧提供了不竭的源泉。《史记》已通过它的文字渗入到中国和中国人的思想中去，无声无息，成为最能代表中国文明、中国文化传统的一部书。

※ 延伸阅读

《汉书》是东汉班固所著，有十二本纪、八表、十志、七十列传，共100篇，叙述自汉高祖元年至王莽地皇四年共229年的断代历史，文学成就也很高。它与《史记》《后汉书》《三国志》并称“前四史”。

《三国志》为西晋陈寿所著，共65卷，记述三国时期60年间的重大史事。这部书在纪传体史书中较为特别，它由《魏书》30卷、《蜀书》15卷、《吴书》20卷组成，起初单独成书，至宋朝合为一书，称《三国志》。

《后汉书》为南北朝时期南朝宋范晔所著，今存120篇，分130卷，记述东汉196年的历史。其书文辞华美，议论中肯，颇具见识。

·必读理由·

中国文化的百科全书/治国从政、为人处世的宝典/记述中国历史前后时间最长的编年体史书/不读《资治通鉴》，不足以了解中国的文明和历史

历史与文学的完美体现

资治通鉴

※ 背景搜索

司马光（1019—1086），字君实，号迂叟，陕州夏县（今属山西）人。因家乡有一涑水，他写过《涑水记闻》，故人称“涑水先生”，又因他死后被追封为“太师、温国公”，后人称他为“司马温公”。他从小爱好史学，7岁听人讲《左氏春秋》即能复述大意。宋仁宗宝元元年（1038年），司马光中进士，做到了谏官；宋英宗时，王安石任宰相，司马光是保守派，与王安石政见不合，于是开始编撰《资治通鉴》；宋神宗时，王安石正式启用新法，司马光被任命为枢密副使，但他自求到洛阳任闲职，专心编纂《资治通鉴》。书编完后，宋哲宗即位，司马光任宰相，推翻王安石的全部新法。司马光做事慎重古板，踏实谨慎，须“视地而后敢行，顿足而后敢立”，连写字也规规矩矩，一丝不苟。

作者/司马光等　国别/中国　类型/历史著作　成书年代/11世纪　阅读时间/一生

司马光像

《资治通鉴》是一部材料丰富、内容繁多的大型史书，非司马光一人可以完成，司马光修书时有三大助手：刘恕、刘攽、范祖禹。刘恕，字道原，筠州高安（今江西高安）人，18岁中冯京榜进士，再试经义说书皆第一，司马光受诏修书，上表推荐刘恕，年仅34岁成为史学名家。刘攽，字贡父，号公非先生，临江新喻（今江西新余）人，庆历进士，曾任国子监直讲，入秘书少监，官至中书舍人。范祖禹，字梦得，成都华阳（今四川华阳）人，进士出身，官至奉议郎。

※ 内容提要

《资治通鉴》是中国最著名的编年体通史。共294卷，洋洋三百余万字，上起周威烈王二十三年（前403年），下迄后周显德元年（959年）。记载了包括周、秦、汉、魏、晋、宋、齐、梁、陈、隋、唐、后梁、后唐、后晋、后汉、后周在内的16个朝代的1362年历史。分为294卷，共计300多万字。另有《目录》30卷，《考异》30卷。《周纪》5卷，《秦纪》3卷，《汉纪》60卷，《魏纪》10卷，《晋纪》40卷，《宋纪》16卷，《齐纪》10卷，《梁纪》22卷，《陈纪》10卷，《隋纪》8卷，《唐纪》81卷，《后梁纪》6卷，《后唐纪》8卷，《后晋纪》6卷，《后汉纪》4卷，《后周纪》5卷。司马光是为了巩固当时的封建政权才编写《资治通鉴》的，这就决定了此书的内容主要是政治史。他把历史上的君主依据他们的才能分为五类：第一类是创业之君，比如汉高祖、汉光武帝、隋文帝、唐太宗等；第二类是守成之君，如汉文帝和汉景帝；第三类是中兴之帝，如汉宣帝；第四类是陵夷之君，如西汉的元帝、成帝，东汉的桓帝、灵帝；第五类是乱亡之君，如陈后主、隋炀帝。在司马光看来，最坏的是那些乱亡之君，他们“心不入德义，性不受法则，舍道以趋恶，弃礼以纵欲，谗谄者用，正直者诛，荒淫无厌，刑杀无度，神怒不顾，民怨不知”，像陈后主、隋炀帝等就是最典型的例证。对于乱亡之君，《资治通鉴》都做了一定程度的揭露和谴责，以为后世君主鉴戒。

《资治通鉴》对军事的记载也很突出，对战争的描述也很生动。凡是重大的战役，如赤壁之战、淝水之战等，《资治通鉴》都要详细记载战争的起因、战局的分析、战事的过程及其影响。《资治通鉴》也注意关于经济的记载，因田赋等赋税是封建经济的首要问题，因此对于商鞅变法、文景之治、北

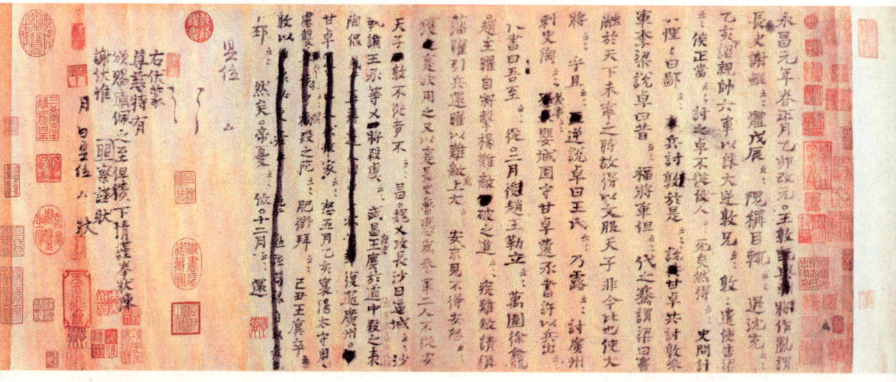

《资治通鉴》残稿

魏孝文帝的均田制等都有记载。《资治通鉴》在文化方面也有记载。从学术思想上来说，上至先秦的儒、法、名、阴阳、纵横五家的代表人物和学术主张，下及汉代的黄老思想、汉武帝的独尊儒术以及魏晋玄学的盛行都有记载。还叙述了佛教、道教的起源及流传，同时也涉及著名的文人学士及其作品。从史学方面来讲，从《汉书》到沈约的《宋书》以及唐代的修史制度均有记载。从科技方面来讲，历代的历法是记载最多的，其他还有天文学、地理学、土木建筑（如秦长城、隋唐长安城和洛阳城）、水利工程（隋大运河）等都有记载。《资治通鉴》还有历史评论，一类选录前人的评论，开头都写明作者名氏，不过所选录的前人史论都符合司马光的观点，大部分都是用来表达他的政治思想的，还有一类是属于司马光自己写的，每篇以“臣光曰”开头。

《资治通鉴》主张治理国家必须用人唯贤。司马光认为一个国家能否治理得好，关键在于能否选拔到一批得力的人才。不仅如此，他还反对以门第族望为取人的标准。另外在用人问题上，《资治通鉴》还记载了齐威王与魏惠王论宝的一席对话，语言生动，含义深刻，把德才兼备、智勇双全的大臣，视为国家的无价之宝，突出强调了得人才的重要性。

这里还要提一下司马光在编纂《资治通鉴》时所编写的《通鉴目录》和《通鉴考异》。《目录》30卷，仿《史记》年表的体例，纪年于上，列《资治通鉴》卷数于下；《考异》30卷，说明材料去取的理由。这两书虽不能与《资治通鉴》相比，但它们互相配合，使《资治通鉴》的体例更为完备，这是值得读者注意的。

※ 作品影响

《资治通鉴》是中国历史上最为著名的一部编年体通史，它史料价值高、编纂方法科学，文字优美，是研究我国古代历史的一部最佳参考资料，对从政、做事、为人都有很大的借鉴作用，自成书以来，影响巨大而深远。

《资治通鉴》也是一部对后世史书编撰影响极大的经典著作，促进了编年体史书的长足发展和进步。同时，它的文学价值也很高。它善于合理地选择材料，精心地进行剪裁，深入地发掘和描述，简明扼要地运用对话，形象真实地再现了历史过程，对宋以来的文学产生了很大的作用，文中的很多语句，后来都成为成语典故，如“草木皆兵”“风声鹤唳”等。

※ 延伸阅读

《容斋随笔》是南宋文学家洪迈近40年的读书笔记，读书凡意有所得，即随笔记录下来：自经史典故、诸子百家之言，以及诗词文翰、医卜星历之类，无所不载；历史、文学、哲学、艺术各门类知识，无所不备。而多所辩证，资料丰富，考据精确，议论高简，是这部书的最大特色。宋代的笔记小说数以百计，《容斋随笔》堪称是其中的出类拔萃之作，被誉为是补《资治通鉴》之不足、集中国数千年历史文化之精粹的珍品。该书一问世便受到了当时最高统治者宋孝宗赵昚（shèn）的称誉。

·必读理由·

百世谈兵之祖／浓缩中国战略智慧的精华／世界现存最古老的兵书／历代政治家、军事家、商人的至宝／影响世界历史的罕见典籍

兵家韬略之首

孙子兵法

※ 背景搜索

《孙子兵法》的作者，是中国古代伟大的军事家孙武。孙武，字长卿，春秋末期齐国乐安（今山东省惠民县）人。他的先祖陈完为陈国人，时逢内乱，逃至齐国，受到“春秋五霸”之一的齐桓公的重用，改姓田，后来因为伐莒国有功而赐姓孙。孙武在世时，齐国内乱，遂出奔吴国，隐居姑苏，著书立说。公元前516年，阖闾自立为吴王，任孙武的好友伍子胥为大将，准备讨伐楚国。伍子胥深知好友之才，一连七次向吴王强力推荐。公元前512年，吴王阖闾召见孙武。孙武向吴王献《孙子兵法》

孙武塑像

作者／孙武　国别／中国　类型／军事著作　成书年代／春秋时期，前512年
阅读时间／一生

13篇。吴王读后大悦，任命孙武为将军。其后孙武“西破强楚，入郢，北威齐晋”。他与伍子胥助吴王阖闾三次伐楚，攻占楚国首都郢，破越国，辟疆土，战绩显赫，为吴王阖闾会盟诸侯、成就霸业立下盖世的功勋。孙武的结局至今仍是个不解之谜，无从考证，只有他撰写的《孙子兵法》代代流传，至今仍闪耀着夺目的光辉。

※内容提要

《孙子兵法》，又称《孙子》《吴孙子兵法》《孙武兵法》。传世本《孙子兵法》13篇，是孙武一派兵家的著作，其主要内容和核心思想属于孙武，但经过他的门生和战国兵家的整理补充。该书中所描写的战争规模，似是战国时代的情况。现存的《孙子兵法》是三国时期曹操删定编注的，全书分为13篇:《计》《作战》《谋攻》《形》《势》《虚实》《军争》《九变》《行军》《地形》《九地》《火攻》《用间》，总结了春秋至战国时期长期战争的经验，揭示了战争的一些规律，具有朴素的唯物主义思想和原始的军事辩证法思想。其思想内容主要有三方面：

一、战略指导思想

战略论是孙子军事学说的主体部分。孙武在此书中首次提出了战略概念——“庙算”，具体论述“安国保民”的最高目标、“五事七计”的全局运筹、“不战屈敌”的止战谋划、“知彼知己”的作战指挥等战略思想。在战略论中孙子提出“安国全军”“唯民是保”的战略目标，把“重战”“慎战”作为根本用战原则。并从其对待战争的严肃态度出发，评述了“五事七计”的重要性。“重战”，即重视战争，提高警惕，加强戒备，应取态度是“无恃其不来，恃吾有以待之；无恃其

孙五（武）子演阵教美人战

不攻，恃吾有所不可攻也”。“慎战”即开始须慎重，其原则是“非利不动，非地不用，非危不战”。“五事七计”即书中详述“道”（治道）、“天”（天时）、“地”（地利）、“将”（将帅）、“法”（法度）五要素，及其“主孰有道、将孰有能、天地孰得、法令孰行、兵众孰强、士卒孰练、赏罚孰明”等七个对战备全局作正确估计的条件。但孙子并没有认为军事力量越强越好，而是主张顾及国力，有限地发展军事。孙子反复强调要以“伐谋”“伐交”作为优先的决策，总结“不战而屈人之兵”的“全胜战略”。而在实战中争取一“军”、一“旅”、一“卒”、一“伍”之“全”仍不失为上策。如此，“谋”“攻”思想已贯彻到底。

孙子关于“知彼知己”和“致人而不致于人”之说，为作战指挥的战略原则。并尽可能“策之而知得失之计，作之而知动静之理，形之而知死生之地，角之而知有余不足之处”。争取“先机之利”“致人”“不致于人”，掌握战争的主动权。

二、作战策略思想

以战略为基础，孙子提出相应用兵策略。其重要策略原则有六：其一，因利制权，因敌制胜。其二，奇正相生，出奇制胜。其三，避实击虚，击其惰归。其四，我专敌分，以众击寡。其五，攻其无备，出其不意。其六，示形用诈，诡道制胜。

三、军事哲学思想

孙子论“天”：“阴阳、寒暑、时制也”，是自然界之天；论“道”：“令民与上同意也”，具有民本主义因素。在书中把具有理性思维的人，放在认识和掌握战争规律的主体地位，并详细分析了战争对客观条件的依赖关系。孙子重视矛盾的相互依存，尤其重视矛盾的相互转化，说“乱生于治，怯生于勇，无恒形”，关键是造成“胜兵先胜”的条件，促使矛盾向有利方面发展。《孙子兵法》除三个主要方面以外，各篇均有其主题思想，又构成一个完整的思想体系。

※作品影响

《孙子兵法》是中国古代兵学著作的杰出代表，是中国优秀传统文化的重要组成部分。它的军事思想、军事体系、文学语言，对后世产生了深远的影响，跨越古今，渗透中外，荣膺“世界古代第一兵书”的美誉。

历代军事家、政治家无不从《孙子兵法》中汲取养料，行军治国平天下。秦朝的项羽，汉代的韩信、霍去病，三国的曹操、诸葛亮，唐朝的李世民，宋代的岳飞，明朝的戚继光，都曾从《孙子兵法》中受益匪浅。他们运用其理论指导战争、治理国家。到近代，它更是声誉日隆，影响甚大。孙中山先生曾说："就中国历史来考究，两千多年的兵书，有十三篇，那十三篇兵书，便形成了中国的军事哲学。"毛泽东历来重视对《孙子兵法》的研究，他称孙武是"中国古代军事学家"，认为"知彼知己，百战不殆"是颠扑不破的科学真理。他不但在著作中多次提到孙武和《孙子兵法》，而且在中国革命战争中创造性地灵活运用这部兵书的理论精髓。可以说，《孙子兵法》丰富和促成了毛泽东卓越的军事思想。

在国外，日本一些大公司的高层管理人士必读《孙子兵法》，认为它是一本"商战圣典"，是任何人都应该学习的一本书；美国著名的西点军校将它列为必读书目之一。进入20世纪80年代，国际上流行起"《孙子兵法》热"。《孙子兵法》不但受到军事界和战略家的重视，而且已经扩展到军事以外的其他领域，如经济、体育、管理、外交等，尤以商业和管理业中的应用最为瞩目。

总而言之，《孙子兵法》以高度凝练的形式概括总结了放之四海而皆准的规律和法则，是一门攻无不克的艺术、创造辉煌的科学。

※ 延伸阅读

战国中期齐国的军事家孙膑是孙武的四世孙，著有《孙膑兵法》。它的体系与风格和《孙子兵法》一脉相承，强调"必攻不守""贵势""战胜而强立""富国而强兵"的战术思想。

北宋神宗元丰年间，为了适应"武学"教学与训练的需要，朝廷将《孙子》《六韬》《吴子》《三略》《尉缭子》《司马法》《李卫公问对》合在一起，号为"武经七书"。《武经七书》成为中国古代第一部由官方校刊颁行的军事理论教科书。

·必读理由·

闪烁着智慧之光的奇书 / 中国古代最重要、被解释最多的典籍之一 / 我国预测学、信息科学的起源与基础 / 儒家尊之为群经之首 / 玄学、道教奉之为“三玄”之一

推天道以明人事之书

周　易

※背景搜索

《周易》的作者说法不一，传说伏羲氏画卦，周文王作彖辞，孔子作传，都不见得可靠。据近人研究，它可能产生于殷周之际，是对于古代卜卦的记录，经过较长时间的积累而成。而其中的“传”等形成于战国晚期，是多人合手而成的。

在原始社会，由于生产力的低下，人们对自然和社会的客观情况和规律性缺乏认识，因而产生宗教迷信。当时人们是根据神灵的启示来判断吉凶的，而传达神灵启示的手段是占卜。进入阶级社会之后，占卜逐渐成为一门专业，从事这门专业的人叫作“卜人”或“筮者”。这些卜人，把他们积累的经验编辑成书，以便翻检和传授。在夏朝有《连山》，在商朝有《归藏》，在周朝时出现了《周易》。

作者 / 不详　国别 / 中国　类型 / 哲学著作　成书年代 / 殷周之际　阅读时间 / 一生

※内容提要

《周易》，又称《易经》，简称《易》，包括“经”和“传”两部分。“经”的部分主要包含卦象、卦辞和爻辞。“传”的部分主要包含彖传上下篇、象传上下篇、文言传、系辞传上下篇、说卦传、序卦传和杂卦传等，古称“十翼”。从不同的角度而言，它是古代的卜筮学、哲学、预测学、信息学、系统学、伦理学、宇宙代数学的混合产物。它涉及天文、地理、气象、历法、数学、物理、化学、生物、医学、武术、炼丹、养生、哲学、历史、文学、艺术、教育、民俗、心理、伦理、军事、宗教、卜筮等领域。它还有许多有价值的方法和思想：如简单性原则、相似性原则、循环原则以及稳定与不稳定、无穷演化的思想等。

《周易》认为，阴阳是天地、万物的总起源，自然界与人没有什么两样，也是由两性相交产生的。万物在阴阳两势力的矛盾中产生变化，而变化的形式就是通过交感。《周易》认为世界上没有东西不在变化。变化又是有阶段性的，发展到最后阶段，就会带来相反的结果，“物极”就要走向反面。

周文王姬昌像

周文王将八卦增演为六十四卦，对《周易》的发展做出了巨大贡献。

“传”是《周易》的解释。彖是对卦辞的解释。象是对爻象和爻辞的解释。系辞总论《周易》的基本观点，阐发这些基本观点如何应用于自然和社会。文言专论乾、坤两卦的基本概念。说卦论述六十四卦的排列秩序。杂卦说明卦名的意义及其相互关系。

“传”的基本思想：

一、宇宙存在论。《周易》用“卦”描述万物的变化。每一“重卦”由从下到上排列的6个爻组成，爻分为阳爻和阴爻。“——”为阳爻，“– –”为阴爻。宇宙存在说的观点：第一，八卦产生不是人类主体思维之虚构，它来自人们“近取诸身、远取诸物”，是对宇宙客观存在的认识。第二，八卦论说宇宙生成存在的逻辑思维，是从人的生命之源来推演宇宙其他事物之源与其变化。男女交而生人，故宇宙亦在交合

秋窗读易图　南宋　刘松年

《周易》一书自从问世以来，便成为士大夫的必读书，观卦象、玩卦辞，将人生哲理结合本身生活经历一一加以发挥，以便更好地修身养性，陶冶性情。

中产生。第三，宇宙是对立统一体。第四，八卦用对立统一解释事物的普遍性质。六十四卦来自八卦之重叠，八卦最终取自阴（– –）阳（——）二符号，“– –”“——”二符号是对六十四卦所阐述的各种具体事物的普通性质的抽象化，“– –”“——”是抽象的对立统一物，代表了事物的普通性质。

二、“变则通”的宇宙发展论。第一，肯定事物都在发展变化中存在，“易穷则变，变则通，通则久”。第二，变化是事物吉凶的征兆。第三，事物的变化的原因是事物间相互交感的矛盾运动。

三、社会学说。“传”对自然的揭示，为人类社会管理提供了模拟的依据。在孔子看来，有一种本质无边的东西存在，那就是天（乾）一定在上，地（坤）一定在下，在上者必尊，在下者必卑。这种上下有序、尊卑有别的思想，便形成了儒家政治思想的基础。

《周易》把“道”作为宇宙的本体，如履卦九二爻辞有：“履道坦坦，幽人贞吉。”随卦九四爻辞：“有孚在，道以明，何咎。”这里所讲的“道”，就是作为宇宙本体的“道”。“十翼”对于《周易》所提出的作为宇宙本体的“道”可以说是理解很深刻，发挥很透彻的，超越了《周易》作者的水平。

阅读《周易》，重在理解其最基本的概念，以及它对宇宙、社会、人生的看法。但是阅读起来还是有相当困难的，因此，为了方便读者阅读，这里着重推荐如下几个版本，以供读者选择：唐代李鼎祚撰《周易集解》、孔颖达撰《周易正义》，宋代朱熹撰《周易本义》、清代丁寿昌撰《读易会通》。而最能帮助读者理解的当属近人顾颉刚的《周易卦爻辞中之故事》和高亨的《周易古经今注》《周易大传今注》。这几本书可以说代表了现代人研究周易的成就。

※作品影响

《周易》在汉朝时，成为“五经”之首。当时有许多天文学家用《周易》来解释天象，有许多医学家引用《周易》来解释人的生理现象，还有许多人用《周易》来算卦，所以《周易》在各个方面应用很广。到三国时代，王弼改造易学，不讲象术。他把老子的道家思想和《周易》结合起来，来建立自己的思想，所以《周易》在魏晋玄学里也是影响很大的。到了宋朝，理学家们要弘扬儒学的道统，主要是根据《周易》的经典来解释孔孟思想，反对佛教和道教，根据《周易》的辩证思想来建立他们的哲学理论体系。《周易》本来是儒家的经典，宋朝以后，许多佛、道教徒也用《周易》来讲他们的思想，于是《周易》就成了三教宝典了。

《周易》在中国传统文化中，影响是非常广远的。主要是因为在经、传中的辩证思维是深刻而又丰富的，对事物的变化过程、事物之间的关系、对立统一规律都有深刻的明确的论述。所以它影响到中国文化各个方面，在哲学、艺术、科学等方面都有重要影响。要想了解中国传统文化的内容，还得要努力研究《周易》里面的思想。

※延伸阅读

西汉末期扬雄的《太玄》，模仿《周易》，既是一部占筮书，又是一部哲学书。《太玄》共5000字，除了模仿《周易》的81首“经”外，还有11篇模仿“传”，是对《太玄》本文的解说。《太玄》主要根据浑天说、太初历，按照《周易》的模式编造出来，分为方、州、部、家四个层次。《太玄》一书很难读懂，它作为占筮书，包含神秘主义内容，但作为哲学，又包含有丰富的辩证法思想。

·必读理由·

中国四大古典名著之一/农民起义的史诗画卷/清代金圣叹所列的才子必读书/构筑和展示中华文明的杰作

最受中国人推崇的英雄传奇

水浒传

※背景搜索

《水浒传》的作者，明代人有多种记载。明代人大致有三种说法：施耐庵、罗贯中和施、罗合作。郎瑛《七修类稿》中说："《三国》《宋江》二书，乃杭人罗本贯中所编。予意旧必有本，故曰编。《宋江》又曰钱塘施耐庵底本。"高儒《百川书志》中说："《忠义水浒传》一百卷。钱塘施耐庵的本，罗贯中编次。"李贽《忠义水浒传叙》中提到作者时，说是"施、罗二公"。这是认为施、罗合作的。此外，田汝成《西湖游览志余》和王圻《稗史汇编》都记载罗贯中作。而胡应麟《少室山房笔丛》则说是"武林施某所编"，"世传施号耐庵"。

现在学术界大都认为施耐庵作，也有少数人认为施、罗合作。关于施耐庵，没有什么可靠的历史记载。他大概是元

作者/施耐庵　国别/中国　类型/文学著作　成书年代/元末明初，14世纪　阅读时间/一生

末明初人，生平不详。民间传说他曾参与张士诚的农民起义军，这未必可信。但是他生活的时代较罗贯中稍早，可以肯定的是，元末如火如荼的农民大起义，他应当是见过或亲身经历过的，这对他的小说创作也许有某种影响。

施耐庵著《水浒》图 当代 晏少翔

《水浒传》取材于北宋末年宋江起义的故事。关于宋江起义，史籍中有些零星的记载。《宋史·徽宗本纪》记载：“淮南盗宋江等犯淮阳军，遣将讨捕；又犯东京、江北，入楚海州界，命知州张叔夜招降之。”《张叔夜传》说：“宋江起河朔，转略十郡，官兵莫敢撄其锋。”宋代陈均《九朝编年备要》和徐梦莘的《三朝北盟会编》，也都有类似的记载。还有的记载说宋江投降后曾参与征讨方腊。宋代说书兴盛，在民间流传的宋江等36人故事，很快就成为话本的素材，南宋罗烨《醉翁谈录》记载有小说《青面兽》《花和尚》和《武行者》，都是水浒故事。宋末元初，画家龚开的《宋江三十六人赞》完整地写出了36人的姓名和绰号。宋末元初的《大宋宣和遗事》有一部分涉及水浒故事，只是内容非常简单，可能是说书人的提纲。它所记水浒故事，从杨志卖刀杀人起，经智取生辰纲、宋江杀阎婆惜、九天玄女授天书，直到受招安、平方腊，顺序和现在的《水浒传》基本一致。元代出现了大量水浒戏，至今存目的有30余种，其中完整传世的有六种：《李逵负荆》《燕青博鱼》《黄花峪》《双献功》《争报恩》《还牢末》。在这些戏里，水浒原来的人物故事日益发展丰富起来。其中有的英雄人物如李逵、宋江、燕青等已有生动的描绘。施耐庵正是在这样的背景下，综合民间流传的水浒故事，并且加上自己的修饰点染，写成了这部优秀的古典小说《水浒传》。

※ 内容提要

《水浒传》讲述北宋宣和年间以宋江为首的108人在山东梁山泊聚义的故事。九纹龙史进结识少华山首领神机军师朱武等3人，事发被追捕，投奔外乡，遇到鲁提辖鲁达。两人在楼上饮酒，听见女子啼哭，得知卖唱的父女为镇关西郑屠欺凌迫害。鲁达送走父女二人，三拳打死镇关西，弃职逃亡，巧遇已有安身之所的卖唱父女，将鲁达接回家中藏匿。之后，鲁达在五台山为僧，起法名为“智深”，屡次酗酒，坏山门，破金刚。无奈之下，寺中长老介绍他去东京大相国寺当职事僧。鲁智深结识80万禁军教头林冲，两人甚是投机。高太尉之子高衙内设计陷害林冲，幸得鲁智深护送，才保无恙。林冲最后被迫上了梁山。

梁山附近的保正晁盖伙同吴用约集了三阮兄弟在黄泥岗劫了杨志押送的生辰纲。杨志没法回去交差，与鲁智深一起占了二龙山。

山东郓城的呼保义宋江怒杀阎婆惜，逃至小旋风柴进庄上，得识武松。后来武松在景阳冈打死老虎，成为阳谷县都头，杀了私通西门庆并谋害兄长武大的潘金莲。事后他主动自首，被发配孟州。他在那里醉打蒋门神，愤杀张都监，后投奔二龙山。宋江发配江州误题反诗，被判斩首。梁山兄弟齐劫法场，宋江辗转投奔梁山。之后，经过三打祝家庄，救柴进，梁山势力强大，并接连击败朝廷数次进攻。最后，梁山108将排定座次。不久，朝廷招安梁山，宋江带将士北征辽国，南讨方腊，最后108条好汉只剩下了27人。宋江、卢俊义在受赏后都被害死，李逵也被宋江拉去陪葬，吴用、花荣自缢身亡。一场梁山好汉事，就此成为过眼烟云。

※作品影响

《水浒传》是中国第一部成功的长篇小说，标志着白话文的成熟，具有里程碑的意义，同时，它也是世界小说史上罕见的规模巨大、成就显著的描写农民起义的长篇小说。

它的艺术成就最突出地表现在人物的塑造上，常常寥寥几笔，人物形象便栩栩如生，跃然纸上。此外，它还有着鲜明的民族风格、引人入胜的情节、完整而富有变化的结构和明快凝练的语言。它对后世的小说、戏剧、民间文艺等创作产生了巨大的影响。在《说唐》《杨家将》《说岳》《隋唐演义》《水浒后传》《义侠记》中，都可以明显看出它的影子。

《水浒传》在政治思想上的作用使它成为历朝的禁书。从明末的李自成起义到太平天国、义和团起义，甚至天地会，无不受其影响。

在国外，它的流传度超过《金瓶梅》《红楼梦》等名著。美国诺贝尔文学奖的获得者赛珍珠将它译为《四海之内皆兄弟》，反映了它的世界性。法国人称《水浒传》是“中国的《圣经》”，地位犹如《荷马史诗》之于希腊。在世界其他国家，梁山好汉为各国人民熟知，已有拉丁、英、法、德、意、日等50多种译本。《水浒传》给中国灿烂的文化赢得了尊重，它也成为世界文学名著中最受欢迎的一种。

※延伸阅读

宋江像

《荡寇志》：作者俞万春（1794—1849），浙江山阴（今绍兴）人。清代小说家。此书草创于道光六年（1826），写成于道光二十七年（1847），中间凡“三易其稿”，首尾历22年。因故事紧接在金圣叹“腰斩”的七十回本《水浒传》之后，又名《结水浒传》。作者大概对《水浒传》中让宋江等人受招安很不满。在《荡寇志》中，他让水浒一百单八将全都被雷神下凡的张叔夜、陈希真等所擒杀，表现的是“尊王灭寇”的主旨。

《水浒后传》：作者陈忱，字遐心，号雁宕山樵，浙江乌程（今吴兴）人，约生于明万历后期，卒于清康熙初年。内容写梁山泊义军在征方腊后或死或散，一些未死的头领及梁山英雄的后人，再加上另外一些江湖义士，以李俊为首领，重新聚集起来占山据水，反抗官府，抗击金兵，最后到海外创业建国。

·必读理由·

长篇历史章回小说的开山之作 / 中国古典历史小说压卷之作 / 中国四大奇书第一种 / 影响最大、流传最广的古典小说

包含处世权谋与人生智慧的杰作

三国演义

※ 背景搜索

罗贯中（约1330—约1400），山西太原人，名本，号湖海散人。元末明初文学家。他有雄才大略，元末与起义军领袖张士诚来往密切。罗氏的创作才能出众，写过戏曲和乐府隐语，存有戏曲《赵太祖龙虎风云会》，但他的成就更多地体现在小说上。除《三国志通俗演义》外，他还著有《隋唐志传》《残唐五代史演义传》和《三遂平妖传》，同时，他也是《水浒传》的编者之一。

三国故事早在晚唐民间已有流传。宋朝市民经济兴盛，已出现“说三分”的表演专家。这时的三国故事已带有鲜明的“尊刘贬曹”的倾向，并被大量搬上舞台。宋末元初出现粗具《三国演义》规模的《三国志平话》。此书民间性强，文辞简陋，描写粗枝大叶，情节离奇。在民间文学的基础上，罗贯中对前人的创作加以改造和创作，写成了中国文学史上

作者 / 罗贯中　国别 / 中国　类型 / 文学著作　成书年代 / 元末明初，14世纪　阅读时间 / 一生

第一部成熟的长篇小说《三国演义》。

※内容提要

东汉末年，黄巾起义声势浩大，但不久即被镇压。在镇压起义的过程中，豪强并立，各不相让，为地盘而相互开战。

汉灵帝死后，少帝刘辩即位，外戚何进独揽大权。不甘人下的宦官想方设法杀死了何进。袁绍起兵诛杀宦官，被董卓赶出国都。董卓于是废刘辩而立汉献帝刘协。

司徒王允为了国家安危想出“连环计”，用美女貂蝉离间董卓与其义子吕布的关系，联络各路豪强，杀死董卓。董卓部下拥兵起事，杀死王允及其同僚。随后，全国大乱，各地军阀割据混战，曹操、刘备、孙坚分别崛起。

曹操挟天子以令诸侯，强迫献帝迁都许昌，先后歼灭袁绍、袁术、张鲁等部，统一北方。孙坚在长江中下游地区打下了天地，攻取江东六郡六十州的地盘。孙坚死后，其子孙策、孙权先后掌权，势力日益强盛。刘备先依曹操，后奔荆州刘表。在南阳卧龙岗，他三顾茅庐请诸葛亮，连败曹军，暂守一方。不久，曹操大举南下取荆州，意图统一天下。经诸葛亮游说，孙权、刘备联军在赤壁大败曹军。刘备领兵占领四川，三足鼎立的局面就此形成。此后，关羽在荆州水淹七军，因麻痹大意，被孙权乘机端了老巢，败死麦城。曹操得到关羽人头，惊吓而病，由病而死。曹丕废汉自立，国号称“魏”。刘备随即继汉正统，建立蜀汉政权，领兵下长江，欲为关羽报仇雪恨。孙权大将陆逊火烧刘备七百里连营，将刘备气死于白帝城。

刘禅继任蜀汉皇帝，诸葛亮内外操劳。孙权也正式称帝，建立吴国。为了实现先帝刘备的愿望，诸葛亮联吴伐曹，七

关羽擒将图

此图表现的内容主要取材于《三国演义》中“水淹七军”一节，被擒之人便是庞德。画家将关羽的安闲儒雅、庞德的愤怒激动表现得极为到位，性格上的差异使得整个画面充满张力。

擒孟获，平定南疆，又六出祁山，竭尽心力，终未成功，最后积劳成疾，病死于五丈原。姜维继任他的职位，九伐中原而未遂。后主刘禅昏庸无能，蜀国日见衰败。在北方，司马氏篡夺曹魏，立晋国。司马昭派兵攻占四川，杀死姜维，后主投降而蜀国亡。晋军顺流东下，消灭了残暴的孙皓当政的东吴。三国归晋。

※ 作品影响

《三国演义》与《水浒传》《西游记》《金瓶梅》并称为“四大奇书”，是中国章回小说的开山作品，也是中国古典历史小说的压卷之作，是在民间流传最广、影响最大的作品。《三国演义》将历史性与艺术性成功统一在一起，塑造了曹操、刘备、关羽、张飞、诸葛亮、司马懿等生动鲜活的形象，结构浑成巧妙，语言简洁明了，通俗易懂，流畅自然，标志着历史小说的辉煌成就。

《三国演义》的社会影响远远超过了它的文学价值，渗透到社会生活的各个方面，大到国策方针，小到经商从业、为人处世，都是人们学习的经典范本。三国的故事很多已成为中国人生活的一部分，反映在中国人的思想中。比如刘、关、张三人桃园结义，不愿同年同月同日生，只愿同年同月同日死，重义气，重朋友。中国各地的关公庙不计其数。小说中的人物成为大众的偶像，这是任何文学作品都无法比拟的。诸葛亮更是被这本书转化为智慧的化身，成为中国历史上最光彩、最著名的智慧人物。

《三国演义》同样受到海外大众的喜爱，在日本、越南、泰国都畅销不衰，被译成朝、越、日、英、德、法等几十种文字传遍世界各大洲，影响广泛。

※ 延伸阅读

《隋唐演义》：清初人褚人获作。故事起自隋文帝起兵伐陈，而止于唐明皇回京抑郁而死，共170余年间的事情。全书的基本结构线索为隋炀帝、朱贵儿及唐明皇、杨玉环的“两世姻缘”，以隋末群雄并起、瓦岗寨英雄聚义、花木兰代父从军、唐太宗武功文治、武则天改元称帝等事件穿插其间。

《反三国演义》：作者是周大荒，民国初年湖南人。该书对《三国演义》中凡是让人感到痛憾的人物故事，几乎逐一加以翻案。比如，庞统不仅未死于落凤坡，反而屡立大功。魏延也偷渡子午谷，袭取了长安。这是一部翻案奇书。

《历朝通俗演义》：民国期间蔡东藩著。包括《前汉演义》《后汉演义》《两晋演义》《南北史演义》《唐史演义》《五代史演义》《宋史演义》《元史演义》《明史演义》《清史演义》《民国演义》等。演绎了中国两千多年的历史进程，卷帙浩繁；只是艺术上稍嫌粗糙。

·必读理由·

中国四大古典文学名著之一 / 世界神话小说经典 / 展示中华悠久文明的杰作 / 古代浪漫主义小说的高峰 / 糅合佛、道、儒三家的神魔故事

东方世界的《堂吉诃德》

西游记

※ 背景搜索

《西游记》的作者吴承恩（约 1500—约 1582），字汝忠，号射阳山人，淮安山阳（今江苏淮安）人。吴家世代书香，到他父亲时败落为小商人。吴承恩自幼聪敏好学，博读群书，闻名乡里。他喜欢奇闻逸事，爱读稗官野史和唐人传奇，这对他创作《西游记》可能有很重要的影响。吴承恩屡次参加科举考试，然而屡试不中，以致“迂疏漫浪”。中年当过长兴县丞，不久，因“耻折腰”而辞官。晚年归居故乡，放浪诗酒。《西游记》就是他晚年的作品。吴承恩另外还

吴承恩雕像

作者 / 吴承恩　国别 / 中国　类型 / 文学著作　成书年代 / 明代，1570 年　阅读时间 / 一生

作有传奇小说集《禹鼎志》，原书已佚。

《西游记》的故事经历了一个漫长的演变过程。《西游记》所写的唐僧取经故事是由玄奘的经历演绎成的。唐太宗贞观元年，和尚玄奘不顾禁令，偷越国境，费时 17 载，经历百余国，只身一人前往天竺（今印度）取回佛经 657 部。玄奘口述西行见闻，由弟子辩机写成《大唐西域记》。他的弟子慧立、彦琮又写成《大唐大慈恩寺三藏法师传》，记述玄奘西行取经事迹。为了宣传佛教并颂扬师父的业绩，他们不免夸大其词，并插入一些带神话色彩的故事，如狮子王劫女产子、石盘陀起意杀师、受高昌国王款待挽留等。此后取经故事即在社会上广泛流传，愈传愈离奇。在《独异志》《大唐新语》等唐人笔记中，取经故事已带有浓厚的神异色彩。南宋的说经话本《大唐三藏取经诗话》，开始把各种神话与取经故事串联起来，书中出现了猴行者。他原是“花果山紫云洞八万四千铜头铁额猕猴王”，化身为白衣秀士，来护送三藏。他神通广大、足智多谋，一路杀白虎精、伏九馗龙、降深沙神，使取经事业得以“功德圆满”。这是取经故事的中心人物由玄奘逐渐变为猴王的开端。猴行者的形象源于我国古代的志怪小说。《吴越春秋》《搜神记》《补江总白猿传》等书中都有白猿成精作怪的故事，而李公佐的《古岳渎经》中的淮涡水怪无支祁的“神变奋迅”和叛逆性格同取经传说中的猴王尤为接近。书中的深沙神则是《西游记》中沙僧的前身，但还没有出现猪八戒。到元代，又出现了更加完整生动的《西游记平话》，其主要情节与《西游记》已非常接近。由宋至明，取经故事也经常出现在戏曲舞台上。宋元南戏有《陈光蕊江流和尚》，金院本有《唐三藏》，元代吴昌龄有《唐三藏西天取经》杂剧，元末明初有《二郎神锁齐天大圣》杂剧和

《西游记》图册

明代吴承恩的《西游记》问世后，各种表现唐僧师徒取经故事的艺术题材相继涌现，如诗歌、绘画、书法、雕塑、建筑等，不仅有巨大的美学价值，而且在民俗学、社会学上也有不小成就。《西游记》图册由清代康熙时期四大书法家之一的陈奕禧书写上简单的文字说明，图画生动传神，富有想象力，图文并茂，使故事情节经过图片与文字的结合得到更好的体现和延伸。

杨景贤的《西游记》杂剧。吴承恩创作《西游记》以前，取经故事已经以各种形式在社会上长期流传。吴承恩就是在前代传说和平话、戏曲的基础上，创作出这部规模宏大的神话小说《西游记》的。

※ 内容提要

东胜神洲傲来国的花果山山顶的石头产下一猴。石猴拜师学艺，名孙悟空，会七十二般变化，一个筋斗可行十万八千里，神通广大，于是自号“美猴王”。他在东海龙王处取得定海神针，化成金箍棒，能大能小。他到阴曹地府捣乱，玉帝欲派兵捉拿，经太白金星建议，召孙悟空入上界做管马的小官“弼马温”。当孙悟空得知此官地位卑微，就打出天宫，回花果山，称“齐天大圣”。玉帝遣兵捉拿孙悟空，孙悟空大闹天宫。玉帝请如来佛祖收降了孙悟空，将他压在五行山下。

如来派南海观音菩萨往东土寻找取经的人，菩萨点化陈玄奘去西天取经。唐太宗李世民认玄奘为御弟，并赐号三藏。唐三藏路经五行山，救出孙悟空。先后收服白龙马、猪八戒、沙和尚。师徒四人历经九九八十一难，终于取得真经，返回长安。

※作品影响

《西游记》把奇异的神话题材和真切鲜活的现实熔铸在一起，融合了佛、道、儒三家的思想和内容，使作品既有引人入胜的浪漫主义奇思遐想，又有真实细密的情节。语言风格韵散结合，亦庄亦谐，气氛紧张，结构清晰。塑造的人物形象诸如孙悟空、猪八戒、唐僧等都是妇孺皆知，深入人心。

《西游记》问世以后，很快成为明代四大奇书之一，受到历代读者的热烈欢迎，人物和故事家喻户晓，成为中国人最为熟悉的一本小说，众多典故已成为日常用语，影响深远。它很早就流传到国外，深受各国人民的喜爱，被誉为东方世界的《堂吉诃德》。它不仅是中国古代浪漫主义小说的高峰，同时也是世界文学长廊中一颗夺目的明珠。

※延伸阅读

《西游补》是明代董说所著的一部奇书，内容紧接《西游记》的第六十一回，写唐僧师徒四人离开火焰山后，孙悟空为鲭鱼所迷，在青青世界万镜楼中闯了一通，见古今事，当了半日阎王。作品想象丰富，以神喻人，是《西游记》续书中最好的一部。

《续西游记》的作者是明代人，尚无确考，本书详细描述第一次取经见到如来佛祖以后，师徒四人返回东土的过程，情节曲折，引人入胜。

《封神演义》同样是一部神话小说，在民间影响很大，作者是明朝的许仲琳，共一百回，写周武王伐商纣的故事，想象奇特，人物众多。

·必读理由·

中国封建社会的百科全书 / 展开清代广阔社会历史图景的画卷 / 四大古典名著之一 / 法国《读书》杂志推荐的理想藏书

中国最伟大的文学作品

红楼梦

※ 背景搜索

曹雪芹（约 1715—约 1763）名霑，字梦阮，号芹圃、雪芹、芹溪居士。祖籍辽阳，先世本为汉人，归附清朝后入满洲正白旗。到祖父曹寅这一代，显赫一时，世袭江宁织造。康熙皇帝六次南巡，五次都以曹家的江宁织造署为行宫。雍正即位后，曹家家产被抄没，次年，当时只有十三四岁的曹雪芹随全家迁回北京。回家后，他最初在宗族学堂工作过一个时期，晚年定居西郊，生活贫困。乾隆十八年（1763 年），他唯一的幼子夭折，因极度伤痛，大病不起，在当年的除夕夜离开人世，只留下一部八十回未完成的绝世奇书。《红楼梦》最初以《石头记》之名流传于世，仅八十回。现在流行的一百二十回《红楼梦》的后四十回由高鹗补写。高鹗（1738—1815），字兰墅，别号“红楼外史”，祖籍辽东，

作者 / 曹雪芹、高鹗　国别 / 中国　类型 / 文学著作　成书年代 /18 世纪末
阅读时间 / 一生

属汉军镶黄旗。他教过私塾，当过幕僚，50岁中举人，乾隆六十年（1795年），他57岁时方中进士，官至翰林侍读。乾隆五十六年（1791年），高鹗和程伟元第一次以活字版排印出版了一百二十回的《红楼梦》，结束了这本书的传抄时代，使它得到了广泛流传。

※内容提要

曹雪芹画像

《红楼梦》写的是贾宝玉与林黛玉之间的爱情悲剧，同时写了贾、王、史、薛四大家族的兴衰。贾宝玉前生是女娲补天时剩下的一块顽石，曾化作神瑛侍者，用水浇灌一株绛珠草，使其脱去草木之质，幻化为女形。绛珠仙子为了报答神瑛侍者的浇灌之恩，在神瑛侍者投胎下凡时也往生人间，要还他一生的眼泪。林黛玉因为母亲亡故，被外祖母家收留。与表兄贾宝玉从小生活在一起，渐渐产生爱情。这是本书故事的前世因缘。宝黛故事凄恻动人，读者可以细心体会，这里不多叙说，只简要介绍一下主要的几个人物。

贾宝玉、林黛玉、薛宝钗是本书的主要人物。贾宝玉是荣国府嫡派子孙，他出身不凡，又聪明灵秀。他因自己生为男子而感到遗憾，他觉得只有和纯洁美丽的少女们在一起才惬意。他说“女儿是水做的骨肉，男子是泥做的骨肉。我见了女儿便清爽，见了男子便觉浊臭逼人”。他企求过随心所

大观园图

欲、顺其自然的生活，即在大观园女儿国中斗草簪花、低吟悄唱、自由自在地生活。“我此时若果有造化，趁着你们都在眼前，我就死了，再能够你们哭我的眼泪，流成大河，把我的尸首漂起来，送到那鸦雀不到的幽僻去处，随风化了，自此再不托生为人，这就是我死的得时了。”贾宝玉对个性自由的追求集中表现在爱情婚姻方面。他爱林黛玉，因为林黛玉的身世处境和内心品格集中了所有女孩子的一切能使他感动的美好。他对待身边的女孩子们的态度也是同情和亲爱。他爱林黛玉，但遇着温柔丰韵的薛宝钗和飘逸洒脱的史湘云，却又不能不炫目动情。

林黛玉出生在一个已衰微的家庭。她父亲是科甲出身，官至巡盐御史。林黛玉没有兄弟姐妹，母亲的早逝使她从小失去母爱。她保持着纯真的天性，爱自己之所爱，憎自己之所憎，我行我素，很少顾及后果得失。因父母相继去世，她不得不依傍外祖母家生活。林黛玉的羸弱的身体、孤傲的秉性，宝玉之母王夫人是不太喜欢的。贾母要给贾宝玉说亲，曾托过清虚观的张道士，后来又留意打量过薛宝琴。最后，林黛玉眼泪流尽了，怀抱纯洁的爱离开了尘世，实现了她的誓言：“质本洁来还洁去，不教污淖陷渠沟。”

薛宝钗出生在一个富商家庭。薛家是商人与贵族的结合，既有注重实利的商人市侩习气，又有崇奉礼教的倾向。薛宝钗幼年丧父，兄长薛蟠是个没有出息的酒色流氓。出身于这样一个家庭，薛宝钗有着与林黛玉截然不同的性格。她们同样都博览诗书，才思敏捷，但林黛玉一心追求美好丰富的精神生活，薛宝钗却牢牢把握着现实的利益。“好风凭借力，送我上青云”，薛宝钗孜孜以求的是富贵荣华。薛宝钗在初次和贾宝玉单独相处时，热衷于贾宝玉脖子上的“通灵宝玉”，又急切地让贾宝玉认识自己项上的金锁。搬进大观园后，她去探视被贾政打伤的贾宝玉时掩饰不住内心的爱怜之情。薛宝钗理想的丈夫是功名富贵中人，她规谏贾宝玉留心功名仕途，而这种规谏使贾宝玉看到他和她站在两条永不相交的人生道路上，渐渐冷淡了对她的感情。薛宝钗得不到贾宝玉的爱情，但却握有实现婚姻的优势。她所追求的“金玉良缘”只是徒具形式的婚姻，这种婚姻的实现也意味着她的悲剧的开始。

《红楼梦》是一部百科全书式的长篇小说，它在描写宝黛爱情的同时，也描写了广阔的社会生活，上至皇妃国公，下至贩夫走卒，都有生动的描画。它对贵族家庭的饮食起居各方面的生活细节都进行了真切细致的描写，比如园林建筑、家具器皿、服饰摆设、车轿排场等等。它还表现了作者对烹调、医药、诗词、小说、绘画、建筑、戏曲等等各种文化艺术的丰富知识和精到见解。《红楼梦》的博大精深在世界文学史上是罕见的，因此很早就有人研究它。现在，研究《红楼梦》已经成为一门独立的学问——“红学”。可见《红楼梦》的魅力之大、影响之深。

※ 作品影响

《红楼梦》是中国古典文学创作的最高峰。全书结构庞大严密，人物纷繁复杂，形象传神到位，语言典雅活泼，令人读来回味无穷。它成书后，以手抄本的形式流传，被视为珍品。活字印刷以后，立刻流行大江南北。当时京师就有“开谈不说《红楼梦》，纵读诗书也枉然”的竹枝词句。由之而来的续书、戏剧、电视、电影作品更是接踵而至，使得《红楼梦》已经普及到千家万户，风靡整个华人世界，可谓是空前绝后。与此同时，“红学”也已经和“甲骨学”“敦煌学”一起被列为中国的三门世界性“显学”。走向世界的《红楼梦》迄今已有 18 种文字、60 多种译本在全球各国发行，成为代表中国文化、中国文明的世界级巨著。

※ 延伸阅读

《金瓶梅》是对《红楼梦》有直接影响的中国四大奇书之一，作者是明代后期的兰陵笑笑生。书名取自书中的三位女主人公——潘金莲、李瓶儿和庞春梅，寓意“插在金瓶中的梅花”。它是中国第一部以现实生活为题材的世情小说，文字生动鲜活，结构完整，心理描写出众，对后世影响很大。

·必读理由·

一个思想者对世道人心的观察体验/一个学者对读书治学的经验之谈/一个成功者事业的奋斗经历/一个胸中有着万千沟壑的大人物心灵世界的袒露/传播中国文明、继承中国文化的经典著作

谆谆教诲中的睿智与光芒

曾国藩家书

※背景搜索

曾国藩（1811—1872），字伯涵，号涤生。1811年出生于湖南省双峰县井字镇荷叶塘的一个豪门地主家庭。祖辈以农为主，生活较为宽裕。祖父曾玉屏虽少文化，但阅历丰富；父亲曾麟书身为塾师秀才，满腹经纶，作为长子长孙的曾国藩，自然得到二位先辈的爱抚，他们望子成龙心切，便早早对曾国藩进行封建伦理教育。曾国藩6岁时入私塾读书，8岁能读八股文诵五经，14岁时能读《周礼》《史记》《文选》，并参加长沙的童子试，成绩俱佳，列为优等，可见他自幼天资聪明，勤奋好学。至1832年他考取秀才，并与欧阳沧溟之女成婚，踏上了人生的一大台阶。曾国藩刚28岁便考中了进士，从此之后，他一步一阶地踏上仕途，并成为军机大臣穆彰阿的得意门生。在京十多年间，他先后任翰林院庶吉士，

作者/曾国藩 国别/中国 类型/教育著作 成书年代/19世纪 阅读时间/青年、中年

侍读，侍讲学士，文渊阁直阁事，内阁学士，礼部侍郎及署兵部、工部、刑部、吏部侍郎等职，步步升迁到二品官位。他一生严于治军、治家、修身、养性，实践了立功、立言、立德的封建士大夫的最高追求。曾国藩一生经过了清王朝衰朽的过程，就其本人而言，早年精专学问，学做圣贤，着实取得不少成绩，后从戎理政，也不失终有成就。1872 年 3 月 12 日，曾国藩死于两江总督任上，终年 61 岁。

※ 内容提要

《曾国藩家书》反映了曾国藩一生的主要活动和他治政、治家、治学、治军的主要思想，是研究曾国藩其人及这一时期历史的重要材料。该书收集及整理了曾国藩家书中的精华部分，按年代顺序并合为修身篇、劝学篇、治家篇、理财篇、交友篇、为政篇及用人篇等部分，基本包括了曾国藩一生的主要思想。

曾国藩像

曾国藩作为晚清著名政治家，对清王朝的腐败衰落，洞若观火，他说:“国贫不足患，惟民心涣散，则为患甚大。”他认为“吏治之坏，由于群幕，求吏才以剔幕弊，诚为探源之论”。基于此，曾国藩提出“行政之要，首在得人”，危急之时需用德器兼备之人，要倡廉正之风，行礼治之仁政，反对暴政、扰民，对于那些贪赃枉法、渔民肥己的官吏，一定要予以严惩。至于关系国运民生的财政经济，曾国藩认为，理财之道，全在酌盈剂虚，脚踏实地，洁己奉公，“渐求整顿，不在于求取速效”。曾国藩将农业提到国家经济中基础性的地位。受两次鸦片战争的冲击，曾国藩对中西邦交有自己的看法，一方面他十分痛恨西方侵略中国，认为卧榻之旁，岂容他人鼾睡，并反对“借师助剿”，以借助外国为深愧；另一方面又不盲目排外，主张向西方学习其先进的科学技术。

在治学论道方面，曾国藩说：“盖真能读书者，良亦贵乎强有力也。”要有“旧雨三年精化碧，孤灯五夜眼常青”的精神。写字，或追求阳刚之美，或体现阴柔之美。文章写作，需在气势上下功夫，要注意详略得当，详人所略，略人所详，为文贵在自辟蹊径。

曾国藩认为持家教子主要应注意以下十事：勤理家事，严明家规；尽孝悌，除骄逸；“以习劳苦为第一要义”；居家之道，不可有余财；联姻“不必定富室名门”；家事忌奢华，尚俭；治家八字：考、宝、早、扫、书、蔬、鱼、猪；亲戚交往宜重情轻物；不可厌倦家常琐事；择良师以求教。

曾国藩的军事思想内涵极丰，他认为，兵不在多而在于精，“兵少而国强”“兵愈多，则力愈弱；饷愈多，则国愈贫”。主张军政分理，各负其责。他购买洋枪、洋炮、洋船，推进中国军队武器的近代化。治军以严明军纪为先，同时着意培养“合气”，将士同心，他认为“将军有死之心，士卒无生之气”。其中最丰富并值得今人借鉴的是其战略战术。如“用兵动如脱兔，静如处子”、主客奇正之术、“扎硬寨，打死仗”、水师不可顺风进击，善择营地、“先自治，后制敌”、深沟高垒、地道攻城之术、水陆配合、以静制动、“先拔根本，后翦枝叶”，等等。

进士题名碑

道光十八年（1892年），曾国藩在三年大比的殿试中名列三甲，从此开始了他的仕途之路。

曾国藩认为交友贵雅量，要“推诚守正，委曲含宏，而无私意猜疑之弊”“凡事不可占人半点便宜。不可轻取人财”。要集思广益，兼听而不失聪。为人须在“淡”字上着意。曾国藩写有格言十二首，基本上概括了他的处世交友之道。

曾国藩总结了修身十二款：敬、静坐、早起、读书不二、读史、谨言、养气、保身、日知所亡、月无亡不能、作字、夜不出门。他认为古人修身有四端可效：“慎独则心泰，主敬则身强，求人则人悦，思诚则神钦。”曾国藩不信医药，不信僧巫，不信地仙，主张守笃诚，戒机巧，抱道守真，不慕富贵，“人生有穷达，知命而无忧”。曾国藩认为：“养生之法约有五事：一曰眠食有恒，二曰惩贪，三曰节欲，四曰每夜临睡前洗脚，五曰每日两饭后各行三千步。”养生之道，“视”“息”“眠”“食”四字最为要紧，养病须知调卫之道。

※ 作品影响

曾国藩是中国近代史上最显赫、最有争议的人物，生前身后，毁誉参半，赞之者称他为“中兴第一名臣”，贬之者赠他“曾剃头”“卖国贼”的恶名。他整肃政风，开展洋务，引启“同治中兴”，使岌岌可危的清王朝又苟延残喘了60年，功业无人可比，著作和思想更是影响极为深远。

曾国藩继桐城派之后，溯源经史，别立湘乡派，行文镇定，形式自由，于点点滴滴的真实生活中见真情、蕴良知，充分体现了他“道德文章冠冕一代”的称誉。

※ 延伸阅读

《曾文正公文集》一书，在历史上受到世人的重视。它由曾国藩撰写，李鸿章之兄、湖广总督李瀚章编辑，共167卷，初于1876年刊行，几经刻印，卷数不一。全集包括奏稿、批牍、治兵语录、文集、诗集、杂著、日记、书札、家书、家训等部分。但正如著名学者南怀瑾在《论语别裁》中说的：“清代中兴名臣曾国藩有十三套学问，流传下来的只有一套《曾国藩家书》。”

·必读理由·

用兵如孙子，策谋《三十六》/“智慧之荟萃、谋略之大成”的兵学奇书/军事谋略学的宝贵遗产/我国古代兵家计谋的总结/日本工商企业人士的制胜法宝

汇兵家奇谋方略之书

三十六计

※背景搜索

据调查，国内流行本《三十六计》一书最早来源于民国三十年，即1941年由成都瑞琴楼发行、四川兴华印刷所用土纸排印的版本。1943年，北京的一名教师叔和在成都的祠堂旧街一地摊上无意购得瑞琴楼版的《三十六计》，该书旁注小字“秘本兵法”，无作者姓名且后三页被撕毁。内地与港台地区近年来出版的有关《三十六计》方面的书籍，基本上以叔和本为依据。叔和本无准确的著作年代，也无作者姓名可考。但据推测，该书成书约在19世纪，其作者很可能是一位深谙兵法理论、悉通《周易》、满腹经纶的失意中下层知识分子。名姓现今尚无确考。近年，西安一位姓张的民间收藏家向媒体披露了一个震撼性的消息：他收藏有其父原著的《秘本兵法》手定稿。社会上流传的《三十六计》一书仅有2797字，

作者/不详　国别/中国　类型/军事著作　成书年代/19世纪　阅读时间/一生

其源为《秘本兵法》的早期草创本，内容也只是《秘本兵法》中的“第六行”即第六卷万余字中的一部分。如果情况属实，有关专家认为，《秘本兵法》的出现，是《三十六计》在版本学上的一个重要发现，也为探究《三十六计》的原作者提供了一个新线索。

※ 内容提要

《三十六计》是根据我国古代卓越的军事思想和丰富的斗争经验总结而成的兵书。“三十六计”一语，先于著书之年，语源可考自南朝宋将檀道济（？—436），据《南齐书·王敬则传》：“檀公三十六策，走为上计，汝父子惟应走耳。”意为败局已定，无可挽回，惟有退却，方是上策。此语后人赓相沿用，宋代惠洪《冷斋夜话》：“三十六计，走为上计。”及明末清初，引用此语的人更多。于是有心人采集群书，编撰成《三十六计》。

原书按计名排列，共分六套，即胜战计、敌战计、攻战计、混战计、并战计、败战计。前三套是处于优势优域所用之计，后三套是处于劣势所用之计。每套各含六计，总共三十六计。其计名，有的来源于历史典故，如“围魏救赵”等；有的来源于古代军事

周瑜像

周瑜打黄盖，一个愿打，一个愿挨，终致曹操误杀蔡瑁、张允，用的是苦肉计和反间计。

张飞像

张飞在当阳桥上大吼一声退万军，靠的是树上开花之计。

术语，如“以逸待劳”等；有的来源于古代诗人的诗句，如“擒贼擒王”等；有的借用成语，如“金蝉脱壳”等；还有出自其他方面的。其中每计名称后的解说，均系依据《易经》中的阴阳变化之理及古代兵家刚柔、奇正、攻防、彼己、虚实、主客等对立关系相互转化的思想推演而成。解说后的按语，多引证宋代以前的战例和孙武、吴起、尉缭子等兵家的精辟语句。全书还有总说和跋。

原书广引《易经》语辞，或以《易经》为依据。《三十六计》正是在前人的基础上进一步研究《易经》中的阴阳变化，推演出兵法的刚柔、奇正、攻防、彼己、主客、劳逸等对立关系的互相转化，使每一计都体现出极强的辩证哲理。全书三十六条计，引用《易经》二十七处，涉及六十四卦中二十二个卦。例如第三计“借刀杀人”，原文为“敌已明，友未定。引友杀敌，不自出力，以损推演”，也就是说，“借刀杀人”之计与损卦密切相关。先定计，后推卦，这是三十六计的特色所在。从某种意义上可以说，三十六计的理论基础就是《周易》的阴阳法则。三十六计原文运用阴阳变化之理，论证刚柔、奇正、攻防、虚实、劳逸等相反相成的关系，包含着丰富的辩证法思想。

《三十六计》作为一部兵书，所涉及的内容仅局限于古代战争的领域。然而，其丰富的内涵已经远远超出了军事斗争的范畴，被人们广泛应用于政治、经济、外交、管理、科技、体育乃至人生哲学等许多领域，成为人们排难解疑、克敌制胜的重要智慧源泉。人们今天研究三十六计应当遵循古为今用、兵为民用的原则，根据社会的进步与发展来不断发掘其无穷的思想价值。

《三十六计》是我国古代兵家计谋的总结和军事谋略学的宝贵遗产，为便于人们熟记这三十六条妙计，有位学者在三十六计中每计取一字，依序组成一首诗：金玉檀公策，借以擒劫贼。鱼蛇海间笑，羊虎桃桑隔。树暗走痴故，釜空苦远客。屋梁有美尸，击魏连伐虢。全诗除了檀公策外，每字包含了三十六计中的一计，依序为：金蝉脱壳、抛砖引玉、借刀杀人、以逸待劳、擒贼擒王、趁火打劫、关门捉贼、浑水摸鱼、打草惊蛇、瞒天过海、反间计、笑里藏刀、顺手牵羊、调虎离山、李代桃僵、指桑骂槐、隔岸观火、树上开花、暗度陈仓、走为上、假痴不癫、欲擒故纵、釜底抽薪、空城计、苦肉计、远交近攻、反客为主、上屋抽梯、偷梁换柱、无中生有、美人计、借尸还魂、声东击西、围魏救赵、连环计、假道伐虢。

鉴于《三十六计》原书的原解部分的文字过于艰深晦涩，难于理解，按语部分具体例证较少，因此，读者在阅读时最好找现代版的《三十六计》：书里首先对“原解”中较难理解的词句尽可能地加以注释；接着参照原书“按语”对每计意思做了解析；然后对每一计的计名来源做了介绍；最后每一计还各举一历史上有关的生动故事，以加深印象。

※作品影响

自《孙子兵法》问世以来，兵书丛集，洋洋大观。见于记载的多达三千余种，保存至今的也在千种以上，而《三十六计》独树一帜，雄踞一流。其用途之广博，即使《孙子兵法》也难以企及。世界上许多国家很早就对《三十六计》进行了认真深入的研究。在日本，该书不仅是军事领域的必修教材，更是工商企业人士的制胜法宝，就连一些运动员对其中的名言警句也能脱口而出。法国海军上将科拉斯特认为《三十六计》是中国战略的经典著作，是一部小百科全书，其中关于战略的描述比克劳塞维茨的《战争论》要精细得多。

※延伸阅读

民国时期从事中国古代兵法研究的陕西学者张联甲的《秘本兵法》一书，又名《九行兵法》。定稿本《秘本兵法》共14万字，分为九行，即九卷，其“总目”为：“前辞·从善如流；一一行·一道而立；二二行·四德而生；三三行·九神定容；四四行·一十六备；五五行·二十五正；六六行·三十六计；七七行·四十九策：八八行·六十四变；九九行·八十一知；验辞·从善可登。”从《秘本兵法》的整体结构可明显看出，“六六行·三十六计”属于其第六卷。《秘本兵法》的篇题全部用成语定名，内容全部用易理解释，数术贯穿于兵理之中，这是《秘本兵法》的三大特点。《秘本兵法》之“六六行·三十六计”在分类上，明显借鉴了西周兵法《军志》的分类，将三十六计分为六行，即：谋战、胜战，为优势之计；合战、敌战，为均势之计；混战、败战为劣势之计。这种分类和传世本大不相同。

·必读理由·

抒写中国文人“不平而鸣”心态的代表作/开创中国文言小说的新局面/写鬼写妖高人一等，刺贪刺虐入骨三分/影响了后世一大批作家的小说创作/给世人一个瑰奇绚丽的艺术世界

花妖狐魅的笑影与诗情

聊斋志异

※背景搜索

《聊斋志异》的作者蒲松龄（1640—1715），字留仙，又字剑臣，别号柳泉居士，世称聊斋先生，山东省淄川县（今山东淄博）人，清代杰出文学家。蒲松龄自幼聪慧好学，19岁参加科举考试，县、府、道三考皆第一，名闻乡里，但后来却科场不利，直到71岁时才成岁贡生。为生活所迫，他曾给宝应县知县孙蕙做了数年幕宾，一生大部分时间在官宦人家做塾师，前后将近40年。他一生怀才不遇，穷困潦倒，少年时起就“雅好搜神”“喜人谈鬼”，并且热心地记录、加工，集成《聊斋志异》一书。除《聊斋志异》外，蒲松龄还有大量诗文、戏剧、俚曲以及有关农业、医药方面的著述存世。计有文集十三卷，四百余篇；诗集六卷，一千余首；词一卷，一百余阕；戏本三出（《考词九转货郎儿》《钟妹庆寿》《闹

作者/蒲松龄　国别/中国　类型/文学著作　成书年代/18世纪初　阅读时间/一生

馆》)；俚曲十四种（《墙头记》《姑妇曲》《慈悲曲》《寒森曲》《翻魔殃》《琴瑟乐》《蓬莱宴》《俊夜叉》《穷汉词》《丑俊巴》《快曲》《禳妒咒》《富贵神仙复变磨难曲》《增补幸云曲》)；以及《农桑经》《日用俗字》《省身语录》《药崇书》《伤寒药性赋》《草木传》等多种杂著，总计近二百万言。

蒲松龄像

《聊斋志异》是一部“不平而鸣”的作品。“不平而鸣”是中国文人中一种长久流传的心态。汉代，司马迁就发过这样的见解。他在《报任安书》里，对中国古代历史上的许多士人和政治家的不平而鸣作了描述：“盖西伯拘而演《周易》；仲尼厄而作《春秋》；屈原放逐，乃赋《离骚》；左丘失明，厥有《国语》；孙子膑脚，《兵法》修列；不违迁蜀，世传《吕览》；韩非囚秦，《说难》《孤愤》。《诗》三百篇，大抵圣贤发愤之所为作也。此人皆意有所郁结，不得通其道，故述往事，思来者……以舒其愤，思垂空文以自见。”唐代古文家韩愈在他的《送孟东野序》里有一段相当精辟的话：“大凡物不得其平则鸣：草木之无声，风挠之鸣。水之无声，风荡之鸣……其于人也亦然，人声之精者为言，文辞之于言，又其精也。尤择其善鸣者而假之鸣：其在唐、虞，咎陶、禹，其善鸣者也，而假以鸣；夔弗能以文辞鸣，又自假于韶以鸣；夏之时，五子以其歌鸣；

伊尹鸣殷，周公鸣周。凡载于《诗》《书》、六艺，皆鸣之善者也。”蒲松龄早年醉心于科举，可是命途多舛，屡试不第，他一直考到50岁，也未能金榜题名。长达30年的应举路途换来的除了失望之外，更多的是愤愤不平。他说：“仕途黑暗，公道不彰，非袖金输璧，不能自达于圣明，真令人愤气填胸，欲望望然哭向南山而去！”又说：“集腋为裘，妄续幽冥之录；浮白载笔，仅成孤愤之书，寄托如此，亦足悲矣！”他把满腔的孤愤，倾诉在一部《聊斋志异》中。

※ 内容提要

《聊斋志异》共十六卷，计四百余篇。《聊斋志异》的故事来源很广泛，有的是作者的亲身见闻，有的出自过去的题材，有的采自民间传说，有的为作者自己的虚构。有些故事，虽有摹仿的痕迹，但作者以丰富的想象和生活经验，推陈出新，充实了这些故事的内容。《聊斋志异》的作品内容主要有以下几类：

一、揭露现实社会的黑暗。当时社会政治腐败、官贪吏虐、豪强横行、生灵涂炭，这些都在《聊斋志异》中有所反映。如《促织》写成名一家为捉一只蟋蟀“以塞官责”而经历悲欢坎坷。《席方平》则写席方平魂赴地下、代父申冤的曲折。这些作品虽然写的是狐鬼，其实影射了黑暗现实。《聊斋志异》有很多作品写贪官暴吏的恶行。如《梅女》中的典史为了三百钱的贿赂，便逼死人命。《书痴》中的彭城邑宰贪爱别人妻子的美貌，竟利用职权，捕人入狱。

二、揭露科举考试的种种弊端。蒲松龄一生科举不利，非常熟悉科场的黑暗与对士人的摧残，如《素秋》《神女》等篇章写科举考试中的营私作弊；《司文郎》《于去恶》等篇章讽刺考官的不学无术。有些作品生动描写被科举考试戕害了的读书人，如《叶生》中的叶生、《于去恶》中的陶圣俞和于去恶、《三生》中的兴于唐、《素秋》中的俞慎和俞士忱等人。

三、描写人与狐鬼的爱情。《聊斋志异》中数量最多的是人和人、人和狐鬼精灵的恋爱故事，如《娇娜》《青凤》《婴宁》《莲香》《阿宝》《巧娘》《翩翩》《鸦头》《葛巾》《香玉》等，都写得十分动人。《香玉》中的黄生爱上了白牡丹花妖香玉，不幸花被人移走，黄生日日哭吊，结果感动了花神，使香玉复生。《青凤》写狐女青凤与耿去病相恋，两人不顾礼法与险恶，互相爱慕，终于获得幸福。有些作品写了青年男女与压抑他们爱情的人与事的反抗。如《连城》写乔生与连城相爱，因为父亲阻挠，连城含恨而死，乔生也悲痛而亡，两人在阴间相会，结为夫妻。《晚霞》写龙宫中的歌伎阿端和晚霞，不顾龙宫中的王法，互相爱慕，拼死逃出龙宫，在人间做了夫妻。人们数百年来喜爱《聊斋志异》，有一部分原因就是里面的爱情描写。

※作品影响

《聊斋志异》的作品具有惊人的想象力。它说狐谈鬼，无奇不有，如书中所写红莲变成美女、裙子可作帆船、襟袖间飞出花朵、天空飘落彩船、诵诗治病等情节。写鬼写狐，虽然怪异，但是在怪异之外写出了人情味，这是《聊斋志异》较一般志怪小说高明的地方。正如鲁迅所说："《聊斋志异》独于详尽之外，示以平常，使花妖狐魅，多具人情，和易可亲，忘为异类。"这些描写大大增强了故事情节的感染力。

《聊斋志异》的叙事语言是简洁优雅的文言，小说中人物的对话虽然也是文言，但比较浅显，有时还融入了白话成分，

《聊斋志异·大器迎亲》插图

图中所绘情节出自《聊斋志异》卷四之《葛巾》。故事梗概如下：洛人常大用癖好牡丹，因游曹州，流连不返。一日游园偶逢牡丹仙子葛巾，因而生情，后遂欢好，并逢葛巾之妹玉版，值大用之弟大器丧妇，便将玉版配于大器。二年后葛巾与姊妹各生一子，后大用疑心二人出处，久而方知为牡丹之灵，葛巾姊妹遂弃儿于地，渺然而去。蒲松龄评论时说："怀之专一，神鬼可通，偏反者亦不可谓无情也。少府寂寞，以花当夫人，况真能解语，何必力穷其源哉！"

摹写人物神情声口更加逼真。作者还融会了当时的方言俗语，形成了典丽而活泼的语言风格，不管是抒情写景，还是叙事状物，都绘声绘色，惟妙惟肖。比如《刘姓》中恶霸的流氓腔调，《邵女》中媒婆的神态，《阎王》中村妇的口吻，《小翠》中姑娘们斗嘴的情致，都写得神采飞扬，如在目前。

※ 延伸阅读

《虞初新志》：清初短篇小说集。新安人张潮编。传说"虞初"是人名，后来用作小说的代称。《虞初新志》所收均为明末清初人的作品，故事的题材很广泛，一般都带有一些奇异的情节，或者有不寻常的事件和人物，如王士祯的《剑侠传》、彭士望的《九牛坝观戏记》等。又如卷十九收比利时传教士南怀仁的《七奇图说》，介绍世界"七大奇迹"。有些记鬼神的小说人情味浓厚，如李清的《鬼母传》，写一怀孕女子暴死后，墓中生子，鬼魂每日清晨到市场买饼育儿，母子之情生死难绝，极为感人。《虞初新志》有的篇章写真人真事，如魏禧《姜贞毅先生传》、王思任《徐霞客传》、吴伟业《柳敬亭传》和侯方域的《郭老仆墓志铭》。

《夜谭随录》：清代笔记小说集，乾隆年间和邦额著。全书四卷，包括传奇和志怪小说一百六十余篇。《夜谭随录》大部分作品写的是鬼狐怪异、人妖艳遇的故事。《夜谭随录》极力模仿《聊斋志异》，以描写平民女子见长，塑造了一些带有“村野”气的少女形象，她们开朗大方、天真活泼，如《碧碧》中的碧碧、《香云》中的香云、《白萍》中的白萍、《娄方华》中的收香、《王侃》中的白氏等。其中有些较长的篇章，情节诡异，叙述婉曲，也很可观。

《娱目醒心编》：清代小说集。作者江苏昆山人杜纲。《娱目醒心编》共十六卷。每卷分两回或者三回。原序阐述了编辑主旨：“其间可惊可愕可敬可慕之事……无不处处引人于忠孝节义之路。既可娱目，即以醒心，而因果报应之理隐寓于惊魂眩魄之内，俾阅者渐入于圣贤之域而不自知，于人心风俗不无有补焉。”篇中所写大多是明朝至清初昆山一带的轶闻琐事，内容多是忠孝节义，如卷二叙唐长姑在丈夫与儿子死后，为了接续夫家香火，把妹妹嫁给自己的69岁的公公。全编在刻画人物的艺术形象上也取得一定的成就。如卷九是运用对比手法塑造人物艺术形象的典型篇章之一。书中生动的细节、个性化的对话等，都对凸现人物的鲜明性格起了重要作用。

·必读理由·

《亚洲周刊》评选出的“20世纪小说百强”之一 / 一幅栩栩如生的市井百态图 / 语言天才酿造的幽默中透出悲切的陈年好酒 / 人生酸甜苦辣的淋漓尽致的体现 / 令人回味的哲学著作

人生的徘徊与轮回

围 城

※ 背景搜索

钱钟书（1910—1998），字默存，号槐聚，曾用笔名中书君等，是我国当代著名的学者和作家。1933年从清华毕业后，他曾在上海光华大学任教。1935年考取庚款赴英伦牛津大学留学，两年后以论文《十七、十八世纪英国文学中的中国》获副博士学位。随后又转赴法国巴黎索邦大学修一年。1938年回国，被清华大学破例录用为教授。后曾在湖南蓝田师范学院、上海震旦女子文理学院、暨南大学任教，并兼任南京中央图书馆英文馆刊《书林季刊》主编。在这期间，钱先生所出版的著

钱钟书像

作者 / 钱钟书　国别 / 中国　类型 / 文学著作　成书年代 /1947 年　阅读时间 / 青年

作有自订诗集《中书君诗》与《中书君近诗》、散文集《写在人生边上》、短篇小说集《人·兽·鬼》、长篇小说《围城》和诗话《谈艺录》等。1949年以后，他的主要精力都放在学术研究上，主要著作有《宋诗选注》《管锥编》《谈艺录（补订本）》《也是集》《七缀集》《槐聚诗存》等。旧作《围城》《写在人生边上》《人·兽·鬼》等在20世纪80年代重印，有的还出版了少数民族语文本，使国内理论界和文学界受到震动和冲击，出现了一股“钱钟书热”。

※内容提要

《围城》故事发生于1920到1940年。方鸿渐是一位上海乡绅之子，上大学期间未婚妻周氏因病早亡，出于礼节和方父的教导，方鸿渐向准岳父周先生发去慰唁信，周先生为其感动，遂资助他前往欧洲留学。在留学期间，方鸿渐兴趣广泛唯独不用心钻研学业，生活上尤为懒散，辗转多所学校也没有拿到博士学位。为了给家人和资助他的周先生一个交代，他从爱尔兰骗子那里买了张子虚乌有的克莱登大学博士学位证书。方鸿渐在回国的油轮上和性感的鲍小姐有过一夜风流，而同船的苏文纨小姐却在矜持的仪表下对他存有好感。

方鸿渐在银行谋到工作后，常与苏小姐来往，认识了她的表妹唐晓芙和她的追求者赵辛楣。方鸿渐爱上了唐晓芙，而赵辛楣在知道方鸿渐不是在追苏小姐后，两人很快成为朋友。苏小姐知道方鸿渐的心思后刻意拆散他的爱情，并嫁给了又肥又蠢的诗人曹元朗。

伤心之下，方鸿渐和赵辛楣、李梅亭、顾尔谦及孙柔嘉一起赴三闾大学任教。在路上，方鸿渐不忍心看孙柔嘉一个女孩家无依无靠，所以对她颇为关心。钩心斗角的三闾大学内一片不祥和，这让方鸿渐深感失望，赵辛楣被中文系主任汪处厚的太太迷住，堕入情网。一天，两人散步让汪处厚和同时暗恋汪太太的校长高松年发现。赵辛楣知道他们极端愤怒后觉得再也无法待下去，便辞职去香港。方鸿渐不久后就和孙小姐一起取道香港回到了上海。回程中他和孙柔嘉在香港结了婚。回到上海后，他们的感情因为双方家庭的介入不断恶化，孙柔嘉愤然离家出走。方鸿渐回到家中，浮想联翩，想到了苏文纨曾说过的一个比喻：恋爱就像一座城，外面的人想进去，里面的人想出来。

※ 作品影响

作为钱钟书唯一的长篇小说，《围城》以机智、幽默、犀利的文笔，述说民国时期一群知识分子的欢乐与哀愁。它以准确的心理分析、饱含悲剧色彩的人生意蕴、细微生动的细节描写展示了一幅栩栩如生的市井百态图，生活的酸甜苦辣、悲欢离合得到了淋漓尽致的再现，具有永久的艺术魅力和独特的审美价值。

《围城》在国外的影响更大，已被译成十几种文字。法国的西蒙·莱斯这样说过：“如果把诺贝尔文学奖授予中国作家的话，只有钱钟书才当之无愧。”仅凭这部唯一的长篇小说，钱钟书成为中国现代文学中大师级的人物。

※ 延伸阅读

《洗澡》是钱钟书的夫人杨绛的小说。它和《围城》在文本与风格上都有相似之处。读《围城》不可不读《洗澡》，读《洗澡》不可不读《围城》，两者珠联璧合，堪称姊妹篇。

·必读理由·

日本从奴隶社会向封建社会过渡的真实写照 / 日本作家的灵感之源 / 世界最早的长篇写实小说 / 标志着草纸文学的成熟 / 世界文学史上的里程碑

扶桑的空谷足音

源氏物语

※背景搜索

紫式部（约 973—1014）是日本女作家、歌人，《源氏物语》的作者。紫式部本名无可考，她出身书香门第，父亲藤原为时是有名的中国文学学者，擅长和歌和汉诗，曾担任过地方官，地位不高。紫式部自幼从父亲学习中国诗文和和歌，熟读中国典籍，并擅乐器和绘画，信仰佛教。约 22 岁时，她和比自己年长 20 多岁、已有妻室子女的地方官藤原宣孝结婚，因而亲身体验了一夫多妻制家庭生活的滋味。婚后 3 年，丈夫逝世。在寡居生活中，她开始创作《源氏物语》，文名远扬，受到藤原道长等高官显贵的器重。宽弘二至三年（1005—1006）间入后宫，任藤原道长之女、天皇皇后彰子的女官，为她讲授《日本书纪》和《白氏文集》等汉籍古书。因其官名为藤式部，所以后改称紫式部。据传，紫是《源氏物语》

作者 / 紫式部　国别 / 日本　类型 / 文学著作　成书年代 /11 世纪　阅读时间 / 一生

的主人公的名字，式部源于她父亲的官名“式部丞”。1013年离开后宫。《源氏物语》直到其逝世前才成书。该书被誉为日本古典文学的高峰。她还另有《紫式部日记》和《紫式部集》等其他著作。

※内容提要

《源氏物语》共54回，可分为前后两大部分。1～41回是前半部，写的是源氏的故事。源氏本是天皇桐壶与一爱嫔生下的儿子。桐壶对小皇子非常疼爱，因为考虑到他没有靠山，遂将其降为臣民，赐姓源氏。源氏长大后相貌堂堂，多才多艺，极受天皇宠爱，天皇让他与左大臣的女儿葵姬结婚，但源氏并不喜欢葵姬，逐渐开始追逐其他的贵族女性。他凭着才情与特殊权势，前后染指妇女近20位。不久他竟与桐壶天皇新纳的皇妃藤壶（亦即源氏的继母）私通，并生下一子，取名冷泉。桐壶天皇不知道真情，把冷泉立为太子，同时源氏在仕途上也平步青云，官至近卫大将。桐壶逝世后，源氏异母兄长接任皇位，这便是朱雀帝。源氏开始一落千丈，被逐山乡。然而朱雀帝很快就病逝了，冷泉天皇（即源氏与藤壶的私生子）登基。冷泉帝在服丧期间得知源氏是自己的生父，从此源氏东山再起，执掌朝廷，享尽荣华富贵。他为自己建造了一座富丽堂皇的六条院，把过去结识的与之有情爱关系的十多位女子迎入其中，与其同享荣华富贵。晚年源氏为了保持自己的权势，娶了朱雀帝的女儿三公主为妻。谁料他竟然发现三公主与葵姬的侄子柏木私通并生下了一子，取名薰君。懊丧的源氏视为上苍报应，不久正妻死去，万念俱灰的源氏痛感人生无常，遁入空门。

原小说到42回结束，后十几回主要写的是源氏之子薰君与宇治山庄女子及少女浮舟之间的情感瓜葛。薰君爱上了八亲王的大女儿，但她的早逝使得薰君极为悲痛。他得知少女浮舟系八亲王的私生女且容貌与死去的大女儿相似，便决定移情于她。然而不幸的浮舟却被他人玷污，她夹在两个男子之间不能自拔，最后投湖自杀。虽然人们将她及时救起，但她已看破红尘，决意出家。薰君屡次想与浮舟见面，均未能如愿。

※作品影响

《源氏物语》具有浓郁的中国古典文学的气氛，而且与《红楼梦》一样，所涉人物都是贵族，虽然所展示的场景是日本的贵族阶层，但对爱情生活的着墨点染却与《红楼梦》有异曲同工之妙，因此，被认为是日本的《红楼梦》。

《源氏物语》在艺术上的成功之处除塑造了源氏及众多女性形象之外，还在于通过这些形象反映了物哀、幽情等日本民族普遍的审美意向。书中的源氏生为皇子却不得不降为臣籍，空有济世之才却无心仕途，酷爱紫姬却不断拈花惹草，一世风流却落得剃度为僧的结局。他的一生伴随着许多矛盾和烦恼。作者大写特写这些生活中无法摆脱的矛盾所造成的苦闷以及精神上接连不断的碰撞所形成的无奈，正是要说明

紫式部像

“人们对我有不堪赞赏之评论——面容娇美”，画中人物紫式部如是写道，“性偏羞涩，喜独处而好古事……”

人生的苦痛和悲哀，显露了作者以哀动人、以悲感人的美学观。而作者在诠释这些观点时，又不可避免地掺入了“人生无常”“四大皆空”等佛学观念，使得这部著作在写实的基础上具有了形而上的哲学内涵。虽然这种观点可能是肤浅的，但它所创立的物哀等美学传统，却一直被后世作家继承和发展，成为日本文学民族化的一大因素。

《源氏物语》被认为是三千万日本家庭不朽的国民文学，也是世界文学史上的里程碑。它问世于 11 世纪，是日本文学中一部伟大的古典名著，也一直对日本文学的发展产生着巨大影响。即使在今天,《源氏物语》仍是日本作家的灵感之源。同时,《源氏物语》也被公认为世界文学史上最早的一部长篇写实小说。因此它无论对于日本文学还是世界文学，都具有特殊的意义。

※ 延伸阅读

《平家物语》描述的是平、源两家的血海恩怨和权力斗争。故事描写 12 世纪中期势力开始逐渐扩大的平家（也叫平氏），终于在 1167 年由平清盛当上了太政大臣，掌握了国家政治的最高权力。在他的统治下，平氏一族的势力达到鼎盛，以至于街头出现“此生不姓平，白白过一生”的说法。但是，清盛的独裁统治招来了人们的不满，以源赖朝为首的源氏家族开始了反抗平家的战争，这就是所谓的“源平之战”，战争的烽火遍及各地。1181 年，随着清盛的去世，平家势力急剧衰弱，1185 年败于檀之浦之战，自此平家灭亡。这个故事曾在镰仓时代广为流传，作者以及成书年代不详。这个故事不是以“读书”的形式，而是以配合琵琶的演奏进行“说唱”的形式流传在平民中间的。

·必读理由·

古代最伟大的史诗/文学的楷模/了解古希腊文化和精神的窗口/研究古希腊社会的重要文献/希腊人由野蛮时代带入文明时代的主要遗产

高华宏阔的史诗典范

荷马史诗

※背景搜索

相传荷马为古希腊两部著名史诗《伊利亚特》(又名《伊利昂纪》)和《奥德赛》(统称《荷马史诗》)的作者。根据史诗的语言和它描写的内容，西方学者一般认为他可能生活在公元前八九世纪之间，但对荷马本人的情况却知之甚少，实际上有关他生平的资料也不确切。传说荷马是个盲人，大约出生在奥尼亚、爱琴海东岸的一个地区。作为一个行吟诗人，他的情况可能同《奥德赛》里那位朗诵诗人谛摩多科斯差不多，经常带着竖琴在各地吟唱特洛伊战争英雄事迹的歌子。在长期的生活过程中，他广征博采，巧制精编，集前人之长，避众家之短，以大诗人的情怀，大艺术家的功力，创作了《伊利亚特》和《奥德赛》这两部瑰丽的诗篇，使这两个在古希腊流传很久的故事终于形成史诗的规模。现在一般的研究者都倾向于认为荷马可能只是这两部史诗的最初或最好的综

作者/荷马　国别/古希腊　类型/文学著作　成书年代/前八九世纪　阅读时间/一生

合加工者，此后两大史诗还有若干古代学者进行过许多改动，最终形成今天我们所见到的版本。

※ 内容提要

《伊利亚特》题名的原意是“伊利昂的故事”，写的是希腊人围攻特洛伊城的故事，当时的希腊人称特洛伊为“伊利昂”。战争是为了争夺一个名叫海伦的希腊女子而引起的。纠纷女神阿瑞斯因忌恨自己没有被邀请参加阿喀琉斯父母的婚礼，便把一个金苹果扔在宴会桌上，上面写着“给最美的女神”，这就引起了赫拉、雅典娜、阿佛洛狄忒三位女神的争抢，宙斯让她们去找特洛伊王子帕里斯评判。帕里斯把金苹果判给了阿佛洛狄忒。阿佛洛狄忒骗走了斯巴达王墨涅拉俄斯的妻子——美丽的王后海伦，把她献给帕里斯。从而爆发了特洛伊与希腊之间长达 10 年之久的战争。到了第 10 年，希腊联军统帅阿伽门农和阿凯亚部族中最勇猛的首领阿喀琉斯争夺一个在战争中掳获的女子，由于阿伽门农从阿喀琉斯手里抢走了那个女俘，阿喀琉斯愤而退出战斗。由于失去最勇猛的将领，他们无法战胜特洛伊人。阿伽门农请求阿喀琉斯参加战斗，但遭到拒绝。阿喀琉斯的密友帕特罗克洛斯借了阿喀琉斯的盔甲去战斗，打退了特洛伊人的进攻，但自己却被赫克托尔所杀。阿喀琉斯感到十分悲痛，决心出战，为亡友复仇。他终于杀死赫克托尔。伊利昂的老王普里阿摩

荷马头像

行吟诗人荷马曾在爱奥尼亚一条大路旁，一边奏着齐特拉琴，一边吟唱歌颂特洛伊英雄的史诗。

斯到阿喀琉斯的营帐去赎取赫克托尔的尸首，暂时休战，为他举行盛大的葬礼。

《奥德赛》写的是希腊英雄奥德修斯在特洛伊战争结束后还乡的故事。赫克托尔死后，围绕特洛伊城的战争还继续打了很久。希腊英雄奥德修斯便献木马计攻下了特洛伊城，战争结束。奥德修斯带着他的伙伴，乘船向他的故乡伊大卡出发。但他们在回国途中遇到种种艰难险阻。奥德修斯一行先到了喀孔涅斯人的住地，攻下了王城。后来他们到了一个食迷莲的国家，吃了迷莲便忘了故乡。之后他们又被独眼巨人关在巨人岛上的一个山洞里，奥德修斯用酒灌醉巨人，用烧着的木棒灼伤了巨人的眼睛才得以逃脱。此后，神女喀尔刻要他留在一个岛上，并把他的同伴变成了猪。他还躲过了女妖迷惑人的歌声，逃过怪物卡律布狄斯和斯库拉。最后女神卡吕普索同意他返回家乡。与此同时，奥德修斯的妻子珀涅罗珀在故乡苦苦等待丈夫，儿子忒勒马科斯也已经长大成人。许多人以为奥德修斯已死，纷纷向珀涅罗珀求婚，他们还占据着他的王宫，大吃大喝。珀涅罗珀则拒绝了所有的求婚者。奥德修斯回到家乡后装扮成乞丐进入王宫，同儿子一起杀死了所有的求婚者，处死了帮助求婚者的奴隶，一家人终于团聚。奥德修斯重新做了伊大卡岛的国王。

※作品影响

《荷马史诗》的内容非常丰富，无论从艺术技巧或者从历史、地理、考古学和民俗学方面都有许多值得探讨的东西。它在西方古典文学中一直享有最高的地位。从公元前8世纪起，就已经有许多希腊诗人模仿它，公认它是文学的楷模。两千多年来，西方人一直认为它是古代最伟大的史诗，因此我们可以从阅读荷马史诗中直接去领悟古希腊的文化和精神。

就《伊利亚特》来说，它是一部描写战争的英雄史诗。这部史诗着重歌颂氏族领袖的英雄品质，所以塑造了众多的英雄形象，并通过这些形象表现了那个“英雄时代”的英雄主义理想。

而《奥德赛》这部史诗在风格上却与《伊利亚特》有着不同的特点。《伊利亚特》由于主要描写的是战争，因此情调显得过于高亢和急促。《奥德赛》则显得色彩斑斓，富有浓厚的浪漫主义色彩；此外，还比较细致和深刻，具有一定的现实主义意义。

《荷马史诗》的伟大成就还在于它对西方文学传统的深远影响。荷马是一位功底深厚、想象丰富、善于创新的语言大师。《荷马史诗》辞章华丽、妙语迭出，诗中生动、形象的用词和比喻俯拾皆是。仅就文学因素来看，《荷马史诗》也不愧为世界上最为优秀的文学名著之一。

※延伸阅读

《希腊神话与传说》集中了优秀的古希腊神话。希腊神话是举世公认的西方两大文学源头之一（另一源头为希伯来文学），它的许多情节与场景，人物与性格特征，意境与故事主题，都成为后世文学所一再反复使用的模本。

《吉尔伽美什》是一部古巴比伦史诗。它是一部具有巨大文化内涵的作品，其所反映的人与自然的关系，体现的人类对生命的探索及痛苦，成了其后史诗乃至其他文学样式永恒的主题。它对死亡的恐惧与对永生的探求也具有无可置疑的重大意义，它标志着人类对生命的正确认识已经确立，而这正是人类正确认识自身、评价自身的一个起点。

·必读理由·

世界学术名著之一/历史和地理的重要典籍/沟通了东西方的交流/在世界史、中西交通史等方面都有重要的历史价值/对15世纪末欧洲航海事业的发展起了促进作用

世界第一奇书

马可·波罗游记

※背景搜索

马可·波罗（1254—1324）出身于富商家庭，父亲尼克罗·马可和两个叔叔都是从事中间贸易的商人，自1260年左右开始，他的父亲和叔父马飞阿在君士坦丁堡和中亚哈拉从事商业活动。1271年，年仅17岁的马可·波罗在他父亲和叔父的带领下，从威尼斯启程前往中国，他们从地中海东岸阿迦登城登陆，到达亚美尼亚后，便沿着公元前1世纪初中国古代人民和西南亚各族共同开辟的“丝绸之路”东行，历时三年半，在1275年到达蒙古大汗驻所上都，并朝觐了大汗忽必烈。从1275年至1291年，马可·波罗和他的父亲、叔父长期在元朝政府供职。马可·波罗深得忽必烈的器重，几次被指派到国内各地巡视、游览或出使一些邻国。马可·波罗在中国旅居和任职的17年间，经常被召进宫内，直接向皇帝

作者/马可·波罗　国别/意大利　类型/历史地理著作　成书年代/13～14世纪　阅读时间/青年

马可·波罗画像

报告在中国或赴邻国考察的实况，并讲述欧洲诸国的历史与现状，大汗也常派他出使各地执行机密使命。1291年初，他们利用护送被聘为波斯阿鲁浑汗王妃的元室公主去波斯完婚的机会，离开了大都，从福建泉州出海，历经千辛万苦，于1295年回到了阔别24年的故乡威尼斯。1294年威尼斯同热那亚发生战争，1298年马可·波罗也参加了战事，威尼斯大败，马可·波罗受伤被俘，被投入热那亚狱中，在狱中他口述东方见闻，狱友鲁思梯谦笔录成《马可·波罗游记》。1298年七八月间，马可·波罗获释，回威尼斯定居。1324年马可·波罗病逝，葬在威尼斯圣洛伦索教堂墓地。

马可·波罗生活的年代，正是意大利北部城市繁荣、工商业发达和资本主义逐渐萌芽，孕育早期文艺复兴的时代。13世纪初，威尼斯在地中海航运和贸易的作用更加显要。第四次十字军东征后，威尼斯垄断了地中海东部的贸易，威尼斯的势力范围逐渐同亚洲西部的蒙古汗国连接起来，方便了威尼斯人前往亚洲经商。

※ 内容提要

《马可·波罗游记》又名《东方见闻录》，分序言、正文4卷，共223章。该书主要是用旅游沿途记叙的形式，简介了亚洲各地的情况。它记录了13世纪中亚、西亚以及东南亚许多国家和地区的经济、政治情况、习俗和自然风貌，而其重点则是叙述中国。该书记述了中国无穷无尽的财富资源、完善的交通驿站制度以及华丽的宫殿、昌明的文教和许多名城的繁荣景象。

序言部分共6章，记述的是马可·波罗之父尼克罗·马可和他的叔父马飞阿兄弟二人自1260年至1269年前往东方的过程以及自1271年至1295年期间波罗兄弟和马可·波罗三人前往中国的旅途与寄居中国的梗概。

第一卷记述马可·波罗等人从小亚美尼亚东行来到中国元朝大汗上都沿途各地的见闻，共分61章。

第二卷记载了中国元朝初年的政事及忽必烈所进行的战争，叙述了朝廷、宫殿、节庆、游猎等内容，还介绍了自大都南行至缅甸、交趾等地沿途各地的概况，以及中国东南沿海诸名城的繁华景象。本卷是全书的重点，共包括82章。

第三卷记述中国邻近的一些国家和地区的情况，包括印度、日本、印度支那和印度洋的一些岛屿，以及非洲东部等地的历史和当时的状况，共40章。马可·波罗对该卷提到的

马可·波罗向忽必烈大汗呈递罗马教皇格雷古瓦十世的文书

某些国家的描述，是从海道的归途中短期取得的片段印象，而对另一些国家因马可·波罗本人从未去过，仅是凭传闻叙述的。

第四卷是讲成吉思汗的后裔蒙古各汗国、王公之间的战争，以及俄罗斯和亚洲北部的情况，共 34 章。本卷所述的事实并非马可·波罗亲身的经历，而是他在中国期间听到的传闻的回忆。

以叙述中国为主的第二卷共 82 章，在全书中分量很大。在这卷中有很多篇幅是关于忽必烈和北京的描述。还对杭州有详细的记述。书中称杭州为“行在”“天城”，称苏州为“地城”。“行在”是南宋时代对杭州的一般称呼，指皇帝行幸所在的地方；而“天城”“地城”，也就是我国谚语“上有天堂，下有苏杭”的一种译称。对于号称天堂的杭州，马可·波罗更是赞不绝口，他记载杭州人口稠密，房屋达 160 万所，商业发达，说“城中有大市 10 所，沿街小市无数”。并说杭州人对来贸易之外人很亲切，“待遇周到，辅助及劝导，尽其所能”。又讲到杭州市容整齐清洁，街道都用石铺筑；人民讲究卫生，全城到处有冷热澡堂，以供沐浴之用。户口登记严密，人口统计清楚。对西湖的美丽和游览设施，书中更有详细的记述，马可·波罗称赞“行在城所供给之快乐，世界诸城无有及之者，人处其中自信为置身天堂”。由于他对杭州特别赞赏，所以几次来到这里游览。

在《马可·波罗游记》中，还有专门的篇章谈元代通行的纸钞和中国使用已久的煤。马可·波罗记述忽必烈在京城设有造币局，先以桑树皮制造纸张，然后以它制印纸币，这种纸币不但通行国内，就是在和外商贸易中也有流通。

《马可·波罗游记》对亚洲其他地方，也有大量篇幅的描述。马可·波罗东来中国，主要经过西亚、中亚等地，因此游记里载有不少这些地方的见闻。

※ 作品影响

《马可·波罗游记》是世界学术名著之一，是历史和地理的重要典籍。它在世界史、中西交通史等许多方面都有重要的历史价值。本书沟通了东西方文化的交流，向西欧介绍了东方辽阔的土地、众多的国家和富庶的中国，引起了欧洲人民对东方的向往，给 13、14 世纪欧洲的知识界、工商界、航海界带来了新的知识。《游记》的流传，对 15 世纪末欧洲航海事业的发展起了促进作用。

※ 延伸阅读

几乎与马可·波罗同时代的波斯历史学家阿劳丁·阿塔蔑里克·志费尼写了一部《世界征服者史》，这是一部研究 13 世纪蒙古兴起与强盛时期的最早、最有价值的史学著作。该书以波斯文写成，记述的年代，起自成吉思汗，止于旭烈兀征服亦思马因王朝。包括颂词、绪言各 1 篇，正文 41 章。《世界征服者史》中的多数史实，是作者耳闻目睹和亲身经历，如他从自己的前辈里听到的关于蒙古对波斯地区征服的情况，他自己数次东行，并亲随旭烈兀西征。这就使他的记述成为第一手的、最有价值的史料。

·必读理由·

中世纪文化的艺术总结/文艺复兴时代人文主义的曙光/人类历史最优秀的史诗之一/具有巨大的思想价值和艺术价值的经典/法国《读书》杂志推荐的理想藏书

从地狱到天堂的旅程

神 曲

※背景搜索

但丁（1265—1321）是意大利最有代表性的作家之一，被恩格斯称为“中世纪的最后一位诗人，同时也是新时代的最初一位诗人”。他出生于佛罗伦萨一个没落的贵族家庭。少年时得到大学者拉丁尼的垂青，遍览群书，勤奋好学，逐渐成为一个博学多才的学者，为他日后的文学创作打下了良好的基础。他加入医生和药剂师行会，曾亲赴战场，出使外国，还担任过佛罗伦萨共和国的执行官。1302年，但丁被代表罗马教会的反动势力放逐，过了近20年的流放生活，最后客死在腊万纳。

但丁少年时曾在一次宴会上见到一位容貌清秀、美丽动人的姑娘贝阿德丽采。但丁非常喜欢她，宴会后常找机会去看望她。随着年龄的增长，但丁对贝阿德丽采的感情逐渐成

作者/但丁　国别/意大利　类型/文学著作　成书年代/14世纪初　阅读时间/青年

了一种近乎骑士式的精神之爱。这种爱情给但丁以神奇的力量，为他以后的创作产生了深远的影响。他为她写下了一系列抒情诗篇。但不幸的是贝阿德丽采却与一位银行家结婚，不久死去。但丁为此悲伤万分。他把自己自1283年以来为贝阿德丽采所写的抒情诗收集在一起，用散文串联起来，取名《新生》。诗中但丁追求纯洁的爱情，把贝阿德丽采看作是上帝派来拯救他灵魂的天使，一个神化的女性。从此之后，贝阿德丽采成了但丁作品中一个象征性的理想人物，也成为《神曲》中引导但丁进入天堂的天使。

※ 内容提要

大约在1307年，但丁开始了《神曲》的创作。这是一部长达14233行的叙事诗，是但丁最伟大的作品，分为三部分:《地狱》《炼狱》《天堂》。诗中叙述但丁在“人生旅程的中途”，即1300年4月7日、但丁35岁那年的复活节时，偶然迷失于一个黑暗的森林。他竭力寻找走出迷津的道路，黎明时分来到一座洒满阳光的小山脚下。他正一步步朝山顶攀登，忽然三只猛兽（分别象征淫欲、强暴、贪婪的豹、狮、狼）迎面扑来。但丁高声呼救。这时，古罗马诗人维吉尔突然出现了，他受贝阿德丽采的嘱托前来帮助但丁走出迷途，并引导他游历地狱和炼狱。

地狱共分9层，形似一个上宽下窄的漏斗直达地心。罪人的灵魂按生前罪恶的大小被发配到不同的狱层，接受不同的刑罚，罪行愈大者愈居于下层。其中第一层是候判所，那些生于基督之前，未能接受洗礼的古代异教徒，在这里等候上帝的审判。在其余8层，罪人的灵魂按生前所犯的罪孽（贪色、饕餮、贪婪、愤怒、信奉邪教、强暴、欺诈、背叛），

但丁介绍他的《神曲》

意大利画家米切利诺这幅画中，但丁手持《神曲》照亮了整座佛罗伦萨，而他身后就是炼狱。

分别接受不同的严酷刑罚。但丁按照基督教的观点，把贪色、贪吃、易怒和邪教徒看作是严重的罪犯，让他们在地狱中受苦，但他更把那些社会上各种作恶的人放在地狱的下层，如第八层里受罪的是淫媒和诱奸者、阿谀者、贪官污吏、买卖圣职者、占卜者、高利贷者、伪君子、盗贼、诱人作恶者、挑拨离间者、诬告害人者、伪造者以及罗马教皇。在第九层受罪的则是叛国卖主的人，他们是但丁最痛恨的人。

游完地狱，维吉尔带着但丁通过地心，顺着盘旋曲折的岩洞小径，走出地球，到了净界山下。这座高山直矗在海面上，是炼狱所在。炼狱（又称净界）共 7 级，加上净界山和地上乐园，共 9 层。生前犯有罪过，但程度较轻、已经悔悟的灵魂，按人类 7 大罪过（傲慢、忌妒、愤怒、怠惰、贪财、贪食、贪色），分别在这里修炼洗过，而后一层层升向光明和天堂。途中，但丁看到各种罪恶一一被净化。例如在第二层犯了羡慕他人之罪者，被用铁线缝上双眼；在第六层犯了口腹之欲的罪犯，他们眼前会出现许多美食、水果之幻影然后又趋于消失。在净界山顶的地上乐园，维吉尔隐退，圣女贝阿德丽采出现。

贝阿德丽采责备但丁迷误在罪恶的森林，希望他忏悔，并让他观看表示教堂种种腐败的幻景，饮用忘川水，以遗忘过去的过失，获取新生。随后，贝阿德丽采引导但丁游历天堂九重天。这里是幸福的灵魂的归宿；他们是行善者、虔诚的教士、立功德者、哲学家和神学家、殉教者、正直的君主、修道者、基督和众天使。在九重天之上的天府居住着上帝和在天国享福的灵魂，但丁得见上帝之面，但上帝的形象如电光之一闪，迅即消失，于是幻象和《神曲》也戛然而止。

※ 作品影响

《神曲》大量运用象征、比喻的手法，并在文字意义之外蕴含神秘的寓言意义、哲学意义。它被称为“中世纪的史诗”，它以极其广阔的历史画面，反映出意大利从中世纪向近代过渡的转折时期的现实生活和各个领域发生的社会、政治变革，显示了人文主义的光芒，为文艺复兴时代文学的发展开辟了道路，对后世的世界文学产生了深远的影响。创作《十日谈》的意大利文学大师薄伽丘对《神曲》推崇备至，在作品前加上“神圣”二字。后世的众多诗人、画家、音乐家都从《神曲》中汲取营养，创作出辉煌的作品，如巴尔扎克的《人间喜剧》在总体架构上是对《神曲》的模仿，歌德的《浮士德》多少也带有《神曲》的影子。

※ 延伸阅读

《失乐园》的作者为弥尔顿（1608—1674），他是17世纪英国最著名的诗人、思想家、政治家。作品描述魔鬼撒旦被上帝打入地狱，他为了复仇寻至伊甸园。引诱亚当、夏娃偷食禁果，最终，撒旦及其同伙全变成蛇，亚当、夏娃被逐出伊甸园。这部书被文学评论家视为17世纪进步文学的基石。

·必读理由·

阿拉伯文学的最高成就 / 法国《读书》杂志推荐的理想藏书 / 民间文学最壮丽的一座纪念碑 / 世界文化宝库中影响深远的神话故事集之一

阿拉伯世界的百科全书

一千零一夜

※ 背景搜索

《一千零一夜》这部鸿篇巨制并非一时一地一人之所作，而是古代中东各国、阿拉伯地区的说唱艺人反复加工创作的结晶。故事最早来源于公元8世纪到9世纪中叶，阿拉伯阿拔斯王朝建国初期从波斯文翻译过来的一本名叫《赫扎尔·艾福萨那》的故事集。“赫扎尔·艾福萨那”原意就是“一千个故事”。《一千零一夜》的故事由两大部分组成：一是出自阿拔斯王朝时期的伊拉克；二是出自马木鲁克王朝时期的埃及。13—15世纪，马木鲁克王朝的埃及成为当时阿拉伯经济、文化中心，《一千零一夜》在此时此地注入新血液，经过说书艺人、文人的整理加工，于1517—1535年成型。

※ 内容提要

从前有两个兄弟，他们是萨桑国的国王山鲁亚尔和萨姆

作者 / 阿拉伯人　国别 / 阿拉伯世界　类型 / 文学著作　成书年代 /16世纪
阅读时间 / 青年

尔甘特的国王沙宰曼。有一次，哥哥让弟弟到国中相聚，在半路上，弟弟想起忘了给哥哥带礼物，便返回宫中去取，却发现王后趁他外出之际和宫中的乐师鬼混。他怒火中烧，便挥剑杀了王后和乐师。

弟弟来到哥哥的王宫后，发现哥哥的王后也趁哥哥不在和宫女们一起纵情玩乐。他把看到的一切告诉了哥哥，哥哥也亲眼看到了，怒不可遏，便杀了王后。经过这件事后，哥哥再也不相信天下的女人了，发誓向她们报复。他每晚娶一个女子为妻，第二天早上就把她杀掉。就这样持续了 3 年，被他杀掉的女人很多，老百姓都非常恐惧，纷纷带着女儿躲避，王城上下人心惶惶。

当时，有一个美丽而又聪明的女子，名叫山鲁佐德，她是宰相的女儿。善良的她不忍见到越来越多的女子被残忍的国王杀掉，便自告奋勇嫁给国王。结婚那天晚上，她请求国王允许她为他讲个故事，国王同意了。她讲的第一个故事是《商人和魔鬼的故事》：

从前有个商人，在外地做生意。途中歇息时，随手掷出一个枣核，却惹来一个手执利剑的巨魔，声言枣核击中其子胸部，立刻将他打死了，为此魔鬼定要报仇。商人要求回家料理好后事后再来听候处理，魔鬼答应了。商人在规定的日子践约而来，想到自己的险恶的处境，不禁悲从心来，放声痛哭，这哭声引来了 3 位老人，老人们对商人的境遇深表同情。突然间狂风骤起，魔鬼现身，呼喊着要杀死商人为其子报仇。第一位老人挺身而出，向魔鬼求情，说愿意讲一段他和自己牵着的这只羚羊的故事，如魔鬼认为讲得离奇古怪，便请将商人的罪过免掉 1/3。于是他开始了自己的故事。

她讲的这个故事不仅十分有趣而且十分神奇，国王被深深地吸引住了。可当故事讲到精彩之处时，天已经大亮，她就故意留下悬念。国王为了接着听故事只好不杀她，让她晚上接着讲。以后每天都是这样。她讲了一个又一个有趣的故事，然后总是在清晨时留下悬念，让国王舍不得杀她。她就这样讲了一千零一夜，共讲了大小故事近200个，其中长的要十夜或二十夜才能讲完。有些精彩的故事，情节起伏跌宕，曲折离奇，扣人心弦。最后，国王山鲁亚尔赦免了她和她全家，两人永结同心，白头偕老。萨桑国从此天下太平，百姓安居乐业。

※作品影响

《一千零一夜》生动描绘了古代阿拉伯地区的社会生活，以离奇多变的题材、流畅通俗的语言、奇妙迷人的想象，塑造了各式各样的人物形象，吸引着一代又一代的读者。在它出版至今的500多年间，几乎传遍了世界，对世界文学产生了巨大而深远的影响。这部中古时期阿拉伯各族人民集体智慧的结晶，以其高超的艺术、博大的内涵、严密的结构为后世的作家创作提供了源泉。薄伽丘、莎士比亚、歌德、托尔斯泰、马尔克斯等文学家，都受过《一千零一夜》的启发。在歌舞、戏剧、影视、绘画等艺术领域，其影响同样广泛而深远。

※延伸阅读

薄伽丘（1313—1375）是意大利文艺复兴时期的著名作家，他与但丁双峰并峙，代表了文艺复兴时期意大利文学的最高成就。他的《十日谈》借鉴《一千零一夜》的结构，用佛罗伦萨10个躲避瘟疫的青年男女每人每天讲一个故事作为全书100个故事的楔子，人物林林总总，情节多姿多彩，是世界文学史上的名作。《十日谈》对于禁欲主义的批判和对人文主义的宣扬，使得意大利近代著名文艺评论家桑克提斯将其与但丁的《神曲》并列，称之为《人曲》，他认为“但丁结束了一个时代，薄伽丘开创了另一个时代”。而在思想启蒙和对天主教会所庇护的封建思想的批判方面，《十日谈》也具有时代先声的功效，所以又有人认为“薄伽丘是14世纪的伏尔泰”。

《坎特伯雷故事集》是文艺复兴早期英国最杰出的诗人乔叟的最后一部作品。作品讲述朝圣者在从伦敦去坎特伯雷朝圣的途中，轮流讲故事，以消遣时间。这部书一共写了324个故事，共2350余行，是一部规模宏大的作品，代表了乔叟文学创作的最高成就。

·必读理由·

世界最伟大的戏剧大师的作品全集／世界文学宝库中绚丽的瑰宝／被马克思誉为“人类最伟大的天才之一”的经典著作／一部人类心灵咏唱出的伟大史诗集／人类文化史上不可企及的典范

舞台中的上帝

莎士比亚全集

※背景搜索

莎士比亚（1564—1616）生于英格兰艾汶河畔风光旖旎、历史悠久的斯特拉福镇。他的父亲原为富商，曾当选为市长。莎士比亚 14 岁时家道中落，不得不从文法学校辍学，很快就开始独立谋生，做过学徒、家庭教师和法律文书一类的差使。18 岁时，他与长他 10 岁的妻子结婚。1586 年，他离开了家乡，前往伦敦。在一个剧场附近他当过马夫，后来又在剧团做过提词，演过角色。1590 年，他的第一部剧本《亨利六世》问世。两年后，该剧公演获得巨大成功。莎士比亚从此成为“内务大臣供奉”和“宫廷大臣供奉”的剧团演员、股东和编剧，收入颇丰。1613 年，他回乡赋闲，退出戏剧生活。1616 年 4 月 23 日，莎士比亚去世。

作者／莎士比亚　国别／英国　类型／文学著作　成书年代／1590 ~ 1613 年
阅读时间／一生

※内容提要

莎士比亚的作品在世界上的地位是不容怀疑的。在西方世界，一般人家必备有两本书，一本是《圣经》，另一本就是《莎士比亚全集》。1984 年选举世界 10 名伟大作家时，莎士比亚名列第一。这些都说明莎士比亚是有史以来最负盛名的作家之一。他被誉为“奥林匹亚山上的宙斯”。

莎士比亚共写有 41 部戏剧（其中两部失传），154 首 14 行诗，两首长诗和其他诗歌。他的成就主要体现在戏剧上，他的创作生涯可以分为前、中、后三个时期。

前期作品以《仲夏夜之梦》（1596 年）、《罗密欧与朱丽叶》（1595 年）、《威尼斯商人》（1596 年）最为著名。而十部喜剧中最为人津津乐道的《温莎的风流娘儿们》（1598 年）、《无事生非》（1599 年）、《皆大欢喜》（1600 年）被称为“娇艳明媚的喜剧三部曲”，明朗乐观，最能代表莎士比亚的喜剧风格。

中期作品以悲剧为主，是他一生创作的黄金时代，他最著名的剧本四大悲剧《哈姆雷特》（1601 年）、《奥赛罗》（1604 年）、《李尔王》（1606 年）、《麦克白》（1606 年）都在这一时期写就。

后期作品从中期的阴郁悲愤转变为浪漫空幻，充满童话式的想象，节奏明快。《暴风雨》（1611 年）是他后期的代表作。

※作品影响

《莎士比亚全集》是莎翁一生创作的精华，他的创作广泛地反映了英国当时的政治、经济、思想、文化、风俗、习惯，可以说是那个时代的活历史。莎士比亚被称为欧洲文艺复兴

《哈姆雷特》舞台剧照
该剧讲述了哈姆雷特为父报仇的故事，故事以王子寡不敌众最后失败而告终。这一戏剧中人物的悲剧，作者赋予了多重含义，既有古希腊悲剧中命运的捉弄，也带有近代悲剧的特征。

时期文学界最伟大的代表，与古希腊三大悲剧家埃斯库罗斯、索福克勒斯及欧里庇得斯合称戏剧史上四大悲剧家，被马克思誉为“人类最伟大的天才之一”。他的戏剧集中表现了渴望国家统一、追求平等自由的呼声，歌颂爱情与友谊，鞭挞社会丑恶现象，创造了哈姆雷特、麦克白、夏洛克、李尔王等丰富多彩的人物形象，结构独具匠心，剧情紧张生动，扣人心弦。莎士比亚的戏剧语言生动活泼，有散文的流畅、诗的华美和演说的雄辩，蕴涵深刻的哲理、鲜明的意象和美妙的韵律。他将悲喜剧因素融为一体，创造了不可企及的典范。他的作品自诞生以来，对欧洲的文学发展产生了深刻的影响，400 年来，一直震撼着各国读者的心灵。如今，《莎士比亚全集》已被译成 70 多种文字，“莎学”已成为一门世界性的学问，并形成众多流派，研究著作浩如烟海。以莎剧为蓝本的电影已有 600 余部，其中仅《哈姆雷特》一部就有 23 个版本。

※延伸阅读

《普罗米修斯》是古希腊三大悲剧家之一、“悲剧之父”埃斯库罗斯（约前525—前456）的代表作。它以普罗米修斯的传说为题材，情节简单，动作很少但形象高大，语言畅达，具有埃斯库罗斯早期悲剧的普遍特点。

《俄狄浦斯王》的作者为古希腊三大悲剧家之一的索福克勒斯（约前496—前406）。这部戏剧演出于公元前431年，是作者的传世经典。它以结构严整和情节曲折为人称道，被誉为希腊古典悲剧的典范。

《美狄亚》是古希腊三大悲剧家之一的欧里庇得斯（约前480年—约前406年）最为有名的作品。美狄亚抛弃了自己的家庭，帮助王子伊阿宋盗取了金羊毛回来，惩罚了新国王，还抛弃故土和他私奔，甚至砍死了阻拦自己的兄弟。夫妇来到科林索斯，生了两个儿子。但伊阿宋这时候却变了心，他要做科林索斯国王的女婿，并要把妻儿赶出境外。美狄亚陷入了无国无家的境地，一怒之下，她设计毒死了公主和国王，又忍痛杀死两个儿子绝了丈夫的后嗣，然后乘龙车飞往雅典。

·必读理由·

现代小说的奠基之作／西方文学最伟大的文学作品之一／西班牙历史上最具里程碑意义的著作／美国《生活》杂志评选的人类有史以来的最佳图书／法国《读书》杂志推荐的理想藏书

骑士风尚的飘逝

堂吉诃德

※背景搜索

塞万提斯（1547—1616），全名米格尔·德·塞万提斯·萨维德拉，是西班牙著名的人文主义作家。他于1547年10月9日出生在马德里附近的阿尔卡拉德埃纳雷斯镇。中学毕业后，他就做了助理医生，随四处出诊的父亲营生。20岁时，他前往意大利。一年后，他应征入伍，参加抗击土耳其军队的勒班陀海战。在战斗中，他数次受伤，左臂几乎断掉。返回途中，他又被海盗抓去当了五年奴隶。当他被亲人赎回时，已贫弱不堪。此后，他因得罪权贵和教会，数次入狱。出狱后，他蜗居在一个下等公寓，楼下是酒吧，楼上是妓院。在这样的环境里，他完成了《堂吉诃德》第一部的创作。1616年4月23日，塞万提斯在贫病交加中死去。

塞万提斯说他创作《堂吉诃德》的目的是要消除骑士小说

作者／塞万提斯　国别／西班牙　类型／文学著作　成书年代／1605～1615年　阅读时间／青年

堂吉诃德与桑丘

在社会上和群众间的声望和影响。骑士制度、骑士精神、骑士道德是西欧封建社会的一种产物。骑士的任务是“忠君、护教、行侠”，他们要求“文雅知礼”，不仅要忠实地为主人服务，还要效忠和保护女主人。为“心爱的贵妇人”去冒险和获得成功，是骑士最大的幸福。骑士文学即表现骑士“忠君护弱”的冒险生活，为博得贵妇人的厚爱所表现的忠贞和武侠精神。骑士主人公都是理想化的人，侠义而崇高。故事虚构、惊险离奇，充满魔法、挑战、创伤，以及荒诞不经的情节。骑士文学与时代精神相差太远，在文坛和读者中影响极坏。塞万提斯为了打击和讽刺骑士文学，以其人之道还治其人之身，巧妙地利用骑士小说的形式，借题发挥，成功地塑造出堂吉诃德的形象，把骑士制度、骑士精神、骑士道德漫画化。从客观效果来看，《堂吉诃德》发表后，骑士小说的确在西班牙销声匿迹了。

※ 内容提要

50 岁的穷绅士吉哈诺整日沉迷于骑士小说，他拼凑了一副烂盔甲，牵出家中的瘦马，给自己取名堂吉诃德 · 台 · 拉 · 曼却，就出门行侠去了。

他的第一个侠义之举是解救一个被地主捆打的牧羊娃，但他走后孩子被打得更惨。他又向一队商人挑战，被人打得遍体鳞伤。回家养伤的他不甘心失败，游说了贫民桑丘·潘沙做他的仆人。一天夜里，两人悄悄离开村庄，堂吉诃德在郊野上认为高耸的风车是敌人，挺枪冲去，结果重重摔在地上。

一天晚上，两人来到一家客店。因为调戏一位骡夫的女仆——店内的女仆，堂吉诃德被骡夫打得不能动弹。在继续前行的路上，堂吉诃德又把羊群当军队，提枪杀去，结果被牧羊人砸破头皮，打掉牙齿。

接着，堂吉诃德打倒押送犯人的士兵，但是又被犯人夺走了衣物，痛打一顿。主仆两人为躲避追捕，进了黑山。堂吉诃德派桑丘回家送信，桑丘设计将堂吉诃德骗下山，装到袋子里，押回家去。堂吉诃德听说萨拉果萨城要举行比武，不听家人劝阻，带着桑丘又出了门。他打败了受家人之托乔扮成骑士的大学生加尔拉斯。堂吉诃德又欲与狮子决斗，狮子不屑应战，以臀部向他。接着，他们平息了一场婚姻纠纷。不久，堂吉诃德又受公爵的愚弄，被打得头破血流。主仆二人继续游侠，在巴塞罗那，扮成“日月”骑士的大学生加尔拉斯打败了他。从此，他结束游侠生活，开始田园生活，但苦于骑士小说思想的困扰，不久就卧床不起。弥留之际，他嘱咐外甥女只有不读骑士小说，才能继承他的遗产。

※ 作品影响

《堂吉诃德》是西班牙作家塞万提斯的代表作，也是一部脍炙人口的世界文学名著，是欧洲长篇小说史上的一座里程碑，被视为现代小说的奠基之作。该书着重刻画矛盾复杂的堂吉诃德，赞扬了他除暴安良、惩恶扬善、扶贫济弱的优良品德，广泛地涉及了当时人文主义思想问题，反映了 16 世纪到 17 世纪初西班牙广阔的社会现实。

在瑞典文学院和瑞典图书俱乐部联合举办的一次民意测验中，来自 54 个国家和地区的 100 位作家推选《堂吉诃德》为人类史上最优秀的虚构作品。至今，它已用 70 种文字出版了两千多个版本。这部小说曾受到马克思、恩格斯、列宁等革命导师及席勒、歌德、拜伦等文学家的赞誉，成为世界各国读者普遍熟悉和喜爱的世界文学名著之一，对后世的文学产生了深远的影响。

※ 延伸阅读

《羊泉村》是西班牙著名剧作家维加（1562—1635）的三幕诗体历史剧，发表于 1619 年。剧作讲述了 1467 年 4 月 23 日羊泉村村民起义的史实，并创造性地塑造了众多光辉的人物形象，歌颂了西班牙人民强烈而坚韧的民族精神。在西班牙的舞台上，它一直长演不衰，是西班牙的戏剧经典。

《人生如梦》是西班牙剧作家卡尔德隆（1600—1681）的著名作品。这部戏剧综合希腊传说和佛陀故事，其艺术思想已明显超越了文艺复兴时期的古典主义观念，更严谨、更细腻、更雕琢，昭示了巴洛克极盛时期西班牙艺术的独特魅力。

·必读理由·

欧洲文学皇冠最璀璨的艺术宝石/19世纪欧洲文学史中第一部批判现实主义作品/英国小说家毛姆认定的真正的杰出的文学书/歌德、托尔斯泰和梅里美为之折服的“英雄”小说/法国19世纪的一面镜子/世界文学名著之林中最杰出的政治小说

法国批判现实主义文学的奠基之作

红与黑

※背景搜索

司汤达（1783—1842），原名亨利·贝尔，出生于法国南部格勒诺布尔市的律师家庭。父亲思想保守，在母亲早逝后将他交予一位神父照管。1799年11月10日，在格勒诺布尔市中心学校学习三年的司汤达来到巴黎，依靠表兄的关系在陆军部工作。1800年、1806年和1812年，他三次随拿破仑大军南征北战，屡立战功，得到皇帝的赞赏。这样一个可以称为孤儿的青年和许多有着相同命运的青年一样，有热情，有活力，才华横溢，对拿破仑充满了毕生的感激和敬仰。1814年法国波旁王朝复辟，司汤达深感屈辱，前往意大利侨居。1821年，由于与意大利烧炭党人联系密切，他被驱逐出境，不得不返回故乡法国。1829年秋天，他开始动笔写《红与黑》。

作者/司汤达　国别/法国　类型/文学著作　成书年代/1830年　阅读时间/一生

司汤达像

他在自己未来的小说上加了一个令人回味的副标题“1830年纪事”。《红与黑》的“红”代表军装，红色的军装，红色的英雄时代，光明的拿破仑时代；“黑”象征教士的黑袍，黑色的复辟时代，黑暗的贵族势力。

《红与黑》的创作取材于当时的一则社会新闻。1827年，司汤达读到《司法公报》上登载的一个家庭教师杀害女主人的刑事案件。铁匠的儿子安杜扬·贝尔特经推荐，去米苏家担任家庭教师。不久他和孩子的母亲发生了暧昧，真相暴露后，出于怨恨和绝望，贝尔特在教堂枪杀了米苏夫人，因此被判死刑。司汤达根据这条社会新闻，构思一部题名为《于连》的小说，但两年后还没有写成，因为这桩普通的刑事案件无法体现他痛恨封建复辟的政治见解。于是他重新构思并着手改造情节，把保皇党的阴谋活动作为中心事件写进了小说，1830年5月，他在校印期间又把书名改为富有象征意义的《红与黑》，再加上副标题“1830年纪事”。小说中有一段出版家与作家的对话：“如果您的人物不谈论政治，那么，他们就不再是1830年的法国人了，而您的书也就不再是一面镜子，如同您所希望的那样……”可见司汤达毫不隐讳这部小说的政治倾向，他要认真写出“19世纪最初30年间压在法国人头上的历届政府所带来的社会风气，1830年前夕教会和国家的欺骗、厚颜无耻和虚伪”。虽然这部作品问世之后遭到多数人的误解，但作者本人却坚信这部书的价值。时至今日，这部作品已经成为杰出的批判现实主义文学名著。

※内容提要

维立叶小城里木匠的儿子于连面色苍白，疯狂崇拜拿破仑，渴望建功立业。他首先当了一名神父，倚仗惊人的记忆力得以在市长德·雷纳尔家里做家庭教师。野心勃勃的于连才华横溢，唤起德·雷纳尔夫人的爱情火焰。两人沉浸爱河。德·雷纳尔知晓后，出于利益的考虑，他把于连送到省会的神学院学习。雷纳尔夫人悔恨交加，陷入别离之苦中。

到神学院的于连受到院长皮拉尔的青睐，被介绍给巴黎的拉莫尔侯爵任私人秘书。于连离开神学院，万分高兴，马上回到维立叶城，翻越重重围墙，再一次见到了德·雷纳尔夫人。于连在她的房间待了一整天，直到被人发现才匆忙逃去。

于连到达巴黎，由于他的聪明能干，很快被侯爵视为心腹，获准和侯爵家庭成员共同进餐。侯爵的女儿——玛蒂尔德小姐，向往浪漫主义爱情。为了显示自己的与众不同，她爱上了与之地位悬殊且骄傲冷漠的于连，要求于连在明月下登梯爬进她的卧室。于连带着疑问照做了。当晚，侯爵女儿就委身于他了。此后，玛蒂尔德小姐对他若即若离。于连听从朋友建议，假装追求玛蒂尔德的女友，结果重获侯爵女儿的芳心。不久，已经怀孕的玛蒂尔德写信告诉父亲要和于连结婚，盛怒的侯爵无奈之下赐予于连财产、贵族头衔和军官职位。数天后，侯爵收到披露于连与雷纳尔夫人关系的信，当即拒绝女儿的婚事。于连恼羞成怒，赶到维立叶，朝雷纳尔夫人连开两枪。于连被捕，在监狱中，他万念俱灰。公审时，于连被判死刑。雷纳尔夫人不顾一切去探监，于连方才知道那封信是由他人起草、强迫雷纳尔夫人誊写的。他们彼此宽恕了对方。

于连死了，玛蒂尔德小姐埋葬了他的头颅。雷纳尔夫人在三天后随于连离开了人间。

※作品影响

《红与黑》是一部充满魅力的作品，它把一宗刑事案件提高到反映19世纪初期法国资产阶级广阔社会生活画面的水平，深刻揭示社会环境对人类性格和命运的深远影响，完美展现了当时法兰西社会各个阶层人们的性格与斗争，是历史的一面镜子。在西方，于连的形象已深入人心，研究司汤达的作品数量和中国研究《红楼梦》的“红学”作品差不多。作为法国批判现实主义文学的第一部杰作，《红与黑》在许多国家被列为禁书，但依然赢得了世界各国读者的心，开创了“意识流小说”“心理小说”的先河，促进了“司汤达文体”的形成。人称司汤达为“现代小说之父”。

《红与黑》在1986年被法国《读书》杂志推荐为理想藏书，今天它以杰出的心理描写、深刻的社会价值、经典的政治哲学被公认为世界文学名著中最伟大的著作之一，100余年来广为流传。

※延伸阅读

《巴马修道院》是一部经过后人仔细研究的经典，并被公认为司汤达的另一伟大著作。小说以复辟时期的意大利为背景，通过一位青年的经历，反映了历史的曲折。其中最为著名的一段是描写拿破仑战争的文字，带有作者自己的影子。

《意大利遗事》收录八个短篇小说，是司汤达在意大利那段生活的印记，表现了意大利各类人的生活状况。其中《法尼娜·法尼尼》刻画了一位献身祖国的资产阶级革命的英雄形象，是世界短篇小说中的名篇。

·必读理由·

世界革命青年成才的《圣经》/拨动数代人心弦的生活教科书/人类坚韧不拔的崇高人格的展现/20世纪苏联文学中最优秀的作品之一/对中国读者影响最大的名著之一

诠释最宝贵的生命历程

钢铁是怎样炼成的

※背景搜索

奥斯特洛夫斯基（1904—1936）出生在乌克兰，12岁就开始劳动，15岁加入共青团，并参加过保卫苏维埃政权的国内战争，后双目失明。《钢铁是怎样炼成的》由奥斯特洛夫斯基在疗养院口授、经几位文化水平不高的人分别记录而成。手稿完成后，它在当地读者中不胫而走，但遭到几家出版社和杂志的退稿。1932—1934年，《青年近卫军》杂志社分11期刊登小说的第一部分、第二部分。在这期间，各地图书馆里排满借阅的长队，以期尽早看到每一期的内容。1935年3月17日，奥斯特洛夫斯基的名字和事迹第一次出现在全国性的大报《真理报》上，他迅速成为一个传奇式的人物。同年10月，他被授予国家级最高荣誉——列宁勋章。1936年，奥斯特洛夫斯基因病去世。

作者/奥斯特洛夫斯基　国别/苏联　类型/文学著作　成书年代/1932～1934年　阅读时间/青年

《钢铁是怎样炼成的》是一部自传体小说，主人公保尔·柯察金的原型就是作者本人。该书描写了十月革命后第一代苏维埃青年，在布尔什维克党的领导下，同国内外敌人及各种困难进行顽强斗争的经历。小说出版后鼓舞了苏联千百万青年战胜各种困难的勇气，保尔精神成为一个时代的精神，他的名字被公认为是那个时代共青团的象征。卫国战争时期，战斗在前线的苏维埃青年在保尔·柯察金的精神鼓舞下同法西斯浴血奋斗，这部书和前方战士们一同走过战争的道路，它们是伟大卫国战争的参加者们的旅伴。

※内容提要

保尔是乌克兰某镇一个贫苦工人家的小儿子，早年丧父，母亲替人洗衣以养家糊口，哥哥是工人。保尔 12 岁时，母亲把他送到车站食堂当杂役，他在食堂里干了两年，受尽了凌辱。

十月革命爆发后，保尔的家乡乌克兰谢别托夫卡镇也和苏联其他地方一样，遭受了外国武装干涉者和国内反动派的践踏。红军解放了谢别托夫卡镇，但很快就撤走了，只留下老布尔什维克朱赫莱在镇上做地下工作。朱赫莱在保尔家里住了几天，给保尔讲了关于革命、工人阶级和阶级斗争的许多道理。朱赫莱的启发和教育对保尔的思想成长起了决定性的作用。

突然，朱赫莱被匪徒抓去了，保尔急着四处打听。一天，在匪兵押送朱赫莱的时候，保尔出其不意地猛扑过去，把匪兵打到壕沟里，与朱赫莱一起逃跑了。但是由于波兰贵族李斯真斯基的儿子维克多的告密，保尔被投进了监牢。从监狱出来后，保尔拼命地跑，他怕重新落入魔掌，不敢回家，便不自觉地来到冬妮亚的花园门前。他纵身一跳，进了花园。冬妮亚喜欢保尔的热情和倔强的性格，保尔也觉得冬妮亚跟别的富家女孩不一样。后来他们又有几次见面，慢慢地产生了爱情。保尔为了避难，便答应了冬妮亚的请求，住了下来。几天后冬妮亚找到了保尔的哥哥阿尔青，他把弟弟送到喀查丁参加了红军。

在一次激战中，保尔头部受了重伤。但他以惊人的顽强毅力战胜了死亡。出院后，他已不宜于重返前线，便参加恢复和建设国家的工作。在这里他同样以工人阶级主人翁的姿态，紧张地投入各项艰苦的工作。他做团的工作、肃反工作，并直接参加艰苦的体力劳动。在兴建窄轨铁路中，保尔表现了高度的政治热忱和忘我的劳动精神。

保尔自从在冬妮亚家里与她告别后，只见过她两次面，第一次是他伤愈出院后，最后一次是在铁路工地上。保尔发现，随着革命的深入，他们之间的思想差距越来越大了，遂下定决心断绝她们的感情。

在筑路工程快要结束时，保尔得了伤寒。病愈后他又回到了工作岗位。他参加了工业建设和边防战线的斗争，并且入了党。但是，由于保尔在战争中受过多次重伤和暗伤，后来又生过几次重病，加之他忘我的工作和劳动，平时不爱惜自己的身体，体质越来越坏了。1927 年，他几乎完全瘫痪了，接着又双目失明。

《钢铁是怎样炼成的》中的主角保尔·柯察金

严重的疾病终于把这个满怀革命热情的年轻人束缚在病榻上，但保尔在肉体和精神上都忍受着难以想象的痛苦的情况下，重新找到了“归队”的力量。他给自己提出了两项任务：一方面决心帮助自己的妻子达雅进步；另一方面决定开始文学创作工作。这样，“保尔又拿起了新的武器，开始了新的生活。”

※ 作品影响

《钢铁是怎样炼成的》塑造了具有执着信念和高尚人格的保尔·柯察金的形象，是20世纪30年代苏联最优秀的文学作品之一。仅在苏联，这部书就以61种文字印刷了600多次，发行量达到3000万册。

※ 延伸阅读

1934年冬，奥斯特洛夫斯基开始写第二部长篇小说《暴风雨所诞生的》。小说以1918年末到1919年初的苏联国内战争为背景，反映了乌克兰无产阶级和农民在党的领导下，击败波兰侵略者的英勇斗争。作品成功地塑造了安德烈、莱孟德、奥莱霞等英雄形象。她们在老布尔什维克拉耶夫斯基的教育下在革命斗争的暴风雨中锻炼成长。按原计划这本书将写成三大卷，但作者只写完第一卷就去世了。

《牛虻》是爱尔兰文学家伏尼契的代表作，以主人公牛虻的一生为主线，描绘了一个革命者的成长经历，体现了革命者的刚毅精神和对事业的无限忠诚。

·必读理由·

1967 年获意大利基安恰诺奖 /1967 年获法国最佳外国作品奖 /1970 年被美国文学评论家列为 12 部世界优秀作品之一 /1982 年诺贝尔文学奖获奖作品 / 法国《读书》杂志推荐的理想藏书 /20 世纪以西班牙文写作的最杰出的长篇小说之一 / 魔幻现实主义开山立派的经典

再现拉丁美洲社会历史的鸿篇巨制

百年孤独

※ 背景搜索

加西亚·马尔克斯（1927—2014）全名加夫列尔·何塞·加西亚·马尔克斯，于 1927 年 3 月 16 日出生在哥伦比亚马格达莱纳省的阿拉卡塔卡镇。1934 年，他进入蒙塔索里小学接受启蒙教育。1940 年，他只身前往波哥大的西帕基拉国立中学学习。1947 年遵从父命考入波哥大大学法学系，加入自由党，并同时开始短篇小说的创作。1948 年，哥伦比亚内乱，加西亚·马尔克斯中途辍学，进入报界，任《观察家报》的记者。1961 年到 1967 年他携家赴墨西哥定居，从事文学、新闻和电影创作。1971 年，他获美国哥伦比亚大学“名誉文学博士”称号；1972 年获得拉美文学的最高奖——委内瑞拉加列戈斯文学奖；1982 年获诺贝尔文学奖和哥伦比亚

作者 / 加西亚·马尔克斯　国别 / 哥伦比亚　类型 / 文学著作　成书年代 /1967 年　阅读时间 / 青年、中年

加西亚·马尔克斯像

他说，在文学创作的道路上，作家永远是孤军奋战的，这跟海上遇难者在惊涛骇浪里挣扎一模一样。

“语言科学院名誉院长”的称号。

※内容提要

何塞·阿卡迪奥·布恩迪亚是西班牙人的后裔，他与乌苏拉新婚时，由于害怕像姨母与叔父结婚那样生出长尾巴的孩子来，于是乌苏拉每夜都会穿上特制的紧身衣，拒绝与丈夫同房。后来丈夫因此而遭邻居阿吉拉尔的耻笑，杀死了阿吉拉尔。从此，死者的鬼魂经常出现在他眼前，鬼魂那痛苦而凄凉的眼神，使他日夜不得安宁。于是他们只好离开村子，外出谋安身之所。他们跋涉了两年多，由此受到梦的启示，他们来到一片滩地上，定居下来。后来又有许多人迁移至此，这地方被命名为马孔多。布恩迪亚家族在马孔多的百年兴废史由此开始。

何塞·阿卡迪奥·布恩迪亚是个富于创造精神的人，他从吉卜赛人那里看到磁铁，便想用它来开采金子。看到放大镜可以聚焦太阳光便试图因此研制一种威力无比的武器。他通过吉卜赛人送给他的航海用的观像仪和六分仪，便通过实验认识到“地球是圆的，像橙子”。他不满于自己所在的贫穷而落后的村落生活，因为马孔多隐没在宽广的沼泽地中，与世隔绝。他决心要开辟一条道路，把马孔多与外界的伟大发明连接起来。可他带一帮人披荆斩棘干了两个多星期，却以失败告终。后来他又研究炼金术，整日沉迷不休。由于他的精神世界与马孔多狭隘的现实格格不入，他陷入孤独的天井中，以致精神失常，被家人绑在一棵大树上，几十年后才在那棵树上死去。乌苏拉成为家里的顶梁柱，她活了 115 岁至 120 岁。

布恩迪亚家族的第二代有两男一女。老大何塞·阿卡迪奥是在来马孔多的路上出生的。他在那里长大，和一个叫皮拉·苔列娜的女人私通，有了孩子。他十分害怕，后来与家里的养女蕾蓓卡结婚。但他一直对人们怀着戒心，渴望浪迹天涯。后来，他果然随吉卜赛人出走，回来后变得放荡不羁，最后奇怪地被人暗杀了。老二奥雷良诺生于马孔多，在娘肚里就会哭，睁着眼睛出世，从小就赋有预见事物的本领，长大后爱上镇长千金雷梅苔丝。在此之前，他与哥哥的情人生有一子名叫奥雷良诺·何塞。妻子暴病而亡后，他参加了内战，当上了上校。他一生遭遇过 14 次暗杀、73 次埋伏和一次枪决，均幸免于难。与 17 个外地女子姘居，生下 17 个男孩。这些男孩以后不约而同回马孔多寻根，却在一星期内全被打死。奥雷良诺年老归家，和父亲一样对炼金术痴迷不已，每日炼金子作小金鱼，一直到死。他们的妹妹阿马兰塔爱上了意大利技师，后又与侄子乱伦，爱情的不如意使她终日把自己关在房中缝制殓衣，孤独万状。

第三代人只有两个堂兄弟，阿卡迪奥和奥雷良诺·何塞。前者不知生母为谁，竟狂热地爱上生母，几乎酿成大错。后者成为马孔多的军队长官，贪赃枉法，最后被保守派军队枪毙。生前他与一女人未婚便生一女两男。其堂弟热恋姑妈阿马兰塔，但无法与她成婚，故而参加军队，去找妓女寻求安慰，最终也死于乱军之中。

第四代即是阿卡迪奥与人私通生下的一女两男。女儿俏姑娘雷梅苔丝楚楚动人，她身上散发着引人不安的气味，曾因此置几个男人于死地。她总愿意裸体，把时间耗费在反复洗澡上面，而她一样在孤独的沙漠上徘徊，后来在晾床单时，被一阵风刮上天不见了，永远消失在空中。她的孪生子弟弟——阿卡迪奥第二，在美国人办的香蕉公司里当监工，鼓动工人罢工。后来，3000多工人全被镇压遭难，只他一人幸免。他目击政府用火车把工人们的尸体运往海边丢弃，四处诉说这场大屠杀，反被认为神志不清。他无比恐惧失望，最后把自己关在房子里潜心研究吉卜赛人留下的羊皮手稿。另一个奥雷良诺第二终日纵情酒色，弃妻子于不顾，在情妇家中厮混。奇怪的是，这使他家中的牲畜迅速地繁殖，给他带来了财富。他与妻子生有二女一男，后在病痛中死去。因此，人们一直没认清他们兄弟俩儿谁是谁。

布恩迪亚家族的第五代是奥雷良诺第二的一男二女，长子何塞·阿卡迪奥小时便被送往罗马神学院去学习。母亲希望他日后能当主教，但他对此毫无兴趣，只是为了那假想中的遗产，才欺骗母亲。母亲死后，他回家靠变卖家业为生。后为保住乌苏拉藏在地窖里的7000多个金币，被歹徒杀死。女儿梅·香梅苔丝与香蕉公司学徒相好，母亲禁止他们见面，他们只好暗中在浴室相会，母亲发现后以偷鸡贼为名打死了他。梅万念俱灰，怀着身孕被送往修道院。小女儿阿马兰塔·乌苏娜早年在布鲁塞尔上学，在那里成婚后归来，见到马孔多一片凋敝，决心重整家园。她朝气蓬勃，充满活力，她的到来，使马孔多出现了一个最特别的人。她的情绪比这家族的人都好，也就是说，她想把一切陈规陋习打入十八层地狱。因此，她订出长远计划，准备定居下来，拯救这个灾难深重的村镇。

布恩迪亚家族的第六代是梅送回的私生子奥雷良诺·布

恩迪亚。他出生后一直在孤独中长大，他唯一的嗜好是躲在吉卜赛人梅尔加德斯的房间里研究各种神秘的书籍和手稿。他甚至能与死去多年的老吉卜赛人对话，并受到指示学习梵文。他一直对周围的世界既不关心也不过问，但对中世纪的学问却了如指掌。自从姨母阿马兰塔·乌苏娜回乡之后，他不知不觉地对她产生了难以克制的恋情，两人发生了乱伦关系。但他们认为，尽管他们受到孤独与爱情的折磨，但他们毕竟是人世间唯一最幸福的人。后来阿马兰塔·乌苏娜生下了一个健壮的男孩，“他是百年里诞生的布恩迪亚当中唯一由于爱情而受胎的婴儿”。然而，他身上竟长着一条猪尾巴。阿马兰塔·乌苏娜产后大出血而亡。

那个长猪尾巴的男孩就是这延续百年的家族的第七代继承人。他被一群蚂蚁围攻并被吃掉。就在这时，奥雷良诺·布恩迪亚终于破译出了梅尔加德斯的手稿。手稿卷首的题词是：“家族中的第一个人将被绑在树上，家族中的最后一个人将被蚂蚁吃掉。”原来，这手稿记载的正是布恩迪亚家族的历史。在他译完最后一章的瞬间，一场突如其来的飓风把整个儿马孔多镇从地球上刮走，从此这个镇不复存在了。

《百年孤独》中译本封面

※ 作品影响

《百年孤独》是加西亚·马

尔克斯的代表作，也是拉丁美洲魔幻现实主义文学的集大成之作。作品通过精心设计的怪诞情节、古老的神话故事、不可告人的家族秘事，着力描绘混混沌沌的马孔多，由愚昧落后产生的荒谬、由独裁造成的孤独，曲折形象地表现了哥伦比亚乃至整个拉丁美洲的百年沧桑，从而引起读者的深思。

这本书于 1967 年 6 月问世，引起了拉丁美洲“一场文学地震”。第一版在几天内告罄，第二、第三版依然如此。各国批评家几乎毫无例外地一致大加赞扬。很快，它就被译成几十种文字出版，在世界范围内产生了广泛的影响。1967 年获意大利基安恰诺奖，同年获法国最佳外国作品奖，1970 年被美国文学评论家列为 12 部世界优秀作品之一。美国评论家约翰·巴恩说它是“20 世纪下半叶给人印象最深的一部小说，而且是任何一个世纪这类杰出作品中的杰作”。

※ 延伸阅读

《旋涡》是哥伦比亚小说家何塞·欧斯塔西奥·里维拉（1889—1928）的著名作品。它描述高瓦与情妇阿丽茜亚私奔进入卡桑那雷草原的种种遭遇，散发着浓郁的热带森林气息，闪耀着拉美的独特光彩，具有拉美文学史上的“大地小说”的特征。

《青楼》同样是拉丁美洲的文学名著，作者为秘鲁小说家马里奥·巴尔加斯·略萨（1936— ）。这部小说在创作技巧上集拉丁美洲三大经典作品《旋涡》《堂塞贡多·松布拉》和《堂娜芭芭拉》之大成，打破旧传统，吸收新技巧，采用混合、交叉、并行、颠倒、意识流等手法，从而达到了引人入胜的艺术效果。

·必读理由·

其“三权分立”学说对后世的政治制度影响巨大/法学发展史上的鸿篇巨制/人类政治生活中的“牛顿定理”/资产阶级法学的学科全书

理性和自由的法典

论法的精神

※背景搜索

孟德斯鸠（1689—1755），法国资产阶级启蒙思想家，古典自然法学派的代表人物，资产阶级法学理论和“三权分立”学说的奠基人。孟德斯鸠出生于波尔多附近的一个贵族家庭，幼年学过古希腊语和拉丁语，后来专攻法律。19岁取得法学学位并担任讲师。1715年，他和一位有钱的军官之女茵·德·拉特丽格结婚。1716年，孟德斯鸠继承伯父的子爵爵位和法院院长职务，在工作中，他认识到封建法律是为王权服务的，并开始怀疑法律能否做到真正公允。1722年，他化名“波尔·马多”发表《波斯人信札》一书，一跃成为全国瞩目的人物。1728年，他辞去法院院长的职务，开始长途学术旅行，周游奥、匈、意、德、荷、英等国。他除专攻法律之外，还涉猎各类学科，获得了广博的学识。他曾先后被选为法兰西学院院士，英国皇家学会会员和柏林皇家科学院院士。1734

作者/孟德斯鸠　国别/法国　类型/法学著作　成书年代/1748年　阅读时间/一生

孟德斯鸠像

年，他发表了《罗马盛衰原因论》。1748 年，经过 20 年精心的酝酿和准备，《论法的精神》问世。1750 年，他在日内瓦发表了《为〈论法的精神〉辩护》，尽管做了辩护，该书还是被列入了当年教会的禁书目录。1755 年 8 月 11 日，孟德斯鸠在巴黎去世。

孟德斯鸠所处的时代是 17 世纪末和 18 世纪前叶，此时正是法国封建主义和君主专制从发展高峰急剧走向没落的时期，长期的战乱、苛政使农民起义此起彼伏，经济、政治危机愈演愈烈。工业革命在法国逐渐兴起，工业资产阶级的利益与专制主义的冲突日益尖锐，资产阶级革命的时机进一步成熟，同时一大批进步的史学家、科学家、哲学家、作家和进步人士为新兴的资产阶级奔走呼告，英国资产阶级革命的思想也被广泛接受。这一切都为《论法的精神》的问世打下了坚实的基础。

※ 内容提要

《论法的精神》分上、下两卷，长达 60 余万字。除一短序外，分 6 卷 31 章。

第一卷（第 1 章至第 8 章）着重论述了法律的定义、法律和政体的关系、政体的种类以及它们各自的原则。

第二卷（第 9 章至第 13 章）论述了自由的概念、法律自由与政体的关系，尤其是通过著名的“分析说”深刻地揭示了以上关系。他将国家政体的权力归结为立法权、行政权和司法权三种，并且通过英格兰实行“三权分立”的经验以及罗马等国家行使三种权力的教训，从正反两方面深刻地论述了三种权力之间相互依存、相互制约，不可相互代替的关系。

第三卷（第 14 章至第 19 章）主要阐述作者关于法律与地域气候的关系的观点。他认为人的性格、嗜好、心理、生理特点的形成与人所处的环境或气候有密切的关系。因而不同环境的民族有不同的精神风貌和性格特点。

第四卷（第 20 章至第 23 章）阐述了法律与贸易、货币与人口的关系。他认为贸易的发展应当有章可循，有法可依，只有这样，贸易活动才能为人类社会创造出更多的财富。作者倡导建立适合于各类贸易活动的法律法规。作者从货币的性质出发，着重论述了货币在贸易活动中所扮演的角色和所起的作用，强调货币的发行和兑换应受国家机器的控制，并遵循贸易市场的客观需求。作者从立法的角度着重论述了“天赋人权”的重要性，并详细阐述了各阶层的人们的社会地位。

第五卷（第 24 章至第 26 章）详细论述了基督教、天主教、耶稣新教和伊斯兰教各自的特点和各自相应的国家政体，并从古代的一些宗教派别的发展过程出发，阐述了宗教对国家尤其是对统治者的重要性。同时，本卷较为详细地论述了民事法规与宗教法规从内容到实施的不同之处。

第六卷（第 27 章至第 31 章）着重对欧洲各国法律的起源、人物和事件进行了深入细致的探讨和研究，并对建立这些法律的理论根据、历史渊源、人物和事件进行了考证和甄别。

法国《人权宣言》石碑

《人权宣言》是人类自由权利的基本宪章之一。1789年法国大革命胜利后，议会通过的基本原则是“人人生而自由，权利平等”“宗教自由和言论自由”等。其中三权分立的概念正是来自孟德斯鸠的《论法的精神》。

《论法的精神》体现了以下四个方面的内容:（一）自然法理论，认为自然法是人类在自然状态中所接受并遵循的一种规律，自然法是永恒的。（二）分权学说，认为政治自由应是民主宪政制度的直接目的，要保障公民的政治自由，就要让立法权、行政权、司法权分掌在不同的人、不同的国家机关手中，并且相互制约，保持协调的行动；三权不仅要分立，更重要的是通过分立以权力制约权力。（三）法治思想，强调法律在治理国家中的作用，主张以法治国，建立法治国家。（四）整体学说，他集中在英国的宪法制度上探讨了政府形式的问题，认为重要的不是看权力掌握在一人手中、多数人手中还是全体人民手中，而是看权力是如何由政府实施的，有可能出现一人单独统治的专制主义，也可能出现全体人的专制主义。只有宪法才能保障一个国家的公民政治自由。

※ 作品影响

《论法的精神》是法学发展史上为数不多的鸿篇巨制之一，它以法律为中心，涉及经济、政治、历史、宗教、地理等领域，包罗万象，内容极为丰富充实，被称为一部资产阶级法学的百科全书。至为关键的是它全面提出并论述了三权分立理论，可以视孟德斯鸠为三权分立学说的真正创始人，而三权分立的思想直接体现在1789年法国的《人权宣言》和1791年法国宪法以及1787年美国宪法。当然这部作品也有其局限性，如在宪政上主张与封建势力妥协、夸大自然环境的作用等。

※ 延伸阅读

1721年，孟德斯鸠以"波尔·马多"的名字发表了《波斯人信札》，这本书不仅揭露了法国人的缺点与偏见，也揭露了法国政治的黑暗，统治集团的奢侈、懒惰以及国家财政的混乱。在宗教方面，它讽刺僧侣们的贪婪，嘲笑教会中各宗派的冲突，指责教皇和宗教裁判所的残酷。这本书语言生动幽默，故事通俗，出版后大受欢迎。

·必读理由·

古希腊文化的最高代表/代表着古希腊的最佳世俗思想/西方思想史上第一部乌托邦著作/影响了莫尔、康帕内拉及空想社会主义学说

第一部系统论述政治哲学的著作

理想国

※背景搜索

柏拉图（前427—前347）是古希腊最重要的唯心主义哲学家，是苏格拉底的学生，亚里士多德的老师。他一生大部分时间居住在古希腊民族文化中心雅典。他热爱祖国，热爱哲学。他的最高理想是哲学家应为政治家，政治家应为哲学家。哲学家不是躲在象牙塔里的书呆子，应该学以致用，求诸实践。他出身于雅典一个大贵族家庭——克德里达家族，原名亚里士多克勒，据说因为他额头很宽，肩也很宽，所以得了个绰号叫“柏拉图”（就是“宽阔”的意思），后来人们就这样称呼他了。柏拉图早年在数学和文学方面受过很好的教育，曾经学习写诗，创作过悲剧。他在20岁时，被父亲送到苏格拉底那里受教，跟随苏格拉底学习了8年，直到公元前399年苏格拉底被处死才离开雅典，旅居麦加拉和意大利南部等地区，40岁时返回雅典。这时希腊日趋没落。柏拉图

作者/柏拉图　国别/古希腊　类型/哲学著作　成书年代/前4世纪　阅读时间/一生

柏拉图像

买了一块园地，在那里建立学园。由于“园地”地处纪念希腊英雄阿加德穆斯的圣殿附近，因此他的学园就取名“阿加得穆”。柏拉图一面讲学，一面从事著述，前后长达41年之久，公元前347年逝世于一个婚礼的筵席上。在西方古代哲学家中，柏拉图是第一个留有大量著作的哲学家，其中有对话35篇，书信13封，但有不少是伪作，如书信大多均属此类；至于各篇对话之真伪，考证出入甚大，不过也有一些是没有多少分歧的，如《苏格拉底的辩护》《巴门尼德篇》《泰阿泰德》《美诺篇》《法律篇》《理想国》等。

※ 内容提要

《理想国》以对话形式写成，共分10卷，基本上包括三个部分。第一部分：第一卷到第五卷，主要论述理想国的具体组织；讨论正义、教育、道德、理念等问题。其中在第一卷中提出贯穿全书的两个问题，即什么是公正，公正是否优于不公正。第二部分：第六卷和第七卷，主要论述与政治学相对的纯粹哲学问题，即论述统治者必须是哲学家，从而给哲学家下定义。第三部分：第八卷到第十卷，主要是对各种实际存在的政治体制及其优缺点的讨论。

为了实现公正，柏拉图在《理想国》中设计了一个真、善、美相统一的政体。他认为，国家就是个人的放大，而个人就是国家的缩小。在他看来，人的灵魂有三种：理性、意志和性欲；与之相适应的有智慧、勇敢和节制三种道德。如果这三个部分协调一致，就体现了人的第四种道德：正义。一个国家也是如此，统治者、卫士和群众这三个阶层各有自己的职能，各具自己的德性。如果这三个阶层安守己位，各司其职，国家就会和谐和公正，社会处于最佳状态，即是至善。

柏拉图还用宗教神话来论证等级秩序的永恒性。他说神用不同的东西造出不同的等级：统治者是用金子做的，武士是用银子做的，农夫和手工业者是用铜和铁做的。他极力反对雅典的奴隶主民主制，他的理想国是斯巴达式的贵族专政制度。

柏拉图还详细地分析了他所处时代的四种不完善的政体。一是斯巴达和克里特政体，重军事、重勇气、重纪律、重献身，但失去了哲学精神的光辉；二是寡头政体，重财富、轻美德，少数有钱人掌权，统治者唯利是图；三是民主政体，重自由、重公民的发言权、选举权和表决权，否认统治者的知识和品质；四是僭主政体，对内镇压，对外战争，是暴政。

柏拉图认为，最适合的政体是既非君主政体、又非民主政体的混合政体。在这种国家中，应实行财产公有，共妻共子，男女平等。因为财产私有引起了国家分裂和党派之争，只有劳动者为了生产才允许有一定的个人财产。

通过一系列的分析，柏拉图认为建立理想国的关键在于让把握了善的哲学家成为国家之王，或国王成了哲学家。所以他用大量的篇幅讨论了他的“理念论”，提出了一系列后来被认为是柏拉图哲学所不可缺少的组成部分的内容。在他看来，停留于不真实的感官世界只能得到意见，认识了理念才是知识。唯有借助于辩证法领略到理念世界光辉的哲学家，才能仰观俯察，荡垢涤瑕，将社会和人生引向至善至美的境界。

※ 作品影响

《理想国》是一部综合性的著作，书中讨论到优生学问题、节育问题、家庭解体问题、婚姻自由问题、独身问题、专政问题、独裁问题、共产问题、民主问题、宗教问题、道德问题、文艺问题、教育问题（包括托儿所、幼儿园、小学、中学、大学研究院以及工、农、航海、医学等职业教育），加上男女平权、男女参政、男女参军等等问题。

《理想国》是第一部系统地论述政治哲学的著作，也是西方思想史第一部乌托邦著作，近代莫尔的《乌托邦》、康帕内拉的《太阳城》以及空想社会主义的政治学说都曾受到《理想国》的洗礼。西方学术界常把柏拉图与圣西门、傅立叶等人相提并论。

※ 延伸阅读

柏拉图不但写了《理想国》，还写了《政治家》《法律篇》。《政治家》叙述在一个城邦里可能存在着不同政治组织，而可能有的政治组织的性质由统治者的人数和他们的统治方法来决定，其中每种政治是按法律或不按法律发挥作用。如果没有法治，政权在众人手里危害较小，如果有法治，民主政治是最坏的政体。在《法律篇》中，柏拉图认为“哲学王”好像找不到，比较好的方式是在法治下，把君主政治和民主政治结合，并对这种制度如何组织以及官吏如何推选做了详细的说明。

·必读理由·

英国古典政治经济学的代表作 / 为自由放任的经济政策提供了理论基础 / 促进了资本主义经济的发展 / 提出了劳动价值论和三个阶级三种收入学说 / 使政治经济学成为一门真正独立的社会科学 / 改变世界的 16 本书之一

揭示剩余价值的真正起源

国富论

※ 背景搜索

亚当 · 斯密（1723—1790）是英国古典政治经济学的主要代表人物之一。《国富论》(全称《国民财富的性质和原因的研究》) 是他的代表作。亚当 · 斯密出生于苏格兰克科第的一个海关官员的家庭，在斯密出生前几个月，他的父亲就去世了。斯密与母亲相依为命，终身未娶。斯密 14 岁进入格拉斯哥大学学习哲学和数学，而后结识了大卫 · 休谟。17 岁时转入牛津大学，1751 年返回格拉斯哥大学讲授逻辑学，第二年开办道德哲学讲座。他的伦理学讲义经修订后在 1759 年以《道德情操论》出版，为他赢得了声誉，他被列为英国第一流的学者。1764 年斯密辞去大学的职务，担任年轻的贝克莱公爵的私人教师，于 1764—1766 年陪他的学生游览法国和瑞

作者 / 亚当 · 斯密　国别 / 英国　类型 / 经济著作　成书年代 /1776 年　阅读时间 / 一生

亚当·斯密像

士。在巴黎，他认识了法国启蒙学派代表人物伏尔泰，重农学派主要代表人物魁奈和杜尔阁等名流，这对他的经济学说的形成有很大影响。1767 年结束了对贝克莱的教学后，他返回家乡专心致力于《国富论》的写作，经过 10 年的刻苦努力，终于在 1776 年完成了这部巨著。《国富论》的出版受到了英国资产阶级的热烈欢迎和赞扬，因为这本书为实行自由放任的经济政策提供了理论基础，于是斯密成为当时英国最著名的经济学家。1778 年斯密担任爱丁堡海关专员，1787 年被推选为母校格拉斯哥大学的校长。1790 年 7 月 17 日，斯密逝世。他的著作除《国富论》《道德情操论》外，还有《哲学问题论集》。

※ 内容提要

《国富论》主要研究国民财富的性质以及增加国民财富的原因和途径，揭示生产发展与财富增长之间的内在联系及其规律，最终达到富国裕民的目的。该书的中心思想是基于人性论和自利心的自由放任思想，也就是经济自由思想。斯密认为经济自由是资本主义发展规律的要求，最符合人们利己的本性，让每个人都自由地追求个人利益，最终就能够最好地实现社会的总利益。因此，斯密强烈反对国家干预经济生活，主张充分实现经济自由，就是要实现自由经营、自由贸易和自由竞争。这些主张实际上反映了处在工业革命初期的资产阶级的要求，他们要求清除一切束缚资本主义发展的封建残余和国家对经济干涉的政策，从而完全确立资本主义的自由经济秩序。

斯密根据研究国民财富这条主线，精心设计了全书的篇章结构，并在本书的“绪论及全书设计”中做了简要的说明。除“绪论及全书设计”外，《国富论》分为上下两卷，共5篇32章。《国富论》最先建立了资产阶级政治经济学比较完整的理论体系。在“绪论及全书设计”里，斯密明确地指出，所谓国民财富，就是指供给国民每年消费的一切生活必需品和便利品。

第一篇为“论劳动生产力增进的原因，并论劳动生产物自然而然地分配给各阶级人民的顺序”，斯密认为增加财富的具体途径主要有两条：一是加强劳动分工以提高劳动生产率；二是增加资本积累，从而增加从事生产的劳动者人数。

第二篇为“论资本的性质及其蓄积和用途”，主要研究了资本的性质、构成、积累和用途。在这一篇中，最先明确地说明了资本的构成可分为固定资本和流动资本，区分了生产劳动和非生产劳动，论述了资本的各种形态，即借贷资本、工业资本和商业资本之间的区分。前两篇基本上包括了斯密政治经济学理论的所有内容。

第三篇为“论不同国家中财富的不同发展阶段”，从经济史的角度，对促进或阻碍国民财富发展的原因做了分析，主要考察了罗马帝国崩溃到18世纪后期的经济发展史，研究了国家的经济政策对财富生产发展的作用。从历史的角度出发，论证了只有采用自由放任的经济政策，才会有利于分工和国民财富的发展。

第四篇为“论政治经济学体系”，从经济思想史的角度出发，对阻碍国民财富增长的重商主义和重农主义的理论和政策做了分析、比较和批判。考察了不正确的政策主张和学说怎样妨碍国民财富的增长，实际上进一步论证了采取自由放任政策的必要性。

第五篇为“论君主或国家的收入”，研究的是国家财政收支对国民财富发展的影响。斯密强调了必须采取合理的财政制度，使国家的收入大于支出，促使资本的积累，才能增进国民财富。

《国富论》的内容极为丰富，涉及许多方面的经济理论，但是对政治经济学的发展来说，最重要的贡献还在于斯密所论述的劳动价值论和三个阶级三种收入的学说。

※ 作品影响

亚当·斯密的《国富论》汇集并大大发展了在他以前一个多世纪以来的经济思想的优秀成果，对政治经济学的研究对象、方法、范围和内容做了全新的、带有创造性的阐述，使政治经济学这门“最古老而又最新颖的艺术”第一次成为真正独立的社会科学，所以《国富论》是一部继往开来的划时代的伟大著作。

※ 延伸阅读

魁奈的《经济表》是法国重农学派的主要代表作。该书主要从经济分析的假定前提、流通开始的各个阶级的情况、流通的五个步骤和流通的结果来论述。该书对再生产的分析，主要是通过经济表这种形式来阐述问题的，以三个阶级：生产阶级（租地农场主和农民）、土地所有者阶级（地主、国王、官吏等）、不生产阶级（资本家和工人）为分析对象，最终得出只有生产阶级的生产才能增加价值。

·必读理由·

马克思主义美学的重要来源之一/19世纪以前美学的高峰/影响了世界现代艺术的发展/促使了当代哲学文化人本主义和科学主义的分野

19世纪以前美学的高峰

美 学

※背景搜索

黑格尔（1770—1831），德国近代客观唯心主义哲学的代表、政治哲学家，对德国资产阶级的国家哲学做了最系统、最丰富和最完整的阐述。黑格尔生于德国符腾堡公国首府斯图亚特一个官吏家庭。1780年起就读于该城文科中学，1788年10月去图宾根神学院学习，主修神学和哲学。黑格尔青年时代恰逢法国大革命，卢梭的思想对他产生了极大影响，他被法国革命崇尚的自由精神深深打动。他反对封建专制和民族分裂，渴望德国在政治上实现统一，把德意志民族的复兴与资产阶级革命联系起来，把立宪政治制度视为理想的国家制度。1815年拿破仑战争的失败、欧洲封建势力的复辟，使他的政治态度发生变化，放弃了激进的政治主张，开始赞颂现存的普鲁士王国，主张以此为基础而建立君主立宪制政体。1829年黑格尔当选柏林大学校长。黑格尔晚年对普鲁士王国

作者/黑格尔　国别/德国　类型/美学著作　成书年代/19世纪　阅读时间/青年、中年

表现出忠顺态度，但对法国革命始终持有好评，对德国保守派——历史法学派持反对态度。1831 年 11 月 14 日病逝于柏林。黑格尔一生撰有大量政治论著，生前发表的有《评 1815 年和 1816 年符腾堡王国等级议会的讨论》《法哲学原理》《论英国改革法案》。后人编辑出版的有《德国法制》《黑格尔政治和法哲学著作》等。

黑格尔所处的资本主义时代，一般社会情况与文艺活动之间的矛盾在于个人与社会的脱节，在于主观主义和唯我主义的猖獗，是个人性格中不能体现有理性内容的带有普遍性的社会理想。黑格尔针对这种情况，企图纠正时弊，指出正确的方向。在文艺方面，当时正是浪漫主义刚兴起就逐渐转入反动的颓废主义的转折点，因而黑格尔针对这一情况发表了自己的看法。

※内容提要

《美学》又名《美学讲演录》，共三卷，全书以“美是理念的感性显现”为中心概念，并由此衍化、生发出包括基本原理、艺术史、艺术分类在内的严密的美学思想体系。

总序阐明了美学的对象和研究方法，在黑格尔看来，美学的范畴在于艺术美，而不是自然美。美和艺术的科学的研究方式：一方面，从经验出

黑格尔像

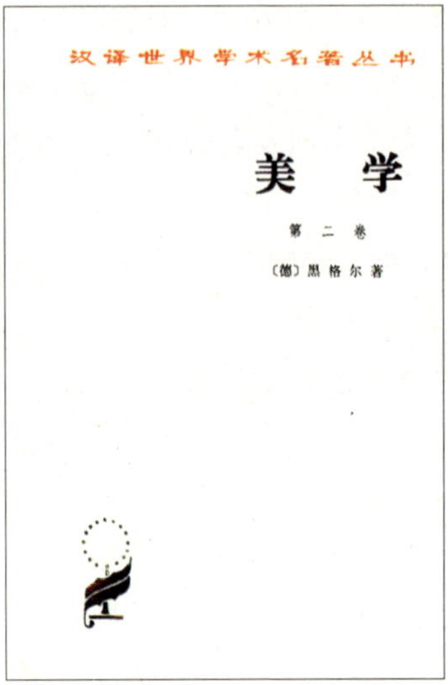

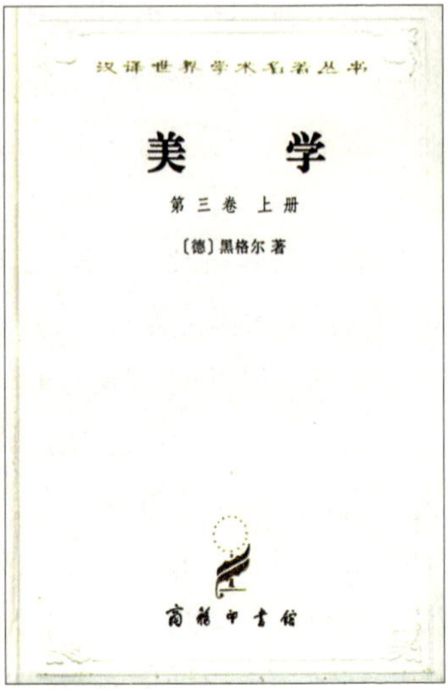

商务印书馆出版的黑格尔《美学》译本

发，对个别艺术作品进行观照和评价，认识艺术作品产生的历史环境；一方面，从理念出发，认识它们的自在本体、普遍性。

第一卷探讨艺术美的理念或理想。黑格尔认为，理念包含着概念的普遍性和客观实在的具体性，因而既是本质和内容，又是现象和形式，是两者的具体统一。他还提出了美的生命在于显现的观点。所谓“美是理念的感性显现”，就是借感性形式使理念放出光辉。艺术的一切感性形式，都是为了显示一种内在的精神。

第二卷论述艺术发展的历史类型。美的理念的一些重要差异显现为艺术的各种特殊的类型，它们是美的理念在不同历史阶段的发展，这三种不同类型的艺术为象征主义艺术、古典主义艺术和浪漫主义艺术。象征型艺术是艺术的开始阶段，是过渡到真正艺术的准备阶段。象征型艺术的理念与形象不和谐，但其神秘色彩表现出崇高风格。古典型艺术是艺术的中心，是恰当地实现了艺术概念的真正的艺术。古典型艺术达到了理念与形象之间自由完美的协调，理念在感性形象中得到充分的显现。浪漫型艺术的基本原则是精神离开肉体，返回到本身。这也就是内在主体性的原则。浪漫型艺术的精神内容压倒了物质的表现形式，自由的心灵活动成了这种艺术的主要对象。但由于各人的独立性和环境的偶然性之间的矛盾日益尖锐，浪漫型艺术的衰亡是不可避免的。

第三卷详尽地讨论了各种艺术门类的体系。黑格尔认为，第一阶段的艺术主要是建筑，建筑是最早的艺术，实现了艺术的最初任务。建筑只是根据客观基础创造出一种外在形式，以象征方式暗示具有精神性和主体性的意义。东方民族的建筑是典型代表，其特点是物质超过精神，理念处于朦胧状态。因此建筑属于象征型艺术。第二阶段的艺术主要是雕刻。雕刻用物质的东西，把精神表现于与之相适宜的肉体形象，使精神和肉体呈现为一个整体。它的特点是物质和精神吻合，理念被感性形象显现出来变为实有，因此，雕塑属于古典型艺术。第三阶段的艺术主要是绘画、音乐、诗歌。其特点是精神压倒物质，理念逐渐从物质中挣扎出来开始向自由的、无限的方向发展，因此，近代绘画、音乐、诗歌属于浪漫型艺术。艺术发展到了浪漫型就达到了最高峰。

※作品影响

黑格尔的美学是马克思主义以前资产阶级美学的高峰，它虽然在形式上是唯心主义的、神秘的，却在内容上包含了历史主义和辩证法的合理内核，成为马克思主义美学的重要来源之一，并为各种不同的美学思潮和流派留下了广阔继承、吸收和发挥的余地。

※ 延伸阅读

黑格尔的《逻辑学》是指《小逻辑》，是黑格尔《哲学全书》（此书由《逻辑学》《自然哲学》和《精神哲学》组成）的第一部分，主要阐述了黑格尔唯心主义辩证法的基本思想，展现了“绝对理念”自我运动发展的过程。在《逻辑学》中“绝对理念”始终沿着固定的“正—反—合”的三段式公式发展。《逻辑学》分为“存在论”“本质论”“概念论”三部分，每个部分按此原则划分章节。《逻辑学》在西方哲学史上第一次系统地、自觉地阐述了辩证法的基本特征，制定了辩证法基本规律的内容，但这是建立在唯心主义基础之上的。

《历史哲学》也许是黑格尔著作中被人读得最多的一部，它之所以被广泛阅读，是因为它相对容易读，而“理性的狡狯”“世界历史人物”“理性的历史历程”之类的思想也早已在人们中耳熟能详，为不同的人所引用。美国哲学家弗里德利希在给《历史哲学》英译本写的序中指出，《历史哲学》是黑格尔哲学的核心和中心，是一部有着最深刻影响的著作。黑格尔始终将思想与历史视为同一个过程，他自己的哲学就是历史的产物，必须历史地理解。离开历史的语境，黑格尔哲学及其意义就无法得到真正的理解。

·必读理由·

一部充满着哲学理论的军事巨著/19世纪欧洲军事理论的巅峰之作/改变世界的16本书之一/可资借鉴到生活各个层面的杰出作品

与《孙子兵法》齐名的一代巨著

战争论

※背景搜索

克劳塞维茨（1780—1831），德国军事理论家和军事历史学家，普鲁士军队少将。他出生于普鲁士王国马格德堡附近的一个小税务官家庭。他还不满12岁时，就被父亲送进波茨坦的一个步兵团，1792年，参加了普鲁士军队，1795年晋升为军官，并自修了战略学、战术学和军事历史学。1803年克劳塞维茨毕业于柏林普通军校，同年起任普鲁士奥古斯特亲王的副官，参加过1806—1807年普法战争。1808年起在普军总参谋部任职。1808—1809年任军事改革委员会主席办公室主任。1810年10月起任军官学校战略学和战术学教官。同年5月，克劳塞维茨到俄军供职，1812年俄罗斯卫国战争期间，克劳塞维茨先后任柏林骑兵军和乌瓦罗夫骑兵军的作战军官，参加过奥斯特罗夫诺、斯摩棱斯克和博罗季诺等会战。克劳塞维茨研究了1566—1815年期间所发生过的130多次战争和

作者/克劳塞维茨　国别/德国　类型/军事著作　成书年代/19世纪　阅读时间/青年、中年

克劳塞维茨像

征战，撰写了论述荷兰独立战争、古斯塔夫二世·阿道夫战争、路易十四战争、腓特烈二世战争、拿破仑战争、1812年卫国战争、1813年德意志解放战争等的许多军事历史著作。克劳塞维茨的主要著作是《战争论》。

克劳塞维茨所生活的时代，正是近代欧洲工业革命、民族革命和民族解放运动相继发生的时代。法国资产阶级革命和拿破仑战争的实践，宣告了封建专制主义陈腐落后的旧战争学说的彻底破产，在军事上引起了巨大变革。法国大革命、历次拿破仑战争和19世纪初欧洲各国人民的民族解放运动，对于克劳塞维茨世界观、军事观的形成，产生了决定性的影响。克劳塞维茨虽然对法国大革命持反对态度，但他同时也清楚地看出了这次革命在军事上引起的根本性变化，对封建主义军事理论进行了尖锐的抨击。

※内容提要

《战争论》全书共3卷8篇124章，共约70万字。作为资产阶级军事科学的奠基之作，该书的内容极为丰富，对战争性质、战争理论、战略、战斗、军队、防御、进攻、战争计划等诸多方面阐发了一些“在战争理论中引起一场革命的主要思想”。第一篇“论战争的性质”，第二篇“论战争理论”，第三篇“战略概论”，第四篇“战斗”，第五篇“军队”，第六篇“防御”，第七篇“进攻”，第八篇“战争计划”。其基本的思想观点是：

一、战争是政治的继续。克劳塞维茨认为，战争就如同一条变色龙，千变万化，各不相同。但战争的暴烈性，战争的概然性和偶然性却是其根本属性之一。从战争与政治的关系看，政治是战争的母体，因而不应把战争看成独立的东西，而要看作是政治的工具，是为政治服务的。军事观点必须服从于政治观点。任何企图使政治观点从属于军事观点的做法都是错误的。战争爆发之后，仍是政治交往的继续，是政治交往通过另一种手段的实现，是打仗的政治，是以剑代笔的政治。

二、战争的目的就是消灭敌人。克劳塞维茨认为，战争的政治目的即是消灭敌人，而消灭敌人必然要通过武力决战，通过战斗才能达到，它是一种比其他一切手段更为优越、更为有效的手段。消灭敌人包括物质力量和精神力量两个方面。

三、战略包括精神、物质、数学、地理、统计五大要素。精神要素指精神力量及其在军事行动中的作用。物质要素指军队的数量、编制、各兵种的比例等。数学要素指战线构成的角度、向心运动和离心运动等。地理要素指制高点、山脉、江河、森林、道路等地形的影响。统计要素指一切补给手段等。克劳塞维茨认为，“这些要素在军事行动中大多数是错综复杂并紧密结合在一起的。”其中精神要素占据首位，影响战争的各个方面，贯穿于战争始终。“物质的原因和结果不过是刀柄，精神的原因和结果才是贵重的金属，才是真正锋利的刀刃。”

四、战略战术的基本原则。克劳塞维茨认为，数量上的优势在战略战术上都是最普遍的制胜因素。虽然在实际作战时，通常不可能处处形成优势，但必须在决定点上通过巧妙调遣部队，造成相对优势。一切军事行动或多或少地以出其不意为基础，才能取得优势地位，使敌人陷入混乱和丧失勇气，从而成倍地扩大胜利的影响。战略上最重要而又最简单的准则是集中优势兵力。用于某一战略目的的现有兵力应同时使用，越是把一切兵力集中用于一次行动和一个时刻越好。会战是战争的真正重心，由几个战斗所形成的大规模会战能有效地消灭敌军，所取的成果最大，故高级将领应当重视这种双方主力之间的战争，视其为挫败敌国交战意志的重要手段。

五、战争中的攻防。克劳塞维茨认为，进攻和防御是战争中的两种基本作战形式。二者是相互联系、相互转化的。整体为防御，局部可能为进攻。进攻中含有防御因素，防御中也含有进攻因素。进攻可转变为防御，防御也可以转变为进攻。一般说来，防御有离自己的兵员和物资补给地较近，能依靠本国民众的有利条件，但它的目的是消极据守。进攻具有“占领”这一积极目的，并通过占领来增加自己的作战手段。

六、要积极向战争史学习。克劳塞维茨认为，战争理论是成长于战争经验土壤里的果实。战争史是最好的、最有权威、最能说服人的教师。战争理论和原则的提出，应当在研究战争史的基础上进行。当然，战争理论也要随着时代和军队的变化而变化，要适应特定国家的需要，具有时代的特点。

克劳塞维茨认为“每个时代均应有其特定的战争”，军事学术的变化是由“新社会条件和社会关系”引起的。这些判断是正确的。但他并不理解究竟是什么决定了军事学术的发展，所以他对这一点的解释是相当矛盾的。

克劳塞维茨在研究军事学术理论及其组成部分——战略学和战术学方面做了大量工作。他反对军事学术中的“永恒的原则”，认为战争现象是不断发展的。同时，他又否定在军事发展上存在规律性，并且断言“战争是一个充满偶然性的领域，是一个充满不确定性的领域”。

《战争论》的结论是：“战争是政治的工具；战争不可避免地具有政治的特性……战争就其主要方面来说就是政治本身，政治在这里以剑代表，但并不因此就不再按照自己的规律进行思考了。”对于克劳塞维茨的这一论点，列宁曾给予极高评价。

※ 作品影响

《战争论》对欧洲 18—19 世纪的战争历史、战争现象、战争理论从宏观到微观进行了全面而细致的考察，使其在军事学的意义不同凡响，达到了它所处的时代的高峰。

它被誉为西方近代军事理论的经典之作，对近代西方军事思想的形成和发展起到了重大的作用，作者本人也因此被视为西方近代军事理论的鼻祖，在 19—20 世纪，《战争论》的流传和影响毋庸置疑；进入 21 世纪，它的魅力仍持久不衰，当代西方国家军事战略的制定在理论上也大多出自这部书。

※ 延伸阅读

《西线无战事》是描写第一次世界大战的文学作品，为德国作家雷马克的经典小说。作家描写一群德国青年志愿者投身战场，最后大都目睹了战争的残酷而死去的悲惨事迹，带有自传性的意味。

·必读理由·

改变世界的16本书之一/美国《生活》杂志评选的人类有史以来的最佳图书/英国《读书》杂志推荐的理想藏书/所阐述的进化论是19世纪自然科学的三大发现之一/人类思想发展史上一座最伟大的里程碑

瞻望我们最遥远的过去

物种起源

※背景搜索

达尔文（1809—1882）出生于英国西部施鲁斯伯里一个世代为医的家庭。16岁时，他被送到爱丁堡大学学习医学。但达尔文从小就爱打猎，采集矿物和植物标本。父亲认为他游手好闲，1829年，在盛怒之下，父亲送他到剑桥大学学习神学，希望他成为一个“尊贵的牧师”。1831年，达尔文从剑桥大学毕业。同年12月，英国政府组织了“贝格尔”号军舰环球考察，达尔文以“博物学家”身份自费搭船开始考察活动。这艘军舰穿越大西洋、太平洋，经过澳大利亚，越过印度洋，绕过好望角，于1836年10月回到英国。1842年，他第一次写出《物种起源》的简要提纲。1859年11月，达尔文经过20多年研究，终于写成科学巨著《物种起源》。1882年

作者/达尔文　国别/英国　类型/科学著作　成书年代/1859年　阅读时间/青年

4 月 19 日，这位伟大的科学家因病去世，被安葬在牛顿墓旁。

达尔文像

达尔文年轻时代，正是生物学领域处于“神创论”与生物进化思潮激烈斗争的时期。当时占统治地位的宗教神学认为，地球上各种生物都是按上帝的意志、计划创造出来的，地球上的生物物种被上帝创造出来，其种类永远不会变化。这就是“物种不变论”。相反，无神论者和坚持唯物主义的自然科学家则认为，地球上的各种生物不是上帝创造的，而是在一定外界条件、环境的影响下，逐渐进化、演变而来的。这就是“进化论”。同时正是英国资产阶级完成工业革命，进一步扩张掠夺海外殖民地的时期，英国政府派遣大量舰船和探险队到世界各地进行探险和科学考察。

※ 内容提要

《物种起源》是进化论奠基人达尔文的第一部巨著，全书分为 15 编，前有引言和绪论。15 编的目次为：第一，家养状态下的变异；第二，自然状态下的变异；第三，生存斗争；第四，自然选择（即适者生存）；第五，变异的法则；第六，学说之疑难；第七，对自然选择学说的各种异议；第八，本能；第九，杂种性质；第十，地质记录的不完整；第十一，古生物的演替；第十二，生物的地理分布；第十三，生物的地理分布续篇；第十四，生物间的亲缘关系：形表学、胚胎学和退化器官；第十五，综述和结论。从前14个篇目上，可以清晰地看到《物种起源》的内容：讲述生物进化的过程与法则。

达尔文在《物种起源》中阐明了这样的科学原理：自然界中生物的物种不是不变的，而是由低级向高级逐渐进化发展的。进化学说包括以下几点：①多数变异是微小的，在自然状态下显著的偶然变异是少见的，即使出现也会因为杂交而消失；②自然界的变异是连续过渡的，从个体差异到轻微的变种、显著的变种、亚种和新种；③自然选择：生物都有按几何级数增加个体数目的倾向，但是资源（如空间、食物等）又是有限的，因而，同一物种内的不同个体以及不同物种之间为获得生存机会而斗争（竞争），并导致大量个体的死亡；④一些经过修改和发展的概念，主要为性状分歧。达尔文从家养动植物中看到，由于按照不同的需要进行选择，一个原始共同祖先类型，即野生品种，可以被培养成许多形态特征显著不同的家养品种。同样，自然界的同一个种内个体之间的形态、习性差异越大，则适应不同环境方面越是有利，因而将会繁育更多的个体，分布更为广泛。随着差异的积累，分异（歧异）越来越大，原先的一个种就会逐渐变为一系列变种、亚种乃至不同的新种。这就是性状分歧（分异）的原理。达尔文还阐述了地理隔离对性状分歧和新种形成的促进作用，被大洋隔离的岛屿上山雀和海龟的变异就是典型的例子。在一个地域内，由于资源（如空间、食物等）是有限的，因此每一个地区所能维持（支持）的物种数量及生物个体数量是有限的。生存斗争、自然选择的结果便导致具有有利变异的类型个体数目增加，相对劣势类型个体数目则减少直至被淘汰或灭绝。随着性状分歧的加大，新种不断形成、老种灭绝，特别是由于中间过渡类型的灭绝，不同物种之间形态差异逐渐扩大。而在生物分类的实践中，相同的物种归于一个属，相近的属归于一个科，相近的科归于一个目。如果从时间和空间两个方面来看，生物的分类系统形成过程就好像一株不断分叉的大树，对此，达尔文曾用一株大树对自然选择的原理做过生动形象的描绘。

※ 作品影响

《物种起源》自 1859 年在英国伦敦出版以来，受到众多市民的热烈欢迎，被争相购买。这本书的第一版 1250 册在出

《物种起源》的出版，从根本上推翻了神创论和物种不变论，引起了宗教界极大恐慌，许多人都责难达尔文、污蔑他。这幅绘于 1874 年的讽刺画就是在嘲讽达尔文是由猴子变的。

版之日就全部售罄。它以全新的进化思想推翻了神创论和物种不变论，把生物学建立在科学的基础上，提出震惊世界的论断：生命只有一个祖先，生物是从简单到复杂，从低级到高级逐渐发展而来的。它发表传播后，生物普遍进化的思想以及“物竞天择，适者生存”的进化论已为学术界、思想界公认为 19 世纪自然科学的三大发现之一。20 世纪 40 年代初，英国人霍尔丹和美籍苏联生物学家杜布赞斯在达尔文思想的影响下，创立了“现代进化论”。可以说，这本书在人类思想发展史上是最伟大、最辉煌的划时代的里程碑，对人类历史有着极大的影响。

※ 延伸阅读

《人类的由来》是达尔文的另一部巨著，它阐述了物种起源的一般理论同样适用于人，为人类归入科学研究的领域取得了突破性的成果。达尔文认为他的这些科学著作是“他一生中主要的乐趣和唯一的事业”。

《达尔文生平及其书信集》是由达尔文的儿子弗朗西斯·达尔文出版的。最初，弗朗西斯·达尔文出版了三卷本，然后又增补了两卷《书信续集》。这部作品是详细了解伟大的博物学家生平的优秀读物。而弗朗西斯所写的评述的语气十分平静而又令人喜爱，这种语气就使这部作品成为达尔文一生的生动的编年史。

·必读理由·

集中反映了马克思的经济思想/揭示出资本主义生产矛盾的实质/马克思经济学说史上的一次巨大的飞跃/实现了革命性和科学性的统一，对共产主义事业具有指导作用/无产阶级反对资产阶级的强大思想武器

马克思主义的精髓所在

资本论

※背景搜索

马克思（1818—1883），无产阶级的伟大导师，马克思主义创始人之一，伟大的革命家、科学家、思想家，科学社会主义的奠基人。马克思于1818年5月5日出生于普鲁士莱茵省的特利尔城的一个律师家庭。1835年在家乡特利尔中学毕业后进入波恩大学学习法律，一年后转入柏林大学法律系学习，但马克思在此期间研究最多的是历史和哲学，他志向远大，立志造福于全人类。1838年，马克思参加了青年恩格尔派的“博士俱乐部”，并立刻成了这个团体的精神中心。在1841年大学毕业时写的毕业论文题目为《德谟克利特和伊壁鸠鲁的自然哲学的区别》，并由此而获得耶拿大学博士学位。1842年为《莱茵报》撰稿并成为该报的主编，由于该报的革

作者/马克思　国别/德国　类型/经济著作　成书年代/19世纪　阅读时间/青年、中年、老年

马克思像

命民主倾向越来越明显，于1843年4月被当局查封。马克思于1845年移居布鲁塞尔，在此期间与恩格斯结下了深厚的友谊。1846年创立共产主义通讯委员会。1847年与恩格斯一起加入正义者同盟，并将该同盟改名为共产主义同盟，同年12月与恩格斯撰写《共产党宣言》。马克思积极指导国际共产主义运动的开展，1864年成为第一国际的创始人和领导者。1883年3月4日，马克思逝于英国伦敦。马克思的其他著作还有:《1844年经济哲学手稿》《德意志意识形态》《哲学的贫困》《共产党宣言》等。

在19世纪中期，资本主义经济已发展到较高水平，资本主义世界中的主要矛盾由原先的资产阶级和封建地主阶级之间的矛盾转化为资产阶级和无产阶级之间的矛盾，这个矛盾随着资本主义经济的发展而变得更加严峻和突出。无产阶级在资产阶级的剥削和压迫下，开始自发地进行反抗和斗争，但是他们以最初砸坏机器、焚烧厂房等形式带来的并不是胜利，相反资产阶级却加重了对他们的剥削。从反抗中可以看出无产阶级的斗争意识开始出现，也预示着新的革命即将到来，然而这是个漫长的过程，既需要工人阶级自身力量的不断壮大，更需要有科学的理论指导。《资本论》就是在这样的背景中产生的。

※内容提要

《资本论》是马克思对资本主义社会的各种现象做了大量深入研究后完成的，集中反映了马克思的经济思想。1867 年 9 月第一卷问世，马克思逝世后，恩格斯编辑出版了第二卷和第三卷。

《资本论》第一卷《资本的生产过程》的核心内容是剩余价值的产生，马克思是按劳动价值论、剩余价值论、工资理论、资本积累理论这四个部分来论述这一核心的，从而揭示出资本主义产生矛盾的实质。

一、劳动价值论：商品是一切以交换为目的而生产的劳动产品，它有使用价值和价值的二重性。商品的二重性由生产商品的劳动的二重性即具体劳动和抽象劳动决定。商品的价值从量上看是由社会必要劳动时间决定的，但从本质上看是人类无差别劳动的凝结。商品的价值只有通过商品之间的相互交换才能表现出来，在商品的交换过程中，随着商品经济矛盾的发展，出现了一般等价物——货币。货币具有价值尺度、流通手段、贮藏手段、支付手段和世界货币五种职能。价值在货币出现后，就以价格价值规律即劳动决定价值和等价交换的规律起作用。

二、剩余价值论：资本最初是表现为一定量的货币，但在流通结束时会发生增值，而货币则不会。资本能够增值的原因在于劳动力成为商品。劳动的消费过程也是资本主义的生产过程，它具有二重性，即一方面它是一个劳动的过程，另一方面它又是价值形成和增值的过程，工人的劳动分为必要劳动和剩余劳动。而在剩余劳动时间内创造的价值则形成被资本家无偿占有的剩余价值。资本主义剥削的秘密在于把工人的劳动时间延长到必要劳动时间上，从而生产剩余价值。

三、工资理论：资本主义工资实际上是劳动力的价值或价格。工资的形式有多种多样，其中主要有计时工资和计件工资。工资制度是资本家剥削工人的主要工具。

四、资本积累理论：资本主义生产是再生产过程，在这一过程中不仅生产出一定的物质资料，而且再生产出资本主义的生产关系。资本主义扩大再生产的源泉是资本积累，而资本积累就是剩余价值的资本化，其实质就是用无偿占有的剩余价值的一部分。

《资本论》第二卷《资本的流通过程》分析了剩余价值的实现条件，进而更进一步地揭示了资本主义的基本矛盾。①资本循环和周转理论。资本在运动过程中依次通过三个阶段：购买、生产和销售三个阶段，一次采取三种职能形式：货币资本、生产资本和商品资本，并各自完成一种特殊职能，最后回到原来的起点，这一过程就是资本的循环。资本循环周而复始，不断重复进行就是资本周转。②社会资本再生产理论。相互联系、相互依存的单个资本的综合就是社会资本，社会总产品是考察社会资本再生产的起点。社会总产品在价值形态上由C+V+M构成（C是不变资本，V是可变资本，M是剩余价值）。与此相应，社会生产分为生产资料的生产和消费资料的生产两大部分。

《资本论》书影

《资本论》不仅是一部经济学著作，也是一部划时代的哲学著作，是一部对人类历史进程产生深刻影响的百科全书。我国自20世纪30年代开始出现多种中译本《资本论》。

《资本论》第三卷《资本主义生产的总过程》分析了剩余价值

的各种现实形态，从而说明工人不仅受到单个资本家的剥削，而且受到整个资产阶级的剥削，工人阶级要改变自己的地位只能推翻整个资产阶级的统治。

※ 作品影响

《资本论》的问世完成了马克思政治经济学说史上的一次巨大飞跃，它所展示的伟大思想实现了革命性和科学性的统一，至今对全世界都产生着重大影响。马克思是资本主义制度的掘墓人，他在经济学上的最大贡献在于揭露了资本主义基本的矛盾，在总结前人经济学成果的基础上创建了新的政治经济学。马克思的经济理论揭示了资本主义制度的矛盾，对共产主义事业具有指导作用，构成了马克思主义的一个重要组成部分，成为无产阶级反对资产阶级的一个强大思想武器。

※ 延伸阅读

《共产党宣言》，是马克思、恩格斯于1847年12月至1848年1月共同写成，以“共产主义者同盟”党纲的形式于1848年2月发表。它的诞生为人类开辟了无产阶级的新纪元。《共产党宣言》进一步论证和发展了关于资本主义发生、发展和灭亡的规律，指出资本主义生产关系比旧的生产关系大大促进了生产力的发展。同时从资本主义生产力与生产关系的矛盾中深刻地揭露了经济危机的根本原因，并把危机与资本主义的崩溃联系起来，从而大大发展了经济危机学说。《共产党宣言》深刻地揭示了资产阶级社会生产关系的特征，论证和发展了关于无产阶级生产、发展及其伟大历史使命的学说。

·必读理由·

性学大师的传世杰作 / 精神分析学的代表作 / 改变世界的 16 本书之一 / 法国《读书》杂志推荐的理想藏书 /20 世纪人文社会科学中最重要的作品 / 揭开潜意识世界大门的钥匙

人类心灵的旅途

梦的解析

※ 背景搜索

弗洛伊德（1856—1939），奥地利精神病医生、精神分析学派的开山祖师。弗洛伊德出生于捷克的弗莱堡，其父是一个做羊毛生意的犹太商人,4 岁时，全家迁往维也纳。1873 年，17 岁的弗洛伊德进入维也纳大学学习医学。1881 年成为精神病学医生，此后不久开始从事精神分析研究。1885—1886 年间，先去巴黎向当时著名精神病专家沙可学习，后赴南锡参观催眠疗法。回到维也纳后，弗洛伊德认识到催眠疗法的局限性，1895 年后改用自己独创的精神分析法以挖掘患者遗忘了的观点和欲望。同年，与布罗伊尔合作发表《歇斯底里研究》。1896 年，弗洛伊德正式提出了精神分析的观念并创立了他的以潜意识为基本内容的精神分析理论。1908 年创办了维也纳精神分析学会，1910 年发展为国际精神分析学会。1909

作者 / 弗洛伊德　国别 / 奥地利　类型 / 心理学著作　成书时间 /1900 年
阅读时间 / 一生

弗洛伊德像

年，弗洛伊德应美国克拉克大学校长、著名心理学家霍尔的邀请，赴美国参加该校20周年校庆纪念，发表了以精神分析的起源和发展为主题的演讲，在美国掀起了巨大的波澜。1910年以后，美国报纸充满了论述他的文章。1930年，他被授予歌德奖金。1936年80寿辰时，荣任英国皇家学会会员。纳粹德国1938年侵占了奥地利，弗洛伊德作为犹太人在纳粹分子的威迫下，被迫离开维也纳去了伦敦，后来死于伦敦。他的主要著作有《歇斯底里研究》《日常生活的精神分析》《精神分析论》《梦的解析》《文明与其缺陷》等。

※ 内容提要

《梦的解析》第一次告诉曾经无知和充满疑惑的人们：梦是一个人与自己内心的真实对话，是自己向自己学习的过程，是另外一次与你息息相关的人生。弗洛伊德在该书中认为人在清醒的意识下，还有一个潜在的心理活动在进行着，这种观点就是著名的潜意识论。全书分7章，其主要内容如下：

第一章为1900年以前有关梦的研究。着重介绍了关于梦的问题的文献资料，详尽地叙述了前人和当代人（与弗洛伊德同时代的）的有关梦的理论。1900年以前，有关梦的经典理论都认为，梦是以象征的方式，表明已经发生或正在发生或将要发生的事物。弗洛伊德不同意这种理论，他认为，梦是做梦人在不清醒状态时的精神活动的延续，梦的内容多数是最近的以及孩提时代的资料。只要是外界给神经的刺激和肉体内部的刺激的强度足以引起心灵的注意，即可构成产生梦的出发点和梦的资料的核心，并按照“复现的原则”，使某种心灵上的印象得到重视。

第二章为梦的解析方法。这一章主要介绍了对一个具体的梦的分析方法、步骤和注意要点，并且着重分析了一个名叫伊玛的人关于打针的梦。一个人无法把整个梦的内容作为集中注意的对象，只能就每个小部分梦的内容进行一一解释。同样的一个梦对不同的人、不同的关联将有不同的意义。弗洛伊德认为，梦是一大堆心理元素的堆砌物。

第三章为梦是愿望的达成。在这一部分中，弗洛伊德提出了他关于梦是人欲望满足的学说：梦在一定程度上满足了本能欲望，缓和了冲动；又不唤起检查机制的警觉，从而保护了睡眠。弗洛伊德以梦是人主观心灵的动作这一前提出发，肯定所有的梦都是以自我为中心并都与自我有关，即使自己不在梦里出现，那只是利用“自居作用”隐藏在他人的背后。从每一个梦中，都可以找到梦者所爱的自我，并且都表现着自我的愿望。

第四章为梦的改装或梦的伪装。弗洛伊德认为，潜意识中的本能冲动（性欲冲动）趁人睡眠时以伪装的方式骗过了所有松懈的心理检查机制而得以表现，就构成了梦境。愉快的、欢乐的、幸福的梦是欲望的达成；不愉快的甚至痛苦的、悲惨的梦都不外乎是欲望的一种“变相的改装”。梦是一种被压抑的、被抑制的欲望经过改装的满足。为了说明梦的变相改装，弗洛伊德提出了两种科学假设：第一个是在梦中表现出欲望的内容，而第二个却扮演着检查者的角色，而形成了梦的“改装”。

第五章为梦的材料与来源。本章介绍了梦中的最近印象以及无甚关系的印象，如孩提时期经验形成梦的来源，一些典型的梦，诸如尴尬的裸体的梦、亲友之死的梦、考试的梦等。弗洛伊德把梦中所叙述的事物称作“梦的外显内容”；把他认为体现着欲望，而只能通过意念的分析才能达到的隐藏的东西，称为“梦的内隐的思想”。梦的来源有四种可能：一是它也许在白天即受到了刺激，不过却因为外在的理由无法满足；二是也许源于白天，但却遭受排斥；三是也许和白天全然无关，它是一些受到潜抑制，并且只有在夜间才有活动的愿望；四是晚间随时产生的欲望冲动（比如口渴或性的要求等）。

第六章为梦的运作或梦的工作。梦境有显梦和隐梦两个层次，显梦是梦的表面情节，其内容可以回忆起来；隐梦则是要通过显梦表现的本能欲望。隐梦转换成显梦是靠梦的运作机制。这一章是篇幅最长的，着重介绍了梦的凝缩作用、梦的转移作用、梦的表现发生方式、梦材料的表现力、梦的象征、梦中的感情和梦中的理智活动，以及一些荒谬的梦、算术及演说的梦等等。梦的表现形式与运作机制主要反映在以下 4 个方面：一是凝缩、二是移置、三是象征、四是“二次校正”。

第七章为梦的程序的心理。这一章为总结性理论部分，也是本书最晦涩、最抽象的一个部分。它依次分析了梦的遗忘、愿望达成，由梦中惊醒到梦的功能和焦虑的梦，原本的与续发的步骤——潜抑制、潜意识与意识的现实等现象和理论。

※ 作品影响

《梦的解析》在 1900 年出版后，销路一直不佳，印数只有区区 600 本，前两个星期才卖出 200 本，8 年才卖完。但 10 年后，这本书获得了高度评价，一版再版，先后译成英、俄、法、汉、日等几十种文字，全世界为之瞩目，直到今天，它仍是世界上经久不衰的畅销书。

弗洛伊德在《梦的解析》里阐明了他的潜意识论，是其精神分析学的代表作。弗洛伊德的精神分析学在西方各国流传广泛，至今未衰。他从学术角度涉及并深入进医学、心理学、文学、艺术、美学、历史学、哲学、法律、宗教、人类学、教育学、社会学等诸多领域，因此，如果要研究现代西方文化，那就不能不研究弗洛伊德的学说，就不能不读这本《梦的解析》。

※ 延伸阅读

《精神分析引论》由弗洛伊德 1915—1917 年在维也纳大学讲授精神分析的讲稿组成，同样是弗洛伊德最重要的代表作之一。全书系统、完整、生动地阐述了精神分析这门学科的实质，是一部影响深远的著作。

·必读理由·

想要成功的人士必读的书 / 成功学类书籍的代表作 /20 世纪最重要的经典著作之一 / 世界上最畅销的书之一 / 一本永不过时的书

开启人生的一把钥匙

卡耐基成功之道全书

※ 背景搜索

卡耐基像

卡耐基出生于 1888 年 11 月 24 日，逝世于 1955 年 11 月 1 日，享年 67 岁。他出生于美国密苏里州一个贫穷的农民家里。父亲是一个勤勉的农夫，母亲是一个虔诚的教徒。卡耐基的童年和其他美国中西部农家的男孩子一样，帮助家里做杂事、赶牛、挤牛奶，还一度为人拣草莓、割野草。1904 年，卡耐基高中毕业后就读于密苏里州华伦斯堡州立师范学院。在学校里，他具备了出色的演讲口才。1908 年毕业后，他受雇做了一名推销员，但这项工作不合他的理想。他决心白天写书，晚间去夜校教书，以赚取生活费。他想为夜校教公开演讲课，

作者 / 卡耐基　国别 / 美国　类型 / 成功学著作　成书时间 /1931 ~ 1955 年　阅读时间 / 青年

因为他认为，大学时代他在公开演说方面受过训练，有经验。这些训练和经验，扫除了他的怯懦和自卑，让他有勇气和信心跟人打交道，增长了做人处世的才能。于是他说服了纽约一个基督教青年会的会长同意他晚间为商业界人士开设一个公开演讲班。从此，他开始了为之奋斗一生的成人教育事业。

※内容提要

《卡耐基成功之道全书》包括《人性的优点》《人性的弱点》《语言的突破》《美好人生》《快乐人生》《写给女孩的信》《伟大的人物》《智慧的锦囊》《思想的光辉》9部书，其中前三部最为著名。

《人性的弱点》又名《如何赢得朋友和影响他人》。卡耐基以人性的各种弱点为基础，提出了一套令我们面红耳赤、怦然心跳的人际关系学，并应用大量心理学知识，对人类共同的心理特点进行细致入微的探索和分析，提示人们待人接物的处世之道，使人类的处世之道为之一新。

《人性的优点》一书介绍了保持忙碌、用概率来排除心中的忧虑、接受不可避免的事实、让忧虑到此为止等方法，它们已帮助许多人走出了情绪的低谷，战胜了忧虑。

《语言的突破》是一本帮助你突破语言障碍，获得成功的书。它是卡耐基最早的作品之一。最初的版本是1926年他根据自己讲授演讲课程的心得体会和学员的学习经验写的一本题为《公开演讲：企业人士的实用课程》的教科书。经过多年的修订，于1931年以《语言的突破》为名正式出版发行。不同于以往有关演讲的著作，该书所阐述的演讲模式，融合了公开演说术、推销术、心理学和商业谈判技巧，指导人们如何克服畏惧，建立自信，顺乎自然地发挥自己的潜在智能，在各种场合下发表恰当的谈话，从而获得人生和商业上的成功。长期以来，本书作为“卡耐基公开演讲与人际关系课程”的主要教科书之一被广泛应用。

※ 作品影响

卡耐基的哲学思想、卡耐基成人教育的原则和方式，不仅普及到美国各地，而且跨越国界，漂洋过海，传播到了全世界。全球五大洲五十多个国家的卡耐基成人教育机构，多达一千七百余个。全世界千千万万的人，在卡耐基课程丰富的、重要的方式的影响下，提高了生活素质。他们从日益增长的自信和热忱中，树立了生活的信心，增进了沟通的能力，学会了处世的技巧，在业务上、社交上、私人生活中都建立了更好的人际关系，获得更大的成功和幸福。

※ 延伸阅读

《致加西亚的信》同样是一本成功学名著，作者是美国人际关系学家阿尔伯特·哈伯德。本书主要讲述了这样一个故事：19世纪美西战争爆发以后，美国必须立即与反抗西班牙殖民者的古巴起义军首领加西亚取得联系。主人公罗文在接到麦金莱总统的把信送给加西亚这一任务后，没有提出任何疑问，他以绝对的忠诚、责任感和创造奇迹的主动性完成了一件看似“不可能完成的任务”。此后，罗文的事迹被传为佳话，而“送信”则早已成为人们敬业、忠诚、主动和荣誉的象征。这本书以其新颖的形式，生动的文字，精辟的论点为渴求成功的广大人士所喜爱。

·必读理由·

荟萃了20世纪90年代管理学的最新成果/优秀的管理学教科书/美国800多所大学和院校将其选为教材/名列世界最大的教育出版社全球畅销书前列

美国800多所大学的管理学教科书

管理学

※背景搜索

斯蒂芬·罗宾斯，美国著名管理学教授，组织行为学的创始人之一。他在亚里桑纳大学获得博士学位。罗宾斯曾经就职于壳牌石油公司和雷诺金属公司，他先后任教于布拉斯加大学、康科迪亚大学、巴尔的摩大学、南伊利诺伊大学，以及圣迭戈州立大学。近年来，罗宾斯已出版了多本管理学教科书。这本《管理学》现为美国800多所大学和世界许多国家的大学及工商管理学院所采用。罗宾斯博士教学之余，还积极参加世界教师田径比赛。在1993年中，他打破并平了室内55米、60米和200米跑的世界纪录。

从20世纪80年代后期开始，随着经济全球化的迅速发展，对于商务教科书的需求也变得十分普遍。而在罗宾斯的《管理学》出版之前，罗宾斯教授《管理学导论》已经有15

作者/罗宾斯　国别/美国　类型/管理学著作　成书年代/1984年　阅读时间/青年、中年年之久了，可他一直使用其他教材，从学术角度上来说应该是比较严谨的，由于缺乏实际关联性，好像完全脱离于管理的现实世界，书中的大部分内容仅仅是“理论之上的理论”。罗宾斯博士不得不花费大量的课堂时间列举事例，并对书中的理论与实际操作的关联性进行解释。由此，罗宾斯博士认为有必要出一本导论性的管理学教科书，包括管理最基本的功能，尽量减少不切实际的理论，并将理论与实际相结合，于是《管理学》这本书于 1984 年出版了。

※ 内容提要

罗宾斯的《管理学》不是用说教的方式阐述管理理论，而是以大量的研究材料和案例客观地展现各种流派的观点，以及各种实践的探索，让读者自己从中领悟管理的真谛。本书紧紧抓住管理固有的两难问题和管理实践面临的新问题，并以此为主线展开讨论，揭示问题内在的复杂性，挖掘理论本身的深刻内涵，提炼成功企业实践的普遍性。全书分为六篇，总共 21 章。

第一篇为“导论”，共 2 章。主要解释管理（管理是同别人一起或通过别人使活动完成得更有效的过程，这一过程体现在计划、组织、领导和控制的职能或基本活动中）和管理者（管理者是组织中指挥他人活动的人，他们拥有各种头衔，如监工、科室主任、院长、部门经理、副总裁、总裁以及首席执行官等）的概念以及学习管理学的目的（对于渴望成为管理者的人来说，学习管理学可以获得管理的基础知识，这将有助于他们成为有效的管理者；对于那些不打算从事管理的人来说，学习管理学能使他们领悟其上司的行为方式和组织内部运作方式）。在该篇最后简明地阐述了管理的演进。

第二篇为“定义管理者的领域”，共4章。作者首先论述了对管理者的约束——组织文化和环境。组织文化是组织内部的一种共享价值体系，它在很大程度上决定了雇员的行为，制约着管理者的行为，左右着管理者的判断思想及感觉。环境的不确定性取决于环境的变化程度和复杂程度。稳定的和简单的环境是相当确定的，而越是动荡和复杂的环境，其不确定性越大，环境的不确定性，限制了管理当局的选择及决定自身命运的自由。中间部分主要阐述了社会责任和经济绩效及利润最大化行为的关系。社会责任是指工商企业对有利于社会的长期目标的追求。大量研究表明，在公司的社会参与和经济绩效之间存在一种正相关的关系，对社会负责并不会降低一个公司的长期绩效。虽然我们还不能说明企业的每一个“社会”行动的动机，但显然至少有一些这样的行为是出于利润动机的，所以社会责任也是企业追求利润最大化的一种行为。作者接下来论述了管理者工作的实质——决策，指出了决策制定的八大步骤：①识别问题；②确定决策标准；③给标准分配权重；④拟订方案；⑤分析方案；⑥选择方案；⑦实施方案；⑧评价决策效果。接下来的四篇中，作者对管理的四个职能进行分篇详尽论述，是本书的重点。

第三篇为“计划”，共3章。计划是一个确定目标和评估实现目标最佳方式的过程。计划指出方向，减少变化的冲击，尽可能减少浪费和冗余，以及设立标准以利于进行控制。计划过程存在四种权变因素，包括管理者所处的组织层次、组织的生命周期、环境的不确定性，以及未来许诺的时间长度。管理者的计划应当预见到足够远的未来，以符合当前的许诺要求。

第四篇为“组织”，共4章。组织结构是对组织的复杂性、正规化和集权化程度的一种度量。机械式组织或官僚行政组织表现为高度的复杂性、正规化和集权化。而有机式组织或适应性组织在这三方面结构因素上表现出很低的程度。在所有其他条件相同的条件下，技术愈是常规化的，组织也应当愈是机械式的；相反，技术愈是非常规的，结构就应当愈是有机式的。在所有其他条件相同的情况下，机械式的组织与稳定的环境更为匹配；而有机式的组织则与动态的环境更加适应。

第五篇为“领导”，共5章。管理者和领导者的区别：管理者是被任命的，他们拥有合法权力进行奖励和处罚，其影响力来自他们所在的职位赋予的正式权力，而领导者则可以是任命的，也可以是从一个群体中产生出来的，领导者可以运用正式权力来影响他人。领导者有六项特质不同于非领导者：进取心、领导意愿、诚实和正直、自信、智慧、工作相关知识。具有领袖魅力的领导者是自信的，有远见的，对目标有强烈的信念，反传统，并被认为是激进变革的代言人。

第六篇为“控制”，共3章。控制是一种监视工作活动的过程，用来保证工作按计划完成并且纠正出现的任何显著的偏差。控制之所以重要是因为它监督目标是否按计划和上级的权力是否被滥用。控制工作常常努力集中在下列这些方面中的一个：人员、财务、作业、信息和组织的整体绩效。一个有效的控制系统应该是准确的、及时的、经济的、灵活的和通俗的。

※作品影响

《管理学》是一本公认的优秀管理学教科书，被美国800多所大学和学院选做教材并在世界许多国家和地区受到欢迎。

全书博采众长，荟萃了20世纪90年代以来管理学各个领域所有重要的和最新的研究成果。尤其是对管理的社会责任和道德、战略管理和企业家精神、组织和职务的设计、组织行为的基础、领导理论和沟通，以及人际关系技能的讨论，更是取材丰富、分析透彻、见解独到而精辟。本书的销量名列世界最大的教育图书出版社、美国Prentice Hall全球畅销书的前列。

※ 延伸阅读

加拿大管理学家亨利·明茨伯格的管理者角色理论：明茨伯格从他对5位总经理的行为研究中得出结论，管理者在实施管理过程中扮演着10种不同的角色。他将这些角色划分为三组：第一组涉及人际关系方面有挂名首领、领导者、联络者三种角色；第二组涉及信息传递方面，有监听者、传播者和发言人三种角色；第三组为决策制定方面，有企业家、混乱驾驭者、资源分配者和谈判者四种角色。亨利·明茨伯格的主要作品有《管理工作的本质》《战略历程》《管理者而非MBA》等。

悦享生活

旅游

乐之 主编

中医古籍出版社
Publishing House of Ancient Chinese Medical Books

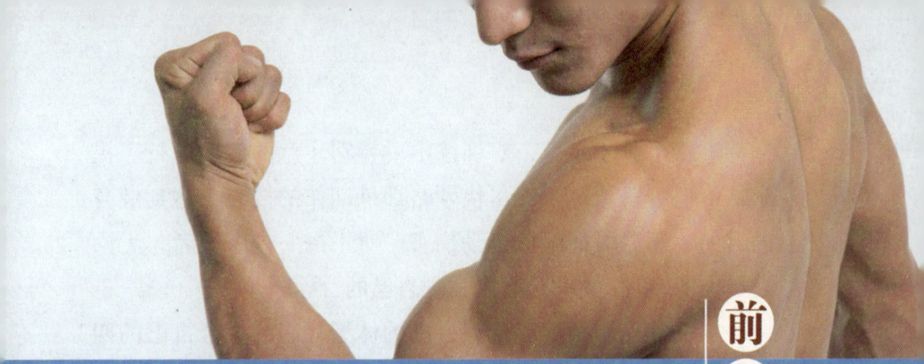

前言 Preface

健身可以增强身体力量、身体柔韧性，增加身体耐力，提高人体协调、控制身体各部分的能力，从而使身体更强健。健身是一项将体育和美育融为一体的、能够美化身心的运动。一般的体育活动主要增进健康，增强体质，而健身运动则不完全相同，它既要求“健”，又要求“美”，既能增强体质又能改善体形、体态。

在各类健身训练中，重量训练是必不可少的，也是近年来越来越受到男性健身爱好者青睐的运动方式。重量训练采用各种各样的动作方式，进行反复多次的负重练习，每次练习的次数几乎都要接近或达到极限，从而给肌肉以强烈的刺激，同时还能够促进新陈代谢活动，加强超量恢复过程，使全身各部位的肌肉得到最大程度的锻炼。

重量训练的好处不仅能够增加肌肉力量，增加肌肉体积，还能够减脂、改善体型、强化骨骼、减少骨质流失。那些长期进行规律重量训练的人，一定是身材结实、体型匀称的，他们轻盈挺拔的体态和轮廓分明、充满力量的肌肉，让他们在人群中与众不同。

编者以“亚洲体质版”为理念，以“四周”为时间限度，倾力打造了一本亚洲体质版的健身书。教练对每一个训练动

作都进行了分步示范，对训练中要特别注意的问题进行了提示，不但可以让练习者尽快领略训练动作的要点，达到健身的目的，还尽可能降低运动伤害。对于每一位练习者，无论起始程度如何，都可以轻松实现自己的目标。

本书首先带领读者认识自己的体型，制订适合自己的四周训练计划。然后从热身开始，逐步对胸肌、背肌、肩膀、手臂、腹肌、股四头肌和小腿肌、臀肌群和腿后肌群等部位的训练进行了详细介绍，而且运动结束后的放松运动也有所提及，可谓全面而细致。当然，读者也可以选择自己想锻炼的某部分进行有针对性地练习。

健身还能够缓解压力，让人快乐。运动之所以能缓解压力，让人保持平和的心态，与腓肽效应有关。腓肽是身体的一种激素，被称为“快乐因子”。当练习者达到一定的运动量时，身体产生的腓肽效应能愉悦神经，甚至可以把压力和不愉快带走。通过四周的健身运动，让你无论是在日常生活中还是在工作上，都将变得更有活力、更有效率，意志力也会更强。

男性也有追求性感身材的权利，看着那些坚硬如岩石般的巧克力腹肌，你难道不心生艳羡吗？我们相信事在人为，只要有正确的健美知识、周全的健身计划以及耐心、毅力、勇气，每位男士都能够拥有自己想要的完美体型，让自己更有魅力、更自信。

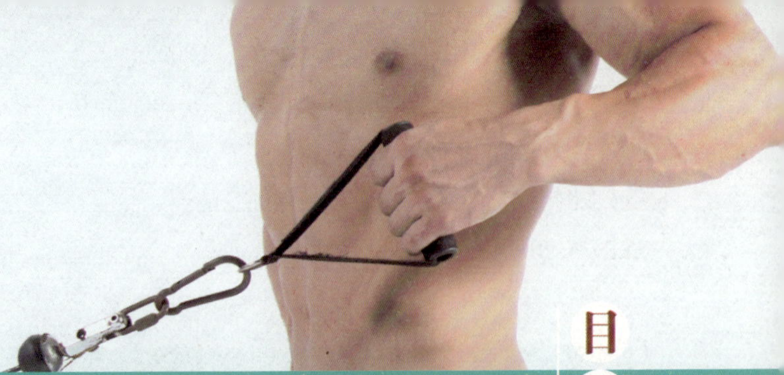

目录

Contents

第一章
热身运动：让身体兴奋起来

第二章

胸肌训练：尽显宽阔的胸襟

第三章

背肌训练：形成完美的倒三角

第四章

肩膀训练：自塑强壮的双肩

第七章

股四头肌和小腿肌训练：练出有型的双腿

第八章
臀肌群和腿后肌群训练：塑造结实的臀部

第九章
放松运动：使身体免受伤害

第一章

热身运动：让身体兴奋起来

开合跳

开合跳作为一种热身运动，可以使身体的每个部位都得到足够的伸展。

1 双脚微微分开站立，双手自然垂于身体两侧。

2 双臂高举过头，向上跳，同时双脚分开，落地。快速重复以上动作。

交互开合跳

这个动作可以很好地锻炼心肺，提高心跳率。

1 双腿交错站立，右腿在前，左腿在后。同时，左手向上举，右手向后挥。

2 左右腿交互跳起，落地时，左腿在前，右腿在后。双手也交互挥举，左手向后挥，右手向上举。

蹲站伸腿

此动作有助于促进全身气血畅通，增强脏腑、器官的功能。

1 站直，双脚微微分开，手臂垂于身体两侧。

2 膝盖弯曲，身体下沉，双手手掌撑地，呈蹲下的姿势。

③ 如果想加大难度，可以做一个俯卧撑。

3 双手撑地，双腿向后蹬直，呈俯卧撑的姿势。

4 快速缩回双腿，回到第二步的下蹲姿势。接着，迅速站直，回到起始姿势。重复以上动作 5~6 次。

滑墙运动

此动作整合了上身和下身，也能锻炼手臂的灵活性。

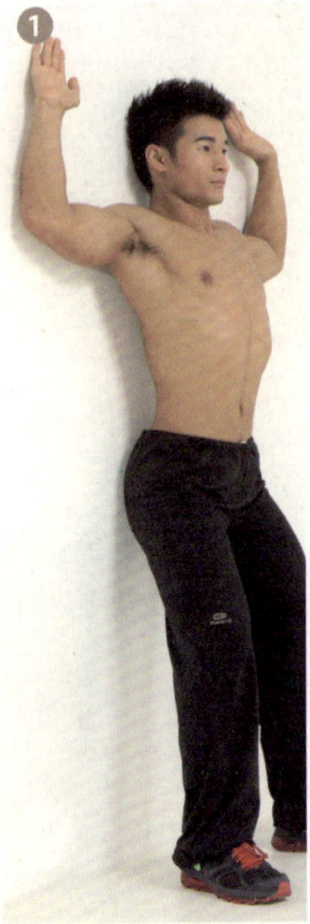

1 头部、肩部、臀部靠在墙上，膝盖微微弯曲。双脚分开与肩同宽。双手抬起，上臂与肩同高，手肘成 90° 弯曲，手臂和手背贴在墙上。

2 手肘、手背尽量贴紧墙壁，并尽可能向下滑动（肩胛骨要夹紧）。

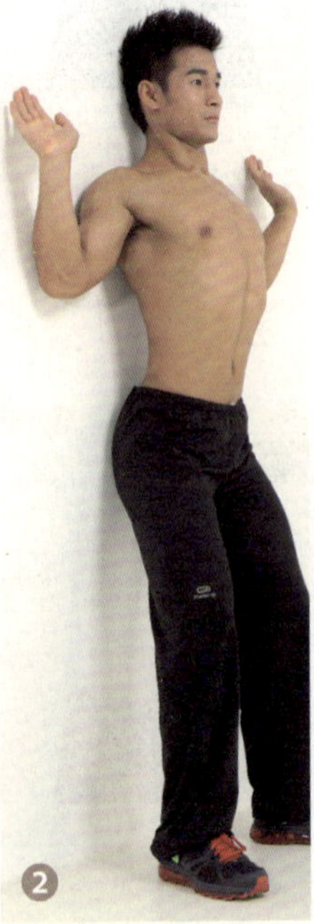

手臂不可离开墙

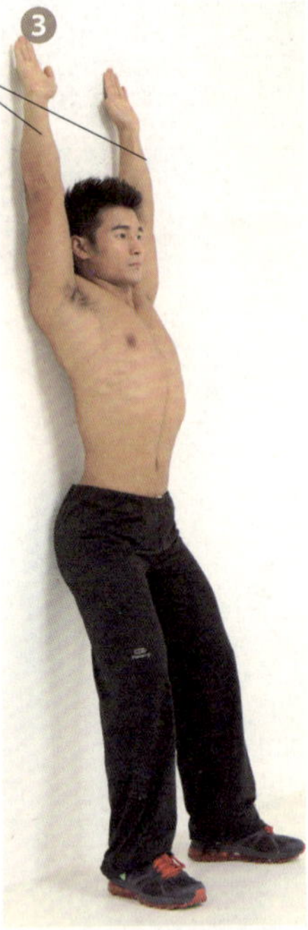

3 双手手臂尽可能向上伸展。然后双手放下，并重复此动作。

头部、上背部、臀部不得离开墙壁。

转臂

此动作能够改善肩膀和手臂的灵活度。

❶

1 双臂侧平举，双手掌心向下。

❷

2 双臂保持不动，双手掌心翻向前方。

手臂交错运动

此动作能够改善肩膀的灵活度。

1 左手在上，拇指向上张开，掌心朝前；右手在下，两手所成直线与地面成 45° 。

2 双臂在身体前方交叉，左手在下，右手在上。如此反复交错双手位置，并逐渐加快速度。

颈部旋转

此动作能够增强颈部的灵活度。

1 站直，双脚分开，与肩同宽。

2~5 按逆时针方向，颈部从左往右绕环，绕 10~15 圈后，反方向继续绕环，绕 10~15 圈即可。

侧躺胸部旋转

此动作能够放松中上背的肌肉。

❶

1 向左侧身躺在地上，双腿并拢，膝盖弯曲成 90°，同时大腿与臀部也成 90°。双臂伸向身体前方，与肩膀同高，双手手掌合并。

❷

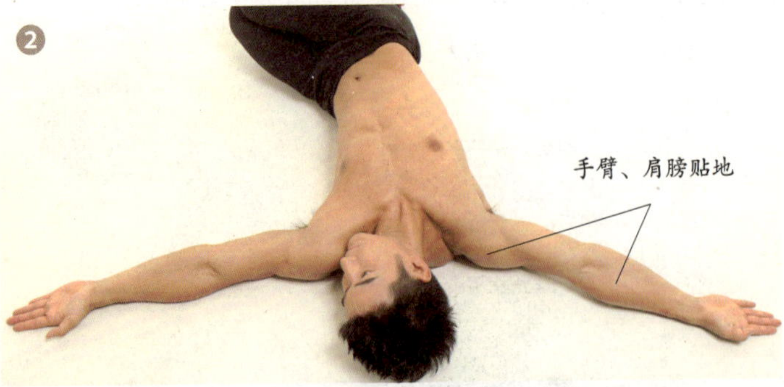

2 身体转向右侧，左臂和双腿保持不动，直到右臂和上背部平贴于地面。停顿 1~3 秒钟，回到起始姿势。重复数次后，翻转身体，向右侧身躺于地上，完成相同动作。

胸部上转

此动作能够增强上背部的灵活度。

1 双膝跪在地上，左手放在身体下方的地面上，右手抬起，放在头后。右手肘和上背部向下。

2 右手肘朝上抬起，头部和上背部尽可能转向右上方。重复此套动作 5~10 次。换左侧完成相同动作和次数。

上下肩部伸展

此动作可以放松肩旋转肌，加强肩膀的灵活度。

双脚分开，与肩同宽，右手从肩部向后背伸，左手从下方向后背伸，两手交扣。坚持10~15秒钟。双手放开，位置互换。

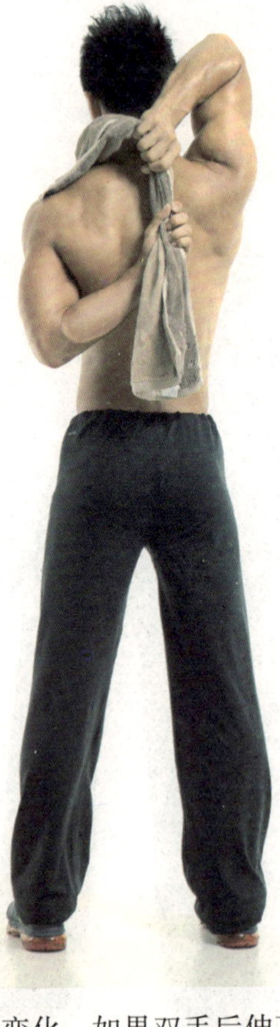

变化：如果双手后伸不能交扣在一起，可以拿一条毛巾作为辅助，双手各抓住毛巾的一端。

肩部绕环运动

此动作能够增强肩膀的灵活度。

①

②

③

1 站直，双脚分开，与肩同宽，双臂自然垂于身体两侧。

2~3 身体其他位置保持不动，肩膀从后向前绕，接着再由前向后绕，重复该动作 10~15 次。

手臂绕环

此动作能够增强肩膀的灵活度。

1 身体站直，双脚分开，与肩同宽，双臂打开，伸向身体两侧，与肩膀同高，掌心朝前。

2~3 先向前绕圈，再向后绕圈。开始练习的时候，每组各10~15次。可以先画小圈，之后逐渐加大运动难度。

低姿侧弓步

此动作能够增强臀部的灵活度，并协助放松臀肌和大腿内侧肌肉。

❶

1 双手交叉，与肩同高。双腿张开，约为肩宽的 2 倍，脚尖朝前。首先将重心移至右腿。右腿膝盖弯曲，左腿伸直，身体下沉，臀部下坐。右大腿与地面几乎平行，左脚脚掌仍平贴于地面。

❷

2 不用起身，直接将重心移至左腿，如此交替进行。

弓步旋转

此动作能够加强臀部的灵活度，让臀部肌肉和上身肌肉群相互协调。

1 双脚微微分开站立，双臂自然垂于身体两侧。

2 左脚向前迈出一步，右脚跟抬起。上身挺直。

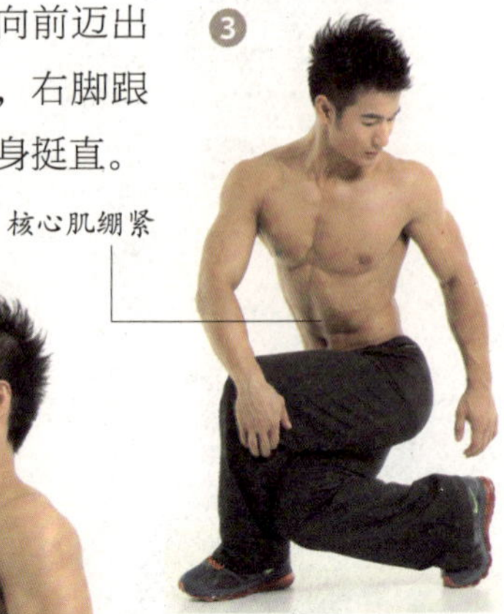

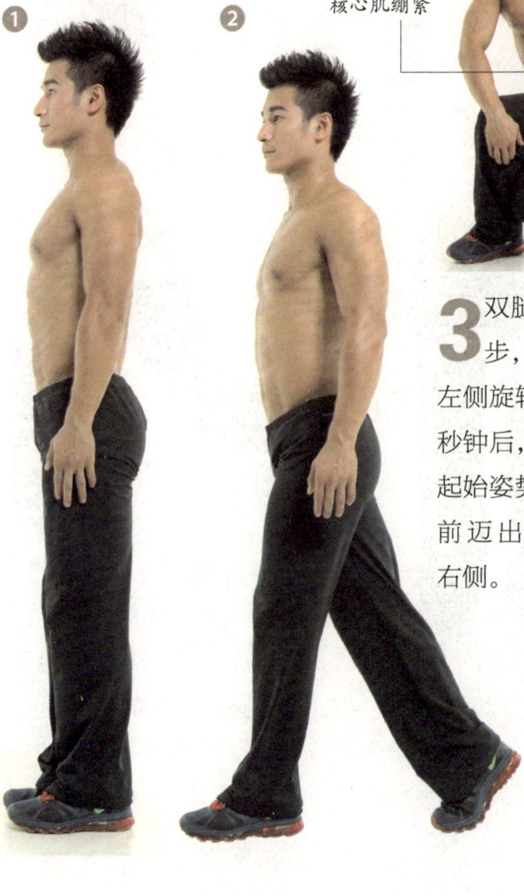

3 双腿弯曲，成弓步，同时身体向左侧旋转。停顿 1~2 秒钟后，站起，回到起始姿势。换右腿向前迈出，身体转向右侧。

反弓步旋转过头伸手

此动作能够放松大腿、臀部的肌肉以及内外斜肌。

❶

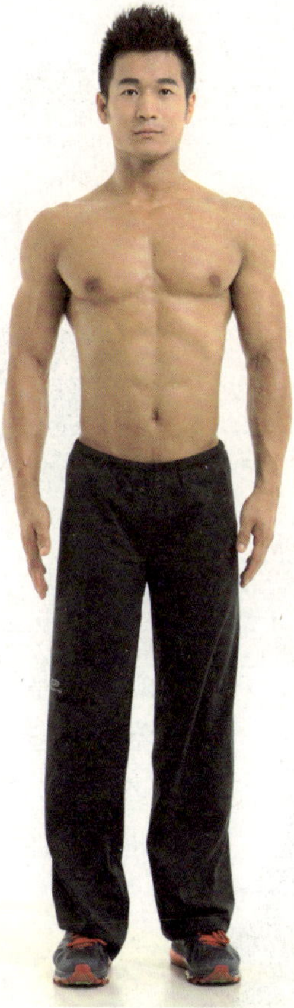

❷

1 身体站直，双脚分开，与肩同宽，双臂自然垂于身体两侧。核心肌始终保持紧绷的状态。

2 右腿向后退，成后弓步，左腿膝盖弯曲成90°，身体下沉，上身挺直。然后身体向左侧转，双手向上高举过头。转到最大程度，回到起始姿势。左脚向后退，身体右转，完成相同的动作。

弓步侧弯

此动作能够放松大腿、臀部的肌肉和内外斜肌。

❶

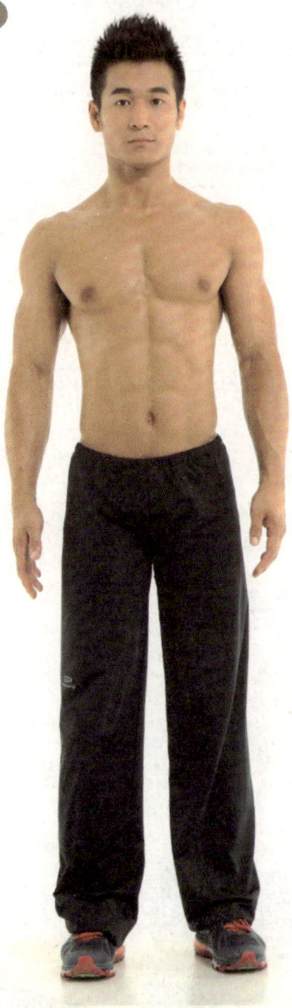

❷

1 身体站直，双脚分开，与肩同宽，双臂自然垂于身体两侧。

2 左腿向前，呈前弓步，双腿膝盖弯曲成90°。右膝着地，上身挺直。然后身体向左侧弯，右臂向上高举过头，左臂向下伸直。停顿1~2秒钟，回到起始姿势，换右腿，身体向右侧弯，完成相同的动作。

过头弓步旋转

此动作能够放松大腿、臀部的肌肉和内外斜肌。

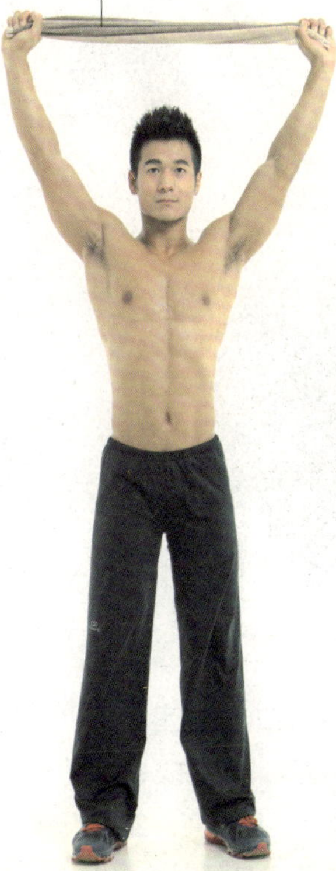

1 双手各握毛巾的两端，将毛巾拉紧，双臂距离约 2 倍肩宽。双手上举，手臂完全伸直。

2 左腿向前迈一步，身体向左旋转。双腿膝盖弯曲，直到成 90° 为止。停顿 1~2 秒钟，回到起始姿势。换右腿向前迈步，身体向右旋转，完成相同动作。

第二章

胸肌训练：尽显宽阔的胸襟

第一节 俯卧撑

俯卧撑主要是锻炼胸大肌，其中有些动作还能锻炼前三角肌和肱三头肌等辅助肌群。在做俯卧撑的同时，旋转肌、斜方肌、前锯肌和腹肌也会紧缩，来协助肩膀、上身和臀部的稳定。

练习时，可以将双手直接撑在地面上。如果感觉手腕不适，可以用一对六角哑铃来代替，双手各握一个哑铃的握把。另外需要注意的是，做俯卧撑时手腕要绷直。

标准俯卧撑

做标准俯卧撑时，相当于举起自身 75% 的体重。

①

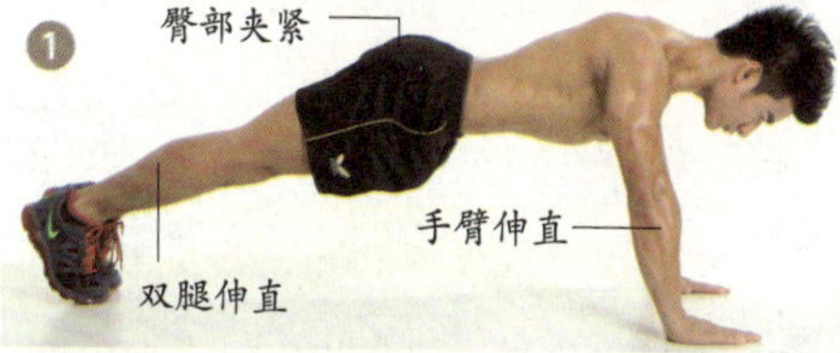

1 起始姿势，双手着地，双脚指尖着地且并拢。双手距离略比肩宽。

②

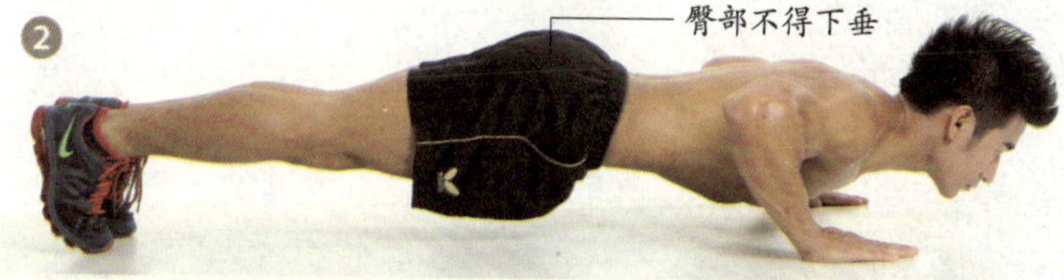

2 双臂弯曲，身体下沉，直到胸部贴近地面。在最低处稍稍停顿，然后快速将身体推回到起始姿势。做此动作时，臀部要收紧，身体保持一条直线。

简易俯卧撑

简易俯卧撑比标准俯卧撑更容易操作，做此动作时，相当于举起自身 65% 的体重。

①

1 双手、双膝着地，双脚翘起，脚踝交叉，膝盖以上身体保持一条直线。

②

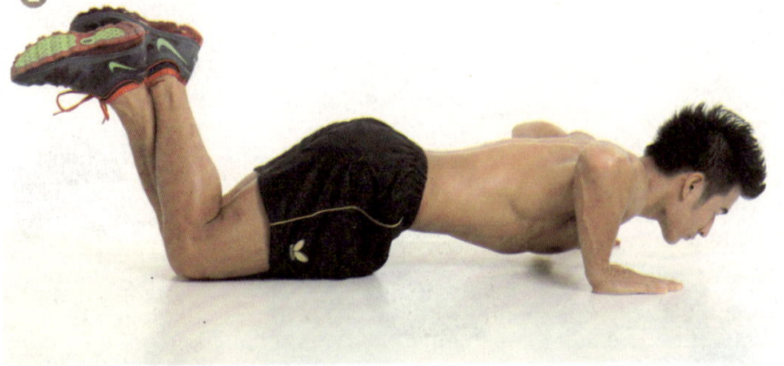

2 双臂弯曲，胸部贴近地面，在最低点处稍停，然后快速将身体推起。

三停俯卧撑

在做标准俯卧撑的过程中，可以选取三个不同的角度，各停顿2秒钟。此动作能够增强关节的力量，帮助强化随意肌的薄弱地方，增加肌肉的紧绷时间，促进肌肉生长。

1 先做好标准俯卧撑的起始姿势。

2 双臂弯曲大于90°处，停顿2秒钟。

3 双臂弯曲，身体下沉到最低点处，停顿2秒钟。

4 将身体推起，双臂未完全伸直前，停顿2秒钟。

宽距俯卧撑

❶

1 起始姿势与标准俯卧撑不同，双手之间的距离为肩宽的2倍。

❷

2 双臂弯曲，身体下沉至最低点，然后将身体推回到起始姿势。

窄距俯卧撑

❶

1 起始姿势与标准俯卧撑不同，双手之间的距离略窄于肩。

❷

2 双臂弯曲，双肘收于身体两侧，身体下沉至最低点，然后将身体推回到起始姿势。

第二节 胸部推举

胸部推举的动作多是为了锻炼胸大肌，同时也会锻炼到前三角肌和肱三头肌等辅助肌肉群，并有助于增强肩膀肌肉群的稳定度。

标准杠铃仰卧推举

1 仰卧在训练凳上，双手正握杠铃，双手间距比肩略宽，双臂伸直，让杠铃位于胸部上方。

2 手臂弯曲，直线放下杠铃，停顿 1~2 秒钟，再将杠铃直线推起。

近握杠铃仰卧推举

1 仰卧在训练凳上，双手正握杠铃，双手间距与肩同宽，双臂伸直，让杠铃位于胸部上方。

2 手臂弯曲，直线放下杠铃，停顿 1~2 秒钟，再将杠铃直线推起（手肘靠近身体时，使上臂与身体成 45°）。

远握杠铃仰卧推举

1 仰卧在训练凳上，双手正握杠铃，双手尽量靠近杠片，双臂伸直，让杠铃位于胸部上方。

2 手臂弯曲，直线放下杠铃，停顿 1~2 秒钟，再将杠铃直线推起（手肘靠近身体时，上臂与身体大于 45°）。

三停杠铃仰卧推举

①

②

1 做标准杠铃仰卧推举，然后选取 3 个点，每个点各停顿 10 秒钟。

2 第 1 个点：低于起始姿势几厘米处。

③

3 第 2 个点：起始姿势与最低点的中间处，前臂与上臂弯曲约成 90°。

④

4 第 3 个点：最低点，即靠近胸部处。最后将杠铃推回起始姿势。

肌张力杠铃仰卧推举

1 先做标准杠铃仰卧推举的起始姿势。

2 将杠铃慢慢放下，到胸部上方约10厘米处停住。停顿时间，可根据个人情况而定。

上斜式杠铃仰卧推举

❶

1 将可调式训练凳调成上斜 30° 。仰卧在上面，双手正握杠铃，双手间距比肩略宽，双臂伸直，让杠铃位于胸部上方。

❷

2 手臂弯曲，放下杠铃至胸部上方，停顿 1~2 秒钟，再将杠铃推回到起始姿势。

下斜式杠铃仰卧推举

1 仰卧在下斜式训练凳上，双手正握杠铃，双手间距比肩略宽，双臂伸直，让杠铃位于胸部上方。

2 手臂弯曲，放下杠铃至胸部上方，停顿 1~2 秒钟，再将杠铃推回到起始姿势。

地上杠铃仰卧推举

❶

1 躺在地上，双手正握杠铃，双手间距比肩略宽，双臂伸直，让杠铃位于胸部上方。

❷

2 手臂弯曲，放下杠铃至胸部上方，停顿 1~2 秒钟，再将杠铃推回到起始姿势。

第三节 飞鸟

飞鸟是常见的锻炼胸大肌的健身动作之一，同时也会锻炼到前三角肌等辅助肌群。完成飞鸟这个动作时，双臂向身体两侧分开，好像鸟儿展翅飞翔一样，因而故得此名。

标准哑铃飞鸟

①

1 仰卧在训练凳上，双手各握一个哑铃，双臂伸直，双手掌心向外，两个哑铃位于胸部上方，微微保持一点距离。

2 双臂慢慢向身体两侧展开，呈飞鸟状。直到上臂与地面平行，再将哑铃举回到起始姿势。

②

上斜式哑铃飞鸟

1 将可调式训练凳调成上斜30°。双手各握一个哑铃，双手掌心向外，双臂伸直，两个哑铃位于胸部上方。

2 双臂慢慢向身体两侧展开，呈飞鸟状。直到上臂与地面平行，再将哑铃举回到起始姿势。

下斜式哑铃飞鸟

1 仰卧在下斜式训练凳上，双手各握一个哑铃，双手掌心向外，双臂微微弯曲，两个哑铃位于胸部上方。

2 双臂弯曲角度不变，慢慢向身体两侧展开，呈飞鸟状。直到上臂与地面平行，再将哑铃举回到起始姿势。

健身球哑铃飞鸟

❶

1 背部躺在健身球上，双手掌心向外，各握一个哑铃，双臂伸直，两个哑铃位于胸部上方。臀部抬起，从肩膀到膝盖成一条直线。

❷

2 双臂弯曲角度不变，慢慢向身体两侧展开，呈飞鸟状。直到上臂与地面平行，再将哑铃举回到起始姿势。

站姿滑轮飞鸟（绳索夹胸）

1 双脚前后分开，站在龙门架中间，双手各握一个马蹄形握把，手臂微微弯曲。

❶

前腿膝盖微微弯曲

下拉的位置决定所练肌肉的部位，此处重点练习上胸部。

❷

2 手臂角度不变，将两个握把同时向下拉，直到双手碰在一起。停顿 1~3 秒钟，回到起始姿势（握把交叉的位置在肚脐上方）。

变化：站姿滑轮飞鸟主要是锻炼上胸部肌肉，若想锻炼下胸部肌肉，可以在站姿滑轮飞鸟的基础上稍稍做些改变。

1 双脚前后分开，站在龙门架中间，双手各握一个马蹄形握把，前臂与上臂的弯曲角度较站姿滑轮飞鸟要大，约成90°。

2 双手将两个握把同时下拉，直到握把在身前交叉。停顿1~3秒钟，回到起始姿势（握把交叉的位置在肚脐正前方）。

第三章

背肌训练：形成完美的倒三角

第一节 上背肌训练

划船和平举主要是针对上背肌的锻炼，如中斜方肌、下斜方肌和菱形肌，同时还能够锻炼到上斜方肌、后三角肌和肩袖肌群等维持稳定的辅助肌肉群。

标准杠铃划船

1 双手握住杠铃，间距略比肩宽，膝盖弯曲，双臂伸直，身体向前倾，下沉至大腿与地面平行。

2 身体姿势不变，双手将杠铃提至上腹部。停顿1~2秒钟，再回到起始姿势。

哑铃有 6 种握法：①正手握；②反手握；③直握；④张肘握；⑤偏拇指握；⑥偏小指握，将前 4 种握法与 8 种经典哑铃划船动作相搭配，可以获得 32 种练习方法。

1 正手握：掌心向后，手掌握住哑铃握把中间，手肘远离身侧。

2 反手握：掌心向前，手掌握住哑铃握把中间，手肘靠近身侧。

3 直握：也叫槌握，手掌朝向体侧，握住哑铃握把中间，手肘靠近身侧。

4 张肘握：也叫张肘正手握。双手掌心向后。做划船动作时，双臂分开，上臂与身体垂直。

5 偏拇指握：握哑铃时，拇指贴着哑铃头，掌心向前。

6 偏小指握：握哑铃时，小指贴着哑铃头，掌心向前。

正手哑铃划船

1 双手各握一个哑铃，膝盖弯曲，双臂伸直，身体微微向前倾。

2 双臂弯曲，将哑铃提至身侧，停顿1~2秒钟后，慢慢放下哑铃。

正手交互哑铃划船

1 双手各握一个哑铃，膝盖弯曲，双臂伸直，身体微微向前倾。

2~3 每次提起一个哑铃，放下另一个哑铃，左右交替进行。

直握单腿哑铃划船

1 双手各握一个哑铃，膝盖弯曲，双臂伸直，身体向前倾，下沉至上身几乎与地面平行。抬起一条腿，让其悬空。

2 双臂弯曲，将哑铃提至身侧，停顿1~2秒钟后，慢慢放下哑铃。一组动作完成后，换另一侧做同样的动作。

直握单手哑铃划船

①

②

1 一只手握住一个哑铃，膝盖弯曲，一手背在身后。身体前倾、下沉。

2 将哑铃提至身侧，停顿1~2 秒钟后，慢慢放下哑铃。一组动作完成后，换另一只手握哑铃做划船动作。

张肘俯卧哑铃划船

❶

1 将可调式训练凳调成上斜 30°，俯卧在上面。双手各握一个哑铃，双臂伸直，哑铃垂于肩膀下方。

❷

2 双臂向身体两侧分开，将哑铃提至身侧。停顿 1~2 秒钟后，慢慢放下哑铃。

张肘曲体单手哑铃划船

1 一手一脚放在训练凳上，另一只手握住一个哑铃，身体下沉，与地面平行。

2 身体姿势不变，将哑铃提至身侧。完成数组动作后，换另一只手重复此动作。

反手单手单腿哑铃划船

1 一只手反握住哑铃，另一只手撑在训练凳上，身体向前倾，一条腿向后抬高，保持悬空。

2 将哑铃提至身侧，停顿 1~2 秒钟后，慢慢放下哑铃。完成数组动作后，换另一只手重复此动作。

反手单手俯撑哑铃划船

1 一只手反握住哑铃，另一只手撑在训练凳上，双腿微微弯曲，身体向前倾，哑铃垂于肩膀下方。

2 将哑铃提至身侧，停顿1~2 秒钟后，慢慢放下哑铃。完成数组动作后，换另一只手重复此动作。

直握哑铃上提

1 将可调式训练凳调成上斜 30°，俯卧在上面。双手各握一个哑铃，双臂伸直，哑铃垂直于肩膀下方。

2 双臂弯曲，尽可能抬高上臂，将哑铃举至脸部外侧。停顿 1~2 秒钟后，慢慢放下哑铃。

第二节 背阔肌训练

引体向上主要是针对背阔肌的训练，同时对大圆肌和肱二头肌也有很好的锻炼效果。对这些辅助肌肉群的锻炼，能够更好地协调动作，保持身体稳定。

正手引体向上

1 正手握住单杠，双手距离比肩略宽，身体下垂，保持紧绷。

2 用力将身体向上拉向单杠，直到上胸部接触到单杠。停顿 1~2 秒钟后，慢慢回到起始姿势。

反手引体向上

1 反手握住单杠，双手距离比肩略宽，身体下垂，保持紧绷。

2 用力将身体向上拉向单杠，直到上胸部接触到单杠。停顿1~2秒钟后，慢慢回到起始姿势。

反手反向引体向上

1 在单杠下方放一张训练凳，站在椅子上，反手握住单杠，双臂弯曲将身体抬起，直到胸部与双手同高。

2 坚持5秒钟，慢慢放下身体，回到反手引体向上的起始姿势。

反手近握引体向上

1 反手握住单杠，双手距离约为肩宽的一半，身体下垂，保持紧绷。

2 用力将身体向上拉向单杠，直到上胸部接触到单杠。停顿 1~2 秒钟后，慢慢回到起始姿势。

正手远握引体向上

1 正手握住单杠，双手距离约为肩宽的 1.5 倍，身体下垂，保持紧绷。

2 用力将身体向上拉向单杠，直到上胸部接触到单杠。停顿 1~2 秒钟后，慢慢回到起始姿势。

正反手引体向上

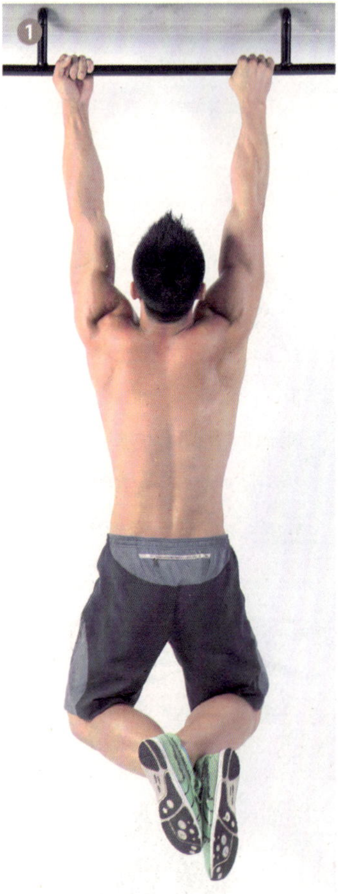

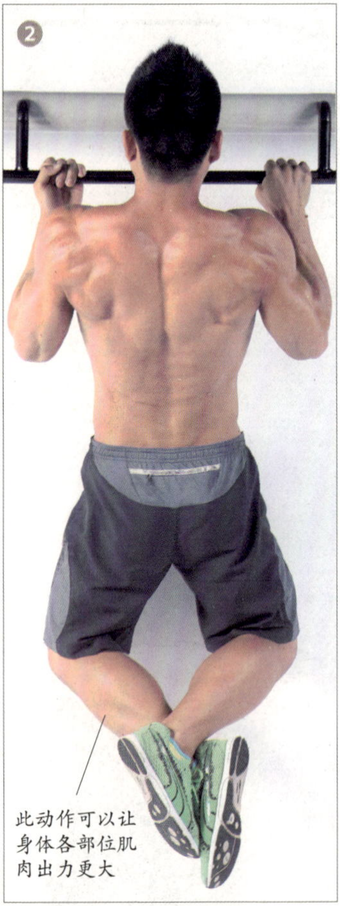

1 一只手正握住单杠，另一只手反握住单杠，双手距离与肩同宽，身体下垂，保持紧绷。

2 用力将身体向上拉向单杠，直到上胸部接触到单杠。停顿 1~2 秒钟后，慢慢回到起始姿势。

左右反手引体向上

1 反手握住单杠，双手距离比肩略宽，身体下垂，保持紧绷。

2~3 此时不再将身体直直向上拉至胸部，而是先将身体拉向右手，停顿 1~2 秒钟后，慢慢回到起始姿势。再将身体拉向左手，停顿 1~2 秒钟后，慢慢回到起始姿势。

第三节 最佳背部训练动作

肩胛肌肉和肩袖肌肉是维持肩膀稳定与健康的关键部位，却也常常被人忽略。此处介绍的动作主要是为了锻炼这两个部位的肌肉，同时能够帮助你增强上半身的肌肉力量，矫正不良的姿势。

滑轮内拉外转

1 面对磅片站好，双手分别握住绳把的两端，双臂向前伸直。

2 双臂弯曲，手肘分开，将绳把的两端拉向头部两侧，双手与双耳成一条直线。

仰卧滑轮下拉外转

1 平躺在训练凳上，双手分别握住绳把的两端，双臂向上伸直。

2 双臂弯曲，手肘分开，将绳把两端拉向头部两侧，双手与双耳成一条直线。

健身球背肌伸展

此动作为放松背阔肌的最佳动作，当背阔肌僵硬时，不宜做内拉运动，应先做此动作伸直背阔肌。

跪在地上，双臂伸直，双手前臂放在健身球上，身体向前倾，肩膀向下压，坚持 30 秒钟。

第四章

肩膀训练：自塑强壮的双肩

第一节 推举

推举主要是为了锻炼前三角肌、中三角肌和肱三头肌。当然，那些协助维持身体稳定的辅助肌也不能放过，在各式变化动作中，都会一一锻炼到。在此提醒那些想要举起更重杠铃的练习者，在做推举时不要使用靠背，这样会给肩关节带来更大的负担，严重时容易使肩部受伤。

杠铃肩上推举

1 双腿分开站立，与肩同宽，正手握住杠铃，双手距离比肩略宽。将杠铃举至身前，与肩同高，可以将杠杆轻靠在锁骨处。

2 身体保持直立，将杠铃高举过头，头部可以微微后倾。停顿 1~2 秒钟后，慢慢放下手臂，回到起始姿势。

杠铃推举

1 双腿分开站立，与肩同宽，正手握住杠铃，双手距离比肩略宽。将杠铃举至身前，与肩同高，可以将杠杆轻靠在锁骨处。

2 双腿膝盖弯曲下沉，上半身姿势不变。

3 用全身爆发力将杠铃推举过头顶，停顿 1~2 秒钟后，慢慢放下手臂，回到起始姿势。

分腿杠铃推举

1 双腿分开站立，与肩同宽，正手握住杠铃，双手距离比肩略宽。将杠铃举至身前，与肩同高，可以将杠杆轻靠在锁骨处。

2 双腿膝盖弯曲下沉，上半身姿势不变。

3 用全身爆发力将杠铃推举过头顶，双脚微微离地，落地时一脚在前，一脚在后。停顿 1~2 秒钟后，慢慢放下手臂，回到起始姿势。

坐姿杠铃肩上推举

1 坐在训练凳上，上身挺直，正手握住杠铃，双手距离比肩略宽。将杠铃举至身前，与肩同高，可以将杠杆轻靠在锁骨处。

2 将杠铃高举过头，头部可以微微后倾。停顿1~2秒钟后，慢慢放下手臂，回到起始姿势。

哑铃肩上推举

1

2

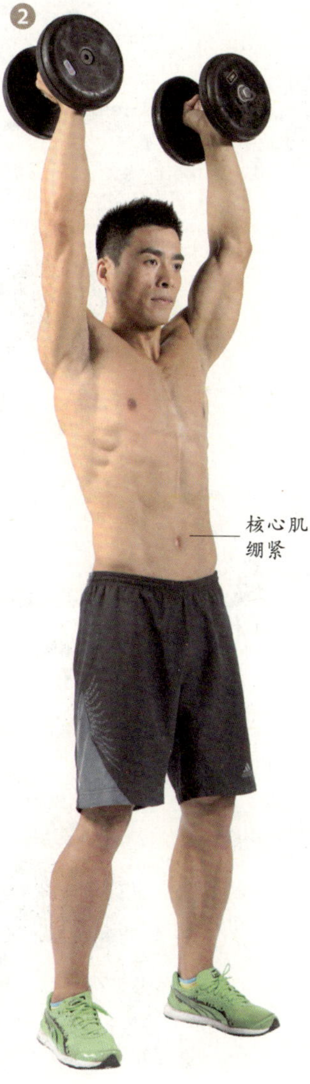

1 双脚分开站立，与肩同宽，双手各握一个哑铃，双臂弯曲，掌心相对，将哑铃举至肩膀两侧。

2 双臂向上伸直，将哑铃举过头顶，直到双臂完全伸直。慢慢放下哑铃，回到起始姿势。

哑铃借力推举

❶

1 双脚分开站立，与肩同宽，双手各握一个哑铃，双臂弯曲，掌心相对，将哑铃举至肩膀两侧。

❸

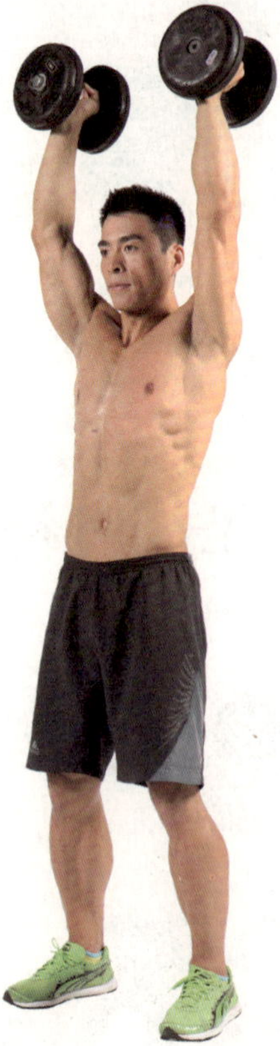

❷

2 双腿膝盖弯曲，上半身姿势不变。

3 用全身爆发力将哑铃推举过头顶，停顿 1~2 秒钟后，慢慢放下哑铃，回到起始姿势。

肩上哑铃交互推举

1 双脚分开站立，与肩同宽，双手各握一个哑铃，双臂弯曲，掌心相对，将哑铃举至肩膀两侧。

2 先将一个哑铃推举过头，放下后，再推举另一个哑铃，左右交替进行。

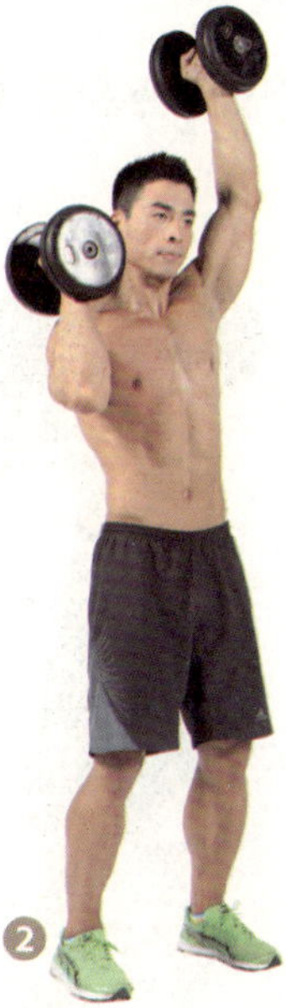

坐姿哑铃肩上推举

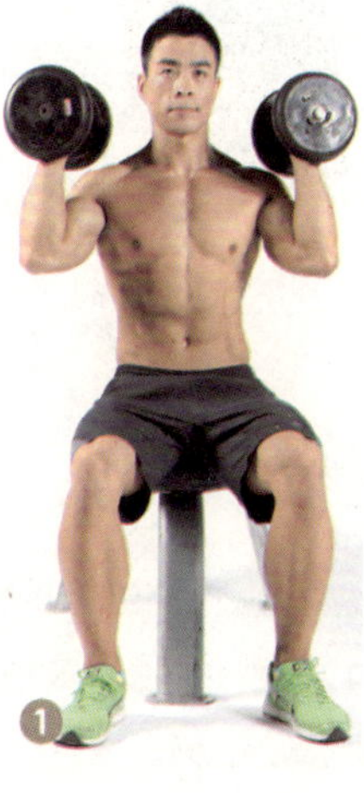

1 坐在训练凳上，身体保持直立。双手各握一个哑铃，双臂弯曲，掌心相对，将哑铃举至肩膀两侧。

2 双臂向上伸直，将哑铃举过头顶，直到双臂完全伸直。慢慢放下哑铃，回到起始姿势。

第二节 平举

平举主要是为了锻炼前三角肌和中三角肌，本小节介绍的变化动作里会锻炼到不同的出力肌肉和辅助肌肉群，包括后三角肌、上斜方肌、肩袖、前锯肌等。

哑铃前平举

1 双脚分开站立，与肩同宽。双手各握一个哑铃，自然垂于身体两侧，掌心相对。

2 双臂直举向前，直到与地面平行。停顿1~2秒钟后，慢慢放下双臂，回到起始姿势。

杠片前平举

1 双脚分开站立，与肩同宽。双手握住杠片的两端。

2 将杠片直举向前，直到与地面平行。停顿 1~2 秒钟后，慢慢放下双臂，回到起始姿势。

滑轮前平举

1 在龙门架的低滑轮处装上绳把，背对磅片站立。一只手握住绳把的一端，另一只手放于髋部。

2 握绳把的手向前直直伸出，直到手臂与地面平行。停顿 1~2 秒钟后，慢慢放下，回到起始姿势。然后换另侧。

哑铃侧平举

1 双脚分开站立，与肩同宽。双手各握一个哑铃，掌心向前，双臂自然垂于身体两侧。

2 手臂向身体两侧举起，与肩同高。停顿 1~2 秒钟后，慢慢放下双臂，回到起始姿势。

静臂交互哑铃侧平举

1 双脚分开站立，与肩同宽。双手各握一个哑铃，双臂向身体两侧分开，几乎与地面平行。

2 放下一侧的手臂，另一侧手臂不动。然后两手交替进行动作。

屈肘侧平举上展

1 双脚分开站立，与肩同宽。双臂自然垂于身体两侧，双手各握一个哑铃，掌心相对。

2 上臂夹于身侧，保持不动，手肘弯曲成 90°。

3 手臂弯曲角度不变，上臂向身体两侧分开，直到几乎与地面平行。

4 上臂不动，前臂向上转，上臂与肩膀几乎成一条直线。停顿 1~2 秒钟后，慢慢放下，回到起始姿势。

侧卧侧平举

1 将可调式训练凳调成上斜 30°，右手握住哑铃，放在身体右侧，掌心朝向大腿，身体向左侧躺于椅子上。

2 手臂向上举起，直到肩膀与手臂成一条直线，握哑铃的手同时向外翻转。停顿 1~2 秒钟后，慢慢放下哑铃，回到起始姿势。然后换另一侧，重复此动作。

第三节 耸肩

每次做耸肩动作时，我们的上斜方肌和肩胛提肌都会得到很好的锻炼。这一小节介绍的动作就是为了锻炼斜方肌、肩胛提肌和前锯肌而安排的。

标准杠铃耸肩

1 双脚分开站立，双手正握住杠铃，距离与肩同宽，杠铃自然垂放于大腿处。

2 身体其他部位姿势不变，做耸肩的动作，并尽可能让肩膀向上耸。至最高点时，停顿 1~2 秒，然后慢慢放下肩膀，回到起始姿势。

远握杠铃耸肩

❶

1 双脚分开站立，双手正握杠铃，双手距离为肩宽的2倍，杠铃自然垂放于大腿处。

❷

2 身体其他部位姿势不变，做耸肩的动作，并尽可能让肩膀向上耸。至最高点时，停顿1~2秒，然后慢慢放下肩膀，回到起始姿势。

杠铃过头耸肩

1 双脚分开站立，双手正握杠铃，距离为肩宽的 2 倍，将杠铃高举过头。

2 身体其他部位姿势不变，做耸肩的动作，并尽可能地让肩膀向上耸。至最高点时，停顿 1~2 秒，然后慢慢放下肩膀，回到起始姿势。

标准哑铃耸肩

1 双脚分开站立，双手各握一个哑铃，掌心相对。双肩自然垂于身体两侧。

2 身体其他部位姿势不变，做耸肩的动作，并尽可能地让肩膀向上耸。至最高点时，停顿1~2秒，然后慢慢回到起始姿势。

哑铃过头耸肩

1 双脚分开站立，双手各握一个哑铃，将哑铃高举过头，手臂微微弯曲，掌心向外。

2 身体其他部位姿势不变，做耸肩的动作，尽可能让肩膀向上耸。至最高点停顿1~2秒，慢慢放下，回到起始姿势。

撑椅耸肩

1 双腿弯曲，身体呈坐姿，双手撑在训练凳上，臀部悬空。

①

②

2 肩膀和背部肌肉放松，耸肩，停顿 3 秒，肩膀向下用力，抬起上身，回到起始姿势。

第四节 最佳肩膀训练动作

这组训练动作是为了练就健康的肩膀、保持正确的姿势。训练时，先从伸展僵硬的肩部肌腱群开始，然后训练前三角肌、上斜方肌和旋转肩胛骨的肌肉，最终让肩部肌肉达到生长平衡。

卧姿伸展

向左侧卧于地上，左手上臂贴在地上。右手放在左手上，轻轻将左手向下推，保持此姿势 30 秒钟，让左肩得到充分的伸展。然后翻身转向右侧，完成右肩的伸展。

30° 哑铃高举与耸肩

1 双脚分开，与肩同宽，双手各握一个哑铃，手臂自然垂于身体两侧。

2 双手手臂把哑铃从身体两侧举起，直至双臂与身体成 30° （即 Y 形）。

3 手臂抬至最高处后，姿势保持不动，肩膀向上抬起。停顿 1~2 秒钟后，慢慢回到起始姿势。

第五章

手臂训练：拥有健硕的双臂

第一节 肱二头肌训练

训练肱二头肌主要是通过手臂弯举及其一系列变化动作来完成的。手臂弯举在锻炼肱二头肌的同时，还能够锻炼肱肌和肱桡肌等有助于稳定肩膀的辅助肌肉群。

曲柄杠铃弯举

1 双脚分开站立，反手握住曲柄杠铃，双手距离比肩略宽，将杠铃放于髋部。

2 上臂保持不动，仅手肘弯曲，将杠铃尽可能地举向胸部。停顿 1~2 秒钟后，慢慢放下杠铃，回到起始姿势。

近握曲柄杠铃弯举

1 双脚分开站立，反手握住曲柄杠铃，双手距离为肩宽的一半，将杠铃放于髋部。

2 上臂保持不动，仅手肘弯曲，将杠铃尽可能地举向胸部。停顿 1~2 秒钟后，慢慢放下杠铃，回到起始姿势。

远握曲柄杠铃弯举

1 双脚分开站立，反手握住曲柄杠铃，双手距离约为肩宽的 2 倍，将杠铃放于髋部。

2 上臂保持不动，仅手肘弯曲，将杠铃尽可能地举向胸部。停顿 1~2 秒钟后，慢慢放下杠铃，回到起始姿势。

曲柄杠铃斜托弯举

1 双腿分开，站在上斜式训练凳的后方。双手手臂放于训练凳上，手臂微微弯曲，反手近握曲柄杠铃。

2 身体其他部位保持不动，仅前臂弯曲，将杠铃举向肩膀。停顿 1~2 秒钟后，慢慢放下杠铃，回到起始姿势。

健身球斜托弯举

1 跪在健身球的后方，上臂放于球上，手臂伸直，反手近握曲柄杠铃。

2 上臂贴住健身球，仅前臂弯曲，将杠铃举向肩膀。停顿 1~2 秒钟后，慢慢放下杠铃，回到起始姿势。

正手曲柄杠铃弯举

1 双脚分开站立，与肩同宽，正手握住曲柄杠铃，双手距离比肩略宽，将杠铃放于髋部。

①

②

2 上臂保持不动，仅手肘弯曲，将杠铃尽可能地举向胸部。停顿1~2秒钟后，慢慢放下杠铃，回到起始姿势。

第二节 肱三头肌训练

本小节介绍的动作旨在锻炼肱三头肌，同时也能够锻炼到上背肌和后肩肌群，这些肌肉让我们的肩膀在进行各个动作时都能够保持稳定，免受伤害。

曲柄杠铃仰卧伸展

1 仰卧在训练凳上，双手正握曲柄杠铃，距离比肩略宽，手臂伸直，略向头部倾斜，与身体角度略大于 90° 。

2 手臂弯曲，上臂保持不动，前臂将杠铃拉向头部上方，直到低于地面平行线，停顿 1~2 秒钟后，回到起始姿势。

曲柄杠铃静臂仰卧伸展

做曲柄杠铃仰卧伸展，到最后一步，停顿 40~50 秒钟，可以增加肌肉，锻炼肌力。

曲柄杠铃上斜仰卧伸展

1 将可调式训练凳调成上斜 30°，仰卧其上，双手正握曲柄杠铃，手臂伸直，略向头部倾斜，与身体角度略大于 90°，杠铃位于额头上方。

2 手臂弯曲，上臂保持不动，前臂将杠铃拉向头部上方，直到低于地面平行线，停顿 1~2 秒钟后，回到起始姿势。

曲柄杠铃健身球仰卧伸展

❶

1 上半身仰卧于健身球上，臀部抬起，整个身体从膝盖到肩膀成一条直线。双手正握曲柄杠铃，距离比肩略宽，手臂伸直，略向头部倾斜，与身体角度略大于 90°。

❷

2 手臂弯曲，上臂保持不动，前臂将杠铃拉向头部上方，直到低于地面平行线，停顿 1~2 秒钟后，回到起始姿势。

近握曲柄杠铃仰卧伸展加推举

①

②

1 做几组曲柄杠铃仰卧伸展后，手臂弯曲，双手握住杠铃，距离为肩宽的一半，将杠铃放在胸部正上方。

2 向上将杠铃直直推起，手臂完全伸直，将动作变成仰卧推举。

远握曲柄杠铃仰卧推举加过头伸展

①

②

1 双手握住曲柄杠铃，距离为肩宽的 2 倍。做完几组曲柄杠铃仰卧伸展后，将杠铃直直向上推起。

2 上臂保持不动，前臂将杠铃拉向头部上方，直到低于地面平行线，停顿 1~2 秒钟后，回到起始姿势。

第三节 前臂训练

本小节动作较为简单，都是专门针对前臂的训练，不仅可以有效锻炼手腕伸屈肌、前臂肌群等肌肉群，也会锻炼到手指的肌肉。

杠铃杆手腕弯举

1 跪在训练凳的后方，手肘和前臂放在训练凳上，反手握住杠铃杆，双手距离与肩同宽，双手悬空，手腕自然下垂。

2 身体其他部位姿势不变，手腕向上弯举，直到感觉手腕得到伸展，停顿1~2秒钟后，慢慢放下手腕，回到起始姿势。

杠铃杆手腕伸展

❶

1 跪在训练凳的后方，手肘和前臂放在训练凳上，正手握住杠铃杆，双手距离与肩同宽，双手悬空，手腕自然下垂。

❷

2 身体其他部位姿势不变，向上抬起手腕，直到感觉手腕得到伸展，停顿 1~2 秒钟后，慢慢放下手腕，回到起始姿势。

站姿杠铃静握

双脚分开站立，正手握住杠铃（选取杠片较重的杠铃），双手距离比肩略宽，手臂下垂，杠铃位于髋部。保持不动，根据个人情况，维持20~60秒钟。也可以根据个人情况更换杠片的重量。

哑铃农夫行走

双手各握一个较重的哑铃，掌心朝向体侧，手臂自然垂于身体两侧，向前行走，走得越远越好，时间越长越好。

单手杠片弯举

1 双脚微微分开站立。选两片较轻的杠片，单手将其握在一起，手臂自然下垂。

2 上臂保持不动，手肘弯曲，将杠片尽可能高地举向肩膀。停顿 1~2 秒钟后，慢慢放下杠片，回到起始姿势。

鹰爪

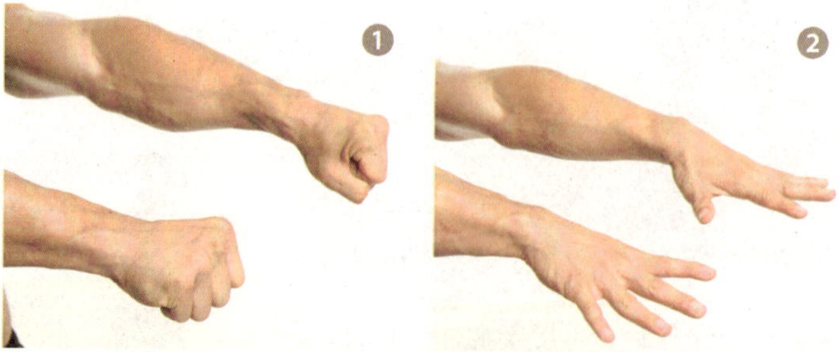

1 双臂前伸，双手紧紧握拳，保持半秒钟。

2 分开手指，尽量张到最大，保持半秒钟。不间断地重复此动作 50~100 次。

第四节 最佳手臂训练动作

这一节介绍的动作能够有效缓解肱二头肌的僵硬程度，并能够帮你消除掉手臂上的赘肉，让肌肉得到伸展的同时还能够促进肌肉的生长。

曲柄杠铃三停弯举

1 双脚分开站立，反手握住曲柄杠铃，双手距离比肩略窄，将杠铃放于髋部。做曲柄杠铃弯举，并在其过程中选三个点，各停 5~10 秒钟。

2 第一个点：杠铃举起约 5 厘米处。

3 第二个点：手臂弯曲成 90° 处。

4 第三个点：杠铃举至胸部。

哑铃仰卧三停伸展

1 仰卧在训练凳上，双手各握一个哑铃，手臂向上伸直，手臂与身体之间角度略大于 90°。做哑铃仰卧伸展运动，并在其过程中选三个点，各停 5~10 秒钟。

2 第一个点：手臂弯曲向下约 10 厘米处。

3 第二个点：手臂弯曲成 90° 处。

4 第三个点：哑铃到达动作最低点，大约在耳朵处。

肱二头肌伸展

双脚分开站于单杠前，右手手臂向后伸直，反手握住单杠（单杠需低于肩膀）。此时，让重心向前，直到感觉肱二头肌在伸展，停顿5~10秒钟，换左手重复相同动作。

三头肌过头伸展

双腿分开站立。右手从上方伸到头部后上方，手臂弯曲，将前臂和手垂在脊椎处。左手抓住右手手肘，将右手手臂轻轻向下压，直到手臂有伸展的感觉。停顿5秒钟，换另一只手重复相同动作。

第六章

核心肌训练：练就“王”字腹肌

第一节 稳定度运动

所谓稳定度运动就是指能够增强脊椎稳定度的训练动作。因为脊椎的稳定度和下背部的健康决定了你做其他运动时的表现，尤其是在核心肌训练中。根据下面介绍的多种动作，变化组合出最适合你的完美训练动作吧。

平板支撑

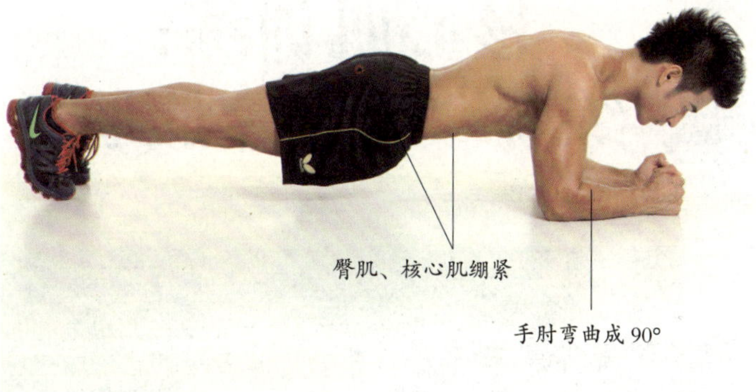

与标准俯卧撑起始姿势类似，俯卧在地上，双脚脚尖着地，双臂弯曲，握拳，前臂贴地，承受身体的重量。身体从肩膀到脚踝成一条直线。核心肌时刻保持紧绷的状态。坚持 30~60 秒钟，同时注意呼吸的节奏。

45° 平板支撑

双脚脚尖着地，双臂弯曲，双手握拳，手和前臂放在训练凳上，承受身体的重量。身体从肩膀到脚踝成一条直线。核心肌时刻保持紧绷的状态。坚持 30~60 秒钟，同时注意呼吸的节奏。

简易平板支撑

双腿弯曲，膝盖着地，双脚翘起。双臂弯曲，握拳，前臂贴地，承受身体的重量。身体从肩膀到膝盖成一条直线。核心肌时刻保持紧绷的状态。坚持 30~60 秒钟，同时注意呼吸的节奏。

垫脚平板支撑

双脚脚尖放在训练凳上。双臂弯曲，握拳，前臂贴地，承受身体的重量。身体从肩膀到脚踝成一条直线。核心肌时刻保持紧绷的状态。坚持 30~60 秒钟，同时注意呼吸的节奏。

垫脚单腿平板支撑

一只脚脚尖放在训练凳上，另一只脚抬起。双臂弯曲，握拳，前臂贴地，承受身体的重量。身体从肩膀到脚踝成一条直线。核心肌时刻保持紧绷的状态。坚持 30~60 秒钟，同时注意呼吸的节奏。

前伸式平板支撑

与标准俯卧撑起始姿势类似，俯卧在地上，双脚脚尖着地，手臂伸直，双手撑地，约在肩膀前方 15~20 厘米处。身体从肩膀到脚踝成一条直线。核心肌时刻保持紧绷的状态。坚持 30~60 秒钟。

单腿平板支撑

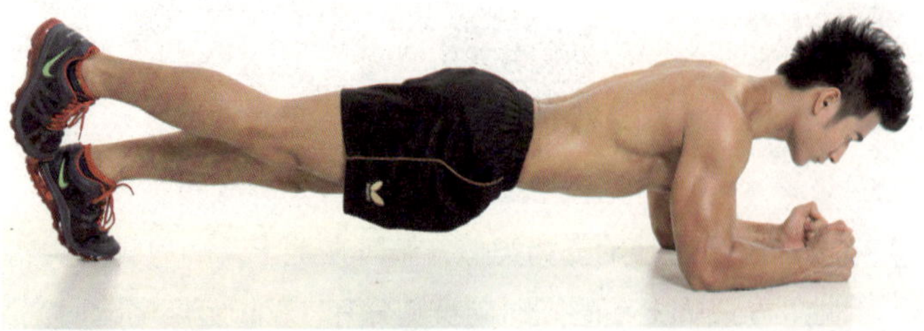

与标准俯卧撑起始姿势类似，俯卧在地上，一只脚脚尖着地，另一只脚微微上抬。双臂弯曲，握拳，前臂贴地，承受身体的重量。身体从肩膀到脚踝成一条直线。核心肌时刻保持紧绷的状态。坚持 30~60 秒钟，同时注意呼吸的节奏。

单手平板支撑

与标准俯卧撑起始姿势类似，俯卧在地上，一只脚脚尖着地，另一只脚微微抬起。同时，抬起的脚的对侧手臂握拳伸直。另一只手臂弯曲，握拳，前臂贴地，承受身体的重量。身体从肩膀到脚踝成一条直线。核心肌时刻保持紧绷的状态。坚持 30~60 秒钟，同时注意呼吸的节奏。

相对抬手脚平板支撑

与标准俯卧撑起始姿势类似，俯卧在地上，一只脚脚尖着地，一只脚上抬的同时向身侧分开，双脚距离略比肩宽。同时，抬起的脚的对侧手臂握拳伸直。另一只手臂弯曲，握拳，前臂贴地，承受身体的重量。身体从肩膀到脚踝成一条直线。核心肌时刻保持紧绷的状态。坚持 30~60 秒钟，同时注意呼吸的节奏。

第二节 旋转运动

旋转运动主要是针对腹内外斜肌的训练。所谓腹内外斜肌就是我们常说的“人鱼线”，它是全世界男性梦寐以求的性感象征。达·芬奇在《绘画论》中曾提过，人鱼线就是判定“美与性感”的指标。

俄罗斯转体

1 坐在地上，上身挺直向后倾，与地面约成 45°，双手合掌向前伸直。膝盖弯曲，双脚脚掌平贴于地。

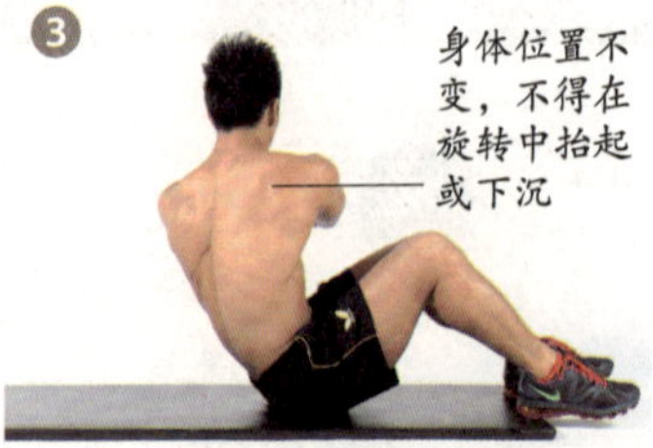

2 腿部姿势不变，上半身尽可能向右转，两手合掌伸至右膝处。

3 停顿 1~2 秒钟，身体转向左侧。

持重俄罗斯转体

1 坐在地上，上身挺直向后倾，与地面约成 45°，双手分别握住杠片的两端，向前伸直。膝盖弯曲，双脚脚掌平贴于地。

2 腿部姿势不变，上半身尽可能向右转，左手伸至右膝处。

3 停顿 1~2 秒钟，身体转向左侧，右手伸至左膝处。

抬脚俄罗斯转体

❶ 1 坐在地上，上身挺直向后倾，与地面约成 45°，双手合掌向前伸直。膝盖弯曲，双脚悬空。

❷ 2 腿部姿势不变，上半身尽可能向右转。

❸ 3 停顿 1~2 秒钟，身体转向左侧。

蹬车俄罗斯转体

1 坐在地上，上身挺直向后倾，与地面约成 45°，双手合掌向前伸直。膝盖弯曲，双脚悬空。

2 上半身尽可能向右转，两手合掌伸至右膝处，同时右膝弯向胸部。

3 停顿 1~2 秒钟，身体转向左侧，两手合掌伸至左膝处，同时左膝弯向胸部。

健身球俄罗斯转体

1 上身平靠在健身球上，双手掌心合并，向上伸直，膝盖弯曲，双脚脚掌平贴于地，臀部抬起，身体从膝盖到肩膀成一条直线。

2 脚部位置不变，上半身尽可能向右侧转动。

3 停顿 1~2 秒钟，上半身转向左侧。

臀部侧伸展

1 仰卧于地上，手臂向身体两侧伸出，掌心向上。双腿弯曲成 90°，抬离地面，直到小腿与地面平行。

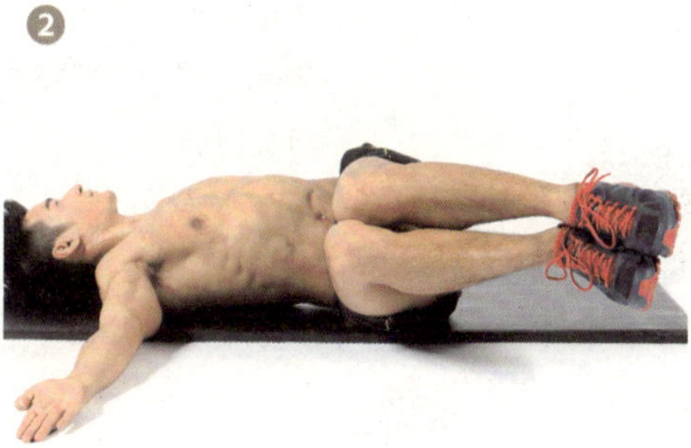

2 上半身位置不变，不得离地，双腿合并带动臀部向右侧伸展，同时核心肌绷紧。

3 停顿 1~3 秒钟后，双腿合并带动臀部再向左侧伸展。

第三节 躯干弯曲运动

躯干弯曲运动主要包括仰卧起坐和卷腹，它们都是训练6块腹肌，即腹直肌的最佳动作。同时也能够锻炼腹外斜肌和腹内斜肌。不过要提醒大家的是，仰卧起坐对锻炼腹肌有极大的帮助，却容易对下背部造成伤害。对于那些下背部有伤的人来说，建议避免做仰卧起坐，而应该选择有助脊椎健康的稳定性运动来锻炼腹肌。

标准仰卧起坐

1 仰卧于地上，双腿弯曲约成90°，双脚平放在地上（不要将双脚固定）。双手在脑后交叉，也可以轻扶耳朵。

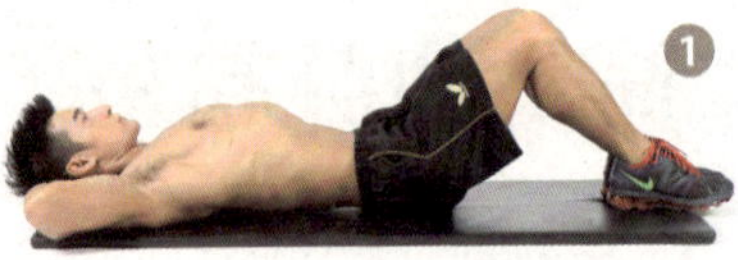

提示：直腿仰卧起坐会加重背部负担，容易对背部造成损害，不要轻易尝试。

2 核心肌收缩，身体迅速抬起呈坐姿。停顿一下，慢慢放下身体，回到起始姿势。

反向仰卧起坐

①

1 坐在地上，双腿弯曲约成90° ,双脚平放在地上（不要将双脚固定）。双手在脑后交叉，也可以轻扶耳朵，手肘向两侧打开。

2 核心肌保持紧绷，慢慢放下身体，回到标准仰卧起坐的起始姿势。

②

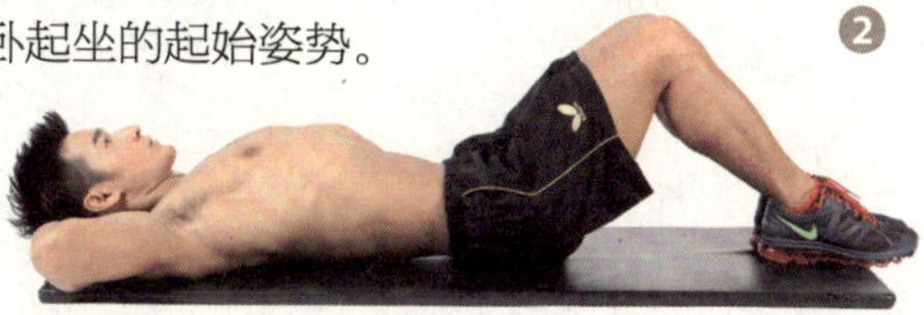

简易仰卧起坐

1 仰卧于地上，双腿弯曲约成 90° ，双脚平放在地上（不要将双脚固定）。双臂伸直，放在身体两侧，保持紧绷的状态，也可以微微离地。

①

②

2 核心肌收缩，身体迅速抬起呈坐姿。同时手臂也随身体抬起，与地面保持平行。停顿一下，慢慢放下身体，回到起始姿势。

抱臂仰卧起坐

1 仰卧于地上，双腿弯曲约成 90°，双脚平放在地上（不要将双脚固定）。双手于胸前交叉。

①

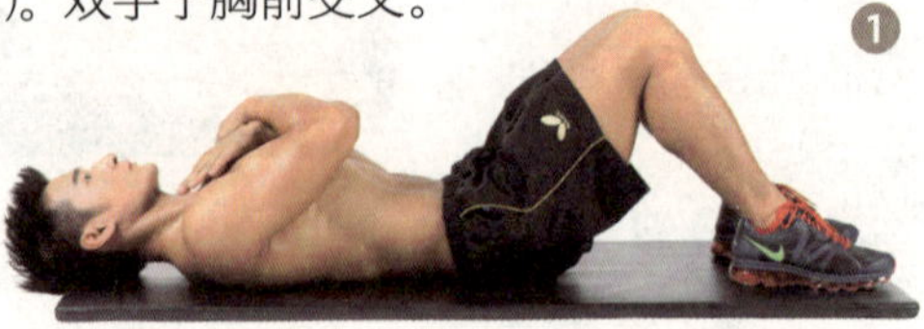

②

2 核心肌收缩，身体迅速抬起呈坐姿。停顿一下，慢慢放下身体，回到起始姿势。

持重仰卧起坐

1 仰卧于地上，双腿弯曲约成 90°，双脚平放在地上（不要将双脚固定）。双手将一个杠片抱在胸前。

①

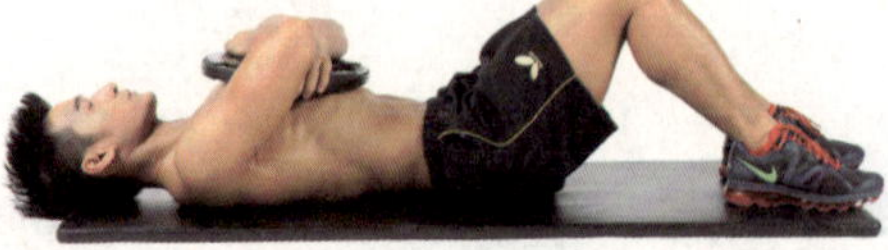

②

2 核心肌收缩，身体迅速抬起呈坐姿。停顿一下，慢慢放下身体，回到起始姿势。

标准卷腹

1 仰卧于地上，双手交叉于脑后，膝盖弯曲成 90°，双脚平贴于地。

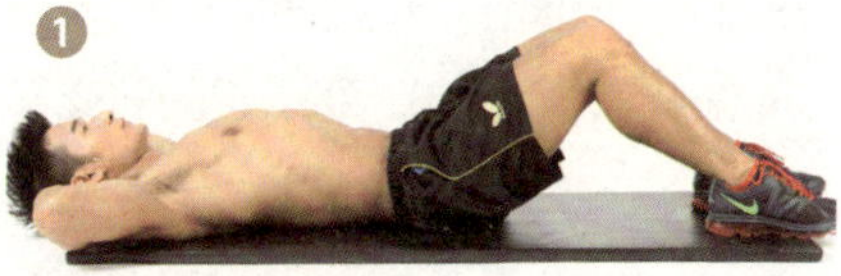

2 头部和肩膀抬起，感觉肋骨向骨盆卷起。在动作最高点用力呼气，坚持 3~5 秒钟，然后放下身体，回到起始姿势。（注意：做此动作的幅度要很小，感觉核心肌紧绷即可。下巴和胸部始终保持一个拳头的距离，以免给颈部带来压力。）

抱臂卷腹

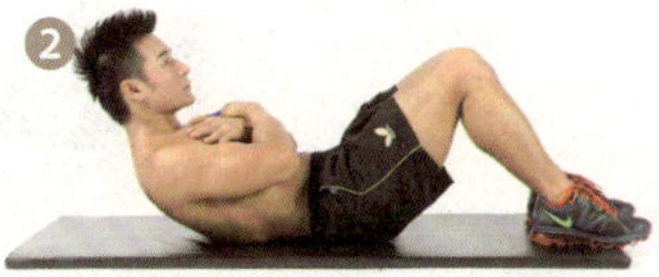

1 仰卧于地上，双手交叉于胸前，膝盖弯曲成 90°，双脚平贴于地。

2 头部和肩膀抬起，感觉肋骨向骨盆卷起。在动作最高点用力呼气，坚持 3~5 秒钟，然后放下身体，回到起始姿势。

第四节 臀部伸展运动

本节介绍的臀部伸展运动主要是为了锻炼腹外斜肌和髋屈肌，同时也能够锻炼到核心区的其他肌肉，如腹直肌等。

反向卷腹

①

②

1 仰卧于地，双臂伸直，放于身体两侧，掌心向下。双腿并拢弯曲，直到小腿与地面平行。

2 上半身不动，双手始终贴地，臀部上抬，向胸部卷起身体，膝盖尽可能弯向胸部。

3 停顿 1~3 秒钟，慢慢放下双腿，不要落地。

③

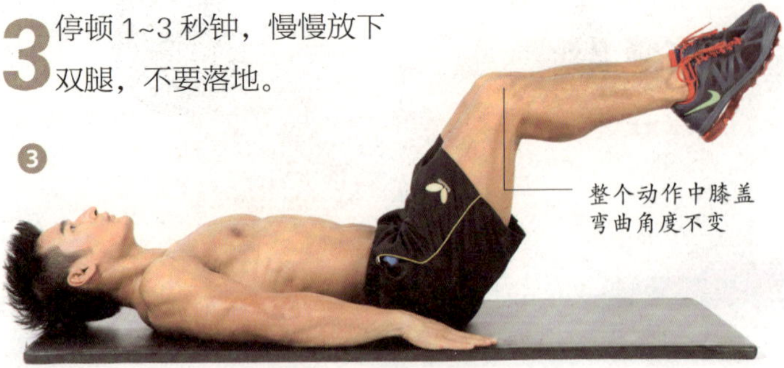

健身球反向卷腹

①

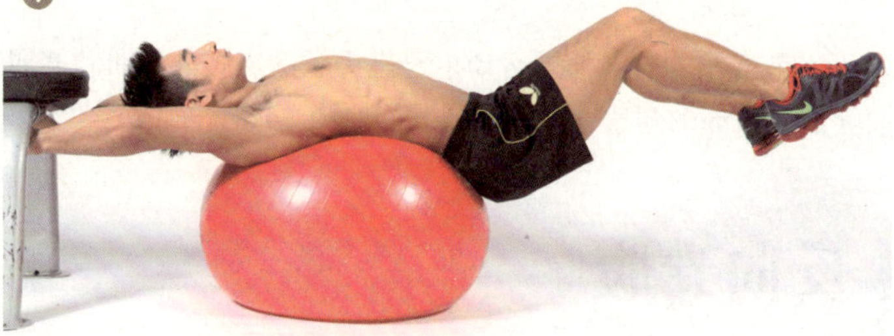

1 上身仰卧在健身球上，双手伸向头部，抓住训练凳等固定物体。双腿弯曲，头部后仰。

2 臀部上抬，向胸部卷起身体。膝盖尽可能弯向胸部。停顿 1~3 秒钟，回到起始姿势。

②

上斜反向卷腹

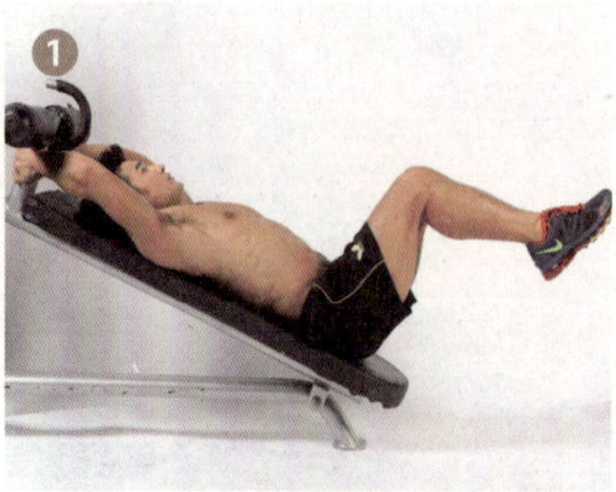

1 上半身和臀部仰卧在下斜式训练凳上，双手向上抓住训练凳的握把。双腿弯曲成 90°。

2 臀部上抬，向胸部卷起身体，膝盖尽可能弯向胸部。

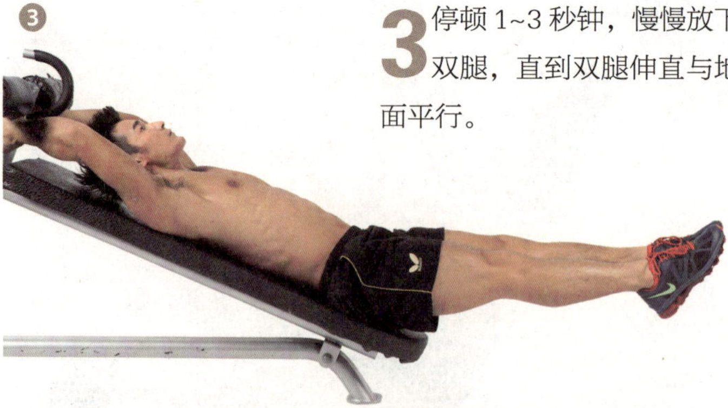

3 停顿 1~3 秒钟，慢慢放下双腿，直到双腿伸直与地面平行。

升级：如果想增加难度，可以在双脚之间夹一个哑铃，让双腿带动哑铃一起卷起。

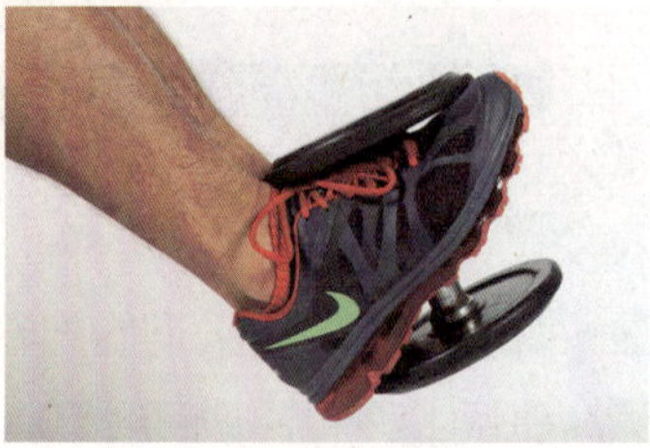

椅上反向卷腹

1 仰卧在训练凳上，双手向上伸，抓住椅子两侧。双腿弯曲，约成 90° 。

2 臀部和腰部上抬，向胸部卷起身体。膝盖尽可能弯向胸部。停顿 1~3 秒钟，回到起始姿势。

第七章

股四头肌和小腿肌训练：练出有型的双腿

第一节 深蹲

深蹲被称为所有训练动作中最佳的全方位动作，既适合减肥，也适合锻炼肌肉。其主要目的是锻炼股四头肌和所有下半身肌肉，如臀肌、腿后肌和小腿肌。在锻炼的过程中让核心肌时刻保持紧绷，还能够对核心肌起到锻炼的作用。

自重深蹲

1 双脚分开站立，与肩同宽，手臂向前伸直，也可以双手握拳向前伸直。

2 双腿弯曲，身体尽可能下沉，臀部向后坐。停顿 1~2 秒钟后，慢慢站起，回到起始姿势。

自重抱头深蹲

❶

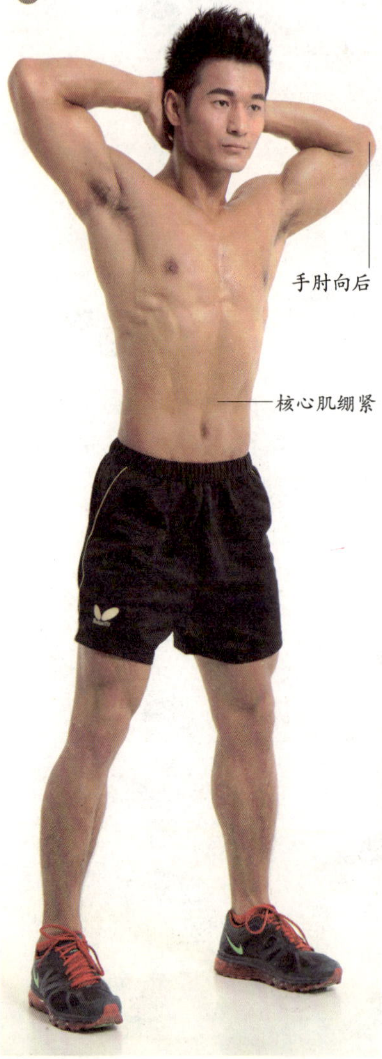

1 双脚分开站立，与肩同宽，双手在脑后交叉。

2 双腿弯曲，身体尽可能下沉，臀部向后坐。停顿 1~2 秒钟后，慢慢站起，回到起始姿势。

❷

自重靠墙深蹲

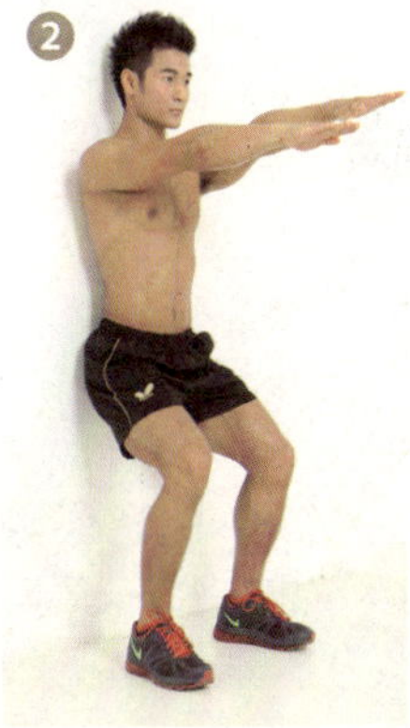

1 双脚分开站立，与肩同宽，背部靠在墙上，双腿微弯，脚跟距离墙约60厘米。做深蹲时，选取4个点，分别停顿5~10秒钟。

2 上半身姿势不变，膝盖微微弯曲，身体下蹲约10厘米，停顿5~10秒钟。

3 继续下蹲约10厘米，停顿5~10秒钟。

4 再下蹲约10厘米，停顿5~10秒钟。

5 最后，下蹲到最低点，大腿与地面平行，停顿5~10秒钟。如身体条件好的，可以蹲到更低的位置。

自重靠健身球深蹲

1 双脚分开站立，与肩同宽，双臂向前伸直，背部靠在健身球上，将健身球卡在身体和墙壁之间。脚跟距离墙壁约 60 厘米。

2 背部始终靠着健身球，保持上身挺直，膝盖弯曲，下蹲至大腿与地面平行。

自重深蹲跳

1 双脚分开站立，与肩同宽，双手在脑后交叉。

2 双腿弯曲，臀部向后坐，身体下蹲，摆出要跃起的姿势。

3 上身姿势不变，用爆发力尽量向上跳跃，落地后再下蹲，然后跳起，跳到尽可能高的位置。

第二节 弓步

弓步，主要是为了锻炼股四头肌，同时也能够锻炼到下半身的所有肌肉，如臀肌、大腿肌、小腿肌等。

标准杠铃弓步

1 双脚分开站立，与肩同宽，双手正握杠铃杆，将杠铃扛在肩上。

2 一只脚向前踏出一步，背部自然向前拱出，臀部向后坐，膝盖弯曲，身体尽可能下沉，直到大腿与地面平行，停顿 1~2 秒钟，回到起始姿势。此动作完成一定次数后，换另一侧完成相同次数。

踏脚杠铃弓步

1 在双脚前方 60 厘米处放两到三个杠片或等高的箱子，或站在台阶前方。双脚分开站立，与肩同宽，双手正握杠铃杆，将杠铃扛在肩上。

重心放在前脚

2 一只脚向前踏上杠片，膝盖弯曲，身体尽可能向下沉，停顿 1~2 秒钟，回到起始姿势。此动作完成一定次数后，换另一侧完成相同次数。

踏脚杠铃反弓步

1 双脚站在 2 个杠片上，双手正握杠铃杆，将杠铃扛在肩上。

2 一只脚向后踏下杠片，膝盖弯曲，身体尽可能向下沉，停顿 1~2 秒钟，回到起始姿势。此动作完成一定次数后，换另一侧完成相同次数。

自重靠墙深蹲

1 在双脚前方60厘米处放两到三个杠片或等高的箱子，或站在台阶前方。双脚分开站立，与肩同宽，双手正握杠铃杆，将杠铃扛在肩上。

2 一只脚向前踏上杠片，背部自然向前拱出，臀部向后坐，膝盖弯曲，身体尽可能向下沉。

3~4 停顿1～2秒钟，将重心移到前脚上，用力带起身体，后脚离地，踏上箱台。

5 后脚向前跨出箱台，落地后，身体下沉成弓步。

交叉杠铃弓步

1 双脚分开站立，与肩同宽，双手正握杠铃杆，将杠铃扛在肩上。

膝盖着地或几乎着地

2 双脚前后分开，左脚在右后方交叉，膝盖弯曲，身体尽可能向下沉，停顿 1~2 秒钟，回到起始姿势。此动作完成一定次数后，两脚位置互换，完成相同次数。

第三节 髋内收运动

髋内收运动也叫作“腿内收运动”，关于它的训练动作不多，主要是针对位于大腿上部内侧的肌肉——髋内收肌的训练。

站姿滑轮髋内收运动

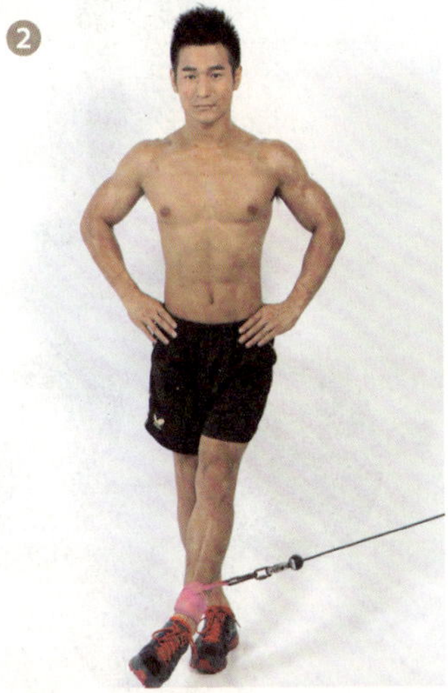

1 在低滑轮处装上吊带，将带子绑在左脚踝上，身体左侧朝向磅片，双手可以叉腰，也可以自然下垂，也可以扶在一个固定的物体上。左脚悬空，朝向磅片方向。

2 身体姿势不变，膝盖绷直，将滑轮从身体左侧拉向身体右侧。拉到最大程度后，停顿 1~2 秒钟，回到起始姿势。换另一只脚，完成同样动作。

髋屈伸

1 上半身平躺在地上，双臂伸直放于身体两侧，双脚架在椅子上（也可以放在固定的高台上），膝盖弯曲成 90° 。

2 靠腿部力量将髋部挺起，用力收紧腘绳肌和臀肌，使得大腿、髋部、腰部成一条直线。然后慢慢放低髋部，回到起始姿势。

变化：要想挑战高难度的话，可以单腿完成此套动作，也可以在动作的最高点坚持 3~5 秒钟。

站姿侧抬腿

1 双腿分开与肩同宽站立，一手扶在椅背上，也可以是其他固定物体，如桌子等。

2 缓慢而有控制地向身体外侧抬起右腿，约成 45°，此时，臀肌收紧，膝盖、脚踝、脚尖成一条直线。（注意：做这个动作时，肩膀、髋部的位置要摆正，身体始终保持直立，腿抬到最高点时臀部不要翘起。）

桌式挺髋

1 双腿伸直，坐在地上，背部保持挺直。双手撑地，放于身体两侧。

2 双臂伸直，髋部上抬，脚掌着地，大腿与小腿之间成 90°，肩膀、髋部、大腿成一条直线。

升级：

1 双手撑地，臀部自然下沉，一条腿绷直抬高，一条腿自然弯曲。

2 双臂伸直，髋部上抬，抬起的腿同时上抬。

第四节 小腿提拉

提拉小腿的训练动作，主要是为了锻炼腓肠肌和比目鱼肌，动作不多，但各个有用，千万不要忽略此练习。

站姿小腿提拉

1 双脚分开站立，双脚脚尖放在两个重杠片上，双手正握杠铃杆，将杠铃扛在肩上。

2 踮起脚跟，尽可能将重心放在前脚尖上，停顿 1~2 秒钟后，回到起始姿势。

单腿罗马尼亚硬拉

①

1 站姿，双腿并拢，双手自然垂于身体两侧。

2 俯身，同时向后抬高右腿，向下伸出左手，左手尽可能触摸左脚（根据个人身体情况而定）。然后回到起始姿势，换另一侧，完成同样动作。

②

直立体前屈

①

1 双脚分开，与肩同宽，双手放于耳后或颈后均可。

②

2 向前俯身，臀部弯曲，背部挺直，双腿伸直（双膝可根据个人情况微微弯曲），向下俯身直到髋部不能再弯曲为止。坚持几秒钟后，回到起始姿势。

第八章

臀肌群和腿后肌群训练：塑造结实的臀部

第一节 抬臀运动

抬臀运动，主要是为了锻炼臀肌群和腿后肌群，为保持身体的稳定，有些动作还能够锻炼到核心肌群和下背肌群。可以说，抬臀运动也是很好的核心肌训练动作。

标准抬臀运动

1 仰卧在地上，双腿弯曲，脚掌平贴于地面。双臂向身体两侧分开，掌心向上。

2 臀部抬起，双脚抵住地面，身体其他部位姿势不变，直到从肩膀至膝盖成一条直线。停顿 5 秒钟，回到起始姿势。

持重抬臀运动

1 仰卧在地上，在腹部放一个杠片，双手握住杠片的两端。双腿弯曲，脚掌平贴于地面。

2 臀部抬起，双脚抵住地面，身体其他部位姿势不变，直到从肩膀至膝盖成一条直线。停顿 5 秒钟，回到起始姿势。

弹力带抬臀运动

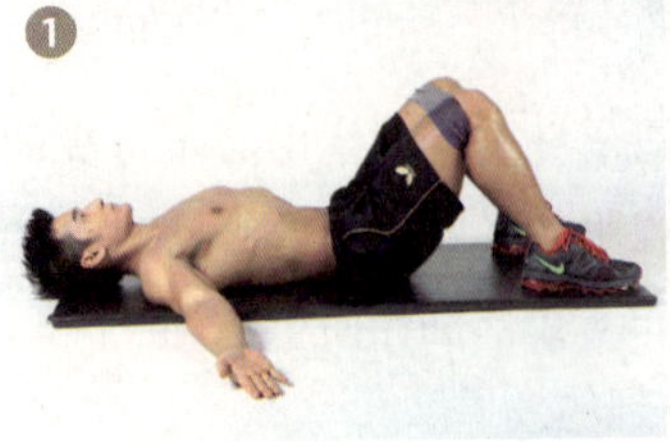

1 仰卧在地上，双腿弯曲，脚掌平贴于地面。将一根迷你弹力带绑在大腿膝盖上方，双腿膝盖保持分开，将弹力带拉紧。双臂向身体两侧分开，掌心向上。

2 臀部抬起，双脚抵住地面，身体其他部位姿势不变，直到从肩膀至膝盖成一条直线。停顿 5 秒钟，回到起始姿势。

夹膝抬臀运动

1 仰卧在地上，双腿弯曲，脚掌平贴于地面。在双腿膝盖间放一个垫子或一条卷起的毛巾，将其夹紧。双臂向身体两侧分开。

2 臀部抬起，双脚抵住地面，身体其他部位姿势不变，直到从肩膀至膝盖成一条直线。停顿 5 秒钟，回到起始姿势。

第二节 屈膝硬拉

屈膝硬拉又称屈膝硬举，是全身重量训练中必不可少的动作之一。它主要是为了锻炼臀肌群和腿后肌群，同时也能够锻炼核心肌、股四头肌和背肌群。虽然动作简单，变化不多，但每个动作都能给你带来意想不到的效果。

标准杠铃硬拉

1 将杠铃放在地上，靠近双腿胫骨处，正握杠铃杆，双手距离比肩略宽。身体前倾，双腿弯曲下蹲，抬起头部、胸部和臀部，直到手臂完全伸直。

2 下背部保持挺直，臀部向前用力，双手握着杠铃，站起身，停顿一下，慢慢放下杠铃，回到起始姿势。

远握杠铃硬拉

1 将杠铃放在地上，靠近双腿胫骨处，正握杠铃杆，双手距离为肩宽的 2 倍。身体前倾，双腿弯曲下蹲，抬起头部、胸部和臀部，直到手臂完全伸直。

2 下背部保持挺直，臀部向前用力，双手握着杠铃，站起身，停顿一下，慢慢放下杠铃，回到起始姿势。

单腿杠铃硬拉

1 将杠铃放在地上，靠近双腿胫骨处，正握杠铃杆，双手距离比肩略宽。身体前倾，一只脚的脚背架在训练凳上，一条腿弯曲撑地，抬起头部、胸部和臀部，直到手臂完全伸直。

2 下背部保持挺直，臀部向前用力，双手握住杠铃起身，双脚位置不变。停顿一下，慢慢放下杠铃，回到起始姿势。交换双脚的位置，重复此动作。

相扑杠铃硬拉

①

2 下背部保持挺直，臀部向前用力，双手握着杠铃，站起身，停顿一下，慢慢放下杠铃，回到起始姿势。

1 将杠铃放在地上，靠近双腿胫骨处，双手正握杠铃杆的中间，距离为近握。身体前倾，双腿弯曲下蹲，双脚距离为肩宽的 2 倍，抬起头部、胸部和臀部，直到手臂完全伸直。

②

第三节 直立硬拉

直立硬拉与屈膝硬拉锻炼的部位差不多，区别在于直立硬拉能够锻炼到下背肌肉，还能够改善腿后肌的弹性，这是其他动作很难做到的。不过在做直立硬拉之前和之后，千万记得要伸展腿后肌群。

标准杠铃直立硬拉

1 双脚分开站立，与肩同宽，双手正握杠铃杆，距离比肩略宽，手臂自然下垂，将杠铃放于髋部。

2 膝盖弯曲角度不变，身体向前倾，尽可能下沉，直到上身与地面几乎平行。停顿 1~2 秒钟，回到起始姿势。

单腿杠铃直立硬拉

❶

1 一只脚站立，另一只脚向后抬起，双手正握杠铃杆，距离比肩略宽，手臂自然下垂，将杠铃放于髋部。

❷

2 前腿膝盖微微弯曲，上身向前倾，尽可能下沉，直到与地面几乎平行。抬高的脚也随身体而抬高，保持身体平衡。停顿 1~2 秒钟，回到起始姿势。

早安式杠铃直立硬拉

1 双脚分开站立，与肩同宽，膝盖微微弯曲。双手正握杠铃杆，距离约为肩宽的2倍，将杠铃扛在肩上。

2 膝盖弯曲角度不变，上身向前倾，尽可能下沉，直到与地面几乎平行。停顿1~2秒钟，回到起始姿势。

第九章

放松运动：
使身体免受伤害

抬手伸翻

此动作能够增强肩膀和上背部的灵活度。

1 双腿并拢跪在地上，膝盖、小腿、脚背着地，手肘、前臂及手掌贴地，双臂弯曲成 90° 。头部尽量靠近膝盖。

2 右手向前方滑出，直到右手臂完全伸直。

3 右手掌心向上翻转。

4 尽可能地抬高右臂。坚持 2~3 秒钟，放下。交换左臂，重复以上动作。

弯腰上伸

此动作可以加强上背部的灵活度。

1 双脚分开，与肩同宽，膝盖弯曲，身体前倾，背部挺直，让上半身与地面几乎平行。双手手臂向下伸直，掌心相对。

2 身体向右旋转，右手臂笔直向上伸出。停顿 1~2 秒钟，回到起始姿势。

3 交换手臂。身体向左旋转，左手臂笔直向上伸出。停顿 1~2 秒钟，回到起始姿势。想要增加难度，旋转时可以让指尖碰触地面或鞋子。

反弓步后伸

此动作能够增强臀部与上背部的灵活度，并协调臀部和肩膀的肌肉。

①

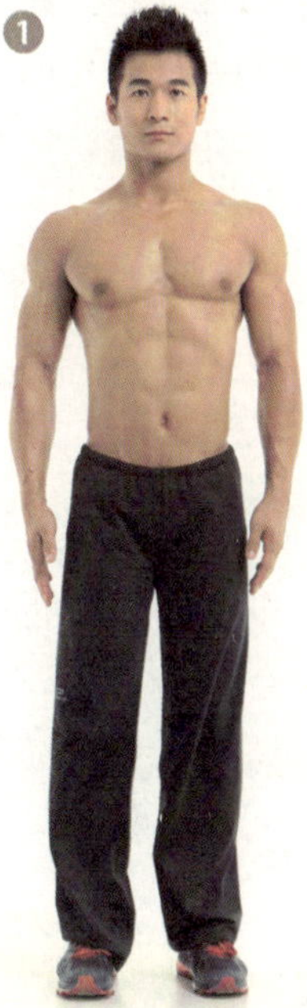

1 身体站直，双脚分开，与肩同宽，双臂自然垂于身体两侧。

②

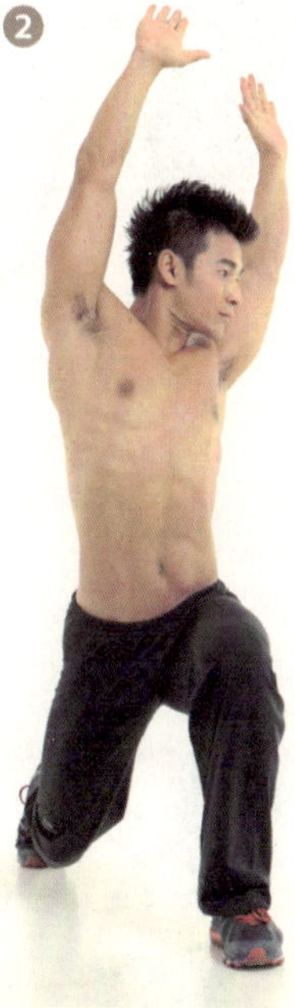

2 右脚向后踏出一大步，身体下沉，左膝弯曲成90°。双手高举过头，向左肩膀后上方伸出。交换另一侧，完成同样动作。

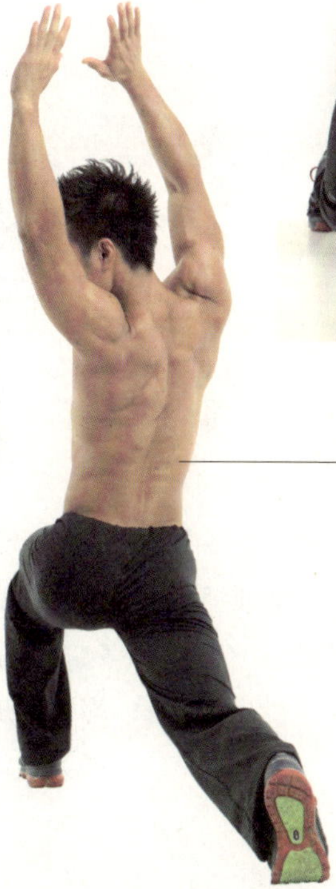

尺蠖式运动

此动作能够放松大腿、臀部和内外斜肌。

①

②

③

1 站直，双脚分开，与肩同宽，双臂自然垂于身体两侧。

2 身体下弯，直到双手碰触地面。

3 双腿保持笔直，双手向前爬出。

④

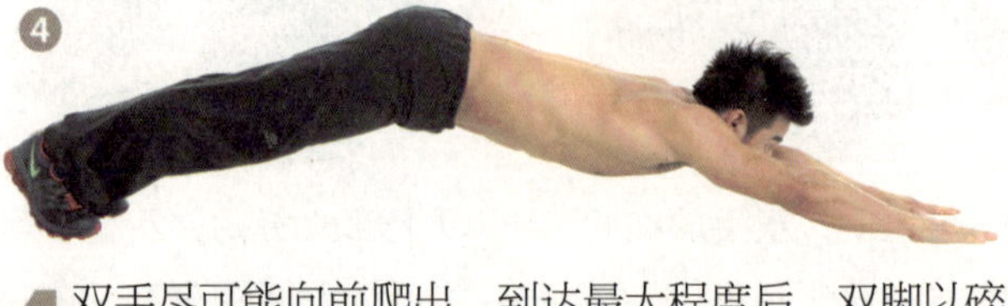

4 双手尽可能向前爬出，到达最大程度后，双脚以碎步的方式走向双手。

站姿提膝

1 站直，双脚微微分开，双臂向前伸直，与地面平行。

2 提起左膝，尽可能地靠近左手臂。保持此动作 2~3 秒钟，然后慢慢放下左腿，提起右膝靠近右手臂。

俯卧臀部内转

此动作能够放松外侧大腿的肌肉和臀部的肌肉。

1 俯卧在地上，双手放在脸部下方，双腿并拢，膝盖弯曲成 90° 。

2 以上部位不动，双腿尽可能大地向两侧分开。停顿 1~2 秒钟，回到起始姿势。

仰卧臀部内转

此动作能够放松大腿内侧的肌肉和臀部的肌肉。

❶

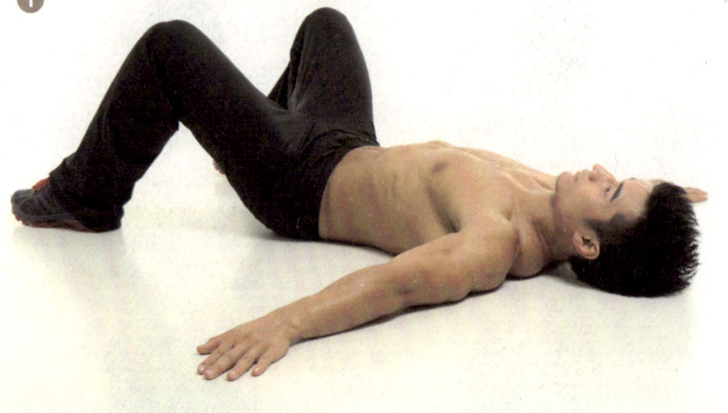

1 仰卧在地上，双臂向身体两侧分开，臀部贴地，双腿弯曲，脚掌贴地，膝盖间距约为肩宽的 2 倍。

❷

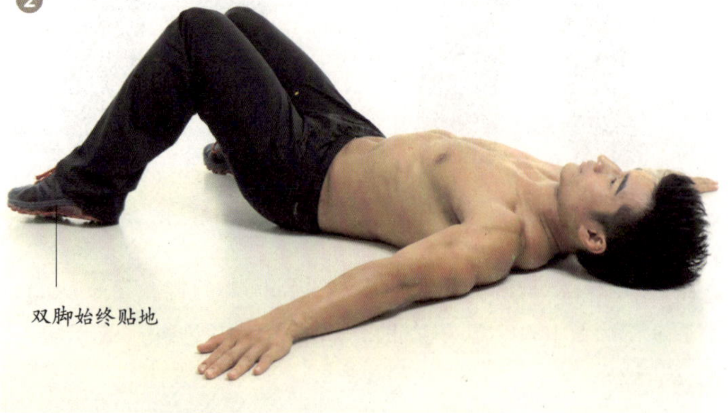

2 双脚位置不动，膝盖尽可能向内侧缩，坚持 1~2 秒钟，回到起始姿势。

上下肩膀伸展

此动作可以放松肩旋转肌，加强肩膀的灵活度。

双脚分开，与肩同宽，右手从头部向后背伸，左手从后背下方向上伸，两手交扣。坚持 10~15 秒钟。双手放开，位置互换。

变化：若双手在后背不能扣在一起，可以拿一条毛巾作为辅助，双手各抓住毛巾的一端。

图书在版编目（CIP）数据

旅游 / 乐之主编. -- 北京 : 中医古籍出版社,
2022.5
（悦享生活）
ISBN 978-7-5152-2265-3

Ⅰ. ①旅… Ⅱ. ①乐… Ⅲ. ①旅游指南—世界 Ⅳ.
①K919

中国版本图书馆CIP数据核字(2021)第228406号

悦享生活
旅游
主编　乐之

策划编辑　姚强
责任编辑　李炎
封面设计　李荣
出版发行　中医古籍出版社
社　　址　北京市东城区东直门内南小街 16 号（100700）
电　　话　010-64089446（总编室）010-64002949（发行部）
网　　址　www.zhongyiguji.com.cn
印　　刷　天津海德伟业印务有限公司
开　　本　880mm × 1230mm　1/32
印　　张　5
字　　数　112 千字
版　　次　2022 年 5 月第 1 版　2022 年 5 月第 1 次印刷
书　　号　ISBN 978-7-5152-2265-3
定　　价　298.00 元（全 8 册）

前言 Preface

著名作家萧乾说过："人生就是一次不带地图的旅行。"的确，人生就是这样，一次次出发，一次次到达。每一次出发，就是一次梦想的发芽；每一次到达，就是一次心灵的净化。都市的喧嚣，现实的压力，使人们不自觉地产生一种本能的渴望，除了渴望物质的丰盈，更渴望强健的体魄和精神的乐土。所以，很多人选择通过旅行来远离喧嚣，逃避困惑，既开阔心胸，又强身健体。人的一生很短暂，而世界又是那么广阔，人不可能走遍每一个角落，在时间和金钱均不允许的情况下，一个人不可能去太多地方。没有关系，本书将带给你和旅游同样的感受，翻开沁着油墨香的书页，透过文字的呼吸，让我们一起去远方看看……

人生是一次时光与地域交织、情感与经历融汇的旅途，每个人都期待这次旅途精彩而绚烂。世界上有很多地方是人这一生不可错过的，是需要我们停下脚步，用心灵来欣赏、感悟和享受的。这些由自然、历史、人文积淀而成的人间仙境，是人们期待许久、寄放在心灵深处的梦幻之地，是召唤生命和生发梦想之所。

本书选取了中外具有代表性的自然与文化景观，包括承载沧桑的历史名城、普渡性灵的宗教圣地、伟大的自然奇观、传承文明的精神家园、优美宁静的人间天堂……这些地方不仅具有美丽的风景，其厚重的文化底蕴带给我们的感悟与思考，更是像具有神奇的穿透力一样，可以让我们的灵魂得到升华，让我们的心灵得到抚慰。

通俗流畅的叙述风格、图文互注的编排形式、新颖独到的版式设计等多种要素的有机结合，使本书既可以成为你畅游世的“窗口”，也可以成为你选择下一次旅游目的地的指南。愿大家都能走出去，呼吸不同的空气，看看不同的景色，听听不同的语言，感受不同的世界。

目录
Contents

神秘奇绝的大自然造化

欢愉忘忧的人间天堂

古代文明的斑驳遗痕

历史与现代的都市交响

神秘奇绝的
大自然造化

自然界的奇景 尼亚加拉大瀑布

尼亚加拉大瀑布位于美国纽约州西北部，横跨美国和加拿大两国边境，是世界上著名的自然景观。它由两股主流汇合而成，一是美国境内的“美国瀑布”，一是介于美、加边境的“马蹄瀑布”。这两个瀑布奔腾交织在一起，从高达54～55米的峭壁上倾注而下，一泻千里。

尼亚加拉瀑布位于美、加边界连接伊利湖与安大略湖的尼亚加拉河上。据测算，伊利湖水以每分钟 1400 万升的流量由长 56 千米的尼亚加拉河流入安大略湖，东西水位落差 99 米，流程的一半处正是尼亚加拉瀑布所在地，形成了尼亚加拉大斜坡

∨ 驻足参观尼亚加拉瀑布的游客

最著名的自然景观——尼亚加拉瀑布。尼亚加拉大斜坡是最后一次冰川期留下的遗迹，它绵延起伏，东部向下倾斜，形成多岩石的陡坡。

尼亚加拉瀑布以山羊岛为界，分属加拿大和美国，由三股飞瀑组成。其中，在河东美国一侧悬挂二瀑，落差 55 米，叫“彩虹瀑”和“月神瀑”。在河西加拿大一侧的飞瀑最为壮观，其状若马蹄，称“马蹄瀑”，是世界上最宽的瀑布，落差 54 米，瀑布下面的水潭深 56 米。马蹄瀑与前两瀑相距约二三百米，但看上去基本是“三位一体”的半弧形。据计算，三股飞瀑总宽度为 1160 米，最大流量可达每秒 6000 立方米。

来到尼亚加拉瀑布，人们可以从多个角度欣赏其壮丽的风采。那里有著名的“前景观望台”，巍峨耸立。如果你想仰视大瀑布倾泻而下的壮美景象，可以沿着山边崎岖小路，前往“风岩”，那就算站在大瀑布的脚下了。翘首仰望，便会看见大瀑布的磅礴气势，铺天盖地般地飞流直下，不禁使人心中涌起一股激情，与大自然产生共鸣。游客在此必须穿上雨衣，否则飞珠落玉，衣衫尽湿。但是若想看到大瀑布的正面全景，最理想的地方还是站在彩虹桥上。桥跨瀑布下游的尼亚加拉河，在桥上只需步行 5 分钟，便可从美国来到加拿大。

在大瀑布附近，还有一个规模较小，却享有盛名的瀑布，其名美丽动人，叫作“新娘面纱瀑布”，又叫“月光瀑布”。闻其名，便可想见它那流水潺潺、银花飞溅的迷人景色。同旁边蔚为壮观的瀑布相比，它显得别具一格，另有一番风韵。正如新娘的面纱，在微风中轻轻拂动；又似一片月光，柔和地洒在绝壁之上，令游客为之陶醉。

游客可以搭乘“雾中少女”号游览船穿梭于波涛汹涌的瀑

布之间，在扑朔迷离的水雾之中领略瀑布带给你的惊心动魄、涤荡尘嚣的感觉。微波荡漾的碧水渐渐波涛起伏，两岸礁石千姿百态，石壁上像有一层贝壳镶嵌。无数静伏的海鸥被浪花惊动后振翅飞起,它们有的贴近湖面翱翔,有的与缭绕的飞雾争高，有的与急浪搏击。

每年来尼亚加拉瀑布参观的游客总是络绎不绝，这就不难理解，靠着著名的维多利亚瀑布，附近建有维多利亚瀑布城，靠着尼亚加拉瀑布，美、加两国也均建有尼亚加拉瀑布城，它们同被称为“蜜月之都”。

∨雄伟壮丽的马蹄瀑布

最美的画廊长江三峡

长江三峡，可谓是自然景观与人文景观最完美的结合。在这里，你不仅可以欣赏到绝妙的天然之作，更可以探究历史人文在这里留下的深深印痕，以及惹人遐想的美丽故事……从神女峰的传说到屈原、王昭君的故事，长江三峡在世人面前展开了一幅民间文学的瑰丽长卷。

长江，是中国的第一大河，它从世界屋脊——青藏高原的沱沱河起步，纳百川千流，自西向东，横贯中国腹地，全长六千三百多千米。它满载四季浪歌，永不停息地直奔东海，在流经四川盆地的东缘时冲开崇山峻岭，夺路奔流，形成了举世无双的大峡谷——长江三峡。壮丽雄奇的长江三峡被誉为山水画廊，是中国国家级风景名胜区。

瞿塘峡

瞿塘峡栈道是明清时在长江北岸壁立如削的悬崖上开凿出的一条官道，起于奉节白帝城脚下，直通峡东口的巫山大溪古镇。

瞿塘峡（又名夔峡）气势磅礴，险峰对峙，是三峡中最短的峡谷，但却“西控巴渝收万壑，东连荆楚压群山”。瞿塘峡号称“天下雄关”，峡中江流澎湃，涛声雷鸣。瞿塘峡的特点是山势雄峻。两岸之山，如斧削而成，有的峰高达1500米。夹江峭壁，甚为逼仄，致使江宽不过百米，最窄处仅有几十米。其中，夔门山势尤为雄奇，因而有“夔门天下雄”五字镌于崖壁。山势之外，瞿塘水势亦“雄”，它“锁全川之水，扼巴蜀咽喉”，有诗称之“众水会涪万，瞿塘争一门”。江水至此，水急涛吼，蔚为大观。对瞿塘峡的山水之“雄”，清代诗人何明礼有一首诗写得最为贴切：“夔门通一线，怪石插流横。峰与天关接，舟从地窟行。”顺江而下，水流湍急，云天一线，船过其间，游客顿有“峰与天关接，舟从地窟行”之感。

在北岸的绝壁上，有一条人工开凿的古栈道遗迹，头顶是悬崖欲坠，脚下是汹涌江涛，这就是古时船夫拉纤、军事运输和客商行贾的唯一通道。崖壁栈道上有清人所刻“开辟奇功、天梯津隶”八个大字。栈道旁是七道门深洞，峭壁岩石之间，有一天窗面对大江。登天窗而望，双峰插云，蓝天一线。向下俯视，江水奔腾，飞舟似箭。入洞观景，钟乳林立，如飞禽走兽，栩栩如生。

巫峡

巫峡有“大峡”之称，以幽深秀丽而奇于天下。峡江两岸，青山不断，群峰如屏，船行峡中，时而大山当前，石塞疑无路，忽又峰回路转，云开别有天，宛如一条迂回曲折的画廊。

巫峡两岸群峰，以十二峰为奇。它们各具特色，尤以神女峰最为纤丽奇俏，像一串翠绿的宝石，镶嵌

江畔。激流劈出的巫峡，深沉肃穆。濛濛烟雨，潺潺细流，飞虹流彩，把峡谷装扮得妩媚多姿！宋代诗人陆游诗云“十二巫山见九峰，船头彩翠满秋空”“秀峰岂止十二座，更有零星百万峰”。十二峰之外，还有众多的险峰异壑，令人目不暇接。苍峡连彩霞，出峡复入峡。巫峡是三峡最连贯、最整齐的峡谷，分为东、西两段，西段由金盔银甲峡、箭穿峡组成，东段由铁棺峡、门扇峡组成。巫峡谷深狭长，日照时短，峡中湿气蒸郁不散，容易成云致雾，千姿万态，有的似奔马游龙，有的擦地蠕动，有的像瀑布一样垂挂绝壁，有时又聚成滔滔云纱，在阳光的照耀下，形成巫峡佛光，因而古人留下了“曾经沧海难为水，除却巫山不是云”的千古绝唱。

旅游小贴士

乘船游三峡注意事项：

1.大三峡（瞿塘峡、巫峡、西陵峡）及其中的景点（如神女峰）均可在船上观看，不需要门票。

2.有的景点需要下船游览，包括张飞庙、石宝寨、小三峡、白帝城、屈原祠、神龙溪、三峡工程大坝（不同的游轮及上下水游览的景点不尽相同）。每到一个景点，您需要听船上广播和导游的提示，记住游轮停靠的码头和游轮开航的时间，您必须在开航前返回游轮，切记。

3.上岸游览的景点几乎都需要步行上坡、上台阶，您需要穿轻便一些的鞋子。三峡雨水较多，需带上必备的雨具。

4.普通游轮上用餐很难令您满意，所以购买一些食品（如各种零食、酒类、矿泉水、方便食品等）上船是必要的，船上也有常见的食品和生活用品出售，但种类少而且价格较贵。

西陵峡

西陵峡是三峡中最长的一个峡，其特点是滩多水急。其中的泄滩、青滩、崆岭滩，为三峡著名的三大险滩。过去船行其间，险象环生，舟毁人亡，时有所闻。如今航道经多年整治，大为改善；加之葛洲坝工程蓄水之后，回水百里，水位上升，险滩礁石沉入江底，不复为害。西陵峡中景观甚多。战国时期伟大的诗人屈原、西汉时和亲匈奴的美女王昭君，即诞生于西陵峡。因此唐代诗人杜甫过西陵峡时，曾有诗云："若道世无英俊才，此处何来屈原宅？""若道巫山女粗丑，此处何有昭君村？"船出西陵峡南津关，300里峡江航程即告结束，长江自此进入中游，视野豁然开阔，江流东去千里，两岸平野万顷，"极目楚天舒"，别有一番情趣。清代肖际远曾发出"此地江山接蜀楚，天钟神秀在西陵"的感叹！

永恒的奇山阿尔卑斯山

珠穆朗玛峰号称“世界屋脊”，欧洲的屋脊当仁不让就是阿尔卑斯山了。它由法国地中海沿岸拔地而起，向东北方延伸，穿越意大利、奥地利和瑞士，直插德国南部。欧洲中南部的几个大国都有它的身影。

提起阿尔卑斯山，总让人想起那朵小而白、洁而亮的“雪绒花”。《音乐之声》中的那位女教师，带领孩子们放歌游乐的阿尔卑斯山，就是一个繁花盛开、绿茵如织的人间仙境，那影像长久地根植于脑海中，挥之不去。

登山胜地

阿尔卑斯山是欧洲最高大、最雄伟的山脉，它的雄峻险拔许多年来一直吸引着来自世界各地的勇士，是世界登山运动的发源地。每年都有许多探险者成群结队地来到山下，向这座大山发起进攻。

^ **阿尔卑斯山**

阿尔卑斯山是世界上最年轻的山脉之一，也是欧洲最高大、最雄伟的山脉。

瑞士境内的少女峰，秀丽挺拔，就像它的名字一样，是最受欢迎的山峰之一。少女峰又名处女峰，据说山下的原住民以观测山顶的变化推断四季，当山顶迎来第一场雪时，山峰洁净无瑕，纯洁美丽有若处子，故而得名。少女峰不仅山势秀美，其迷人之处还在于它独特的视角。少女峰的峰顶是欣赏欧洲冰河之最——阿莱奇冰河的最佳地点。攀爬少女峰，不仅可以享受登山本身的乐趣，还可以领略冰河之壮美。怪不得一年四季有无数登山者都云集而至。如果不喜欢登山，也可以坐缆车一路观光。但如果不是徒步上山，那岂不辱没此等圣地了？

坐着缆车一路而上，举目皆是深深浅浅的绿色，绵延不绝的山峦间满眼扑来的都是目不暇接的五颜六色，漫山遍野童话般的花团锦簇，生动得让人呼吸停滞。远处的高山，山尖漫着白雪，在阳光下云蒸霞蔚，一片灿烂。绿荫中夹着一

∨秀丽而圣洁的阿尔卑斯山

个不知名的小湖泊，平滑如镜，在阳光的照耀下跳跃地闪着光芒，一时间令人迷醉不已，真有种什么都可以抛开，远离俗世喧嚣，静静地在这个人间天堂中简单生活的欲望。

痴情印痕

在巍峨壮观的阿尔卑斯山上，耸立着一座巨大的建筑，它依山傍水，远离尘嚣，壮观而萧索，美丽而落寞。它就是新天鹅宫。

新天鹅宫与著名的茜茜公主大有渊源，有着一段令闻者心动的往事。新天鹅宫为巴伐利亚皇帝路德维希二世所建。据说，当路德维希二世还是王子的时候，就深深地爱上他的表妹茜茜

公主。谁知世事难料，茜茜公主芳心他属，最后嫁给了奥地利皇帝弗朗兹·约瑟夫。路德维希于是郁郁终身，最后竟然耗费大量的人力、物力，在岩洞中建起了这样一个巨大的建筑，将他的苦闷和感伤凝固成永恒。这个巨大的建筑物就象征着他对茜茜公主的思念与爱慕。世界各国的人们来到这里，徜徉于山谷与溪流之余，也流连于这一段风流韵事，不免为这位如此痴情的皇帝扼腕叹息。

建筑物最高的一层是举办宫廷舞会的场所，空旷异常。但据说情场失意的路德维希一次也没有使用过，也许茜茜公主的离去真的就带走了他全部的乐趣。想象当年皇帝伫立在这个空旷的大厅里，回想自己第一次牵着心爱之人的手与她共舞的情景，那又是怎样一种心情？

山脚小镇

每次归来，都是夕阳落山的时候，零落的小屋开始冒出缕缕炊烟。虽是异乡人，但也有了一种回家的感觉。阿尔卑斯山脚的小镇，很少有游人提起，但是，也很少有人会忘记。

夜色初上，小镇笼罩在一片温暖的昏黄中，让人不由得想起幼年时住过的小山村，想起木桌上那盏古旧的小灯，想起小灯前外婆那张饱经风霜的慈祥的脸。因为太过温暖了，每次回程，看到小镇的灯火时，总有一种遏制不住的流泪的冲动。

阿尔卑斯的小镇当然不是用油灯来照明的，不过鲜有破坏气氛的日光灯，更多的是温温润润的橘黄色灯光。镇上的建筑多由石头或木料制成，精致的小旅舍大堂犹如自家的客厅，虽然没有一样奢华的东西，但木料和格子棉布的大量使用却让整个空间显得格外温馨。在这其中，有一个小镇，就在少女峰下，名字就叫作霞慕尼。

日本人的精神“圣岳”富士山

海拔3776米的富士山，在世界各大名山之中并不算高。但是，富士山以其独特的地理位置和风貌，使游客即使在周围几万米以内，仍然可以一睹它终年被白雪覆盖的锥形山体，那气势就像一位白发苍苍的老人静静地盘膝而坐。富士山对日本人来说有着极为重要的意义，是大和民族的心之故乡，被日本人称为“圣山”。

休眠火山

这座被日本人奉为“圣岳”的山峰，在日语中的意思是“火山”。自公元781年有文字记载以来，富士山一共喷发了18次，最后一次喷发是在1707年，此后休眠至今。富士山的山顶上有两个大火山口，形成了两个美丽的火山湖。据说，在山顶的火

^富士山上幽静的小村庄

山湖中沐浴一下，就能消灾免祸，所以每年一到七八月份，即富士山开山的时节，都会有许多日本人来此登山。年轻力壮的，就不妨在火山湖中畅游一番。每到天气晴朗的日子，在山顶看日出、观云海也是世界各国游客必不可少的游览项目。

山麓处还有许多火山喷发后留下的山洞，千姿百态，有些今天仍在不断地喷气，提醒着人们它仍有活力。富岳风穴内的洞壁上则结满了钟乳石似的冰柱，晶莹剔透，光线照射下耀人眼目，被称为“万年雪”。

在山腰的五合目往山下看，举目都是苍翠的原始森林，密密层层地不透风。山中的几个湖泊，湛蓝清澈，阳光下波光粼粼，赏心悦目。除了南边的一个小山坡,富士山这座独立的山峰，就像突然从地里钻出来似的。“独树一帜”的富士山，完完全全地展现在游人的眼前，即使在几万米外东京湾的海面，在阳光充足的日子，一样可以

看到富士山洁白无暇、白雪覆顶的雄姿。

和中国的那句俗话“不到长城非好汉”一样，在日本，人们会说“登上富士山顶是英雄”。多少年来富士山的神奇魅力依然不减，每年都会吸引成千上万的游客前来攀登。现在每年的 7 ~ 8 月为登山节，很多人以登上富士山为荣。登临富士山，路并不宽敞，而且路旁随处可见火山灰的痕迹和原始生态林。爬山开始的时候周围还有点植物，再往上爬植物就渐渐消失了。到了 2000 米以上的地方，就更没有什么植被了，地上竟是煤渣一样的红红黑黑的火山灰石。乍一看很不以为然，因为和想象中的大不一样。但是，不用过多久，从火山口到这里，就又会全部堆满积雪，富士山重又现“白头”，就如平时在图片上看到的一样。

由于海拔高，山上的气温比山下低很多。但是高海拔自然没有污染，使得这里的空气非常纯净，甚至是过于干燥和纯净了。用力呼吸几

口，心肺反而感觉到有些不适应。天气晴朗，阳光无遮无盖地直直地射下来，那种力度似乎要穿透你的身心一般。

富士五湖

富士五湖指的是山中湖、河口湖、西湖、精进湖和本栖湖，这5个湖泊也是由于火山喷发而形成的。其中，山中湖最大，湖畔还有许多运动设施，可以滑水、垂钓、划船和露营等，十分有趣。湖东南的忍野村，有8个池塘，总称“忍野八海”，风光也很好，且与山中湖相通。富士五湖除了湖光动人，山色也别具魅力。富士山脚下的原野之中，原始森林和溪流飞瀑相映成趣，景色妩媚之至。

富士山离箱根很近，这里可以说是日本的温泉之乡。日本人喜欢泡温泉是出了名的。记得很久以前看过一个记录片，山中的猕猴大冬天的也泡在池子里，头上顶着厚厚一层雪，极像顶着块白色的浴巾。不过游玩了一整天，回到宾馆，换上浴衣立即奔向温泉，那享受真是堪称完美。仰着身体半躺在池中，头上搭着块毛巾，滚热的池水泡得人脸色红润，身心全部放松。泡温泉真是个解乏的好法子，怪不得节奏紧张、压力巨大的日本人独爱这种休闲方式。约上三五知交，同攀富士山，尝日本料理，喝日本清酒，泡日本“汤”，真是一种非常惬意的享受。

富士山不仅仅是自然奇观，同时也是教徒崇敬的圣地，另一个世界的门户，奉她为“圣岳”“不二山”。从平安时代或是更久远以来，富士山一直是日本文学家和艺术家们讴歌的主题。这座灵峰不仅代表了日本绝美的自然景致，更孕育了日本人敬慕的历史文化。登临富士山，得到的绝不仅仅是视觉上美的享受，更能使人感到一股净化和升华的精神力量。

世外桃源，人间仙境张家界

张家界是我国第一个国家森林公园，上世纪70年代才被发现。相传，汉高祖时，留侯张良为了不让“飞鸟尽，良弓藏；狡兔死，走狗烹”的悲剧在自己身上上演，就效法范蠡功成身退、隐居江湖的做法，来到大庸，并在此地留下张氏子孙，故取名“张家界”。然而张家界之名扬天下，并不是因为留侯的典故，而是因为它的惊世美艳。有人说：如果说有一个人间仙境，可以因为它的美丽而让世界震惊，让人不忍回忆，那必然就是张家界。

的确如此，张家界是中国山水画的原本；张家界是“世外桃源”的现实版本；张家界是“五步一个景，十步一重天”的幻境；张

山依水，水偎木，舟荡情漾，流连于水天一色中。

^ 张家界不容错过的景点之一——宝峰飞瀑

家界是“扩大的盆景，缩小的仙境”；张家界是真正的蓝天碧水……

在你亲临张家界之前，你或许会说这些不过是溢美之词，但当你真正走进张家界后，你就会真切地感受到张家界鬼斧神工之美，那是一种苍凉的美，原始的美，野性的美，雄奇的美，大气的美。否则，香港著名摄影家陈复礼也不会大言：“张家界纳黄山桂林之美，融庐山南岳之秀，就奇山异峰的集中和清新来说，比世界上一切名山大川都好，都美！”否则，著名山水画家张文俊就不发出“张家界有泰山之雄，华山之险，桂林之秀，黄山之变化，诸山之美兼而有之，为我平生之罕见”的感慨了。

黄狮寨

早闻“不登黄狮寨，枉到张家界”，所以到张家界后的第一站自然就是黄狮寨了。黄狮寨堪称张家界诸景之冠，海拔 1080 米，四周峭壁削立，只有前卡门与后卡门两条独路可通寨顶。

说实话，站在山脚下，一点也感觉不到张家界的神奇与美丽，因为它实在很普通，几乎和你之前所见过的任何一座山、任何一潭水没什么两样。但是当你沿着曲曲折折的山路前行，尤其是站在黄狮寨的寨顶的时候，就会有一种前所未有的感觉。

在攀登前卡门的路上，但见千峰插地，怪石如林，海螺峰、一线天、天书宝匣、南天一柱等景点，不重样地伴随着游客一路登上黄狮寨的寨顶。黄狮寨的寨顶是一个宽阔的平台，足有 200 多亩。任何一个未到过那里的人，都绝对想象不到在这么巍峨的高山之巅居然还有如此宽阔的台地，就好像是凭空升起来的一样。站在上面除了倍觉惊险、刺激之外，更多的就是对大自然鬼斧神工的惊讶。

黄狮寨寨顶简直就是一个天然的观景台。如果赶上个大晴天，站在那里遥望群山，会看见密林深处有缕缕白烟窜起，先是聚为柱状，然后慢慢弥散。白烟消失后，云团、云带又从山腰涌起，扑向山头，蔚为壮观。雾气中、阳光下，姿态各异的红砂岩，有的如仰天长啸的雄狮，有的如俯首低吟的苍龙，有的如即将展翅高飞的雄鹰，有的又如正在修炼的千年古佛……如果是雨后站在那里，则会看见白雾自峡谷升起，愈来愈大，愈来愈浓，最后将整个黄狮寨淹没其中，只留下点点孤峰，漂浮于云海之上。

天子山风景区

天子山海拔 1262 米，也是张家界最著名的风景区之一。天子山主要以千姿百态的奇峰怪石著称，景区内的西海是它的标志性风景游览区。西海简直就是一个山的海洋，只要你选择一个具有一定高度的地方停下来，举目眺望，就会有头晕目眩的感觉，成千上万座山峰——你甚至可以说它们是峰柱、石柱或者就是一块巨大的石头——巍然而立，就像是正在等着你发号施令的千军万马。

远远望过，奇峰林立，万石峥嵘。一座座凭空而起的奇形怪状的巨大岩石，或如雄狮，或如饿虎，或如巨鸟。当然其中也不乏像仙女献花、芙蓉出水、孔雀开屏这样的妩媚优雅者。

再看西海谷底，幽深静穆，似有一老者徘徊于其间。那老者虽然已经在那里幽游了上千年，但他的身躯依然健硕，依然能够灵巧地穿行于峰柱之间。它的确是有生命的，不信的话，你可以朝它喊一声，它热情的回应定会让你的身心为之颤动。

除了石海，天子山风景区还有白雾缭绕的点将台、雾雨绵绵的神堂湾、变幻莫测的御笔峰等奇景，而集奇、险、秀、幽、野于一体的石林、云海、霞日、冬雪，更是堪称“奇中之奇”。此外，还有数不胜数的天桥、天池、古庙、天门、飞泉、洞府……

畅游于张家界风景区的任何一个地方，它都会以纯真的风采迎接你。而你，也许只需一个转身，眼前就会别有洞天。

∨张家界最著名的风景区之一——天子山

地球的绿色心脏亚马孙丛林

在巴西广袤的土地上，覆盖着世界上最大的热带雨林，这就是有着“地球之肺”美誉的亚马孙热带雨林。在这里，静卧着世界上流量最大的河流——亚马孙河，散布着世界上最大的湿地——潘塔纳尔沼泽地，生息着世界上最大的动植物群落。

最大的热带雨林

说起亚马孙，它还有一个有意思的名字。第一批来到这里的葡萄牙探险家曾称它为“马腊尼翁”，马腊尼翁就是迷宫的意思。因为这批最早的探险家们从那里回来后，无不抱怨说：“那是唯有上帝才不会迷路的马腊尼翁。”

亚马孙流域的热带雨林大部分位于巴西，面积约为印度的两倍，海拔不超过200米。这里雨量充沛，加上安第斯山脉冰雪消融带来大量流水，每年有大部分时间被洪水淹没。有一片名叫瓦西亚的森林，每年有数月水深9米。还有一些称为伊伽普斯的地区，大部分时间淹没在水里，几乎全年闷热潮湿。

亚马孙热带雨林是个绚丽多姿、丰富多彩的植物王国。亚马孙流域植物种类之多居全球之冠。许多树种高达60多米，遮天蔽日，导致旱地森林的地面光秃秃的，只有一层腐烂的枝叶。涝地森林则情况迥异，灌木和乔木有板状基根，可以帮助维生。树冠由高至低分层。这个王国中的每一分子，无论它是一棵参天的大树还是一片嫩嫩的幼芽，都充满了勃勃的生机。如果把

^ 蜿蜒曲折的亚马孙河穿过茂盛的丛林

热带雨林比喻成一篇优美的文章，那么生长在雨林里的花、草、树木便是文章中绚丽的诗句。

亚马孙热带雨林还是个地域辽阔、物种丰富的动物乐园。那密不透风的雨林中栖息着猴子、树懒、蜂鸟、金刚鹦鹉、巨大的蝴蝶和无数蝙蝠；河流和沼泽中生活着凯门鳄、淡水龟，以及水栖哺乳类动物如海牛、淡水海豚；陆地则生活着美洲虎、细腰猫、貘、水豚、犰狳等特有的兽类。这个动物世界里既有母爱的温馨、弱肉强食的残暴，又有适者生存的冷酷与现实。

地球的守护神

亚马孙雨林对调节大气起着重要作用。雨林里茂密的树木在进行光合作用时，能吸收二氧化碳并释放出大量的氧气，它就像是地球上的一个大型空气清新机，所以有“地球之肺”的美名。

不仅如此，热带雨林水汽丰沛，蒸发后凝结成云，再降成雨，成为地球水循环的重要部分。这样一来，不仅有助于土壤肥沃与生物生长，也有调节气候的功能。亚马孙热带雨林是靠阳光、雨水和森林系统本身的作用形成的，因为亚马孙雨林在吸收二氧化碳方面有重要作用。如果地球失去亚马孙雨林，温室效应将会加速，地球会进一步变暖。巴西拥有世界上品种最多的植物和动物，亚马孙雨林一旦消失，这些品种繁多的生物也将随之消失。可以说，亚马孙雨林与地球的未来息息相关。

走进亚马孙

没有什么比一片热带雨林更能够使人类放弃傲慢，而代之以敬畏之情。它们是大自然最后的阵地，繁衍着外人从未或很少见过的动植物种群，栖息着极少数素来不与外界交往的原始部落。亚马孙之旅，需要热情，更需要勇气。

多雨的气候又造成了许多地方常年积水，毒蛇飞虫更是防不胜防，步行穿越丛林是既困难又危险的。而利用亚马孙丰富的水资源来一次漂流旅行却是一个好办法。所以，能否打造出一艘像样的木筏是生存之旅成功与否的关键。

沿着望不到头的亚马孙河一路深入，二三百米宽的水面，两岸是密不透风的热带丛林。河水在高空上看是黛青色的，走近后却发现是浑浊的，有点像黄河，也许是上游刚下过雨的缘故。天

旅游小贴士

野外生存就是在吃、住、行都无保证的条件下求得生存。但野外生存是探险，并不是以生命为赌注的冒险，救生刀、火种、水壶是野外生存必不可少的三大法宝。此外您若能随身携带一些小的工具和用品，可能会在危急的情况下帮上您的大忙：罗盘，不会让您迷失在茫茫的亚马孙热带雨林中；放大镜，可以利用太阳光聚集取火；防虫水、解毒药、野外急救包都是亚马孙生存之旅的必备之物。

空像水洗过一样洁净,阳光明媚,云彩千变万幻。河面静悄悄的,只有木桨划水时的吱吱声和水波荡漾的声音。前方不断有大段的浮木顺流而下，不小心甚至能把船撞沉，让这一段本该静默的水路瞬间充满了惊险。坐着木筏，撑着木篙，沿河观赏两岸的奇物妙景，时而天空中掠过美艳的鹦鹉，时而船边游过成群的食人鱼……一切都是那么奇妙与美好。

继续亚马孙之旅，补充体力是当务之急。亚马孙河流中丰富的鱼类就是取之不尽的食物资源。烘烤着用自制的木叉捕捉到的鱼，细细品尝着那特有的鲜味，的确别有情调。而其中最为刺激的活动，当然就是钓食人鱼了。对付这种凶猛的动物，要打起精神，十分小心谨慎才行。

随着时间的推移，西下的夕阳为亚马孙丛林披上了一层神秘的面纱。然而，冒着夜色继续航行是十分危险的，休整夜宿的地点必须选择在干燥的高地上，建“屋”的材料则俯拾皆是：树枝、藤蔓、树叶等都是很好的建材。小屋的保暖性并不十分重要，在闷热多雨的雨林中，防雨是关键。印第安式的帐篷就

∧ **亚马孙丛林中修长而挺拔的树木**

亚马孙热带雨林是个绚丽多姿、丰富多彩的植物王国，这一流域的植物种类之多，可居全球之冠。

是解决问题的好方法。圆锥形的屋顶使得排水变得十分便利，建造起来也非常快捷。

亚马孙生存之旅的每一天都是对游客的考验，当你学会用最自然的方式去探索它，用最淳朴的方式去敬畏和热爱它，而不是征服和破坏它，你就能真正地和自然母亲融为一体。

探险者的乐园撒哈拉大沙漠

无际的黄沙上有寂寞的大风呜咽地吹过，
天是高的，地是沉厚雄壮而安静的。
正是黄昏，落日将沙漠染成鲜红的血色，凄艳恐怖。

——三毛

在很多人心中，对撒哈拉最深刻的印象大都来自于三毛和她的《撒哈拉的故事》。这个看似柔弱的东方女子，在她朴实清丽的文笔描绘下，烈日和黄沙之地都有着一种诗意的苍凉。在那漫天的黄沙中，三毛将千千万万个女人可望而不可即的浪漫，描绘到了极致。

世界上最大的沙漠位于非洲的北部，西起大西洋，东至尼罗河，向南延伸到苏丹境内，面积超过 900 万平方千米，约占整个非洲大陆面积的 32%。在当地人的语言中，“撒哈拉”的意思就是大沙漠。除了地球的南北两极，撒哈拉可以说是世界上生存条件最严酷的地方。这个上帝遗弃之地，全年平均气温超过 30℃，最热的几个月气温经常在 50℃以上。在戈壁黄沙之

∨撒哈拉沙漠中的驼队

中时时有飓风掀起，卷起阵阵沙暴。虽然它那强烈的沙暴、令人窒息的高温和种种恶劣的自然环境令人却步，但是，浩瀚的撒哈拉，它的名字就意味着一种魔力，那独特的沙漠风光和当地土著不同的生活方式，一直吸引着有勇气、有梦想的人们前往。撒哈拉之旅，寻梦之旅。

在这片广袤的大地上，漫漫黄沙无边无际。从高处看，无数的沙丘连绵起伏，弯弯如新月，不断地绵延开去。一色的单调景色，没有边际，没有变化。这里的景色和地球其他任何地方都不相同，造物的神奇似乎全在此处了。戈壁之上有牵着骆驼的商人或是旅人，在烈日下低着头，一步一步坚忍地走着，这一幕定格在撒哈拉的大背景上，就像无数次在梦中见到过的一样。

沙漠的边缘散落着小小的镇子，很小，中心有些平顶的白房子，边缘那一圈就像是窝棚。这么荒凉的地方还是一样有着贫富的差别。路上的人不多，没有谁出门专为了散步的。朔风吹起，漫卷着黄沙，打在人家的门上，就像是《新龙门客栈》的北非版。

撒哈拉却是一个真正无关风月的地方。一切的浮华和喧嚣在恶劣的自然环境中都会烟消云散，在这里，只有一个信念，那就是生存。在这里，当一切都成为可望而不可求的时候，你会发现，其实，人的需求是多么简单，只需有一口清泉可以润

^撒哈拉沙漠上的鸵鸟

喉，一块面饼可以果腹，一片布料可以蔽体。其他的，既然不可企望，便是多余。难怪有人说，如果能在茫茫沙海中发现一片绿洲，那一定是上天给予人最大的馈赠。在这里，你的所有梦想不是自动放弃了，而是被撒哈拉剥夺，当一切想念都是虚妄时，在你心里只留下了最真粹的东西，活下去，这就是撒哈拉的规则。

在撒哈拉生活的每一刻，都会有这样的感觉。在物质如此匮乏的地方，平常那些唾手可得的东西，都会显得如此的珍贵。记得在沙漠中“悬壶济世”的三毛，她的指甲油，也成了邻居们修补牙齿的上好材料。撒哈拉地区的居民都十分贫困，尤其是住在沙漠边缘的黑人居民，住在破毡片的窝棚里，饲养着不多的几只牛羊，挣扎在那一条看不见希望的线上，与现代文明无关的。而我们这一些衣食无忧的“闲人”，却要耗费精力千里迢迢地奔过去体验最原初的生活。一时间就明白，不用再去怨天尤人，生活给我们的，已经太多太多。

对于流浪的人来说，撒哈拉也许是一个最好的终点，追寻了许久的答案，或许就正在这里发现了。撒哈拉自顾自安然而真实地存在着，并不为人类有所改变，千百年以来，千百年以后。这种真实而残酷的超脱，仿佛便是造物主本人，冷眼看着世间的悲欢离合，喜怒哀乐。人类原本就不必把自己看得太过伟大的，茫茫的戈壁如海，人类渺小得犹如一颗沙粒。

欢愉忘忧的人间天堂

和平之都日内瓦

日内瓦之美，已无须赘言。她的幽雅、闲情、自然、运动和文化交织在一起，让你不由得放慢脚步，舒展着全身的细胞，去感受与夏威夷海岛风情全然不同的美。

世界的日内瓦

日内瓦可能是我们这个星球上知名度最高的城市之一。它位于西欧最大的湖泊——美丽的日内瓦湖之畔，汝拉山和阿尔

卑斯山近在眼前。市内公园星罗棋布，湖畔鲜花遍地，美不胜收。日内瓦是一个历史悠久的国际都市，以其深厚的人道主义传统、多彩多姿的文化活动、重大的会议和展览会、令人垂涎的美食、清新的市郊风景以及众多的游览项目和体育设施而著称于世。日内瓦人注重与大自然的和谐，这里的各种建筑、景观与环境大多完美地融为一体。在大自然中开展体育活动的方式是多种多样的：在罗纳河和莱蒙湖上游泳嬉戏；在郊外骑马、骑自行车或散步；在邻近的阿尔卑斯山区或汝拉山区滑雪，等等。无论是攀登峭壁，

∨ **群山环抱中的日内瓦湖**

日内瓦湖是西欧的名湖，面积 580 平方千米，以著名的风景区与疗养胜地而驰名。

在空中翱翔，还是在湖中游泳，对热爱大自然和体育运动的人来说，日内瓦实在是一个理想的地方。

不仅如此，日内瓦还以其作为世界著名的重要会议举办地而闻名于世，可以说日内瓦是全世界的交汇点。每年，数以百计的会议、展览和庆祝活动在这里举行，吸引了各国来客。同时，有200多个国际组织及许多人道主义机构设在日内瓦，其中包括联合国驻欧洲总部、国际劳工组织、世界卫生组织，等等，日内瓦可谓是一个国际政治、经济及文化中心。国际上一些热点地区的和平谈判的举行、和约的缔结、多边国际合作的开展大都与日内瓦有关。在人们的印象中，日内瓦是一个长满和平橄榄枝的地方，因此，日内瓦被世人誉为“和平之都”。作为瑞士境内的重要城市，日内瓦也是世界钟表之都，钟表业与银行业成为日内瓦的两大经济支柱。

花园城市——上帝宠爱的地方

日内瓦除了有重要的国际地位外，也是一座由山光、水色、鲜花、绿树织成的美丽都市。它坐落在美丽的欧洲乡间，四周青山环绕，和平静辽阔的日内瓦湖相拥，雄伟的阿尔卑斯山绵延在地平线上。日内瓦以群山和花园为巢，隆河有如一条碧罗带穿城而过，仿佛仙女身上的碧绿绸，俏丽飘逸。勃朗峰雄峙于东南，侏罗山伫立于西北，皑皑雪峰为已是秀美的风景更添风采，加上湖滨公园的绿树繁花，令这个依山面湖、绿川环流、烟岚交映的都市美得像一首诗。

静静的罗纳河穿城而过，湖与河的汇合处，由数座桥梁连接着南北两岸的老城和新城。山丘上的老城区其古朴典雅的建筑群与新城区现代化的楼房形成了鲜明的对比，清晰地反映出

^ 日内瓦湖风光

这个中世纪古老的小城发展成为一座现代化国际都市的辉煌历程。圆卵石铺成的街道，窄窄弯弯地向前延伸着，仿佛是一只默默伸出的手臂，要把你带向上一个世纪的童话中。无论是置身老城还是新城，无论是在郊区还是旅游景点，呈现在你面前的都是一个鲜花盛开、风景如画的美丽城市。

如梦莱蒙湖

从莱蒙湖畔远望，可以看见环抱这座城市的阿尔卑斯山和汝拉山脉白雪皑皑的群峰——勃朗峰的雪顶，烟波浩渺的莱蒙湖，终年蓄满了高山雪水，清澈如镜。湖中，一把闪光的长剑直冲云天，喷出 145 米高的银色水柱，然后化为扇形细雨倾泻湖中，这便是颇具代表性的日内瓦人工喷泉。丽日晴天，宽阔的湖面上碧波荡漾，帆船、游船、游艇川流不息，天鹅、海鸥、

夜幕衬托下的日内瓦更显得宁静与温馨。

野鸭成群，游荡嬉戏，生机盎然。莱蒙湖两岸有活水公园、玫瑰公园、英国公园、珍珠公园和植物园，园内古树参天，各种花卉争奇斗艳，游人可以免费到公园散步。湖滨小道两旁绿树成荫。湖两岸的宾馆和山丘上鳞次栉比的各式豪华别墅倒映在水中。莱蒙湖的人工美与自然美相映生辉，无与伦比。穿过汝拉山曲折的小路，便到了山顶。越过古老的城墙，威严的圣彼得大教堂便呈现在你的眼前了。

每年 4 月到 10 月间，坐落于市内各处的露天咖啡屋，是日内瓦最富有人文气息的地方。只见一座座露天咖啡屋高朋满座、人声沸腾，不要说是观光客的蜂拥而至，就连当地人也不会错过这个与阳光亲密接触的好机会。入夜，各大餐厅中衣香鬓影、杯觥交错的情景，则是日内瓦最具法国风韵的时刻，饮着瑞士人自酿的葡萄酒，享受着颇有法国风味的瑞士美食，此情此景，又岂是“浪漫”二字可以形容的呢？

美妙的天堂杭州

忆江南，最忆是杭州。

山寺月中寻桂子，郡亭枕上看潮头，何日更重游？

这座有着2200多年历史的吴越古都，今日仍然是阅尽繁华之地，街上店铺林立，路中游人如织。这个城市古朴而又时尚，正如江南操着一口吴侬软语的女儿家，有着丝一般的温润质感，让人感觉雅致而又惬意。

西湖

到杭州旅游，一看西湖，二看灵隐。漫步西子湖畔，无论断桥、苏堤、孤山还是岳庙，每一处景致都有一段故事。“欲把西湖比西子，淡妆浓抹总相宜”，信步前行，无论见到什么景致，都一样的动人。天色将暮的时候，湖面水气如烟，泛起小小涟

^杭州六和塔

漪，岸上杨柳依依，柔枝轻拂水面，如少女腰肢款摆，流露出万千风情。湖中的小舟轻轻地飘来飘去，趁着渐渐暗下的天色，在一抹烟水中，如梦幻般迷离诗意。

西湖是杭州的灵魂，是古来文人墨客的必到之所，所以也就留下了不少描写西湖美景的文字传世。西湖之美古今如一，沿着西湖慢慢地行走，一路细细看去，每一处都是惊喜。

相传，镇压了白娘子的雷峰塔是西湖众多古塔中最为风光也最为风流的一座，它位于净慈寺前的夕照山上。因塔在西关外，也叫西关砖塔。后人又因塔在雷峰的小山上，改称“雷峰塔”。夕阳西照时，塔影横空，金碧辉煌，“雷峰夕照”由此得名，是有名的“西湖十景”之一。雷峰塔敦厚稳重，保俶塔纤细俊俏，所以民间有“雷峰如老衲，保俶如美人”的说法。

从前，人们迷信雷峰塔的砖头可以避邪，所以民间盛行将雷峰塔砖藏于家中。久而久之，雷峰塔成了空心塔，并于1924年轰然倒下，“西湖十景”有了残缺。现在杭州市又重建了雷峰

∨ 盛夏时桥上亭附近的美丽风光

塔，使“西湖十景”得以补全。

灵隐寺

灵隐寺始建于东晋，相传印度僧人慧理至此，认为飞来峰是“仙灵所隐”之地，遂面山建寺，取名“灵隐”。后来清朝康熙帝南巡时，来到灵隐寺，题额赐名“云林禅寺”，所以灵隐寺又称为“云林寺”。

灵隐寺周围树木葱郁，整个寺庙就像藏身在深山之中。四周泉水淙淙，山间林木自在写意，别有一番情趣。阳光透过林间的枝叶，斑斑驳驳地洒下来，寺庙的方向传来阵阵诵经和敲打法器的声音，人不由自主地就变得严肃静穆起来。

幽深静谧的灵隐寺，虽是历史悠久，曾几度受损又几经修复，但是丝毫不觉破败。山门处有一横匾——“最胜绝场”，笔力苍劲，传说为晋人葛洪所书。参道壁上有“东南第一山”五字。寺庙巍峨，紫烟袅袅，雄伟而又大度，想来是显示我佛法力无边，

^杭州西湖的白堤

又大慈大悲，让人不由得心生崇敬之意。

天王殿重檐下悬挂着“灵鹫飞来”和“云林禅寺”两块金匾，天王殿内供奉着一尊袒胸露腹的弥勒像，称为“皆大欢喜弥勒佛像”。弥勒像佛龛壁上挂着“说法现身容大度，救人出世尽欢颜”的对联。两侧是高近8米的四大天王塑像，光彩夺目，生动传神。弥勒像背后是寺庙的保护神韦驮菩萨像，韦驮佛身由香樟木雕成，可以一块块卸下来，整个佛像不用一钉，镶嵌连在一起。

三生石

经过寺前那块写着“咫尺西天”的照壁，沿着小溪向前走去，行不多远，便见路边有一座小石桥，过了桥，再由小路上山，只五六分钟，就见到了三生石。三生石附近人迹不旺，意料之外的静寂。只有些形状各异的大石头，散落在林荫绿地。这块在传说里代表了“前世、今世、后世”的三生石，看起来并不起眼，只是上面镌了字，便成了传奇。《石头记》中的宝玉和黛玉，前生的盟约也从这里开始。三生石静静立着，对着路的一侧石壁已经变得光滑，不知有多少有情人曾经在这里海誓山盟过。其实，如果有情，一生足矣，三生厮守会不会太过贪心了呢？

太平洋上的人间乐土夏威夷

夏威夷群岛位于海天一色、浩瀚无际的中太平洋北部。它紧靠北回归线，构成了波利尼西亚群岛的北方前锋。同时，它又处于美国的最南部，与墨西哥城、海南、加尔各答在同一纬度。由夏威夷、毛伊、瓦胡、考爱、莫洛凯等8个较大岛屿和100多个小岛组成，逶迤3200千米，呈弧状横贯北太平洋，就像一串光彩夺目的项链，在海水深碧的茫茫大洋上熠熠生辉。美国著名作家马克·吐温曾盛赞夏威夷群岛为“大洋中最美的岛屿”，是“停泊在海洋中最可爱的岛屿舰队”。

夏威夷于1959年成为美国的第50州。首府火奴鲁鲁（檀香山）位于瓦胡岛，东距旧金山3857千米，西距菲律宾首都马尼拉8516千米。波利尼西亚人于公元1000年之后乘独木舟到达此处定居。

它是太平洋水域的一个运输和文化中心。夏威夷人在海洋学、地球物理学、天文学、卫星通信和生物医学诸方面开展的研究和开发在国内和国际上都具有重要地位。

夏威夷是多种文化汇集交融的大熔炉，历经200多年的变迁，已经变成当今美国种族最为多样、人口最为复杂的岛屿。岛上最原始的语言是夏威夷语，和其他波利尼西亚语关系密切。现在，英语是夏威夷群岛的通用语言，几乎所有的人都说英语。一些夏威夷语的词汇也悄然进入了日常用语。

夏威夷风景优美，气候宜人，是旅游疗养的好地方。

优美风光

世界上很难找到一个像夏威夷这样令人身心完全放松的热带环境。蜿蜒的海岸在菠萝树、棕榈树的点缀下依偎着崎岖翠绿的山路。傍晚，温暖的海面映射着绚烂的夕阳。夏威夷，可以说是大多数人向往的天堂。

夏威夷的一切都是美好的。一年四季，各种奇花异卉漫山遍野地绽放着，令人有赏心悦目的感觉。美丽的风光、友善的邻居，到处飘扬着和谐悦耳的歌声，是赋予观光者生活充实的地方。戴上当地人赠予的沉香扑鼻的花环，会使你疲劳顿消。

夏威夷有着独特的旖旎风光，富有阳光、水、风以及由于活跃的火山运动而产生的地热资源，洁净的空气和高耸的火山使夏威夷成为世界上最重要的天体观测站和天文研究中心。

海上活动也十分丰富。风帆、滑水等项目，既富有刺激性，又无太大危险。在海滩浴场一头设有潜艇旅行，花上几十美元，乘客便可在150米深的水下观赏鱼类及其他海洋动物，甚至是海底废墟。夏威夷已成为著名的世界水上体育运动中心，许多世界级的大型水上运动比赛都在这里举行。此外，还有其他一些体育比赛也在这里举行，如火奴鲁鲁马拉松比赛、职业高尔夫球锦标赛，等等。

朴实民风

夏威夷人淳朴好客，让世界各地的游客都有宾至如归的美好感受。当观光轮船接近夏威夷外海时，便有一大群热情如火的夏威夷女郎，驾着小舟靠近轮船，把一串串五颜六色的花环送给游客，喊着欢迎口号“阿罗哈”，充分表达她们最真挚的欢迎。“阿罗哈”是土语，一般解释为“欢迎”“你好”等，表示友好和祝福。每个来到夏威夷的人都会学这句话。花环叫“蕾伊”，夏威夷人总是手拿花环，熟人相见，欢迎或欢送客人，都要送花环，就好像我们见面握手一样。所以在夏威夷，你常常会看到有人戴着一二十个花环。

与欧美人士穿衣讲究场合相反，夏威夷人不论场合、时间，一套以夏威夷布裁制的夏威夷衫通行各处。男人穿的叫“阿罗哈衫”，女性的花衫有长短之分，白天穿的略短，叫“慕”，晚上穿的长衫叫“慕慕”，以衣服长短命名以示区别，是当地人发明的创举。游客到此，都不忘带回几件“慕”或“慕慕”。

当地舞蹈

谈起夏威夷，草裙舞是最让观光者念念不忘的。草裙舞又名“呼拉舞”，是一种略带宗教性质的舞蹈。最初，人们跳草裙舞以表达对诸神的敬意；现在，它已经变成用尤克里里琴伴奏的娱乐性舞蹈，观赏草裙舞成了游客游览夏威夷的保留节目。

草裙舞是一种能全身运动的舞蹈，注重手脚和腰部动作，尤其是手部动作含义深刻。表演者通过不同的手势，表达出对各种美好事物的期冀，如祈求丰收、渴望和平等。月光如水之夜，凉风习习的椰林中，穿夏威夷衫的青年，抱着吉他，弹着优美的乐曲，用低沉的歌声倾诉心中的恋情。跳舞的女郎，挂着花环，穿着金色的草裙，配合音乐旋律和节奏，表现出优美的姿态。纯洁的感情，如诗的气氛，如画的情调，令人陶醉，流连忘返。

赞颂“火山女神”的舞蹈，也是游客所喜欢的。火山爆发给当地居民带来震惊。他们认为，冥冥之中，乃是火山女神掌管着一切。于是他们编了一个舞蹈，来赞颂“火山女神”的伟大，以求神明的庇佑。在外人看来，所谓的神舞，就是在疯狂的不辨语句的呼号中，一群脸上涂着色彩的人们，围着熊熊的篝火狂舞，这些人专注痴迷得近乎癫狂。在这过于兴奋的狂欢之下，有着人类最原始也是最真实的信仰。

夏威夷地处热带，但受海洋环抱，气候并不炎热，四季如春，雨量丰沛，阳光充足，林木茂盛，各种热带植物争奇斗艳。优美的海湾，起伏的青山，组成一幅幅层次分明、景色秀丽的画卷，成为世界上不可多得的风景胜地。夏威夷风光明媚，海滩迷人，日月星云变幻出五彩风光：晴空下，美丽的威尔基海滩，阳伞如花；晚霞中，岸边蕉林椰树为情侣们轻吟低唱；月光下，波

∧秀丽的夏威夷海滩风光

利尼西亚人在草席上载歌载舞。夏威夷的花之音、海之韵，为游客们奏出一支优美的浪漫曲。这些优美的景观使这个处于太平洋上的岛屿群变成人间乐土，具有无穷的魅力。

发达航运

夏威夷的经济生机勃勃，有多种农业和制造业。出口商品主要有蔗糖、菠萝罐头、服装、花卉和鱼肉罐头，主要进口商品有燃料、车辆、食品和衣服。海洋运输是夏威夷群岛的生命线，拥有众多码头、仓库与露天货场的火奴鲁鲁港是夏威夷的航运中心。

大多数游客乘飞机往来于夏威夷之间，各岛之间旅行的游客几乎全部都是坐飞机。瓦胡岛上的火奴鲁鲁国际机场、夏威夷岛上的希洛机场和毛伊岛上的卡胡卢伊机场是可起降巨型喷气式客机的主要民用机场。各岛还有若干较小的机场和一些私人飞机场。

夏威夷是良好的海滩度假胜地。

夏威夷的多数公路都是循着低地等高线修建的，沿着或靠近海岸线绕岛环行。在瓦胡岛上有两条隧道将火奴鲁鲁背后的两块谷地经由科奥劳岭与该岛的东北部地区接通。

奇山奇水甲天下桂林

桂林是一座以山水秀丽和古迹众多为主要特征的风景游览和历史文化名城，因“玉桂成林”而得名。每年农历八月秋风送爽的时节，正是桂花盛开、香飘四野的黄金旅游时节。而她的历史之悠久又可以追溯到公元前214年秦始皇统一岭南后设立的“桂林郡”。

桂林辖区内岩溶洞穴、石峰数以千计，大小湖塘数百个，其间河谷开阔平缓，山多平地拔起，峰林环布，漓江依山势流转，江中为洲，间有险滩、流泉、飞瀑，是桂林山水的精华之所在。

∨ **秀丽的漓江风光**
漓江是桂林山水的精华之所在。

这些特殊的地貌与景象万千的漓江及其周围美丽迷人的田园风光融为一体，形成了独具一格、驰名中外的“山青、水秀、洞奇、石美”的桂林山水，并有了“桂林山水甲天下”的美誉。

桂林旅游资源数量多、景区广、地域组合好，整个大桂林旅游区以桂林市为核心向四周辐射，呈圈层分布，面积达 2 万多平方千米。根据景区特色，大致可划分为六大景区：桂林—漓江—阳朔山水景区、兴安灵渠景区、猫儿山高山景区、龙胜花坪原始森林景区、海洋—高尚银杏林景区、青狮潭水库景区。

象鼻山

象鼻山又称象山，位于漓江与桃花江汇流处，山形酷似一头巨象伸长鼻临江汲水，因而得名。清代工部侍郎舒书在《象山记》中说：“粤西之奇以山，粤西之山之奇以石，而省城相对之象山，则又其奇之甚焉者。”象山的神奇，首先是形神毕似，

其次是在鼻腿之间造就一轮临水皓月，构成“象山水月”奇景。

在象鼻山的象鼻和象腿之间有一洞，名曰“水月洞”，又名朝阳洞。江水穿洞而过，山洞如明月浮水。与象山隔江相望的訾洲翠竹簇簇，果树葱茏，竹篱茅舍掩映其间。若是雨季，云蒸雾腾，村舍与绿树皆似披上一袭轻纱，古人称之为“訾洲烟雨”，将其列为“桂林八大胜景”之一。此时的巨象仿佛被赋予了生命，在烟雨中惟妙惟肖。象山的水月与隔江的穿山月岩相对，一悬于天，一浮于水，形成“漓江双月”的奇特景观。

漓江

漓江山清水秀，是世界上规模最大、风景最美的岩溶山水游览区。桂林至阳朔段的漓江，沿途峰峦挺秀，碧水如镜，青山浮水，倒影翩翩，两岸景色迭出，如百里锦绣画廊。江中倒影连绵，水、山、岸相映生辉，融为一体，奇妙无比。

漓江山清水秀，是世界上规模最大、风景最美的岩溶山水游览区。

^ 桂林的芦笛岩洞奇观

漓江之奇尤在山光水色之变。晨午不同，阴晴不同，仪态万千。“画山”峭壁面江而立，壁上似有千军万马奔腾。兴坪古镇碧水湾湾，青山逶迤，景色如画。镇前有深潭，清澈而不见底。镇后山上有古榕，枝干参天，浓荫如盖。区内山石突起，或孤峰亭亭，或峰丛连绵。漓江及其支流，穿梭于石山峰林之间，山环水抱，秀丽无比。

桂林又是一座历史悠久的文化古城，自秦代开凿灵渠，沟通湘、漓二水之后，桂林便成为“南连海城，北达中原”的重镇。从汉至清乃至近代，历代都在这里留下了灿烂的文化遗产。文物古迹相当丰富，历代文人墨客赞美桂林山水的诗赋和佛教造像，遍布山壁岩洞，其中“桂海碑林”“西山摩崖石刻”等最为著名。自然景观与人文景观相协调，二者浑然一体，相互辉映。

桂林山水以它雄奇秀逸的风采，触动着每一个旅游者的心灵。古往今来，多少诗人用最美好的语言来赞颂它、讴歌它。唐代文学家韩愈描写桂林山水的名句“江作青罗带，山如碧玉簪”，既形象又生动。的确，桂林那千姿百态的山、清澈碧透的江水和幽深瑰丽的岩洞，都会在你的脑海里留下最美好的回忆。

天下名景第一山黄山

黄山原名“黟山”，位于安徽省南部，因传说轩辕黄帝曾在此修身炼丹，唐天宝六年（747年）改作今名。黄山以奇伟俏丽、灵秀多姿著称于世。它还是一座资源丰富、生态完整，具有重要科学和生态环境价值的国家级风景名胜区，属世界文化与自然遗产，已被列入《世界遗产名录》。黄山现已成为中国名山之代表，素有“五岳归来不看山，黄山归来不看岳”“天下第一奇山”之称，并与长江、长城、黄河并称为中华民族的象征之一。

黄山为群山构造，莲花峰、光明顶、天都峰为黄山三大主峰，海拔高度均在1800米以上，并以三大主峰为中心向四周铺展，

>“黄山四绝”之一——怪石

跌落为深壑幽谷，隆起成峰峦峭壁，呈现出典型的峰林地貌。

“奇松、怪石、云海、温泉”被称为“黄山四绝”，神奇的冬景和壮美的日出，更让游客流连忘返。山中有名可数的就有三十六大峰、三十六小峰，它们或崔巍雄浑，或俊俏秀丽，错落有致，巧然天成。

奇松

“峰奇石奇松更奇，云飞水飞山亦飞”，遍布于峰壑的黄山松，破石而生，盘结于

^ 奇松迎客

危岩峭壁之上，挺立于风崖绝壑之中，或雄壮挺拔，或婀娜多姿，显示出顽强的生命力。黄山无处不松，奇特的古松，难以胜数。

黄山松与其他风景区的松树不一样，大多盘根于危岩峭壁之中，挺立于峰崖绝壑之上，破石而生，苍劲挺拔，虬枝盘结。那姿态不仅美绝，而且奇绝。巨松高数丈，小松未盈尺，由于大自然的造化之功，黄山松苍劲多姿：或如流水行云，或如苍龙凌波，或如猛虎归山，或似擎天巨人。据《黄山旧志》记载，有九大名松或十六大名松，现在游人可以观赏的约有 24 处。

黄山的名松有迎客松、送客松、黑虎松、双龙松、凤凰松、接引松、连理松等，各有各的妙处。尤其是连理松，奇松连地拔起，在离地 2 米处树分两干，并蒂齐肩，亭亭而上，直至顶端，且粗细、高低几乎一模一样，至今生机盎然，神采不衰。相传其中一株为唐玄宗所化，一株为杨贵妃所化。二人生前约定死

后同来黄山结为连理。杨贵妃死后,魂魄即遵守誓言,来到黄山,住在“蓬莱三岛”,玄宗去世后其魂魄也按约赴黄山,与杨玉环相会,在“北海始信峰”化作这株连理松。正如白居易《长恨歌》中“在天愿作比翼鸟,在地愿为连理枝”的诗句,此松象征忠贞不渝的爱情。

云海

每个大山总有云海的景观,但是黄山云海,特别奇绝。黄山秀峰叠峙,危崖突兀,幽壑纵横。气流在山峦间穿行,上行下跌,环流活跃。漫天的云雾和层积云,随风漂移,时而上升,时而下坠,时而回旋,时而舒展,构成了一幅奇特的千变万化的云海大观。如至风平浪静之际,则白云茫茫,一铺万顷。无数的山峰,被白云淹没,只剩下几个峰尖,像是大海中的岛屿。但转瞬之间,又波起风涌,浪花飞溅,惊涛拍岸。尤其是在雨雪之后,日出或日落时的“霞海”最为壮观。太阳在天,云海在下,霞光照射,云海中的白色云团、云层和云浪都染上绚丽的色彩,像锦缎、像花海、像流脂,美不胜言。

温泉

黄山共有泉 15 处,古称汤泉,又或朱砂泉。温泉自然露于紫石峰下,常年温度 42℃左右,无色无毒,温度适宜,清澈透明,可饮可浴。每当人们疲惫之极,入泉沐浴,顿时神清气爽,疲劳全消。相传轩辕黄帝曾在此沐浴,后须发尽黑,称此泉有返老还童之效。

永远的伊甸园香格里拉

“这美丽的香格里拉，这可爱的香格里拉，我深深地爱上了她，你看这山隈山崖，仿佛是装点着神话，你看这花枝低丫，分明是一幅彩色的画……这可爱的香格里拉，这美丽的香格里拉，是我们理想的家……”

1933年，英国作家詹姆斯·希尔顿出版了小说《消失的地平线》，用瑰丽的文字向世人描绘了一个充满诗意和梦幻、飘荡着田野牧歌的理想的天国——香格里拉，在那里，能同时看到巍

∨美丽的香格里拉

梅里雪山常年隐藏在云雾之中，只有每年与虔诚的教徒们见面的时候，她才揭开自己的神秘面纱。每年秋末冬初，一批批善男信女不远千里，徒步赶到神山下虔诚地祭拜。

峨的雪山、壮丽的峡谷、纯净的湖泊、广阔的草甸、鲜艳的花海……随后，该书被拍成电影，迅速风靡世界。从此，“香格里拉”，这个美丽动听而又遥远陌生的名字，这个“世外桃源”与“伊甸园”的同义词，如同一个巨大的悬念，足足困扰了人类半个多世纪，终于在1997年9月14日，被确认在云南的迪庆。

梅里雪山太子十三峰

香格里拉是一个“雪山为城、江河为池”“群山蕴宝、众水流金”的美丽神奇的地方。其中的梅里雪山太子十三峰更是香格里拉最著名的一景。

梅里雪山位于升平镇西，澜沧江畔。它百里相连，冰峰横亘，平均海拔 6000 米以上的雪山就有 13 座，称为“太子十三峰”。其中主峰卡瓦格博峰海拔 6740 米，是云南第一高峰。

朝阳初升之时，也是雪山最美之时。当第一缕阳光印在卡瓦格博的金字塔形的峰顶上，几乎是同一时间，奶日顶卡峰和缅茨姆峰的峰顶也被染成金黄色。不到 20 分钟，太子十三峰全部被染成一片金黄，而卡瓦格博峰更像是一个雄姿英发的雪山太子。只有在近的距离，你才会明白为什么人们把“世界最美之山峰”的美名送给它。

雪线以下,是广阔茂密的草甸牧场。四目所及,是花的海洋。洁白的雪山变得金黄,绿绿的草甸点缀着鲜艳的花朵,如诗如画。再加上海子里碧蓝清澈的湖水,倒映着蓝天、雪山、白云、红日,简直就是幻如仙境。

松赞林寺

从香格里拉市向北望去，在宽阔的草原尽头，群山之间，有一座集镇规模的建筑群，极高处的屋顶上有鎏金铜瓦，熠熠发光，夺人眼目。这片近乎古堡群似的建筑，就是松赞林寺。松赞林寺整个建筑模仿西藏布达拉宫设计，是迪庆地区规模最大、最具特色的寺庙。在开满野花的原野上，500 亩的规模使它看起来很像是一个缩微的布达拉宫。

眺望这远离喧嚣的寺庙,厚重庄严的土黄高墙,黑色的窗框,顶平得几乎看不到瓦楞，鳞次栉比，在烟云笼罩中酝酿着一种肃穆神秘和苍凉雄浑。到近处一看，真是一处由岑寂幽奥庇护着的福址。整个寺庙的建筑借助向上的造型，渲染出一种崇高而庄严的感觉。缓缓的诵经声在空中回荡，又似乎和空气凝成了一体。

寺内右侧废弃了的旧寺，有着板筑夯成的厚厚的土墙，上面蔓着茸绿的苔藓，齐人高的蒿草，山墙断垣处生着一支支烛形的菇草……顽强屹立的断垣残壁令人感到一种历史的沧桑美，还让你不得不佩服它对故土的依恋和执着。

^ **迪庆的松赞林寺**

迪庆即传说中的香格里拉，松赞林寺是香格里拉规模最大、最具特色的寺庙，模仿西藏布达拉宫设计而成。

纳帕海

离开松赞林寺后直奔纳帕海。一路上，视觉的冲击力高潮迭起，精彩总在等待，而歌声在不经意间洒落："香格里拉并不遥远，她就是我们的家乡……那里四季常青，那里鸟语花香，那里没有痛苦，那里没有忧伤，传说是神仙居住的地方……"

千百年来，黑颈鹤飞来飞去，湖水和草地交织变幻，就像生命的轮回在眼前流转不息。纳帕海是一个季节湖泊，水面从不固定。每年夏季，四周山上的积雪融化流入纳帕海中，纳曲河、奶子河等河流也注入湖中，形成四面青山环抱，湖面波光粼粼的迷人景观。至秋季，湖水由山脚九处落水洞从尼西排出，流入金沙江。纳帕海变成一片高山草甸时，正是牧民放牧的黄金季节。成群的牦牛和滇种马在草甸上悠闲觅食，湖边的青稞架上晾晒着成熟的青稞，呈现出一片宁静祥和、丰饶美丽的高原景色。冬季来临，皑皑雪峰倒映在湖泊中，黑颈鹤、斑头雁、野鸭等纷纷从遥远的北方飞来这里过冬，这里又成了一个鸟的世界。

天生桥

从香格里拉县城驱车向东约走 10 千米，就到了天生桥。天生桥在香格里拉人心中早被演绎为具有神秘色彩和美好含义的地方了。相传当年莲花生大士被请到西藏后，翻译佛经，弘扬佛法。他常到各处游览视察，到硕多冈河畔时，正值盛夏，暴涨的河水挡住了去路，只好住到河边的神山上。山神得知莲花生大士被水阻隔，施展法术，从山上搬来一块巨石，在河上造起一座桥，莲花生大士就从这桥上过了河。过桥后，莲花生大士又在众山神为他开辟的温泉池子里沐浴净身。此传说使天生桥充满了特有的色彩，使人于无形中产生虔诚之心。

从天生桥流过的硕多冈河也被藏族同胞赋予了顽强的性格：传说硕多冈河和从中甸城流过的那曲河是一母所生的姊妹。她俩为了投奔大海，从雪山上同时出发。来到天生桥时，被坚固的石崖挡住了去路，姐姐那曲退缩了，改道流向大中甸草原，妹妹硕多冈不畏艰险，冲破石崖向前奔流……天生桥还给人留下另一种神秘感：传说当年木天王在天生桥附近动用人力开采此处所产的形如竹筷的筷子金，这些筷子金还没有派上用场，木天王就濒临死亡，临终前，把开采到的黄金埋在了天生桥附近。这种传说据说真的引来了不少探宝者，却不曾有获宝者。

天生桥四周山势蜿蜒秀丽，传说中莲花生大士沐浴过的水池就是天生桥附近的地热温泉。每到春节，藏族同胞就来此洗澡，据说由此可洗却一年的烦恼。此外，在广远山水间还可以观赏到草场特有的景观：茫茫原野，琼花瑶草争奇斗艳。成群的牛羊随草海起伏，好一派南国版“风吹草低见牛羊”的景象。

在时光长河的洗涤中，香格里拉是永恒祥和的净土，绵绵青山，九曲江河，繁花遍地，牛羊成群，淳朴的牧歌悠扬，就像一条洁白的哈达在空中飞舞。香格里拉是一个融合大自然万千生命永恒轮回的圣地。

海上别有一洞天日月潭

我们经常听说的“双潭秋月”的美景指的就是我国台湾省的“日月潭”。日月潭坐落在台湾省阿里山和能高山之间的南投县水社村，不仅是台湾省的第一明珠，也是我国最著名的旅游胜地之一，可与杭州西湖相媲美。

日月潭的名字和潭中一个叫“拉鲁岛”的小岛有关。拉鲁岛又称为“珠子岛”“水社岛”，拉鲁岛东北面的湖面很圆，比太阳还圆，所以就叫日潭；拉鲁岛西南面的湖面犹如一弯新月，称为“月潭”，两潭并称为“日月潭”。

古老的传说

走近日月潭，你很容易就会被那里的美丽传说感动。

传说很久以前，有一对恩爱的夫妻，男的叫大尖，女的叫水社。他们二人恩恩爱爱地生活着。可是有一天他们美满的生活遭遇了麻烦，因为天上的月亮和太阳被附近湖里的龙公和龙母吃掉了。天上没有了太阳和月亮，地上到处都是一片漆黑，庄稼枯死了，周围的很多人也都慢慢死掉了。大尖和水社实在不忍心看着周围的父老乡亲遭受如此大的痛苦，于是他们下定决心要把太阳和月亮夺回来。在经历了连他们自己都难以想象的困难之后，夫妻终于找到了能制服龙公和龙母的金斧头和金剪刀。在金斧头和金剪刀的帮助下，他们也最终从龙公和龙母那里把太阳和月亮夺了回来。

^ 日月潭美景

太阳和月亮回来了，世界又恢复了原样，草也绿了，花也开了，庄稼也复活了。可是勇敢的大尖和善良的水社为了把太阳送回天上，大尖变成了一座高山，水社变成了湖里的一个小岛。人们为了纪念他们，就把大尖变成的高山叫作大尖山，也就是今天日月潭旁边的大尖山；把水社变成的小岛改称为水社岛，也就是今天在日月潭中间的水社岛。后来又经过很长一段时间，从大尖山上流下来的泉水就像当年勇敢的大尖厚厚的臂膀一样，把水社岛团团地怀抱起来形成了一个大湖。

大尖哥和水社妹的故事为日月潭的美景增添了几分浪漫气息。日月潭在美丽传说的衬托之下也变得更加妩媚动人！

风景如画的日月潭

说到日月潭的风景，凡是到过日月潭的人无不心生赞叹，尤其是它“双潭秋月”的美景，据说早在清朝甚至更早的时候，“双潭秋月”就已经蜚声中外。当地人形容日月潭的景色为“万山丛中突现明潭”，真可谓是一语中的。日月潭周边全都是常年郁郁葱葱的高山。在高山的簇拥之下，日月潭显得湛蓝清澈，远远望去犹如一面明镜。水在山的怀抱中，山倒映在水中，真

∨ **日月潭风光**

是水中有山，山中有水。难怪清朝诗人曾作霖游览日月潭之后发出这样的感慨：“山中有水水中山，山自凌空水自闲。”

还有诗句“青山拥碧水，明潭抱明珠”，也是极贴切的。这其中的青山、碧水自不必再细说，而所谓的明珠指的就是日月潭中间的水社岛。这个美丽的小岛犹如传说中的水社妹一样娴静秀美。

旅游小贴士

台湾属于亚热带气候，基本全年都是旅游季节。4月到11月旅游只需穿轻便衣服，12月到4月多带毛衣和风衣，因夜间比较冷。1月至2月有寒流，气温在10℃左右，必须留意山区气温较平地低，南部比较暖。

在古老的中国大地上，日月潭就像一个时时都闪耀着光芒的明珠。美丽的自然风光和悠久的人文传统的巧妙融合让这个千年古潭越来越有魅力。

文武庙

文武庙坐落在日月潭北边的山腰上，有70多年的历史，今天已经成为每一个游览日月潭的旅客的必去之处。文武庙的“文”和“武”分别寓指“崇文”和“重武”，庙内主要奉祀的是孔子、关帝和岳飞，另外还有神农大帝、文昌帝、三官大帝、玉皇大帝等神。文武庙外型非常壮观，它常年烟雾缭绕，犹如仙境。从山下拾级而上要经过365级台阶才能到达文武庙，看到这里，你不会被这365级台阶所吓倒吧？但只要你能登上文武庙，就能从高处俯瞰日月潭的全景。想象一下，当整个日月潭全都在你眼前的时候，你又会有什么样的感受呢？正所谓“不到文武庙，怎知日月潭？”

月老庙

沿着日月潭风景区游客中心向湖水的方向前进，在大约两千米开外的地方，就能发现巍然屹立的月老庙。月老庙原来位于潭中央的拉鲁岛上，自古以来就是无数善男信女祈求好姻缘的场所，但是在 1921 年的大地震中，月老庙毁于一旦。震后，当地政府将月老庙移建至这里，重建后的月老庙更加壮观，已成为日月潭风景区最著名的景点之一。

∨ 日月潭夕照

古代文明的斑驳遗痕

千年名城，永恒之城罗马

在意大利，有这样一个文字游戏，把罗马——“Roma”倒过来写成“Amor”，就成了拉丁文里“爱”，意思是，任何一个来此驻足的人，都会为罗马独特的魅力所倾倒。这个游戏流行了好几百年，正如罗马的美自它形成的那一天起，就从未衰败。

从古代的伊达拉里亚的蒙初时代到罗马帝国的极度辉煌，再到作为基督教中心的唯我独尊，从意大利的统一到墨索里尼的上台，斗转星移，几度浮沉，罗马仍然是那个独一无二的永恒都市，只是经历了几多历史变迁的罗马，更增添了独特的气质。

千年名城

罗马的历史从台伯河开始。水流缓慢的台伯河从罗马城中从容穿过，构成了一道美丽的风景，也留下了不少的传说。作

为罗马帝国首都的罗马城，是一个极尽奢华和富丽的城市，至今人们仍然能从历史的残迹中一窥当年的恢宏气势。从奥古斯都大帝时期开始，罗马就是一座大理石的城市。对历代皇帝来说，建造规模越宏大的建筑物，就越能向世人展示自己的威信和帝国的繁荣。

罗马斗兽场

罗马斗兽场也叫作科洛塞奥竞技场，是罗马的标志性建筑。罗马斗兽场是古罗马时期竞技场建筑结构的典范，有着古罗马建筑最基本和最伟大的成就——拱券结构，即依靠拱券这种高水平的结构形式，使其内部空间得以释放，斜斜的看台围绕在表演用的平台周围，在视线上几乎没有死角，场内的情况一目了然。而由于年代久远和地震的破坏，场中央表演用的平台下陷倒塌，所以现在我们能见到的也只有地下的排水道，观众和角斗士们的进出通道和两旁的房间，这与我们平时在电影里看到的情景相差甚远。脚下遗迹上灰色的砂土，在阳光的照耀下光芒闪烁，暗处隐隐透出陈年血迹一样的红褐色。面对斗兽场

∨ 远眺罗马市部分景观（左边是圣彼得教堂的圆顶）

∧圣天使桥的天使雕像

四周空旷的看台，风中仿佛传来旧时观众们排山倒海的欢呼，当年奴隶与野兽相互厮杀的惨烈场面，又似乎在眼前重现。

奴隶与野兽厮杀，奴隶们互相厮杀，看台上兴高采烈的达官贵人和平民百姓们，或高举着精致的酒杯或大嚼着廉价的烤饼，欣赏着一场与己无关的残酷游戏。人们对最后幸存下来的勇士大声欢

∨凯撒神庙

呼，高高扬起大拇指；对临阵脱逃的奴隶嘘声一片：这个懦夫，再来一头野兽吧。

∧罗马的君士坦丁凯旋门

君士坦丁凯旋门 位于科洛塞奥竞技场西面。建于公元315年。凯旋门采取古罗马的传统形式，由4根半露圆柱和3个拱门组合而成，中间的拱门尤为高大。凯旋门上、下、左、右都刻有歌颂君士坦丁大帝丰功伟绩的各种图案和人物浮雕，还用了君士坦丁之前的3位罗马皇帝的文物，包括图拉真广场建筑上的横饰带、哈德良广场上的一系列盾形浮雕和安装在凯旋门上的马克·奥勒留纪念碑上的8块镶板，使凯旋门更加雄伟壮观，且富有文物价值。

卡拉卡浴场 位于科洛塞奥竞技场南面，始建于公元212～217年，至今已有1770多年的历史，自5世纪中叶以来一直作为浴场。浴场用大理石砌成，用嵌石铺地，有壁画，有雕像，用具也不寻常。房子高大，分两层，都用圆拱门，里面金碧辉煌，与壁画雕像相得益彰。中间是大健身房，有喷泉两座，还设有图书馆等附属设备。洗浴分冷水、热水、蒸汽三种，可同时容纳2000人入浴。

威尼斯广场 罗马最大的广场，位于内城中心跑马场街的一端，长130米，宽75米。广场南面有埃马努埃尔二世纪念碑。

^ 特雷维喷泉

西边是威尼斯大厦，于 1455 年兴建，为罗马最著名的文艺复兴宫殿式建筑。自 1797 年起，大厦被奥地利占据长达 120 年之久，1916 年由意大利政府收回后加以整修刷新。墨索里尼垮台后，改为艺术博物馆。大厦中间有一只狮子，是威尼斯的标志，也是威尼斯的保护神——圣马可的象征。

千姿百态的喷泉 罗马是个多喷泉的城市，各种喷泉约一千三百多个，其中最有名的要数特雷维喷泉。它是为了纪念一位给古罗马军队指点水源的少女于 18 世纪中期修建的，俗称少女喷泉。喷泉中央是几尊大理石雕像，中间的是海神像，两旁是象征富饶与安乐的两位女神。“幸福喷泉”也是有名的喷泉之一，它是巴洛克艺术的杰作，于1762年由沙尔维设计建造。

∧特雷维喷泉前的许愿池

首善之都

欧洲人有句谚语：“光荣归于希腊，伟大属于罗马。”作为一座创造过无比辉煌文明的古城，罗马在无数人的心里有着崇高的地位。经过2500年的历史洗礼，罗马的神奇美妙足以让任何旅游者赞叹不已。据说，教皇格利高里十四世在与滞留不足三周的旅行者告别时会说：“祝你一路顺风，再会！”而对逗留好几个月的旅行者却说：“愿我们罗马再相会。”正说明了这座城市的主人的自信。因为从古代罗马帝国时代起就作为首都且繁荣至今的罗马一直都是一个神奇的城市，如果旅行者只是走马观花地游览，并不能领略它妙处之万一，而随着对它了解的深入，你会越来越为它着迷，盼望能再次亲临这座城市。

穿行在罗马的街头，仿佛走进了一座古建筑艺术的陈列馆。那遍布全城的教堂、广场、雕塑、喷泉，使罗马成为世界公认的“永恒之城”。罗马的艺术，大气磅礴而又精细入微，细节上的刻画不厌其细。以许愿池为例，据说光背景建筑顶端的教皇饰章就花了30年时间才完成。“罗马不是一天建成的”，在这座历史久

^ **万神殿**

远的名城里行走，每一个细节都值得你细细推敲，久久品味。

罗马的艺术同样在世界历史上有着独一无二的重要地位，是以欧洲文艺复兴运动为代表的西方文明的摇篮。崇尚奢华、重视感官享乐的罗马，是文艺复兴时期巴洛克艺术的风行之地。在这里，有着无数著名的美术馆，陈列着大师们的作品，内容不拘日常风俗、静物、风景，是色彩和光线的巧妙组合，为罗马的辉煌历史更添了高雅之气。

意大利的歌剧艺术以高雅著称，意大利人也是一个风雅的民族。只要你走在罗马街上，总能见到殷勤的男士挽着女子，或款行轻笑，或低声吟唱，衬着中世纪的雕塑和街景，俨然又是一道风景。

或许是由于经历了太多历史和政治的变迁，今天的罗马，许多中世纪街区的面貌已经难以得到保存。但是，这里众多的遗迹和艺术珍品，还有罗马人千年沉淀下来的独有气质，总还是能让人感觉到当年古罗马帝国的荣耀。

爱琴海上的明珠雅典

希腊首都雅典，是一个从神话中走出来的古老城市，象征着西方文明的发端，在人类历史上留下了浓墨重彩的一笔。岁月流逝，虽然古希腊的辉煌早已不再，但是，这颗爱琴海上的明珠仍然魅力不减，让人心驰神往。

雅典卫城

雅典卫城是雅典以及全希腊的一颗明珠，是雅典民主的象征。它位于雅典市的中心，雄踞在一座小山顶上，从雅典市的任何地方都可以看到，仿佛古希腊的诸神们俯视着芸芸众生。从西侧登上卫城山门的那一刻，心中会油然生出一种神圣感。虽然不能亲手抚摸这些白色大理石的残骸，但指间分明有了一种粗糙的触感，仿佛就是那饱经千年风霜的灵魂。

然而随着时间的流逝，古希腊的辉煌一去不复返，雅典的

荣耀也随之黯淡。今天的雅典早已不是西方世界的中心，它的过往也只能留给后人去唏嘘凭吊。这个西方文明的发端，如今风水轮转，希腊卫城上的诸神们，你们可有预见？

离开卫城又是夕阳西下，一抹金色涂抹在那片大理石立柱的遗址上，仿佛又为一位3000年的老人换上了一身新衣。夕照下一朵在废墟中盛开的黄花，在微风里摇曳着，斜斜地虔诚地低俯着柔软的腰肢，可是在倾听着从遥远的德尔菲传来的古老神谕？

∨ 米洛斯岛的维纳斯，相传这位半脱衣衫、露出残缺手臂的女子是罗马神话中的爱神与美神

山门 雅典卫城的山门正面高18米，侧面高13米。山门左侧的画廊内收藏着许多精美的绘画作品。山门右前方有雅典娜女神庙。

埃雷赫修神庙 埃雷赫修神庙是雅典卫城建筑中爱奥尼亚样式的典型代表，建在高低不平的高地上。神庙内供奉着雅典娜、波塞冬、赫菲斯托斯等希腊诸神。

伊瑞克提翁神庙　伊瑞克提翁神庙由三个神殿、两个门廊和一个女像柱廊组成。庙内的柱子雕刻精美，是希腊晚期爱奥尼亚柱式建筑的代表作。

爱琴海

Aegean Sea，中文的译名为“爱琴海”，有着堪比法国枫丹白露的雅致，仿佛说出口便带着一片温柔婉约的蓝色魔力，让人生出无限遐想。

广阔的爱琴海上散布着无数岛屿，每个小岛都充满了神秘色彩，隐藏着无数的神话传说。船驶在爱琴海上，船头激起的白色浪花，不知哪一朵见证过维纳斯的诞生；海水泛着青蓝色的光芒，幽深不见底，又纯净得好似赛伦们的歌声。没有一点现代文明的痕迹的爱琴海，海中是否真有手执三叉戟的波塞冬呢？伏在船栏上痴痴地想着，任海风吹乱了发丝。

∨ 希腊雅典卫城

^ 雅典卫城帕特农神庙遗址

船行渐入港，方见有一幢幢白色大理石的小楼建在山坡上，窗台摆放的是五颜六色的时令鲜花，有着浓浓的异国风味。享受着这蓝天、碧海和略带咸味的空气，只希望能有一杯浓浓的卡布其诺咖啡。

初到雅典，目之所见却让人吃了一惊。原以为它会和罗马一样，是个古风犹存、气派高贵的典型欧洲城市。在雅典，路边的商店都有落地的玻璃橱窗，摆满了精美的商品，其中不乏当年巴黎流行的名款。街道上世界各地的观光客来来往往，显得有些壅塞。雅典的交通显然和一般意义上的国际城市大有不同，街道窄而繁忙，车流滚滚，摩托车更是多得惊人，加上人声鼎沸，十分热闹。喧闹的街道，衬着路旁平顶的白色房子和高大的棕榈树，不像欧洲，倒更有几分像北非。

除去这初见时的意外，雅典仍然是一个让人愉悦的美丽城市。雅典的城市建筑大多是白色的，用带着天然纹理的灰白色大理石筑成，墙壁显得格外的平滑细腻。在夕阳的余晖中，整个雅典的建筑全是一片一片有层次的淡淡金色，整洁而优雅，美得让人眩目。

历史的化身庞贝古城

歌德说："在世界上发生的诸多灾难中，还从未有过任何灾难像庞贝一样，带给后人如此巨大的愉悦。"庞贝，这座曾盛极一时却毁于顷刻的城市一直以其神秘的身份，出现在历史学家的记忆里和古老的传说里。1594年，人们在萨尔诺河畔修建饮水渠时发现了一块上面刻有"庞贝"字样的石头，才终于知道了庞贝古城的具体位置。历经多年挖掘，一个古城的景象终于出现在了世人的眼前。而且由于火山尘砾的保护，使得当年的城郭结构、建筑装饰以及当时的生活用品都得以保留了原状，甚至绘画颜色也仍然鲜活如初，终于使得后人可以一窥这座罗马古城当年的风貌。

罗马古城

公元前 6 世纪，伊特鲁里亚人在意大利拿波里东南 50 千米处修建了庞贝城，当时的庞贝不过是南来北往的商旅的一个中转小站。公元前 91 年，庞贝归罗马人统治，此后盛极一时，据说富庶不让罗马。在使庞贝城毁灭的那场灾难发生之前，庞贝是一个让所有罗马人感到骄傲的繁荣安逸之地，是罗马文化的重要象征。公元 79 年，位于意大利那不勒斯东南的维苏威火山突然喷发，在不到两天的时间里，整个庞贝城就被完全掩埋在 6 ~ 7 米深的火山尘砾下，曾经鲜活的城市定格成为一个瞬间。

作为罗马人倍感骄傲的庞贝有着罗马时期的大城市的一切共性。从历史记录和发掘出来的历史遗迹中我们可以得知，当时庞贝的城市建设已经十分发达。庞贝城所有的街道都由石块铺设。马路和人行道分开，人行道高出马路，路口中央还铺有和人行道一样高的大石块——那是雨天供人行走的石桥。在车水马龙的十字路口还设有公共饮水处，有着雕花石块砌成的水池。行人如果走累了，还可以喝上一口清泉，天长日久，石柱上深深的扶手印痕，今天仍然清晰可辨。

和任何一个城市一样，富人和穷人在这个城市里有着截然不同的生活。泉水从城外山上通过高架渡槽引入城内水塔，分别流向各公用水池和富豪庭园的喷泉池。这些豪宅大院大部分为罗马或希腊式建筑，气派十足。大门上往往装饰着粗大的大理石圆柱和雕花门楼。走廊和庭园到处摆着神话人物和野兽的塑像。居室的格局分为正厅、餐厅和卧室等，富丽堂皇，墙上

庞贝古城一处豪华的私人住宅，名为“牧神之家”，占了一整个街区。

庞贝古城中带有顶棚的小剧院，建于公元前80年，是有顶剧院的代表性建筑。

绘有壁画，地板上饰有镶嵌画，房内还陈设着精美的白银镶青铜制品。平民的房屋则往往与其商铺相连，较为低矮简陋，相比之下更像是模型或者娃娃屋。

∧庞贝古城风光油画

庞贝城内最宏伟的建筑物是当时的公共场所，都集中在西南部一个长方形的公共广场四周，包括有神庙、公共市场、市政办公厅等建筑物，那是庞贝政治、经济和

∧庞贝的豪宅“爱情之家”内带柱廊的院子

宗教的中心。广场的东南方，是庞贝城官府的所在地，广场的东北方则是贸易市场。沿街的商铺一家接着一家，鳞次栉比。一路走来，足可以想象当年的繁盛。

庞贝古城的阿波罗神庙，是全城最古老的神庙，有阿波罗等神像。

瞬间永恒

庞贝城的遗址，不仅是一个个宏伟的场景，更是一个个被凝固的瞬间，展现了那已逝去千年的活生生的生活。

在青石铺设的街巷中漫步，两边是鳞次栉比的民居和店铺。

^ 农牧神宅中的一个庭院和北侧的半圆拱亭

庞贝古城的“米南德之家”，以希腊诗人米南德的名字命名，是一处豪华的宅邸。

∨大水泉宅

一座古老的面包房里，有几座烘烤炉和半人高的石磨，烘炉里，还留下一块烤熟的面包，不仅保持着原来的形状，而且上面印着的面包商的名字似乎还清晰可见；一个水果铺的货架上，还能辨认出曾经摆满了杏仁、栗子、无花果、胡桃、葡萄等果品，虽然它们早已干枯变质；在一家药店的柜台上，还发现一盒已经碾成了细末的药粉，旁边有一根细小的圆药条；街道上青灰色的

铺地石上，车辙的痕迹历历在目，仿佛刚刚还有车马疾驰而过。一切都似乎在告诉外来的人们，主人只是外出了，一会儿就回来。

古城的主人，现在已经成了一个个石膏像，诉说着灾难发生瞬间的历史。在火山爆发的一刹那，许多没能逃出城的人，被喷流而出的火山灰包封起来，窒息而死。随着时间的消逝，人的肉体腐朽了，只剩下一些空壳。

∧玛尔斯和维纳斯（庞贝壁画）

∨庞贝古城的石砌道路

考古学家用这些空壳做模子，把石膏浆灌进去，制成许多和真人一样的石膏像，再现出了受难者当时那种绝望和痛苦的表情。其中，一个小女孩紧紧抱住母亲的膝盖，瑟瑟发抖；一个拿着一袋硬币的乞丐站在街口，一脸茫然；一位正在面包作坊工作的师傅，抱着双手蹲在炉前……这些古城的居民，灾难来时显然还不知道发生了什么，那种死亡前瞬间的惊惶与绝望，让观者深觉人类的渺小、生命的脆弱。

维苏威火山

在风景如画的意大利西南海岸，有一座巍峨峻峭的高山，俯瞰着碧波荡漾的那不勒斯海湾，那就是著名的维苏威火山。是它，造就了庞贝的富庶繁荣；也是它，在一夕之间摧毁了庞贝。面对脚下的残垣断壁，沉默的维苏威火山不知在想些什么。

从高空俯瞰维苏威火山，是一个弧度漂亮的近乎圆形的火山口，正是公元 79 年那次大喷发形成的。维苏威山并不太高，走在火山渣上面脚底下还发出沙沙的声音。站在火山口边缘，可以看清整个火山口的情况，火山口边缘有铁栏杆围着，以防止游人发生意外。火山口深约 100 多米，由黄色和红褐色的固结熔岩和火山渣组成。尽管自 1944 年以来维苏威火山再没喷发过，但平时维苏威火山仍不时地有夹着硫黄的气体喷出，是一座休眠中的活火山。即便如此，今日在它的周围仍然住着数百万人口。

《清明上河图》的梦中繁华开封

历史上曾经有七个朝代在开封建都，最有名的当数北宋，开封城如今保留下的名胜古迹大部分均与这个文采风流的朝代息息相关。

开封的建城史最早可追溯至公元前8世纪，初名启封，历史上数易其名，汉景帝刘启时为避其讳而改为今名。北周时以

^ 开封龙亭

城临汴水而改称汴州，后世称开封为汴、汴京、汴梁盖源于此。

开封历史上第一次兴旺在战国时期，时名大梁，为战国七雄中魏之都城。大梁城宫殿巍峨，百工辐辏，人烟稠密，为天下名都大邑之一。信陵君窃符救赵的故事即发生于此地此时。战国末年，秦攻魏，引黄河水灌大梁城三月，魏亡，大梁沦为废墟。

西汉文帝时，开封一带为梁孝王刘武封地，刘武在此建设离宫、忘忧馆，还有我国最早最大的私人园林——梁园（又名兔园、菟园、梁苑）。刘武素嗜文雅，招延四方名士，一时群贤毕至，少长咸集。著名文学家司马相如、枚乘、邹阳等人均曾为梁园座上之宾。梁地文风之盛，一时无二，甚至有凌驾于都城长安之上的势头。

开封城的全盛时期毫无疑问应该在五代至北宋一段。五代中的后梁、后晋、后汉、后周的都城均设于此。后周时曾调集民工 10 余万修筑东京外城，城周长 48 余华里。城内道路宽阔平坦，排水设施齐备，绿树成荫，市容市貌焕然一新，基本奠定了宋都汴梁的雏形。

∧开封铁塔

有宋一代（北宋）的 166 年时间内，曾对东京进行过4次大规模的修筑。里城周长20余华里，外城更增至50余华里。城内道路亦有所加宽，以御街为中轴线，纵横铺排，四通八达，建筑宽敞华丽，街市热闹繁华，人口多达150余万，为当时国内最大城市。得隋炀帝时所凿通济渠之利，漕运发达，拉动商业繁荣发展，当时开封城内有商户八九千家，“资产百万者至多，十万而上比比皆是”，市民的财力之充足、购买力之旺盛可以想见。尤其是州桥、相国寺等大市场内，“技巧百士列肆，罔有不集。四方珍异之物，悉萃其间”，夜市更为繁盛，“车马阗拥，不可驻足”。如此看来，今日北京之王府井恐也不过如此吧！

经济发展自然推动旅游业的发展。宋都开封城内外建有不少风景区，以金明池、琼林苑名声最大。《水浒传》中所言之“花石纲”，即是为建造皇家苑囿所要求的太湖石的专称。非独皇家，当时的私人园林亦盛极一时，“都城左近，皆是园圃，百里之内，并无闲地”。园林之中，多栽植奇花异卉。街道两旁亦桃红柳绿，御道两侧的御沟之中栽满荷花，两岸遍植桃、李、梨、杏。春夏之交，或花团锦簇，烂若朝霞，或果实累累，压枝欲低，此番情景煞是喜人。

东京城中住宅区与店肆区已浑然一统，不再人为分开，这是商品经济发展到一定程度时的必然趋势，在我国城建史上具有划时代的意义。另外，东京城的饮食业也十分发达，酒楼茶馆鳞次栉比，而且多数兼有文化娱乐场所等多种功能。城中较为固定的文化娱乐场所名为“瓦肆”，相当于今天的剧院，里面常年有杂技、说话（评书之类）、魔术、说唱、杂剧、院本等演出，是广大市民喜闻乐见、津津乐道的好所在。宋人孟元老在其《东京梦华录》中言东京繁盛甚详，且有“节物风流，人情和美”“仆数十年烂赏叠游，莫知厌足”之语。

中华民族精神的丰碑长城

长城，是中国伟大的军事建筑，它规模浩大、工程艰巨，被誉为古代人类建筑史上的一大奇迹。

长城始建于公元前 5 世纪春秋战国时代，那时，中国北方诸侯割据，他们为防御邻近诸侯的侵扰，在各自的领土上先后筑起了一段段防卫墙。与此同时，燕、赵、秦三个诸侯国的北方又与少数民族中以游牧为主的匈奴族为邻，为了防御匈奴骑兵的骚扰，三国各自都在他们的北方修筑了长城。公元前 3 世纪秦始皇统一中国后，派遣蒙恬率领 30 万大军北逐匈奴，把原

∨ 北京八达岭长城

来分段修筑的长城连接起来，构成一道西起临洮，东至辽东，绵延万余里的防御体系，这就是著名的“万里长城”。其后，长城经历代不断维修扩建，直到公元17世纪中叶（明朝末年），前后修筑了两千多年。今天我们所见到的主要是明长城。

明长城东起渤海湾的山海关，经河北、北京、山西、陕西、内蒙古、宁夏到甘肃的嘉峪关，穿过崇山峻岭、山涧峡谷，绵延起伏，长约一万三千多华里。在古代交通运输工具极其落后的情况下，修建如此巨大的工程，实在是一件了不起的事。毕竟它不是一般的土墙，而是用整齐的条石和结实的青砖砌筑的。有人计算，如果把明长城所有的砖、石和土方，筑成一道二米厚、四米高的围墙，可以绕地球一周。不用说烧制这些砖石，就是把它们通过崎岖的山间小路送达修建工地，已经着实是一项十分庞大的工程了。因此，游览长城的人莫不为先民的伟大气魄和坚毅精神所感动。万里城墙上，分布着百座雄关、隘口，成

^ 万里长城

^嘉峪关

千上万座观敌台、烽火台，打破了城墙的单调感，使高低起伏的地形更显得雄奇险峻，充满巨大的艺术魅力。

万里长城是世界上修建时间最长、工程量最大的冷兵器战争时代的国家军事性防御工程，凝聚着中华民族祖先的血汗和智慧。长城有着极高的旅游观光价值和历史文化意义。如今，长城与埃及的金字塔、意大利的罗马斗兽场和比萨斜塔等同被誉为“世界七大奇迹”，是中华民族古老文化的丰碑和智慧结晶，象征着中华民族的血脉相承和民族精神。

关隘 长城沿线的重要驻兵据点，往往建造在有利于防守的地方。

城墙 长城的主体部分，联结雄关、隘口、敌台的纽带，平均高 7 ~ 8 米，供瞭望敌情、射击和滚放礌石之用。

烽火台 用来传递军情的设施，通常设在最易观察的山顶上，如果有敌军侵袭，白天燃烟，夜晚点火，一站一站传递。

山海关 号称“天下第一关”，位于秦皇岛市东北 15 千米处，建于明朝初年，周长约 4000 米，城墙高达 14 米，四周还有宽

15 米、深 7.5 米的护城河，形势险要，自古为交通要道、兵家必争之地，现为重点文物保护单位。

嘉峪关 长城的终点，位于甘肃省酒泉以西 25 千米处，河西走廊尽头。始建于明洪武五年（1372 年），有“河西第一关隘”之称，周长 733 米，高 11.7 米，关城面积 33500 平方米。关城主要有东西两道城门，城门上各有一座高达 17 米的城楼，形势险要，为古代军事要地，是整个长城防线上的重要据点之一，现为重点文物保护单位。

∨长城

长城，中华民族精神的丰碑，它是中国伟大的军事建筑，规模浩大、工程艰巨，被誉为古代人类建筑史上的一大奇迹。

深埋地下的煊赫军威 秦陵兵马俑

在中国历史上，陕西省关中平原一带，不仅是古代许多帝王将相的政治舞台，也是他们的归宿之地，曾有27个封建帝王埋葬在这里，可谓陵墓众多。其中最为庞大、最引人瞩目的，就是位于临潼区东5千米下河村附近的秦始皇陵。据历史记载，秦始皇一即位（前247年）就开始征调劳力为自己建造皇陵。公元前211年，秦始皇陵终于完工。墓内极为奢侈，“以水银为百川江河大海，机相灌输，上具天文，下具地理，以人鱼膏为烛，度不灭者久之”“宫观百官，奇器珍怪徙藏满之”“墓内设有机弩矢，以防盗掘”。

^秦始皇陵外景

秦始皇即位后就开始在骊山营建陵墓，历时37年。骊山陵墓仿照秦都城皇宫的布局建成。在春秋战国时代，各诸侯国的国君陵墓开始出现高大的封冢，以显示墓主人的地位，并种植各种树木，树木的品种和数量也是身份的象征。

^ **秦始皇陵兵马俑一号坑全景**

40多乘战车和6000余名军士按进可攻、退可守、随机应变的原则组成的高效常用的矩形军阵，让我们首次目睹了秦军威武雄壮的非凡风采。

而关于兵马俑的制作原因未见历史记载，所以世传多种说法：有人认为这是以秦始皇陵为京师，它们是京师外围用来保卫京师的宿卫军；有人认为它是秦始皇用来显示皇威、表彰军功和宣扬统一大业的纪念物；更有人认为兵马俑根本不是秦始皇陵的一部分。

2000年前的煊赫军威

1974年3月，陕西临潼县晏寨乡西杨村村民在秦始皇陵东1.5千米处打井时，意外地发现了许多碎陶人。7月，始皇陵秦俑考古队开进了西杨村。考古队开始时以“洛阳铲”钻探遗址范围。随着铁铲一铲一铲地打下去，不时有“此处有俑”的消息传递，坑的范围越探越大，大家既惊讶又兴奋，最后探明这

^将俑

个俑坑为长方形，面积达1万余平方米。考古队将此坑编为“一号坑”。

至1975年7月，经过一年的发掘，秦始皇陵一号兵马俑坑终于再现了2000年前的壮观场面。这是一个东西长230米、南北宽62米、面积达14000余平方米的长方形陪葬坑，坑的四面各有5个斜坡门道，以东边为正门；坑的四周环绕着长廊，四面长廊间有9条长达184米的东西过洞，过洞之间用夯土墙隔开，俑坑底部墁青砖，顶部是土木结构；在过洞之中赫然整齐地排列着6000多个与真人大小相同的陶质兵马俑。显然，这是一支以步兵为主的长方形军阵。

不久，考古队又在一号坑东北侧约20多米处，发现了一个兵马俑坑，他们将此坑编为“二号坑”。这是一个平面略如曲尺形，东西长124米、南北宽98米，面积为6000余平方米的俑坑，大小约为一号坑面积的1/2；内有战车89乘，驾车陶马356匹，骑兵鞍马116匹，各类武士俑约1000余尊；分为4个军阵，即由持弓弩兵俑组成的方阵、由战车组成的方阵、由车兵和步兵组成的长方阵和由骑兵组成的长方阵。显然，这是一个车骑步兵混合编组的军阵。

1976年5月中旬，又在一号坑的西北侧发现了一个兵马俑坑，被编为“三号坑”。此坑的面积大大小于一、二号坑，南北长21.4米，东西宽17.6米，面积仅500余平方米，还不到一号坑的1/20，但此坑形制和内容奇特，平面呈“凹”字形，东边为一条长11.2米、宽3.7米的斜坡门道，与门道相对的是一间车马房，两侧各有一条东西向厢房，即南北二厢房，车马房内有木质战车 1 乘，车前驾有陶马 4 匹，车后有武士俑 1 尊；南厢房内有铠甲俑 42 尊，北厢房内有铠甲俑 22 尊。看来这似是指挥一、二号坑军阵的指挥部。

后来还勘探出一个“四号坑”，但由于这个坑尚未完全建成便被废弃，因此一般都不论及。据专家推测，这是由于秦末农民起义军直逼秦都咸阳，秦二世凑集民工来作战，工程便一直搁置下来了。

从 1974 年 7 月到现在，考古工作者陆续发掘出四个兵马俑陪葬坑，其阵容之庞大，气势之宏伟，充分显示了当年秦王朝横扫六国、一统天下的煊赫军威。

兵马俑的艺术价值

秦皇陵兵马俑的观赏性是毋庸置疑的，除此之外，兵马俑更有着很高的历史文化价值。从兵马俑被发现的那一刻起，就吸引了无数科学家、美学家、历史学家甚至是陶塑艺术家的注意。雕塑家看兵马俑认为它是雕塑艺术的精品；军事家能从兵马俑身上探究我国古代的军事文化；历史

> 兵马俑坑出土的铜车马

学家从兵马俑身上对秦始皇有了进一步的认识；陶塑艺术家更是把兵马俑当作陶塑艺术历史上的瑰宝。

单是从三个大坑出土的陶俑的质量和艺术价值来看，兵马俑就改变了人们对东方雕塑艺术的看法。陶俑里既有久经沙场的老兵，也有尚显稚嫩的新兵，更有高达1.98米的将军俑。他们或神态肃穆，巍然而立；或凝神沉思，坚毅威武，每个细节都刻画得逼真入微。陶马更是细致，把当时秦军使用的优良马种的特征和准备迎接战斗的姿态表现得淋漓尽致。

> 射手俑手握铜弩机状

从整体艺术风格看，秦俑气势恢宏，既带有肖像性和写生性特征，又具备中国古代写实艺术的简洁风格与明快特色，在世界古典雕塑艺术史上是独树一帜的，堪

称古代东方艺术的经典之作，完全可以与希腊、罗马雕塑艺术媲美。

从工艺水平看，秦兵马俑也给世界带来了一个奇迹。按原型比例雕塑的高大的兵马俑，经过这么多年的“地下生涯”仍然如此完好，竟无一件出现裂纹和变形，可见秦兵马俑的烧制工艺多么精湛。

赞叹之声不绝于耳

秦始皇陵是世界上规模最大、最壮观的皇陵，现在还没有完全开掘，已经发掘出来的秦始皇陵兵马俑对于规模空前的秦始皇陵来讲就好比是冰山一角，但仅仅就是这“冰山一角”也震惊了全世界。

1978 年，法国总理希拉克参观后说：“世界上原有七大奇迹，秦俑的发现，可以说是第八大奇迹了。”希拉克感慨地说：“不看金字塔不算真正到过埃及；不看秦俑坑，不算真正到过中国。”1986 年 10 月 17 日，英国女王伊丽莎白二世参观时说：“真是气壮山河。秦始皇这个人气魄不小。”卢森堡大公来参观兵马俑时，一走进展览大厅，便高兴地惊呼，“不得了，不得了”。他赞叹说：“这些艺术珍品达到了非凡的水平，表现了中国人民非凡的天才，全世界人民将在这里受到鼓舞。”

1978 年初，美国女记者奥德丽·托平向美国《国家地理》杂志发稿：“我们面临的是本世纪以来最伟大的考古发现……我们站在雨中，激动得几乎流下眼泪……如此伟大的考古发现展示了历经战斗与荣耀的中国历史。而我们看到的大军只是一个历史的开端……”

秦始皇如果知道这些，不知该做何感想，是不是比当年扫灭六国、一统天下还要兴奋、骄傲呢？

人类文明的绝唱金字塔

金字塔是埃及的象征，凡是到埃及来的人，无不为了一睹金字塔的真面目，看看它是否真的和图片中的金字塔一样高贵而神秘。这样的说法不知是否恰当，或有失偏颇，但很多人确实是带着这样的想法来到埃及的。

金字塔是古埃及人为他们的国王和王后建造的陵墓，英文称其为Pyramid，即角锥物。1904年，康有为在他的《海程道经记》

∨埃及金字塔

中，第一次给出了汉语中“金字塔”的概念，因为它的外形跟我们汉字里面的“金”字很相像。埃及现存的金字塔一共有107座，其中大部分坐落在埃及首都开罗附近的吉萨高原之上。

层层神秘感让人产生一种渴望，想要走近它，想透彻地了解它，以填补脑海中关于金字塔的空白。

∧狮身人面像近观

在早期埃及艺术中常以狮子代表埃及法老，法老的动物形体和人的形体结合产生斯芬克斯，象征法老具有超人的权力和力量。在埃及有众多的斯芬克斯代表不同的法老，而最古老最著名的就是图中这座斯芬克斯。

金字塔和狮身人面像

远远望去，那一个个规则的“金”字形建筑就好像儿时玩过的积木，似乎一伸手就能把它们翻过来、倒过去拼成自己喜欢的任何想要的东西，小房子、游乐园……可是，当你越是走近它，越觉得自己的想法不但幼稚，而且简直是在亵渎神灵。因为，当你一步步走近它的时候，心会渐渐地归于感动。最后，已经不是感动可以承载得了，因为你领略到的可以毫不夸张地说是整个人类的文明。

这些大大小小的建筑仿佛把游人扔进了一个“金字塔”的大世界。在这之中有一个最大的金字塔，那就是胡夫金字塔。它高达146.5米，因年久风化，顶端剥落10米，现高136.4米，

19世纪80年代巴黎埃菲尔铁塔修建成功以前，胡夫金字塔一直都是世界上最高的建筑。当地人叫它“大金字塔”，因为它是保留下来的最古老、保存最完美、最壮观、建筑成就最高的金字塔。它大约建造于公元前2670年，相传是由10多万劳工花了20多年时间才建成的。大金字塔的成功建造到现在还是建筑史上的一个谜——金字塔由230多万块巨石建成，巨石和巨石之间没有任何材料，但是却毫无缝隙，只能隐隐约约看到一条黑线，“缝不夹纸”说的就是金字塔的巨石之间的缝隙小到连一张薄纸也夹不进去。胡夫金字塔还有一个特殊的地方，就是它的东、南、西、北四壁正好面对着地理位置上的四个方向，其误差接近零度。这些谜团曾经让很多建筑大师、科学家煞费苦心地想找出其中的奥秘，但是一切努力都是徒劳的，直到今天，也没有得出任何有说服力的结论。

^图坦卡蒙的金棺

金棺上有一个美丽的面部雕像，由镶着天青石、石英和曜石的黄金做成，正好覆于棺内木乃伊脸上。

当然，还远不止这些，围绕金字塔的点点滴滴对人们来说其实都是难以解开的谜，人们不知道什么时候能得到答案，但有一点是不容置疑的，那就是这些“谜”中凝结的都是古埃及人的非凡的智慧。

来到埃及，自然不能错过狮身人面像。在古埃及有很多狮身人面像，

埃及吉萨的三座字塔，从远至近依次是法老胡夫、海夫拉、门卡乌拉的陵墓，每个金字塔旁边还有小金字塔，用于埋葬王室成员。

坐落于海夫拉金字塔旁边的狮身人面像是最大的，它高达 20 多米，长约 50 多米，其规模在世界雕塑史上可以说是独一无二的。它是古埃及第四王朝法老海夫拉的雕像，之所以采用狮身人面，是因为在古埃及狮子是力量的象征。把国王的脸和狮子的身子结合在一起，表示的就是“国王的智慧”和“狮子无穷力量”的完美结合。

当然，经过几千年的风雨洗礼，如今的狮身人面像已经面目全非，许多地方已经脆弱得再也经不起时间和岁月的侵蚀，但是作为人类文明的伟大象征，它的雄姿将会永远留在人类文明的史册里。

走进金字塔

在胡夫金字塔跟前，眼睛丧失了距离感，因为它太高了，高得让人觉得离它很近，已经就在它的脚下了，可是再看看那些真正到了它脚下的人时，才知道离它还有一段距离。还有那砌起金字塔的石块，从远处看就是一个个小石头，只有走到它面前，才知道每个石块都有一人多高。真是一个庞然大物！而这个庞然大物却是坟墓。不自觉地，脑海中产生了一个疑问，古代埃及国王为什么要耗费那么多的人力和物力去修建坟墓呢？

这是因为古埃及人认为，人死不过是从一个世界走向另一个世界，不过是人的灵魂与肉体的暂时分离，总有一天它们会重新结合起来。所以，埃及法老们利用自己的权力，从继位之初，便开始建造自己巨大的坟墓，为了使自己死后得以存活。法老们把金字塔墓地建在西部沙漠的边缘地带，也是为了能让自己的灵魂可以与西沉的太阳同路而归。但是，古代埃及国王的坟墓真正修成金字塔这种形式，是在古王国时期开始的，因此古王国时期又被称为金字塔时期。

^ 胡夫金字塔墓室内部

图坦卡蒙的著名金面罩是参观者必看之物。

当你迫不及待地站在入口外的队伍中，你会渴望能进入到金字塔的腹内，进一步领略古埃及法老对死亡保持的激情。一般要从位于6层石阶的一个小小的“马蒙入口”进入，相传这是公元几世纪的时候一个叫马蒙的人寻宝时强行开凿的洞口。

进入洞口后，借着洞外的日光，可以看见通道两侧和顶部都是凹凸不平的，并且非常狭窄。很快，洞里就只剩下为游客准备的照明灯光了，通道也变得越来越狭窄低矮。经过几个通道，再上很多个台阶，直到你看到一个石室的入口，这就是胡夫的墓室。借着手电光可以看到石室方方正正，四周的石墙没有一点装饰，两侧的墙上各有一个小小的方洞。据说在晴朗的夜里，从不同的洞口向外看能看见不同的星辰，但是现在什么也看不到。

站在墓室内，你会忍不住感叹古埃及人的建筑工艺，几吨重的石块在头顶上，不用钉子和木楔固定，即使历经4000多年沧桑，整个金字塔却依然能稳如泰山，实在让人难以置信。

从胡夫的墓室出来，经过大走廊的石阶，下到了另一条半人高的小通道里，爬过这条小通道，就看到了另外几个小石室，

主要景点

埃及古城卢克索：位于尼罗河畔的古城卢克索是埃及人民的又一大骄傲，这里不仅仅是埃及也是世界上名胜古迹最多的城市之一。每一个到来的游人如果真的想详细了解埃及的文化，古城卢克索是一个不可不去的地方。

帝王谷：相比神庙和古城，帝王谷在世界上的名气一点也不比它们逊色，这座集中着古埃及王族陵墓的深谷在埃及人心目中的地位是其他任何地方都不可比拟的！

里面也都是空无一物。这些石室大概是王妃后宫的。

在通道、石室中穿行的时候，不知为什么，会感觉后背有些发凉，因为这毕竟是坟墓，尽管它已经有了4000多年的历史，但它仍然是和死亡连接得最近的地方。更何况墓室主人因为害怕侵入者亵渎坟墓，还留下了“法老的诅咒”：谁要是干扰法老的安宁，死亡就会降临到他的头上。

于是，急匆匆地再经过入口处的通道走出马蒙入口后，你终于又看见了阳光。

一站在阳光下，你会感觉自己像从历史的那端爬回到了现代文明一样，时间感和空间感一会儿就不见了，只有一个念头充塞着大脑：我的身躯之于金字塔，我的生命之于4000年的历史，实在太渺小了。

“人类惧怕时间，时间惧怕金字塔”，这是在埃及流传甚广的一句话。我们没有必要去深究它的内涵，文字表面的意思已足以让我们震惊——金字塔是埃及文明的代表，是人类文明的绝唱！在所有来过和未来过的人的眼中，矗立在这里的金字塔和狮身人面像都不曾被历史的尘埃湮灭过，相反还越来越熠熠生辉！

巍峨天下数第一泰山

五岳之尊

泰山雄峙于山东省中部，有“五岳之首”“天下第一山”之誉。“山莫大于泰山，史亦莫古于泰山”。在中国的名山崇岳中，似乎没有哪一座山像泰山一样与人类的关系是那样密切又那样悠远。在漫长的岁月里，泰山不仅给了华夏先民以生存的庇护，而且还给他们带来了广阔的精神驰骋的领域。

∨ **泰山日观峰**

日观峰位于玉皇顶东，是岱顶的观日出的地方。峰北侧有一巨石，悬空探出，长约7米，名拱北石，也称探海石。在这里可看四大奇观的“旭日东升”。

在中华先民看来，泰山是一座神山，早在远古时期，泰山就被视作“天”的象征，被视为是社稷稳定、政权巩固、国家昌盛、民族团结的象征。相传远古时即有72位君主来到泰山巡狩祭祠，自秦朝以来，先后有12位皇帝前来封禅朝拜。

文人雅士对泰山更是仰慕备至。孔子的“登泰山而小天下”传为佳话；杜甫的“会当凌绝顶，一览众山小”成为千古绝唱。历代赞颂泰山的诗词、歌赋多达1000余首。可以说，泰山是灿烂东方文化的一个缩影，“天人合一”思想的寄托之地。1987年，泰山被联合国教科文组织列为“世界自然历史文化遗产”。

泰山大观

泰山风景名胜以泰山主峰为中心，呈放射状分布，由自然景观与人文景观融合而成。泰山山体高大，形象雄伟。尤其是南坡，山势陡峻，主峰突兀，山峦迭起，气势非凡，蕴藏着奇、险、秀、幽等自然景观特点。人文景观，其布局重点从泰安城西南祭地的社首山、蒿里山至告天的玉皇顶，形成“地府”“人间”“天堂”三重空间。岱庙是山下泰安城中轴线上的主体建筑，前连通天街，后接盘道，形成山城一体的格局，由此步步登高，渐入佳境，而由“人间”进入“天庭仙界”。

俯瞰泰山，山南麓自东向西有东溪、中溪、西溪三条大谷，北麓自东而西有天津河、天烛峰、桃花峪三条大谷，六条大谷溪分别向六个方向辐射，将泰山山系自然地划分成六个不规则区域，形成了泰山著名的幽、旷、奥、秀、妙、丽的六大旅游区。古代帝王登封泰山，多从中路缘石级而上，因此中路被称作“登天景区”，又由于此路深幽，故亦称“幽区”。泰山岱顶

^ 泰山岱庙

海拔1500余米，有日观峰、月观峰、丈人峰、象鼻峰簇拥着，亦有碧霞祠、玉皇庙、瞻鲁台、仙人桥衬托着，站在此处时常可见四大奇观，是为泰山“妙区”，而泰山之阳的山麓部分，由于古人活动甚多，人文景观极为丰富，亦是游览的好去处，人称“丽区”。“幽、旷、奥、秀、妙、丽”便是泰山神秀的精髓，它既是天成，又有数千年无数劳动者的构筑。

泰山以其雄伟恢宏、端庄肃穆、浑厚质朴、清秀娟丽的自然形体，成为人们审美实践中的一个重要源泉。同时人们又将自身的审美理想赋予了泰山，将自己的审美意识物化于泰山的各个自然与人文景观之中，使之成为中华民族审美创造的结晶。

旭日东升 泰山日出是岱顶奇观之一，随着旭日发出的第一缕曙光撕破黎明前的黑暗，从而使东方天幕由漆黑而逐渐转为鱼肚白、红色，直至耀眼的金黄，喷射出万道霞光，最后，一轮火球跃出水面，腾空而起，整个过程像一个技艺高超的魔术师，在瞬息间变幻出千万种多姿多彩的画面，令人叹为观止。

云海玉盘　云海玉盘是岱顶的又一奇观。夏天，雨后初晴，大量水蒸气蒸发上升，加之夏季从海上吹来的暖湿空气被高压气流控制在海拔1500米左右的高度时，如果无风，在岱顶就会看见白云平铺万里，犹如一个巨大的玉盘悬浮在天地之间。远处的群山全被云雾吞没，只有几座山头露出云端。近处游人踏云驾雾，仿佛来到了天外。微风吹来，云海浮波，诸峰时隐时现，像不可捉摸的仙岛；风大了，玉盘便化为巨龙，上下飞腾，倒海翻江。

雾凇雨凇　雾凇和雨凇是泰山奇特的自然景观。雾凇似霜非霜，似冰非冰，迎风怒放，千姿百态，使松枝、树丛结满了毛茸茸的冰挂，像一株株巨大的白珊瑚，殿阁披上了柔软的轻纱，大地铺展开洁白的毡毯。雨凇则使岩石、大地、房顶、林木都结满了晶莹剔透的冰挂，让万物骤然间凝聚成冰的世界。

泰山佛光　泰山佛光是岱顶奇观之一。每当云雾弥漫的清晨或傍晚，游人站在较高的山头上顺光而视，就可能看到缥缈的雾幕上，呈现出一个内蓝外红的彩色光环，将整个人影或头影映在里面，恰似佛像头上方五彩斑斓的光环，故得名"佛光"或"宝光"。泰山佛光是一种光的衍射现象，它的出现是有条件的。

历史与现代的都市交响

传统与现代共舞的古都北京

北京为中国六大古都之一，在历史上曾为五代都城，有着悠久的历史。而且各朝各代都在这里留下了自己独有的印记。辽代时在此建陪都，名为南京，又称燕京；金代改称燕京为中都。元朝忽必烈在此定都更名为大都。1368年，朱元璋称帝后，改大都为北平府；1403年，明成祖朱棣将他的封地北平府改为顺天府，也叫北京，后来他把都城从南京迁到北京。国民政府定都南京，于是北京又成了北平。“京”是一国的都城，正如国无二君、天无二日一样，京只能是唯一的。北京名称的变化，正反映着时代的变迁。

故宫

曾为五代都城的北京，当然少不了一股子贵气。在从金朝起的 800 多年里，建造了许多宏伟壮丽的宫廷建筑，使北京成为中国拥有帝王宫殿、园林、庙坛和陵墓数量最多的城市。

∨故宫太和殿

北京的宫殿建筑首推故宫。故宫，又称“紫禁城”，是明清两朝的皇宫，曾有24个皇帝在此居住过。紫禁城名称的由来是：按照中国古代对天宇的认识和幻想，紫微星垣（即北极星）高居中天，永恒不移，众星环绕，是天帝之所居，叫作紫宫。皇帝是天帝之子，便用紫宫来象征世上皇帝的居所；而皇帝所居的宫城属禁地，戒备森严，神圣壮丽，因此明清宫城就有了“紫禁城”之名。这个名称，给皇宫抹上了浓重的神秘色彩。

故宫始建于明永乐四年（1406年），落成于永乐十八年，到现在已经有600多年的历史了。中国历史上曾有很多著名的宫殿，汉代的未央宫、唐代的大明宫等，今天已是唯见典籍载宫阙，更觅荆棘卧铜驼——只能从文献记载和遗址发掘中去领略它的概貌。然而，明清紫禁城宫殿却完整保存，巍然屹立在北京城中。在紫禁城宫殿里，先后有明代14个皇帝和清代10个皇帝君临天下，发号施令，这不仅对中国历史进程，而且对世界历史发展，都产生过重大影响。

故宫位于北京市中心、天安门广场北1千米、景山南门对面，东西宽753米，南北长961米，面积达72万平方米，内有宫室9999间半。故宫四周是高10米、周长3428米的城垣。城垣内面积达72万平方米。城垣的外围，有宽52米、深6米的护城河环绕，河岸全用条石垒砌。角楼的屋顶，有三层檐，七十二脊，上下重叠，纵横交错，设计巧妙，造型奇特，玲珑秀美，色彩艳丽，是中国古代建筑艺术的佳作。紫禁城的城门，东为东华门，西为西华门，北为玄武门（清改称神武门），南为午门。实际上南面有三重门——第一重为承天门（清改称天安门），第二重为端门，第三重为午门。从护城河外看故宫里边，只觉得墙高水深，高深莫测。

故宫大体上可以分为两大部分，南为工作区，即外朝，北为生活区，即内廷。外朝内廷的所有建筑排列在中轴线上，东西对称，秩序井然。外朝是皇帝处理政事的地方，主要有三大殿：太和殿、中和殿、保和殿。内廷包括乾清、交泰、坤宁三宫以及东西两侧的东六宫和西六宫，这是皇帝及其嫔妃居住的地方，俗称为“三宫六院”。据说常住人口最多的时候，皇亲国戚、侍从宫女加起来有2万多人，俨然又是一个小天下。在居住区以北还有一个小巧别致的御花园，是皇室人员游玩之所。北方地势低平，所以皇家就在这紫禁城的一角堆土为山，在其上砌怪石，植林木，方寸之地大有奇巧。御花园中广植奇花异草，尤其是牡丹，品种最为珍贵。牡丹是王者之花，每到四五月，园中的各色牡丹争奇斗艳，来往游人都忍不住要在花丛中摄影留念。

皇城正门 天安门是明清两代皇城的正门，始建于明永乐十五年（1417年），原名“承天门”，后来经过多次重建，到清朝顺治八年（1651年）改建成现在的规模，称“天安门”。

∧故宫门前的石狮子

>故宫角楼

∨故宫全景

午门 故宫的正门，门墙上有五座楼，形如凤凰展翅，又叫“五凤楼”。这里是皇帝举行重要活动的场所，明清两代，每逢将士出征或凯旋，皇帝都要亲自来午门举行仪式。

太和殿 即“金銮宝殿”，富丽堂皇，居三大殿之首，是紫禁城里最重要的建筑，也是我国最大的木结构建筑物。在太和殿中举行的仪式都非常隆重，例如皇帝登基、皇帝大婚、册立皇后、宣布战争、节日庆典等。

乾清宫 皇帝的寝宫，内廷第一大殿，面阔9间，深5间，正中设有宝座，是明清两代皇帝的寝宫和日常活动的场所。

∨太和殿

^ 御花园

坤宁宫 明清两代皇后居住的地方，建于明永乐年间。坤宁宫的东暖阁是皇帝、皇后结婚的新房，清代康熙、同治、光绪等皇帝的婚礼都是在这里举行的。

御花园 坤宁宫后面是御花园，占地面积 1.2 万平方米。以钦安殿为中心，前后左右对称，坐落着 10 多座宫殿。花园里亭台楼阁林立，苍松翠柏环绕，极富园林意趣。通过御花园可到紫禁城的后门神武门。对面的景山是紫禁城的天然屏障，加上环绕四周的金水河，构成了中国古典建筑前面有水、后面有山的传统格局。

故宫是世界上现存规模最大、保存最完整的古代宫殿建筑群，其建筑完美地体现了中国传统的古典风格和东方格调，现在的故宫博物院还设有珍宝馆、钟表馆和青铜器馆等展室，奇珍无数，是我国最珍贵的文化和艺术宝库。

颐和园

颐和园原名清漪园，是中国现存规模最大、保存最完整的皇家园林。它位于北京西郊海淀区，依山傍水，在以干燥著称的北京城里，真是风景这边独好。

颐和园规模宏大，总面积约 290 万平方米，主要由万寿山、昆明湖两大风景区组成，其中水域面积约占 3/4。湖中有岛，岛上有亭，且有孔桥与堤岸相连。山水相对，湖岛相依，景色十分宜人。

颐和园是一个兼具宫、苑双重功能的大型皇家园林，兼有

∨ 颐和园佛香阁

江南水乡的玲珑精致和北方园林的豪迈大气，园中山青水绿，亭台相连，在中外园林史上享有盛誉。而且这里还有全国最长的游廊——长廊，把远山近水连成一体，具有很高的艺术价值。天气晴好或者是细雨纷飞的日子，到颐和园的昆明湖来泛舟，实在是在北方难得的消遣。

万寿山 位于颐和园内，高约60米。因传说曾有一位老人在山上凿得石瓮，又叫“瓮山”。乾隆十五年（1750年），为庆祝皇太后六十寿辰于圆静寺（明孝宗为乳母建）旧址建大报恩延寿寺，次年将山改名为万寿山。

佛香阁 位于颐和园万寿山前山，是全园的建筑中心，也是颐和园的标志，始建于乾隆十五年，后被烧毁，光绪十七年（1891年）重建，八面三层，四重屋檐，高41米，下有20米高的石台基，阁顶是黄色的琉璃瓦，外加绿剪边，阁内有8根大铁梨木柱，好像擎天柱支撑着佛香阁。

天坛

以祈年殿、回音壁和圜丘闻名于世的天坛位于北京城中轴线南端东侧，是明清两代皇帝“祭天”和“祈谷”的圣地，也是国内现存最大的一组坛庙建筑。中国古代帝王自称“天子”，他们对天地非常崇敬。历史上的每一个皇帝都把祭祀天地当成一项非常重要的政治活动。而祭祀建筑在帝王的都城建设中具有举足轻重的地位，必集中人力、物力、财力，以最高的技术水平、最完美的艺术去建造，而天坛就是其中的佼佼者。

天坛占地273公顷，分内、外两坛，以高大的围墙相隔，外坛内所有宫殿都朝南圈成圆形。最南的围墙呈方形，象征地；最北的围墙呈半圆形，象征天。北高南低，既表示天高地低，又寓意“天圆地方”。和故宫一样，天坛也是北京市的标志性建筑之一。

圜丘坛　是皇帝祭天活动的场所，又叫“祭天坛”“拜天坛”“祭台”，为一座露天的三层圆形石坛，建于明代嘉靖年间。古时候的人认为天是圆形的，所以祭天的地方也是圆的。圜丘坛的设计思路多与“九”有关系，因为中国古人认为“九”这个数字有“至高无上”的含义。

皇穹宇　天坛的附属建筑，位于圜丘坛的北面，是存放祭祀牌位的地方，始建于明嘉靖九年（1530 年），初定名为泰神殿，殿成，改名为皇穹宇。门楼、墙顶、殿顶起初都是绿色琉璃瓦铺就，到清乾隆十七年（1752 年）重修时，又全部换成蓝色琉璃瓦。绕着皇穹宇的一道圆墙，象征天穹，墙面又平又滑，人们无论在墙的哪个位置面对着墙说话，站在远处墙边的人都能清清楚楚地听到说话的内容，故称“回音壁”。

北京新景

北京，以古老、大气而闻名，置身于宫阁楼宇丛中，漫步在胡同和四合院的群落，用心去体味弥漫其间的浓浓的京味，或许，你才能领会北京之游的真谛。随着 2008 年北京夏季奥运会、2022 年北京冬奥会的举办，鸟巢、水立方、国家速滑馆、国家跳台滑雪中心、首钢滑雪大跳台、国家雪车雪橇中心的拔地而起，北京又给了世界一个惊喜……

中华千年古都西安

西安与雅典、罗马、开罗并称为“世界四大古都”，先后有13个朝代或政权在西安建都及建立政权，历时1100余年。西安历史上的鼎盛时期——西周、秦汉、隋唐，也正对应着中国古代的鼎盛时期。来到西安，随处可以见到历史的遗踪，中国5000年的文明史，有一多半在这座城市中留痕。逛西安有如阅读一本中国古代的教科书，怪不得西安城里的旅游者，几乎有一半都是背背包的外国人。

秦始皇陵兵马俑

兵马俑作为世界八大奇迹之一，不仅是西安的象征，也是中国古代文明的标志之作。兵马俑规模宏大，现在发掘的俑坑

^ 西安的秦始皇陵兵马俑

就有3处，总面积有2万多平方米，步兵、骑兵、战车一应俱全，且呈战时方阵排列，生动地再现了秦王朝当年千军万马的气势。观者不会怀疑，当年始皇帝就是靠着这支精锐之师横扫天下、统一中国的。

秦始皇陵兵马俑除了规模宏大，制作工艺还十分精细，武士俑的发式衣着无一雷同，人像表情刻画入微，你甚至能分辨出人物的相貌年龄，揣摩出每个武士俑不同的心理状态。最著名的是一个看上去30岁上下的武士俑，略蓄着胡须，手持长戈，目视远方，表情肃穆，似有重任在身。从服饰上判断，该是一名十夫长吧。想不到焚书坑儒的秦文化，也有着如此人性的一面。

秦始皇陵兵马俑是如此的举世闻名，各国政要访华时都将西安作为必经之地。

据说，兵马俑的发现纯属偶然。1974年3月，陕西临潼县晏寨乡西杨村村民在秦始皇陵东打井时，意外地发现了许多碎陶人，经考古学家发掘论证后，这一发现震惊了世界。当年发现者之一的杨姓村民，如今也上了年纪，就坐在博物馆门前，给中外的游客签名留念。

∧骊山的华清池庭院

骊山华清池

说到骊山，总让人想起周幽王烽火戏

诸侯的典故；提起华清池，有人偏能记起唐玄宗的“春寒赐浴华清池,温泉水滑洗凝脂”的温柔香艳。毕竟都不是什么好先例,因为两个君王最终难免失江山，而那两个美人，褒姒和杨玉环也没能得到善终。宫深似海,予取予夺,现在看来,是多么可笑。

华清池位于西安市临潼区骊山北侧，距西安约 30 千米，因为有唐玄宗和杨贵妃的传说而声名远播。杨玉环本是唐玄宗的儿媳，育有二子，夫妻和顺美满。因为容貌太过美丽而被公公看中。杨玉环专宠后风光无限，杨家鸡犬升天。马嵬坡后还有白居易作《长恨歌》,“此恨绵绵无绝期”,怎样的恨,恨的是谁?

∨骊山华清池全貌

西安古城墙

西安古城墙位于西安市中心区，是明代初年在唐长安城皇城的基础上修筑起来的，是中国历史上最著名的城垣建筑之一，也是中国至今保存最完整、规模最大的城墙。

西安古城墙有四个城门：东曰长乐，西曰安定，南曰永宁，北曰安远。每门有城楼三重：闸楼、箭楼、正楼。底层有回廊环绕，古色古香，巍峨壮观。建国后几经修整，现在的西安古城墙已经成了全国唯一的环城公园。

茶余饭后，西安城里的老住户们绕着城墙或锻炼或信步，也有靠着城墙根边晒太阳的，暖暖的阳光洒在身上，闲适而又温暖，似乎只在证明，兵戎相见只是历史，与现在无关。

艺术之都巴黎

巴黎是一座无与伦比的城市。从近代意义上说，它代表着文明、开放、浪漫和其他一切美好的词汇。巴黎至今仍是国际社会名流的聚集地，在塞纳河边，卢浮宫前，香榭丽舍大街上，以及街边不知名的小咖啡馆里，形形色色的人们在感受，在追逐。从古到今，多少世界各地的年轻人汇集到这里，追寻着自己的梦想，也成就了巴黎的荣光。

巴黎圣母院

提起巴黎圣母院，大多数人的印象都来自雨果那部同名小说《巴黎圣母院》。美丽的吉卜赛女郎、阴郁的神父，还有丑陋善良的钟楼怪人，已经成了世界文学中的经典形象。而雨果在第一章中对圣母院不吝篇幅的描写，甚至连屋顶滴水檐上吐着舌头的小怪物的形象都刻画得深入人心，以至于到巴黎圣母院来游览，目的都成了要印证事实与自己的想象是否一样。

巴黎圣母院兴建于1163年，直到1345年才全部完工，历时180多年。此后的几个世纪里，它经历了无数天灾人祸和悲剧性战争的破坏，特别是在法国大革命时期，还差一点儿被夷为平地。值得一提的是，拿破仑的加冕仪式也在这里举行。1804年，拿破仑称帝，庇护七世教皇为拿破仑一世举行加冕典礼，当时桀骜不驯的拿破仑一把抢过教皇手中的王冠，戴在自己的头上。这个情景被绘成了一幅名画，保存下来。

巴黎圣母院是巴黎最大、最古老，同时也是最出色的天主教堂。建筑占地面积5500平方米，包括一个唱诗班席和后堂、中堂。中堂的侧面有双侧堂和方形的小礼拜堂。正门向西，共分三层，最底层并排着3个桃花形门洞。还建有南北2座钟楼，各高69米，于1330年落成。南钟楼巨钟重达13吨，堪称“钟王”。北钟楼设有一个387级的楼梯直通高达60米的尖塔，较钟塔高出21米，更为引人注目。

据说巴黎圣母院平常日子只开三扇门中两侧的一扇或两扇，中间的那扇门25年才开一次。据说通过此门，即可洗清前25年的罪恶，并且可以为后25年祈福。因此，听当地人说上一次这扇大门开启的时候，排队等候进入的队伍足有几千米长。也不知多少年后才可以再来巴黎，一睹此盛况。

经同行人提示后才发现，圣母院的教堂顶上原来是没有塔尖的。按照标准的哥特式样，大教堂的两侧，应该有两座尖塔

∨巴黎圣母院远景

直插云霄。但是两座塔从12世纪到今天，就一直也没有竣工。虽是如此，巴黎圣母院的巍峨却没有减损半分。

在这两座塔的周围，围着一圈的石栏，石栏上雕刻着奇形怪状的生物，有如神魔精灵组成的虚幻世界。这些面目怪异、神色冷峻的精灵，几百年来就这样盘踞在圣母院顶上的一角或边缘，

^ 圣母院正面

俯视着一切，漠视着各色人等的悲欢离合，既不悲伤，也不愉快。高高在上地淡漠着、等待着，末日审判时天堂大门打开的那一霎。

卢浮宫

卢浮宫在塞纳河的北岸，是巴黎文艺的象征，也是世界各地的艺术家齐聚巴黎的原因。

这个举世闻名的艺术宫殿始建于12世纪末，当时是用作防御目的，后来经过一系列的扩建和修缮逐渐成为一个金碧辉煌的王宫。目前，它是世界三大博物馆之一，馆藏40余万件展品，其中包括雕塑、绘画、工艺美术及古代东方、古代埃及和古希腊古罗马艺术7个门类。换句话说，如果你在每件展品前停留1分钟，你就要花上3个月才能参观完卢浮宫。

在这些多如星辰的展品中，有三样被称为镇馆之宝：断臂维纳斯（爱神维纳斯）、胜利女神像和《蒙娜丽莎》。除去《蒙

娜丽莎》外，维纳斯和胜利女神都是残缺的作品。本该是象征最美女性的爱神和胜利女神，现在都只能靠游客自己来揣测和想象其原貌。但是，每个人的想象又能带来一种新的完善，完美的东西总是未曾完善的东西，就如同蒙娜丽莎的微笑，因为不可捉摸，所以万古流芳。

∧卢浮宫镇馆三宝之一《蒙娜丽莎》

∨**卢浮宫**

卢浮宫在塞纳河的北岸，是巴黎文艺的象征。

塞纳河

塞纳河穿过巴黎城，像一道圆弧，将巴黎分成了两个部分——左岸和右岸，分别象征着平民和贵族的两个世界。著名的拉丁区坐落在左岸，是有名的大学城，也是贩夫走卒和街头流莺们的集散地。河北右岸，面积有左岸两个大，巴黎的繁华全在这一带，主要有国际广场、巴士底广场、卢浮宫、协和广场、爱丽舍宫、戴高乐广场等名胜。左岸有埃菲尔铁塔，河中西岱岛上有巴黎圣母院，西南部有凡尔赛宫，西北部蒙马特高地上有露天画廊。这些都是世界上声名赫赫的建筑，为世界各国人所向往。在以前的帝王时代，这里无异于一个城中之城。

凡尔赛宫

显赫一时的凡尔赛宫坐落在巴黎的西南，它原是路易十三的猎宫。据说路易十四因不满其大臣富歇的宅邸比皇宫还豪华，

旅游小贴士

地铁：巴黎地下铁名为METRO，以方便、快速、经济著名，为大巴黎区主要交通工具，共有14条线。在巴黎市区有上百个车站，无论你身在何处，只要步行10至15分钟即可找到一个地铁站。只要看到大大的黄色M标志，或是METRO字样，即表示为地铁站。

购物：这些店主要分布在香榭丽舍大街地区、奥布尔·圣赫诺尔大街与旺多姆广场、圣日耳曼教堂区和维克多瓦尔广场周围这几个地方。当然这些地方物价昂贵，一般的人不可能轻轻松松地购物，但是站立在那里，欣赏一下漂亮的橱窗，也是一种享受。

住宿：巴黎有各种各样的方式可提供游客下榻休息。塞纳河右岸像Crillon（气隆酒店），Ritz（里兹饭店）或Athenee（艾瑟尼酒店）大厦等豪华旅店房间华丽，左岸迷人的小旅馆布置考究。住在巴黎的心脏——高贵宁静的圣路易岛上很独特，在玛莱区和巴士底区都有许多相宜的旅店，建议您提前几天预订房间。作为证明，住宿第一晚通常要求支付支票。

就迁怒将其撤职查办，并决定要建造一座世所未有的豪华宫殿来彰显他“太阳王”的伟业。这就有了后来欧洲王室竞相模仿的对象——凡尔赛宫。

凡尔赛宫里装饰铺张，费用无度，力求富丽奇巧，似乎全只为了让来客惊讶。从来没有一个宫殿使用过如此多的金漆、彩绘、花饰或是贝壳的纹样；壁毯、家具和其他装饰只能用华美来形容。如此奢华，前所未有，其风格风行一时，就是后来所说的“洛可可式”。

宫殿主体长达707米，有700多个房间，中间是王宫，两翼是宫室和政府办公处、剧院、教堂等。室内地面、墙壁都用大理石镶嵌，并饰有雕刻、油画等装饰。中部的镜厅是凡尔赛宫不同于其他皇宫的地方，长76米，宽10米，高12.3米。拱顶是巨幅油画。长廊一侧是17面落地镜，由483块镜片镶嵌而成，将外面的蓝天、绿树都映照出来，别有一番景色。厅内两旁排有罗马皇帝的雕像和古天神的塑像，并有 3 排挂烛台、32 座多支烛台和 8 座可插 150 支蜡烛的高烛台，经镜面反射可形成 3000 支烛台，映照得整个大厅金碧辉煌。厅内狭长，拱顶上和墙上的绘画描述着路易十四大胜德国、荷兰、西班牙的情形。这位穷兵黩武的帝王被描述成了一位“万王之王”，还是神通广大的艺术和科学的保护者。但是，对欧洲以外的人而言，镜厅的出名还是普法战争法国战败后，普鲁士君主威廉一世在此称帝的故事。想来如果路易十四在天有灵，是万万不愿看见的。

漫步巴黎，总能路过许多的小咖啡馆和书摊，步行路上有很多背着画架招揽顾客的作画人，在地铁口唱歌的流浪汉频频地向过往人群脱帽。巴黎这个城市真是奇妙，各色的人、不同的生活就那么糅合在一起，也许任何一个人来此，都能找到自己的位置吧。

凝固的历史莫斯科

莫斯科没有想象中那么不可接近，而是觉得很亲切，那宽阔的街道，金色的教堂圆顶，斯大林时期厚重的建筑风格都透露出浓浓的俄罗斯风情。徜徉在俄罗斯的大街小巷，你会发现这个城市的建筑物如此风格鲜明，错落有致，犹如一道艺术的长廊。

莫斯科红场建于1662年，或者更早，还是莫斯科公国的年代。它的中文译名有着显而易见的感情色彩。有人说，俄文中广场的单词含有“美丽”“红色”的意思，所以中国人把它译为

∨从莫斯科河对岸眺望克里姆林宫

红场；也有人说，因为广场周围的建筑物都是红色的，所以这样命名。不管如何，这座只有天安门广场 1/5 大小的广场却经历了一次又一次铁与血的洗礼，见证了近千年的俄罗斯历史。每当国庆或是其他纪念日，总有上了年纪的老人捧着鲜花来此凭吊，衣襟上别着成排的旧勋章，他们多是第二次世界大战时浴血奋战过的老兵。

^ 莫斯科装饰豪华的地铁内景

列宁墓在红场的西侧，由红色花岗岩和黑色长石建成。列宁的遗体被安放在水晶棺中，身上覆盖着苏联的国旗。清癯的脸和手都露在外面，由特制的灯光照着，显得平静安详。

在列宁墓的后面，克里姆林宫红墙之前，竖着 12 块墓碑，分别是斯大林、勃列日涅夫、安德罗波夫、契尔年科、捷尔任斯基等政治家的墓。

提起俄罗斯的经典建筑，总少不了那 7 个洋葱头形状的教堂顶，看起来既漂亮又气派，那就是圣瓦西里升天大教堂。它又名波克罗夫大教堂，也坐落在红场一侧。这座教堂的建筑风格十分独特，中间是一个带有大尖顶的教堂冠，8 个带有不同色彩和花纹的小圆顶错落有致地分布在它的周围，再配上 9 个金色洋葱头状的教堂顶，绝妙得无与伦比。它是伊凡雷帝为了纪念 1552 年战胜喀山鞑靼军队而下令建造的。传说，伊凡雷帝为了使这座美丽的教堂独一无二，教堂建成后竟下令弄瞎了建筑师的双眼。

克里姆林宫教堂广场上还有圣母升天大教堂、金色圆顶教堂和圣母领报教堂。这些教堂共同的特征是都有金色的圆顶。广场中唯一的世俗建筑是多棱宫，建于1491年。主厅在二楼，约有500平方米，大厅正中有巨柱伸出的四棱柱支撑圆顶。伊凡大帝钟楼是克里姆林宫中的最高建筑，高81米。钟楼有5层，冠以金顶，外观呈八面棱体层叠状，每一棱面有拱形窗，窗口有自鸣钟。

沿着红墙往西，就是大名鼎鼎的克里姆林宫了。红墙之内的克里姆林宫，巍然矗立在红场已有800多年的历史。这一世界闻名的建筑群，享有“世界第八奇景”的美誉。这里有许多宫殿、

∨ **莫斯科红场**

红场是莫斯科的中央广场，总面积达9万余平方米，是莫斯科历史最悠久的广场。

^ 雪后的莫斯科

教堂和办公大楼，陈放着数以亿计的历代沙皇积聚的财宝，占地26公顷。使人惊叹的四座建筑极美的教堂：十二使徒教堂、天使教堂、圣母安息教堂和圣弥额尔教堂，分别建于15、16世纪，是俄罗斯与意大利的建筑师们把意大利文艺复兴风格与俄国东正教精神糅合起来的精心杰作。1812年拿破仑入侵俄国时，这些教堂曾遭到破坏。后来几经修复，如今仍金碧辉煌，耀人眼目。

克里姆林宫的西面，是亚历山大花园和无名烈士墓。里面也有很多值得一看的建筑和雕塑。据说，俄罗斯的新婚伴侣都要来这里献花，算是不忘却先人的鲜血。

在莫斯科街头，除了歌颂宗教、帝王的雕像以外，名人雕塑也比比皆是，加加林广场上的加加林像就是其中之一。从列宁大街上远远望去，加加林像仿佛正向太空腾飞而去一般。普希金广场上的普希金铜像，也是莫斯科人的骄傲。站在台基上的普希金，低头沉思，一只手扶在胸前，略微凌乱的发丝似乎还带着爱情的香味。

雕塑是凝固的音乐。在这座古老的都市里，各种各样的雕塑从不同的角度演绎着这个城市的历史。莫斯科，它的旋律就蕴藏在这些建筑的神话中，永远也不会被人忘记。

古老与时尚并存的江之门户东京

东京是日本最大的工业城市，全国主要的企业都集中于此，工业产值居全国第一位。同时，作为一座国际大都市，她也是亚洲地区金融、贸易等交流活动的中心，近年来更成了亚洲流行文化的发源地。在很多亚洲年轻人的眼里，东京是一座充满活力和时代感的城市，她总是走在流行的最前线。流行音乐、偶像电视剧、Walkman（随身听）、手机、化妆品、电子游戏、厚底鞋以及前卫的化妆……这一切时尚年轻人的最爱，都从这里开始。

日本的首都东京，是世界上最大的城市之一。它位于本州关东平原南端，东南濒临东京湾，通连太平洋，不但是日本政治、经济、文化和交通的中心，在地理上也居日本的中心位置。日本大部分国土，都在以东京为中心的1000千米范围之内。自

^ 东京繁华的夜景

∨东京皇宫

1868 年日本皇室从京都迁到江户并改其名为东京以来，东京一直是日本的首都。东京的总面积为 2188 平方千米，包括 23 个市区、26 个郊区、5 个町和 8 个村，并与周边的千叶、神奈川、琦玉三县构成首都圈，现拥有约 1299 万人口（相当于全日本的 1/10）。每天来自周围城市上下班的人口约有 200 万，使东京的市中心白天人声鼎沸，夜晚则几乎变为空城一座。

来到东京，最让人眼花缭乱的就是她的现代化生活方式。银座是东京最繁华的商业区，相传从前这一带是汪洋大海，后来德川家康填海造地，这一块地方成为铸造银币的“银座役所”。明治三年（1870 年）这里更名为“银座”。这里素有“东京的心脏”之称。银座大道全长 1150 米，北起京桥，南至新桥，大道两旁的百货公司和各类商店鳞次栉比，专门销售高级商品。银座大道后街有很多饭店、小吃店、酒吧、夜总会。从1970年8月起，银座大道成为步行商业街，禁止一切车辆通行，街上有许多茶座，游客可以坐在街心饮茶谈天。入夜后，路边大厦的霓虹灯变幻多端，构成了迷人的银座夜景。

在感受大都市购物、娱乐魅力的同时，欣赏山峰、峡谷、森林、瀑布、沙滩，也是一个不难实现的梦想。东京湾与太平洋相连，行政上属于东京管辖的小笠原诸岛一直延伸到南方1000千米处。东京的西部是多摩地区，这一带有着森林茂密的山峰和泉水潺湲的溪谷，可谓自然的宝库。从东京乘上弹丸式特快电车，向西南方向穿过日本最大的平原——关东平原，很快就能到达富士山。

东京是主要的文化中心。上野公园中的东京国立博物馆以展示对日本和亚洲的艺术和历史所做的详尽描述而著称。上野公园也是一座科学博物馆，一所动物园和两座主要艺术博物馆的所在地。

^ 上野公园中的樱花

艺术博物馆和科学博物馆距离皇苑很近，其他各种博物馆则分布在市内其他地方。东京是日本主要的运输中心，同时也是重要的国际交通中心。电气铁路、地铁、公共汽车路线和公路把东京各辖区连成一片。东京站是日本全国铁路的中央终点站。东京的成田机场供国际航班使用，而羽田机场则为国内航班提供服务。

华尔兹的故乡维也纳

奥地利首都维也纳，以“音乐之都 ”闻名遐迩。它孕育了“歌曲之王”舒伯特，“圆舞曲之王”施特劳斯，有着最为顶级的歌剧院，是世界上所有音乐家和音乐爱好者的圣殿。在这个城市中无处不飘荡着优美的旋律，就连蜿蜒穿城而过的多瑙河蓝色的波光中，也跳动着一个一个传世的音符。

漫步维也纳

素有“多瑙河的女神”之称的维也纳遍地绿茵，景色十分宜人。城外阿尔卑斯山脚下是著名的维也纳森林，城内碧波粼粼的多瑙河蜿蜒穿流其间。城内的建筑主要有巴洛克式、哥特式和罗马式 3 种，中世纪的圣斯蒂芬大教堂和双塔教堂的尖顶耸入云端，给这个美丽的城市又添一重庄重。

圣斯蒂芬大教堂是欧洲主要的哥特式建筑物之一。在 12 世纪罗马式建筑的残基上重建，始于 14 世纪早期，延续了一个半世纪。北面钟楼从未完工，1556 ~ 1587 年间被覆盖上文艺复兴式的穹顶作为结束。第二次世界大战期间大教堂再次被焚，部分被毁，但是此后即被修复。20 吨重的大钟是由 1711 年夺得的土耳其大炮铸成,后又重铸,在它吊装时还举行了隆重的仪式。

沿环城林荫大道一路而行，国家歌剧院、自然博物馆、皇家剧院、城市公园等一一映入眼帘。国家歌剧院始建于 1861 年，是一座古罗马式建筑，呈方形。正面高大的门楼有 5 个拱形大门，楼上有5个拱形窗户，窗户里立着5尊歌剧女神的青铜雕像，分别代表剧中的英雄主义、戏剧、想象、艺术和爱情。在门楼顶上的两边矗立着骑在天马上的戏剧之神的青铜塑像，是维也纳戏剧发展的象征。1869年上演莫扎特的歌剧《唐·乔万尼》（又称《唐·璜》），标志着歌剧院正式营业。威尔第和瓦格纳都曾在这里指挥过。

因为受《茜茜公主》的影响，美泉宫在所有建筑中占有重要地位。它是哈布斯堡王朝的夏季行宫，也是维也纳最漂亮的宫殿。这是一座庞大的黄色宫殿，玛丽娅·特莉莎（茜茜公主）就曾住在这里。这座建于17世纪的皇宫，向世人展现了昔日哈布斯堡王朝的奢靡和豪华。到处是金碧辉煌的装饰，宫殿内部装潢极为精美，摆满来自世界各地的装饰品，有波希米亚的水晶枝形吊灯，有中国明朝的瓷器和漆器，其奢华程度，令人叹为观止。这座宫殿有着1400多个房间，每个厅并不是很大，但是到处挂着王室成员的肖像，在某一个厅的墙壁上挂着一张穿着骑马服的茜茜公主的画像，飒爽妩媚。那时曾有一位美国外交官在日记里这样写道："皇后美得出奇。"被称为伊丽莎白皇后的茜茜公主，以她出色的外交能力和超凡脱俗的美貌，化解了奥地利与匈牙利、意大利的敌视。在19世纪60年代，无数人为她的魅力所倾倒。

整个美泉宫布局气势雄伟，优雅闲适。皇宫后面是宽广的后花园，后花园树木葱茏，鲜花盛开，绿草如茵，像一张绝妙的地毯一直延伸到远处的喷泉和雕像。后花园的海神喷泉，日夜喷水，飞溅出一朵朵水花，极尽缠绵。在后花园尽头的小山坡上，有一座凯旋门是强大哈布斯堡王朝的象征。

在维也纳，到处充满着怀旧情结。内城的路面不宽，还是那个时代保留下来的石子路面，鞋跟踏在上面能敲击出清脆的响声，一路走来，就像是随着一首旋律在舞蹈。街边的旅店或是咖啡馆都还保持着300年前的外观，甚至房间的布局、家具，以及墙上壁纸的花色都保持着当时的传统，带着些陈旧的色彩。整个城市的现代建筑少之又少，甚至连时尚的购物商店都藏身于古式建筑中，如果只从外观上判断的话可看不出来。每一处细节都似乎在提醒人们这座城市曾有的辉煌。一个失神，总会忘了自己身在何方，是不是在等待着皇后的马车驶过。

音乐之都的音乐并不是只存在于金碧辉煌的演奏大厅中。每走一段路，都会看见一些街头音乐家，年轻的或上了些年纪的，大都沉醉在自己的音乐世界里，指尖流淌出一串轻快舒缓的旋律，路人也往往受到吸引，驻足聆听。在这里才真的感觉到，正是神圣寓于平凡之中，音乐主宰了这个城市的灵魂。

浓浓咖啡香

维也纳人把咖啡和音乐、华尔兹相提并论，称为“维也纳三宝”，可见维也纳人对咖啡的情有独钟。走在维也纳的大街小巷，举目就是大大小小林立的咖啡馆。咖啡渗入了维也纳人生活的各个场所，街角有供人们站着喝的便利咖啡厅，大学附近有专为学子聚集而设的咖啡店，国家剧院旁和宫殿附近，也有富丽豪华的咖啡厅，适应着各个阶层人民的需要。维也纳咖啡种类繁多，从清咖啡到各种成色的加奶咖啡，各有特色，适合不同人的口味，而且都有各自的名称。所以，到维也纳泡咖啡馆，如果只是简单地吩咐说“一杯咖啡”的话，会让服务生很为难的。

咖啡馆文化是维也纳城市文化的一个重要组成部分。在咖

^ 19 世纪的维也纳咖啡馆

啡馆的悠闲气氛中，人们只要点上一杯咖啡，就可以在咖啡馆会友、看书或是写点什么。最出名的咖啡馆是位于市中心区的中央咖啡馆。直到第一次世界大战前，这里一直是著名诗人、剧作家、艺术家、音乐家、外交官们聚会的地方，是一个最为开放和特别的沙龙，如果说在这里发生了许多改变历史的事情绝不为过。最让咖啡馆骄傲的是，当年音乐大师莫扎特、贝多芬、舒伯特、“圆舞曲王朝”施特劳斯父子等都是这里的常客，而名曲《蓝色的多瑙河》就成曲在咖啡馆里的一张便笺上。今天的中央咖啡馆生意依然十分兴隆，不管里面多么拥挤，客人只需一杯咖啡，想待多久就可以待多久。

亚得里亚海边的璀璨明珠 威尼斯

威尼斯，一个极为浪漫又朴素的古城。每年吸引着成千上万名来自世界各地的游人。精美的建筑、超凡绝伦的雕塑、红黑相间的“刚朵拉”、优雅安详的鸽子构成了威尼斯古典而浪漫的城市风情。

威尼斯是什么？是大海，是水城，是刚朵拉小舟，是圣马可广场，是圣马可大教堂，是广场上的鸽子，是总督府，是狂欢节，是假面具，是马可·波罗……这个城市昔日的光荣与梦想通过保存异常完好的建筑延续到今天，它独特的气质令游人感到如受魔法，令凡是来过威尼斯的游客都恋恋不舍，乐而忘返。

恬静水乡

威尼斯是一个美丽的城市，这座建于5世纪的世界著名城市，位于意大利东北部，离大陆约4千米，坐落在威尼斯湖

∨威尼斯水上巴士

118个大大小小的岛屿上。117条运河和400座桥梁纵横交错，把这118个岛屿连成一个城市整体。

^威尼斯运河码头

威尼斯的历史相传开始于453年，当时威尼斯的居民为逃避战乱，在通往亚得里亚的这个小岛上，用木材、石块建起了威尼斯这个水上城市。威尼斯既有世上独一无二的温柔，又不乏历史上地中海最强的高雅风景。威尼斯无可比拟的独特外貌和丰富的艺术宝藏，使它成为世界上最具有吸引力的旅游城市之一。沿着威尼斯宽宽窄窄的运河，可见到建于几世纪以前的古老房屋，这些房屋依然保持着当时的面貌和风采，鲜艳的花朵从阳台伸展出来，带来了生机和无限的遐思。

威尼斯港是意大利最大的港口之一，港口长12千米，总面积达250公顷，伸展出去，宽阔广大，每年进出港口的船只在万艘以上。威尼斯不仅风光奇特，而且还是文化名城，早在文艺复兴时期，威尼斯画派就独树一帜。乔尔乔涅、提香、波提切利、丁托列托、委罗内塞等都是画坛的著名大师。在意大利歌剧艺术发展史中，威尼斯也占有重要地位。城内古迹众多，有120座哥特式、文艺复兴式、巴洛克式教堂，120座钟楼，64座修道院，40多座宫殿和众多的海滨浴场。歌德与拜伦都曾对威尼斯城赞扬备至，拿破仑则称之为“举世罕见的奇城”。

威尼斯的美，离不开碧绿碧绿的水和摇摇晃晃的小船，更离不开富丽堂皇的古典建筑物。站在圣马可广场向四周眺望，纵横的街道在这里化身成蜿蜒的运河；在普通城市街上通行无阻的车辆，在这里变成了小船。这里的每一条小水道、小街、小教堂和小广场都是风景，也记录着水城灿烂的文化和历史。一切的一切都离不开一个“水”字，一部1500年的兴衰史从水里向我们漂来。

水上法拉利——刚朵拉

威尼斯水城在全世界是独一无二的，整个城市建在水上，出门或徒步或乘舟，是世界上唯一没有汽车的城市。坐刚朵拉（Kangonu），纵情于威尼斯的怀抱，听船夫高唱意大利的民歌，仿佛忘记了世间的存在，完全融化在这独特的魅力之中。站在船上向四周望去，这举世无双的水城便如同图画般慢慢展开。水路中船只穿梭往来，两侧建筑古色古香且风格各异，海鸥在天空中自由地飞翔。专供游人游览用的长长的刚朵拉状如新月，一排排停在岸边。水路就是威尼斯城市的主干道，如果换作陆路也许就平平无奇，偏偏是这漫漫海水为城市增加了无穷魅力，平添了万种风情。

世上最美的客厅

圣马可广场是意大利建筑的一块瑰宝，这是最美丽也是最气势恢宏的广场，曾被拿破仑称为“世界上最美丽的客厅”。在广场入口处，有两根高大的圆柱，东侧的圆柱顶上雄踞着一只肋生双翼、展翅欲飞的青铜狮，这飞狮就是昔日威尼斯王国的象征，也是威尼斯的城徽。飞狮左前爪扶着一本圣书，上面用拉丁文写着天主教的圣谕：“我的使者马可，你在那里安息吧！”挺立着飞狮的圆柱两侧，一边是宏伟庄重的圣马可图书馆，一边是富丽堂皇的公爵宫，经过它们之间的小广场就到了世界著名的圣马可广场。广场东西

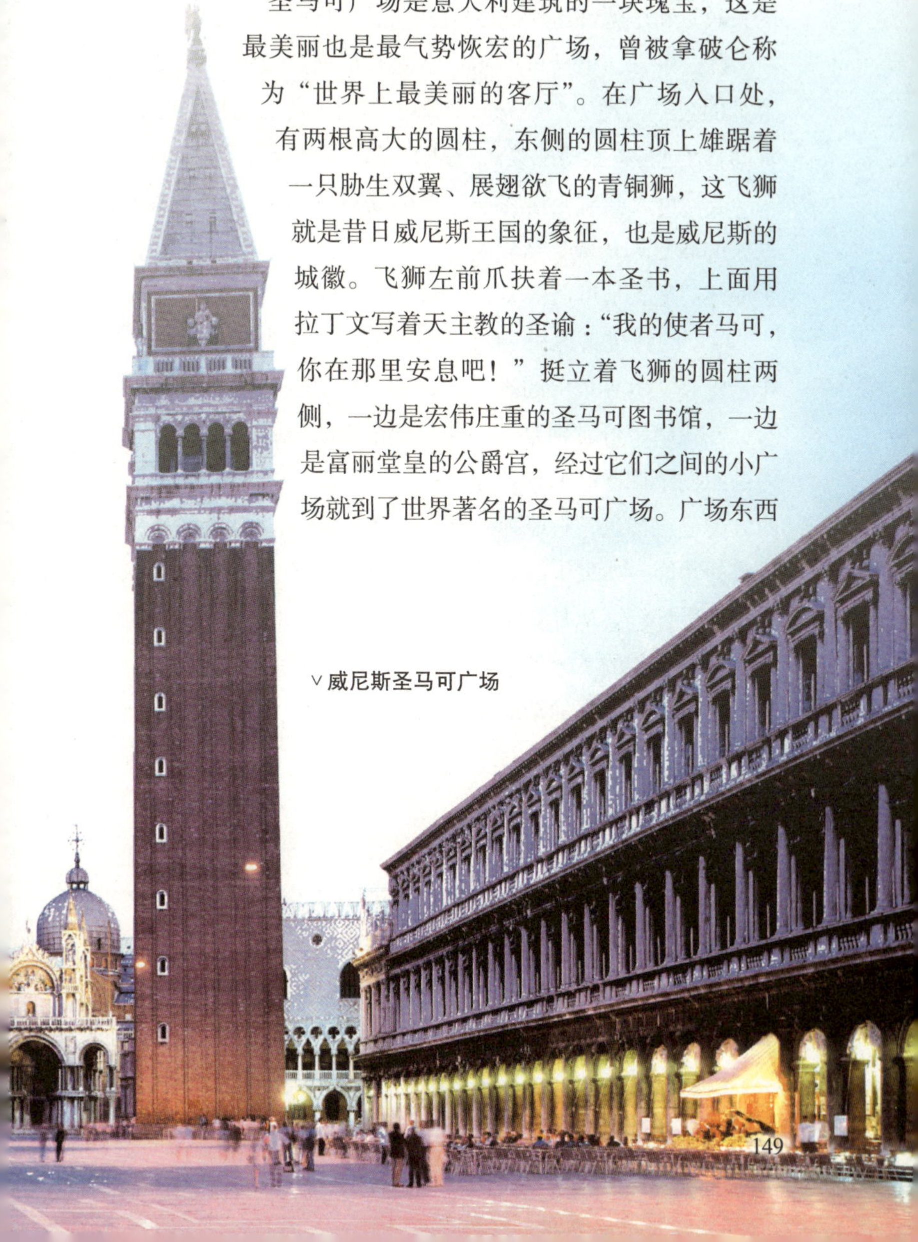

∨威尼斯圣马可广场

长 170 多米，西边宽 55 米，东边宽约 80 米，略呈梯形。广场南北两侧是数不清柱子的长廊，广场的东边，有高高的钟楼、华丽的大教堂和充满东方色彩的总督府。

自古以来，圣马可广场一直是威尼斯的政治、宗教和传统节日的公共活动中心，是每年嘉年华最主要的场景。但是在平常的日子里，人流熙来攘往，热闹得像一座舞台，永远不会冷场。

圣马可大教堂坐落在圣马可广场一侧。它曾是中世纪欧洲最大的教堂，是威尼斯建筑艺术的经典之作。据说因其中埋葬了耶稣门徒圣马可而得名。

教堂的钟楼高达 98 米，十分壮观，它是古罗马建筑中的杰作，曾有“世界最美的教堂”之称。教堂内充满东方的神秘色彩，在昏暗中可看到金器、象牙和精美的云石闪闪发光；教堂内壁布满了用漂亮的瓷片镶嵌的壁画。圣马可大教堂融合了东西方的建筑特色，它原为一座拜占庭式建筑，15 世纪加入了哥特式的装饰，如尖拱门等；17 世纪又加入了文艺复兴时期的装饰，如栏杆等。从外观上，它的五座圆顶风格据说是来自土耳其伊斯坦布尔的圣索菲亚教堂，正面的华丽装饰源自拜占庭的风格，而整座教堂的结构又呈现出希腊式的十字形设计，这些建筑上的特色让人惊叹不已。

狂欢节

这一传统可追溯到 700 年前。为纪念来往于“丝绸之路”的威尼斯商人和著名的意大利冒险家马可·波罗，一年一度的威尼斯狂欢节在 2 月 7 日举行。威尼斯狂欢节最大的特点就是它的面具，其次才是它的华丽服饰。

聚集在广场上的狂欢者大多浓妆艳抹。据说，为了参加这一年一度的狂欢节，他们往往要花好几个月的时间做准备，自己动手或请人代劳设计面具和服饰。他们刻意追求的是面具和衣饰要与众不同，要怪诞离奇，还要求具备一定的文化品位。他们化装以后，近的从城区，远的从几十千米甚至几百千米外赶来。在面具后面，年龄差异被消除，老人极力将自己装扮得很年轻，年轻人老成持重起来；男人可以变成女人，女人也可以变成男人；权贵和穷人可以通过面具融合在一起。在面具的后面，社会差异暂时被消除。富人变成了穷人，而穷人变成了富人。不管真实身份如何，加入这场狂欢就要遵守这个不问过往的游戏规则，面具下的人们互相礼貌地打着招呼。在这短短的节日里，这个被称为“水城”的威尼斯，毫不费力地实现了社会大融合。

叹息桥

中世纪的威尼斯以严刑峻法的宗教裁判而著称，叹息桥就是当时恐怖气氛的遗迹之一。此桥建于1603年，是威尼斯最著名的古迹之一，因桥上死囚的叹息声而得名。

叹息桥两端连接着总督府和威尼斯监狱，是古代由法院向监狱押送死囚的必经之路。叹息桥造型属早期巴洛克式风格，桥呈房屋状，上部穹隆覆盖，封闭得很严实，只有向运河一侧有两个小窗，当犯人在总督府接受审判之后，重罪犯被带到地牢中，可能就此永别人世，在经过这座密不透气的桥时，只能透过小窗看看蓝天，不由自主地发出叹息之声，再向前走便要告别世间的一切了。在数个世纪中它一直是一条令人抑郁的通道。

不过，在威尼斯有这样一种说法，恋人们在叹息桥下接吻，就可以天长地久，电影《情定日落桥》就是在这儿取的景。

后现代美国的缩影 纽约

纽约市位于美国东北部哈得孙河口，濒临大西洋，全市由曼哈顿、布鲁克林、皇后、布朗克斯和斯塔滕岛五个区组成，面积945平方千米。1626年，荷兰人用价值24美元的物品从印第安人手中买下曼哈顿岛，取名为新阿姆斯特丹。1664年被英国人占领，取名纽约。1789年成为新独立的美国第一个首都和美国最大的城市。19世纪开始，纽约向世界性大城市发展。至20世纪初，纽约成为世界最大的城市之一，与伦敦、巴黎齐名。

>纽约的自由女神像

曼哈顿

在纽约市的各区中，曼哈顿区居于最重要的地位，有“纽约市的心脏”之称。曼哈顿区是纽约市的精华所在，纽约中心区在它南端的华尔街一带，那里高楼林立，是世界和美国的金融中心。著名的自由女神像、联合国总部、时代广场、大都会艺术博物馆、中央公园、第五大道商业区、洛克菲勒中心、百老汇剧院区、唐人街等都在那里。

曼哈顿岛人口160多万，是纽约中心区和神经中枢，影响着整个美国。这里高层建筑密布，街道成为“林中小道”。百老汇大街呈东南－西北向斜贯全岛，岛上著名的旅社、餐馆、百货公司、专业商店、影剧院、音乐厅和博物馆大都集中于此。曼哈顿中部有洛克菲勒中心，聚集了许多摩天大楼群。坐落在本区南部第五大道与34街口的帝国大厦，建成于1931年，楼高381米，有102层。世界贸易中心原为两座正方形建筑，高400多米，号称“世界之窗”。但是在“9·11事件”中，这座著名的双子塔被炸毁，成为美国人心中最惨痛的回忆。中央区西部，伊斯特河畔，是联合国总部所在地，矗立着39层的联合国大厦；其北是联合国会议厅，南为藏书数十万册的联合国图书馆。中央区以北是中央公园，公园西面有林肯中心，是美国的艺术和文化中心，世界各国有名的交响乐队、歌剧团和芭蕾舞团常到此演出。

百老汇

这条“大白道”约有50家娱乐场所，簇拥在时代广场一带。这里曾是光彩夺目的繁华之地，耀眼的灯光显示出大型字母组成的街名。在曼哈顿的夜晚，登台表演的明星最多。接着出现了外百老汇，也就是百老汇圈子外面的百老汇。那里的剧院、演员、票价都要低一个档次。接着又出现了外外百老汇，在各方面又低了一个档次。但是，上述状况很快就发生了变化。古老的百老汇有许多建筑在拆除的过程中销声匿迹，剧院区扩展至西边的9号大道和北边的53号大街，原来的界限就变得模糊起来，后两类百老汇档次有了提高，并且新秀辈出。事实上，在外百老汇表演的节目中，观众并不一定就坐在脏兮兮的边席上，节目中的演员未必就不具备娴熟的表演技巧。今天的外百老汇或者外外百老汇演出的节目，说不定在明天就会产生轰动的效果。它可能把百老汇抛在后面，去昂首征服世界。这样的情况已经有了先例。的确，这些表演，或者出自一个设备简陋的剧场，或者出自一个用教堂改装的舞台，却正是世界杰出艺术的摇篮。

中国城（Chinatown）至今已有百年以上的历史。中国城在美国华侨中还有其他两个称呼：华埠和唐人街。目前使用最广的是华埠。中国城内商业发达，交通便利，具有浓郁的中国风情，是纽约市的城中之城和主要观光景点之一。在中国城，世界各国的游客可以品尝美味的中国菜，不过价格不菲。中国城内的居民以中国福建、广西、广东的侨民后裔为主，但普通话已经很通行了，在中国城办理各种事情，说中国普通话通行无阻。中国人在纽约生活比较容易适应，有困难也比较容易得到同胞的帮助。

数字纽约

纽约人口约742万，其中白人占50%左右，还有来自世界80多个国家的移民。曼哈顿金融圈内的人年平均收入高达十几万美元。纽约有约600座超过90米的摩天大楼，200多家跨国银行与600多家媒体，上千家商业公司和超过300家广告公司。美国500家大企业中，有42家的总部设在以世贸大楼为中心方圆5000米之内。资本主义的经济、生活和价值观，就由曼哈顿岛地下的光纤电缆和天上的卫星电波，辐射到全世界。

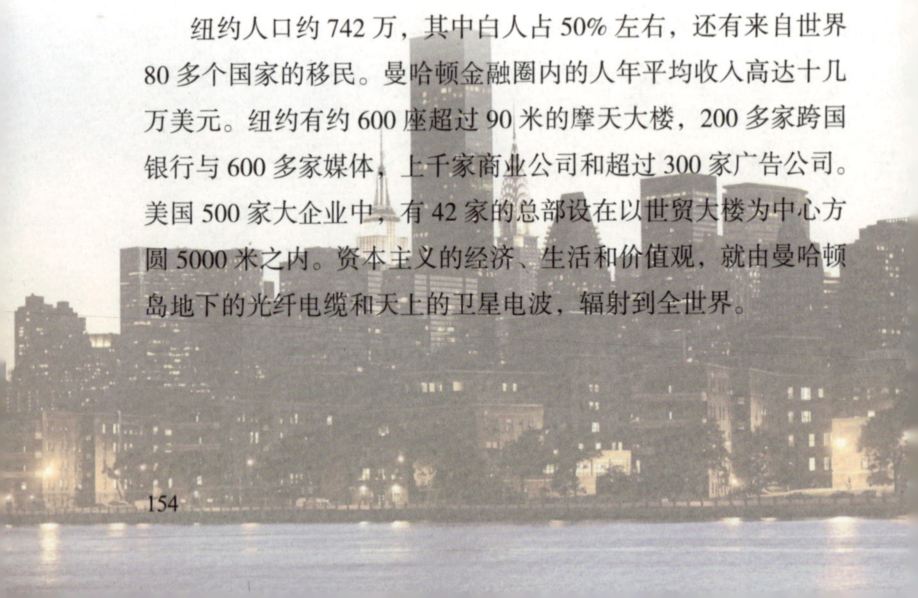

悦享生活

美食

乐之 主编

中医古籍出版社
Publishing House of Ancient Chinese Medical Books

图书在版编目（CIP）数据

美食 / 乐之主编. -- 北京 : 中医古籍出版社,
2022.5
（悦享生活）
ISBN 978-7-5152-2265-3

Ⅰ. ①美… Ⅱ. ①乐… Ⅲ. ①烹饪—基本知识 Ⅳ.
①TS972.1

中国版本图书馆CIP数据核字(2021)第228407号

悦享生活
美食
主编　乐之

策划编辑　姚强
责任编辑　李炎
封面设计　李荣
出版发行　中医古籍出版社
社　　址　北京市东城区东直门内南小街 16 号（100700）
电　　话　010-64089446（总编室）010-64002949（发行部）
网　　址　www.zhongyiguji.com.cn
印　　刷　天津海德伟业印务有限公司
开　　本　880mm × 1230mm　1/32
印　　张　5
字　　数　112 千字
版　　次　2022 年 5 月第 1 版　2022 年 5 月第 1 次印刷
书　　号　ISBN 978-7-5152-2265-3
定　　价　298.00 元（全 8 册）

前言

一直以来，中国都以“美食大国”享誉世界。正如林语堂先生所说:“吃，在中国无所不在，无往不通。”中国人的吃，不仅是满足胃，而且要满足嘴，甚至还要使视觉、嗅觉皆获得满足。一道道色香味俱佳的菜品，温情满溢，给人带来幸福的味蕾之旅。

丰富的美食让中国人大饱口福，但人们对饮食的追求远不止于此。中国人懂吃、爱吃、会吃，也会做。千百年来，他们心甘情愿地把大量的时间、精力倾注于饮食之中，菜中味、酒中趣、茶中情，无论贫富，不分贵贱，中国人都在饮食之中各得其所，各享其乐。擅长烹饪的中国人，从不曾把自己束缚在一张乏味的食单上，他们怀着对食材本身的理解，赋予其无限的想象空间，进而演绎出无数新的、各具特质的食物。

作为一个普通食客，懂吃固然重要，会做更为关键。如果能够掌握各种美食的制作方法，即便是在家里，也能够尝遍中西大菜、风味小吃、甜品饮品。若是能再加上点儿小变化、小巧思，同样的食材每天也能做出新花样，让家人“餐餐滋味好，顿顿营养全”。为此，我们精心编写了这本书，为广大美食爱好者提供最周到、最细致的下厨房一站式指南，助您在短时间内掌握各种经典美食的制作方法，迅速成为烹饪高手，足不出户也能品尽舌尖上的美味。

这是一本充满爱心的美食书，一道道让人垂涎的家常美味，献给敬爱的爸爸妈妈，送给可爱的小宝贝，犒劳辛苦忙碌的爱人，招待亲朋好友，更是对自己的关爱。来吧，让我们一起，为家人、朋友精心烹制出精致、美味、健康的爱心大餐！书中对各类菜品所使用的原料、调料、做法进行了详细介绍，烹饪步骤详略得当，图片精美清晰，读者可以一目了然地了解美食的制作要点，易于操作。即使你没有任何烹饪经验，也能做得有模有样、有滋有味。

一碗汤喝尽一个时代的味道，一道菜品出半生浮沉的记忆。无论身在何方，都希望你能沿着这份美食攻略，找到熟悉的温暖与感动。

目录

第一章　沙拉

第二章　烘焙

第三章 烧烤

第四章 川菜

第五章 火锅

第六章 饮品

第一章 沙拉

西红柿生菜牛油果沙拉

【原料】西红柿 70 克，生菜、牛油果、黄瓜各适量。

【调料】橄榄油 12 毫升，醋、食盐、白糖各适量。

【做法】

1 西红柿洗净，切块。2 黄瓜洗净，切厚片。3 生菜洗净，沥干水分。4 牛油果洗净，去皮去核，切小块。5 将生菜铺在碗底，然后加入西红柿、黄瓜、牛油果。6 取一小碟，加入橄榄油、醋、食盐、白糖，拌匀，调成料汁。7 将调好的料汁淋在沙拉上即可。

时蔬沙拉

【原料】松软干酪、樱桃萝卜、黄瓜各适量，茴香菜、香菜各少许。

【调料】沙拉酱、醋各适量，莳萝末、香芹碎、胡椒碎各少许。

【做法】

1 松软干酪切小块；樱桃萝卜洗净，切丁；黄瓜洗净，切条；茴香菜、香菜均洗净。2 将松软干酪、樱桃萝卜、黄瓜放在方形玻璃碗中。3 另取一玻璃碗，倒入沙拉酱、醋，再加入莳萝末、香芹碎、胡椒碎，搅拌均匀。4 将调好的酱倒在食材上，搅拌均匀。5 再将洗净的茴香菜、香菜插在沙拉上作为装饰。

小贴士

这道沙拉营养健康，低热量，口味独特，特别适宜瘦身人士享用。

小贴士

挑选芦笋，应该以色泽浓绿、青翠欲滴、穗尖紧密、切口不变色、粗大柔软的为佳。

芦笋圣女果沙拉

【原料】芦笋、圣女果、小菠菜各适量，洋葱少许。

【调料】橄榄油 12 毫升，食盐 1 克，醋、胡椒粉各适量。

【做法】

1 芦笋、小菠菜均洗净，焯水，沥干水备用；芦笋切段。2 圣女果洗净，对半切开。3 洋葱洗净，切丝。4 将上述食材均装入碗中。5 取一小碟，加入橄榄油、食盐、醋拌匀，调成料汁。6 将料汁淋在沙拉上，拌匀，再撒上少许胡椒粉即可。

西红柿橄榄沙拉

【原料】橄榄 100 克，西红柿 100 克，胡萝卜 100 克，黄瓜 100 克。

【调料】橄榄油、食盐、白糖和醋各适量。

【做法】

1 西红柿洗净，切瓣。2 黄瓜洗净，切片。3 胡萝卜洗净，切丝。4 橄榄洗净，去核。5 取一盘，加入以上所有食材。6 加入橄榄油、食盐、白糖和醋，拌匀即可。

菠萝苹果沙拉

【原料】菠萝、苹果各70克，芝麻菜、菠菜、紫罗勒各40克，胡萝卜丝、石榴籽各少许。

【调料】盐、白糖、橄榄油、醋各适量。

【做法】

1 菠萝去皮洗净，切块，放入淡盐水中略泡。2 苹果去核，切片。3 芝麻菜、菠菜、紫罗勒均洗净，备用。4 将上述食材均放入碗中，加胡萝卜丝，放盐、白糖、橄榄油、醋拌匀，撒上石榴籽即可。

小贴士
糖尿病患者、便秘者、脾胃虚寒者不宜多食提子。

草莓提子沙拉

【原料】青提、红提、草莓各 40 克，杨桃、雪梨各 20 克，香菜少许。

【调料】醋 8 克，沙拉酱 20 克。

【做法】

1 杨桃洗净，切片。2 青提、红提均洗净。3 草莓洗净，去蒂，对半切开。4 雪梨去皮洗净，去核切片。5 将杨桃、青提、红提、草莓、雪梨一同放入碗中，淋入醋，放上洗净的香菜点缀。6 食用时，加沙拉酱即可。

小贴士
哈密瓜性寒，肠胃虚弱者不宜过多食用，以免引起腹泻。

夏日缤纷水果沙拉

【原料】哈密瓜 200 克，覆盆子、青提、紫葡萄各 40 克，薄荷叶少许。

【调料】苹果醋、沙拉酱各适量。

【做法】

1 覆盆子、青提、紫葡萄均洗净。2 哈密瓜取一半雕成哈密瓜盏，余下部分去皮，取果肉切块。3 将哈密瓜、覆盆子、青提、紫葡萄加苹果醋拌匀，装入哈密瓜盏内，放入洗净的薄荷叶点缀。4 食用时，淋上沙拉酱即可。

小贴士

选购芹菜时，以刚上市、茎秆粗壮、色亮、无黄萎叶片者为佳。

苹果奶酪沙拉

【原料】青、红苹果各150克，奶酪、核桃仁、芹菜叶各少许。

【调料】苹果醋、沙拉酱各适量。

【做法】

1 青、红苹果均洗净，去核后切片。2 芹菜叶洗净，备用。3 将青苹果、红苹果、芹菜叶、奶酪、核桃仁放入杯子中，加苹果醋拌匀。4 食用时加沙拉酱即可。

草莓蔬菜沙拉

【原料】草莓 150 克，生菜叶 50 克，罗勒叶 10 克，奶酪适量。

【调料】醋 5 克，橄榄油 10 克，草莓酱 30 克。

【做法】

1 草莓洗净，去蒂，对半切开。2 生菜叶、罗勒叶均洗净，备用。3 将草莓、生菜叶、罗勒叶、奶酪放入盘中，加少许醋、橄榄油，淋上草莓酱拌匀即可。

小贴士
湿阻脾胃、气滞食积者应慎食紫薯。

无花果紫薯沙拉

【原料】无花果、紫薯各 150 克，蛋挞模具 2 个，独行菜少许。

【调料】沙拉酱 20 克。

【做法】

1 无花果洗净，切瓣。2 紫薯洗净去皮，切块，蒸熟。3 独行菜洗净，备用。4 将无花果、紫薯、独行菜放入蛋挞模具中，淋上沙拉酱即可。

南瓜洋葱沙拉

【原料】南瓜 120 克，洋葱 50 克，芝麻菜 50 克，奶酪、红椒各少许 。

【调料】香蒜酱、酱油、胡椒粉、橄榄油、盐各适量。

【做法】

1 南瓜洗净，切块。2 芝麻菜洗净。3 洋葱洗净，切丝。4 红椒洗净，切丝。5 将洋葱、南瓜、红椒放到烤盘上，放入橄榄油，撒上盐，加适量胡椒粉，放入烤箱，中火烤 10 分钟，取出装入盘中。6 放入芝麻菜、奶酪，撒上香蒜酱，淋上酱油即可。

紫甘蓝沙拉

【原料】紫甘蓝 170 克，橙子适量。

【调料】橄榄油、红酒醋各适量，食盐、白糖各少许。

【做法】

1 将紫甘蓝洗净，切成小片。2 橙子洗净，去皮，切小块。3 将紫甘蓝、橙子均装入碗中。4 取一小碟，里面加入橄榄油、红酒醋、食盐、白糖，拌匀，调成料汁。5 将料汁均匀地淋在食材上即可。

小贴士

生萝卜与人参、西洋参药性相克，不可同食，以免药效相反，起不到补益作用。

白萝卜青菜沙拉

【原料】白萝卜60克，青菜100克，烤面包80克。

【调料】食盐、橄榄油、沙拉酱各适量。

【做法】

1 白萝卜洗净，切成细丝。2 青菜洗净，略微焯水，切成小段，加少许盐、橄榄油拌匀。3 将青菜、烤面包、白萝卜丝重叠码好，食用时淋上沙拉酱即可。

甘蓝上海青沙拉

【原料】圣女果 50 克，上海青 80 克，玉米粒 20 克，生菜、甘蓝各少许。

【调料】食盐、橄榄油、沙拉酱各适量。

【做法】

1 圣女果洗净，切小块。2 玉米粒洗净，焯水至熟，捞出备用。3 上海青洗净，垫入盘底。4 生菜洗净，撕成小块。5 甘蓝洗净，撕成小块。6 将甘蓝、圣女果、玉米粒、生菜放入装上海青的盘中，淋上橄榄油，撒少许食盐，食用时加入沙拉酱拌匀即可。

小贴士

急性肠炎、细菌性痢疾及胃溃疡活动期病人不宜食用西红柿。

红腰豆黄瓜沙拉

【原料】西红柿 60 克，红腰豆 20 克，黄瓜 120 克。

【调料】橄榄油、奶酪块、食盐、白糖、醋各适量。

【做法】

①西红柿洗净，切小块。②黄瓜洗净，切小块。③红腰豆洗净，放入锅里，倒入水，煮熟。④取一小碟，加入橄榄油、食盐、白糖和醋，拌匀，调成料汁。⑤取一盘，放入西红柿、黄瓜、奶酪块和红腰豆，加入料汁，拌匀即可。

小贴士

藜麦尤其适宜高血糖、高血压、高血脂、心脏病等慢性病患者食用。

藜麦沙拉

【原料】藜麦 120 克，红椒、黄瓜各适量。

【调料】橄榄油 20 克，黑胡椒粉、食盐、醋各少许。

【做法】

1 红椒和黄瓜洗净，切块。2 藜麦洗净，焯熟，沥干水分，装入玻璃碗中。3 取一小碟，加入橄榄油、黑胡椒粉、食盐和醋，拌匀，调成料汁。4 将料汁淋在藜麦中，加入红椒和黄瓜，拌匀即可。

燕麦杂果沙拉

【原料】燕麦 100 克，圣女果 5 个，胡萝卜 10 克，奶酪 10 克，豆芽 10 克，黄瓜 10 克，香菜少许。

【调料】橄榄油 10 克，食盐和醋各适量。

【做法】

1 圣女果洗净，切半。2 胡萝卜洗净，切丝。3 黄瓜洗净，切丁。4 奶酪切块。5 豆芽洗净。6 香菜择洗干净，沥干水分。7 取一锅，放入燕麦，炒熟。8 取一盘，放入以上所有食材。9 加入橄榄油、食盐和醋，拌匀。

小贴士

南瓜营养丰富，特别适合炖食。

豌豆南瓜沙拉

【原料】豌豆150克，南瓜50克，冰激凌50克，芹菜叶少许。

【调料】橄榄油、食盐、白糖各适量。

【做法】

①豌豆洗净，焯熟。②南瓜去皮，洗净，切丁，焯熟。③取一玻璃碗，倒入冰激凌。④再放入豌豆、南瓜。⑤加入橄榄油、食盐、白糖，拌匀。⑥饰以芹菜叶即可。

小贴士

豌豆多食会发生腹胀，易产气，慢性胰腺炎患者忌食。

熏火腿豌豆沙拉

【原料】熏火腿 20 克，熟鸡蛋 1 个，豌豆、土豆、豌豆苗各适量。

【调料】蛋黄酱适量。

【做法】

1 熏火腿洗净，切薄片备用。2 熟鸡蛋剥壳，切小块。3 豌豆洗净，放入沸水中焯一会儿。4 土豆洗净，去皮，切块，放入沸水中焯熟。5 豌豆苗洗净备用。6 将上述食材均放入玻璃碗中，待食用时淋入蛋黄酱即可。

培根芦笋沙拉

【原料】芦笋 170 克，培根、鸡蛋各适量。

【调料】橄榄油 10 毫升，沙拉酱、盐各适量。

【做法】

1 将鸡蛋打入瓷杯中，放少许盐，然后放入微波炉中加热至七分熟。2 芦笋洗净，放入沸水锅中焯熟。3 用培根将芦笋紧紧包住（可用牙签固定）。4 摆入烤盘，刷一层橄榄油。5 放入烤箱，以 200℃烤约 15 分钟。6 将烤好的培根芦笋卷放入盘中。7 再摆入加热好的鸡蛋。8 待食用时，再拌入沙拉酱即可。

小贴士

金枪鱼制品可在冰箱中冷冻保存30天左右，鲜度、肉质和色泽均可保持不变。

金枪鱼通心粉沙拉

【原料】金枪鱼罐头45克，通心粉180克，黑橄榄、圣女果、青菜、罗勒叶各适量。

【调料】橄榄油、红酒醋各适量，食盐、白糖、黑胡椒粉各少许。

【做法】

1 圣女果洗净，对半切开；青菜洗净，切碎；黑橄榄、罗勒叶均洗净。2 金枪鱼罐头打开，取出鱼肉，沥干汤汁后备用。3 将通心粉放入沸水锅中煮熟，捞出后放凉备用。4 将上述食材均装入碗中。5 淋入橄榄油、红酒醋，撒入食盐、白糖、黑胡椒粉，搅拌均匀即可。

小贴士
金枪鱼的针骨粗大，用来熬汤非常好。

醇香金枪鱼沙拉

【原料】金枪鱼罐头 1 个，莳萝少许。

【调料】橄榄油适量，蒜泥、食盐、白糖各少许。

【做法】

①金枪鱼罐头打开，取出鱼肉，沥干汤汁，用勺子将鱼肉碾碎。②莳萝洗净，沥干水分备用。③将鱼肉放入碗中，并放上少许莳萝。④放入橄榄油、蒜泥、食盐、白糖，拌匀即可。

小贴士

生鲱鱼肉吃起来有一点儿鱼腥味，不是很对中国人的口味，吃不惯的朋友可以将鲱鱼肉加洋葱粒煎熟后再制成沙拉。

德式洋葱鲱鱼沙拉

【原料】鲱鱼肉500克，洋葱、芝麻菜、罗勒叶、大葱叶各适量。

【调料】醋汁、盐、奶酪粉、法式芥末、胡椒碎、芥菜籽各适量。

【做法】

1 鲱鱼肉收拾干净后切块。2 大葱叶洗净，切圈。3 芝麻菜、罗勒叶均洗净。4 洋葱洗净，对半切开，然后再切片。5 将鲱鱼肉和洋葱装盘、摆好。6 再放入芝麻菜、大葱叶、罗勒叶，撒入奶酪粉、胡椒碎、芥菜籽。7 取一小碟，加入醋汁、盐、法式芥末，拌匀，调成料汁。8 待食用时，再淋入料汁即可。

小贴士
鱼露味咸，极鲜美，稍带一点鱼虾的腥味，食法与酱油相同。

泰国干虾沙拉

【原料】洋葱 200 克，干虾、葱白、葱叶、水芹叶、生菜、红椒各适量。

【调料】泰国鱼露、柠檬汁、食盐、白糖、花椒粉各适量。

【做法】

1 洋葱洗净，切片，焯水至断生。2 葱白洗净，切丝；葱叶洗净，切段。3 水芹叶、生菜均洗净，沥干水分备用。4 红椒洗净，切段。5 将生菜铺在盘中，然后将其余食材均摆在生菜上。6 取一小碟，里面加入泰国鱼露、柠檬汁、食盐、白糖、花椒粉拌匀，调成料汁。7 待食用时，淋入料汁即可。

鲜虾西红柿船沙拉

【原料】鲜虾仁、西红柿、生菜叶各适量。

【调料】沙拉酱适量。

【做法】

1 西红柿洗净，切瓣，将瓤肉剜掉一部分，做成小船状。2 生菜叶洗净，切碎。3 锅中注水烧开，然后将鲜虾仁放入锅中氽水，捞出。4 将西红柿块放入盘中，然后挤入沙拉酱。5 再将切好的生菜碎放在沙拉酱上。6 最后将熟虾仁摆好即可。

第二章 烘焙

制作指导 奶油易发泡，天气热时须放入冰箱冷藏。

椰浆天使蛋糕

【材料】

鲜奶 100 克，椰浆 100 克，色拉油 50 克，低筋面粉 250 克，粟粉 50 克，椰香粉 2 克，蛋清 500 克，砂糖 200 克，塔塔粉 6 克，食盐 3 克，鲜奶油、杏仁片各适量。

制作时间
Times
60分钟

做法

1 把鲜奶、椰浆、色拉油混合拌匀。2 加入低筋面粉、粟粉、椰香粉拌至无粉粒。3 先加入 100 克蛋清，拌匀成光亮的面糊备用。4 把余下的 400 克蛋清、砂糖、塔塔粉、食盐倒在一起，先慢后快打发至鸡尾状。5 分次加入步骤 3 的面糊中完全拌匀。6 倒在烘焙模具内至九分满。7 在烤盘内加 100 克左右的清水，以 150℃烤约 30 分钟，完全熟透后拿出，冷却脱模。8 在凉透的糕体表面均匀抹上打发的鲜奶油，加上烤熟的杏仁片装饰即可。

制作指导 可在蛋糕上抹沙拉酱或不同口味的果酱，以获得想要的风味和口感。

肉松夹心蛋糕

【材料】

清水50克，鲜奶50克，色拉油38克，低筋面粉75克，玉米淀粉40克，泡打粉1克，奶香粉1克，蛋黄90克，蛋清150克，砂糖115克，塔塔粉2克，食盐1克，柠檬果膏、肉松各适量。

制作时间 Times 60分钟

做法

1 清水、鲜奶、色拉油混合拌匀，加入低筋面粉、玉米淀粉、泡打粉、奶香粉拌至无粉粒。2 加入蛋黄拌成光亮的面糊备用。3 把蛋清、食盐、砂糖、塔塔粉倒在一起，先慢后快，打至鸡尾状。4 加入面糊中完全拌匀。5 装入裱花袋，在铺有高温布的钢丝网上挤成大小均匀的蛋糕坯。6 入烤箱以170℃烘烤20分钟，完全熟透后拿出冷却。7 把凉透的糕体置于铺有白纸的案台上，在中间切一刀，不完全切断。8 在表面抹上柠檬果膏，放上肉松装饰即可。

制作指导 ①无盐奶油煮成焦色后，要降温至40℃左右再加入面糊中拌匀。②烘烤温度取决于蛋糕内混合物的多少，混合物越多，温度则应越低。

奶油蛋糕

【材料】

蛋白 100 克，糖 85 克，香草精少许，低筋面粉 20 克，高筋面粉 20 克，杏仁粉 40 克，无盐奶油 100 克。

制作时间 Times 60分钟

做法

1 将蛋白加入糖和香草精中拌匀，打发至中性偏干起发。2 将高筋面粉和低筋面粉过筛后，加入步骤 1 的食材中拌匀。3 再加入过筛的杏仁粉拌匀。4 将无盐奶油煮成焦色并融化，再降至手温备用。5 慢慢地加入步骤 3 的食材中拌匀。6 倒入封好锡纸的模具中抹平。7 放入 180℃的烤炉中，烤约 30 分钟左右。8 取出脱模装饰即可。

制作指导 模具底部要垫上油纸，并且均匀地抹上无盐奶油，这样有利于脱模。

橙香酸奶芝士蛋糕

【材料】

A 饼底 饼干屑100克，无盐奶油50克。

B 面糊 奶油芝士250克，糖65克，玉米粉15克，全蛋1.5个，鲜橙汁30克，浓缩橙汁5克，酸奶50克，鲜橙皮半个，光亮膏适量。

制作时间
Times
75分钟

做法

1 将饼干压碎，加入融化的无盐奶油拌匀，即成饼底。2 将饼底倒入模具底部压平，放入冰箱冷冻至凝固。3 将奶油芝士加糖搅拌至糖融化，再加入玉米粉拌匀。4 将全蛋分次加入拌匀。5 将鲜橙汁、酸奶和浓缩橙汁分次加入拌匀，即成面糊。6 将面糊倒入模具内，撒入鲜橙皮于面糊表面。7 放入装水烤盘内，以200℃烤约15分钟，待表面上色再降温至150℃烤50分钟左右。8 拿出冷却，放入冰箱冻硬后取出脱模，刷上光亮膏，切成三角块，装饰即可。

制作指导 模具边要抹点无盐奶油，有利于脱模。

重芝士蛋糕条

【材料】

A 饼干底 饼干 100 克，无盐奶油 50 克。

B 乳酪馅 奶油乳酪 300 克，糖粉 60 克，黄油 20 克，淡奶油 90 克，蛋黄 100 克，低筋粉 24 克，玉米粉 6 克，君度酒 4 克。

制作时间 Times 80分钟

做法

1 将饼干压碎，加入融化的无盐奶油拌匀，即成饼干底。2 将饼干底倒入封好锡纸的模具内压平，放入冰箱冷冻凝固备用。3 将奶油乳酪加糖粉和黄油搅拌至发白蓬松。4 将蛋黄分次加入拌匀，再加入低筋粉和玉米粉拌匀。5 再加入淡奶油、君度酒拌匀。6 倒入模具内抹平。7 放入 160℃烤箱，隔水烤 60 分钟左右出炉，冷却后放入冰箱冷冻凝固备用。8 取出，脱模切成条后装饰即可。

制作指导 ①蛋白先打起粗泡，再加入糖一起打匀。②南瓜泥如果想要更细致绵密的效果，可以再用搅拌机搅拌一下，效果很不错。

南瓜芝士

【材料】

奶油芝士 250 克，蛋黄 1 个，南瓜泥 100 克，肉桂粉少许，蛋白 1 个，糖 35 克。

制作时间
Times
80分钟

做法

1 将奶油芝士搅至软化，分次加入蛋黄、南瓜泥拌匀。2 蛋白加糖充分打发至中性起发。3 将蛋白加入拌匀。4 放入肉桂粉拌匀备用。5 模具中铺上一片蛋糕片，挤入步骤 4 的食材，抹平。6 入烤箱隔水烤约 60 分钟。7 冷却后脱模，切块。8 放上马卡龙或纸牌装饰即可。

香蕉奶酪慕斯

【材料】

A 香蕉慕斯馅 香蕉60克，柠檬汁10克，淡奶油40克，蛋黄2个，牛奶25克，奶油乳酪20克，糖25克，吉利丁5克，打发淡奶油110克，白兰地3克。

B 牛奶冻 牛奶95克，糖20克，吉利丁5克。

C 其他材料 蛋糕片适量。

【做法】

①将蛋黄、牛奶和20克糖拌匀，再隔热水煮至稠。②分次加入隔热水软化的奶油乳酪中搅拌均匀。③将泡软的吉利丁片加入拌匀至融化。④将香蕉肉加入柠檬汁和5克糖拌匀。⑤用料理机碾成泥糊状。⑥将步骤3的食材加入步骤5的食材中拌匀，再加入白兰地拌匀。⑦分次加入打发淡奶油中拌匀，即成香蕉慕斯馅。⑧将馅料挤入垫有巧克力蛋糕片的模具内，至八分满抹平，放入冰箱冷冻凝固，备用。⑨将牛奶和糖加热至60℃，糖融化即离火，加入泡软的吉利丁片拌融，再冷却至36℃，备用。⑩倒入模具内抹平，放入冰箱冷冻凝固。⑪将馅料挤入模具内八分满，再放上蛋糕片，冷冻至凝固。⑫将成品切块装饰即可。

芒果巧克力慕斯

【材料】

A 巧克力慕斯 巧克力 60 克，牛奶 12 克，吉利丁 2.5 克，糖水 15 克，水少许，蛋黄 21 克，打发淡奶油 142 克，朗姆酒少许。

B 芒果慕斯 芒果果泥 50 克，糖 15 克，吉利丁 2.5 克，柠檬汁 3 克，打发淡奶油 96 克。

C 其他材料 巧克力蛋糕片、巧克力卷、巧克力纸牌各适量。

【做法】

1 将糖水加热，冲入打散的蛋黄，快速搅拌至发白浓稠。2 将巧克力和牛奶隔水加热拌至融化，趁热加入泡软的吉利丁片搅拌至融化。3 将步骤 1 的食材分次加入步骤 2 的食材中拌匀，降至手温备用。4 分次加入打发淡奶油搅拌均匀，再加入朗姆酒拌匀，隔冰水降至手温备用。5 将巧克力慕斯馅倒入垫有巧克力蛋糕片的模具内抹平，放入冰箱冷冻凝固。6 将芒果果泥和糖隔水加热，拌至糖融，加入泡软的吉利丁拌融。7 将柠檬汁加入拌匀，降至手温备用。8 分次加入打发的淡奶油拌匀，即成芒果慕斯馅。9 将芒果慕斯馅倒入模具中，抹平，放入冰箱冷冻凝固。10 冻好后取出，切块装饰即可。

金三角蛋糕

【材料】

清水150克，色拉油150克，低筋面粉200克，吉士粉50克，粟粉50克，蛋黄300克，蛋清500克，砂糖250克，塔塔粉6克，食盐3克，绿茶粉、可可粉、柠檬果膏各适量。

【做法】

1 把清水、色拉油混合拌匀。2 加入低筋面粉、吉士粉、粟粉拌至无粉粒。3 加入蛋黄拌至光亮。4 把拌好的面糊分别倒在盘子内均匀地分成3份。5 绿茶粉、可可粉分别加入两个盘子内完全拌匀，备用。6 把蛋清、砂糖、塔塔粉、食盐倒在一起，先慢后快打至鸡尾状。7 分成均匀的3份，挤入备好的3份面糊中，完全拌匀。8 分别倒入烤盘，抹至厚薄均匀。9 180℃烘烤约23分钟，完全熟透后拿出，冷却。10 把凉透的糕体分别切成同等宽长的条状。11 抹上柠檬果膏叠起。12 轻压一下，分成四方形，再分成三角形即可。

可可蛋糕卷

【材料】

全蛋 525 克，砂糖 200 克，食盐 2 克，低筋面粉 110 克，高筋面粉 75 克，奶香粉 2 克，泡打粉 2 克，蛋糕油 23 克，清水 38 克，鲜奶 38 克，色拉油 125 克，可可粉 30 克，柠檬果膏适量。

【做法】

1 把全蛋、砂糖、食盐倒在一起，以中速打至砂糖完全融化。2 加入低筋面粉、高筋面粉、奶香粉、泡打粉、可可粉、蛋糕油，先慢后快打至原体积的 3.5 倍。3 分次加入清水、鲜奶、色拉油，完全拌匀。4 面糊倒入铺纸的烤盘，抹至厚薄均匀。5 160℃烘烤 25 分钟左右。6 烤至完全熟透，拿出，冷却。7 把凉透的蛋糕放到案台上，取走粘在表面的白纸。8 表面抹上柠檬果膏，卷起，静置 30 分钟以上，分切成小卷即可。

芒果乳酪蛋糕

【材料】

蛋糕体适量，乳酪125克，糖50克，吉利丁13克，淡奶油165克，君度酒5克，芒果泥150克，糖粉、巧克力配件、水果各适量。

【做法】

1 把乳酪隔热水软化。2 把糖、部分芒果泥加热至糖完全融化，加入泡软的8克吉利丁片拌匀至部分融化。3 把步骤2的食材分次加入步骤1的食材中拌均匀，隔冰水降至手温。4 把打至六成发的淡奶油分次加入步骤3的食材中，完全拌匀后再加君度酒拌匀。5 倒入已封了保鲜膜、垫有蛋糕片的模具内一半高，抹平。6 把另一块蛋糕体放中间再倒剩余馅料至八分满，放入冰箱冻硬备用。7 把芒果泥、糖混合在一起加热至糖溶，再加入5克吉利丁搅拌至完全融化。8 把步骤6的食材从冰箱取出，淋上冷却至手温的步骤7的食材并用抹刀抹平，放入冰箱冷冻至凝固备用。9 把凝固好的成品从冰箱取出，用火枪加热模具边缘脱模。10 在脱模的蛋糕上摆上各式水果、巧克力配件，筛上少许糖粉装饰即可。

咖啡蛋糕卷

【材料】

全蛋 700 克，砂糖 350 克，低筋面粉 300 克，玉米淀粉 50 克，泡打粉 3 克，蛋糕油 30 克，咖啡粉 10 克，鲜奶 60 克，清水 60 克，色拉油 150 克，柠檬果膏适量。

【做法】

1 把全蛋、砂糖倒在一起，中速打至砂糖完全融化。2 把低筋面粉、玉米淀粉、泡打粉、蛋糕油先慢后快打至原体积的 3 倍。3 分次加入混合拌匀的咖啡粉、鲜奶、清水、色拉油，完全混合拌均匀。4 倒入铺了纸的烤盘内，抹至厚薄均匀。5 150℃烘烤约 15 分钟。6 烤至完全熟透，拿出，冷却。7 把凉透的糕体放到铺有白纸的案台上，取走粘在糕体上的白纸。8 在表面抹上柠檬果膏。9 卷起，静置 30 分钟以上。10 分切成小件。11 两头粘上融化了的巧克力。12 在表面用裱花袋挤上巧克力细线装饰即可。

法式乳酪蛋糕

【材料】

消化饼 100 克，无盐奶油 50 克，乳酪 200 克，奶油 28 克，蛋黄 35 克，糖 40 克，蛋白 75 克，果仁、果胶、巧克力花、糖粉、纸牌各适量。

【做法】

1 将模具垫上油纸，用锡纸封好底部备用。2 将消化饼擀碎，加入融化的无盐奶油拌匀备用。3 倒入模具中，压平，放入冰箱冷冻至饼干底凝固备用。4 将奶油加入软化的乳酪中拌匀。5 加入蛋黄拌匀。6 将蛋白打起粗泡，分次加入糖打至湿性发泡备用。7 加入步骤 5 的食材中搅拌均匀。8 混合物倒入模具中至八分满。9 放入烤箱，以 200℃隔水烤至上色，再调到 140℃，烤 60 分钟左右。10 蛋糕冷却后放入冰箱冷冻 2 小时后脱模，再刷上透明果胶。11 在蛋糕表面放上白巧克力花和果仁装饰。12 最后筛上糖粉，插上纸牌装饰即可。

杏仁戚风蛋糕

【材料】

清水 100 克，色拉油 85 克，低筋面粉 162 克，玉米淀粉 25 克，奶香粉 2 克，蛋黄 125 克，蛋清 325 克，塔塔粉 4 克，砂糖 188 克，杏仁片、柠檬果膏各适量。

【做法】

1 把清水、色拉油混合拌匀。2 加入低筋面粉、玉米淀粉、奶香粉拌至无粉粒。3 加入蛋黄拌成光亮的面糊备用。4 把蛋清、砂糖、塔塔粉倒在一起，先慢后快打至鸡尾状。5 分次加入步骤 3 的食材中完全拌匀。6 将拌好的面糊倒入铺有白纸的烤盘，抹至厚薄均匀。7 在表面撒上杏仁片装饰。8 以 170℃的温度烘烤。9 约烤 30 分钟，完全熟透后拿出，冷却。10 把凉透的糕体置于铺有白纸的案台上，取走粘在糕体上的白纸。11 在表面抹上柠檬果膏。12 卷起，静置 30 分钟以上，分切成小件即可。

黄金皮蛋糕

【材料】

纯蛋黄 83 克，全蛋 16 克，砂糖 13 克，低筋面粉 16 克，色拉油 10 克，香芋色香油、柠檬果膏各适量，蛋糕体 1 个。

【做法】

1 把纯蛋黄、全蛋、砂糖倒在一起，快速打至奶白色。2 加入低筋面粉搅拌至无粉粒。3 加入色拉油完全拌匀。4 取少量拌好的面糊加入少许香芋色香油，搅拌均匀，装入裱花袋备用。5 把原色面糊倒入铺了纸的烤盘，抹至厚薄均匀。6 表面挤上调了色的面糊。7 用竹签划出花纹。8 以 180℃烤约 8 分钟至金黄色，完全熟透后取出。9 把冷却的表皮放到铺有白纸的案台上，取走粘在上面的纸。10 表面抹上果膏，再放和表皮一样大的蛋糕体。11 再在糕体上抹上果膏，卷起。12 静置 30 分钟后，分切成小件即可。

甜筒蛋糕

【材料】

A 蛋糕体 清水35克，蛋黄150克，低筋面粉120克，奶香粉2克，蛋清230克，砂糖120克，塔塔粉2克，椰蓉适量。

B 卡士达馅 即溶吉士粉50克，鲜奶150克。

C 其他配料 柠檬果膏适量。

【做法】

1 把清水、蛋黄混合拌匀。2 加入低筋面粉、奶香粉拌至无粉粒。3 把蛋清、塔塔粉、砂糖拌在一起，打至鸡尾状。4 分次加入步骤2的食材中，完全拌匀。5 装入裱花袋，挤在铺有高温布的钢丝网上，挤成由宽到窄的三角形状。6 在表面撒上椰蓉。7 入炉以170℃烘烤约20分钟，完全熟透后，取出冷却。8 把冷却的糕体置于案台上。9 抹上柠檬果膏，卷成圆锥形，结口朝下。10 把馅料部分的鲜奶加入即溶吉士粉中，拌匀至无粉粒。11 装入裱花袋，挤入卷好的糕体内，十分满即可。

乳香曲奇饼

【材料】

奶油63克，糖粉50克，液态酥油63克，清水40克，食盐2.5克，鸡精2.5克，五香粉2克，南乳2.5克，中筋面粉180克。

【做法】

1 把奶油、糖粉混合，先慢后快，打至奶白色。2 分次加入液态酥油、清水搅拌均匀。3 加入食盐、鸡精、五香粉、南乳，拌透。4 加入中筋面粉拌至无粉粒。5 装入有大牙嘴的裱花袋，挤入烤盘内，大小均匀。6 以150℃的温度烘烤约25分钟，完全熟透，取出冷却。

蛋黄莲蓉酥

【材料】

油酥皮 80 克，咸蛋黄 4 个，莲蓉 40 克，蛋液 15 克。

【做法】

1 莲蓉搓成条状，切成 10 克 / 个的小剂子。2 将莲蓉按扁，包入咸蛋黄。3 取一张油酥皮，放入莲蓉馅包起，捏紧剂口。4 刷上一层蛋液。5 放入烤箱中，上火 180℃、下火 170℃烤 25 分钟左右。6 取出摆盘即可。

炸苹果酥

【材料】

A 水皮 面粉 400 克，猪油 40 克，砂糖 20 克，鸡蛋 1 个，水 200 克。

B 油心 牛油 100 克，猪油 100 克，面粉 400 克。

C 苹果馅 苹果丁 150 克，砂糖 25 克，玉米淀粉 30 克，清水 20 克。

【做法】

1 油心部分混合拌匀，用保鲜膜包好备用。2 水皮部分猪油、砂糖、鸡蛋、清水混合搓至糖融化。3 将面粉拌入，搓透至面团纯滑。4 用保鲜膜包起松弛 30 分钟。5 将水皮压薄，包入油心。6 擀薄成长条形，两头对折三叠，重复三次。7 最后擀薄、卷起成长条形状，放入冰箱冷冻成酥条。8 将酥条切成薄片，然后压成薄圆片备用。9 馅料部分加热煮熟，用清水与玉米淀粉勾芡即成馅料。10 用酥皮包入馅料，口收紧成形，以上火 180℃、下火 140℃烘烤熟透后取出凉透即可。

千层莲蓉酥

【材料】

A 水皮　面粉 500 克，鸡蛋 1 个，糖 50 克，猪油 25 克，水 150 克。

B 油心　牛油 300 克，猪油 500 克，面粉 400 克。

C 馅　莲蓉适量。

【做法】

①油心部分混合，拌匀搓透备用。②水皮部分面粉开窝，加入其余各料，拌匀后与面粉搓至顺滑。③用保鲜膜包好，松弛半小时。④将水皮擀开，包入油酥，擀成长方形。⑤两头向中间折起成三叠，继续擀开折叠，反复三次。⑥静置 1 小时后，用擀面杖将皮擀薄。⑦用切模压出酥坯，放入莲蓉馅，包起成型。⑧将酥饼坯放入烤盘，扫蛋液。⑨上火 180℃、下火 140℃烘烤至金黄色熟透后，取出即可。

金盖酥

【材料】

A 水皮 面粉500克，鸡蛋1个，糖50克，猪油25克，水150克。

B 油心 牛油300克，猪油、面粉各400克。

C 馅 莲蓉适量。

【做法】

1 油心部分材料混合搓匀，搓至面团纯滑备用。2 水皮部分面粉开窝，中间加入糖、猪油、清水搓至糖融化。3 将面粉拌入搓至纯滑面团。4 用保鲜膜包起松弛约30分钟。5 将面团擀薄包入油心。6 用擀面杖擀压成长条形，然后两头对叠折起三折，重复擀开叠起，共折三次。7 酥皮松弛后擀4毫米薄厚，用切模轧成酥坯皮。8 将坯皮放入烤盘，扫上蛋液，中间放入馅料。9 切好酥脆条，包入馅料，扫上蛋液入烤箱，上火180℃、下火140℃烘烤至金黄即可。

第三章

烧烤

烤红酒五花肉

【原料】泡菜 100 克，猪五花肉 600 克，青葱 10 根，红辣椒 2 个。

【调料】红酒、芝麻叶末、罗勒粉、蒜泥各适量。

【做法】

1 用刀将泡菜的根部切除后，放入冷水中浸泡 2 次，然后捞出泡菜，将水分充分沥干。2 将泡菜撕成细条，摆入盘中；将青葱切成段，再将红辣椒也切段。碗中倒入红酒、芝麻叶末、罗勒粉、蒜泥制成红酒酱，淋在猪五花肉上。3 五花肉放入烤箱。4 烤熟后切成片，将青葱、红辣椒用泡菜条捆好，一起摆在盘子上。

盐烤猪蹄髈

【原料】猪蹄髈 1000 克，苹果 4 个，土豆 1 个，胡萝卜 1 根，大蒜 1 头，新鲜迷迭香段少许。

【调料】盐、料酒、橄榄油各适量。

【做法】

1 将猪蹄髈洗净，并用白线将猪蹄髈交错捆绑，抹上盐，淋入料酒，腌渍 1 小时。2 将土豆、胡萝卜分别去皮，洗净，再切成条；苹果、大蒜分别洗净，备用。3 在烤盘上铺一层锡箔纸，并刷上适量的橄榄油，放入土豆条、胡萝卜条、大蒜、苹果及腌渍好的猪蹄髈。4 将烤盘放入烤箱中，以 200℃的温度烤 25 分钟，至猪蹄髈熟透。5 将烤好的猪蹄髈、土豆条、胡萝卜条、大蒜、苹果放入盘，撒上迷迭香段即可。

培根串金针菇

【原料】培根 4 片，金针菇 100 克，青菜叶、青柠片各少许。

【调料】茴香碎 5 克，酱汁 8 毫升，盐、橄榄油各适量。

【做法】

1 金针菇去根，用培根片包起，刷橄榄油、酱汁，撒盐和茴香碎，腌渍后穿串放入锡盒，再入烤箱，以 180℃的温度烤 10 分钟，放入盘中。2 再摆上青菜叶和青柠片即可。

辣椒烤牛肉串

【原料】牛肉（烤肉片）600克。

【调料】松子粉、青辣椒、葱花、酱油、砂糖、水梨汁、清酒、蒜泥、生姜粉、香油、盐、胡椒粉各适量。

【做法】

1 将肉槌清洗干净，将牛肉轻轻地敲薄，使其肉质更加柔嫩。2 将青辣椒清洗干净，再将辣椒的头部切除。3 将各种调味料一起放入碗中，然后将处理好的牛肉和青辣椒放入调味料中，腌渍一会儿。4 用竹签将腌制好的牛肉和青辣椒穿成串煎烤，烤好后摆在盘中，撒上少许松子粉和葱花装饰即可。

串烧彩椒牛柳

【原料】牛柳 250 克，青柿子椒、红柿子椒、黄柿子椒各半个，洋葱半个。

【调料】蒙特利调料粉 10 克，孜然粉、烧烤汁、鸡粉、食用油各适量。

【做法】

1 牛肉切块，加调料（除食用油外）腌渍；各种柿子椒、洋葱都切成小块备用。2 用烧烤针先将洋葱串起来，再将牛肉与辣椒交错着穿起来。3 在烧烤架上刷少量的食用油，将烤串放到烤架上，烤大约 3 分钟。4 将烤串翻转一面，刷少量食用油，用中火烤 3 分钟，再逆时针转一下，刷少量食用油继续烤至七分热。5 将生菜摆在盘上，摆上烤好的烤串。

红酒牛肉卷

【原料】牛里脊1000克，蒜末、葱花、新鲜迷迭香各少许。

【调料】烤肉酱30克，黑胡椒粉10克，红酒25毫升，盐、橄榄油各适量。

【做法】

①牛里脊用刀背敲松，加烤肉酱、黑胡椒粉、盐，淋入红酒、橄榄油，腌渍。②用白线将腌渍好的牛里脊交错捆绑，静置10分钟。③在烤盘上铺锡箔纸，刷上橄榄油，放入牛肉卷，在牛肉卷上再刷上烤肉酱，撒上黑胡椒粉、蒜末。④烤盘入烤箱，以220℃烤至八成熟。⑤将烤好的牛肉卷放入盘中，摆上迷迭香，撒上葱花即可。

烤牛肉酿香菇

【原料】牛肉末 50 克，洋葱末、胡萝卜末、西芹末各 20 克，香菇 100 克。

【调料】生抽 5 毫升，生粉 3 克，盐 3 克，鸡粉少许，黑胡椒碎适量，橄榄油 8 毫升，烧烤粉 3 克。

【做法】

1 牛肉加生抽、胡萝卜末、洋葱末、西芹末，搅匀。2 加入调料（除烧烤粉），腌渍 10 分钟至其入味。3 香菇加盐、橄榄油、烧烤粉，拌匀腌渍 5 分钟。4 将腌好的香菇放入铺有锡纸的烤盘，再放上牛肉馅。5 将烤箱温度调成上火 230℃、下火 230℃，放入烤盘，烤 10 分钟至熟。6 从烤箱中取出烤盘，将烤好的牛肉香菇装入盘中即可食用。

香草烧羊排

【原料】 羊排 3 根。

【调料】 蒙特利调料粉 10 克，黑胡椒碎、生抽、食用油各适量，迷迭香 20 克，蒜蓉适量。

【做法】

1 洗好的羊排切成三块，剔除大骨头。2 用刀背敲打羊排，剔除羊皮，加一勺食用油。3 羊排上加入调料粉、迷迭香、蒜蓉、黑胡椒碎、生抽，腌渍 30 分钟使其入味。4 将腌渍好的羊排放在烤架上，先将一面烤至变色，翻面，继续烤至呈现金黄色。5 在羊排上刷少许食用油，烤大约 5 分钟至熟，再将羊排翻面，烤大约 2 分钟。6 将烤好的羊排装入盘中。

串烧麻辣鸡块

【原料】鸡腿2个，圆椒30克，彩椒150克，洋葱70克。

【调料】盐、花椒粉、辣椒粉、孜然粉、食用油、烧烤汁、酱油、辣椒油、鸡精各适量。

【做法】

1 将鸡腿剔去骨头，切成2厘米大小的块，加入鸡精、盐、孜然粉、花椒粉、辣椒粉。2 淋入酱油、食用油、辣椒油，搅拌均匀，腌渍15分钟。3 彩椒、圆椒、洋葱切块与鸡腿肉串在烧烤针上。4 烤架刷上食用油，放上串烧，稍烤，在串烧上刷上食用油，每烤3分钟换一面继续烤。5 撒上花椒粉在串烧上，再取孜然粉，撒在串烧上。6 将烧烤汁、食用油刷在串烧上，稍烤，装入盘中即可。

烤羊肉串

【原料】切好的羊肉丁500克。

【调料】孜然粒5克，辣椒粉10克，烧烤粉5克，盐3克，辣椒油5克、香麻油8毫升，生抽5毫升，孜然粉适量。

【做法】

1 将盐、烧烤粉、辣椒粉、孜然粉、香麻油、生抽、辣椒油依次加入羊肉丁中，搅拌均匀，腌1小时。2 将腌好的羊肉丁以肥瘦相间的方式串到烧烤针上。3 在烧烤架上刷上香麻油，放上羊肉串，用大火烤2分钟至上色；将羊肉串翻面，撒入适量的孜然粒、辣椒粉，用大火烤2分钟至上色。4 边转动羊肉串边撒入适量的孜然粉、辣椒粉，将烤好的羊肉串装入盘中即可。

蜜汁烧鸡全腿

【原料】鸡腿2个。

【调料】烧烤汁5毫升，花生酱、芝麻酱各5克，盐3克，生抽适量，蜂蜜20克，食用油10毫升。

【做法】

1 将鸡腿装入碗中，放入盐、蜂蜜、烧烤汁、花生酱。2 再加芝麻酱、生抽、食用油，抹匀，腌渍约1小时。3 在烧烤架上放上腌好的鸡腿，烤8分钟至其呈微黄色，将鸡腿翻面，刷上适量蜂蜜。4 再刷烧烤汁，烤8分钟，将鸡腿翻面，刷上蜂蜜，再刷烧烤汁，用小火烤3分钟。5 在鸡腿上划口，刷蜂蜜、烧烤汁，继续烤3分钟。6 将鸡腿翻面，刷上蜂蜜与烧烤汁，至烤熟，装盘即可。

烤香辣鸡中翅

【原料】洗净的鸡中翅 250 克。

【调料】孜然粉 5 克，盐 2 克，鸡粉、烧烤粉、花生酱、芝麻酱各 3 克，食用油 10 毫升，烧烤汁 5 毫升，辣椒粉、白芝麻各适量，生菜、甜辣酱适量。

【做法】

1 取适量调料倒入鸡中翅中，用手拌匀，腌 40 分钟。2 烧烤架刷上食用油，放上鸡中翅，烤 5 分钟，翻面，刷上食用油，续烤 5 分钟，再刷上适量的烧烤汁。3 撒入孜然粉、烧烤粉、辣椒粉，翻面，烤 1 分钟，再刷上适量的烧烤汁、食用油、孜然粉、烧烤粉、辣椒粉，稍烤一会儿翻面，撒上白芝麻。4 将烤好的鸡中翅装盘，另取一盘，铺上洗净的生菜，放上甜辣酱，再放上鸡中翅即可。

烤三文鱼配时蔬

【原料】三文鱼200克，胡萝卜80克，西蓝花80克，迷迭香适量。

【调料】盐3克，黑胡椒粉5克，橄榄油15毫升。

【做法】

①胡萝卜洗净去皮，切成圆形；西蓝花洗净，切成小朵。②三文鱼放入碗中，加盐、黑胡椒粉、橄榄油、迷迭香腌渍入味。③锅中加入橄榄油，烧热，放入胡萝卜和西蓝花，加入少许盐，煎至上色，关火取出，装入盘中。④烤箱预热至180℃，将腌渍好的三文鱼放入烤箱，烤6分钟至熟。⑤将三文鱼取出，放在煎好的蔬菜上即可食用。

香烤鲑鱼排佐奇异果酱汁

【原料】 鲑鱼 300 克。

【调料】 罗勒粉 5 克，烧盐（烘焙过的精盐）、黑胡椒盐、橄榄油各适量。奇异果酱汁：黄金奇异果、绿色奇异果、洋葱、醋、橄榄油各适量。

【做法】

1 将鲑鱼撒上适量的罗勒粉、烧盐和黑胡椒盐，摆放在室温中腌渍约 20 分钟，至食材入味。2 将黄金奇异果和绿色奇异果分别去皮，然后切成大小约 0.5 厘米左右的果粒。3 将奇异果粒与其他调制奇异果酱汁的材料搅拌均匀后，放入冰箱冷藏一会儿。4 在鲑鱼排上涂上少许的橄榄油后，烤熟装盘，再淋上奇异果酱汁即可。

香辣马面鱼

【原料】去皮洗净的马面鱼 1 条。

【调料】香麻油 10 毫升，辣椒油 8 毫升，芝麻酱 5 克，海鲜酱 5 克，辣椒粉 5 克，烧烤粉 5 克，盐 3 克，生抽 5 毫升，孜然粉适量。

【做法】

1 马面鱼的两面切一字刀，在鱼身撒上盐，并抹匀。2 鱼身放入辣椒粉、孜然粉、生抽、海鲜酱、芝麻酱、香麻油、辣椒油，腌渍 1 小时。3 用竹签穿过鱼身，固定。4 在烧烤架上刷上香麻油，将腌渍好的鱼放在烤架上，用小火烤 8 分钟至变色。5 在鱼身上刷上香麻油，翻面，再刷香麻油，烤至变色。6 再翻面，刷上香麻油，撒上辣椒粉、孜然粉，烤熟，去鱼刺，装盘。

烤乳酪鲭鱼

【原料】 鲭鱼250克，洋葱60克，乳酪块30克，高汤、青椒各适量。

【调料】 盐2克，大蒜5克，番茄酱、胡椒粉各适量。

【做法】

1 鲭鱼洗净，切成四块，用盐、胡椒粉调好味。2 将调好味的鲭鱼腌渍。3 洋葱、大蒜均洗净，切末，入锅炒片刻后，再放入番茄酱稍翻炒，倒入高汤、盐、胡椒粉做成酱汁。4 青椒去籽，洗净，切圈；乳酪切末，备用。5 腌好的鲭鱼入锅煎黄。6 把酱汁涂抹在鲭鱼上，并放上青椒圈和乳酪末，用微波炉烤至乳酪融化，熟后取出即可。

烤黑胡椒鲔鱼

【原料】冷冻鲔鱼 600 克，豆芽 50 克。

【调料】嫩生姜 30 克，沙拉用蔬菜（菊苣、生菜叶等）100 克，意大利综合香料、盐、黑胡椒、橄榄油各适量。

【做法】

1 将冷冻鲔鱼块解冻、洗净，放入烤盘，撒上适量的盐，再将处理好的鲔鱼块的表面蘸满黑胡椒、盐。2 将豆芽洗净；将嫩生姜切丝；将菊苣叶放在碗中以冷水浸泡。3 在烤盘上先抹橄榄油，放上鲔鱼块，放入烤箱以 170℃烘烤约 8 分钟。4 取出鲔鱼，切片装盘，在鲔鱼片上摆放菊苣、生菜叶子，再撒上意大利综合香料。

串烤鲜虾

【原料】大虾250克。

【调料】地瓜粉20克，烧盐3克，碎罗勒、葡萄籽油、清酒各适量。

【做法】

1 大虾去头，挑去沙线，在盐水中浸泡一会儿，再将大虾捞起来，并将水分充分沥干。2 将大虾放在盘中，放入适量的清酒和烧盐，拌匀后，用竹签将鲜虾一一串起来，备用。3 将大虾蘸上地瓜粉后，锅中放入适量的葡萄籽油，将大虾放入160℃的油锅中炸至金黄。4 在炸好的虾上撒上碎罗勒即可。

烤新西兰牡蛎

【原料】牡蛎 350 克，柠檬片少许。

【调料】盐、番茄酱、辣椒粉、辣椒酱各适量。

【做法】

①往锅中倒入适量清水烧开，将开水倒入容器中，加入适量盐后搅拌。②将牡蛎洗净切开，放入盐开水中浸泡 15 分钟，取出后放入烤盘中。③将适量番茄酱、辣椒粉、辣椒酱一一倒入碗中，慢慢调匀，制成料汁，备用。④将洗净切好的柠檬片用手挤出汁水，然后滴在牡蛎上，再淋上料汁，将烤盘放入烤箱，以 200℃烤约 8 分钟至熟即可。

香烤土豆

【原料】土豆 250 克。

【调料】罗勒、意大利综合香料各 5 克，迷迭香 3 克，精盐、黑胡椒、葡萄籽油、水各适量。

【做法】

1 将土豆用清水洗净后，切块。2 在锅里放入适量的清水，用大火煮沸，放入切好的土豆块，用中火煮至土豆块熟透。3 将煮熟的土豆块装入备好的盘中，撒上罗勒、意大利综合香料、迷迭香、精盐、黑胡椒、葡萄籽油，搅拌均匀，静置约 20 分钟让土豆块入味。4 将步骤 3 的土豆块放入烤箱内以 160℃烤约 20 分钟即可。

意式烤面包

【原料】法国面包（20厘米长度）1根，薄荷叶、青椒、红色甜椒、黄色甜椒、洋葱各适量。

【调料】香菜粉、橄榄油、柠檬、盐、白胡椒粉各适量，奶油20克，碎大蒜5克。

【做法】

①法国面包切片，再将奶油、大蒜和香菜粉搅拌均匀，制作成香蒜奶油。②将切好的法国面包涂上香蒜奶油后，放入烤箱以190℃烘烤约5～8分钟。③将青椒、红色甜椒、黄色甜椒、洋葱均洗净切丁，用冷水浸泡后将水分沥干。④将所有蔬菜放入碗内，倒入所有调料拌匀，制成佐料后，放在法国面包上，用薄荷叶装饰即可。

第四章 川菜

夫妻肺片

【原料】牛肉100克，牛百叶、牛舌、牛心各100克，白芝麻30克，盐炒花生仁50克。

【调料】辣椒油10克，花椒粉5克，盐5克，味精3克，酱油8克，料酒10克，香油5克，大料10克，香葱30克。

【做法】

1 香葱洗净，切粒；白芝麻炒香。2 盐炒花生仁研成颗粒状。3 牛肉、牛百叶、牛舌、牛心处理干净，放入沸水锅中，加入大料、料酒，煮熟后捞起，沥干水分，放凉备用。4 将晾好的主料均切成长约6厘米、宽约3厘米的薄片，装入盘内。5 将盐炒花生仁颗粒、白芝麻装在碗中，加入辣椒油、味精、盐、酱油、花椒粉、香油调成麻辣料汁。6 将料汁淋在主料拼盘上，撒上香葱粒即成。

口水鸡

【原料】鸡肉 500 克。

【调料】植物油 30 克，花椒、盐各 3 克，水淀粉、料酒、酱油、豆瓣酱、姜片、白芝麻各 10 克，葱花、蒜末各 10 克。

【做法】

1 鸡肉处理干净，斩成条，加盐、水淀粉拌匀，腌渍备用。2 锅置火上，下白芝麻炒香备用。3 锅中烧水，放入鸡肉、姜片，煮至鸡肉断生后捞出，晾凉后摆盘。4 净锅置火上，入油烧热，放入花椒、姜、蒜爆香。5 再调入料酒、酱油、豆瓣酱炒匀，即成料汁。6 将料汁淋在盘中的鸡肉上，撒上葱花、白芝麻即可。

泡椒凤爪

【原料】鸡爪 500 克。

【调料】盐、鸡精各 3 克，料酒、白醋各 10 克，红椒 50 克，野山椒 100 克，生姜 20 克，香葱 30 克。

【做法】

1 鸡爪洗净，剪掉趾甲。2 生姜洗净，切片；香葱切段。3 锅置火上，将鸡爪入沸水中汆烫至断生后捞出。4 用清水冲洗掉鸡爪表面的油腻。5 将红椒、野山椒、盐、鸡精、白醋、料酒和姜片加入适量凉开水调成泡汁。6 将鸡爪放入泡汁中浸泡 2 天，取出装盘即可。

川味香肠

【原料】猪肉 500 克，猪小肠 1 根。

【调料】盐 3 克，味精 1 克，白糖 10 克，醋、白酒各 3 克，花椒粉、海椒粉各 5 克。

【做法】

1 猪肉处理干净，切碎装盘备用；猪小肠洗净，翻面备用。2 猪肉加盐、白糖、味精、花椒粉、海椒粉、白酒搅拌均匀，腌渍 20 分钟成馅料。3 将肠子的一头用棉绳扎好，另一头套入竹筒。4 在肠子内灌入馅料，直至灌饱满。5 将另一头扎好。6 用针在肠面扎孔，排除空气和水分，防止胀破肠衣。7 将制好的香肠挂起风干 6 天。最后将风干的香肠烟熏 10 分钟，食用时煮熟，切片装盘即可。

宫保鸡丁

【原料】鸡脯肉 350 克，炸花生米 150 克。

【调料】植物油 30 克，干辣椒、葱段、姜各 50 克，水淀粉 15 克，醋、鸡精、盐、白糖、酱油、料酒各 5 克，鸡汤 100 毫升。

【做法】

1 鸡脯肉洗净，切成 2 厘米见方的丁。2 鸡丁加盐、料酒腌制入味，用水淀粉上浆。3 锅置火上，入油烧热，下鸡丁滑熟，捞出沥油。4 净锅置火上，入油烧热，下干辣椒、葱段、姜爆香。5 倒入鸡汤，加盐、醋、鸡精、白糖、酱油、料酒调味，下鸡丁炒匀。6 加淀粉勾芡，加花生米稍炒后，起锅装盘即可。

回锅肉

【原料】连皮猪后腿肉300克，蒜苗50克，洋葱50克，红椒50克。

【调料】植物油30克，老姜、郫县豆瓣、永川豆豉各10克，酱油、白糖各5克，盐、味精各3克，甜酱15克。

【做法】

1 猪肉处理干净，放入冷水锅中，加入洗净拍松的老姜，置火上煮开，待肉煮至八九分熟时捞出，肉汤留用。2 煮好的猪肉晾凉后切成片。3 郫县豆瓣剁细，蒜苗洗净切成段，洋葱、红椒切成块。4 锅置火上，入油烧热，下肉片炒至吐油呈“灯盏窝”。5 锅内加盐、甜酱、豆瓣酱翻炒至上色，再加豆豉、酱油、白糖继续翻炒。6 最后放入洋葱、蒜苗、红椒炒至断生，调入味精炒匀，起锅即成。

鱼香肉丝

【原料】猪瘦肉200克，水发木耳、水发玉兰片各50克。

【调料】姜末、蒜末、泡红辣椒各30克，盐、白醋、味精各3克，白糖、酱油各5克，植物油30克，水淀粉10克，料酒15克，鲜汤300毫升。

【做法】

1 猪肉洗净，切成均匀的粗丝；泡红辣椒剁成细末备用。2 把猪肉丝放入碗中，加料酒、盐、水淀粉拌匀。3 水发木耳、水发玉兰片切成细丝。4 将白糖、白醋、酱油、水淀粉、鲜汤、味精兑成芡汁。5 锅置火上，入油烧热，放入肉丝快速炒散。6 立即下泡红辣椒、姜末、蒜末炒香，起锅装盘即可。

四川腊肉

【原料】腊肉 300 克。

【调料】植物油 30 克，盐 1 克，蒜苗 50 克，青椒、黄椒、红椒各 50 克，干辣椒 30 克。

【做法】

1 腊肉洗净，汆水。2 将腊肉捞出，控水，切薄片。3 青椒、黄椒、红椒洗净，切块；干辣椒洗净；蒜苗洗净切段。4 锅置火上，入油烧热，放入干辣椒爆香。5 放入腊肉大火爆炒至变色。6 放入蒜苗、青椒、红椒、黄椒，炒至断生，最后调入盐，炒熟即可。

麻婆豆腐

【原料】牛肉 200 克，豆腐 400 克，青蒜苗 100 克。

【调料】植物油 30 克，酱油、豆豉各 10 克，盐、味精、辣椒粉、花椒粉各 5 克，水淀粉 15 克，肉汤 300 毫升。

【做法】

1 牛肉处理干净，切成末；蒜苗切丁备用。2 豆腐切成小方块，入沸盐水中汆烫后捞出，沥干水分。3 锅置火上，入油，小火烧热，加入牛肉末炒至黄色。4 下盐、豆豉炒匀，再放辣椒粉炒出辣味。5 锅中续加肉汤，放入豆腐炖 3~4 分钟，加酱油、味精调味。6 下淀粉勾芡，翻炒几下，盛入碗中，撒上花椒粉、蒜苗丁即成。

烧椒皮蛋豆花

【原料】皮蛋 3 个，豆花 80 克。

【调料】植物油 30 克，盐 3 克，酱油、熟芝麻、葱花各 5 克，青椒、红椒各 50 克。

【做法】

1 皮蛋去壳，切块，摆入盘中；青、红椒均洗净，斜切成片。2 豆花用勺子舀入皮蛋上。3 锅置火上，入油烧热，入青、红椒炒香，加盐、酱油和适量清水烧开。4 出锅淋在皮蛋豆花上，撒上葱花、熟芝麻即可。

蒜泥白肉

【原料】连皮猪后腿肉 400 克。

【调料】盐 3 克，味精 2 克，红油、酱油、白糖、香油各 5 克，大蒜 30 克，冷汤适量。

【做法】

① 连皮猪后腿肉处理干净，入冷水锅中煮熟后捞起。② 将煮熟的猪后腿肉趁热切成薄片，摆放于圆盘中。③ 将大蒜捣成蒜蓉。④ 蒜蓉内加香油、盐、冷汤，调制成糊。⑤ 在蒜蓉内加入红油、酱油、白糖、味精搅匀，兑成料汁。⑥ 将兑好的料汁淋在盘中即可。

毛血旺

【原料】鸭血 500 克，鳝鱼 100 克，火腿肠片 150 克，黄豆芽 150 克，熟肥肠 100 克，毛肚 200 克。

【调料】葱花、蒜片、姜片、干红辣椒各 50 克，郫县豆瓣酱 15 克，糖、盐各 10 克，花椒、鸡精、白醋各 5 克，料酒 20 克，植物油 500 克（实用 100 克），骨头汤 300 毫升。

【做法】

1 将鸭血、鳝鱼、黄豆芽、熟肥肠和毛肚洗净，鸭血、熟肥肠切片，鳝鱼切段，毛肚切丝。2 将处理干净的鸭血、鳝鱼、黄豆芽、毛肚焯水，除去血沫和杂质。3 锅置火上，入油烧热，放入干辣椒、郫县豆瓣酱、姜片、蒜片，煸炒至出香味。4 待油呈红色时捞出渣滓。5 锅内倒入骨头汤，煮沸制成红汤备用。6 焯水的原料连同火腿肠、熟肥肠一起放入制好的红汤内。7 加入盐、鸡精、白糖、料酒、白醋调味，大火将红汤烧开。8 待原料熟透后装入盛器中，撒上葱花。9 另起锅置火上，入油烧热，放入花椒、辣椒，炝出香味。10 最后将油迅速浇在食材上即可。

水煮牛肉

【原料】牛肉 400 克，芹菜 100 克，蒜苗 100 克，豌豆尖 50 克。

【调料】姜片、蒜末、葱花各 50 克，味精 3 克，胡椒粉、豆瓣酱、辣椒粉、料酒各 15 克，酱油 10 克，花椒粉、盐各 5 克，高汤 300 毫升，色拉油 30 克，水淀粉 10 克。

【做法】

1 牛肉洗净切片。2 用盐、料酒、酱油、水淀粉码味上浆。3 蒜苗、芹菜分别洗净，切段。4 锅置火上，入油烧热，放入豆瓣酱、豌豆尖、芹菜、蒜苗、姜片炒香。5 锅中倒入高汤烧沸。6 煮至芹菜断生后用漏勺捞起，放在大碗中垫底。7 锅内倒入牛肉片煮熟，勾芡收汁。8 起锅盛在碗中，撒上花椒粉、辣椒粉、胡椒粉、味精、葱花、蒜末，淋上七成热的油即可。

水煮鱼

【原料】草鱼1尾（约900克），豆芽150克。

【调料】料酒15克，盐、味精各3克，干辣椒50克，白芝麻、辣椒粉、五香粉、胡椒粉各10克，淀粉200克，辣椒油20克，植物油30克，草果、砂仁各15克。

【做法】

1 草鱼处理干净，取鱼肉切成薄片，头和骨头剁成块。2 将草鱼肉加辣椒粉、五香粉、胡椒粉、盐、味精、料酒腌渍入味，加淀粉拌匀。3 黄豆芽炒熟，放入食器中铺底。4 鱼头和骨拍碎，入热油中炸透。5 将鱼头和鱼骨放在熟豆芽上面。6 将鱼片入热油中滑熟，倒在鱼头和骨上。7 辣椒油烧热，放入干辣椒、白芝麻、草果、砂仁炸香。8 把热油倒在鱼片上即可。

干锅肥肠

【原料】肥肠 400 克，干辣椒适量。

【调料】植物油 30 克，香油、盐、鸡精各 3 克，青椒、红椒各 50 克，辣椒油、葱、大蒜各 30 克，高汤 300 毫升。

【做法】

1 肥肠处理干净，切圈。2 将青、红椒去蒂，洗净切片；蒜去皮；葱洗净切段；干辣椒洗净切段。3 锅置火上，入油烧热，下肥肠过油备用。4 另起锅，入油烧热，放入干辣椒、蒜炒香。5 放入肥肠炒至八成熟。6 下青、红辣椒，翻炒至熟。7 调入盐、鸡精、高汤、香油、辣椒油，加入葱段。8 将所有材料炒匀入味，起锅装盘即可。

辣卤鸭翅

【原料】鸭翅 400 克。

【调料】盐 4 克，生姜 15 克，鸡精 3 克，料酒 10 克，冰糖、大料、桂皮、丁香、花椒、砂仁各 5 克。

【做法】

1 鸭翅处理干净，加盐、花椒、料酒腌渍。2 腌好的鸭翅入沸水中焯至八成熟捞起，沥干水分。3 生姜拍碎待用，将大料、桂皮、丁香、花椒、砂仁、冰糖等香料用纱布包好，做成香料包。4 锅置火上，注水适量，再加香料包和各种调料，烧开撇去浮沫。5 下入鸭翅卤熟，捞出装盘即可。

香炒鸭胗

【原料】鸭胗 300 克。

【调料】植物油 30 克，盐 3 克，酱油、料酒各 15 克，味精 3 克，姜 5 克。

【做法】

1 鸭胗洗净，切块，用料酒、酱油、盐腌渍备用。2 姜去皮后洗净，切片。3 锅置火上，入油烧热，放入鸭胗、姜块迅速翻炒至熟，调入酱油、味精、盐炒匀即可。

合川肉片

【原料】猪肉 250 克，水发木耳 75 克，玉兰片 30 克。

【调料】猪油 30 克，盐 5 克，味精 3 克，葱、姜、蒜末各 50 克，料酒 10 克，辣豆瓣酱 5 克，清汤 200 克，水淀粉 15 克，老醋 3 克，蛋糊、白糖、酱油各 5 克。

【做法】

1 猪肉切厚片，调入盐、料酒、蛋糊抓匀。2 木耳撕成小朵，玉兰片洗净。3 将老醋、清汤、白糖、酱油、水淀粉、味精一同入碗调匀备用。4 锅置火上，入油烧热，下肉片煎至两面呈金黄色时盛出备用。5 锅重新上火，下豆瓣酱、葱姜蒜末炒香。6 下木耳、玉兰片、猪肉，烹入调好的汁，迅速炒匀后盛出装盘即可。

萝卜干腊肉

【原料】腊肉150克，萝卜干80克。

【调料】植物油30克，盐、味精各3克，酱油5克，红椒、蒜苗各50克。

【做法】

1 先将萝卜干用水泡半个小时，然后洗净，切条。2 腊肉用温水浸泡后洗净，切片。3 红椒、蒜苗均洗净，切段。4 锅置火上，放少许油烧热，将切好的萝卜干放入锅里炒干水分后盛出。5 油锅烧热，入腊肉煸炒至出油，加入萝卜干、红椒、蒜苗同炒片刻。6 调入盐、味精、酱油炒匀即可。

干豆角烧排骨

【原料】排骨 400 克，干豆角 100 克。

【调料】植物油 30 克，盐 3 克，酱油、蚝油、辣椒油、花椒粉、辣椒酱各 5 克，料酒 10 克。

【做法】

1 干豆角泡发洗净。2 排骨洗净，切长块。3 将切好的排骨加盐、料酒、酱油腌渍。4 将腌好的排骨用干豆角捆好。5 锅置火上，入油烧热，下入捆好的排骨。6 待排骨炸至金黄色时，捞出沥油，摆入盘中。7 再热油锅，入辣椒酱炒香，调入盐、花椒粉、料酒、蚝油、辣椒油拌匀。8 将炒好的料汁淋在排骨上即可。

青椒大片肉

【原料】带皮猪腿肉 200 克，青椒 20 克。

【调料】植物油 30 克，盐 4 克，辣豆瓣酱 20 克，酱油、料酒各 10 克。

【做法】

1 猪肉洗净，切成厚薄均匀的肉片；青椒洗净，切成块状。2 炒锅烧热，加入切好的肉片，炒至出油，加盐，再拌炒均匀。3 入辣豆瓣酱、料酒、酱油炒匀，最后放入青椒炒熟，起锅装盘即可。

川味辣香丁

【原料】腰果 200 克，青椒、红椒各 20 克。

【调料】植物油 30 克，干辣椒 20 克，盐 3 克，姜、蒜各 5 克，鸡精 2 克，淀粉 10 克。

【做法】

1 腰果洗净备用；干辣椒洗净，切成段；青椒、红椒均去蒂洗净，切成片；姜、蒜均去皮洗净，切成末。2 锅置火上，入油烧热，下姜、蒜、干辣椒爆香，放入腰果、青椒、红椒一起翻炒。3 调入盐、鸡精炒匀，起锅前用淀粉勾芡装盘即可。

香干焖回锅肉

【原料】豆腐干300克，五花肉300克。

【调料】植物油30克，葱白30克，红椒30克，盐3克，酱油8克，糖5克，味精3克。

【做法】

①豆腐干洗净，切片；葱白洗净，切斜段；红椒洗净，切斜片。②五花肉洗净后，下入锅中煮至五成熟，捞出，切成片。③锅置火上，入油烧至五成热，放入五花肉片，煸炒至出油。④加入豆腐干、红椒大火翻炒，加入调味料，焖煮收汁即可。

酸菜小竹笋

【原料】酸菜200克，罗汉笋250克，肉末50克，干辣椒节10克。

【调料】植物油30克，盐8克，味精4克，糖、老抽各6克，姜末、蒜末各20克。

【做法】

1 酸菜洗净切碎，挤去水分备用。2 罗汉笋洗净切丁，焯水备用。3 锅留底油，下入肉末、干辣椒节、姜末和蒜末炒香。4 再下入酸菜、罗汉笋，加入其他调味料，炒熟入味，起锅装盘即可。

豆豉肉末炒尖椒

【原料】猪肉300克，红椒、青椒各50克。

【调料】植物油30克，豆豉30克，盐3克，鸡精1克，葱、姜、蒜各60克。

【做法】

1 猪肉洗净切成末；青椒、红椒洗净斜切成圈；葱、姜、蒜洗净切碎。2 锅置火上，入油烧热，下入葱、姜、蒜、豆豉爆香。3 倒入肉末、青椒、红椒翻炒均匀。4 调入盐、鸡精入味，炒匀，撒上葱花，起锅装盘即可。

川式风味排骨

【原料】猪排骨 500 克，红辣椒 30 克。

【调料】植物油 30 克，盐 3 克，姜、葱、白芝麻各 10 克，生抽、辣椒油各 5 克。

【做法】

①猪排洗净，斩段；红辣椒洗净，切丁；葱洗净，切花；姜去皮洗净，切末。②锅置火上，注水烧沸，下入猪排汆烫，捞出沥干。③锅置火上，入油烧热，下姜、白芝麻爆香。④放入猪排翻炒片刻，加适量水焖煮片刻，加入红辣椒一起炒。⑤调入盐、生抽、辣椒油后，炒熟装盘，撒上葱花即可。

椒盐猪大肠

【原料】猪大肠 400 克。

【调料】植物油 30 克，盐 3 克，味精 1 克，酱油 15 克，青椒、干辣椒各 50 克，花椒 3 克。

【做法】

1 猪大肠洗净，剪开切片。2 青椒洗净，切片；干辣椒洗净，切段；花椒洗净。3 油锅烧热，下干辣椒炒香。4 放入猪大肠炒至变色，再放入青椒、花椒炒匀。5 炒至熟后，加入盐、味精、酱油调味，起锅装盘即可。

第五章 火锅

北京涮羊肉火锅

【涮菜顺序】

1. 羊肉 400 克
2. 玉米 300 克
3. 香菇 100 克
4. 大白菜 200 克
5. 蒿子杆 100 克
6. 豌豆苗 100 克
7. 芥蓝 100 克
8. 生菜 200 克
9. 粉丝 120 克

【基础锅底】

家常锅底

【特点】

汤鲜肉香，味美可口。

【增鲜调味料】

香叶、冰糖、小茴香、白豆蔻

【菜品加工】

1 羊肉洗净，切片，卷成卷。2 玉米洗净，控干水分后切段。3 香菇洗净，去根蒂，在菌盖上打十字花刀。4 大白菜洗净，沥干水后切大片。5 豌豆苗、芥蓝、蒿子杆、生菜均洗净备用。6 粉丝用温水泡发，然后剪小段。

【饮食指南】

1 羊肉是冬季进补的重要食品之一，中医认为"人参补气，羊肉则善补形"。寒冬常吃羊肉，可促进血液循环，增强御寒能力。2 玉米含有丰富的纤维素，不但可以刺激胃肠道蠕动，防止便秘，还可以促进胆固醇的代谢，加速肠内毒素的排出。3 蒿子杆中含有特殊香味的挥发油，有宽中理气、消食开胃、增加食欲等食疗功效。4 大白菜是预防糖尿病和肥胖症的理想食物，与香菇同食，健康营养。

【主料】

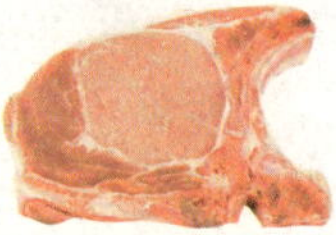

羊肉

【注意事项】

① 选购羊肉时要分清绵羊肉和山羊肉：绵羊肉较细嫩，膻味较小；山羊肉较粗糙，膻味较重。

② 玉米发霉后会产生致癌物，所以发霉的玉米绝对不能食用。

③ 食用粉丝后，不宜再吃油炸的松脆食品，如油条等。

④ 大白菜在火锅中涮的时间不可过长，最佳的时间为 20 ~ 30 秒，否则烫得太软、太烂，就不好吃了。

【火锅蘸料】

香油蒜泥酱

鲜辣酱

花生酱

葱花

番茄酱

辣椒油

猪肚火锅

【涮菜顺序】

1. 猪肚 500 克　　2. 酸笋 100 克
3. 鱼肉片 100 克　4. 胡萝卜 100 克
5. 西蓝花 100 克　6. 油豆腐 80 克
7. 生菜 80 克　　8. 大白菜 80 克

【基础锅底】

麻辣锅底

【特点】

味道鲜美，浓郁绵长，营养美味。

【增鲜调味料】

草果、八角、小米椒、泡椒

【菜品加工】

1 猪肚洗净，用料酒汆水，捞出切片。2 酸笋洗净，切成片。3 鱼宰杀，去内脏，洗净，切成鱼片。4 胡萝卜洗净，切成菱形。5 西蓝花洗净，切瓣。6 油豆腐洗净。7 生菜、大白菜洗净，择好，长度适中。

【饮食指南】

1 猪肚为猪的胃，具有治虚劳羸弱、泄泻、下痢、消渴及辅助治疗小便频数、小儿疳积的功效，同时又能用猪肚烹调出各种美食。2 菜肴中加入少量的酸笋，其味浓郁绵长。3 鱼肉的功效：秋冬季是体弱者进补的好时机，鱼肉则是进补的优质食品，不仅味道鲜美，而且营养价值极高。其蛋白质含量为猪肉的两倍，且属于优质蛋白，人体吸收率高。4 西蓝花搭配富含蛋白质的猪肚一起食用，可美白肌肤。

【主料】

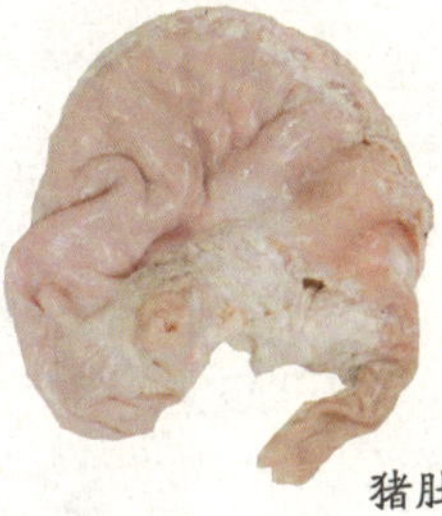

猪肚

【注意事项】

① 购买猪肚时，颜色呈淡绿色，黏膜模糊，组织松弛、易破，有腐败恶臭气味的不要选购。

② 猪肚与莲子同食易中毒；猪内脏不适宜贮存，应随买随吃。

【火锅蘸料】

香油芝麻味碟

芝麻酱

鲜辣酱

香菜末

葱花

豆瓣酱

麻辣火锅

【涮菜顺序】

1. 牛肉 250 克
2. 牛腰 200 克
3. 毛肚 200 克
4. 牛肝 200 克
5. 黄花菜 100 克
6. 白萝卜 100 克
7. 黄豆芽 80 克
8. 冬瓜 80 克
9. 大白菜 60 克
10. 油菜 60 克
11. 油麦菜 60 克

【基础锅底】

红汤锅底

【特点】

麻辣鲜香，色泽红亮，牛肉味美爽口。

【增鲜调味料】

香菜、米酒、泡仔姜、醪糟汁

【菜品加工】

1 牛肉洗净，切片。2 牛腰洗净，斜切片。3 毛肚洗净，切片。4 牛肝洗净，切片。5 黄花菜洗净，泡好备用。6 冬瓜去皮，洗净切块。7 大白菜、油麦菜、油菜、黄豆芽分别洗净备用。

【饮食指南】

1 牛肝性平，味甘，能补肝明目、养血，用于肝血不足、视物不清、夜盲症等症。牛肝无论在煮汤还是涮火锅时都可放入枸杞或是大枣。2 毛肚具有补益脾胃、补气养血、补虚益精的功效，特别适宜病后虚羸、气血不足、营养不良、脾胃薄弱者食用。3 牛腰含有丰富的蛋白质、维生素 A、铁、硒等营养元素，有利于男性保肝护肾。4 牛肝与黄花菜搭配食用，可治血虚引起的头昏、眼花、心悸、疲乏、失眠等症。

【主料】

牛肉

【注意事项】

① 选购毛肚时要注意，特别白的毛肚是用过氧化氢溶液（即双氧水）、甲醛泡制过的，不要购买。

② 牛肝不宜与芦荟同食，这样不利营养吸收。

③ 黄花菜是近于湿热的食物，所以胃肠不和的人，少吃为宜；平常痰多及哮喘病患者，不宜食用。

【火锅蘸料】

椒香味碟

芥末酱

辣椒粉

辣椒酱

花椒油

海鲜酱

毛肚火锅

【涮菜顺序】

1. 毛肚 300 克　　2. 牛肝 200 克
3. 牛腰 200 克　　4. 牛肉 250 克
5. 鸡血 200 克　　6. 蒜苗 100 克
7. 金针菇 150 克　　8. 莴笋 100 克
9. 大白菜 100 克　　10. 生菜 80 克
11. 菠菜 80 克　　12. 豌豆苗 80 克

【基础锅底】

红汤锅底

【特点】

油润麻辣，熟软鲜香，营养丰富，柔嫩可口。

【增鲜调味料】

沙姜、大葱、香菜、米酒

【菜品加工】

1 毛肚用盐水反复清洗干净，切片。2 牛肝洗净，切片。3 牛腰洗净，切片。4 牛肉洗净，切薄片。5 鸡血煮熟，切块。6 蒜苗洗净，斜切段。7 金针菇去老根，洗净备用。8 莴笋去皮，洗净，切片。9 豌豆苗、生菜、菠菜洗净备用。10 大白菜洗净，切大片。

【饮食指南】

1 鸡血性平，味咸，能益血补虚、活血。适用于贫血、妇女月经不调、崩漏失血、支气管炎、哮喘、慢性肝炎等症。2 蒜苗含有辣素，有预防流感，防止伤口感染，防止感染性疾病以及驱虫的功效。3 豌豆苗能预防肌肤晒黑，使肌肤清爽不油腻，用来做汤、涮锅都是餐桌上的上乘蔬菜。4 豌豆苗搭配莴笋食用，有开胃清热的功效。

【主料】

毛肚

【注意事项】

① 高胆固醇血症、肝病、高血压和冠心病患者应少食鸡血；鸡血不宜食用过多，以免增加体内的胆固醇。

② 菠菜不能与黄瓜同吃，因黄瓜含有维生素 C 分解酶，而菠菜含有丰富的维生素 C，二者同食会降低营养。

③ 生菜对乙烯极为敏感，储藏时应远离苹果、梨和香蕉，以免诱发赤褐斑点；尿频、胃寒者应少吃生菜。

【火锅蘸料】

小米椒辣酱

花生酱

香菜末

葱花

生姜末

陈醋

红汤酸菜鱼火锅

【涮菜顺序】

1. 草鱼 1 条
2. 酸菜 100 克
3. 毛肚 150 克
4. 大白菜 50 克
5. 油麦菜 150 克
6. 油菜 80 克
7. 粉丝 100 克

【基础锅底】

红汤锅底

【特点】

咸鲜酸辣，鱼肉鲜嫩，口感劲道。

【增鲜调味料】

大蒜、沙姜、香菜、米酒

【菜品加工】

1 草鱼宰杀，去鳞，去内脏，洗净切块。2 酸菜洗净，切段，控干水分。3 油菜和油麦菜均洗净，备用。4 大白菜洗净，切成大片。5 毛肚洗净，切成片。6 粉丝洗净，泡发，沥干水分。

【饮食指南】

1 草鱼含有丰富的硒元素，有抗衰老、养颜的功效，而且对肿瘤也有一定的防治作用；对于身体瘦弱、食欲不振的人来说，草鱼肉嫩而不腻，可以开胃、滋补身体。2 酸菜含有丰富的维生素和钙、磷等无机物，既能为人体提供充足的营养，又能预防动脉硬化等疾病。3 大白菜和肉类是合理的荤素搭配，大白菜既可增加肉的香味，又能使肉类消化后的废弃物在白菜所含的纤维素的帮助下顺利排出体外。4 草鱼富含不饱和脂肪酸，牛肚富含优质蛋白质，适合老年人搭配食用。

【主料】

草鱼

【注意事项】

① 鱼要切得大小均匀；可用蛋清、水淀粉等和匀，均匀地涂抹在鱼肉上。

② 此火锅必须控制好火候，因火大鱼片易破碎。

③ 酸菜以叶少梗多、咸味适中、无异味、无腐烂、无变质者为佳。

④ 草鱼胆虽有一定的治病功效，但是其胆汁有毒，故最好不要食用。

【火锅蘸料】

青椒味酱

番茄酱

辣椒油

花椒油

泡椒

生抽

红汤牛肉火锅

【涮菜顺序】

1. 牛肉 250 克　2. 牛百叶 200 克
3. 香菇 100 克　4. 咸菜 100 克
5. 西蓝花 80 克　6. 生菜 60 克
7. 大白菜 80 克　8. 菠菜 60 克

【基础锅底】

红汤锅底

【特点】

鲜辣美味，肉嫩汤鲜，营养丰富。

【增鲜调味料】

鸡精、大蒜、香菜、醪糟汁

【菜品加工】

1 牛肉洗净，切成薄片。2 牛百叶洗净，切片备用。3 香菇洗净，切片。4 咸菜用清水浸泡后，沥干水分切小段备用。5 西蓝花洗净，切开备用。6 菠菜、大白菜、生菜掰开菜叶，洗净待用。

【饮食指南】

1 牛肉有黄牛肉和水牛肉两种，通常以黄牛肉为佳，因为它含有丰富的蛋白质、脂肪、B族维生素、钙、磷、铁等成分，具有强筋壮骨、补虚养血、化痰熄风的作用。2 香菇含有丰富的维生素D原，其中所含的多糖能提高辅助性T细胞的活力而增强人体体液的免疫功能，对于儿童以及免疫力差的人来说是佳选。3 西蓝花的维生素C含量极高，不但有利于人体的生长发育，更重要的是能提高人体免疫功能，促进肝脏解毒，增强人的体质，提升抗病能力。

【主料】

牛肉

【注意事项】

① 牛肉不宜熏、烤或者腌制，也不宜反复加温或冷藏。

② 有些人为了让香菇尽快泡发，选择用开水浸泡或是加糖，这样反而会使其中的水溶性成分，如珍贵的多糖、优良的氨基酸等大量溶解于水中，破坏香菇的营养。

【火锅蘸料】

青椒味酱

花椒油

生抽

甜面酱

豆腐乳

豆酱

水煮鱼火锅

【涮菜顺序】

1. 黑鱼肉 500 克　2. 牛肚 100 克
3. 香菇 100 克　4. 马铃薯 100 克
5. 莴笋 80 克　6. 黄豆芽 200 克
7. 蒿子杆 80 克　8. 大白菜 80 克
9. 粉丝 80 克

【基础锅底】

麻辣锅底

【特点】

肉质鲜嫩，汤汁丰富，口感良好。

【增鲜调味料】

蒜末、香菜、桂皮、胡椒粉

【菜品加工】

1 黑鱼肉洗净，切薄片。2 牛肚洗净，切片。3 香菇、马铃薯、莴笋洗净，切成片。4 黄豆芽洗净。5 蒿子杆、大白菜洗净，择好。6 粉丝洗净，泡发，沥干水分。

【饮食指南】

1 黑鱼为淡水名贵鱼类，有“鱼中珍品”之称，是一种营养全面、肉味鲜美的高级保健品，一向被视为病后康复和老幼体虚者的滋补珍品。2 黑鱼出肉率高，肉厚色白，红肌较少，无肌间刺，味鲜，通常用来做鱼片，以冬季出产者为最佳，适于身体虚弱、低白蛋白血症、脾胃气虚、营养不良、贫血之人食用。3 牛肚味甘性平，能补虚、益脾胃，适于病后体虚、脾胃虚弱、消化不良患者食补。4 马铃薯与黄豆芽一起食用，既能调理消化系统，消除胸闷胀满的症状，还可防治急性肠胃炎。

【主料】

黑鱼

【注意事项】

有些人对黑鱼过敏，症状通常为腹泻、呕吐、皮肤起疹，伴随腰酸背痛等症状。一般人适量食用不会有什么不适，但小孩、老人等抵抗力差的人群应该特别注意。

【火锅蘸料】

辣子鸡火锅

【涮菜顺序】

1. 鸡肉 200 克
2. 马铃薯 100 克
3. 魔芋 100 克
4. 香菇 100 克
5. 大白菜 100 克
6. 豆腐 100 克
7. 小白菜 250 克

【基础锅底】

麻辣锅底

【特点】

咸鲜味美，细腻滑嫩，强身健体。

【增鲜调味料】

桂皮、胡椒粉、蒜末、小米椒

【菜品加工】

1 鸡肉洗净，去除内脏，斩块。2 马铃薯去皮，洗净，切片。3 魔芋、豆腐洗净，切块。4 香菇洗净，切片。5 大白菜、小白菜洗净后装篮。

【饮食指南】

1 鸡肉对营养不良、畏寒怕冷、乏力疲劳、月经不调、贫血、虚弱等有很好的食疗作用。中医认为，鸡肉有温中益气、补虚填精、健脾胃、活血脉、强筋骨的功效。2 魔芋低热、低脂、低糖，对结肠癌、乳腺癌、肥胖症的人群可以说是一种上等的既能饱口福又能治病健体的食品，还可以防治肠胃消化系统的常见慢性疾病。3 经常食用香菇对预防肿瘤，特别是婴儿因缺乏维生素D而引起的血磷、血钙代谢障碍导致的佝偻病均有益，还可预防各种黏膜及皮肤炎病。4 魔芋含有人体所需的多种营养成分，与鸡肉同食，具有温中补气、补虚损的功效。

【主料】

鸡肉

【注意事项】

鸡肉性温，多食容易生热动风，因此不宜过食。下列病症患者忌食鸡肉：外感发热、热毒未清或内热亢盛；黄疸、痢疾、疳积和疟疾；肝火旺盛或肝阳上亢所致的头痛、头晕、目赤、烦躁、便秘等。

【火锅蘸料】

香油芝麻味碟

陈醋

豆瓣酱

番茄酱

辣椒油

葱花

牛杂火锅

【涮菜顺序】

1. 牛肉 250 克
2. 牛腩 300 克
3. 毛肚 200 克
4. 口蘑 150 克
5. 冬瓜 100 克
6. 胡萝卜 100 克
7. 芹菜 20 克
8. 小白菜 80 克
9. 油菜 150 克
10. 莴笋叶 60 克

【基础锅底】

红汤锅底

【特点】

汤汁红亮，原料丰富，肉鲜味美，细嫩可口。

【增鲜调味料】

香菜、米酒、泡仔姜、醪糟汁

【菜品加工】

①牛肉洗净，切大片。②牛腩洗净，汆水，切块。③毛肚清洗干净切片。④口蘑洗净备用。⑤冬瓜洗净，去皮，切片。⑥胡萝卜去皮，洗净，切块。⑦芹菜洗净，切段。⑧小白菜、油菜、莴笋叶分别洗净备用。

【饮食指南】

①涮火锅时放些山楂、橘皮或茶叶，牛肉不仅易烂，还能较好地保存牛肉营养成分。②口蘑属低热量食物，含有大量膳食纤维，具有防止便秘、促进排毒的效果，是一种很好的减肥美容食品。③胡萝卜富含维生素，可刺激皮肤的新陈代谢，加速血液循环，从而使皮肤细嫩光滑，肤色红润。④冬瓜能利尿消肿、清热解毒；口蘑补脾益气、健身养胃、降压抗癌，两者相配，有利小便、降血压的功效。

【主料】

毛肚

牛肉

牛腩

【注意事项】

①感染性疾病、肝病、肾病患者应慎食牛肉；牛肉也不宜多食，否则会增加体内胆固醇和脂肪的积累量，对身体有害。

②口蘑应确保新鲜，食用前一定要多漂洗几遍，以去掉所含化学物质。

【火锅蘸料】

香油蒜泥酱

辣椒油

花椒油

海鲜酱

生抽

甜面酱

酸萝卜鸭火锅

【涮菜顺序】

1. 鸭肉 200 克　2. 鱼丸 100 克
3. 泡萝卜 100 克　4. 草菇 100 克
5. 金针菇 100 克　6. 西洋菜 100 克

【基础锅底】

酸汤锅底

【特点】

酸甜开胃，色泽光亮，味道醇香。

【增鲜调味料】

泡仔姜、大葱、郫县豆瓣酱、沙姜

【菜品加工】

1 鸭肉洗净，加料酒、盐拌匀，汆水后捞出。2 鱼丸洗净，控干水分后备用。3 泡萝卜从坛中取出，略洗后沥干水分。4 草菇剖开洗净；金针菇去根部洗净。5 西洋菜去除老根，择好，洗净。

【饮食指南】

1 鸭肉的营养价值与鸡肉相仿，但鸭子吃的食物多为水生物，故其肉性味甘、寒，入肺胃肾经，有滋补、养胃、补肾、除痨热骨蒸、消水肿、止热痢、止咳化痰等功效。2 鸭肉含有丰富的蛋白质，但是脂肪含量很低，对于很多想利用老鸭汤来养颜、减肥的女性来说，非常实用。3 草菇能消食祛热，补脾益气，清暑热，滋阴壮阳，增加乳汁，还能促进创伤愈合，护肝健胃，增强人体免疫力，是优良的食药兼用型的营养保健食品。

【主料】

鸭肉

【注意事项】

① 鸭肉忌与兔肉、杨梅、核桃、甲鱼、木耳、胡桃、大蒜、荞麦同食。
② 体虚胃寒者，因受凉而引起的不思饮食、胃部冷痛、腹泻清稀患者，腰痛及寒性痛经者，以及肥胖、动脉硬化、慢性肠炎患者应少食鸭肉。

【火锅蘸料】

香油蒜泥酱

干辣椒碎

陈醋

豆瓣酱

香菜末

葱花

珍菌火锅

【涮菜顺序】

1. 乳鸽肉 300 克
2. 鸡肉 350 克
3. 羊肉卷 250 克
4. 滑子菇 100 克
5. 茶树菇 100 克
6. 香菇适量
7. 蒿子杆 300 克
8. 莴笋叶 250 克
9. 小白菜 300 克
10. 豆腐适量
11. 粉丝 100 克

【基础锅底】

清汤锅底

【特点】

咸鲜酸辣，肉质鲜嫩，口感劲道。

【增鲜调味料】

料酒、胡椒粉、大葱、大蒜

【菜品加工】

1 乳鸽肉、鸡肉均洗净，沥干水后斩块备用。2 将羊肉卷拿出解冻后备用。3 滑子菇、茶树菇均洗净，切去根蒂。4 香菇洗净，切蒂，在伞盖上打上十字花刀。5 蒿子杆、莴笋叶、小白菜均洗净。6 豆腐洗净切条，用淡盐水浸泡 10 分钟后捞出。7 粉丝于温水中浸泡至软，剪成小段。

【饮食指南】

1 乳鸽肉含有较多的支链氨基酸和精氨酸，可促进体内蛋白质的合成，加快创伤愈合。2 滑子菇味道鲜美，营养丰富。附着在滑菇菌伞表面的黏性物质是一种核酸，对保持人体的精力和脑力大有益处，还有抑制肿瘤的作用。3 乳鸽肉含丰富的蛋白质，脂肪含量很低，营养价值优于鸡肉，且比鸡肉易消化吸收，对于产妇和婴幼儿而言是极好的营养品。

【主料】

滑子菇

【注意事项】

① 假羊肉卷纹理粗糙，切片后瘦肉多，呈大片状；真羊肉卷则纹理细腻，切片后含有白色条纹。
② 把豆腐切块放入盐水中焯一下，可保持其完整性，使之不易碎。
③ 选购粉丝要注意，不要挑选颜色太亮、太白的粉丝；此外，粉丝不宜久煮，久煮口感会大打折扣。

【火锅蘸料】

青椒味酱

干辣椒碎

花生酱

葱花

陈醋

海鲜酱

广东海鲜火锅

【涮菜顺序】

1. 母鸡 1 只　　2. 甲鱼 1 只
3. 田螺 100 克　　4. 文蛤 100 克
5. 蛏子 120 克　　6. 鲜虾 100 克
7. 蟹柳 80 克　　8. 鱿鱼 100 克
9. 鱼肉 100 克　　10. 玉米 120 克
11. 芹菜节 50 克　　12. 黄瓜 80 克
13. 黄豆芽 100 克　　14. 大白菜 100 克
15. 生菜 70 克　　16. 紫叶生菜 70 克
17. 小白菜 120 克　　18. 莴笋叶 120 克
19. 金针菇 30 克

【基础锅底】

清汤锅底

【特点】

汤汁鲜香，细嫩可口。

【增鲜调味料】

料酒、大蒜、醪糟汁、郫县豆瓣酱

【菜品加工】

1 将母鸡宰杀，去毛、内脏，斩块。2 将甲鱼宰杀，收拾干净。3 田螺入沸水中煮熟，去壳，取螺肉。4 文蛤、蛏子放入盐水中浸泡 2 小时，待其吐尽泥沙。5 鲜虾洗净，剪去虾须，然后用牙签挑去虾线。6 将蟹柳外衣剥去，然后从中间切段。7 鱿鱼去内脏和膜，切成薄片。8 将鱼肉切成片，然后用蛋清和水淀粉抓匀。9 玉米洗净去须，切段；芹菜和黄瓜均切好，用水冲洗干净。10 金针菇、黄豆芽、大白菜、生菜、紫叶生菜、小白菜、莴笋叶均洗净。

【饮食指南】

1 母鸡肉属阴，比较适合产妇、年老体弱及久病体虚者食用。2 甲鱼是我国传统的上等滋补药材，具有极高的药用价值，是滋阴补肾的佳品，有滋阴壮阳、软坚散结、化瘀和延年益寿的功效。

【主料】

甲鱼

【注意事项】

① 甲鱼体内的内脏、黄油腥味异常，一定要去除干净。

② 为防止病菌和寄生虫感染，食用螺类时一定要煮透再吃。

③ 吃火锅时不可贪图食材鲜嫩，而未烫熟就“囫囵吞枣”，这样易导致消化不良。

【火锅蘸料】

鸡蛋香油味碟

辣椒酱

沙茶酱

芝麻酱

鲜辣酱

甜面酱

土鸡火锅

【涮菜顺序】

1. 鸡肉 350 克　2. 莲藕 200 克
3. 马铃薯 250 克　4. 苦菊 100 克
5. 豌豆苗 150 克　6. 大白菜 100 克
7. 小白菜 80 克　8. 油麦菜 80 克

【基础锅底】

红汤锅底

【特点】

色红油亮，鸡肉细嫩，莲藕爽口，鲜香诱人。

【增鲜调味料】

鸡精、大蒜、沙姜、大葱

【菜品加工】

1. 鸡肉洗净，切块。
2. 莲藕去皮，洗净，切厚片。
3. 马铃薯去皮，洗净，切片。
4. 苦菊洗净备用。
5. 大白菜洗净，切大片。
6. 小白菜、油麦菜、豌豆苗择洗干净备用。

第六章 饮品

猕猴桃汁

【材料】

猕猴桃3个，柠檬1/2个，冰块1/3杯。

【做法】

1 猕猴桃用水洗净，去皮，切成小块。2 在果汁机中放入柠檬、猕猴桃和冰块，搅打均匀。3 把猕猴桃汁倒入杯中，装饰柠檬片即可。

[小贴士]

加入橙子，味道会更好。

葡萄汁

【材料】

葡萄200克，白糖1小匙，凉白开水100毫升。

【做法】

1 将葡萄用水洗净，去皮，取出果核。2 把葡萄果肉、白糖和水放入榨汁机内榨汁。3 把葡萄汁倒入杯中即可。

[小贴士]

加入少许苹果汁，味道会更好。

樱花拿铁

【材料】

意式浓缩咖啡 2 盎司（约 60 毫升），奶泡、巧克力酱各适量。

[工具]

温度计 1 支。

【做法】

1 拉花缸紧贴咖啡杯边缘，开始注入奶泡。2 匀速从咖啡杯中心注入。3 奶泡慢慢沉入咖啡底部。4 奶泡注入至杯满时，让咖啡液中间有白色的奶泡痕迹。5 以奶泡为圆心开始画圆。6 用巧克力酱画出同心圆。7 用温度计在巧克力酱上画出放射性的图案。8 从边缘向圆心勾勒线条。9 取少许奶泡点在花瓣中心。10 浪漫的樱花就完成了。

草莓摩卡

【材料】

意式浓缩咖啡、草莓果露各1盎司（约30毫升），鲜奶2盎司（约60毫升），奶油、巧克力各适量。

[工具]

裱花袋、裱花嘴各1件，咖啡勺、齿刀各1把，玻璃杯1个。

【做法】

1 玻璃杯平放好，挤入草莓果露。2 将咖啡勺抵着杯内壁放好，倒入鲜奶。3 沿着杯壁提升咖啡勺的高度，徐徐倒入意式浓缩咖啡。4 顺着液体表面挤上一层奶油。5 再在上面裱上奶油花。6 用齿刀在玻璃杯上方处轻轻刮下巧克力，这份摩卡就可以静静地品尝了。

卡布奇诺

【材料】

鲜奶2盎司（约60毫升），意式浓缩咖啡1盎司（约30毫升），奶油、巧克力各适量。

[工具]

裱花袋、裱花嘴各1件，齿刀、咖啡勺各1把，玻璃杯1个。

【做法】

1 将鲜奶倒入玻璃杯中。2 咖啡勺悬空放入玻璃杯内，将意式浓缩咖啡注入咖啡勺内。3 沿着杯内的边缘挤上奶油。4 快速挤入奶油堆成垛。5 用齿刀在玻璃杯的正上方处刮落巧克力。6 这份卡布奇诺就顺利完成啦！

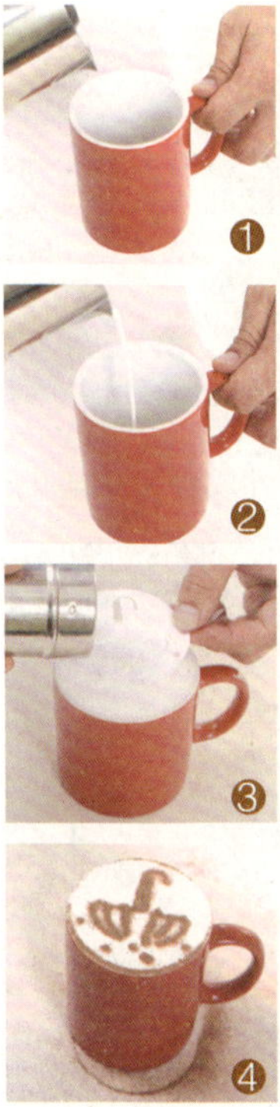

走在雨中

【材料】

意式浓缩咖啡 2 盎司（约 60 毫升），奶泡、巧克力粉各适量。

[工具]

撒粉器、裱花模具（雨伞形）各 1 个。

【做法】

1 将意式浓缩咖啡倒入杯中，拉花缸轻轻摇晃后，渐渐地贴近咖啡杯。2 徐徐注入奶泡，使堆积的奶泡占满咖啡杯的杯口。3 将模具盖在杯上，均匀撒上巧克力粉至形状形成。4 好了，现在就可以来品味这份充满雨后浪漫和激情的咖啡了。

❶

❷

❸

俄国风情

【材料】

意式浓缩咖啡1盎司（约30毫升），奶泡、巧克力酱各适量。

[工具]

温度计1支。

【做法】

① 将浓缩咖啡注入温热的咖啡杯中，将拉花缸嘴对准液面中心注入奶泡，至奶泡在咖啡表面呈现白色圆形。② 用巧克力酱在奶泡中心画出圆圈和直线。③ 用温度计尖端划过巧克力酱线条，形成图案即可。

飞叶

【材料】

意式浓缩咖啡1盎司（约30毫升），奶泡适量。

【做法】

1 将意式浓缩咖啡倒入杯中，咖啡杯倾斜15°，在杯的中心点缓缓注入奶泡。2 向右侧移动注入点至四分满。3 再降低拉花缸，从右侧注入奶泡。4 堆积的奶泡浮现后，左右甩动拉花缸的缸嘴。5 将拉花缸向后慢慢移动，拉出花纹状。6 另起一注入点，着重倾注奶泡，向回拉出花纹。7 此时慢慢放平咖啡杯，再移动拉花缸向前，收住奶泡的注入流量至满杯。8 两片叶子就呈现在你眼前了。

地中海风情

【材料】

意式浓缩咖啡1盎司（约30毫升），奶泡、巧克力酱各适量。

[工具]

温度计1支。

【做法】

1 取浓缩咖啡和奶泡适量。2 拉花缸距离咖啡杯8厘米左右，注入奶泡。3 拉花缸缓缓上提，匀速注入奶泡。4 注入奶泡至杯满。5 取奶泡点于咖啡中心位置。6 用巧克力酱淋出旋涡图案。7 从圆形的外侧至中心沿曲线切入，再反方向操作一次。8 图案完成即可。

枫叶韵律

【材料】

意式浓缩咖啡2盎司（约60毫升），奶泡、抹茶粉、巧克力酱各适量。

[工具]

撒粉器、裱花模具（枫叶形）各1个，竹签1支。

【做法】

1 将意式浓缩咖啡倒入杯中，咖啡杯平放在桌上，缓缓注入奶泡。2 咖啡液面出现白点时，加大奶泡的注入流量，使奶泡占满杯口。3 将模具罩在咖啡杯上，均匀地撒上抹茶粉。4 待枫叶形状出现，用巧克力酱在叶茎下方画出弧线。5 用竹签轻轻地在巧克力酱上划出回纹状。6 图案完成即可。

皇家咖啡

【材料】

蓝山咖啡1杯，方糖适量，白兰地适量。

【做法】

①将咖啡倒入预热过的瓷杯中，约八分满。②将皇家汤匙横放在杯上，上放方糖。③以白兰地淋湿方糖后点火即可饮用。

[小贴士]

加入巧克力粉，味道会更好。也可以加入适量的鲜牛奶，这样口感更加丝滑，味道也会更好。

蓝山咖啡

【材料】

蓝山咖啡豆30克，淡奶1杯，咖啡糖适量，水适量。

[工具]

咖啡机1台。

【做法】

①将咖啡豆放入咖啡机中打碎，研成粉末。②将咖啡豆粉末倒入锅中，加水，煮至水开，倒入杯中。③调入淡奶和咖啡糖，调匀即可。

[小贴士]

加入牛奶巧克力，味道会更好。

珍珠奶茶

【材料】

奶精 10 克，红茶适量，奶茶精 5 克，果粉 5 克，糖少许，珍珠（木薯制品）少许 。

【做法】

1 将奶精放在杯子中用少量热红茶融化，并加入奶茶精、果粉、糖。2 珍珠用小火煮至变大变软。3 将珍珠放入杯中即可。

[小贴士]

加入椰果，味道会更好。

香榭奶茶

【材料】

早餐红茶包 2 包，热开水 400 毫升，奶精粉 2 匙，橙香果露 30 毫升。

【做法】

1 取白瓷壶预热，加入早餐红茶包，注入热开水浸泡。2 取出茶包，量取奶精粉和果露，倒入壶中搅拌即成。

[小贴士]

加入椰果，味道会更好。

柠檬奶茶

【材料】

牛奶200毫升，红茶包、柠檬各1个，白砂糖适量。

【做法】

①削下柠檬皮取绿色薄皮部分。②水煮开，放入红茶包和柠檬皮加盖焖泡，2分钟后取出茶包。③其余材料续焖10分钟。④倒入牛奶重新加热，沸腾前熄火，滤去柠檬皮后调入白砂糖即可。

[小贴士]

加入蜂蜜，味道会更好。

恋情奶茶

【材料】

绿茶包1包，开水350毫升，奶精粉、香草果露、巧克力果露、鲜奶油、巧克力屑各适量。

【做法】

①取马克杯预热，加入绿茶包，注入热开水，加盖浸泡。②取出茶包，将奶精粉、香草果露、巧克力果露倒入壶中搅拌均匀。③加上鲜奶油、巧克力屑装饰即可。

[小贴士]

加入珍珠（同前），味道会更好。

爱尔兰冰奶茶

【材料】

伯爵茶包1包，热开水150毫升，奶精2匙，爱尔兰果露30毫升，鲜奶油、冰块各适量。

【做法】

1 用开水冲泡茶包。2 取出茶包加入奶精溶解待用。3 杯中装入冰块，倒入茶汤及果露摇匀。4 将汁液滤出，倒入装有冰块的杯中，挤上鲜奶油即可。

[小贴士]

加入蜂蜜，味道会更好。

冰可可奶茶

【材料】

锡兰红茶2包，热开水180毫升，奶精2匙，巧克力果露30毫升，鲜奶油适量。

【做法】

1 茶包入杯，注入热开水，加盖浸泡。2 取出茶包，再加入奶精溶解待用。3 雪克杯装入适量冰块，倒入茶汤及果露，摇均匀。4 将液体滤出，倒入装有冰块的杯中，挤上鲜奶油即可。

[小贴士]

加入珍珠（同前），味道会更好。

北海道冰奶茶

【材料】

焦糖牛奶茶1包，奶精2匙，鲜奶油、冰块各适量。

【做法】

①用开水冲泡茶包。②取出茶包并加入奶精溶解待用。③杯中装入适量冰块，倒入茶汤，摇均匀。④将液体倒入装有冰块的杯中，挤上鲜奶油搅匀即可。

[小贴士]

加入红豆沙，味道会更好。

绿抹冰奶茶

【材料】

抹茶粉1/2匙，鲜奶油、绿抹茶粉各适量，奶精2匙。

【做法】

①杯中加入绿抹茶粉及奶精，热开水冲泡。②雪克杯装入适量冰块，倒入茶汤摇均匀。③将液体滤出，倒入装有冰块的杯中，挤上鲜奶油，撒上抹茶粉即可。

[小贴士]

加入砂糖，味道会更好。

奶油冰激凌

【材料】

鲜奶油200毫升，白糖、香草粉各适量，蛋清2个，蛋黄1个。

【做法】

1 在鲜奶油中加入白糖，搅拌。2 蛋清、蛋黄和香草粉充分混合。3 放入鲜奶油中继续搅拌，冷冻至凝固即可。

[小贴士]

加点新鲜果肉，味道会更好；也可以撒上适量的葡萄干，使口感更加丰富。

色彩冰激凌

【材料】

哈密瓜、香草味冰激凌球、巧克力棒、鲜奶油、巧克力豆各适量。

【做法】

1 先将哈密瓜、香草味冰激凌球放入盘中。2 挤入鲜奶油，再加入巧克力棒、巧克力豆即可。

[小贴士]

加点苹果，味道会更好；也可以撒上适量的葡萄干，使口感更加丰富。

蜜红豆冰激凌

【材料】

蜜红豆100克，抹茶冰激凌球3枚，果酱、刨冰各适量。

【做法】

1 蜜红豆加水煮熟，晾凉。2 将蜜红豆盛入碗底，铺刨冰，再放入抹茶冰激凌球。3 碗内排入剩下的蜜红豆，淋上果酱即可。

[小贴士]

加点蜂蜜，味道会更好。

香蕉冰沙

【材料】

香蕉1根，牛奶100毫升，香草冰激凌球2枚，冰沙粉1克，果糖30克，巧克力酱、冰块各适量。

【做法】

1 香蕉取果肉，切3～4片，其余切段。2 将香蕉段与除果糖、巧克力酱以外的材料入榨汁机中搅匀，入杯中。3 放香蕉片及果糖，挤入巧克力酱即可。

[小贴士]

加点柠檬，味道会更好。

牛奶雪花冰

【材料】

鲜奶600毫升，糖水3大匙，巧克力酱50克。

【做法】

1 鲜奶加糖水拌匀，再装入模型中，放入冰箱冻成牛奶冰砖，备用。2 将步骤1的牛奶冰砖放入刨冰机中，刨出1盘牛奶雪花冰。3 再淋入巧克力酱即可。

[小贴士]

加入柠檬汁，味道会更好；也可以加入各种水果丁，这样口味会更加多变。

巧克力圣代

【材料】

什锦水果罐头1罐，巧克力雪糕1个，红樱桃、棉花糖、巧克力沙司、奶油各适量。

【做法】

1 将什锦水果丁放入杯中，加巧克力雪糕。2 用奶油挤花样，在顶端摆上红樱桃，加棉花糖，淋巧克力沙司即可。

[小贴士]

加入柠檬片，味道会更好。

巧克力布丁

【材料】

牛奶250克，淡奶油250克，蛋黄120克，糖80克，可可粉40克，巧克力酱适量。

【做法】

1 将牛奶和可可粉加热搅匀。2 将淡奶油加入步骤1的食材中拌匀。3 将蛋黄和糖打至发白。4 将步骤2的食材加入步骤3的食材中拌匀。5 将步骤4的食材过筛，把颗粒过滤掉。6 将步骤5的食材倒入模具中八分满。7 将步骤6的食材入烤箱以160℃隔水烤45分钟左右出炉。8 将步骤7的成品冷却后冻凝固脱模，淋巧克力酱，装饰即可。

柳橙山药布丁

【材料】

山药丁 150 克，柳橙汁 500 克，糖 130 克，吉利丁粉 25 克，饮用水、打发鲜奶油各适量。

【做法】

1 将水煮开，加入山药丁煮熟过滤，留山药丁备用。2 将柳橙汁和糖加热至糖溶。3 将步骤 1 的食材加入步骤 2 的食材中拌匀。4 将泡好的吉利丁粉加入步骤 3 的食材中拌至溶解。5 将步骤 4 的食材倒入果冻杯中，放入冰箱冻至凝固备用。6 留下一半柳橙山药果冻液备用，将剩下的柳橙山药果冻液与打发鲜奶油拌匀。7 将步骤 6 的食材倒入步骤 5 的食材中，放入冰箱中冻至凝固备用。8 表面放几块熟山药丁，淋上柳橙汁，插上纸牌装饰即可。

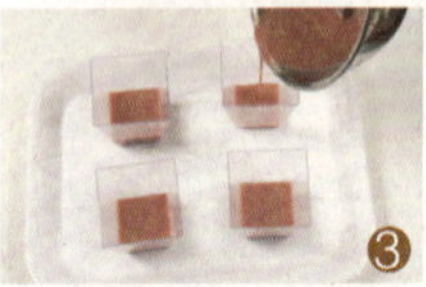

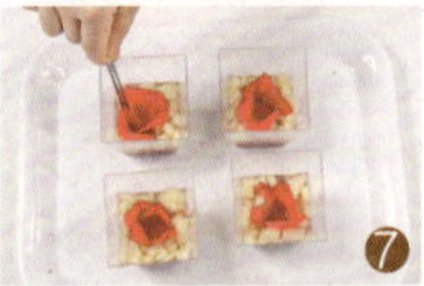

玫瑰草莓果冻

【材料】

草莓果酱250克，吉利丁粉8克，水280克，炼乳25克，玫瑰花瓣适量，果冻粉5克，糖35克，苹果丁、梨丁各适量。

【做法】

1 将草莓果酱加入炼乳加热至60℃。2 将吉利丁粉和40克水调匀，加入步骤1的食材中拌至融化。3 将步骤2的食材均匀倒入果冻杯内，冻凝固备用。4 将糖和200克水煮沸。5 将果冻粉和适量水调匀，加入步骤4的糖水中溶解。6 将苹果丁、梨丁放入已冻好的果冻杯内，再倒入一半的果冻液。7 将玫瑰花瓣撒在果冻面上。8 再倒入剩余的果冻液，冻凝固备用，将果冻杯拿出，装饰即可。

悦享生活

艺术品鉴

乐之 主编

中医古籍出版社
Publishing House of Ancient Chinese Medical Books

图书在版编目（CIP）数据

艺术品鉴 / 乐之主编. -- 北京 : 中医古籍出版社,
2022.5
（悦享生活）
ISBN 978-7-5152-2265-3

Ⅰ. ①艺… Ⅱ. ①乐… Ⅲ. ①艺术品—鉴赏 Ⅳ.
①J05

中国版本图书馆CIP数据核字(2021)第228393号

悦享生活
艺术品鉴
主编　乐之

策划编辑　姚强
责任编辑　李炎
封面设计　李荣
出版发行　中医古籍出版社
社　　址　北京市东城区东直门内南小街 16 号（100700）
电　　话　010-64089446（总编室）010-64002949（发行部）
网　　址　www.zhongyiguji.com.cn
印　　刷　天津海德伟业印务有限公司
开　　本　880mm × 1230mm　1/32
印　　张　5
字　　数　112 千字
版　　次　2022 年 5 月第 1 版　2022 年 5 月第 1 次印刷
书　　号　ISBN 978-7-5152-2265-3
定　　价　298.00 元（全 8 册）

前言

Preface

人类文明源远流长，造就了种类丰富而又数量众多的艺术品，它们是人类宝贵的文化遗产，历经千年，经过了无数岁月的洗礼流传至今。每一件艺术品都是一个鲜活的生命、一段珍贵的记忆。我们能从这些艺术品中看到生动的历史，以及历史上的人情事态。

它们不只是艺术品，还有着更加深厚的内涵，向人们传达出多方面的信息，是立体的、形象的历史，是当时社会的缩影，积淀了民族的传统与精神，值得我们去欣赏和感悟。

艺术品鉴赏是一件雅事，有条件能够成为艺术品收藏家、鉴赏家自然很好，若没有条件，也不妨碍我们了解艺术品，增加艺术品鉴赏的知识。

所谓“藏物更藏知，品物更品识”。“知真”才能“识假”，具备一定的文物鉴定知识和基本的鉴别技能，是迈进藏品市场必须要练的基本功，这样才可以在收藏领域一显身手。

作为把握投资机遇、介绍藏品鉴赏知识的指导性读物，本书对藏品的鉴定进行了全方位的介绍和解析，内容既包括国内外的名画，也包括传统的瓷器、碑帖、金银器等，详细介绍了藏品的鉴别知识、分析了不同藏品的作伪手段以及鉴定藏品真假的方法等，帮助读者全面了解藏品发展的历史沿革及其特质，为收藏、鉴赏提供重要的参考依据。

本书不仅详细梳理了各种艺术品，并选取出此类别艺术品的经典代表，以实例的方式进行具体的鉴赏，让每一种艺术品的特色在娓娓道来的文字中和精美图片的衬托下，显得引人注目。同时，本书是为普及艺术品鉴赏知识而作，文字简明易懂，具有知识性、趣味性、可读性强等特点。

目录

Contents

·第一章·

书 画

·第二章·

中国名画

·第三章·

世界名画

·第四章·

陶 瓷

·第五章·

碑 帖

·第六章·

金银器

第一章

书画

藏宝价值

书画，是中国民间收藏中最重要的门类之一，书画的收藏在中国已有上千年的历史，尤其是名人书画，可以说是收藏市场上的常青树。从唐代以来，中国书画的发展就已日益成熟，并在社会各阶层中逐渐普及开来。在中国人的传统观念里，书画还是知识分子必备的才艺之一，所谓“琴棋书画，样样精通”就是真实的写照。在上千年的历史中，一代又一代艺术大师给我们留下了无数的艺术珍品。从艺术的角度来说，中国书画又以其独特的创作方式和意境，给无数人带来了无比丰厚的艺术享受。

除了艺术价值外，中国书画又具有非常高的收藏价值。

↑游春图　展子虔 / 隋

我国现存最早的一件山水画卷。

书画作品不同于金属、玉石等，它有一个保存问题，在科学手段还不很完善的情况下，往往极易破损乃至毁灭。因此，能够留存至今的古代书画珍品数量很少，这也使得它们在今天具有极高的身价。在拍卖市场上，如真有此类书画珍品，其价格动辄几十万、上百万元乃至上千万元。

当前，越来越多的人把收藏字画作为一种既能陶冶情操又能升值的投资方式。虽然古代书画非常难得，但在中国这样的书画大国里，一些民间人士手中仍收藏着明清以来各名家的书画，相信随着时间的推移，这些书画的价值将会越来越高。尤其是 20 世纪 80 年代以来，艺术品市场上中国书画珍品价格急剧攀升，不断受到收藏者们的青睐。

发展概况

对于普通收藏者而言，流传于市面的古代书画珍品不但数量很少，而且其价值的确过高，远非寻常人士所能企及。同时，大多数古代书画珍品，历经千年的周折，目前基本上收藏于国家的博物馆等机构里，即使民间有藏者，也多视为至宝，不会轻易露面。现今流通的古代书画，大多以明清两代为主，而此前的珍品，爱好者几乎只有到博物馆去一睹为快了。为了更好地对书画进行鉴赏，了解我国书画的基本历史概况是非常必要的。因为这不但可使我们认识那些经典的作品和书画大家，还有助于认识各个历史时期中国书画的风格，这对以后的鉴定工作无疑是最必需的。

书法

中国书法是运用毛笔为工具的一种借线条表现汉字的艺

术，它源远流长，起始于商代，成熟于东周；两晋和隋唐时代书家辈出；宋、元、明书法以晋唐法度为契机，不断创造新技法和新意境，涌现出丰富多彩的个性风格和书艺流派；清代书法家广泛汲取前代书法养料，崇尚北碑之学，熔凝出新的风格。

早在先秦时期的商代，甲骨文和金文就已具备了书法形式美的众多因素，后经西周、战国，书法的艺术性开始丰富起来。秦统一中国后，出现了小篆，秦代书法气魄宏大，堪称开创先河，著名书法家有李斯等。汉代是汉字书法发展史上关键性的一代，书法由籀篆变隶分，由隶分变为章草、真书、行书，至汉末，我国汉字书体已基本齐备。魏晋时期是完成书体演变的承上启下的重要历史阶段，也是篆隶真行草诸体日趋完善的时期。南北朝书法以魏碑著称，代表人物为王羲之等。隋唐两代，书法的发展进入了空前繁盛，代表人物有虞世南、欧阳询、褚遂良等。

五代和宋代的文人促进了书法的发展，书法艺术特性被进一步强调，书法以行草为盛。宋代书法大家有欧阳修、苏轼、黄庭坚等。元代书法也有进一步发展，代表人物有柯九思、虞集等。

进入明代，中国书法翻开了新的一页。这一时期，刻帖风气非常盛行，并涌现出了一批大师，如徐渭、董其昌、张瑞图、黄道周、倪元璐等。清代是书法发展史上的又一个中兴期，其早期延续明末风格，中后期碑学逐渐兴起并进入兴盛。

绘画

中国绘画千百年来名家辈出，在世界美术史中形成了自己独特的体系和魅力。中国画以毛笔、墨、绢纸为主要工具，以线条为生命，散点透视，造型构图，与注重色彩明暗、讲求焦点透视的西洋画完全不同。同时，中国画还与书法、诗文、印章相辅相成，相得益彰。

汉代之前为中国绘画的原始时期，汉代的艺人已经能利用各种物质材料，创造多种绘画技巧、形式和风范。三国两晋南北朝时期，在玄学、佛学的影响下，绘画在继承前代优秀传统和吸收了外来文化的基础上，形成了新的风格。出现了顾恺之、张僧繇等巨匠，代表作有《女史箴图》《洛神赋图》《职贡图》等，对后世产生了深远的影响。从三国魏晋南北朝以后，中国绘画逐渐进入了高潮。隋、唐、五代时期是中国古代绘画全面发展的时期。由于经济的繁荣、中外文化交流的活跃，绘画的发展也蓬勃向上。当时涌现出大批著名的画家，有记载的就达二百余人，著名的有李贞、卢鸿一、郑虔、王维、张志和、薛稷、边鸾、荆浩、关仝、董源、巨然、徐熙等等。画家的艺术表现技巧更加丰富，创作题材也空前广泛。人物画更加注意反映现实生活和刻画人物的精神气质；而山水画也分出青绿和水墨两大体系，并产生了南北不同的地

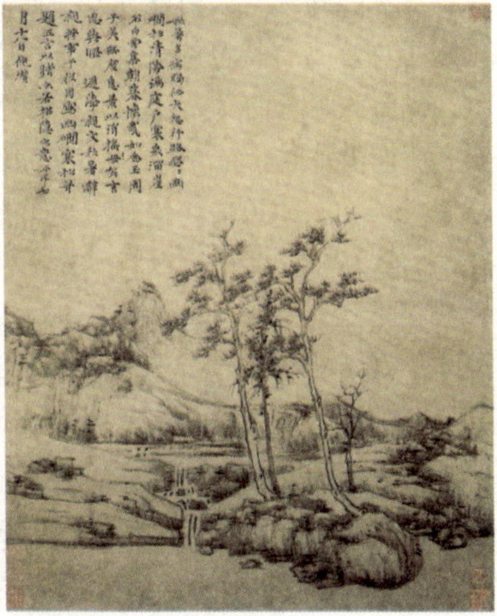

→幽涧寒松图　倪瓒 / 元

画面坡石平岗，溪水淙淙，远山无树，石边无草。几株瘦细的松树微倾枝干，松枝稀疏。笔意松秀简淡，意境荒寒萧索，画上题诗一首，诗画格调一致，品格超脱出尘，孤清泰然。

域性风格；花鸟画则创立了工笔设色和水墨淡彩、没骨等多种表现方法。

两宋时期，中国绘画进入了全面发展的阶段。由于社会的安定，以及统治者对绘画艺术的重视，绘画得到很大发展。这一时期的山水画，在山石皴法、构图章法、透视比例、色彩铺陈上，都得到进一步的发展，技法丰富，质感强烈，气势宏伟；花鸟画更加严谨精致，饶有装饰趣味。值得一提的是，文人画在北宋时期终于形成气候。元代，绘画以文人画为主流，代表人物有高克恭、黄公望、王蒙、倪瓒、吴镇、赵孟頫、王冕等。

明清时期，绘画领域进一步出现了许多富有特色的流派与个性鲜明的画家。明代是中国书画艺术史上的一个重要阶段，其显著特色就是出现了一些以地区为中心的名家和流派，主要有浙派的戴进、夏芷等，江夏派的吴伟，吴门画派的沈周、唐寅、文徵明等。另有董其昌的华亭派，赵左的苏松派，沈士充的云间派，兰瑛的武林派，项圣谟的嘉兴派以及陈洪绶、徐渭等人。作为我国封建社会后期的清朝，在绘画领域同样出现了许多富有特色的流派与个性强烈的画家，可谓画派林立。同时，一方面文人画、西洋画对宫廷绘画也产生了影响；另一方面由于商品经济的发展，民间绘画更加世俗化、商品化。所有这一切，使得清代绘画呈现出发生奇变的倾向，也为近代中国绘画的改革做好了准备。

1840 年鸦片战争后，随着中国沦为半殖民地半封建社会，在上海、广州等通商口岸，形成了商业气较重、雅俗共赏的“海上画派”与“岭南画派”。“五四”以来，中国绘画又进入了一个新的时代。面对中外文化交流日益频繁的形势，一些有革新精神的画家，在坚持弘扬中华传统艺术的同时，不断推进绘画的发展。主要代表人物有齐白石、黄宾虹、潘天寿、傅抱石等，以及一些留洋归国的画家，代表人物有林风眠、徐悲鸿、刘海粟、吴作人等。在抗战时期，中国画家以满腔爱国热情投入了反法西斯的斗争，涌现出一批激励抗日斗志的优秀作品，如蒋兆和的《流民图》、徐悲鸿的《奔马图》《醒狮图》等。抗日战争结束后，有的画家向海外发展弘扬中华传统艺术，并借鉴海外艺术的长处，不断探索水墨画的创新，张大千就是其中的代表。他的作品多次获得国际好评，有人称他为“东方的毕加索”。

近现代书画

目前在书画市场上，近现代书画收藏势头越来越猛，也日益成为众多收藏者的“主战场”。且不说那些名家之作，由于已得到社会的广泛认可，其影响甚至已远播海外市场，因此其价格非常可观，从而成为无数收藏者所重之宝；即便是较一般的书画作品，也往往因其潜力而成为追逐的焦点。所以在目前收藏界，以往那种厚古薄今的观念正被颠覆。市场是最好的回答，众所周知，傅抱石、范曾等名家的作品就常拍出上千万的天价，即使他们的一些普通作品也动辄数十上百万元。另外像齐白石、张大千、徐悲鸿、李可染等人的作品，其价位也常大大超过明清时代的书画名家。比如在 1994 年的一次拍卖会上，齐白石老人在 85 岁所画的一幅工笔《贝叶草虫》，尺寸 103.4 厘米 ×34 厘米，其成交价就达 50 万元，而仅过了半年后，他的另外一幅题材、笔法、构图大致相同的作品，尺寸 110 厘米 ×50 厘米，成交价升至 80 万元。

针对当前近现代名家书画作品在艺术市场上的走俏这一现象，尽管一些人曾表示了置疑，但如理性分析，就会明白其中的必然了。

首先从历史发展角度看，中国近代历史的大背景，使得中国美术史的发展在一百年的时间里达到了前所未有的高度。与古代书画艺术的缓慢发展所不同的是，近代中国书画艺术变化大、流派多、影响深，几乎超越了中国近千年以来的美术史发展，这在很大程度上提升了它们的艺术价值。在艺术的内涵方面，近代以来所涌现出来的艺术大师，突破了古代书画表现力的局限，其作品常能抒写出这一变乱时代的人文精神和文化共鸣，在获得巨大艺术成就的同时，还显示出了高超的艺术表现力和深刻的历史内涵。

从收藏的角度看，近现代书画因其年代原因，在民间还留存有相当大的数量，而不像古代书画那样，基本都留存于海内外各大博物馆，使收藏者望洋兴叹。更重要的是，相对于古代书画而言，由于可借助的手段非常丰富便捷，近现代书画作品的鉴定是比较容易的。而且，在收藏市场上，近现代书画已经过市场多年的考验，可以说已形成一个非常成熟的收藏群体和圈子，在艺术市场方面有一个非常完备的流通渠道。所以说，收藏中国近现代名家的代表作品有非常广阔的前景，同时也是比较容易入手的一个收藏门类。近年来拍卖市场的经验表明，中国当代书画收藏和投资的市场潜力不容忽视。尤其是对于一般收藏者来说，中国当代书画不但具有真假易辨、贴近人们的审美情趣以及市场价格相对较低的优势，而且如果收藏方向正确，它们还会具有一定的增值空间。

鉴宝秘要

对于书画的鉴定而言，首要的任务就是鉴别真伪，其次是评定等级和价值。

↑心赏图册（其一）姚绶 / 明

姚绶，生于永乐二十一年（1423 年），工诗文，善书画。了解书画家的生卒年号对鉴别藏品真伪也是大有帮助的。

同所有收藏品一样，书画首先要确定其真假。作为一个书画收藏家或爱好者，如果不学习一些必要的鉴赏知识，其后果将不堪设想。其实，书画的鉴赏并非像想象中的那样玄乎。只要能够经常学习研究，并与别人交流经验，就可以成为一个入门的鉴赏家。其实在众多的收藏对象中，书画在鉴定方面的规律也是比较多的，这也是它的优势所在，当然其难度也是颇大的。

我们知道，任何收藏品（特别是古玩类）的交易价格都是很复杂的。就像我们在有些影视作品上看到的，在古玩交易场所里，所陈列的古玩都是有真有假，绝大多数都不会标明真假，更不会明码实价交易。因此，这就要靠收藏者的眼力了。有句行话叫“捡漏”，指的就是能用低价买到真品。人们都知道“物以稀为贵”，像梵高的画，生前一幅仅能卖到约 80 美元，现在却能创下 8250 万美元的天价。但如不具备基本的一些鉴别知识，就贸然到市场上大举收藏，那后果将是灾难性的。

作为收藏者来说，如果要想辨明古代书画的真伪、判断其是非、评定其价值，就需要多比较、多看实物，并借助画家传记、书画著录、有关诗文、历史知识等文献。

首先要努力学习和掌握有关的背景知识，这对于书画的鉴定，往往能起到很大的作用。比如在鉴定古代书画时，就必须了解以下几方面的基本知识：

一是有关书画家的字号、籍贯和生卒时间等情况。如果收藏者能够熟记书画家的字号、籍贯和生卒时间，那将在鉴定时发挥关键作用。实际上,因为这些问题对于某些作伪者而言，也是很容易忽略的，因此一个比较熟悉相关知识的收藏者往往就能够轻易地看出问题。比如有一件宣称为明代沈度的《梅花百咏》字册，其题款为“成化十四年秋七月望后一日，沈度书于春草堂”。但经过考证发现：沈度生于元代至正十七年，卒于明代宣德九年，而成化十四年时沈度已死去 45 年了，显然这件作品是伪造的。又比如有一件所谓的明代姚绶《三清图》轴，被人题款为“三清图，永乐五年岁在丁亥秋日写”，但实际上姚绶系永乐二十一年生，弘治八年卒，永乐五年时姚绶根本就未出生，所以也可以肯定这件东西是伪品。

看来，考证书画家的生卒时间与书画的鉴定有直接关系，这就要求收藏者必须尽可能地掌握相关知识。不过在实践当中，有关文献对很多书画家的生卒时间或记载不够准确，或根本就没有记载；有的书画家虽然其作品具有相当艺术水平，但其本人在文献上根本就查不到，这些情况是很多的。

二是有关的文史知识，比如历代帝王的年号、天干地支方面的常识等，对正确鉴定书画，也往往起着相当重要的作用。

例如：明神宗（年号万历）在位48年，卒于万历四十八年七月，八月继位的光宗改元泰昌，但仅一个月就死了，九月又由熹宗继位，当时却并没有改元，而是直到第二年才改元为天启。据此，如果收藏者在书画上看到万历四十八年庚申春日或夏日的落款，都是合理的，但如果写为万历四十八年腊月，则不符合逻辑，肯定有问题；如果落款年号为泰昌时写成泰昌元年庚申春日或夏日，也肯定是有问题的。

三是关于避讳现象。在古代书画鉴定中，还常常能用到避讳知识。避讳属中国古代特有的文化现象，通常可分为避朝讳（避当时皇帝及先帝的名字）与避家讳（避作者家中长辈或祖先的名字）两种。在收藏鉴定中，避朝讳比较容易掌握，避家讳就比较难以掌握了。通常古人避讳的方法主要有三种：一种是将要避讳的字缺写一笔（多为最后一笔），另一种是将避讳的字换个意思相近的替代字，还有一种是将要避讳的字空格不写。有一个有趣的故事：50多年前，北京琉璃厂有一幅落款为明代大画家董其昌的作品，画工很好，落款字数不多，作品本幅也十分整洁，当时有不少人想买。但后来一位细心者却发现了这件作品的毛病：此画落款“玄宰”的“玄”字缺写最后一笔，一看即知是避清代康熙皇帝玄烨的讳。而董其昌死于明代崇祯九年，根本就没有活到清代，因此可肯定这件作品是清代人伪造的。不过对于避讳问题也不能一概而论，因为有些情况就并非如此。比如经过鉴定确为南宋高宗赵构所书的《临古二体千字文》卷，就是完全按照唐人原件临写的，其文内的字均避唐讳（诸如“渊”“世”“民”等字均被避讳），但却没有一个字是避宋讳的。

从以上几方面可以看出，鉴定古代书画时所需的文史知识的确是很重要的，甚至可以说，文史知识的丰富与否，对

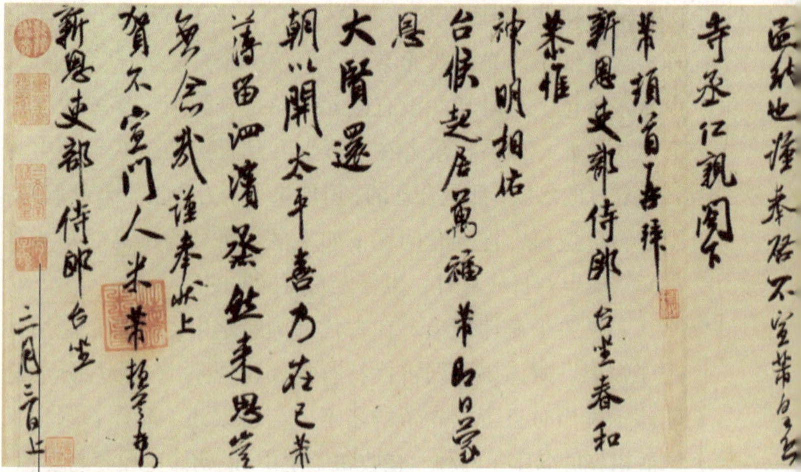

↑新恩帖　米芾 / 北宋

全帖书写笔画力透纸背，秀润劲利；用笔丰腴，肥不没骨。帖后有“乾隆鉴赏”“宣统鉴赏”“三希堂精鉴玺”等款识。

于鉴别书画的真伪，具有举足轻重的作用。而且在实际的运用中，又常常需要依据不同的条件，灵活掌握，这的确不是一件容易的事情。

此外，收藏者还可以从古代书画的风格、纸绢、装潢、印章、服饰与生活用具、题跋等方面进行真伪的鉴别。

首先可以看“气”，就是书画所体现的时代气息和个人风格。因为一幅书画的时代气息与个人风格的形成，无不与当时社会的政治、经济、文化和生活习俗等方面有着密切的联系。在漫长的中国历史中，各个朝代都有独特的政治、经济和文化特点，如唐、宋、清等，都有明显的区别。因此，

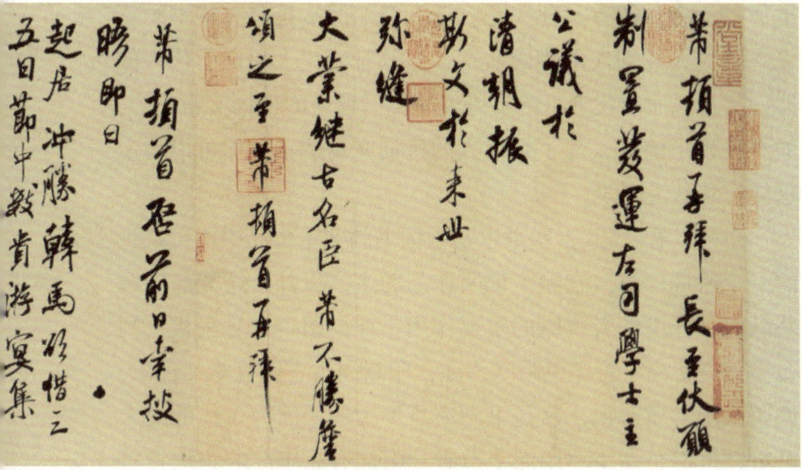

一幅真品古代书画属于何年代，只要细品其中的时代气息就能断定。至于个人风格，则是画家尤其是著名画家所形成的特有风格和特点，举凡大家，当其艺术成熟后，都有自己鲜明的风格，行家里手一望便知。同时，一幅好的书画作品一般气韵生动，笔法灵动，有一种强烈的感染力。而如果是别人模仿、伪造的，则定会显得死气沉沉，呆板无味。

其次看“款”，因为中国古代书画作品一般都是有款识的，如果没有，则可能是随意练笔的草稿，一般称不上作品。同时，中国书画作者一般都有很高的文字诗词水平，具有相当深邃的文学造诣，有不少书画家，就是当时赫赫有名的大文学家，他们的所写所绘，往往与文学有直接的关联。因此在鉴定时，一幅画画得再好，如果其题款诗词粗陋不堪、没有新意，或者模仿抄袭他人的词句，甚至题上了几句俗语，那么这幅画就不会有多高的价值。还有的旧书画，其题款的书法拙劣而幼稚，有的题款还与画面墨色不一，明显是后加的题款，这种情况也值得注意。还有一种情况应该注意：通常是有一些书画家喜欢写古人或别人的诗词文章，但只有后代人写出前代人的诗词文章，而前代人是绝不可能写出后代人的诗词文章来的。如果发现了前代人写了后代人的诗词文章的话，那可以肯定这件作品是伪造的。

还可以看“印”，印章也是中国书画艺术作品中不可缺少的一个组成部分，它除了证明作品的主人以外，还能起到调剂画面、抒发作者胸臆的重要作用。如果图章拙劣呆板，则多为画匠所刻；若印色晦暗浑浊，印章周围有明显渗油现象，说明采用劣质印泥，这是书画家所不为的，因为古代的文人再穷，也不会在小小印泥上节省。因此有志于此的收藏者可以花点时间熟记几个重要书画家常用的印鉴。

正所谓“十画九假”，在古玩类收藏中，赝品最为泛滥的就属书画。毕竟人只要能够写字画画，就有可能具备临摹造假的水平。值得庆幸的是，普通收藏者面对古代书画的情况较少，更多的是需要了解近现代书画的价值和鉴定其真伪，这一点就比较容易了。而如果要收藏当代画家的作品，最稳妥的办法就是直接从书画家手中求购，或参加有信誉的拍卖行的拍卖活动。

鉴真首先要辨伪。书画作为一种特殊的艺术收藏，其伪造也有悠久的历史。当然，作伪者的出发点和动机各异，手段也多种多样。即使像张大千这样的大家也有作伪之事，但与那些纯粹牟私利者有根本区别。

古人的作伪方法有很多种。比如一揭成双，就是通过揭裱旧书画，使两幅作品几乎完全相同。自明朝以来，书画最常用的质料是宣纸。因宣纸通常有多层，所以一张宣纸可以再分揭为数张。于是，当一些商人获得书画原作后，往往会设法揭出若干层。由于宣纸用墨极易渲染，几乎每层都可以浸透画家的笔墨。虽然揭层越多，笔墨越淡，每层的原作也比较淡，但作伪者会再用宣纸裱数层，墨迹轻淡之处再照样添补，新墨如很明显，再用熏旧之法使其变旧变暗，使真伪难以分辨。

明清时期的"熟造"也很典型。所谓书画的"熟造"，就是造假者参照有声望、有名气的书画名家原作真本作画，添上名家款识，拿到市场求售获利。造假者通常与被仿冒的书画名家有沾亲带故的关系，或是其子孙，或是其学生弟子，对名家思想性情、言行举止乃至绘画的风格特点，都相当熟悉，加之时间上相距不远，仿冒又有所本，颇能乱真。当时就有不少人误以"熟造"书画为名家真迹而加以收藏。据说文徵明的第五代子孙文葆光，就曾作画造文徵明的假。

↑赵孟頫《山水人物》伪作

根据众多书画收藏人士的多年总结，目前在市场上，对书画的作伪主要有以下手法：

1. 统体。即把名家的真品放在玻璃台面底下，利用灯光反射，进行拓绘；或用大幅的玻璃纸铺在原作上，逐笔细描，然后再把描好的玻璃纸铺在灯桌上面，再覆以宣纸，然后运笔画在宣纸上，而后题跋钤印入市。

2. 换款。即利用现成作品，擦去或挖空题款和印章，再加上其他不相干的作者名款。

3. 添款。即在原来没有落款的书画作品上，添上某位名家的名款，使其成为“名人之作”。

4. 半真半假。即以一段真的题跋，接上一段假画；或利用真款四周留有余纸，加绘假画。还有的把原画放大，增加尺幅面积；更有的把一幅画分切成两段甚至三段，这种情形大多发生在长卷上。

5. 移贴。将真题款和画幅拼接在一起，再进行装裱。一般如果不重新装裱，其真伪很难被发现。

当前，在书画界新出现了一种更恶劣的作伪手段，就是通过出版画册、期刊等，将伪作充塞其间，或者通过非法手段进入拍卖市场，以此蒙骗收藏者。

对于古代书画来说，年代对于它的价值有很大的影响。尤其是明清以前的作品，由于一些鉴定年代的要素并不齐全，所以就需要从各个角度来综合考察。

具体可从以下方面入手：

1. 纸绢。众所周知，中国古代书画所用的材料基本为绢和纸，而对于书画的断代无疑具有一定的作用。研究表明，五代到南宋时期的绢，从表面来看，除了单丝绢外，还出现了双丝绢的形式。元代的绢总的说来比宋绢显得粗了一些，不如宋绢细密洁白，并且还呈现出稀松的状态；明代的绢总的看来也比较粗糙。

纸的质料是判断书画年代的又一标准。汉、晋古纸，都用麻料，它的特点是纤维较粗。隋、唐、五代书画大都用麻纸，北宋以后则急剧减少。但是北宋中期后，就不易以纸质来区别时代的前后了。

2. 装潢。各个时代的书画，在装潢上也有各自特色，并可作为断代的依据。如南宋宫廷收藏的书画就有规定的装裱格式，对不同等级的书画采用什么材料来装裱，都有严格的规定；立轴的用料的颜色、尺寸、轴头等也都有一定的格式。元代的宫廷藏画则选择专人装裱。

明代书画的装潢形式有进一步发展，书画卷增加了引首，并且有的被写上了字，有仿宣和装窄边的，也有用绫或绢挖厢宽边的；立轴则有宽边、窄边之分，有的还加了诗堂。

清代宫廷收画的装裱，也有其特殊的风格面貌。康熙、乾隆时期，装裱的用料和技术、形式各方面都比较好，卷、轴的天头绫多为淡青色，副隔水多为牙色绫，临近画心的部分多为米色绫（或绢），立轴有的有诗堂，有的则没有，但一般都有两条绶带。嘉庆以后，宫廷装裱的质量逐渐低落，立轴的天杆逐渐变粗（晚期成为方形），一部分轴头不再用紫檀、红木了，而且显得比较笨拙。

3. 印章。印章的时代特征与气息也是鉴别书画的佐证。印章的时代气息可从其形状、篆文、刻法、质地、印色等方面表现出来。宋代的书画作品，钤盖上书画家本人的印章为数很少，大多数书画家在作品上并不钤盖本人的印章。宋代印章的印色有蜜印和水印之分，蜜印颜色红而厚，水印颜色淡而薄。元代印章的篆文、刻法都有变化，出现了圆朱文印，印色大都采用油印和水印。自元代王冕开始采用石料刻印以

↑庐山全景　张大千 / 现代

甄别时应特别注意该画在传统墨法基础上借鉴抽象主义的自动技法、始创大面积泼墨泼彩的特点。

后，采用石料刻印的人逐渐多起来。明代初期，各种石料的印章已相当普遍，篆文刻法也有新的变化，篆文每个字的停笔处，都比原笔画略粗一点，但显得较淡，并略呈黄色，同元代的印色有所不同。明代中后期，印章的字体有古文、篆体等各种形式；印色大多是油制的，颜色也有浓淡之分，也还有少数画家使用水印。

4. 题跋。题跋可分三类：作者的题跋、同时代人的题跋、后人的题跋。

5. 避讳。在封建帝王时代，行文要避讳。因此我们可看所避的是哪代皇帝的讳，就可以断定书画的创作时期，不能早于避讳的那代皇帝的时期。

一旦确定了一幅书画作品的真伪，接下来就可以通过一些常识来判定其真实的价值了，当然前提就是先了解当前书画的基本行情。从市场上看，影响书画价值的因素很多，但通常而言，决定其价值高低的要素一般为作者、内容、尺寸、质地等以下几方面：

1. 书画家的名望。从某种角度讲，书画家的艺术水平和艺术地位集中表现在社会名望，所谓名望，指的是名气，它在字画中的价值至关重要，如齐白石、张大千等，其作品的价值自然与一般人所作有着巨大的差距。

2. 书画的内容和题材。书画的内容和题材是影响其价值的重要因素之一。一般说来，同一作者的书画，内容以山水为上品，人物次之，花鸟竹石又次之，走兽虫鱼最次。而收藏家一般对吉祥、高雅、稀有题材会有极大的兴趣：吉祥题材大多集中在人物花鸟上，因为许多人物花卉动物的组合具有传统的比喻象征含义，如佛像、牡丹等；高雅题材多集中在山水上；稀有题材主要指画家平时很少涉足的题材。

3. 书画样式。中国书画的样式多种多样，有立轴、横幅、镜片、屏条、手卷、册页、对联、扇面等。一般以册页、手卷的价格为最高，屏条次之。按尺幅论，一般立轴高于横幅，纸本高于绢本，绫本为最下。立轴要在五尺以内，以高四尺、宽二尺为宜，太大或太小都不值钱；横幅要在五尺以内，横披要在五尺以外；手卷以长一丈为合格，越长价格越高；册页、屏条应为双数，册页以八开为足数，越多越好，屏条以四面为起码数，十六面为最终数。

4. 书画质地。就书画的品相而言，就是把书画的装裱、展幅、光洁、完整等形式分为上、中、下三个档次：上品是纸绢完整不破、幅面整洁无垢，背面没有贴补者；中品是表面完整，但幅面基本上由贴衬所支承，但原来的神采尚未失去者；下品是幅面破碎零落，由块、片凑补而成，完全由贴衬所支承，通过重新裱装后，原幅的风格、神采已失去，虽然可能是大名家的作品，也只能是下品。

5. 题字多少。一般说来题字越多越好，一行字又称为“一炷香”，名人题跋又称为“帮手”，同时书画著录、收藏印鉴也很重要，一定程度上可提高作品的价值。

6. 作品的存世量。所谓“物以稀为贵”，画家作品存世量的多少会直接影响其价值。

7. 年代远近。一般来讲，由于中国画不易保存，所以同等的名头，其作品年代越远，价格越高，年代越近，价格越低。

除了上述几要点，即使是名家，其书画作品也有优劣之别，价值也是大有差异的，因为艺术家的创作也有精品与应酬作品之分、早中晚期不同作品等等，这些都是收藏者应该注意的。有关专家指出，收藏名家书画应该注重以下四个方面：作品选题和表达是否有所创新，作品气韵是否生动，作品意境是否深远，作品的格调是否高雅。如果符合了这些条件，就是一件珍品。有时，即使是名家之作，如有印无款、有款无印或是借盖他人闲章，也不能算是完美的作品，价格就会受到影响。

另外，对于收藏实力有限者而言，可以选择一些当代还不是非常出名、但具有一定潜力的小名家的作品。虽然他们的作品一时还不为人所重，但因其勤奋而具有个性，已渐渐形成个人风格，尽管目前还没有出名，但经认真分析后，如果认为值得，极有可能会在不远的将来实现升值。在收藏一般当代书画时，则需要注意以下几点：

一是选对对象。学院派如省级画院或国画系院长级画家的作品值得关注。还有一些被称为“野派”的自学成才者，他们往往师承某位大师，有时水平甚至高于学院派。

二是鉴别技法。一些年轻的当代书画家画技比年长者还要好，但并未被社会认可，他们多继承了古人的笔法，并有创新，画作极富个性，如还担任一定职务，其作品也值得收藏。

另外，由于书法和绘画还有不同的一些特点，在具体评定时，也应注意。作为独立的艺术，在对书法进行鉴定时必须根据其本身的特点去进行。一般可从六个方面着手：

1. 用笔。这是欣赏和鉴定书法首先要注意的问题，就是在鉴赏时，看作品是否用笔得当。例如：篆、隶书，藏锋于笔画之内；行、正、草书，露锋于笔画之外；正锋古朴，侧锋秀丽等。

2. 结体。即看书体是否横平竖直，疏密匀称，比例适当，偏旁容让，点画响应，向背分明，变换参错，重心平稳。

3. 风格。除了看用笔、结体外，还要在此基础上鉴赏个人风格，也就是用笔和结体的结合，看其风格是否经得起历史的考验，自成一派。

4. 气势。气势分字内和字外两种，即看其字内横势、纵势有无规律，字外气势看楷书、草书字与字之间的联系等。

5. 章法。书法谋篇布局的好与坏直接影响一幅作品的质量，一般要看天头距离是否大于地脚，两边留空距离是否相等，行距是否小于两边空距，字距是否小于行距。

6. 墨韵。指一幅作品笔、墨、纸配合得体，有韵味。

收藏指南

中国书画一般都画在宣纸或绢、绫、帛等上面，所以随着时间的推移，很容易破损，与其他收藏品相比，更需要妥善保管。为最大限度地延长书画的寿命，一些收藏保护方面的基本常识是必须了解的。

1. 书画不能悬挂在潮湿、油污的墙壁上。

2. 悬挂书画要注意挂钉的牢固和挂画的方法，摘下后要平放于案上，卷画时注意卷齐、卷紧。

3. 展阅书画时必须在桌案上，案面要求洁净，弹去灰尘擦掉秽物，墨水瓶之类远离桌案。期间要注意：带上细薄棉手套；说话、咳嗽切记避开画面；忌吸烟，且整个室内都要严禁烟火；不能在风口处看画，室外风大可及时将窗户关好。

4. 书画地子和设色部位出现返铅时，特别是人物画中面部常见返铅后呈灰黑色，此可用小刷（新油画笔，毛笔也可）蘸过氧化氢抹擦。如返铅过重，待第一次干后再擦第二次，重复数遍，即可消除。

5. 书画外运包装，长短分类，以每包10件为佳，用纸、棉、泡沫在轴头间垫实，用线绳或麻绳在两端和中间，以十字、井字形捆牢。以牛皮纸、油纸或沥纸、塑料纸之类包好，以防雨淋。

6. 字画必须在一定的温度、湿度下存放，并保持空气流通。画架书柜存放保持离地面半尺以上。每年晚秋季节，取出晾一次。

7. 字画易被虫蚀、鼠咬，保藏书画场所，绝对不能丢放食物，以免引出虫鼠。

8. 书画存放，一般按年代分出大类，以花鸟、人物、山水分科，根据作者姓氏笔画编号，名片中包括画名、作者、质地、尺寸，科学而详细地记载，以便于查找。

9. 破残书画中零碎片，不能丢失，要及时进行揭裱修复。

10. 如果发现某件字画受潮发霉，应速将此画挂在空气流通的地方，但不能让阳光直晒，轻微发霉，可用掸子轻轻弹去，如发霉现象严重，应重新装裱修复。

11. 书画不能长久悬挂，否则会变形。

12. 书画库首先应选择通风条件好和较干燥的楼房，不宜选择底层和顶层。防止受潮可用干燥剂吸潮，书画防虫多用驱避剂。

21 世纪以来，中国书画的行情持续稳中有升，常常创造出拍卖天价。在市场迅猛变化的时代，一些书画大家作品的价位走势，对于掌握各类作品的大概价格，具有重要的参考意义。以中国嘉德 2004 年迎春书画拍卖会为例。顶级大师方面，题材、画工、品相均属中上水平的齐白石作品《喜梅图》，画面约 3 平方尺，成交价达 38.5 万元；另一幅约 2.1 平方尺的《玉兰蜜蜂》，25 万元；约 2.1 平方尺的《七虾图》和约 3.2 平方尺的《鱼虾图》成交价均在 35 万元上下；其他约 1 平方尺左右的小品价位也均在 10 万元以上。张大千画作，一幅约 4.5 平方尺的《高士图》成交价 24.2 万元，其余 1 平方尺左右的小品则接近 10 万元。黄宾虹书画，4 平方尺的山水价位已达到 20 万元左右，一幅约 2.1 平方尺的《岁朝清供》成交价高达 15.95 万元。我们从中可以大致掌握他们的作品价位，但也有一些例外，如李可染的《爱晚亭》，最后以 682 万元成交，但此幅画作仅为 2.7 平方尺，若以平方尺计算，则在每平方尺 200 多万元，这是极为罕见的情况。

一般著名书画家方面，吴徵《深山萧寿图》，4 尺整纸，成交价 5.28 万元；另一幅约 4.6 平方尺的水墨山水也以 3.08 万元成交，其价位较往年提高 1 倍还多。另外如钱慧安《广陵华瑞图》，约 4 平方尺，以 6.2 万元成交；沈心海《八仙祝寿图》,约 7.3 平方尺,成交价 5.5 万元。其余如萧谦中、萧俊贤、祁井西、颜伯龙、王震等二流画家作品的价位大致类似。

当然，估价时也因具体情况而异。比如黄胄的作品，有的作品可能是五六万元一平方尺，还有的可能就会以十几万元一平方尺成交，这是因为同一位书画家，其作品有应酬之作与精心构思之作之分。

书画家的等级反映作品的档次，作品档次与作品价格有着直接的关系。一般进入拍卖市场的都是一、二、三级书画家的作品，因其等级不同，价格相差甚远。书画家等级的划分只是一个前提，还有三个制约价格的直接因素，那就是题材、画幅、品位。目前一般将书画家分为五个级别，如下表所列。

一级书画家	1. 在中国艺术史上有创造性的重大成就； 2. 在全国书画界有突出的艺术地位； 3. 其作品在全国及国外产生了较大影响； 4. 其作品在国际书画拍卖场上取得高价位； 5. 其作品长期受到国内外收藏家的欢迎
二级书画家	1. 在艺术创造上有显著的成就； 2. 在书画界有一定的艺术地位； 3. 其作品在全国有较大的影响； 4. 其作品能进入国际拍卖舞台； 5. 其作品在国内收藏界颇受欢迎
三级书画家	1. 在省内有一定的艺术成就和艺术地位； 2. 其作品在全国有一定的影响； 3. 其作品进入全国性的拍卖会； 4. 其作品有收藏价值
四级书画家	1. 其书画艺术达到国家级会员水平； 2. 其作品在省内有一定的影响； 3. 其作品可以进入省级书画拍卖会
五级书画家	1. 其书画艺术达到省级会员水平； 2. 其作品在本县、市范围内有一定影响； 3. 其作品受到当地书画爱好者的欢迎

书画收藏者首先应掌握这些标准，详细了解书画家的简历，然后即可正确评估其作品的价值。

第二章

中国名画

长沙马王堆一号汉墓帛画

早在远古时期，就有人死后灵魂升天或下地狱的说法，当时的人们对天国充满了理想化的幻想。1972年，在湖南长沙马王堆一号汉墓中发现了一件“非衣”帛画。画面完整，形象清晰，呈T字形，画面内容也依T字形的横幅和竖幅划分为天国、人间、地府3个部分。

横幅部分描绘的是天界。人首蛇尾、披发不冠、蓝身红尾的女娲（一说为张目能耀天下的大神烛龙）盘绕着踞于中间，两侧各有5只神鸟。右上角有一轮红日，里面画着太阳神金乌，红日下绘扶桑树及树间的8个小太阳。左下角绘有一弯新月，月中有玉兔和蟾蜍，弯月为一女子乘龙仰身擎托，有人认为是嫦娥奔月的情景。人首蛇身的女娲之下绘有两条巨龙、两骑神怪，再向下是天门“阊阖”、豹及门神“帝阍”。

帛画中段画的是人间世界。华盖与翼鸟之下，是一年老贵夫人的侧面像，老妇人身着锦衣，在小吏侍女的跪迎服侍下，拄杖前行。据考证，这位老妇人就是墓主人利仓的妻子。在老妇人前面，有两个戴鹊尾冠的男仆跪地奉迎。其下画一厅，设有壶、鼎、钫及重叠的耳杯之类的酒食具，其中又有一个大食案，上面铺着锦袱，左右侧各有三人拱手而坐，另有一人站在一侧。从这段图来看，似乎没有主人，意思可能是主人将离开家园，家人设宴送别，或表示主人离世后家人设案祈祷，总之，都是祝福墓主人早日升天的意思。

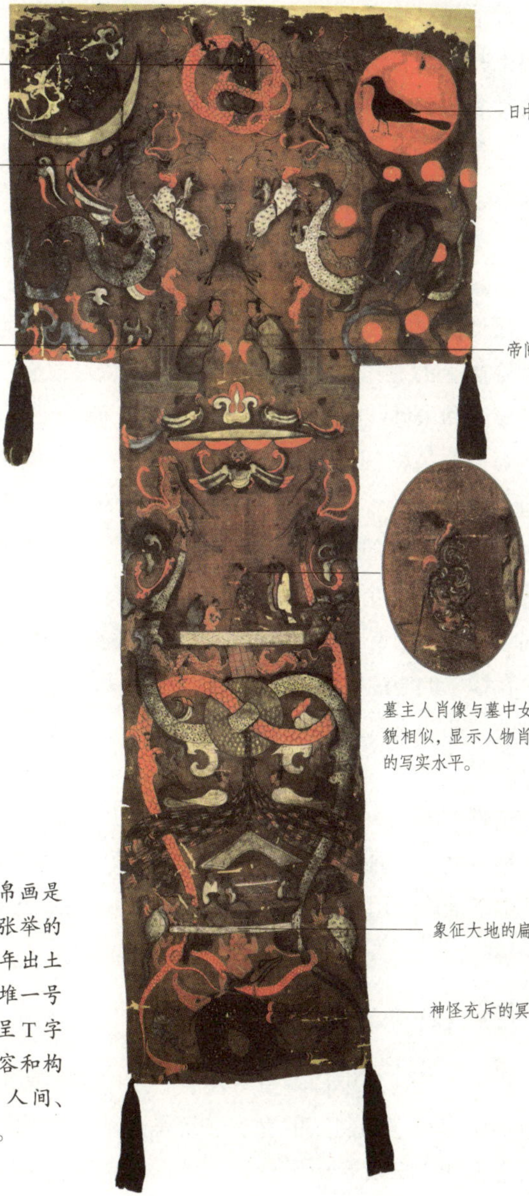

→这幅帛画是当时出殡时张举的铭旌，1972 年出土于长沙马王堆一号汉墓。画面呈 T 字形，依据内容和构图分天上、人间、地府三部分。

最下段是地下部分。一个裸体的力士，作马步下蹲，双手向上托着象征大地的白色扁平物，站在两条交缠着的水族动物身上。水族动物旁边，有神怪、大龟、鸱鸮等。

这幅帛画，天上、人间、地府相互贯通；神、人、兽互为关联，奇谲瑰丽，蔚为壮观，透出浪漫奔放的气势和对生命生生不息的执着追求。从这幅画中，我们可能看出西汉初期由原始的万物有灵观念转化为对神的无限崇拜。

强烈的对比是这幅帛画的一大特色，不单单是从上述的三个层次上的对比来看，从颜色上我们也可以感觉到。作品用淡墨线和朱砂线先起画稿，再用朱砂、藤黄、石绿、石青、白垩等矿、植物颜料平涂和渲染。此外，这幅画中的人所居住地方和领域的狭小与神怪充斥的世界的无边无垠形成鲜明的对照。在神怪的空间里，各色各样的奇幻形象、飞动交叉的线条加深了这个空间的神秘感和不安定感，而在人间，所画的是生活中的情景，因此显得平稳、真实，既生动又得体。

在线条的应用上，墓主额上至下颚以一笔勾勒，挺劲流畅，人物的面部和衣冠，画得精细、准确，龙、帷帐等则画得粗犷、豪放。

这件“非衣”帛画的想象力丰富，几乎运用了所有有关天上地下的著名神话传说故事来丰富画面，描绘的技巧高明，造型生动准确，用色考究，在古代绘画中尤为罕见。

女史箴图

女史，是宫廷中侍奉皇后左右、专门记载言行和制定宫廷中嫔妃应遵守的制度的女官。箴是规劝、告诫的意思。西晋惠帝无能，皇后贾南风操纵朝政，且荒淫放荡。张华以此为题材作《女史箴》，以韵文形式，拟女史口气，既讽刺放荡暴戾的贾后，也规劝教育宫廷妇女应遵循的封建道德，顾恺之依据《女史箴》画成一分段长卷。

张华所作的《女史箴》原文共 12 节，所以顾恺之的《女史箴图》也分为 12 段，前 3 段已遗失，尚存 9 段。这 9 段内容根据各段《女史箴》文，依次为：冯媛挡熊、班姬辞辇、世事盛衰、修容饰性、同衾以疑、微言荣辱、专宠渎欢、靖恭自思、女史司箴。这 9 幅画面中，第一幅画的是冯昭仪以身挡熊，保卫汉元帝的故事；第二幅是班姬不与汉成帝同车的故事；第三幅画的是山水鸟兽；第四幅描绘的是“人咸知修其容，莫知饰其性”一节，表现宫廷妇女化妆的修容情形；第五幅表达的是夫妻之间也要“出其擅言，千里应之”，否则“同衾以疑”；第六幅表达的是一夫多妻制；第七幅表达了“欢不可以渎，宠不可以专”的内容；第八幅表达的是女子必须谨言慎行；第九幅是“女史司箴，敢告庶姬”。卷后另绢有宋徽宗瘦金书《女史箴》词句 11 行，另纸明代项元汴（字子京）题“宋秘府所藏晋顾恺之小楷书女史箴图神品真迹明墨林人项元汴家藏珍秘”。卷末款署“顾恺之画”，当为人后添。

《女史箴图》以连环形式，宣扬了古代妇女应遵守的清规戒律，是儒家传统思想的反映。画中人物面目衣纹无纤媚之态，笔迹周密，气味古朴。对人物均以细线勾勒，只在头发、裙边或飘带等处敷染以浓色，微加点缀，不求晕饰，整个画面典雅宁静又不失亮丽活泼，其绘画语言充分体现了顾恺之所提倡的“以形写神，迁想妙得”的法则。中国绘画特色之一是以线造型，传统的线描都是粗细一律的“铁线”或“高古游丝”描，而顾恺之的线描是细线描，显得别有韵味。有人把他的线描比作“春云浮空，流水行地”，自然而朴素流畅，

↑此图表现的是西晋张华《女史箴》中的内容，采用一图一文的形式，人物描绘流畅细致，造型准确，神情生动。画中女子姿态从容，秀逸典雅，

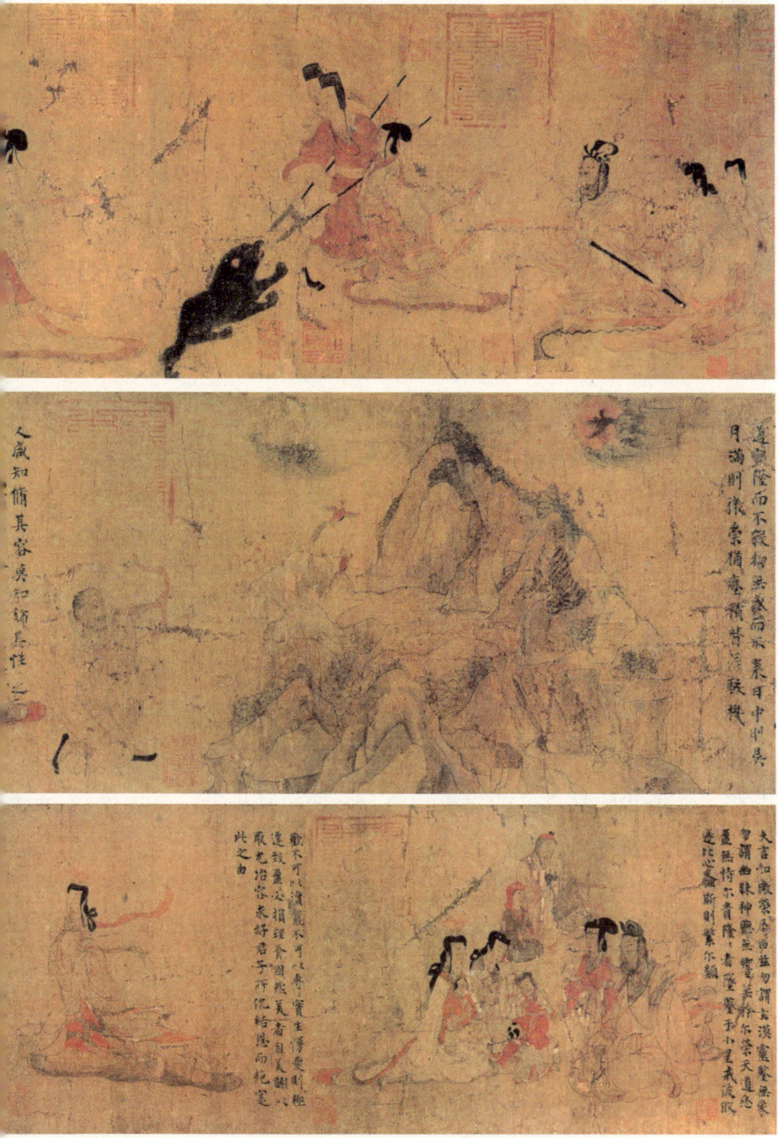

显示出贵族女子的特点。画风古朴，运笔缜密，赋色细腻和谐，体现了当时“以形传神”的思想。

也有人称他的线描如“春蚕吐丝”，圆润、细劲、连绵，如一气呵成。顾恺之用笔作画是“意在笔先”，画意在执笔之先已胸有成竹了。

虽然《女史箴图》是依照张华的《女史箴》文所画，但并不是只限于抽象的描绘，而是塑造了现实生活中的典型环境和人物。拿第一幅“冯媛挡熊”作例，据史书记载，汉元帝携众妃嫔女眷去看斗兽，忽然有只黑熊朝元帝跑来，众妃嫔女眷惊惶逃避，连皇帝都不顾了，唯独后妃冯媛为了皇帝的安危，挺身去挡熊，黑熊受阻，武士们才得以将熊刺死，使元帝免受其害。顾恺之根据张华《女史箴》文“冯媛趋进”来加以描绘，画面上的黑熊张牙舞爪，异常凶猛，而身体瘦弱的冯媛却神态自若,以飘动的衣带将“趋进”两字体现得非常贴切。冯媛目光坚定、毫无畏惧的凛然气概表现得淋漓尽致。舍身挡熊的冯媛,充分显示了封建殉道者的情状。又如“修容饰性”一节，中间一位丰采奕奕的贵族妇女在对镜梳妆，左边的侍女为其梳理发髻。铜镜为圆形，放在特制的镜架上，镜子旁还有长、圆不同的梳妆盒。画面右边还有一贵妇，正左手持镜，用右手整理并欣赏自己的发髻。整个画面生动形象，是古代绘画史上的杰作。

《女史箴图》中人物仪态宛然，细节描绘精微，笔法细劲连绵，设色典丽秀润。画卷中的山水与人物关系是人大于山，山石空勾不皴，也反映了早期山水画的风格。

洛神赋图

传说曹植少时曾与上蔡（今河南汝南）县令甄逸之女相恋，后甄逸之女嫁给其兄曹丕为后，而甄后在生了明帝曹叡后又遭谗致死。曹植在获得甄后遗枕后感而生梦，因此写出《感甄赋》以作纪念，明帝曹叡将其改为《洛神赋》传世。

《洛神赋》通篇言辞美丽，描写动情，神人之恋缠绵凄婉，动人心魄。顾恺之读后大为感动，遂凝神一挥而成《洛神赋图》。

在《洛神赋图》中，顾恺之充分发挥了艺术想象力，通过巧妙的构图，传神的笔墨，描绘出曹植在洛水之畔与洛水之神宓妃相会的情景。画中的洛神端庄美丽，时而徜徉于水面，时而飘忽遨游于云端，含情脉脉，仪态万千，很好地传达了文学作品的思想。

顾恺之以线描作为造型的手段，以浓色微加点缀来敷染人物容貌，不求晕饰，构图笔迹周密，线条流畅，如春蚕吐丝，如春云浮空，流水行云，皆出自然，画面中的人物呼之欲出。

在顾恺之那个时代，中国绘画是不讲透视和比例关系的，而是对重要表现对象进行拔高扩大处理，比如重要人物就画得比次要人物高大，《洛神赋图》也是这样。全图长近 6 米，是由多个故事情节组成的类似连环画而又融会贯通的长卷。全幅作品共画了 61 个人物，分为几个场景。分段描绘的画卷用一幅幅连续的画面展示了从曹植见到洛神，直到洛神离去、曹植返回的整个过程，反映着人物欢乐、哀怨的情绪。画家将不同情节置于同一画卷中，洛神和曹植在一个完整的画面的不同场景中反复出现，以山石、林木及河水等背景，将画面分隔成不同情节，使画面既分隔又相连接，和谐统一，丝毫看不出连环画式分段描写的迹象。图中山石、林木，反映了早期山水画的表现技法和面貌。

《子建睹神》部分，画的是主人翁曹子建（曹植，字子建）在翠柳丛石的岸边突然不经意地发现崖畔洛水之上飘来一位婀娜多姿、美丽照人的女神时如痴如醉的神情写照。他生怕

↑《洛神赋图》取材于魏国曹植名篇《洛神赋》，表现作者由京师返回封地的途中与洛水女神相遇而爱恋的故事。全图采用长卷形式，分段描绘赋中情节：开始是曹植在洛水边歇息，女神凌波而来，轻盈流动，欲行又止；接下来表现女神在空中、山间舒袖歌舞，曹植相观相送的情景；

最后女神乘风而去，曹植也满怀惆怅地上路。各段之间用树石分隔，并以舟车无情地飞驰离去反衬人物的依依不舍之情，极为传神。人物刻画如行云流水，用笔细劲古朴，柔韧如蚕丝；神态表现细腻，设色厚重鲜艳。山川树石画法稚拙，反映了山水画初创时期“人大于山”“水不容泛”的特征。

惊动洛神，下意识轻轻地用双手拦住侍从们，目光中充满了初见洛神时的又惊又喜的神态。顾恺之在处理曹子建的侍从时，将他们画得程式化，用侍从们呆滞的目光、木然的表情，衬托出曹植喜不自禁的神情，使画面形成一种鲜明的对比。这时我们看到曹植的神情是既专注又惊讶，能感到他内心既激动，外表又矜持的复杂心情。

通过《云东以载》部分，我们可以一睹顾恺之所创造的“高古游丝描”之真容。图中有大量对于云和水的写照，画家对于水的势态的描绘，有时舒展自如，有时平滑光洁，有时荡漾回旋。总之，画家笔下不同的水势、水态、水性千变万化的组合，使这种波涛律动的江浪之美又与画中人物的惊讶、激动、惆怅、流连烘托成一体，影响着画中气氛，将画家的情绪传染给观者，使观者一同受到感染，可谓高明之笔。

顾恺之还根据曹植的《洛神赋》中文字的描绘，创造了许多神仙和奇禽异兽，画面主要用墨线造型，墨线是典型的蚕丝线描，用色厚重、艳丽，形象十分生动。实际上，这些神兽在现实生活中是没有的，完全是画家凭想象将多种动物的特征融合成一体而画出的视觉形象。如他画出的海龙就长着一对长长的鹿角、马形脸、蛇的颈项和一副如羚羊般的身体，他画的怪鱼也长着豹子一样的头。它们虽然奔驰在江水之上，却没有飞溅的水花，就如同腾飞于空中一般。这种绘画技法，烘托出了画面的热闹，增强了故事的传奇性和神秘感，几千年来，一直受到人们的青睐。

观顾恺之的《洛神赋图》，不但可以一窥顾氏早期代表作之风貌，也可发现中国画当年的绘制风格。

步辇图

唐代画家阎立本的《步辇图》真实地记录了1300多年前文成公主与吐蕃赞普松赞干布联姻的历史事件，图中描绘的是唐太宗李世民便装接见吐蕃使节禄东赞的情景。

吐蕃是我国古代少数民族之一，唐初时经常扰袭边境，唐对吐蕃的政策大体是恩威并重。当时的吐蕃首领松赞干布仰慕唐王朝的典章制度，多次向唐要求通婚。为了妥善处理好民族关系，唐太宗决定把宗室女文成公主嫁给松赞干布。贞观十五年，松赞干布派使者禄东赞到长安迎亲，唐太宗接见了禄东赞，并派尚书李道宗护送文成公主进藏。

《步辇图》中坐辇者为唐太宗李世民，太宗身着金黄色便装，雍容大度，面目和善，嘴唇微动，可能正在询问吐蕃使者。对面三个站立者中间的一人为禄东赞，他头顶小帽，身穿团花窄袖长袍，黑密的络腮胡子，脸上布满饱经风霜的皱纹，风尘仆仆中露出精干，拱手肃立，显得毕恭毕敬，看似正在回答太宗的询问。禄东赞前边穿红袍、长髯者可能是唐时的典礼官（即翻译），禄东赞身后站立的应该是他的随从官（一种说法是三者中的前者为引班的礼官，后者为典礼官）。唐太宗步辇的四周还分立着几位娇小玲珑、曲眉丰颊的宫女，有抬辇的，有扶辇的，还有持扇和打伞的，姿态各异。画中人物的表情、衣饰和姿态，真实生动，身份和个性特征，都逼真传神，富有极强的写实性。

据史书上记载，唐太宗对禄东赞颇为赏识，还曾想将琅琊公主许配给他，但禄东赞以赞普尚未迎亲为由拒绝了太宗，从此太宗对禄东赞更加赏识。禄东赞在吐蕃为官30多年，对唐和吐蕃的关系做出了不少贡献，怪不得图中的太宗面部表情流露出了对禄东赞的嘉许。

《步辇图》与阎立本的另一幅代表作《历代帝王图》尽管在风格上有所不同，但在表现上，都重视人物心理活动的描绘，并没有借助人物动作的艺术夸张，而是集中在人物深刻地刻

画上。这幅《步辇图》工笔重彩，线描劲挺坚实，平整少顿挫，用色上擅施朱砂、石绿，局部加以适度的晕染。全画章法简练，舍弃了背景和道具，场面不大却显得庄重典雅。

↓此图描绘的是唐贞观十五年（641 年），唐太宗李世民接见迎文成公主入藏的吐蕃使者禄东赞的情景。

《步辇图》成功刻画出了太宗的喜悦之情和禄东赞对太宗的敬仰之情，对不同地位、民族、身份的人物都表现得真实得体，生动地记录了汉藏之间的友好关系。文成公主入藏后，直接带去了唐的先进文化，对促进吐蕃的社会进步起到了非常大的作用，影响极为深远。松赞干布还专为文成公主修盖了宫殿，即现在的拉萨小昭寺。

阎立本的画对其后的绘画艺术影响深远，米芾曾在《画史》中说他“销银作月色布地”，显得大胆泼辣，元王恽在《玉堂嘉话》中说，阎画“老子西升”，还曾“用漆点睛”。从阎立本的绘画创作中，可以看出初唐绘画已逐渐进入“焕烂求备”的盛唐阶段。

虢国夫人游春图

早年的唐玄宗李隆基勤于政事，励精图治，开创了“开元盛世”，但玄宗后期，由于宠爱杨贵妃，不理朝政，过起了

侈靡艳逸的生活，并分封杨贵妃的三位姐姐为韩国夫人、虢国夫人和秦国夫人。

天宝年间是唐王朝由盛转衰的时期，为“安史之乱”的前几年，唐玄宗及朝内上下都过着荒淫无度的生活。唐代画家张萱的这幅《虢国夫人游春图》描写的就是虢国夫人和秦国夫人两姐妹三月三游春的场面，与杜甫的《丽人行》相对应，从一个侧面反映了当时杨氏一家势倾天下的奢侈生活，在一定程度上揭露了统治阶级的骄奢、淫逸。

《虢国夫人游春图》画中连镳并辔者为八骑九人，构图前疏后密，作锥形前行，整齐中带着变化。一身着男装的仕女手挽缰绳，闲散自在地策马走在最前边。其后跟着二女官，稍前的一个女装打扮，骑菊花青马，头梳长发髻，身穿胭脂红窄袖衫，下衬红白花锦裙。着男装的女官乘黑色骏马，穿浅

↓作品竭力表现贵妇们游春时悠闲而懒散的欢悦气氛，以华丽的装饰、骏马的轻快步伐衬托春光的明媚；以前松后紧的画面结构，传达出春的节奏；而人物的丰润圆满，丰姿绰约，则既表现出贵妇的雍容娴雅，又展现出春的气韵，这种气韵也体现了大唐盛世的庄严与华贵。

白色圆领窄袖衫，在黑马的映衬下格外醒目。稍后有两骑浅黄色骏马并行，下方的为虢国夫人，手持缰绳，头梳“堕马髻”，身穿浅青色窄袖上衣，披白色花巾，双目前视，神态自若，秦国夫人则正在注视着虢国夫人，像是正在与虢国夫人交谈。最后是三骑并行，居中的一位妇女，高耸的发髻上簪着宝钿，仪态同样雍容华贵，怀里搂着个女孩，勒马缓步而行。她左边的骑马侍从也衣着男装，紫色衣，所骑之马为枣红色。总体看来，画面中形象刻画得严谨细致，色彩搭配得既符合礼制，又丰富和谐；人物面容丰满，体态丰腴，体现了盛唐时期统治者的审美意识；服饰华美，线描工细劲健，匀整流畅，作者多选用橘黄、朱红、翠绿等明快的色彩，艳丽而不繁杂，富装饰性。

作为人物画，此图着力表现的是贵妇们游春时悠闲而略带懒散的欢悦情绪和气氛。全图不设背景，但我们仍可以从装饰得花团锦簇的行列以及装备华丽的骏马的轻快步伐中感受到春光的明媚。并且在这幅画中也反映了当时社会的一个风气，即上层社会的妇女喜着男装、穿胡服，而且可以参加骑马、打球等活动。

《虢国夫人游春图》的隔水细花黄绢上有宋徽宗瘦金体楷书“天水摹张萱虢国夫人游春图”题签，意思是这幅游春图为赵佶所摹。需要指出的是，唐代已不再像魏晋时期的简约精致，取而代之的是一种扩大了的生活情怀，人们向往世俗生活，喜欢用积极乐观的态度去面对现实。《虢国夫人游春图》虽然只描写了宫廷妇女生活的一个侧面，也能让我们了解到现实中妇女的真实状态，这是六朝时期所取题材无法承载的。

盛唐时期，这种曲眉丰颊、体态肥胖的造型特点是一种新的画题，即所谓的“绮罗人物”，这与当时的社会变化是分不开的，既是贵族妇女的实际写照，也是当时上层统治阶级审美要求的一个反映。

韩熙载夜宴图

韩熙载（902 ~ 970 年），字叔言，五代时潍州北海（今山东潍坊）人，唐末进士，是一位北方贵族，因战乱南逃，被南唐朝廷留用，后主李煜想授他为相，但因为他有许多侍姬而有点不放心。韩熙载本也是个有政治才干的人，艺术上也颇具造诣，懂音乐，能歌善舞，擅长诗文书画。但南唐统治者贪图享乐，国势日衰，韩熙载不愿出任宰相，而把一腔苦衷寄托在歌舞夜宴之中。李煜听说韩熙载生活“荒纵”，出于“惜其才”，想通过图画对韩熙载起规劝作用，即派当时画院的顾闳中深夜潜入韩宅，窥看其纵情声色的场面，顾闳中目识心记，回来后便作这幅《韩熙载夜宴图》卷。

《韩熙载夜宴图》采用了我国传统表现连续故事的手法，叙事诗般描述了韩熙载夜宴的全部情景。全图随着情节的进展而分段，以屏风为间隔，主要人物韩熙载在每段中均有出现。全图分为 5 段：宴饮宾客，弹奏琵琶；舞蹈，韩熙载亲为击鼓；宾客散去，韩熙载与诸女伎休息；熙载更衣后听女伎奏管乐；宴散，韩熙载与众女伎调笑。

作者在构图上安排巧妙，每段一个情节、一个地点、一个人物组合，每段既相对独立，又统一在一个严密的整体布局当中，繁简相约，虚实相生，富有节奏感。作者并没有精心描绘夜色，而是在第三段景物中安置了一枝烛台，点明了《韩熙载夜宴图》特定的时间，这种中国传统式的意象表现手法使画面更富有韵味。图中用来隔段的三个屏风并不雷同，这

↑此卷共分五段，分别绘“听乐”“观舞”“歇息”“清吹”“散宴”情景，各段之间用屏风、床榻等相隔，但构图却是连续的。人物刻画精致入微，神态细腻，个性尽显，尤其是主人公韩熙载的描绘极为深入，将其超然自适、放荡不羁而又沉郁的心理表现得淋漓尽致。画面赋色清丽典雅，用笔工整，充分显示出作者高超的艺术水平。

种处理方式也体现了作者巧妙的构思。画面中人物的趋向动势变化丰富，疏密向背有致，神态动静相宜，紧密而富有张力。

画卷中的头两段最为传神。我们来看第一段：此段出现人物最多，计有七男五女，有的可确指其人，如弹胡琴的女子为坊副使李家明的妹妹，李家明紧坐在妹妹身旁，侧身注视着妹妹。床榻上凭几坐者，头戴高纱帽的就是韩熙载。侧坐于床榻上、穿红袍者为状元郎粲。画中每一个人物的神情都突出了一个“听”字，主宾或静听、或默视，眼光都集中

于弹琴者的手上和歌舞者的身上。第二段画的是韩熙载击鼓的情景，宾客都兴奋不已，但画中的和尚却显出了尴尬，作为和尚处于此景下，作者给以如此的表现是非常恰当的。从此段中似乎能传来夜宴时击鼓打板的节奏，使人有一种身临其境的感觉。由于作者观察细微，韩熙载夜宴达旦的情景被描绘得淋漓尽致，5 个场景，40 多个人物的音容笑貌无一不活脱绢上。

画卷中的韩熙载形体高大轩昂，长髯，戴高巾，看似形骸放浪，但从他倚栏倾听到挥锤击鼓，直到曲终人散，在每一个场合他始终眉峰紧锁，若有所思，忧心忡忡的样子，与夜宴歌舞戏乐的场面形成鲜明对比。这充分表现了韩熙载复杂的内心世界，刻画了他忧心却又无力的无奈，加深了这幅画的思想深度和现实意义。

画卷中的桌案都比较低矮，五代正是由席地而坐到垂足高坐的过渡时期，琵琶箫鼓、秀墩床榻，室内的陈设器物都体现了那个时代的特点。

《韩熙载夜宴图》在用笔、着色等方面都达到了很高的水平。全卷用笔挺拔劲秀，线条流转自如，“铁线描”与“游丝描”结合的圆笔长线中，时见方笔顿挫，工整精细。人物衣纹刻画严整简练，须发的勾画“毛根出肉，力健有余”，画尽意在，塑造了一批富有生命活力的艺术形象。在设色上，多处采用了绯红、朱砂、石青、石绿等，对比强烈，而整个画卷统一在墨色丰富的层次变化中，显得既浓丽又稳重，比例匀称，透视感强，足见作者的深厚功力。

清明上河图

北宋画家张择端的《清明上河图》继承发展了中国古代风俗画和北宋前期历史风俗画的画风，以精致的工笔，记录

了北宋末徽宗时期，首都汴京（今河南开封）清明时节郊区、汴河两岸的自然风光，城内建筑和民生的繁华景象。作品以长卷形式，采用散点透视的构图法，将繁杂的景物纳入统一而富于变化的画面中，画中人物1500多个，但却衣着不同，神情各异，构图疏密有致，节奏感和韵律的变化明了易见，笔墨章法也很巧妙。

画卷的右边开端处，是宁静的田野和村落。在疏林薄雾中，掩映着几家茅舍，草桥、流水、老树、扁舟调节了画面的色彩和疏密，一片柳林，枝头刚刚泛出嫩绿，使人感觉到北国早春的气息。两个脚夫赶着毛驴，正在向汴城方向走来。路上有一行人，一顶轿子内坐着一位妇人，轿顶装饰着杨柳杂花，轿后跟随着骑马的、挑担的，像是从京郊踏青扫墓归来。

↓这是一幅巨幅风俗画，又称城市风景画。描绘的是北宋都城汴京清明时节汴河及其两岸的风光。整幅画用笔遒劲简率，城郭、房屋、舟车，无不比例恰当。人物刻画细致，神态各具，结构严谨，其间各物动静结合，跌宕起伏，令人感到繁而不乱，冗而不长。作品生动地记录了中国12世纪城市生活的面貌，这在中国乃至世界绘画史上都是独一无二的，堪称中国绘画史上的骄傲。

前段环境和人物的描写，点出了清明时节的特定时间和风俗，为全画展开了序幕。

汴河是这幅画中段的主脉，河面上舟来船往，沿河还有许多粮仓。靠岸的船只，搭着跳板，正在卸货。画家凭着敏锐的观察力，用写实的画笔，将这些场景真切、如实地描绘了下来。仔细观察，你会发现，在画家的笔下，满载货物的船只吃水很深，水面几乎已经接近船帮，而已卸完货的船只，则吃水较浅，具有极强的真实感。

画面描绘最为热闹的地方，便是横跨汴河的那座木质结构的拱形桥。画家围绕这座桥，充分施展了自己的绘画本领，将桥上桥下的场景和人物活动做了全景式的描绘。其中最引人注目的是那艘准备驶过拱桥的木船，船应该是在逆水而行，船桅已经放倒，船工们握篙盘索。桥上呼叫接应，桥上桥下聚集了过往的行人，他们都在围观着这紧张的一幕。桥上甚至有些热心的人不顾自己的安危，跨越到拱形桥的栏杆外，一手拉住栏杆探出身子，挥舞着另一只手，似在大声喊叫。看着画面，我们就好像身临其境一样，也会产生紧张的感觉。

最后一段是热闹的市区街道，画面上有市街上的各种商业、手工业、漕运和各类人游览的活动等。画中的这段以高大的城楼为中心，两边的屋宇鳞次栉比，除了酒楼、药铺等大型店铺外，还有香铺、弓店、小茶铺或酒铺，还有门前挂着“解”字招牌的当铺。街市行人，摩肩接踵，川流不息，有看街景的士绅，有做生意的商贾，有骑马的官吏，有叫卖的小贩，有乘坐轿子的大家眷属，有身负背篓的行脚僧人，甚至在城边还有行乞的残疾老人。总之，画中男女老幼，士农工商，三教九流，无所不备。各种交通运载工具，如轿子、骆驼、牛马车、人力车、平头车等绘色绘形地展现在人们的眼前。

这热闹的光景，画家安排得有条有理，杂而不乱，引人入胜，1700 多年前的古都风貌再现眼前。

从构图上看，此画有总有分，有主有次，有细有粗，有紧张有松弛；用笔兼工带写，设色淡雅，画面长而不冗，繁而不乱，严密紧凑，如一气呵成，给人一种真实顺畅之感。

从《清明上河图》中能看出豪奢闲散和贫困辛劳的对比，这件作品还给我们留下了许多历史资料，对研究宋代城市生活和风俗、建筑、工商、交通、服饰等很有价值。

千里江山图

此卷无作者款印，卷后有蔡京跋文云："政和三年闰四月一日赐。希孟年十八岁，昔在画学为生徒，召入禁中文书库，数以画献，未甚工。上知其性可教，遂诲谕之，亲授其法，不逾半岁，乃以此图进上，嘉之，因以赐臣。京谓天下士在作之而已。"由此知道这幅画的作者叫希孟。除了蔡京的题跋外，卷面上还留有"梁清标印""乾隆御览之宝"等 20 多方印章。

此图为高头大卷，长近 12 米，画中景物丰富，布置严整有序，青山冉冉，碧水澄艳，寺观村舍，桥亭舟楫，历历具备，刻画精微自然，毫无烦冗琐碎之感。作者以精密的笔法、强烈的色彩、开阔的景致和丰富的内容，描绘了富有生气的大自然的雄壮瑰丽，抒发了热爱祖国山河的深厚感情，同时也体现了宣和画院大、全、繁、华的绘画风格。

画面上峰峦起伏绵延，江河烟波浩渺，气象万千，壮丽恢宏。山间高崖飞瀑，曲径通幽，山水之间还布置了渔村、渔船、野市、桥梁、游艇、长桥、水车、水榭、茅棚、楼阁等景物，及捕鱼、游景、行旅等人物活动。绿柳红花，长松修竹，景

↑该图全长将近12米，用整幅绢画成，作者充分运用了中国山水画“咫尺有千里之趣”的表现手法，以精密的笔法、强烈的色彩、开阔的景致和丰富的内容，描绘了千里江山的雄壮瑰丽。

色秀丽。画面山势高低起伏，回转分合，松紧疏密相当和谐。此卷以概括精炼的手法、绚丽的色彩和工细的笔致表现出山河的雄伟壮观。

从构图上看，作者根据作品的主题要求，综合布置高远、深远、平远景色于画面之中，且主次分明，变化有致，给人以“咫尺千里”、江山寥廓的感觉，开辟了山水画艺术的新天地。作者把普通的日常生活和劳动场面与自然景色融合在一起，使作品内容更富有社会生活气息。

在技法上，作者主要运用了传统的青绿勾勒法，也融入了水墨山水画的一些技法。在绘树干时，作者用了没骨法，远山处有写意的用笔，岩石土坡部分有皴法和点笔等等。浩瀚的江水均用细笔勾出波纹，树上的花叶也用色、墨一一点出。此卷作者用笔的精细到了令人叹止的地步：山中驮运的驴马，

尽管粗略，却写出了其负重的形态；远处天空的一群飞鸟，尽管是几个点，也能让人看出它们不同的飞翔姿态；在高山阔水中活动的人物虽然细小如蚁，但从他们的服装、举止中仍可判断出每个人的大致身份和正在干什么。用细如毫发的笔法来绘制近 12 米长的巨幅山水，可见作者的绘画技巧。

在用色上，画家于单调的蓝绿色中求变化，虽然以青绿为主色调，但在施色时注重手法的变化，色彩或轻盈，或浑厚，间以赭色为衬，使画面层次分明，光彩夺目。元代著名书法家溥光对这卷《千里江山图》推崇备至，曾称赞道："其设色鲜明，布置宏远""在古今丹青小景中，自可独步千载，殆众星之孤月耳。"由此可见这幅长卷在我国绘画史上的地位。

富春山居图

元朝大画家黄公望喜欢用纸作画，重视笔墨变化，尤其

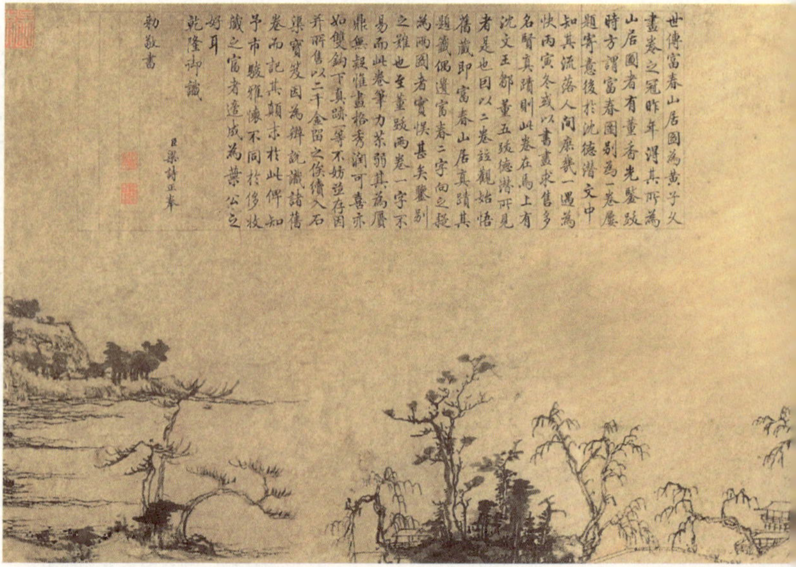

↑以上为《富春山居图》后段长卷部分，描绘富春江一带的初秋景色。作者运笔注重节奏感，纵横交错，尽显笔法之美，亦书亦画，写的意味

更加浓厚。这种画法使文人画寄兴抒情更为自由，标志着由赵孟頫倡导的文人水墨山水有了进一步的发展。

多用干笔皴擦，创造了“浅绛山水”的画风。这种画法以真山真水为起点，用水墨勾勒皴染，敷以赭石为主的淡彩。由于黄公望创造性地拓宽了山水画的领域，他的画自明清以来成为文人画家经典，被竭力仿效，特别是清代山水有人认为是“家家一峰、人人大痴”，足见其对后世画坛的影响之大了。

《富春山居图》作于至正七年（1347 年）。作者黄公望晚年在这一带居住了多年，此画从起稿到完成前后约三四年（一说为七八年）。为了画好这幅画，作者终日奔波于富春江两岸，观察烟云变幻之奇，领略江山钓滩之胜，并身带纸笔，遇到好景，随时写生。深入的观察，真切的体验，丰富的素材，使《富春山居图》的创作有了扎实的生活基础，再加上作者炉火纯青的笔墨技法，因此落笔从容。

据画中题字可知这幅《富春山居图》是作者为友人谢无用和尚（画上题字称“无用禅师”）而作。这幅画流传到清初，为宜兴吴洪裕收藏。在吴临终之时，吴命家人将《富春山居图》“焚以为殉”。幸而吴的侄儿吴静庵从火中把画抢出。卷首部分已经烧坏，从此这幅名画被裁割装裱成两卷：前段卷首残存一小段，后人称为《剩山图》；后段是一长卷，仍称《富春山居图》。前后段画心连接处上端有吴之矩骑缝印。前段前隔水有鉴赏家吴湖帆篆书，张雨题辞“山川浑厚，草木华滋”八字；后段前隔水有董其昌题跋，前上方有梁诗正书，乾隆御识，拖尾有沈石田、文彭、邹之麟、金土松等人的题跋。

《富春山居图》以清秀淡雅的笔墨，描绘出初秋时节浙江富春江一带的山川景色，作者采用一种即兴、自由的方式流露出感情，显然画上山水不是实景的再现，而是画家心灵和自然合一的形态，意在表达出一种超然脱俗的精神。

画上中段是起伏的连山：一座高山好像近在眼前，其他山峦向远处推移，最后看到坡脚一层层地向上、向左方延伸，仿佛众山由近至远在转动一般，茫茫的江水显得那么平静。山上怪石苍松，村舍茅亭隐约可见，偶尔几艘渔舟出没在江水之中。整个画面景物安排得非常和谐自然,并富有一定的节奏。

这幅山水画长卷的布局由平面向纵深展宽，空间显得极其自然，使人感到真实和亲切，整幅画简洁明快，虚实相生，具有“清水出芙蓉，天然去雕饰”之感，因此被后世誉为“画中之兰亭”。

在构图上，作者留出了大片空白，同时注意近、中、远景的处理，比南宋山水显得朴实自然，比北宋那种庄重严谨的全景式构图则显得轻松随意。

从画法上说，画中山石用干笔披麻皴，并在山的脉络上加上墨点，描绘出山峦的层次感和质感。在浓重的树叶、苔点和淡墨远山的对比之下，山峦显得非常明洁，给人以秋高气爽之感。近树用干笔勾皴点画，松树、松针以干笔浓墨点绘。远树丛林多用横笔“大混点”描绘。画家用笔如写行草,中锋、侧锋、尖笔、秃笔夹杂混用，笔法轻松洒脱，洋溢着一种豪迈飘逸的气质，笔墨线条呈现出浓厚的抒情意趣。

此图在黄公望山水画中,可谓“以萧散之笔，发苍浑之气，得自然之趣”的代表性作品。此图还代表了元代山水画的写意技巧，也代表了当时文人的审美情趣。

虾

文人画自萌发以来，一直着力表现超尘拔俗的审美趣味，抒发文人胸中万象，以高雅脱俗为旨，对“村粗不堪”之物从不理会，而齐白石却将家妇村夫的生活情趣引入文人画中，变俗为雅，使文人画改头换面，创造了文人画的新境界。他将文人传统与民间传统、文人修养与农民气质自然而然地结合起来，雅俗兼得，成为现代艺术史上的奇迹。

齐白石喜欢画画，他常以习字描红纸画人物、花卉及动物。1888年，齐白石拜画家萧传鑫为师，学画像。后又经萧介绍得识另一画像师文少可，并得其指教。第二年，他又拜湘潭名士胡自倬、陈作埙为师，跟胡自倬学画工笔花鸟草虫，跟陈作埙学诗文。

齐白石的绘画除在家乡亲得师授外，更多的是师学前人。他对徐渭、朱耷、吴昌硕钦佩不已。在师习诸大师的同时，他还开创了自己的“衰年变法”，即从里到外、从笔墨语言到表现题材的整体“变法”。他还变朱耷用笔绞转为用笔直率平易，变冷逸为平和；变徐渭用笔疾速为用笔徐缓，变用墨渗化浑沦为用墨醒透朗然，变墨中求笔为笔中求墨；变吴昌硕用笔刚猛劲利为轻松恬淡，变追求整体的书法气势为追求局部行笔中的韵味。

齐白石的绘画特色之一就是“飞白”，以“飞白”丰富用笔变化,在“飞白”中求苍润。在“飞白”的同时,还强调“破墨法”的运用，在“飞白”中取气，在“破墨”中取韵。在他的笔下，农村广阔天地中的高粱、玉米、白菜、青蛙等都成了主角，并且被赋予了思想，成了文人画新的发展方向。

齐白石画的虾，闻名于世，但他画虾却是通过一个偶然的机会获得灵感的。一天傍晚，干了一天活的齐白石坐在星斗塘边洗脚，突然觉得一阵钻心的疼痛。他急忙从水里拔出脚一看，原来是只草虾把他的脚趾钳出了血。正是这只草虾引起了他极大的兴趣，通过对草虾的认真观察后，他画出了平生第一只虾，画得栩栩如生，从此一发而不可收。

←齐白石所画之虾早被国人传为美谈，妇孺皆知，这不仅体现了绘画功夫的高深，还体现了作者的独具慧眼。

这里介绍的这幅《虾》图中有数只虾，有躬身向前的，有弯腰爬行的，也有直腰游荡的。作者用淡墨掷笔，绘成躯体，一提一顿，腰部一笔一节，连续数笔，形成了虾腰节奏的由粗渐细，把一只灵动的虾刻画得惟妙惟肖，浸润之色，显出了虾体晶莹剔透之感。以浓墨竖点为睛，横写为脑，细笔写须、爪、大螯，刚柔并济、凝练传神。虾须的线条似柔实刚，似断实连，直中有曲，乱中有序，纸上之虾似在水中嬉戏游动，触须也像似动非动。虾的尾部大多3笔，薄而透明中见出弹性。图中用笔的变化，使虾的形态活泼、灵敏、机警、有生命力。

这幅《虾》图并没有用水，但在水墨的融合渗透中却让人感觉到虾身永远湿淋淋的，满纸都是清水，虾在水中嬉戏，敏捷而轻盈，在画虾的墨中掺点花青色，给人一种冷感，但更显得晶莹透明。

江山如此多娇

山水画因其以表现无限的空间为要旨，画中树木、房屋、舟车、人物等物象不能画得太大，点景物象画得越大，画面空间也就越小。山水画不能像画大写意花卉那样纵横其笔，清初的石涛已将大写意花卉画法引入他的画中，开创了笔墨恣肆的山水画风。近代画家傅抱石是石涛的追随者，他能像画大写意花卉那样直接挥洒着“千山万水”，开创了酣然豪放的山水画风。

傅抱石的绘画，是蕴含古今、融贯中西风格才形成的。文人画山水是用各种皴法、树法、点法的连缀运用，最后完成整幅画面的。但在傅抱石的画中，他的皴法是如同乱麻的“抱石皴”，他的树法是粉碎的“破笔点”。傅抱石出色地将这些松散的破碎的皴与点统一在物象的结构中，在貌似凌乱中，山川草木的结构层次井然有序。此外，他还用抓紧一面、放开一片的方法来表现物象的结构和层次，在山石边缘用笔紧而重，里面松而淡，既可体现笔墨，又可体现结构。傅抱石的山水画，情境交加，水墨淋漓，意兴酣然，浓墨纵横，概括万千。

↓此画取毛泽东《沁园春·雪》词意，把代表性的四季山水浓缩到一起，运用革命现实主义和浪漫主义相融合的创作方法，表现了祖国山河的雄奇壮美。此画境界恢宏，气魄雄健，淋漓酣畅，豪放洒脱，具有强烈的民族风格和时代感。这张画完成于1959年建国十周年前夕，其不寻常的意义还在于，毛泽东主席亲自在画上题字，而且是唯一的一幅，其价值更是无法估量。

关山月是当代岭南画派的代表人物之一，他山水、花鸟、人物皆能，尤长于山水。他以山水画、花鸟画表现较强的社会意义和精神内涵，是对传统中国画的拓展，使中国画在新的时代更具丰富的表现力。关山月师从高剑父，并继承了高剑父所倡导的“笔墨当随时代”和“折衷中西，融汇古今”的艺术主张。所作国画表现出火热的现实生活，饱含着自己的激情和浓厚的生活气息。同时，他的作品具有较强的现实主义精神，体现了鲜明的时代精神。

1959年初，傅抱石和关山月合作，为人民大会堂绘制了这幅《江山如此多娇》。这幅画是根据毛泽东《沁园春·雪》的意境精心绘制而成的，是给建国十周年的献礼。

画面上的一轮红日，金光灿烂，普照着大地。高山大岭，白雪皑皑，万里长城，逶迤起伏，莽莽黄河，滚滚长江，奔流不息，气象万千，锦绣妩媚，分外妖娆。画中还有毛泽东主席亲笔挥毫的“江山如此多娇”的题词。字迹潇洒，遒劲有力。字、画结构和谐完美，两者相得益彰，互为辉映，甚是壮观。

第三章

世界名画

狄奥尼索斯秘仪图

庞贝是罗马古城，位于意大利那不勒斯东南部。这里濒临地中海，气候温和、风景旖旎，是当年罗马权贵们建造豪宅、寻欢作乐之地。79 年的一天，维苏威火山突然爆发，巨大的岩浆流和灰尘把整个庞贝城完全吞没，庞贝城毁于一旦。这场灾难出人意料的后果就是相对完整地保存下了古城的文化遗产。18 世纪中叶，经考古工作者的挖掘，庞贝古城重见天日。人们惊讶地发现，庞贝古城的一切都原样地保存了下来，仿佛是一页凝固的历史。城市里几乎每一处别墅的墙上都装饰有精美的壁画，简直是一座古罗马壁画的天然博物馆。庞贝壁画形式多样，深受希腊风格的影响。

《狄奥尼索斯秘仪图》是一幅与酒神狄奥尼索斯直接相关的用于秘密祭祀的巨幅壁画，发现于庞贝古城的一座“神秘之宅”内。狄奥尼索斯是古希腊神话里的葡萄酒和狂欢之神，也是古希腊的艺术之神，在古希腊的神话中享有很高的地位。他的代表性信物常常是一个由葡萄藤和葡萄粒缠绕而成的花环、一支杖端有松果的图尔索斯杖和一个双柄大酒杯。在古希腊的传统里，每年 3 月份人们就要举行“大酒神节”，人们载歌载舞，尽情欢唱酒神赞歌。这对古代希腊剧、音乐等艺术的发展起到了很大的促进作用。发现这幅画的“神秘之宅”的墙壁上画满了古希腊人崇拜酒神的相关形象。内容描绘的是从古希腊传入罗马的一种神秘宗教仪式的全过程。画上不

↑这幅发现于庞贝古城一座“神秘之宅”内的巨幅壁画所描述的内容与酒神狄奥尼索斯直接相关，表现的是从希腊传入罗马的一种神秘宗教仪式的全过程。画上有酒神、酒神的妻子、山神等其他神灵，以及前来参加仪式的众男女。

但有酒神和他的妻子，还有山神等其他神灵，更多的是前来参加仪式的众男女。这两幅画都是其中的局部。从左起第一幅图画上，一个身上穿着厚重衣服的女人是新加入的秘仪者，她正缓步走来。接着是一位母亲带着年幼的孩子前来参加仪式，从母亲失神的眼睛和孩子惊恐的神色来看，这种宗教仪式大概要经过某种痛苦的肉体考验，所以她们都显出很痛苦和茫然不知所措的样子，似乎充满了恐惧。再前面是一个手捧供物的少女，她的表情很庄重、严肃。再接下来的这幅，一个少女被拉起了衣服的一角，露出恐惧的表情；头上蒙着黑布，背靠着我们的那个人，可能正要对她进行秘仪的仪式。在另一幅画上，处于画面的末端，描绘的是通过考验的一个男子趴在酒神膝盖上失声痛哭，坐在位子上的酒神用手抚摸着他的黑发。酒神的妻子阿里阿德尼身披花环，拿着长长的带有松果的图尔索斯杖，裸露着身子，背对着我们。她身体丰满，皮肤白皙。身边还有一位前来参加仪式的女神。

画的背景是暗红色，看上去醒目、明快。画上人物都与真人一般大小，运用了透视手法，看上去立体感很强，如同雕像一般。整幅画人物繁多，但是人物表情各不相同，形态各异，或站或坐、或立或走、或躺或卧，栩栩如生，形象生动。并且高低错落，富有很强的节奏感。图画的上方有连续的精美图案，描绘得典雅、古朴。每幅画之间没有严格的边线，但都用黑色的竖形方框分割开来。

这幅壁画是庞贝古城装饰性壁画的代表性作品，有很高的艺术价值和宗教研究的材料价值，是一件难得的庞贝壁画遗迹。

维纳斯的诞生

古希腊和古罗马神话中的维纳斯（古希腊神话中叫阿芙洛狄特），在传说中是代表爱与美的女神。据希腊神话描述，她诞生于爱琴海的波涛之中，一生下来就已成年，既不必经历懵懂无知的童年，也无须面对死亡将至的暮年，她是人类所追求的永恒美的象征。波提切利的《维纳斯的诞生》就是根据这个传说创作的。

画面中，在波光粼粼的爱琴海上，花瓣从天空坠落。裸体的维纳斯略显娇弱无力地站在一个大贝壳上，她微曲右腿，身体向右微微倾斜，一头金色长发被海风轻轻吹散。她的皮肤光洁剔透，美丽的面庞略显出某种淡淡的迷惘。那双纯真无邪的眼睛，笼罩着一种脉脉的忧郁和哀怨，显示出她刚刚来到这个世界的无助和迷茫。维纳斯的脖子和双手显得长了一些，但这更增加了她的优雅和风韵。画面的左上方，长着翅膀的风神正鼓起双唇把维纳斯徐徐吹向岸边，那里，来迎接她的春之女神身着华丽服装，正准备把一件缀满鲜花的红色披风披到她裸露的身上。

这幅画显得生动活泼，整个画面虚幻、飘逸、恬静优美，波提切利通过自己神奇的画笔把画中人物形体的起伏变化和衣褶的卷曲通过线条表现得淋漓尽致。另外，这幅画的绘画风格在当时颇为与众不同，不是通过明暗法来表现人体造型，而是通过轮廓线，使得人体有浅浮雕的感觉。画家既受当时

↓画面所表现的是西西里岛的一个美丽的传说：一片漂亮的大贝壳漂浮在碧波荡漾的海面上，上面站着纯洁而美丽的维纳斯，翱翔于天上的风神轻轻地将贝壳吹到岸边，等候在岸边的春之女神正张开红色绣花斗篷，准备为维纳斯换上新装。维纳斯身材修长，容貌秀美，双眼凝视着远方，眼神充满着幻想、迷惘与哀伤。

人文主义思潮的影响，又对当时新贵族们在权力和金钱的侵蚀下道德沦丧的现实世界感到忧虑，这种矛盾的心理通过画中有着成人身躯而又略带忧郁和困惑眼神的维纳斯表现得淋漓尽致。可以说，这既反映了作者对中世纪艺术的崇尚，又反映了他对“新柏拉图主义”的热衷。正是这种迷茫和矛盾使得他的作品超越了感官本身的审美享受，使人的精神世界得到了净化和升华。实际上，这正是当时被基督教会视为“异端”的古典唯美主义与人文主义的结合，是精神美与肉体美的完美统一，也是对当时“美不能从非美中诞生，也不能逐步完成，美只能自我完成”的柏拉图哲学的诗意阐释。正是这种打破常规的、大胆的艺术笔法使波提切利笔下的维纳斯成了美术史上最迷人的美女和最优雅的裸体，更为后世的绘画者开辟更为自由广阔的创作空间提供了借鉴。

最后的晚餐

《最后的晚餐》是画家达·芬奇费时三年为米兰的格拉齐圣母修道院的餐厅所作的壁画。内容取材于《圣经》上犹大出卖耶稣的传说故事。据传说耶稣曾在耶路撒冷的神殿上，猛烈抨击伪善的人，说他们是毒蛇的子孙，因此遭到这些人的极端仇视，他们决定处死耶稣。耶稣的门徒犹大在恶势力面前叛变,出卖了耶稣。在逾越节（犹太民族的主要节日）的晚上，耶稣已预知自己死期将至，和 12 个门徒共进晚餐。而这幅画着重刻画的就是耶稣的门徒在听到耶稣说“你们中有一个人要出卖我了”的一刹那所表露出来的不同的神色、表情的反应。

画面上，达·芬奇通过门徒们各自不同的手势、表情，分别表现出了他们惊恐、愤怒、怀疑、剖白和慌张的情绪，

↑位于安奇亚诺的老农舍，据说是达·芬奇的出生地。达·芬奇的祖父曾留下如下的记录："4 月 15 日，星期日的凌晨三点，我的孙子，我儿彼埃罗之子出生了。取名为列奥纳多。神父皮耶洛·德·巴尔托洛梅为他施洗礼。"

深刻地刻画出了他们的内心世界。比如：大雅各极度地愤慨，他摊开双手，身子后仰，表现出极大的不可思议；多马举着食指向上，稳定着情绪，仿佛在说：这怎么可能呢？做贼心虚的犹大则双手紧握着钱袋，惊恐地斜视着耶稣，身体略微地向后仰，下意识地想要逃跑；而约翰则优柔地把头垂在了一边，搭拢着双手，神情焦灼，不知如何是好；巴多罗买张开双手，显得震惊而又沉着，似乎是要大家不要惊慌；等等。

这幅画的构图并不复杂，基本上是在一条直线上穿插变化的，但单纯中见丰富。特别是巧妙的构图和独具匠心的布局，使画面上的厅堂与生活中的饭厅建筑结构紧密联结在一起，使观画者感觉画中的情景似乎就发生在眼前。而且，画家不是照搬生活中围坐就餐的布局，而是让人物一字排开，都坐

姿态所传达的戏剧性

耶稣

耶稣两手摊开，像是平静地向门徒宣告。每个门徒的反应虽不一样，却都朝向画面中央镇定而庄严的耶稣。

←达·芬奇凭借他高超的造型技巧和捕捉人物性格的能力对一个耳熟能详的场景做出了他独一无二而且震撼人心的诠释，我们甚至只需匆匆浏览一下所有人各不相同的手，便不难发现画家对于人的心理与情感具备多么深的洞察力。也有人说，这幅作品虽然是宗教题材，但其真正的兴趣却在于对人类自身的理解。

彼得（左起第五位）

彼得震惊得倾身探向耶稣，在他身前的犹大则不安地往后退缩。

大雅各（右起第五位）

大雅各受到大大的冲击而张开双臂，右侧的菲利普则两手指着胸口，似在表白对耶稣的爱和忠诚。

桌子的右端

从左到右依次是马太、达太、西门，三个人激动的手势和动作表现出难以置信的心情。

在桌子一边，面向观众。这一创造性构图，使画面更加集中，更加完美，更具有形式美，并且起到了突出主题的作用。画中的十三个人物有机地组合在一起，既有区别又有紧密联系，既突出了基督的主要形象，又层次分明地刻画出了每一个人的外貌和性格特征。

在空间及远近法的处理上，画家巧妙而又精确地运用了透视法则，把一切透视都集中在耶稣头上，在视觉上使他成为统辖全局的中心人物。在光和影的处理上也颇新颖，他利用建筑物的光源，耶稣背后窗口透进来的阳光，使耶稣和众门徒沐浴在夕阳的余晖下，照在耶稣头上形成了自然的圣光，而使犹大的脸部处在黑暗的阴影之中，以此来表示正义与邪恶的势不两立。

这幅宏大的壁画，严整、均衡而富于变化。整体上看构思精巧，情节紧凑，典型人物塑造得逼真、生动，表现手法极为高超，体现了画家精湛的绘画才能。《最后的晚餐》具有极高的艺术价值，是世界美术宝库中最完美的典范性杰作之一，是名副其实的艺术瑰宝。

蒙娜丽莎

《蒙娜丽莎》是一幅享有盛誉的肖像画杰作，它代表了达·芬奇最高的艺术成就。该画成功地塑造了资本主义上升时期一位城市富有阶层的妇女形象。画中人物坐姿优雅，笑容微妙，明亮的眼睛、纤细的睫毛、垂落在肩上的柔软而微微卷曲的头发都惟妙惟肖。画家也特别注重精确与含蓄相结合，使人物的内心和美丽的外表完美统一，从而使蒙娜丽莎的微笑具有一种神秘莫测的千古神韵，那如诗如梦的妩媚微笑，被不少美术史家称为“神秘的微笑”。蒙娜丽莎交叉的双手描绘得柔嫩、精确、丰满，完全符合解剖结构，展示了画中人物温柔的性格，更体现了她的身份和阶级地位。并且蒙娜丽莎神秘的微笑与交叉的双手构成了完整的组合，造型极为优雅，把主人公的神韵完美地体现了出来。可以想象达·芬奇精湛的画技是多么高超，观察力是多么敏锐。

从这幅画的构图来看，达·芬奇改变了以往肖像画多采用半身或截至胸部的习惯，代之以正面的胸像构图。透视点略微上升，使构图呈金字塔形，从而使蒙娜丽莎显得更加端庄和稳重。在对背景山水的处理上，画家淋漓尽致地发挥了他那奇特的烟雾状“空气透视”的笔法。这样就把肖像后面的山崖、小径、石桥、树丛和潺潺的流水都推向遥远的深处，更加突出了人物形象。并且人物两边的远景并不在同一水平线上，右边视平线显得较高，这样的处理使人物层次感分明，当我们集中看右边时，我们会觉得远景上升，人物下降；当我们集中看左边时，会觉得远景下降而人物上升。随着观察者观察侧重点的不同，人物五官的位置，似乎也在随之移动。

画家还精心处理了所有物体的轮廓，以至于观者很难从中找到一条清晰而实在的边线。相反，在每一处形体发生转折的部位，却可以感觉到无数细腻而微妙的层次过渡。在色彩的运用方面，虽然此作品中并没有明快亮丽的色彩，但明暗对比法更好地表现出了画面的各种关系，使画面显得整齐、凝练，达到了删繁就简的奇特效果。并且，达·芬奇对画中人物微妙至极的表情处理，也拿捏得恰如其分。比如对人像面容中眼角、唇边等表露感情的关键部位的把握就极为准确、传神、栩栩如生。

《蒙娜丽莎》剖析

这双优美而温柔的眼睛里带着深不可测的意味，奇怪的是，这双眼睛竟没有睫毛，原因是修复此画的人考虑到当时佛罗伦萨流行剃眉的美容术，却不慎将睫毛连同眉毛一起给修掉了。

这个微笑是美术史上最大的谜之一，其微微翘起的嘴角左右不太匀称，嘴唇轮廓不太清晰，画家借着涂上薄薄的色彩，运用晕涂法使光与影微妙地融合，创造出独特的效果。

画家非常精巧地描绘出胸上衣饰的链状刺绣图案。有人说这正是达·芬奇的签名方式。因为意大利文中“链结”是Vincolare，这似乎和达·芬奇（Da Vinci）名字中的“Vinci”有着一定关系。

背景山水幽深茫茫，淋漓尽致地发挥了画家那奇特的烟雾状“空气透视”般的笔法。

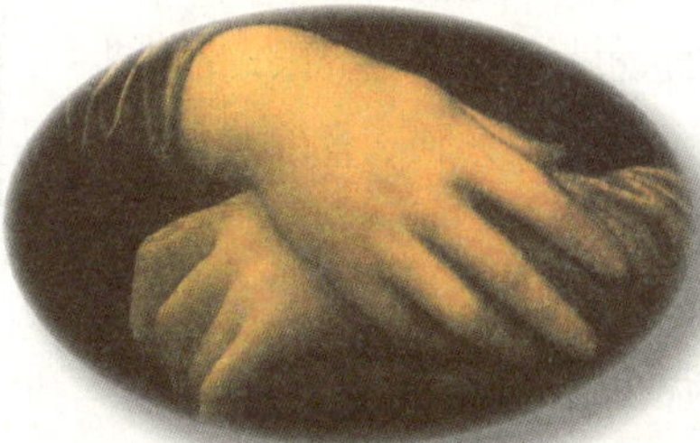

这是一双被认为是美术史上画得最美的手，比例精确、丰满柔嫩。她优雅的姿势，也流露出平和、沉稳的心境。

达·芬奇的《蒙娜丽莎》不仅继承了希腊古典主义庄重、典雅、均衡、稳定和富有理想化、理性化的表现规范，而且又进一步突破了希腊古典艺术在人本特质上的局限，触及了人物更深层的精神世界，为后来的艺术家在表现人物更深层、更内在、更微妙的精神方面树立了典范，提供了借鉴。而后世人对于画中人物真实身份的猜疑以及对达·芬奇精湛画技的诸多评论和玄想更为这幅画增添了神秘色彩。

雅典学院

1509 年，罗马教皇尤利乌斯二世聘请年仅 26 岁的拉斐尔给自己的梵蒂冈宫作装饰壁画。壁画分列四室，第一室的画题是《神学》《诗学》《哲学》《法学》四幅；第二室是关于教会的权力与荣誉；第三室画的是已故教皇利奥三世与四世的行迹；第四室内的四幅壁画，则由拉斐尔绘稿，由其学生具体绘成。而第一室内的《哲学》，也称《雅典学院》，是这组壁画中最出色的一幅。

《雅典学院》以纵深展开的高大建筑拱门为背景，以极为兼容并蓄、自由开放的思想，打破时空界限，把代表着哲学、语法、修辞、逻辑、数学、几何、音乐、天文等不同学科领域的古希腊、古罗马以及当时意大利的文化名人汇聚一堂。它的主题思想是预示着从古希腊、古罗马土壤中孕育出来的人类理性精神的复苏，也是艺术家对人类中追求智慧和真理者的集中赞扬。

整幅画气势恢宏、场面宏大。画中人物栩栩如生、活灵活现。画面的中心是柏拉图和亚里士多德，柏拉图指

↑这是拉斐尔为梵蒂冈宫绘制的三幅巨型壁画之一，以古希腊哲学家柏拉图所建的雅典学院为题材，以古代包括语法、修辞、逻辑、数学、几何、音乐、天文在内的七种自由艺术为基础，弘扬了人类对智慧和真理的追求。画面上，古希腊以来著名哲学家和思想家汇聚一堂，有亚里士多德、苏格拉底、柏拉图、毕达哥拉斯等。不同时代、不同地域和不同学派的著名学者，一起自由讨论，情绪热烈。全画背景为纵深展开的高大建筑拱门，拱门的中心透视点直通向遥远的天际。

着天，亚里士多德指着地，他们边走边谈，引经据典的样子。而苏格拉底正在和一个诡辩家辩论，数学家毕达哥拉斯正在忙着演算数据，一群学者围着欧几里得热烈地争论着。画中央的台阶上，躺着一个孤寂的犬儒学派哲学家第欧根尼，这位学者是个典型的虚无主义者，主张除了自然需要之外，其他任何东西都无足轻重，所以他平时只穿一身破烂衣服，住在一只木箱里。这个人物在构图上起了填补空白的作用……总的说来，五十多个人物，或行走、或交谈、或争论、或计算、或深思……完全沉浸在浓厚的学术氛围和自由辩论的气氛中，无拘无束、形态各异。画家对其中每个人物的神情和动作都做了精细的思考和细致的安排，使他们符合各自的身份和学术特点，其阵容之宏伟，堪与米开朗琪罗的天顶壁画一比高下。并且据考证，这里的许多形象，体格壮健，动作有力，与米开朗琪罗的艺术形象多有联系。更有意思的是，有人认为，画中柏拉图的头像正是画家以达·芬奇的头像为范本描绘的，从中可以看出，拉斐尔对前述这两位大艺术家的崇敬心情。画上的建筑形式和人物装束都带着鲜明的古希腊风格，暗示着古典传统的回归。

从绘画技巧看，拉斐尔采用了拱形圆屋顶的建筑作为背景，而作为中心透视点的层层拱门，直通遥远的天际，富有节奏的台阶层层升高，甚至连近处地面上的几何图案和拱顶的装饰花纹都异常精确、逼真，表现出画家极高的透视法水平，极大地增强了画面的空间立体感和深远感。这幅画的色彩处理也很协调，乳黄色的大理石结构，与人物红、白、黄、紫、赭等色的衣饰相互交错，相映成趣。

《雅典学院》呈现给了人们一个理想美的世界。画面上人物组合井然有序，与空间完美统一，并在高度的和谐中保持着生动的变化，是整体美和个体美完美统一的典范。这些学术大师们被画家以其完美、优雅、抒情的艺术风格，流畅的线条、精确的造型，清晰优美的人物形象，永远地定格在了人们的视线中，而这些人类的智者也在拉斐尔无可挑剔的精湛画技中获得了永生。

西斯廷圣母

《西斯廷圣母》是拉斐尔为西斯廷教堂创作的祭坛画，也是他的“圣母像”中的代表作。画中洋溢着一种祥和、纯洁、典雅、明朗的氛围，让人不自觉地就沉醉其中，迷失自我。画面仿佛是一处舞台，帷幕隐去，圣母怀抱圣婴，脚踩祥云，从天而降。她的步子轻盈、优雅、镇定自若。衣服虽然有红、黄、蓝三种颜色，但醒目而不张扬，妩媚而不轻浮。她的眼中流露出一丝哀伤和无奈，可能因为知道自己怀抱中的圣婴伟大的使命和悲惨的结局。但这并不影响她坚定的步伐。依偎在圣母怀中的圣婴，睁大了眼睛看着人世，稚嫩的脸上有一种与年龄不相符的凝重与庄严。圣母的左下方，是 3 世纪的罗马教皇西斯廷二世。他身披法袍，谦恭地仰视着圣母，满脸虔诚，摘下的宝冠放在右下边。他一手抚胸，一手为圣母引路。画面右下方，妩媚动人的圣女芭芭好像沉浸在深思之中，又好像能够体会圣母的悲痛和无奈，虽然跪迎着圣母，却将脸侧向了一边，不忍正视圣母无奈的眼神。画面的下端是一对小天使，天真的脸上写满了迷茫和疑惑，抬头看着眼前的一切。

在这幅画中，拉斐尔以精练、娴熟的手法，甜美、悠然的抒情风格赋予了圣母一种世俗的美，她既是神圣之母，也是一位爱子心切的人间慈母，从而达到了一种把美丽与神圣、

↑拉斐尔的圣母像分为两类，一类是人间母亲的形象，另一类以女王式圣母的形象出现。西斯廷圣母则是这两种圣母特征的结合，是画家理想中最完美的圣母形象。构图采用较稳定的金字塔形，刚刚揭开的绿色帷幕，圣洁美丽的圣母双脚赤裸，晶莹的双目注视着苦难的人间，怀中的耶稣瞪着两只眼睛等待圣母给他决断将来。

爱慕与敬仰的种种情愫完美地融为一体的艺术效果。这样高超的处理，一方面体现了画家精湛的画技和人道主义情怀，另一方面也拉近了观赏者与圣母的距离，觉得她更加可亲可爱。

从布局上看，画中人物主次分明、详略适当，整个画面简洁而又灵动。如果我们从上看，画面上方有意设置的帷幕给人一种亦真亦幻的感觉，仿佛尘世隐去，来到了一个圣地一样。这样的处理，给人一种先声夺人的视觉错位，仿佛我们一下子就进入了某种境界。如果从下面看，小天使们向上张望的眼睛，就如同神秘的路标，很自然地就把我们的目光引向了上方。对于这幅与真人等大的人物像，画家的匠心独运可见一斑。

从绘画技巧看，拉斐尔适当地运用了短缩透视法，从而使人物之间留出了纵深感的空间，给人一种厚重和真实的感觉。画家简短有力的素描风格也发挥得淋漓尽致，画中的线条被处理得简洁、壮阔，并有一种张扬的力量，比如圣母衣饰上的线条，西斯廷二世向右张扬着的长袍以及圣女芭芭向后飘拂的衣皱，仿佛都被一种神奇的圣风吹拂着一样。而圣婴和小天使的身体曲线都用了局部素描的处理手法，运用得恰如其分。在色彩处理上，画家运用了多种色彩，使人物形象鲜明、灵动，达到了很好的色彩效果。

《西斯廷圣母》是拉斐尔 30 岁时的作品，画家在这以前曾经绘制了许多幅超凡脱俗、恬静、优雅的圣母，而这幅略带哀伤的圣母像，可能是画家在经历了许多世事以后，对美的一种新的理解和表达吧。不过，不管怎样，《西斯廷圣母》都是艺术史上最动人的作品之一。

拉奥孔

埃尔·格列柯的《拉奥孔》是一幅表现手法奇特，打破了许多绘画规则的大胆创新之作。这幅画也折射出了文艺复

↓画面笼罩着一种虚幻、病态的神秘气氛。色彩则加强了凄凉恐怖的月夜的阴森逼人，人物像是旷野中的孤魂一般漂泊无定。格列柯笔下的人物形象成为其思想哲理的象征。他晚年常到精神病院写生，因此，其画中人物和正常人不断拉开距离。这幅作品正是格列柯的自我写照：他一方面叹息没落贵族走向崩溃，一方面为自己的苦闷、矛盾和没有出路发出来自肺腑的挣扎。

兴的完美艺术巅峰过去之后，艺术家们对新的艺术表现手法的探索和尝试。

该画的内容取材于希腊神话故事《拉奥孔》。希腊人久攻不下特洛伊城，便想出了“木马计”，把一些希腊士兵藏在大木马肚子里，留下木马，然后佯装撤退。特洛伊人看到希腊人撤离后，便想把木马作为战利品搬到城里。这时，特洛伊城的祭司拉奥孔，提醒特洛伊人不要把木马搬入城内，以免上当。这一举动，触犯了阿西娜和众神，因为拉奥孔试图破坏众神要毁灭特洛伊城的计划。于是，阿西娜派来两条海蛇把拉奥孔和他的两个儿子都活活缠死了。而特洛伊人由于没有听从拉奥孔的劝告，把木马拉进了城，也遭遇了灭顶之灾。

画面的悲剧气氛相当浓烈，给人一种直观的恐怖感和震撼人心的视觉冲击力。画面右方的两个人物身份不明，他们正在看着被毒蛇缠咬的拉奥孔父子三人，有人认为他们是阿西娜派来的使者。正在被两条毒蛇啃咬的拉奥孔父子，由于极度的痛苦，身体扭曲得变了形，拉奥孔睁大了惊恐的眼睛，在做垂死挣扎。他头顶的一个儿子已经被咬死在地。他左边的儿子正在与毒蛇搏斗，可是也逃脱不了死亡的命运。他们的身后是岌岌可危的特洛伊城，一匹被画成金黄色的马正朝城的方向走去，表征着“木马计”的得逞。

画家运用了自己最擅长的艺术表现手法：“扭曲、变现”和“富于表现力的色彩”。画上的人物都被刻画得特别瘦长、高大，仿佛被特意拉长了一样，夸张的四肢和因痛苦而扭曲的表情，把人物临死时的挣扎刻画得惊心动魄。画上综合运用了多种色彩，人体都被涂成梦幻般的银白色，黑色占据了画面的大部分空间，天上被乌云笼罩，前景的小山、石块也是黑暗一片，把人物的银白色衬托得刺眼、炫目。远处的特洛伊城是金黄色的，与地平线相连的天空上是白色和蓝色。魔幻般的色彩，仿佛把人带进了一个幽灵的世界，也烘托出了一个恐怖、变形、神秘、混乱的无序的世界。也有人探讨《拉奥孔》的主题暗示了画家蕴藏在内心深处的危机感和人类悲剧的宿命感，正如毕加索描述他的那样："在他眼里，这个世界正在崩溃，而他也在描绘这种崩溃""在他身上，无疑具有一些他那个时代，或是我们这个时代不曾认识的伟大的东西"。

毫无疑问，在那个时代，格列柯是极为独特的。他在广泛吸取前辈大师们绘画技艺的基础上，凭借自己对绘画艺术的独特理解，通过变形的手法，富有表现力的色彩，幻想主义的风格，给我们呈现了一个完全神秘而又极具魔幻力量的世界。他的这种创作风格，对后世产生了巨大而深远的影响。

自由引导人民

《自由引导人民》取材于1830年法国七月革命事件。1830年7月26日，国王查理十世企图进一步限制人民的选举权和出版自由，宣布解散议会。巴黎市民闻讯纷纷起义，他们走向街垒，于27至29日为推翻这个第二次复辟的波旁王朝，与保皇军队展开了白刃战，最后占领了王宫。在法国历史上这段历史被称作"光荣的三天"。在这次战斗中，圣德克区的克拉腊·莱辛在街垒上举起了象征法兰西共和制的三色旗，少年阿莱尔为把这面旗帜插上巴黎圣母院旁侧的一座桥顶上，最后倒卧在血泊中。画家目击这一悲壮激烈的巷战景象，义愤填膺，决心画一幅大画，来描绘群众革命的壮举。

画中所展示的硝烟弥漫的巷战场面，是画家在自己上百幅"七月革命"街垒战草图的基础上定稿的。这里除了参战

↑这是德拉克洛瓦最著名的代表作，也是他最具浪漫主义色彩的作品，是法国七月革命的直接反映。1830 年，法国国王查理十世宣布解散议会，企图限制人民的选举权和出版自由。巴黎市民闻讯纷纷走向街垒，为推翻这个第二次复辟的波旁王朝与保皇军队展开了白刃战，最后取得了胜利。德拉克洛瓦亲身经历了这场斗争，创作了这幅作品来歌颂人民争取权力和自由的斗争。

的市民、工人以及那个象征阿莱尔的少年英雄之外，画家在正中还设想了一个象征自由的女性形象，她头戴法国大革命时期的红色弗里吉亚帽，左手握枪，右手高擎飘扬着的三色旗，正转身号召民众向君主专制王朝冲去。她是全画的中心，观众注目的焦点，也是这幅三角形构图的制高点。女神的左侧，一个少年挥动双枪急奔而来。右侧那个身穿黑上衣戴高筒帽的是大学生，他紧握步枪，眼中闪烁着对自由的渴望（有人认为这就是画家本人)，在他身后有两个高举战刀怒形于色的工人形象。前景上除了倒毙在瓦砾堆上的禁卫军尸首外，还有一个受伤的青年匍匐着想站起来，仰望着女神手中的三色旗。整幅画气势磅礴，结构紧凑、连贯，色调丰富炽烈，用笔奔放，有着强烈的感染力。

德拉克洛瓦选择这个造型优美的自由女神形象作为全画的主人公，乃是他的浪漫主义想象力的表现，这要归功于他对诗的爱好。换句话说，诗歌，尤其是英国拜伦的诗对他的激励作用要大于造型艺术上的康斯坦勃尔和透纳。在创作上，德拉克洛瓦追求的是个性解放。在社会改革上，他向往的是自由、平等。而要反映对被压迫民族的同情，要热烈歌颂人民群众争取自由的斗争，就必须选择具有象征意义的理想形象。采用历史或神话素材正是浪漫主义绘画的特色，因此，他在这里选择“自由女神”被认为是最合适的象征。

日出·印象

“印象主义”与“巴洛克”一样，最初带有贬义色彩，是评论家对莫奈等人的创新倾向的讥讽和嘲弄。1874年，莫奈在“无名画家展览会”上展出《日出·印象》这幅作品，引起了轩然大波。一些人嘲笑画家是把颜料装在管子里吹上去，随便涂抹一下，签上名了事。评论家勒鲁瓦对这幅画评价道：“印象？这幅画应该会有什么印象？……技法如此随意、轻率，连糊墙花纸也比这幅海景来得精美。”这样的评论，引起了支持者和反对者长期的论战，也把这幅画炒得越来越响。后来，也就约定俗成地把这种绘画风格称为是“印象主义”。

《日出·印象》描绘的是当时法国的第二港口勒阿弗尔港

日出时刹那间的景象。一轮红日从布满浓雾的水面上冉冉升起，晨光照射着海面，动荡的海水泛起粼粼波光。早起的小船在逆光的水波中荡漾，远处的海港在水雾交织中模糊不清，一切都处在朦胧和缥缈的变化中。在画面上，天空、水面、船只、远处的港湾在太阳的照射下呈现出不同的色彩变化，在这里光线成了真正的主角，所有的一切都在它的主导下瞬息万变。

这幅画与以前的绘画相比是截然不同的。画面上没有明确的形体和结构，只有跳跃的色彩和光线，真实物体只是画面上模糊的印象。全部画面是画家对日出时，一切景物在光

↑莫奈1862年入巴黎格莱尔画室学习，与雷诺阿、西斯莱成为同学。由于不满学院派枯燥死板的教学法，莫奈一年后离开了画室。1865年至1870年是莫奈艺术创作的早期。这时，他已经开始使用印象主义画派特有的碎笔技巧作画，并努力探索着真实地表现大自然的方法，特别是描绘瞬间的感觉印象和那些充满生命力和运动的东西。为了描绘大自然的真实光影效果，莫奈用轻快跳跃的画笔，捕捉晨雾中起伏的流水在光线折射下所产生的丰富色彩。它传达出海天一色的混融气氛，创造了一种视觉上的微妙的震动感。

线的照射下瞬息的把握。传统的观念认为物体是有固定颜色的，它们在光线的照射下只有明暗的区别，不会出现色彩的游离和变化，可是在这幅画中，莫奈表现出的正是在光线照射下，各种物体在光线的照射中所呈现出的色彩斑斓和变化的特征以及明暗的效果。印象主义绘画所重视的不再是物体的本身，而是以物体为媒介，反映色彩的强烈变化，奉光线为老师，以色彩的摇曳多姿为绘画宗旨。这也难怪最初人们无法接受这些没有章法，仿佛是胡乱涂抹的东西，因为它给人们的视觉冲击是空前的，没有参照的。

印象派与传统彻底决裂的“离经叛道”注定了他们最初的尴尬和无奈。以莫奈为首的印象派画家，长期处于穷困潦倒的境遇中,得不到人们的认可。并且长期在外面对着日光绘画，也是一件很艰苦的事情，正如莫奈本人说的那样：“这是很糟糕的事，光一变，色彩也随之变化。一种颜色往往只能持续一秒钟，至少不会超过三四分钟。这样，我只能在三四分钟内画完它，一旦错过，我只好停止工作。这是多么令人受罪的活啊！”可是在艺术的探索中，他从来没有停止过脚步，在以后的日子里，他创作了大量的印象主义作品。晚年创作了大型组画《睡莲》,是艺术家最后的巨作,也是他最著名的油画。

以莫奈为首的印象派所开创的印象主义画风，深刻地影响和改变了近代的绘画艺术，在世界绘画史上写下了重要的一页。

伏尔加河上的纤夫

19 世纪中后期，俄罗斯虽然表面上颁布了废除农奴制度的法令，但是由于封建剥削制度的根深蒂固，俄罗斯的广大人民群众仍生活在水深火热中，悲惨的生活境遇并未得到根

↑这幅画是批判现实主义的油画作品，寄托了画家对下层人民群众悲惨生活的同情，也是他民主主义革命思想的最初艺术化体现。画面描绘了一组在沉闷压抑的气氛中奋力拉纤的纤夫群像。

本改善。就是在这种背景下，列宾花费了4年时间完成了《伏尔加河上的纤夫》这一伟大的批判现实主义油画杰作，这幅画寄托了他对下层人民群众的同情，也是他民主主义革命思想最初的艺术化体现。

画面描绘了一组在沉闷压抑的气氛中奋力拉纤的纤夫群像。背景是伏尔加河河畔，酷暑当头，骄阳似火，在焦黄的沙滩上，一队衣衫褴褛的纤夫正拉着一艘沉重的货船艰难前行。他们中有老有少，个个面目憔悴、精疲力竭，迈出的每一步都十分艰难。画家本人曾对这些人物做过详细的介绍，通过他的叙述我们可以更加深入地了解这些纤夫的身世、性格和精神特征。全画共分为前、中、后三组，最前方领头的名叫冈宁，他胡子花白，眼睛深陷，目光锐利而富含智慧，坚毅的面孔写满沧桑，眼看着前方，步伐坚定而从容。他曾当过神父和唱诗班的指挥，被开除后成了纤夫。在画家的笔下，他象征着整个民族最苦难的灵魂，敏感而自尊、智慧而坚定，可是怎么也逃脱不了被侮辱被欺凌的命运。他把纤绳绷得紧紧的,想以此摆脱灵魂深处的苦痛。在他右边的那个憨厚汉子，赤露着双脚，似乎和他唠叨着什么。紧跟在后面的那个叼着烟斗的高个子，在画面上显得很突出，他纤绳松松的，好像对这种苦力活极为麻木、厌恶。稍左的那个健壮的汉子名叫加尔，以前曾是个敢于和恶浪搏斗的水手，画面上他拼命地拉着纤绳，全身充斥着倔强和抗争的冲力。中间的一组，那个紧皱着眉头的红衣年轻人名叫拉利卡，他是个初来者，还不太适应这种苦力，他抬头看着前方，似乎想要摆脱这种工作。紧靠在他里面的那个人正在患病，他用手擦着额头的汗，没有一点气力，步履十分沉重。拉利卡后面的秃顶老汉，半倚着纤绳吞吐着烟草，和拉利卡形成了鲜明的对比。他们的中间是个只露出了头部，皮肤黝黑的人。最后一组有三个人，前面的一个是个退伍军人，他把帽子压得很低，默默地拉着纤绳，他象征着俄罗斯农民的过去、今天和未来，他们在家时向沙皇交租，被迫入伍后为沙皇打仗卖命，最后仍然如同被缚在俄罗斯土地上的一头牲口。他的后方一个人低垂着头没有一点力气，另外一个是个希腊人，他正回头看着后方。

列宾在这幅画中深刻地刻画出了十一个纤夫的形象，他们贫苦、艰辛、无奈的生存状态是对俄罗斯吃人的沙皇制度无声的控诉。作为一个具有责任感的现实主义画家，列宾是俄罗斯人民的骄傲，正如斯塔索夫评价他的那样：“他以勇敢、以我们无可比拟的勇敢……一头扎进人民的生活，人民的利益，人民的伤心的现实的最深处……就画的布局和表现而论，列宾是出色的、强有力的艺术家和思想家。”

第四章

陶瓷

藏宝价值

中国的陶瓷艺术举世闻名，瓷器更是中国的伟大发明，郭沫若曾说“陶瓷的历史就是中华民族的历史”。特别是瓷器，因其具有光洁晶莹、坚固耐用、造价低廉、用途广泛、造型优美、纹饰多样、色彩繁多等优点，直到今天还是人们日常生活中不可缺少的用具。而历史上遗留下来的各类陶瓷精品，也成了诸多博物馆的藏品和民间收藏家的宠物。在目前的收藏市场上，陶瓷无疑是最热门、价值也最高的种类之一，有时甚至超过了书画的身价。

世界最著名的拍卖机构美国苏富比拍卖行，每年在伦敦和香港举办的拍卖，都以中国瓷器为主。其中有一件清雍正官窑粉彩蝠桃橄榄瓶，曾被美国一名前国会议员当作家中台灯的灯座，居然在香港苏富比拍卖会上拍得 4150 万港元天价。在近些年中，此类价格已不止一次出现：景德镇一件元代青花人物罐成交价竟达 2770 万港元，一件唐三彩陶马 4955 万港元，清乾隆珐琅彩山水盅成交价 2147 万港元……所有这一切，无不使收藏界人士为之心动，一些实力雄厚的收藏者更是将目光集中在宋代五大名窑以及明清官窑瓷上，为拥有一件珍品，不惜斥资成百万乃至上千万元。不过另一方面，大多数收藏爱好者并没有如此雄厚的实力，对于那些近乎国宝级的陶瓷珍品只能望洋兴叹。但是，陶瓷作为民间收藏的最大类别之一，流散在市场上的珍品定然仍会不少，只要具备了敏锐的眼光和丰富的鉴宝知识，仍可在陶瓷收藏方面大有作为。

发展概况

从我国陶瓷发展史来看，陶瓷又可分为陶器和瓷器两大类。按照技术标准，通常把胎体没有致密烧结的黏土和瓷石制品，不论是有色还是白色，统称为陶器。其中把烧造温度较高，烧结程度较好的称为“硬陶”，把施釉的称为“釉陶”。相比之下，经过高温烧成、胎体烧结程度较为致密、釉色品质优良的黏土或瓷石制品则被称为“瓷器”。

↑青花西厢记人物故事图瓶 / 元

陶器的发展

中国陶器文化非常发达，其艺术成就也很高，现今流传的陶器数量也很大，像汉绿釉陶、唐三彩、明清紫砂壶等，都具有很高的艺术欣赏和收藏价值。

中国陶器大约出现在八九千年以前的新石器时代，并在之后几千年中一直是人们的主要生活用具。陶器一般是用陶土作胎，烧制陶器的温度大体在900℃ ~1050℃之间。陶器的胎体质地比较疏松，有不少孔隙，因而有较强的吸水性。一般的陶器表面无釉，即使有釉也是低温釉。原始时期的陶器大致经历了裴李岗文化、仰韶文化、屈家岭文化、大汶口文化、龙山文化等阶段，其中龙山文化的年代距今约3800~4300年，其黑陶中的“蛋壳黑陶”最为精美。同时，用高岭土烧制的

↑曲腹大口三角涡纹陶盆 / 仰韶文化

盛食器，细泥红陶质，敛口、圆唇、鼓腹、平底，上腹绘墨彩三角纹、涡纹图案。

白陶开始出现，这也是原始瓷器的雏形。

商代陶器仍以灰陶为主，到后期，白陶和印纹硬陶有很大发展，尤以白陶最为精美，纹饰采用青铜器的艺术特点，装饰华丽，非常珍贵，同时还出现了用高岭土做胎施青色釉的原始瓷器。西周以后，陶器种类日益繁多，除生活器皿外，还出现了砖瓦、陶俑和建筑明器等。到战国、秦汉时期，由于用陶俑、陶兽、陶明器随葬渐成习俗，因此制陶业更加繁荣。举世闻名的秦始皇陵兵马俑，就是典型例证。值得一提的是，汉代的彩绘陶器得到发展，釉陶也普遍应用，同时在陶明器上用白粉、墨书文字者也大量出现。直到东汉晚期至三国时代，随着瓷器的烧造技术逐渐成熟，陶器才逐渐被瓷器所取代，迅速在日常生活中退居次要地位。不过，到唐代时期，作为艺术品的陶器却再次大放光彩，汉代的低温釉陶得到进一步发展，形成了著名的“唐三彩”。唐三彩属铅釉陶器，系采用高岭土胎，施彩釉烧制而成。唐代的三彩俑，不论造型还是釉色方面，都达到了极高的水平，这种工艺到宋金仍较流行，成为中国陶器艺术的珍品。

瓷器的发展

大约在东汉时期，我国出现了最早、真正意义上的瓷器，它的坯体由高岭土或瓷石等复合材料制成，在 1200℃ ~1300℃的高温中烧制而成，胎体坚硬、致密、细薄而不吸水，胎体外面罩施一层釉，釉面光洁、顺滑、不脱落、剥离。从此瓷器的生产开始日益普及，并形成了中国特有的瓷器文化。近现代的考古工作者，正是在各种瓷器文化的基础上，总结出了一系列有关的知识，如将瓷器的产地称为“窑口”，每个窑口都有其特点，据此，人们就可以确定一件瓷器的年代和产地。

三国、两晋时期，陶瓷业在江南迅速发展起来，出现了越窑、瓯窑、婺窑等著名窑址。到北朝时期，在北方出现了影响深远的白瓷。这一时期的瓷器装饰特点比较明显，尤以越窑最为突出，在器物上常有表现生活场景的纹样。缥色是魏晋南北朝时期的特色釉，是青瓷系统的代表，与北方地区的白瓷交相辉映。现今所见到的越窑青瓷，工艺多属上乘，即使现代的技术也很难仿制。

到唐代时，陶瓷业得到了空前发展，始于南北朝时期的“南青北白”瓷业布局，此时已形成较为明显而固定的局面，我国古代制瓷艺术逐步形成了青釉和白釉两个大的系统。黄河流域的瓷窑多以烧白瓷为主，以河北的邢窑最为突出。南方的越窑青釉瓷则进一步发展。

五代虽然短暂，陶瓷业却有大进步，其中最有影响的就是出现了吴越地区的秘色瓷和后周时期的柴窑。秘色瓷胎质呈灰白色，釉质如脂似玉，清澈碧绿，造型典雅凝重，代表了晚唐至五代制瓷工艺的最高成就。柴窑相传是五代周世宗柴荣时所烧造，窑址在郑州，真正的柴窑器据说“青如天、明如镜、薄如纸、声如磬”。

到了宋代，中国陶瓷水平达到了炉火纯青的阶段，可谓空前而绝后。这一时期出现了许多著名的官窑及私窑，最为著名的窑址有定、汝、官、哥、钧以及景德镇、耀州窑、龙泉窑等。而且各窑皆形成了自己的独特风格，比如汝窑、定窑青玉一般的质地，钧窑如天空般湛蓝的天蓝釉，龙泉青瓷巧夺天工的粉青、梅子青等。

元朝时，虽然陶瓷业没有太多发明，但景德镇却在这一时期成了全国的制瓷中心。此外，元代青花、釉里红的出现，使我国在瓷器装饰艺术上进入了一个崭新的时代。

↑青花釉里红云龙纹天球瓶 / 清乾隆时期

明朝时，景德镇的陶瓷制造业进入了鼎盛时期，蜚声世界，尤其是青花瓷达到了登峰造极的地步。永乐年间的甜白釉、宣德年间的釉黑红都达到了很高的水平，而成化、弘治、正德时期出现的一大批空前绝后的艺术珍品，在当时就具有了巨大的商品价值。除了景德镇官窑以外，各地民窑如福建窑、江西横峰窑、广东广窑、浙江处窑、江苏瓯窑等也在蓬勃发展。

清代的瓷器生产，仍以景德镇为中心。康熙时期，开创了以督窑官姓氏称呼官窑的先例，比如著名的“臧窑”“郎窑”等。这一时期的重大发明为珐琅彩、粉彩。雍正时期，瓷器生产达到了历史最高水平，其总体风格轻巧俊秀，精雅圆莹。其胎体选料极精，壁薄体轻，匀称一致，仰光透视，略显淡青，呈半透明状；在纹饰上，釉下彩中青花釉里红的制作达到极盛阶段，青花和釉里红在同一种气氛中烧成，两种色泽都十分鲜艳。这一时期的粉彩最为突出，非常盛行。乾隆时期的烧瓷水平尽管又有所进步，技术上虽精工细作，不惜工本，但艺术却比前朝有衰退的迹象。这一时期，粉彩完全取代了五彩，但产品质量不如前代。

从嘉庆后期开始，制瓷工艺日趋衰落，产品大多显得粗糙而笨拙，器型上也缺乏创新。道光时期，由于国力衰微，陶瓷业的生产规模也大大下降，产品质量也大不如前。道光瓷器的造型特点比较明显：外形比较笨拙，缺乏灵性；线形不够圆润，板滞生硬；足脊多不平整。咸丰时，产品更加粗糙轻率，胎体厚重且疏松，表面施釉厚薄不一，还常出现橘皮状坑凹。到咸丰末年，景德镇官窑厂多被损毁，陶瓷业也遭到了巨大破坏。同治瓷器以粉彩器为主，一般以淡黄、淡蓝、淡绿或淡紫为多见。光绪末年至宣统时期，政府在景德镇按西方体制设立了陶瓷公司并设立分厂，力图在技术和

↑灰陶三扁足盘 / 商

商代盛食器，手制，侈口折沿，深腹下收，三棱平足，通体无纹饰。

质量样式方面都有所提高，但最终失败。所以这一时期所留下的产品非常珍贵。

纵观我国陶瓷发展历史，尤其是宋、元、明、清各朝代，都经历了一个复苏、发展、全盛、衰落的过程。整个民国时期，陶瓷业的发展一直萎靡不振，始终落后于新兴的外国陶瓷业。这一时期的瓷器，仿古成风，装饰上仍以青花、粉彩、五彩为主流，继承了晚清的风格，又增添了一些新内容；造型上则比晚清瓷器要纯朴平直。这一时期的陶瓷业中心仍在景德镇，但产品除沿袭前代以外，就是简单照搬一些外国的设计，毫无发展可言。唯一例外的是，民国初年，当袁世凯企图称帝时，欲仿效前朝惯例，曾在 1916 年派员到景德镇督烧以粉彩为主的“御用瓷器”。结果竟在很短的一段时间内，烧制出数量极少的一批“洪宪瓷”。这批瓷器质地精良，彩料考究，造型美观大方，是一批极为特殊的产品。

陶瓷类别大观

中国陶瓷历史悠久，品种繁多，我们可以从胎质、釉色、造型、纹饰、款识乃至重量等方面入手，准确地对陶瓷做出最基本的鉴定，即分类。

陶器的分类

根据陶器的颜色，人们把陶器分为红陶、灰陶、彩陶、白陶、彩绘陶、黑陶和釉陶等系列。

红陶，是原始社会最常见的一种陶器，它的颜色犹如红砖色，这是因为在烧窑时，充分供应气体，形成氧化气氛，从而使陶土中的铁转化为三价铁，呈现出红色。

灰陶，指陶器为灰色或灰黑色。这是因为在烧窑后期控制火候时形成还原气氛，由于窑中缺少氧气，陶土中铁的氧化物转化为二价铁，陶器便呈灰色或黑色。灰陶是最常见的陶器，一般都比较粗糙。

彩陶，是陶器入窑前，在陶坯上进行彩绘，烧后有赭、黑、白等色。

白陶，即白色的陶器，主要是因为陶土中氧化铁含量少，排除了一些色素的干扰后呈现白色。

彩绘陶，它和彩陶的区别是陶器烧成后再着色。由于颜色没有经过焙烧，与坯体黏结不牢，很容易脱落，如著名的秦兵马俑。

黑陶，是指光亮漆黑的陶器。这是因为在焙烧后期用浓烟熏翳，使烟中的碳微粒渗入，充填陶器的空隙，便能呈现黑色。黑陶制品中有的壁像蛋壳一样薄，所以又被称为“蛋壳陶”，十分珍贵。

釉陶，是指陶器表面有一层石灰釉的陶器。釉的主要成分是氧化硅、氧化铝、氧化钙、氧化钠等，用石灰加黏土就能配制成，烧融后呈一种玻璃态。在釉中若再加进一些金属氧化物如氧化铜、氧化钴等，焙烧后就会出现绿、蓝等色泽，著名的唐三彩就是釉陶。

唐三彩，即唐代三彩陶器的简称。它是一种低温釉陶器，用白色黏土作胎，用含铜、铁、钴、锰等元素的矿物作釉料的色剂，在釉里加入很多的炼铅熔渣和铅灰作助熔剂，经过约800℃的温度烧制而成，釉色呈深绿、浅绿、翠绿、蓝、黄、白、赭、褐等多种色彩。在三彩器物中，有的只具备上述几种颜色中的一种。三彩陶器釉料中含有大量的铅、铅的氧化物作为熔剂，降低釉料的熔融温度，在窑炉里烧成时，各种着色金属

↑三彩龙首杯 / 唐

唐三彩是中国陶文化发展到高级阶段的产物。唐高宗时开始使用，天宝年后就很少出现，流行年限基本在盛唐时期，鉴别时应尤其关注。

氧化物溶于铅釉中，并向四方扩散和流动，各种颜色互相浸润，形成斑驳灿烂的彩色釉。铅的另一个作用则使釉面光亮增强，使颜色更加美丽。唐代盛行的三彩釉陶器，主要见于作随葬用的明器。以洛阳和西安两地出土数量最多，陶器种类凡与死者在世时生活有关的，如建筑、家具、牲畜、人物等等无不具备。唐三彩不仅在艺术上有很高的成就，在陶瓷工艺上也对后世做出了重大贡献。宋代以后的各种低温色釉和釉上彩瓷，大部分都是在“唐三彩”艺术基础上发展起来的。

瓷器的分类

青瓷，是区别于白瓷的一种颜色偏青或偏灰绿颜色的瓷器，也是我国最早的一种瓷器。这种瓷器的胎体上施以青釉，是以铁为着色剂的青绿色釉，在还原焰中烧成，釉色多为偏冷色调。我国古代所说的缥瓷、翠青、粉青等都属青瓷，历史上以龙泉青瓷最为著名。青瓷器多为厚釉，造型浑厚凝重，装饰多用刻花或浮雕，效果明快而含蓄，整体典雅莹润，适合制作日用陶瓷，更适合制作陈设陶瓷。

黑瓷，是在青瓷烧造技术的基础上发展而来的一种陶瓷，黑瓷最早出现在东汉，是加强了铁元素着色作用而形成的。

白瓷，白瓷是制造工人经过长期实践和研究，控制了胎

↑白地黑花龙凤纹四系扁壶 / 元

这种四系扁壶属元代新创器形，古拙朴实，遒劲雄浑。收藏者可以从款识上鉴别。

釉的含铁量，克服了铁的呈色的干扰而制造出来的一种新的瓷器品种。历史上以唐代邢窑、宋代定窑的白瓷最为著名。其中邢窑瓷质坚硬，制作精致，洁白如雪；胎土色白而细洁，坯体极坚硬，釉白而润泽，有时微微闪黄，带一点乳白色，胎釉之间有一层下釉，俗称护胎釉；通体没有一点花纹，质朴素净。

缥瓷，即两晋时期在浙江温州地区瓦窑所烧制的青瓷，因当时的一种淡青色丝帛称为缥，而瓦窑的青瓷釉色与之接近,故名缥瓷。缥瓷胎体细腻,呈灰白色；釉色淡青,比较透明。

秘色瓷，是在唐代越窑瓷器制作技术的基础上发展起来的一种青瓷,是越窑青瓷中最突出的制品。秘色瓷器始于唐代，盛于五代，衰于南宋。秘色瓷胎质细腻，呈浅灰色，造型规整，胎壁较薄，釉层均匀。

花釉瓷器，花釉瓷是唐瓷中的新创造，是在黑釉、黄釉、黄褐釉、天蓝釉或茶叶末釉上饰以天蓝或月色白星点而烧制成的一种瓷器。斑点有的做有规则的排列,有的任意加上几点，有的则像波浪状。常见的有罐、双系壶、花口等。

纹胎瓷器也是唐代陶瓷业中的一个新工艺，即用白褐两种色调的瓷土相间糅合在一起，然后拉坯成型，胎上即具有白褐相间的类似木纹的纹理。出土器物中有杯、碗、三足小鼎、长方形小枕等。

釉下彩绘瓷，是长沙窑的首创。釉下褐绿彩有两种：一种是先在坯上刻出纹饰轮廓线，再在线上填绘褐绿彩，最后施青釉；另一种是在坯上用褐绿彩直接画纹饰。长沙窑釉下彩突破了青瓷的单一青色，各种纹样大量出现，丰富了唐代瓷器的装饰艺术，给后世釉下彩的继续发展开了先河。

白釉釉下黑彩刻花瓷器，是磁州窑瓷器中的高档瓷。这类瓷器选用优质原料制作，其工艺过程是在成型的坯上，先敷一些洁白的化妆土，然后用细黑料画纹样，再用尖状工具在黑色纹样上勾划轮廓线和花瓢叶筋，划掉黑彩，露出白色化妆土，施一层薄而透明的玻璃釉，入窑烧制，黑白两色形成强烈对比。

天青釉瓷器，是我国著名额色釉之一，具有荧光一般幽雅的蓝色光泽，色调犹如雨过天晴。历史上柴窑的作品最佳，另外钧窑、汝窑以及景德镇都能烧造天青色的作品。天青釉虽有深浅的不同，但基本色调比较稳定，变化较少，多数釉面无光泽。天青釉发展到清初已达到顶点。康熙时的官窑产品，天青釉略带蓝色，釉薄而坚，莹润而光洁，无开片；民窑的青色较深，釉层较厚；雍正时，釉色幽淡隽永，更是引人入胜，均为陶瓷艺术中之珍品。

钧红瓷，因出自钧窑而得名。钧红是用铜的氧化物作为着色剂，在还原气氛下烧制成功的一种红色釉，又称铜红釉。其特点是滋润均匀，华而不俗，釉面细裂而有流淌现象。钧红问世后就结束了青瓷独占鳌头的局面，在素洁的青瓷外又有了灿烂美观的红釉。

窑变釉瓷器，窑变釉是我国历史上的著名瓷釉，首创于北宋的钧窑。窑变釉是一种艺术釉，变化多，色彩丰富，形态也复杂。它是以铜或含铜矿物为着色剂，利用各种不同色釉施于一器，烧还原焰，在高温下自然流淌以及相互交融所呈现出的一些出乎人们意料之外的颜色和形态：或如夕阳晚霞，或如大海怒涛，或如高山峻岭，或如万马奔腾；颜色有深有浅，或红中泛紫，或素中有青，色调典雅，十分美丽。人们无法解释这种现象，就称之为“窑变”。

龙泉青瓷，我国的历史名瓷，同时也是青瓷工艺的历史

↑青白釉笔架 / 元

景德镇窑烧造的青白釉以民间日用瓷（饮食器、酒器）为主，这一青白釉笔架属景德镇窑稀世精品，后世很难作伪。

高峰。龙泉青瓷的主要特色是薄胎原釉，不论白胎或黑胎的精美产品，都是胎骨细薄，釉层丰厚，色佳制精。粉青和梅子青更是龙泉青瓷的上乘佳作。龙泉青釉大体上可分成石灰釉和石灰碱釉两类。石灰釉的特点是高温黏度比较小，即在高温下易于流釉，因此，这类釉一般都显得比较薄，且透明，釉面光泽也比较强。石灰碱釉的特点是高温黏度比较大，即在高温下不易流釉。这样釉层就可以施得厚一些，使器物的外观显得比较饱满。粉青、梅子青产品充分掌握了原釉技术，在器物的断面上，可以清楚地看出经过多次敷釉的工序，有些釉层比胎骨还厚，所以釉色晶莹青翠，给人一种纯洁愉快的美感。它们的优点归纳起来大致为：不起浮光，沉着柔和；色泽青翠，浑厚滋润；内外均匀，精致细腻；釉汁固着，极少流动。

影青瓷，即青白瓷，是宋代以景德镇窑为代表所烧制成的一种具有独特风格的瓷器，福建、安徽、广西等地亦有出产。釉色介于青白二者之间，青中有白，白中显青，如迎光透视，可看到手影和内外暗雕的花纹，因此被称作“影青”。影青瓷胎薄质坚,釉色青白如玉,略有透明,敲击声音清脆嘹亮,有“假玉器”和“青如天、明如镜、薄如纸、声如碧”的称誉。纹饰精美，有刻花、印花两种。刻花又多辅以篦点纹，使刻花纹饰突出；印花纹均为阳纹，绝大多数印在盘碗里部或盆盖上面。造型很多，有杯、碗、盘、执壶、炉等，特别是“影青瓷枕”备受人们喜爱，影青瓷在宋元时已远销海外。它的烧造成功，标志着当时我国陶瓷烧造技术的高超水平。

薄胎瓷，一种胎薄如蛋壳的细白瓷，具有良好的透明度，隔胎可看到另一面的指纹。制作薄胎瓷的原料精细，拉坯成型后用锋利的铁刀旋坯，然后在胎体内表面挂釉，待干燥后，再旋胎体外面部分，旋至最薄程度，再在胎体外表挂釉，然后烧制。制作薄胎瓷需要有熟练的旋坯技术，才能使胎体薄如蛋壳，均匀一致。薄胎瓷工艺精良，彩饰后可作为陈设性的美术陶瓷，薄胎瓷是景德镇的传统陶瓷制品。

豆青釉瓷器，起源于宋代的龙泉窑，属青釉系中的一个著名品种，明正德年间的豆青，色浅淡而闪黄；清康熙时则色深，釉面润泽，釉质坚硬；清雍正时呈青绿色，色美如玉，十分纯净，在高温还原气氛中燃烧，色泽基本稳定。

油滴釉瓷，油滴结晶釉是宋代黑瓷的一种特殊装饰。在这种釉的釉面上，可以看到许多具有银灰色金属光泽的小圆点，形似油滴，大小不一。这些具有银灰色光泽的小圆点实际上是由一群密集的粒状或块状的赤铁矿小晶体以及少量磁铁矿小晶体所组成。这种釉的烧成温度范围很小，如果控制不当，就不能得到满意的效果。由于油滴釉所产生的特殊艺术效果，所以油滴釉瓷十分名贵。

祭红釉瓷，我国陶瓷史上著名的品种，明永乐年间景德镇正式烧制成功。这种红釉具有鲜艳的红色，人们称之为“鲜红”；又由于这种红釉像红宝石一样美丽，也有人把它叫作“宝石红”；又由于铜红釉器在当时是一种祭礼用品，因此被称为“祭红”。这种红釉色调纯正艳丽，釉色鲜艳而有深厚匀润之感，器皿通体鲜红，没有其他杂色，为红釉器中之上品。

青花瓷器，“青花”是指应用钴料在瓷胎上绘画，然后上透明釉，在高温下一次烧成，呈现蓝色花纹的釉下彩瓷器。青花瓷器有许多优点：青花的着色力强，发色鲜艳，窑内气氛对它影响较小，烧成范围较广，呈色稳定；青花为釉下彩，纹饰永不褪脱；青花的原料是含钴的天然矿物，有充足的原料可供使用；青花瓷器的白地蓝花，有明净、素雅之感，具有

↑青花缠枝莲盘 / 明

该器物制作规正，胎质细腻，釉层晶莹肥厚，青花色泽浓艳，有自然形成的斑点。是明代瓷器珍品。

中国传统水墨画的效果；具有实用美观的特点，深受国内外人们的喜爱。在元代青花瓷器已成为景德镇瓷器生产的主流，产品远销国内外，成为我国最具民族特色的瓷器而闻名于世。

釉里红瓷，创烧于元代，历经明、清，至今仍保留并有所发展，一直以景德镇为中心。釉里红以氧化铜为着色剂，蘸料在坯体上绘出装饰形象，罩青白釉，用高温还原焰烧成。烧后呈色红亮深沉，因在釉里呈红色，故称“釉里红”，又称“釉下红”。釉里红烧后呈色稳定性较差,同一色同一窑的作品，有的红亮，有的红色发灰，或发黑、发黄。

甜白瓷，系在洁白的瓷胎上，施以纯净的透明釉，烧制而成。因其瓷体莹润白净，材质之美无以表达，便用甜字来形容其白，故名甜白瓷。明代永乐年间，景德镇开始烧制甜白瓷，整个明代一直延续烧造。

郎窑红，清康熙时期的一种著名瓷器，以康熙时督陶官郎廷极的姓氏而命名。郎窑红瓷器的特点是色泽深艳，犹如初凝的牛血一般殷红，故有人称“牛血红”。这种釉具有一种强烈的玻璃光泽，鲜艳夺目，好像人造红宝石一样瑰丽，亦称“宝石红”。釉面透亮，垂流痕迹很像滴血，因而又有“鸡血红”“猪血红”等别称。器物里外开片，在底足内呈透明米黄色或苹果绿颜色，俗称米汤底或苹果绿底，也有本色红釉底。除口沿外，全器越往下，红色越浓艳，这是由于釉在高温下自然流淌，集聚器下之故。口沿处因釉层较薄，铜分子在高温下容易挥发和氧化，因此出现轮状白线，称之“灯草边”。清康熙朝器物的底足旋削保证了流釉不过足，所以，郎窑红又有“脱口垂足郎不流”之称。郎窑红的烧制成功证明了清朝初年铜红釉的烧造技术已达到相当高的水平。

豇豆红，是铜红釉瓷器的代表作之一，产于清代景德镇。

↑豇豆红菊瓣瓶 / 清

造型轻巧秀美，釉色浅淡，尤显淡雅，是为难得的艺术珍品。

它与郎窑牛血红的深红色并驾齐驱，而呈一种色调幽清的浅红色，又称为“桃花片”“海棠红”“娃娃脸”“美人醉”等。因其酷似豇豆的红色，并带有绿色苔点，故名。豇豆红幽雅清淡，柔和悦耳，给人以意境深远的美感，其釉面的绿色苔点原是烧制技术上的缺陷，但是在浑然一体的淡红釉中，掺杂星点绿斑，反而相映成趣。豇豆红比郎窑红的烧成难度大，施挂这种色釉的器物为数不多，因此无大件，最高的不过 20 厘米左右，而且器形也不过五六种，大多是文房用具，如印盒、水盂、笔洗等等。由于豇豆红烧制极不容易，所以在为数众多的红釉中是最为珍贵的一种。

霁红釉瓷，康熙时期著名的铜红釉瓷器品种。霁红有别于郎窑红的浓艳透亮，也不同于豇豆红的淡雅柔润，是一种深沉的红釉。呈色均匀，釉如桶皮，釉面密布细小的棕眼；色调深红，似暴风雨后晴空中的红霞，所以被称为“霁红”。

珐琅彩瓷，采用珐琅彩装饰的瓷器。珐琅彩是传统陶瓷釉上彩绘装饰技法之一，属于粉彩装饰范畴，比粉彩更加娇艳丰富。这种瓷器是清代康熙、雍正、乾隆年间在宫廷内绘制烧造的“御器”。清康熙时，开始用进口珐琅彩色料绘在烧成的白瓷胎上，称“瓷胎画珐琅”，亦称“珐琅彩”。清雍正时珐琅彩最为精美。

鉴宝秘要

中国陶瓷的发展经历了数个鼎盛时期，并在数千年的历史长河中涌现出了众多工艺高超、存量稀少、价值极高的珍品，所有这一切都是无数工匠智慧和心血的结晶。由于一些特殊的历史原因，如手工艺的失传、官方的限制等，使得常人无法接触到那些具有时代性的珍品。正是在这种背景下，或出于发自内心的喜爱，或为了牟取暴利，开始出现了对陶瓷的仿制和伪造。比如在清初，几位皇帝就因喜爱而下令仿制包括宋代的官窑、哥窑、汝窑、钧窑瓷，明宣德时期的青花瓷、红釉瓷，成化时期的斗彩瓷。到了近代，由于技术的发展和对古代陶瓷研究的深入，一些古董商人在利益的驱动下，在仿制的同时又大肆作伪，使不少收藏爱好者上当受骗。历史发展到今天，随着收藏热潮的日益兴起，作伪技术更加提高，大量号称陶瓷珍品的物件充斥其间。面对这种情况，收藏者就需要掌握科学的鉴定方法，辨别真伪。

与书画的作伪相比，陶瓷具有鲜明的特色。众所周知，每个时期的陶瓷在式样、颜色、花纹及做工上都各具特色，

↑斗彩龙凤碗（正面及底部）/ 清

↑青釉刻花牡丹纹碗 / 宋

敞口，弧壁，小圈足。通体施青釉，釉色光亮青翠，碗内刻一株折枝牡丹，图案花叶相接，显得饱满充实。

每一种器物的制作也都有一定的准则。因此，无论伪造者怎样精心仿制，只要人们仔细审察，总会找到破绽的。

根据专家们所总结的经验，现将伪造瓷器的一些方法及鉴别时应注意的事项列举如下：

1. 换装假底。这是伪造瓷器最普通的方法，其方法就是将有款识的破碎的名瓷底换装在新瓷器上，再用铁锈抹在底足的外面，然后把铁锈焙干，涂上一层川白蜡，接口痕迹就显露不出来了。由于换旧底是最普通的伪造方法，因此鉴别时应特别注意款识的真伪。有些伪制品制作得非常巧妙，在外面很难发现，但如果可以在器内加开碱水刷洗掉涂抹的灰尘，接口的痕迹就会显露出来。

2. 去除“火光”。一般来讲，辨别瓷器的新旧以有无“火光”为第一着眼点。所谓“火光”，即釉面浮光，新瓷器非常明亮，年代久远的瓷器则温润如玉，一看就可以分清。如果任何方面都符合古瓷的条件，只要“火光”太盛，那么它一定是新制的。因此，伪造瓷器的人历来都把去除“火光”作为必要的一关。

其办法为：先用浆砣轻轻擦磨，对于磨过的地方所留下的细小的痕迹，再用牛皮胶砣蘸油磨几遍，直到它的表面平滑温润为止，这时就与旧瓷器没有什么两样了。如果仅从“火光”上看，任何人都很难辨其真假。对于这一类伪制品，只有仔细审察釉面的痕迹才能分辨出真假。旧瓷器经过几百或上千年的流传，它的表面必然会流下一些痕迹，较显著的，肉眼在普通情况下就可以看见，稍暗的地方迎光也能发现。如果这两个办法不行，还可借助显微镜观察。新瓷器一定毫无痕迹，即使有，也是人为造成的。

3. 伪制款识。款识也是鉴定瓷器的重要依据之一，因此伪造者往往把那些制作精致但落款年代近的瓷器进行处理，即将底釉与款识全部磨掉，改装烧釉，并换制成年代久远的款识，如把道光、嘉庆以后的款换为康熙、乾隆时期的款。

不过这种做法有相当难度，非专业人士做不到。又由于作伪后的底釉与其他地方的颜色必不相同，所以制成之后，造假者还必须用汗手盘弄几个月才能出手。

还有一种情况，明代瓷器多没有款识，底子也没有釉，造假者如遇到清代产的颜色相同的瓷器，则往往将款识与原釉磨去，以冒充明代器皿。所以，我们在鉴别时必须注意底子釉色的颜色是否与其他地方一致，款识的风格、神势是否与该器合适。伪造者无论怎样精心，也一定会有破绽可寻。

4. 重绘纹饰。这种方法主要是针对那些存有瑕疵的名瓷，因为古代的一些著名瓷器常在不重要的地方留有瑕疵，于是伪造者往往将破纹刷干净，把原釉磨去一点，然后上釉吹烧，再绘上花纹，使人很难察觉。另外，宋代以前的单色釉瓷器由于收藏方法不当，或埋藏的时间太长，常常会出现磨损或落釉的情形，伪造者就多用彩画方式骗人，还有的是在彩画的上面再涂上一层漆，如要不遇热水，永远都看不出是伪造的。如果购买者因其便宜而以为如获至宝，没有仔细审视，则一定会上当受骗。因此在鉴别时，如果遇到有的花纹与其他地方的花纹构思不一致，或颜色不一致时，即可断定其为伪制品。

5. 真坯假彩。在旧社会，由于西方人大多不喜欢白底的瓷器，因此伪造者碰到白底的名瓷一定要添绘一些彩画，然后卖给西方人。由于所绘的画也比较高超，所以其中的精品很难辨别出真假。这种伪造的方法被行家称为“真坯假彩”，即瓷器真而彩画假。因此，对绘有彩画的白色瓷器，必须仔细审察其颜色与质地的光泽是否一样。如果质地温润，而彩画光泽很强，则多数是真坯假彩的伪制品。

6. 黏合法。由于历史流传的原因，一些名贵瓷器常会留

↑釉里红三鱼纹碗 / 清

不同朝代的碗在造型上各有特色，鉴定时有必要考虑器型是否符合朝代的特点。

有缺损，如耳、足、口等部位。为了提高其价值，伪造者往往以旧补旧，加上釉药后用火烧成，就会与整器无异；如果用吹釉的方法修补,所补之处更能达到天衣无缝的地步。因此，鉴别时如遇到有耳、足等容易碰落的部分的瓷器，千万要详细审察它的连接部位。如果看不出破绽，还要通过观察釉面浮光的强弱来判断。

7. 改造法。中国瓷器的式样繁多，不胜枚举，这也成了伪造者的可乘之机，即直接改变瓷器的外形来达到目的。比如一个长颈高瓶，如果颈以上的部分发生破损现象，他们就将颈以上的部分全部磨去，干脆改为短颈瓶。其口则用吹釉的方法烧制，烧成之后就与原来的瓷器没有什么区别。如果吹釉的方法不方便，则磨成毛边状，使人们误认为此器原来就是有盖器皿。因此鉴别时，对于口边应该特别注意。如果口边颜色与其他地方不一致，一定是改做之物。

8. 镶嵌法。这种情况不太多见，主要针对损坏后的名贵瓷器。由于宋代有的瓷器为铜铃口，伪造者往往就把后代瓷器中边口有损坏的地方磨平，另外用铜圈镶嵌，以冒充古器。所以如果遇到镶边器皿，必须慎重，一定要仔细审视铜的成分、做工，以及瓷器边口的情况。

总的来说，辨别瓷器的真伪并不像书画那么容易。通常，一幅书画的某一部分如能确定为真迹，基本就可断定整幅画为真品。瓷器则不能这样，需要经整个检查才能决定，而决不能从局部来判断其真伪。另一方面，由于生产过程的特有规律，瓷器伪造的方法比书画要少，而且由于伪造瓷器需要的成本过高，很少有人专心致力于此事，因此伪造的现象远比书画要少。

收藏者要想真正鉴定一件陶瓷的价值，仅仅了解一些陶瓷的伪造手段是远远不够的，还必须进一步鉴定它的年代、窑口、质量等。因此，鉴定古陶瓷是一门综合技术，既要掌握一些基本的知识，也需要下一番功夫。只有这样，才能从胎质、釉色、造型、纹饰、款识甚至重量等方面入手，做出准确的判断。

鉴定陶瓷，最基本的内容之一就是断代。如果我们认真学习和了解了陶瓷发展史的基础知识，基本掌握了每个时期的陶瓷在胎土、釉色、器型、装饰、工艺、色彩等方面都有不同的特点和风格，要做到这一点应是不难的。其主要鉴定依据有：

1. 胎骨。从陶瓷发展史来看，随着粉碎、淘洗、烧结技术的不断提高，胎骨的质量也在不断提高。早期陶器的胎土没有粉碎，淘洗也不干净，烧成温度只有 800℃左右，所以胎土杂质多，疏松，吸水率高，强度差。到东汉中期，原始瓷出现，烧成温度为 1000℃左右，吸水率和强度介于陶器与瓷器之间。到南北朝时期，烧成温度达 1200℃左右。元代时，景德镇开始普遍采用瓷石加高岭土的配方，使瓷器烧成温度进一步提高，同时也减少了瓷器在烧制过程中的变形。由此，我们在鉴别陶瓷器时要善于根据通顺骨的烧结度来判断年代，当然也要注意到各个地方就地取土为胎和偏远地区杂窑工艺技术落后的特殊现象。

2. 器型。每个时代都有自己的特色，如果我们能对各个时期的各种器型的变化深入了解，就能从其器型的特点鉴定其年代。比如饭碗，其造型就是不断地随着社会发展而变化的。唐代的饭碗，一般是深腹，直口，实平足，胎厚，体重。明代的碗，口外撇，腹深而丰满，圈足较高，给人以古拙稳重之感。到清康熙时期，碗口外撇，但弧度没有明代大，腹深但显得瘦小，圈足开始变矮。再比如梅瓶，它也随着不同时代而变化。

宋代的梅瓶造型是小撇口，短颈，肩特别丰，身体修长，圈足，给人以古朴秀美之感。到元代，则改宋代时的小撇口为板唇口，短颈加高，从直统式小颈改为喇叭状，下身加粗，体形变大。到了明代早期，其口又改为卷唇口，肩丰而斜，下身略宽，改变了宋代的秀长身形，向平稳实用发展，这是梅瓶造型最美的时期。发展到清代雍正时的梅瓶，它以明代早期为式样，但其口往往略高于明代，没有明代早期那么好看。又比如笔筒，顺治年间的笔筒体形高，平底无釉，胎厚体重。到康熙年间，体形略为降低，这时笔筒胎壁适中，底中央有一小圈下凹，涂白釉，凹圈外平坦，向外施一圈白釉，向内边的一圈则无釉。到了雍正、乾隆以后，笔筒变得胎体略宽，胎壁也略薄，其底也由平底、壁足改为圈足。总之，陶瓷器物不同的造型，打着鲜明的时代印记，这就应该熟记各个时代器物的造型，如拿起一把“鸡头壶”，就应该知道这种壶是三国、晋朝、南北朝的产物。说起“宫式碗”，就应该知道是明正德年间产品的一种造型。如果是“观音尊”“棒槌瓶”“花觚”“太白缸”“柳叶瓶”等等，

↑珐花八仙过海图罐 / 明

华丽浓艳的色彩、流畅的纹饰绘画和怡然自得的八仙图案，都充分显示了明代制瓷工艺的特点，并代表了较高的艺术成就。

这些都应是清代康熙时期生产的器物。

3. 釉色。中国陶瓷的每种颜色釉都有其具体出现年代，如果我们熟悉了每种釉色的发明年代，并重点掌握几种划时代釉色的演变发展，就会为断代打下坚实的基础。比如五代时的釉色就应为天青色，而梅子青釉则为宋代龙泉窑的代表。明清瓷器的特色更为鲜明，明永乐、宣德和清康熙时期胎釉就各具特色。永乐时期白釉最负盛名，釉质肥厚，润如堆脂，纯白似玉，釉面光净晶莹；另外胎色纯白，胎质细腻，并且有厚薄不均现象。如在强光下透视可以看到胎釉呈一种粉红、肉红或虾红色的倾向，这一特征是其他瓷器中所没有的。而明宣德又与永乐年间的瓷胎釉色迥然不同。同一类器皿，永乐胎厚，宣德胎薄；宣德时大件琢器底部多无釉，露胎处常有红色点，俗称“火石红斑”，还有铁锈斑点。清康熙、雍正时的仿宣德瓷器则无此特征。清康熙时瓷器的胎釉，胎色细白，胎质纯净，细腻坚硬，与各朝代的同一器皿相比，它的胎体最重。此外，这一时期的器物，往往施两种白釉，这也是康熙年间瓷器的最大特点。具体为：器内、口缘、器外底施粉白釉，其釉较稀薄，往往有小缩釉现象，底部还有坯胎中旋纹痕迹；器身施亮青釉，其釉莹润光亮，胎釉结合极坚密。

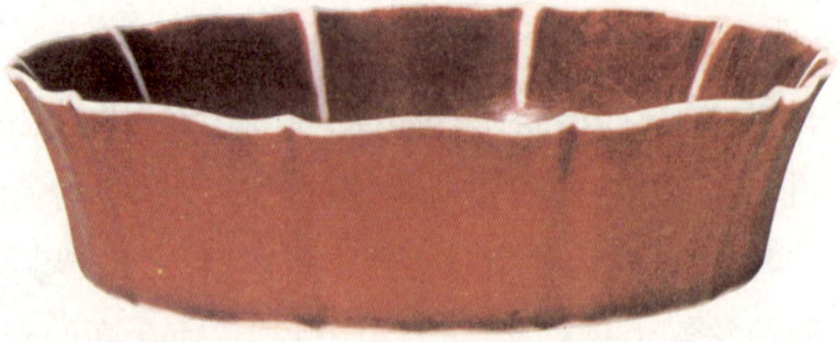

↑红釉菱花式洗 / 明

形如十瓣菱花，通体施以红釉，色彩均匀鲜艳，口沿洁白的胎色与红釉形成鲜明的对比，相映生辉，为明前期生产的稀世珍品。

4. 色彩。陶瓷器的色彩发展也有鲜明的时代特色，从原始陶器的彩绘，到隋、唐、五代的褐、黑、红、绿的釉下彩绘瓷出现，宋、辽、金的釉上红绿彩绘烧成，元代成熟的青花出现和釉里红的烧制成功，明代的青花五彩、斗彩，清康熙的釉上蓝彩研制成功，都有其明显的发展历程。鉴别色彩要用发展的眼光，一个色彩的出现，开始并不是十全十美的，只有经过长时间甚至几代人的努力，才能臻于完美。例如：元代的釉里红一出世是红紫中闪黑，颜色并不悦目。到了明代初期釉里红是紫红色的，直到清代釉里红才显得鲜嫩夺目。因此，如果是一件鲜嫩夺目的釉里红瓷器，我们就不应该判定为元代的产品。再如：一件釉上五彩瓷的五彩中有蓝彩，我们断定年代的上限就不能超过康熙朝，因为釉上蓝彩是康熙朝发明的。

5. 装饰和纹饰。每一种陶瓷的装饰和纹饰也有它的时代特色，元代以前，陶瓷器的装饰主要是印花、画花、刻花、贴花、镂刻等；纹饰方面主要是花卉、动物、婴戏，釉上、釉下的彩绘只有黑、褐、红、绿等几个颜色。元青花出现以后，印花、画花、刻花、贴花、镂刻等退居次要地位，纹饰彩绘才有了长足发展。纹饰本身有其时代性，是当时社会文化的反映。例如，明正德年间，道教、佛教和伊斯兰教在社会广泛兴起，于是瓷器上出现了八仙、八宝图、真武大帝、花捧回文、书写回文、仙人朝圣图等图案；而清康熙皇帝吸取明亡的教训，对“尚武”和“习文”极为重视，所以在瓷器图案中，“尚武”方面有各样的刀马人物和清装射猎图等出现；在“习文”方面，则在瓷器上大量书写诗词，以文字作为图案装饰。

尤其要注意的是，在进行纹饰鉴定时，对不同时代要掌握其不同的纹制手法。例如我们最常见的云纹，元、明、清就有不同的“朵云”，只要细心研究，不难发现，每个时期都有其特定绘制方法。元代朵云纹，其写法基本可分为两种：第一种，身绘成如意头状，多不对称，边大边小，其尾前段肥大，后半段细长，整个造型活像一条大头小蝌蚪在游动着；第二种，也绘一个不对称如意头为身，拖一长尾，尾的前段长出两个小头，其尾活像萌芽的种子根部，其如意头下的两个小头，又似两片小叶托着一朵盛开之花。明代宣德年间的朵云，又有变化，虽然也是绘如意头为身，但身上的飘带增多了；有的云头下飘出一带，有的在云头左、右两边和尾部各飘出一条云带，有的还在前者的绘法上在云头部再长出一带；所绘如意头丰满肥壮，飘带瘦长，变化多样。明成化年间的如意云，飘带较长，是如意云头长度的两倍，尾部的飘带又有增加突出的小小云块，和前期一条带状有所变化，云头又似露齿的兽面。到明万历时的朵云，又有三种形式：有飘带的朵云，飘带加粗，云头缩小；把云头拉成一块长云，朵云无头无尾、画工简单；绘一如意头云头，全身绘飘带数条，不分头尾。到清雍正时期，朵云头拉长，左、右飘带短而肥，形成菱角形状，原来的云头没有了，在云头上端、左右两边和尾部的飘带均变成了云头。到乾隆年间，朵云头不是一个，而是几个相连在一起，形成一串云；朵云的云头写成牛面形，其尾部的飘带活像一撮须，或者把如意云头拉长，呈“S”形，或者拖至尾部。

6. 工艺。陶瓷生产工艺的改进和变革也是随着时代而发展的，也有它的发明期和普及期。由于历史上制造陶瓷的工艺技术是由落后到先进，制假者很容易采用落后的工具和工艺，生产出貌似古朴的仿品。只要我们认真观察，仔细推敲，就能找出仿古工艺中的蛛丝马迹。

7. 光泽。辨别陶瓷的新旧最重要的就是光泽，新瓷的光泽明亮，火光耀眼。一件陶瓷即使胎、釉、装饰、色彩、器型都符合古陶瓷的条件，但只要火光明亮，火气十足，那就可以肯定它是新的。年代久远的陶瓷器，一定是光泽柔和，温润如玉。釉上彩瓷，年代久远的，有一种叫“蛤蜊光”的彩晕。由于光泽在陶瓷鉴别中占最重要的位置，作假者会用尽心机，将釉面做旧，一般采用酸性溶液浸泡，用茶水煮，用兽皮打磨，甚至埋在土里，隔一段时间再挖出来。但是人为除去“火光”的陶瓷器光泽毕竟是不自然的，只要细心观察就能识别。

↑双耳壶/新石器时代　马家窑文化

8. 声音。就是敲陶瓷并听其声，有经验者可由此检测出陶瓷的裂痕伤残。不过仅凭听声而判断陶瓷的新旧，需要非常丰富的经验。

9. 款识。款识的识别，是古陶瓷鉴定中较为重要的一个环节，能有效帮助我们较准确地判断陶瓷年代的手段。款识也叫年款，是在一件瓷器的器皿底中央、器皿心里、身的中部或口缘等部位，书写上某某皇帝的年号，如“大明成化年制”等字样，以表示年记。这种年款，有一部分是专为宫廷烧制的，叫“官窑”款；有一部分是民间烧制的，叫“民窑”款。除了记年款，还有殿名款、堂名款、齐名款、轩名款、赞誉款、吉祥款、陶工款、供养款、干支款、花样款等等。这些都称为款识，是表示某个朝代生产的器物。

早在新石器时代晚期的陶器上，就有了最早的陶瓷款识。瓷器的款识到北宋初开始流行，且一般都与官方有关。在宋代的瓷器中，常有“大观”“政和”等带国号的款。在元代，景德镇的瓷器中常有“枢府”“太禧”款识的，这些都是和官方用瓷有关的纪年款。

明代开国至清代末有500多年，历27位皇帝。这个时期的瓷器，普遍书写皇帝的年号。对于这些年号，我们在鉴定时，可以从中找出其规律性和特殊性。在鉴定时要多做比较，要注意每个朝代的字体、风格、每一笔画的特征，这样，才能准确地判断出款识的真伪。明清的纪年款有一定的规律性。绝大部分的纪年款，都写上国号和皇帝的年号。如“大明宣德年制”“大清康熙年制”等，仅有“隆庆”一朝写“年造”而不写“年制”。

明代最早写款从永乐开始，但它的款识也仅写“永乐年制”四字篆书，而“大明永乐年制”“永乐年制”从未有楷书款，若有则当为假款。从明宣德至清康熙的年号款，都是六字楷书款，但雍正一朝楷、篆书款同时使用，有六字款、四字款（即“大清雍正年制”“雍正年制”）。乾隆时款识，篆书盛行，楷书渐少；嘉庆、道光两朝以篆书款

←绿釉陶壶 / 东汉

盛酒或盛粮器，山东省潍县出土。西汉中期在今陕西关中地区首先创制了软釉陶，这类釉陶一般焙烧的温度不高（700℃～800℃），常见的有绿釉、黄褐釉，也有黄、绿、红褐和复色釉。西汉后期到东汉，软釉陶已广泛流行于黄河流域和北方地区，亦出现于长江流域。这件绿釉陶壶是东汉时期典型的北方釉制品。

为主；由咸丰至宣统三年，这四朝又恢复了楷书写款，篆书款已不使用了。既然同治时的写款是楷书，假如我们鉴定时发现一件同治瓷器的写款是篆书，那就非常值得怀疑。

鉴定款识时，除了注意各朝写款的规律、风格和特征外，还要注意各朝写款的颜色。不同朝代使用的颜料不同，其呈色也就不一样。以青花料为例，明代至清代初期的青花款，在放大镜下可见其色下沉，周围有细小的、均匀的小气泡，清代后期的仿制品则没有这种特征。

10. 类比。类比也是一种比较可靠的方法，收藏者不妨将自己的藏品按朝代和品类分开，然后把要鉴定的器物放到同一年代的藏品中去做比较，再根据器物的胎骨、釉色、器型、色彩、工艺、装饰、光泽等方面的异同，辨别真假，断定年代。

11. 手摸。由于长时间的空气流动摩擦，古陶瓷的手感柔润，而新品、赝品则刺手干涩，所以只要尽可能多地摩挲各时代的陶瓷器，就能培养起只可意会、不可言传的“手感”。

另外要注意现代陶瓷的鉴定，例如民国瓷器的鉴定。

民国瓷的鉴定，首先要了解它的款识。民国瓷器款识极为丰富，有堂名款、铺名款、人名款、吉语款、纪年款和仿写款等。堂名款有徐世昌用的“静过堂制”四字青花篆书款，郭世五用的“解斋”红彩篆书或楷书款及“颐寿堂”等。铺名款有“江西瓷业公司”“竹里瓷社”“刘荣盛号”等，大多在器物底部。纪年款有“洪宪年制”“康德四年”等，又因当时盛行仿乾隆时期的作品，所以“乾隆年制”最为多见。吉语款有仿康熙的“洪福齐天”、仿雍正的“千秋如意”等。人名款较为著名的有郭世五的“陶务监督郭葆昌制”及“汪平野亭”“许人出品”等。辨别其真伪时，应注意几点：第一，胎质。早期的民国瓷器有精粗之分，粗者胎釉结合部多泛黄，晚清瓷器大多没有这种特征，也比清瓷要显得紧密一些。仿品胎质不仅坚密，而且生硬，分量或轻或重。对经常接触民国瓷的人来说，用手一掂就可分出真伪。第二，釉面。民国粉彩瓷画大致有两种不同的特征，一种略微泛黄，表面光泽柔和，给人以松软的感觉，缩釉、串烟，但透过紧绷的表面，仍能看见柔软的釉质。仿品光很强，即使经过高锰酸钾处理，其光泽也不会太柔和，一般都有生涩僵硬的感觉，所仿缩釉、串烟也不自然。第三，饰瓷用料。民国青花大致上分两类，一类完全沿用清代用料，杂质多而色泛灰，精神涣散；一类青料发色纯正艳丽，只是入骨不够，稍欠沉着。仿前一类民国青花不多，仿后一类色彩死板，毫无鲜活之气。第四，画工与题铭。民国瓷器上的题铭、书法千姿百态，但大多功底扎实，铭文有来历。仿民国绘画难，仿民国书法更难，仿题铭难上加难。

收藏指南

针对日益火热的陶瓷收藏，有关专家总结出了一些宝贵的建议，在此提供给广大收藏者。

对于刚刚涉足于此的人士来说，首先必须从前人的研究成果入手，尽可能多读经典权威的著作，学习相关的鉴定知识，并从书籍中汲取经验。当然，在阅读书本时也要分清良莠，也不要迷信书本。另外，千万不要在一知半解的情况下，贸然前往古玩市场上按图索骥。实际上，许多造假者正是利用了有些收藏者的这种特点，大量伪造出高度仿真的陶瓷，令收藏者眼花缭乱。市场上有一种最常见的情况：某古玩摊主故作神秘地取出沾满泥土的“元青花”“釉里红”“明清官窑瓷”

来，在几名“托儿”的配合下吸引人们的注意，待吸引了一批围观者之后，便会讲述一段传奇的故事，宣称其货多么来历非凡，致使有些入行不久的收藏者一时如获至宝，以为真遇上了千载难逢的机缘，赶紧倾囊购买，殊不知将血本无归。正如北京陶瓷收藏家马未都先生指出的：地摊上凡是有“故事”的古瓷都是靠不住的，收藏品不能用耳朵，要靠眼睛和大脑。这就要求收藏者具备基本的鉴定知识，了解一些陶瓷的造假手段。除了陶瓷本身的发展历史知识，还应适当学习一些历史学、美学、民俗学、工艺学等领域的知识，以不断提高自己在鉴别方面的综合素质。

↑青花瓷云龙纹双耳瓶 / 元景德镇窑

此外，还要掌握收藏陶瓷的一些原则。尽管人们对陶瓷价值的评判还没有固定的标准，可谓仁者见仁，智者见智。但收藏者应该坚持最基本的准则，即：“真善美少珍”（当代青花瓷鉴定家张浦生教授概括）。“真”即是否是真品；“善”即东西是否好；“美”即器物完美程度；“少”即物以稀少为贵重；“珍”就是看它艺术和文化价值的含量，愈高愈珍贵。这五要素中，正确判断和了解器物的存世量是决定收藏经济价值的最基本要素。比如：元青花碗和罐，存世量很大，收藏价值未必会超过现代生产的工艺瓷品；而当今在世的景德镇制瓷大师的精品，虽然称不上是古瓷，但它们目前市场价值定位就超过了质地平庸的古瓷，随着收藏时间的推移，它们未来的升值空间难以估量，一定会有惊人的回报。还有一种现象就是，比如有些出土的陶罐，虽然其生产年代十分久远，文物等级也定得很高，但因材质粗陋，工艺简单，造型笨拙，除少数得以陈列在博物馆见证历史以外，实际上是没有多少审美价值的，当然就谈不上收藏价值了。如果贸然花高价去收藏这些古陶瓷器，恐怕除了遭受经济方面的损失外，还会招致意想不到的麻烦。

学会在“时间”上动脑筋也很重要。有专家分析，单从经济回报来说，陶瓷收藏的效益相对其他藏品而言是中长期，一般 10 年增长 4 ~ 8 倍左右，这就给收藏者提供了相当大的空间。众所周知，目前随着收藏热潮的日益高涨，那些知名的古陶瓷精品通常是不会现身于古玩市场上的，即使常有大型的拍卖交易，也动辄成百上千万，非寻常藏家可以问津。在这种情况下，不妨退而求其次。

据说一些眼光独到的藏家，就开始专注于目前市场上货源相对较充足的晚明、清中晚期的民窑青花、单色釉等品种，最终也获得了不菲的回报。在目前市场上,像晚明民窑青花瓷、民国瓷器乃至“文革瓷”，都以其不可估量的升值潜力，受到众多藏家的追捧。另外，当代众多功力很深的陶瓷工艺师的作品，定价也不低，从长远眼光看，若干年后都极可能会成为稀世珍品，现在买进日后可能会有丰厚的回报。

还有一点很重要，就是收藏者一定调整好自己的心态，因为陶瓷收藏者常会存在一些心理误区。比如有些藏家总存有一种“捡漏儿”心理，尤其是一些初涉陶瓷收藏的人士，总幻想能在地摊古玩集市上“捡”到元青花、宋五大名窑、明清官窑瓷器。事实上这些古瓷珍品的价值，几乎尽人皆知，专事古玩的商贩又岂会慷慨相让？所以一旦遇到廉价的陶瓷精品，一定要保持头脑的冷静。另一种情况就是收藏定位不切自身实际。有的藏家不顾自身的实际条件，好高骛远，一心盯着那些“高档次”的藏品，而对近在咫尺、有条件收藏、也有收藏价值的东西却不屑一顾，屡屡错失良机。结果一旦发现自己手中的“高档次”藏品有假，也只能悔恨终生。

收藏方向

在进行陶瓷的收藏和投资时，大致可以分为古典陶瓷和现代陶瓷两大类。古典陶瓷的收藏应以历代名窑及清朝康、乾、雍三代官窑为主，另外要特别关注清末民初一些大师以及著名的“珠山八友”的系列作品。古代陶瓷收藏的重点主要是宋元明清时期。其中康、雍、乾三朝的官窑是目前收藏界最热门的，不过由于其价值不菲，非寻常人有能力收藏。即使是清代陶瓷名家的作品，也常因其作品散落在民间的较少，收藏起来也有相当难度。至于“珠山八友”的作品，在近代陶瓷史上影响很大，存世量也较大，藏家不妨多留意收藏他们的作品，其回报无疑将是非常高的。所谓“珠山八友”，是指民国时期的一批绘瓷名家。珠山本是江西景德镇市中心的一座小山丘，由于明、清两代的御窑厂均建于此，所以珠山又往往成为江西景德镇的别称，而许多古今绘瓷艺人在画面上落款时也会不写景德镇而写珠山。清朝灭亡后，随着御窑场的倒闭，一批制瓷高手和知名艺人流入民间。当时有一批绘瓷名家，他们不但本身具有良好的绘画功底，而且善于吟诗作赋和书法，统称“八友”，实际上前后共有10位。

在收藏古典陶瓷时，应特别注意民窑。以往人们常多将目光集中在明清官窑上，而由此产生了“重官轻民”的心理。诚然，明清官窑在拍卖会的确是身价极高，但各种历史原因又造成它们数量的稀少。比如明代景德镇珠山御窑厂除选捡少量精品供应宫廷，其余淘汰品均捣碎掩埋，而且当时官窑瓷的生产成本几乎与白银铸造器皿等价，民间收藏的机会自然很少。正因如此，有一段时间，不但清中期以前的陶瓷官窑的拍卖价大幅上升，就连以往不太为收藏者关注的民窑作品，以及清末和民国货，也越来越受到投资收藏者的青睐。

↑王琦制粉彩人物瓷板挂屏

长期以来，人们对民间陶瓷认识不足，主要是因为他们在制造技术上要比官窑粗陋。但另一方面，它自身所具有的朴素情趣和接近自然的艺术韵味，却一直保持着活泼的生命力。综观中国陶瓷历史，陶瓷生产和发展的主要方面还在于民间，而官窑则是在此基础之上衍生出来的产物。民间陶瓷的制作技艺多种多样，就地取材、粗料巧做、因陋就简、审美与实用相结合是它的重要特点，在这些器物当中蕴含着既坚固耐用又美观大方等诸多好处，既给人们的生活提供便利，又提高了审美趣味。造型上的简洁和装饰上的流畅豪放，是广大陶瓷工匠累年创作实践积淀的成果，闲适淳朴的格调，显示出永恒的艺术魅力。其实在收藏品里，普通的收藏者接触最容易和最多的就是民间陶瓷，它们虽是民间寻常之物，却展现出极有韵味的艺术。从目前收藏趋势来看，随着现代社会对艺术品喜爱的“返璞归真”，民间陶瓷正越来越受到收藏者的青睐。

清末以及民国陶瓷方面，目前在市场上尚未成为收藏的大热点，但应有相当大的升值空间。清朝晚期，由于中国陶瓷事业的衰落，水平比起前代官窑来要差不少，缺乏精品。但因出自民间工匠之手，贴近生活，也不乏收藏价值。况且历经一百多年的战乱和社会变故，存世量也已不多。虽然目前国内收藏界还不特别重视，价格也远远低于它应有的价值，但作为收藏投资而言，同样不失其潜力。除了“居仁堂”“解斋”款识的名瓷之外，总的来说民国瓷器的技艺并不高超。不过民国瓷器存世量较大，常见的几类有仿古瓷、日用瓷、洪宪瓷、新粉彩瓷器等。

民国仿古瓷是中国历史上高峰期之一，常见的有仿三国、两晋、南北朝的青瓷，仿隋唐、五代的白瓷，仿宋代汝、官、哥、定、钧窑，以及元代的瓷器和明清的青花、五彩、斗彩、粉彩、珐琅彩及单色釉器居多，而最流行的是仿雍正、乾隆的瓷器。民国日用瓷以青花、粉彩为主，这类瓷器虽然继承了晚清瓷器的风格，但其造型较晚清瓷器纯朴自然，以简单和平直的造型为多见。

民国时期随着封建帝制的灭亡，“官窑”已成为历史名词。

袁世凯称帝后，以景德镇瓷器的水彩和粉彩为主，命郭世五在当时督烧的“御用”瓷器,已成为近代藏家追逐的稀世珍品，世称“洪宪瓷器”。民国粉彩瓷画与传统粉彩相比，在造型、线条、色彩、光线等方面，吸收了近代画的营养，实现“瓷”与“画”的完美结合。新粉彩瓷画的先行者是潘宇和汪晓棠，20 世纪 20 年代后期，以王琦为首的“珠山八友”成为新粉彩瓷画的代表人物。这类作品现在市场上也已成为热点。

现代陶瓷的收藏对象主要是现代名家的作品。由于古典陶瓷精品的价格实在过于高昂，对资金有限的瓷器收藏爱好者来说，收藏到古旧名瓷的可能性几乎没有，稍有不慎还会上当买来假货，甚至触犯文物保护的有关法规，加之一般的仿古瓷器又很难升值。而收藏现代陶瓷同样具有相当的回报，所以一些收藏者开始将目光转向了现代陶瓷名家上，尤其是当代名家艺术瓷器是优秀的原创作品，艺术的含金量高，升值空间大。

在收藏名人陶瓷时，有经济实力的可收藏工艺美术大师的精品，工薪阶层可收藏价格适中的名家作品，或者是收藏有发展前途、而目前只是小有名气的年青艺术家的作品。特别是那些具有国家工艺美术大师称号的陶瓷专家亲手设计、绘画、烧制的精品，具有鲜明的时代特点、独到的艺术风格、精美的传统工艺，如果是限量烧制的，则升值潜力将更大。从国内一些收藏市场来看，现代名家瓷器的启动虽比书画、玉器等艺术品要晚一些，但发展势头却很迅猛。

目前，这些大师作品的价位均在万元以上。如已故陶瓷大师顾景舟先生的作品，现在市场价都在 10 万元以上；再如著名陶艺家、景德镇陶瓷学院教授周国桢的动物瓷塑作品从 1993 年初的每件 1000 元左右，提高到了目前的 5000 元，精

↑王大凡制风尘三侠人物棒槌瓶

品更达万元以上；中国工艺美术大师、景德镇陶瓷学院院长秦锡麟的作品也由 1993 年的 3 万 ~ 4 万元一件，上升到了目前的 15 万元；就连一些默默无闻的陶瓷学院讲师的作品，10 年里价位也翻了几倍。

具体来说，有这样几类大师和名人的作品应该引起收藏家的关注。首先是新中国成立以来先后被授予技艺高超的老艺术家、国家级和省级大师、教授称号的陶瓷艺术家，例如王大凡、刘雨岑、张景寿、王云泉、王恩怀、秦锡麟、王锡良、张松茂、周国桢、王隆夫、刘远长、熊钢如、李菊生、刘平、徐亚凤、顾景舟、蒋蓉、汪寅仙、吕尧臣、徐秀棠、徐汉棠等。据了解，这些著名艺术家、名人，目前在国内外已经拥有很高的名望，其艺术创造都分别具有一定的特色，或创意新颖、形神兼备，或纹饰自然、气韵生动，或融合古今、沟通中外。其作品在国内外的市场价格，正从以往的数千元，快速上升至数万元，甚至数十万元。

其次是一大批高级工艺师、副教授，以及有特色、有潜力的工艺师，一些虽没有职称但出自陶瓷世家并对某一方面特别擅长的陶瓷艺术家，他们的作品，在国内外市场上也十分受欢迎，其价格稳步攀升至数千元乃至数万元，广大收藏者同样应给予足够的关注。

最后就是一些特别的新开拓者。这些人以景德镇陶瓷学院、中央工艺美术学院、浙江美术学院、湖北美术学院的师生为主，其中不少有在国外留学的经历。他们在周国桢、陈淞贤、李政、谭畅等陶瓷艺术家和教授的影响下，对当今国外的现代陶瓷新理念、发展潮流十分了解，为了实现中西合璧、交流、创新的理想，他们三五组合，自筹资金开展了一些新的理念、流派、特点的探索性创作。对于这些年轻艺术家，目前在我国艺术陶瓷界和收藏界，虽评价各异、褒贬不一，但他们的尝试、创新之举，确实引人注目。据说，国外不少现代陶瓷艺术家、收藏家、拍卖行和营销商，都对这批探索者给予极大的关注和好评，其中有些作品曾拍卖出了较高的价钱。因此在进行现代陶瓷的收藏时，不妨适当考虑这批人的作品，或许多年之后，这些作品会给投资者以丰厚的回报。

在现代陶瓷的收藏中，景德镇陶瓷精品也是一个重要的门类。陶瓷的故乡在中国，中国的瓷都在景德镇。有人曾称“世界上任何一个博物馆，如果没有珍藏景德镇瓷器，就不能称其为‘博物馆’”，可见单单产自景德镇这一背景，就使陶瓷的收藏意义非比寻常。在当今，景德镇的陶艺家们在继承传统工艺特色的基础上，从陶瓷的材质到造型，从装饰到表现手法都进行了一系列的创新。他们将中国传统工笔、写意画和西方的油画、抽象画等有机地结合，创作出焕然一新的青花、青花釉里红、粉彩、五彩、新彩、综合装饰等作品，可谓琳琅满目，各具风采，理应在现代陶瓷收藏市场上占有一席之地。

第五章

碑帖

藏宝价值

所谓碑帖，包括碑刻和帖。碑是为了流传文字内容，刻石而成的。而帖是专门用于流传书法的，是为书法研习者提供历代名家书法的复制品。碑所用的书体大都为规整的篆、隶及楷书,直至唐朝才开始有行书入碑。而帖多数是诗文手稿，行、草书及小楷居多。

碑帖是我国书法艺术领域宝贵的财富，由于各种原因，使得其价值非同寻常。自古以来，那些优秀的碑帖作品，特别为历代文人墨客及收藏者所青睐。国家文物局规定："元人以前的碑帖拓本，明代的整张拓片和罕见的拓本，早期初拓精本，多字本，原物重要且已佚失，拓本流传极少的清代拓本或近代拓本等均为国家一级文物。"

碑帖的珍贵历来都受人重视，往往不惜一掷千金。清代的朱文钧为了得到宋拓《醴泉铭》，甚至用价值 4000 块大洋的明沈周的《吴江图》、文徵明的《云山图》外加房产来交换。而据说当时在北京买一座四合院也才七八百元，由此可见拓本的珍贵和受人重视。20 世纪 90 年代以来，碑帖的投资价值日益体现出来。

随着近年来收藏热的兴起，碑刻拓本已从前几年的几十元至百元一帧，变为近几年上千元上万元，甚至几十万元的价位。1994 年嘉德拍卖会上，汉《石门颂》拓本价 2 万元，汉《鲜于璜》拓本价 2.5 万元,魏龙门四品《始平公》《孙秋生》

《杨大眼》《魏灵藏》拓本价 8 万元。1999 年上海朵云轩秋拍明万历年益王潢南道人所刻《兰亭修禊图卷》原拓价 3.08 万元。2000 年 6 月 19 日上海国拍与博古斋联手举办春季古籍善本专场拍卖会上，旧拓本《张寿碑》价 2 万元，《祀三公山碑》虽为清末拓本，也以 5200 元成交。

↑始皇诏版拓印 / 秦

此青铜诏版原置于宫廷重要的器具之上，文为："廿六年，皇帝尽并兼天下诸侯，黔首大安，立号为皇帝，乃诏丞相状、绾，法度量则不壹，歉疑者，皆明壹之。"

发展概况

碑帖既是碑和帖的总称，其内涵自不尽相同。“碑”的称谓最早起于汉，起初并无文字，到后来才在碑石上书写以至镌刻死者的功德，使之流传于后世，进而发展成后来有文字的碑。从种类上分，广义的碑是刻帖以外所有文字刻石的总称，包括刻石、摩崖、碑碣、墓志、石经、造像记以及界至（界碑）、经幢、桥柱、井栏、石

→多宝塔碑　颜真卿 / 唐

此碑为后世临池之典范，集多家之长，锻炼而出，风格之练达，为诸家所深许。有人尝云：“此是鲁公（颜真卿）最习稳书，亦近秀媚多姿，第微带俗。正是近世掾史家鼻祖。”

阙、题咏题名、医方刻石等。

帖最早指书写在帛或纸上的墨迹原作，后来为使优秀的墨迹广为流传，于是人们把它们刻在木头、石头上，可以多次拓制，而把刻于木石上的这些原来的墨迹作品及其拓本统称“帖”。

概括起来，碑帖的区别主要在于：

第一，制作目的不同。最初的碑没有文字，后来在碑上增加了文字，并且从最初的随意刻画到庄重严整，一丝不苟，其主要目的是追述世系、记叙生平、歌功颂德，而不是传扬书法，所以书者可以是名家，也可以不是名家。唐以前的碑碣多不署书者姓名，可以看出碑是重内容而轻书写的。而刻帖的目的则是为传播书法，为书法研习者提供历代名家书法的复制品，所以书法的优劣是它的选择标准。只要是名家的书作精品，即便是只言片语的一张便条，也照样收入，很少顾及内容。

第二，书体不同。碑的历史悠久，所用书体在隋以前都是庄重肃穆的篆、隶、楷书。直至唐太宗御笔亲洒，才开始有行书入碑。草书刻碑除武则天《升天太子碑》外，绝少有之。而刻帖一事始自赵宋，多数是诗文简札，所以行、草书及小楷居多。

第三，形制不同。碑是竖立在地面上的石刻，多数是长方形，也有圆顶、尖顶的，有一面字的，也有两面乃至四面刻字的；丰碑巨碣动辄丈余高，气势宏伟。帖则因多取材于简札、书信、手卷，故高度一般在一尺上下，长则一尺至三四尺不等，呈横式，多为石板状，只在正面刻字。另外帖也有木刻的，碑则基本没有。

第四，制作方法不同。南朝梁以前，碑一般是书丹上石，

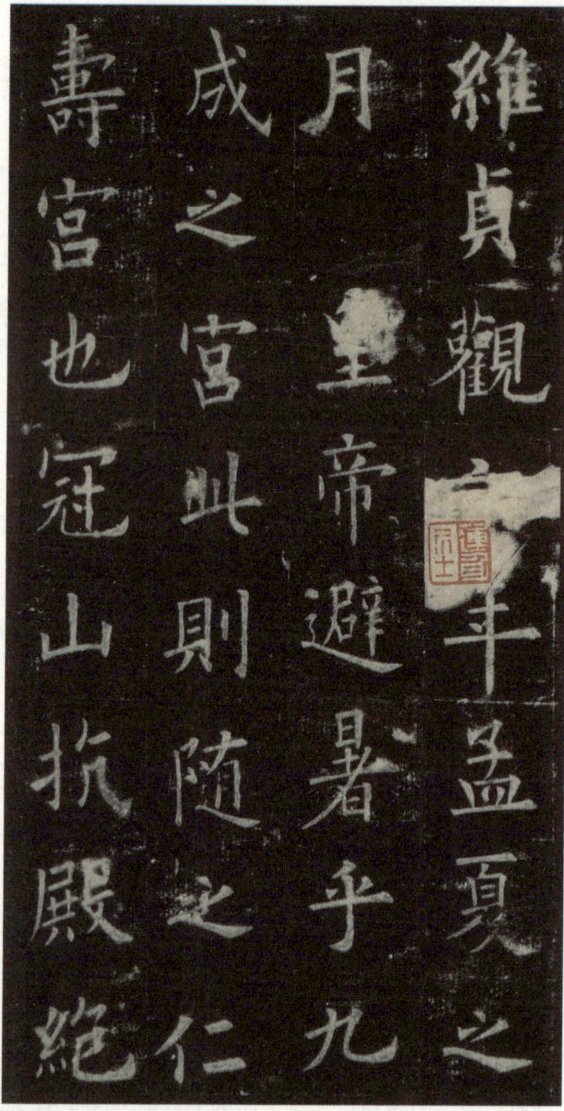

↑九成宫醴泉铭　纸本墨拓　欧阳询 / 唐

欧阳询的传世之作之一。魏徵撰文，贞观六年立碑。书法严谨峭劲。

即由书写者用朱笔直接把字写在磨平的碑石上，再经镌刻。刻碑者往往可以因循刀法的方便而使字的笔画有风格上的变化，即与原书丹之字略有出入；还有碑刻甚至未经书丹而直接奏刀，其字融入了刻工的艺术情趣，有极浓的金石味道，非毛笔书写所能体现，实际上是书者与刻者的共同创造。而刻帖都是摹勒上石，就是先将墨迹上的字用透明的纸以墨摹下来，然后用朱色从背面依字勾勒；再拓印上石，最后刻，比碑多出两道工序。虽然程序复杂，但刻帖要求忠于原作，每道工序均不得搀入己意，所以精品帖本可以达到乱真的水平。

鉴宝秘要

鉴定碑帖，首先应分清其年代和优劣。

严格意义上说，碑帖有三个年代：一个就是书法家写这篇字的年代，一个是刻碑帖的年代，一个是拓帖的年代。为了避免歧义，现在通用的鉴定碑帖的年代是指最后一个，即拓帖的年代。根据拓本的年代,可以大致分为唐拓、宋拓、明拓、清拓、近拓和今拓。唐拓，文献记载有，传世也有，但是极为稀少，可靠的是敦煌石窟中的唐拓，但对于收藏者而言，唐拓基本上是可望而不可即的。宋拓碑帖的损坏最少，拓本最完整，而且因为宋人的工艺高超，所以宋拓质量最好。又由于宋人眼光很高，所以通常只拓名人的或者书法好的碑帖。明拓的优点是眼界比宋拓宽，拓本数量多，但是明朝拓片质量明显下降，出现了很多粗制滥造的拓片。到了清拓，虽也不乏精品，但也有一部分是接着明代的粗制滥造，并且开始出现了赝品和伪品。

在鉴别碑帖的优劣时应全方面地考虑。因为所谓碑帖，实际上指的是碑和帖的拓片、拓本，而这种拓片、拓本的由来，乃是书家、刻工和拓工等三类人劳动的结晶。因此一个拓片、拓本之中，实际上包含着三类人的技艺。据此，考察碑帖的优劣时应从以下几方面入手：

首先是看书家书艺的高低。一般地说，历代的碑刻，无论其署名与否,都出于当时当地的书法名手。但同是书法名手，也还有高低品次的区别。就是同一个书家，在不同的创作阶段,其艺术水平也往往不一样。至于专供学书之用的历代法贴，更是根据这个原则来选刻的。因此，辨别碑帖的优劣，首要的是观其书法的好坏，这是决定碑帖艺术价值高低的第一要素。如果书法不属上等，即便摹刻、捶拓得再好，也不能称为最好的碑帖。

其次是看镌刻技术的高低。刻工如果精通书艺，操刀的技术又很熟练和高明，那么所刻出来的字，就不仅能最大限度地保留和体现原有笔迹的气韵、风神，使人们能观察和领会到书家的原本情采，而且还能纠正书家一时的失误，弥补某些不足，同时表现出“刀锋”特有的情趣韵味。可以说，刻工之于碑帖，实质上是对原书作的艺术再创造。考察刻工是否精良，主要视其刀痕有无谬于行笔之理，能否体现出点画的应有情态，以及下刀是否干净利落等。

再次是要看拓工。同样的一块碑刻，拓工的好坏也能决定拓片的优劣，刻帖的拓本也一样。影响拓片、拓本效果的有诸多方面的因素：所用纸张的好坏，敲捶的深浅，刷墨的干湿浓淡，还有在捶拓前对碑版的清洁处理等等，这些方面都颇有经验和技术的讲究。只要某一个方面注意不够、处理失当，就有可能失真而抹杀碑帖的神韵。所以辨别碑帖的优劣时，决不能忽视拓工的好坏。考察拓本的好坏时，除了拓

↑肚痛帖　张旭 / 唐

宋嘉祐三年（1058 年）刻，西安碑林博物馆藏。用笔提、按、顿、挫均十分分明，变化多端。

工的技术之外，还应分清新拓和旧拓的区别。比如一块好碑，经过历代千百次的捶拓和自然风化，石面往往会被磨脱去一层，甚至还会有更加严重的残破缺损。因而越是后拓，字迹就越不清晰。所以同一块碑，旧拓自然比新拓好，年代越早的旧拓价值就越高。刻帖拓本也是同样的情况。

在碑帖中，孤本和珍本又是最珍贵的。尽管它们大多保存在各大博物馆、图书馆等机构中，但个人收藏的数量也有相当一部分。所谓孤本，是指由于原石刻或丛贴刻版有一部分较早的损坏和遗失，有的留下痕迹已不是原物，即将失传的碑帖，在根据历史资料和文字记载的考证后证明其具有唯一性,并有较高的书法艺术和文史价值。孤本不但必须是刻石、刻帖的原拓本，同时还应是时间较早的拓本。所谓珍本，是指在著名刻石和刻帖的原拓版本中，有的存世不多，或多流失国外而在国内所存较早较稀有的。

鉴别碑帖孤本和珍本是一门非常复杂而专业的学问，如果具有一定的专业基础，收藏者可从多方面入手进行考证。首先应注意所收藏碑帖题记的作用，因为它是原拓本在历史的流传中名人所作的记述，文体很随意，是鉴赏中的重要资料。题记中的题签、题首、边款、观款以及题跋等文字，均可作为鉴定的依据参考。其次应学会审定和校勘，认识不同时期拓本的质量，并由此发现孤本和珍本。所谓校勘，就是仔细地核对文字的内容和底本。再次，还可以依靠前人著录。

↑泰山刻石 / 秦

相传为秦丞相李斯手书，书体是标准的小篆，结构特点直接继承了石鼓文，又比之更加简化和方整。

由于碑帖是由刻石（木）捶拓而来，作伪的方法也较为简单，所以历来碑帖的作伪也司空见惯，这就需要收藏者一定要掌握基本的鉴别知识，以免上当受骗。

古代碑帖的作伪手段主要有重刻和翻刻法、伪刻法、嵌蜡填补、染色充旧、题记作伪、影印和锌版、刮、补、涂墨、套配、印章、墨气和装潢作伪等。重刻本因原物已毁或早已失传，拓本又极稀少，或已成为孤本，或已失传，也有相当价值，可惜的是有些重刻本质量低劣。而翻刻本则是在原物仍存或已经严重受损的情况下，作伪者依旧拓重刻冒充原石。由于翻刻本大都仓促刻成，刻工又多半是文盲，字画错谬很多，而且原碑尚在，因此没有什么价值。伪刻是假造者根据书本上的资料，杜撰成文，书写刻成。伪刻因为是没有根据的杜撰，更不如翻刻，毫无价值可言。伪刻者为了骗取人们的信任，往往谎称为某月某地出土，等等。

由于碑帖的作伪方法简单容易，如果摹刻的人又是高手，就会使其真伪的鉴别存在一定困难，即便见识广博、经验丰富的行家，也不敢说有十分的把握。

根据前人的经验，碑帖主要可从各代拓本的用纸、用墨及字形、字数等方面来进行鉴别。

古代拓帖的用纸、用墨有其历史特征。真正的古帖，因为多经前人摩弄，表面必有积久而自然形成的旧意；又由于古纸坚厚，表面的旧色不易透入内里，所以古帖的面色虽旧而背色却常新，形成表里新旧的明显反差。而伪帖大多用川扇纸、竹纸捶拓，纸用挂灰炉烟沥和水染成古色，表里皆透，两面的色泽一样，没有新旧之别。另外古帖年代久远，常有一种特殊的纸墨异香，如果用手揩抹帖上的墨色，丝毫无染。伪贴因拓时敲捶入石太深，致使字有边痕，用墨深浅也不均匀，缺乏应有的雅趣，有的虽墨色颇为近似，但一用手揩抹，就会满指皆黑。

古人碑碣、摩崖刻石或者经长年风化剥蚀，或者经各种毁坏，其字数和字形多有增减和变化，因而不同时代的拓本也就各不相同。比如秦始皇《泰山刻石》，宋拓本有 47 字，已失传。现在所能见到的只是清乾隆年间的 29 字本和嘉庆年间的 10 字本，若有人称其手中的 29 字本为宋拓，那就肯定是伪作。

除纸墨、字形、字数而外，碑帖的鉴别还可从文字的书法特点风格、刻工、拓工的技艺高下及其特征来进行。这就需要对历代的真品了如指掌，积累相当丰富的知识，并在实践中积累丰富的经验。碑帖的鉴定是一门复杂的学问，要求鉴定者必须有深厚的文化积累，除掌握碑帖历史的演变外，还要在文字学、金石学、绘画、雕刻、纸、墨、装潢等方面具有一定的修养。

收藏指南

作为一种质地比较脆弱的珍贵藏品，古碑帖的收藏和保护要求也是较高的。

在保存方面，它要求一种适宜的环境，主要应做到：控制温湿度的变化，防止可见光及不可见光对碑帖拓本的损害；防止有害气体及灰尘对藏品的腐蚀和破坏，防霉、虫蛀、鼠咬等生物损害；制作软囊匣及盒套等。

我国古代的碑帖拓本，都用纸或绢作材料。这些纸张绢帛，大多薄而易皱，且易破裂，在没有装裱之前，既不能张挂，而且容易残破。所以对于折皱或损坏的碑帖，还应请专业人士进行修复和装裱，以延长其寿命。

第六章

金银器

藏宝价值

自古以来，金银器一直在人们的生活中扮演着重要角色，而且还是收藏领域中的一个重要门类。尤其是在古代，作为稀有的贵重金属，金银器还是财富和地位的直接象征，无论是王公贵族，还是富商巨贾，都以拥有和使用大量金银器为荣。

金银具有美丽的光泽，质地柔软，易于加工，这种特点使得各种形式金银制品大量出现。同时，与其他一般金属材料比，金银又都具有耐大气氧化和腐蚀的特性，可以历经千年仍然新亮如初。所以不少金银制品历代相传，成为传世之宝。特别是黄金，其特性更佳，既不会锈蚀，又不易失去光泽。

如今，作为生活用具的金银器已基本停止生产，通常是以工艺品和装饰品的形式出现。所以，那些制作精美的金银器就成为人们收藏的热点，特别是由于金银器的保值性绝不会因时代而发生大的变动，从而使得金银器成为一种非常热门的“贵族化收藏”。

发展概况

中国金银器的产生和发展经历了漫长的历史阶段，每一时期的金银器都具有其特定的历史特色，这种时代特色也正是收藏者在鉴定器物时的重要参考。

迄今为止，我国所发现最早的黄金制品属于商代，距今已有三千余年的历史。商周时期金器的特点是形制工艺比较简单，器型小巧，纹饰少见，黄金制品大多为金箔、金叶和金片，主要用于器物装饰。商周时期青铜工艺的繁荣和发展，也为金银器的发展奠定了雄厚的物质和技术基础，并促进了金银工艺的发展。早期的金银制品大多为装饰品，其中最常见的金箔，多为用于其他器物上的饰件。总的来说，商周时期金银器的风格小巧简约。

到春秋战国时期，大量错金银器的出现，使这一时期金银器呈现清新活泼的气息。一方面，金银器的形制种类增多，出现了金银器皿；另一方面，在南北方之间，金银器的艺术特色和制作工艺都存在较大的差异。

汉代时，金银器进入了繁荣发展的阶段。在汉代墓葬中出土的金银器，无论是数量，还是品种，抑或是制作工艺，都远远超过了先秦时代。总体上说，金银器中最为常见的仍是饰品，金银器皿不多，大多为银制。一般器型较简洁，多为素面。汉代金银制品，除继续用包、镶、镀、错等方法用于装饰铜器和铁器外，还将金银制成金箔或泥屑，用于漆器和丝织物上，以增强富丽感。值得注意的是，汉代金钿工艺逐渐发展成熟，最终脱离了青铜工艺的传统技术，使金银的形制、纹饰以及色彩更加精巧玲珑，富丽多姿，并为以后金银器的发展繁荣

↑银花鸟纹八棱杯 / 唐

侈口，八棱形。杯内光素无纹，外壁錾花鎏金，价值极高。

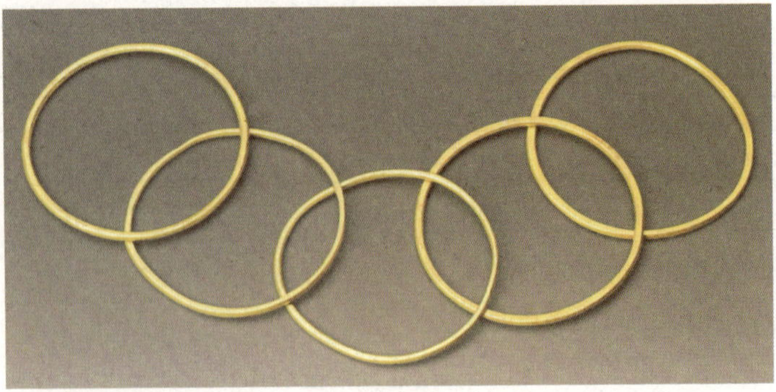

↑ 金臂环 / 东汉

细圈形，粗细大小略有不同。采用挫打、焊接技法制成，光素。

奠定了基础。

魏晋南北朝时期的金银器数量也较多，而且金银器的社会功能进一步扩大，制作技术更加娴熟，器型、图案也不断创新，但较为常见的金银器仍为饰品。

中国金银器最辉煌的时代应该属唐代。几乎可以说，中国古代金银器皿是在唐代及其以后兴盛起来的，而金银器皿又代表了金属工艺的最高水平。唐代金银器从器物的种类可以分为食器、饮器、容器、药具、日用杂器、装饰品及宗教用器。

唐代金银器纹样丰富多彩，具有强烈的时代特点和风格。唐代金银器的工艺技术也极其复杂、精细，已广泛使用了锤击、浇铸、焊接、切削、抛光、铆、镀、錾刻、镂空等工艺。

宋元时期，金银器制作行业同样十分兴盛。特别是从宋代开始，有铭款的金银器显著增多，这一特点对元、明、清的金银器制作产生了重要影响。与唐代相比，宋代金银器的造型玲珑奇巧，新颖雅致，多姿多彩。

到了明清时期，金银器的制造工艺虽然达到了更高超的水平，但由于其造型庄重，装饰华丽，雕镂精细，宫廷气息也愈来愈浓厚，而离平常百姓的生活则越来越远。

鉴宝秘要

首先了解一下金银器的门类。金银器可分为金银器物和金银饰物两大类，还可分为饮食器、盥洗器、陈设观赏品、宗教祭祀器、冠服、发饰、颈饰、耳饰、手臂饰、胸坠饰、货币等十余小类。具体来说，饮食器有杯、盘、壶、盏、碗、豆、提梁壶等；盥洗器有匜（yí）、盆等；陈设观赏器有熏炉、香熏、瓶、挂屏、盆景、天球仪等；宗教祭祀器有造像、葬具、法器等。金银饰物中的冠服有凤冠、冠顶、冠带等；颈饰有项链、顶圈、排圈、长命锁等；耳饰有耳环、耳坠等；胸腰坠饰有腰链、腰带、腰牌等；货币类有金条、金砖、银圆、银锭、金银开元通宝等。

作为一种贵金属制成的器物，金银器的价格非常昂贵。尤其是一些工艺精湛、造型精美的古代金银器，更是“物以稀为贵”。因此在收藏金银器时一定要认真鉴定，不但要辨别真伪，还要综合考虑其艺术价值和收藏价值。一般来说，金银器的鉴定主要从材质、重量、年代、工艺以及成色等方面考察。

在金银器材质的鉴定方面，如今的科学技术手段无疑是最权威的。即使对于那些年代久远的金银器物，专业人士也能对其质地的鉴别做出比较精确的测定，包括器物金银含量的成色测定、对金银器内所含其他金属的成分及其含量的测定，甚至对一件金银器不同部位的金银含量也能分别做出测定。比如著名的湖北曾侯乙墓所出土的战国金器，人们就能测定其含金量均在85%以上，并含有少量银和微量铜。另如浙江龙游县石佛乡出土的明代金杯，专家也测定其上部含金量为73%，足与把儿含金量却只有60%；此外其足为空足，为使金杯内盛放液体后，不至于重心不稳，空足内还加铁以配重。再如河北满城汉墓中出土的银器，经测定，含银量为66.1%，铜27.8%，锡、铅各2.5%，这种银铜合金具有银铜共晶组织最低熔点；专家也由此可知当时对银铜合金已有较深刻的认识。

不过对于一般的收藏者而言，上述科技手段显然过于专业。实际上，在长期的接触当中，人们也总结出了一些简便易行的经验。首先，金是一种密度较大的金属，比之其他相同体积的金属品，金制品要重得多，因此如果一件所谓的金质器物太轻，则肯定是伪品；其次，金银还具有硬度小、质地软、延展性强的特点，这时如用金属物在金银制品上轻轻划试，一般留下凹痕的是真品，留下划痕的则是伪品；再次，

↑累丝云头纹金饰 / 元

衣帽饰物，以极细的金丝将数百粒小金珠连接起来，构成饰件的花瓣及云头纹。做工精致，价值很高。

金银的化学性质较稳定，特别是金，在空气中不易氧化，而铜铁等金属制品均易氧化生锈；金在酸性液体中（如稀盐酸、硝酸等），其颜色不变，而铜制品只要触及硝酸，便会失去光泽；如是镀金，表层镀金容易脱落，不仅脱落部分易生锈，即使镀金表面也易被铜覆盖。总之，了解了上述金银的物理化学特征，就很容易鉴定器物的材质。

在金银器制造年代的鉴定方面，难度确实要比其他藏品要大。尽管现代科技手段对金银器物的材质鉴别已达到比较精确的程度，然而在年代方面则显得无能为力。虽然银器的断代还可根据器物的氧化程度来进行，但像金器，它不同于青铜器和铁器，不易腐蚀，从皮色及氧化程度上就不容易分辨其时代。所以，目前我们主要还得依靠前人所积累的经验，以及在此基础上形成的一些科学方法。一般说来，金银器年代的鉴定离不开器物铭文的研究，也离不开出土墓葬的年代确定和对器物形制、纹饰、制作技术的分析研究。其中对器物铭文的研究是最直接、也是最重要的依据。但如果金银器上没有任何铭文或款识，那对其制造年代的确定将是极为困难的。

从中国金银器的发展看，唐代以前金银器上的铭文很少见。唐以后，特别是宋元以后，有铭文款识的金银器显著增多。有些金银器上虽然没有铭文，但却可以通过同地伴出的其他形制相近的金银器上的铭文，间接进行年代推定。对出土墓葬的年代确定，无疑对于断定金银器的时代具有重要的参考价值。由于金银器本身具有传承性，可历经岁月，代代相传，因而，确定金银器的制造是否与入葬时间属同一时代，仍然需要其他证据来说明。研究器物的形制、纹饰、制造技术以及铭文等特征，应该说是使用最广泛的一种断定器物的年代的方法。因为每个时代的器物，都不可避免地带有那个时代的烙印，具有那个时代所特有的风格特征。值得一提的是，经过专家们的努力，对古代陶器和青铜器的此类研究已取得重大成果。不过遗憾的是，迄今为止对金银器这方面的系统研究还不成熟。这主要是由于各时代金银器出土的总量少，而且出土分散、不集中，从而给金银器的系统研究增加了难度。目前，人们主要是对唐代金银器的研究最为细致，而且最富有成果。

更有意思的是，由于材质的特殊性所在，为了谋取高额利润，作伪者在伪造金银器时，最常见的就是在材料质地上作假，而很少在年代上作伪。这一点与伪造古代的铜、玉等器物有明显不同。

最后必须注意的是，金银器的收藏最讲究崇古老，重成色。特别收藏金器时，越古越好，越大越好。不过要记住，古代黄金中的银、铜、铁含量偏多：含银越多越呈淡黄色；含铜者呈淡黄色，且稍微发绿，若入土时间偏长则会呈栗黄色；金中含铁偏多者，一般呈玫瑰红色。在古玩圈里，就有所谓“七青、八黄、九紫、十赤”的口诀以识别古金器的成色。

←鹰形金冠 / 匈奴

金冠由冠顶和额圈组成，冠顶做半球面形，花瓣状，刻有狼吃羊图案。冠顶上傲立一只展翅待飞的雄鹰，以绿松石为鹰头，颈部、尾部可以活动。额圈由三条半圆形绳索式金带合并，带头分别刻有伏虎、卧羊、卧马，体现了草原民族的风姿。

鉴别金器的成色还可通过一些简便方法。如金密度比普通金属大，放在掌心掂试有沉重感，所以如有笨大而轻飘的金器，定为赝品。还可用两根金条相击，含金量为 99.9% 以上的黄金多无响音，掺有银质的有声无音；含铜质偏多的会有长音；成色高的黄金体质较柔，成色低的黄金体质偏硬；金含银者硬，金含铜者更硬等。

当然，古代的金银器出土时，有些表层带有铜锈，银制品更是如此。这种情况是由于金银器在出土前，接触过其他腐蚀的铜，如与铜器一起随葬，而沾染了铜锈。另一个原因，则是古代大多数银器的质地，是含有一定成分的铜合金，当铜氧化腐蚀后，便在银器上形成了铜锈覆盖层。不过这种情况，大多可以经过除锈垢处理，以复原器物的本来面目。此外，富有经验的人，还可以通过器物的声音、味道，以及颜色、手感等，来辨别金银器的真伪。

所以，虽然金银器的收藏已成为当前收藏的一大热点，但如对金银器的鉴赏与收藏知之甚少，千万不要盲目地从众，一味地投资购买并没有太大收藏价值的金银器。

收藏指南

无论是使用类还是装饰类金银器物，都必须妥善保管养护，才能使其艺术价值和收藏价值不受损害。一般来说，腐蚀和氧化是金银器最大的威胁，所以金银器要减少酸碱等对镀层的损害。由于空气、食物中含有的硫化氢和其他硫化物易使银器变黑，使用后应尽早用温水加洗洁精清洗（清洗时切忌用漂白粉、去污粉等化学药剂），洗后用柔软的棉布擦干。存放时应用布或纸包好，然后分开存放在干燥而不含硫与烟

↑狩猎纹高足银杯 / 唐

气的地方。长期使用后，如果金银器表面氧化，可将洗净的金银器浸入加有铝箔或铝片、温度约78℃的盐水或苏打水中1～3分钟，然后可用海绵或纯棉布涂上光亮剂干擦（好的光亮剂可形成一层透明的保护膜）。如器物出现斑点，可先用浸醋的布擦涂，然后清洁擦干；或用切成一半的洋葱沾绵糖擦拭后，洗净晾干。每次用完后，将金银器洗净后晾干，再用干布沾少许擦银粉将有污渍的地方擦拭干净。

金银器中有很大一类是首饰如镯、佩、链、坠等，它们在当今已基本走入了千家万户。在此重点提一下金银首饰的保养：平时佩戴时不要与硬物碰击、摩擦；家务劳作时应将手上佩戴饰品脱下，用毛巾包好；晚上睡眠前应将饰品全部脱下，分别放入各自首饰盒中，首饰盒内应有绒布衬垫，并用温湿毛巾轻轻擦洗，去除人体一天分泌的汗液及蛋白质，另一方面由于睡眠时，人体常来回翻动容易损坏饰品；次日佩戴时再用绒布轻轻擦一遍后戴上。一般每10天要进行一次清洗，在温热水中放入家用洗洁精，浸泡15分钟后在水中用手托住，再用软的牙刷顺纹理来回或旋转刷洗，来回几次后放入清水中漂洗，再用毛巾擦干，绒布抛光。抛光时，表面平坦的装饰品如韭菜叶戒、水波链、方戒等可用玻璃棒、色拉油等以摩擦法处理；表面不平坦的装饰品如竹节链、石蜡模铸花戒等可用药棉包牙膏法摩擦处理。另外要忌喷烧、受压、腐蚀、锡焊等。

悦享生活

瑜伽塑形

乐之 主编

中医古籍出版社
Publishing House of Ancient Chinese Medical Books

图书在版编目（CIP）数据

瑜伽塑形 / 乐之主编. -- 北京 : 中医古籍出版社, 2022.5
（悦享生活）
ISBN 978-7-5152-2265-3

Ⅰ. ①瑜… Ⅱ. ①乐… Ⅲ. ①瑜伽—基本知识 Ⅳ. ①R161.1

中国版本图书馆CIP数据核字(2021)第228401号

悦享生活
瑜伽塑形
主编　乐之

策划编辑　姚强
责任编辑　李炎
封面设计　李荣
出版发行　中医古籍出版社
社　　址　北京市东城区东直门内南小街 16 号（100700）
电　　话　010-64089446（总编室）010-64002949（发行部）
网　　址　www.zhongyiguji.com.cn
印　　刷　天津海德伟业印务有限公司
开　　本　880mm × 1230mm　1/32
印　　张　5
字　　数　112 千字
版　　次　2022 年 5 月第 1 版　2022 年 5 月第 1 次印刷
书　　号　ISBN 978-7-5152-2265-3
定　　价　298.00 元（全 8 册）

前言
preface

瑜伽，源自印度，饱含东方智慧，是最古老的养生术之一，如今已成为风靡全球的健身方式。瑜伽之所以受到人们的追捧，是因为其姿势练习需要配合规律的呼吸和意念的集中，有助于改善人们生理、心理、情感和精神方面的问题，是一种达到身体、心灵与精神和谐统一的，既修身又养性的锻炼方式。

瑜伽瘦身，健康又安全，让你越练越美。对于爱美女性来说，减肥瘦身是个永恒不变的话题，有的人减肥靠减少饮食量，有的人干脆不吃饭，还有的人则服用减肥药。这些方法减重的效果看起来很快也很好，但减少体重的同时也减少了你体内的蛋白质、水分和钙质，不仅有损健康，消耗精气神，令人疲惫、无精打采，而且会让肌肤失去弹性，这样的减肥结果有什么意义呢？而瑜伽瘦身就完全避免了这些方法给身体带来的负面影响，它是一种有氧运动，直接由脑部经神经中枢对身

体发出信号，通过对身体各部位的挤压、扭转、弯曲、伸展、平衡，从而达到减肥瘦身的目的。

瑜伽精准的瘦身效果，让你想瘦哪里就瘦哪里。瘦脸，塑造神奇小脸、精致五官，预防和消除脸部肌肉的松弛和下垂，轻松变成瘦脸俏佳人；瘦腰，打造充满弹性与活力的纤腰，塑造魅惑“小腰精”；瘦手臂，赶走臂上“蝴蝶袖”，举手投足，美臂曼若灵蛇；瘦腹，不做小“腹”婆，速成平滑小腹，变身妖娆美“腹”人。瑜伽的减肥效果，还得到过美国专业人士的论证，他们通过调查得出的结论是：瑜伽练习能十分有效地燃烧身体中多余的热量，消除肥胖症，而且是一种能在减肥过程中“雕塑”身体线条的健身术。

玲珑曲线，是做美女的必备条件。现在，本书就将瑜伽瘦身、塑形的秘诀传授给想瘦的你！书中针对身体 12 个重要部位，包括脸部、腹部、臀部、脖子、手臂等，精选了 50 多个瑜伽招式，简单、易学、实用，且招招见效，即使一点瑜伽基础都没有的女性也能轻松完成。

纤细玉腿，翘臀平腹，纤腰美胸，细肩瘦臂……简单的招式，惊人的效果，让你练就曼妙身姿，充分体验足不出户的享“瘦”之旅！

目录
contents

了解瑜伽，掌握基础知识

享“瘦”篇：一招瑜伽，10 分钟与肉肉说“拜拜”

塑形篇：一招瑜伽，10 分钟打造“S”形身材

见缝插针，随时随地练瑜伽

了解瑜伽，掌握基础知识

您是否正为瑜伽瘦身、塑形的神奇效果而怦然心动呢？您是否已经决定开始练习了呢？但如果您以前从未接触过瑜伽的话，先不要急着开始做体位练习，先认真阅读一下本部分内容，深入了解一下瑜伽的基础知识、注意事项和练习前需要做的准备工作，这样才能更有助于瑜伽的顺利练习。

一、神奇瑜伽成就完美曲线

随着年龄的增长，身体代谢能力的降低，身体变得越来越胖、身材也逐渐开始走形，这些问题都是很多女性朋友的烦恼，那么该怎么办呢？瑜伽就是非常好的一种选择，它是一种不需要特殊器材，在家就可以做的运动。而且就减肥而言，它有非常好的效果，主要体现在以下几个方面：

1. 瑜伽呼吸法有助燃烧脂肪

当利用丹田进行腹部深呼吸时，不仅能够为身体提供充足的氧气量，增加体内细胞的氧气吸收量，而且还能增强身体的氧化作用，燃烧更多的脂肪细胞。同时，在进行腹部深呼吸时，腹部会呈现一种波浪式的运动，能够按摩到腹腔内的多种脏器，尤其是能增强胃肠蠕动和增强胰脏功能，促进溶解脂肪的消化酶素分泌，有助于减少脂肪的生长、分解，并促进排便，减少宿便在体内的堆积。

2. 调节内分泌，控制体重

在练习瑜伽时，通过身体的挤压、拧转，还能按摩和刺激到松弛的内分泌腺体，帮助人体调节内分泌，尤其是与身体新陈代谢有直接关系的甲状腺，而且通过一些瑜伽姿势，比如眼镜蛇式、犁式、鱼跃龙门式、肩倒立式等，能够按摩甲状腺，刺激甲状腺素的分泌，增加脂肪代谢，并且能够帮助脂肪转换为肌肉与能量，帮助修饰肌肉线条，从而达到塑形的目的。

3. 加速身体代谢，净化身体

练习瑜伽能够加速身体的新陈代谢，消耗体内的能量，减少脂肪的生成。练习瑜伽还能加速人体的血液循环，净化血液，

并能通过出汗，排出体内废水和毒素。通过呼吸法和放屁法能够减少体内的废弃物，净化身体。

4. 消除多余赘肉，修饰全身线条

瑜伽各种不同的体式，能够消除腰腹部、臀部、后背、腿部等部位多余的脂肪，同时还能通过各种体位，充分伸展身体的肌肉与韧带，延展脊柱、骨盆及各部位的骨骼，从而帮助修饰人体的肌肉线条，纠正骨骼畸形、变形，让身体挺拔有型。

5. 调节神经，促进代谢，节制食欲

练习瑜伽不仅能训练筋骨的柔软度，而且还能刺激自律神经，促进新陈代谢，帮助燃烧脂肪，尤其是多做伸展脊椎的动作，更会加强此效果。练习瑜伽还能调节大脑皮层上的植物神经，使控制脑部摄食中枢的功能正常化，以防止过度饮食，减少体重。

就运动减肥的效果而言，瑜伽运动动作缓慢，可能不如激烈的有氧运动减肥效果明显，但它的减肥效果却是持久的，如果能够长期坚持练瑜伽，一段时间以后，就会发觉体重降低了，体态更匀称了。

二、练习瑜伽，你准备好了吗

如果你想通过练习瑜伽来让你的身材更完美，不要急于开始，先做好一些必要的准备，这样会保证你的练习更顺畅。那么，在开始练习瑜伽前，应该做好哪些准备呢？

1. 做好必要的心理准备

有些女性在练习瑜伽时，可能会有这样或那样的担心，甚至认为练习瑜伽需要身体具有良好的柔韧性，担心自己做不来，其实这些担心都是没有必要的，你首先要明确自己为什么要练瑜伽，明确了这一点，即使你的身体僵如木板，通过瑜伽的各种体式的练习，也会让你的身体变得更加富有柔韧度。

2. 做好心情上的准备

练习瑜伽时，要注意把身体放轻松一些，并始终保持愉悦的心情。对初学者来说，刚开始做不好是正常的，需要一个循序渐进的过程。这时候不能失去信心，不能锁紧眉头，要以最宽松、愉悦的心情来练习瑜伽。

3. 准备好必要的用品与装备

由于瑜伽练习中有柔软的动作，练习时可能会发生肢体、肌肉挤压的状况，因此需要准备毛巾、垫子等练习辅助工具，尤其对于初学者来说这些辅助工具更为重要。在家做瑜伽时，最好是在地板上铺一块瑜伽垫，或是毛毯、大毛巾，尽量避免在坚硬的地板或是太软的弹簧床上练习，否则会造成擦伤或因失去重心而受伤。同时，练习时要准备一套瑜伽服，它可以让你在练习时不受束缚，舒服畅快。

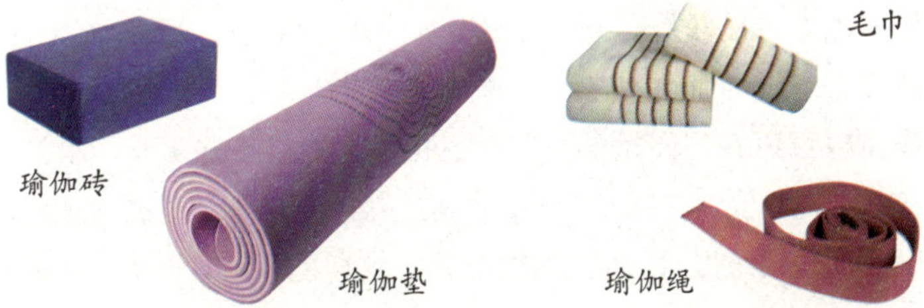

4. 根据个人情况安排好练习时间

一般来说，瑜伽练习是没有具体时间要求的，可以与自己生活、工作的规律结合起来。但通常清晨未进食之前，由于比较安静，并不易被打扰，练习瑜伽的效果最好。你也可以弹性

地调整练习时间，这个要根据个人情况来安排，不过尽量选择不受干扰的时段，避免因外界的扰乱而无法专心练习。

5. 选择适宜的场地

瑜伽是最不受场地限制的活动之一，但练习瑜伽时，最好要有一个好的环境和氛围。选择一处安静、整洁和空气流动性好的地方，最好是露天的自然地；即使在房间中，也一定要注意保持空气的流通，这对于瑜伽中的调息练习尤为重要。练习瑜伽时可以在房间摆放一些绿色植物，准备一些熏香、精油，或柔和的灯光、舒缓的音乐，在地上铺上松软的毯子或瑜伽垫，做瑜伽坐式练习时，可以准备蒲席，这样能够有效地防止疲劳。

三、瑜伽练习要不得的毛病

对于初学者，在瑜伽练习的过程中，可能会注意不到很多细节，容易犯一些错误。下面列举几种常见错误，在练习瑜伽的过程中要注意克服。

1. 刻意地去呼吸

所有的瑜伽动作都是配合呼吸来完成的。虽说我们平时都会呼吸，但在练习瑜伽的过程中，不可避免地会出现呼吸过重的现象。因为一旦刻意地去做瑜伽呼吸，大脑的潜意识就会跟着紧张起来，很难再做到呼吸自如。出现这种问题时，可以多练习一下呼吸，慢慢地控制意念，让潜意识里的呼吸达到自然的状态。

2. 强迫自己运动

瑜伽的很多动作难度都很大，并不是短时间内就能一步到位的。比如两手在背部相拉这样一个简单的动作，很多人可能做起来就很困难，不能一下子完成。如果一时急躁，强迫自己去完成这个动作，虽然动作是完成了，但带来的可能是胳膊被扭伤或运动后臂膀疼痛。出现这种问题时，要心态平和不急躁，可以先借助毛巾等辅助工具来完成，试着一点一点靠近，不要期望一下子完成，多练习一段时间，就可以达到你的预期了。

3. 不注重感觉

在练习瑜伽动作时，如果你非但没有感到让自己很轻松、舒服，反而发现自己很难受、不舒服，要么脖子绷得很紧，要么胸口很闷……出现这种问题时，最好马上停下来调整。找准问题原因，脖子紧张有可能是双手没放平，胸口闷可能是呼吸没有和运动协调好等。总之，就是要注重自己的感觉，借由练习瑜伽体位法，感受身体随着肢体的扭转、折叠、后仰、前弯等活动，发生由内而外的蜕变。

4. 太苛求完美

为了让形态和举止变得更为优美，期望每一个动作都做得和教练一样好，都能达到一些瑜伽书籍上的图片要求，结果发现自己筋疲力尽，也不一定能做到。出现这种问题时，必须转变自己的认识，瑜伽练习不是一朝一夕之事，刻意追求完美很难真正体验到精神上的快乐。而且教练也是经过长时间的辛苦训练，才获得今天的成绩；书籍上的图片也都是在高级瑜伽师的最佳状态时拍摄出来的。

四、练习瑜伽可别伤着身体

所有的运动在开始之前都会有一些说明及注意事项，瑜伽也不例外，一定要在练习瑜伽过程中多加注意，不要伤到身体。

1. 空腹练习

空腹练习对人体具有一定的保护作用。练习前的 2~3 小时内最好保持空腹的状态，避免因身体转动、肢体的屈曲对胃部及内脏造成不适。

2. 用鼻呼吸

空气中有很多眼睛看不见的灰尘、病毒，用鼻子呼吸可以避免将这些物质吸入体内，减少对呼吸管道的刺激，保持吸入的空气温润、卫生、洁净。

3. 量力而为

对于初学者来说，身体的柔软度、耐力都是不同的，练习时不要急于求成，要量力而行，根据自己的身体状况慢慢练习，

做到循序渐进，不要急于一下子达到规定的动作标准，否则不仅身体容易受伤，还会增加挫败感，最终得不偿失。

4. 运动安全

通常，瑜伽对练习者的年龄是没有要求的。不过，患有心脏病、高血压、视网膜脱落、头颈背有伤者，怀孕妇女，重病或手术后的病人，尽量不要练习某些瑜伽动作，否则会对身体产生负荷或压力，令伤患及身体感到不适。如果你想练习，建议还是先听听医生和瑜伽教练的意见，他们会根据你身体的实际情况提出一些指导建议。

5. 聆听身体

要注意自己身体的感受和反应，练习时，如身体出现异常的剧痛、眩晕、呼吸困难时，就不要继续下去，慢慢地停止练习。

6. 沐浴护肤

练习结束后，不要马上洗澡，一定要稍事休息后才可以，否则容易引起身体不适。

7. 适量喝水

练习后半小时可以喝适量的温开水，有助于排出体内毒素，同时补充练习时身体缺失的水分，也可温润肌肤。

练习后适量喝些温开水

五、瘦身塑形瑜伽修炼小窍门

瑜伽，是一项瘦身塑形的好运动，但是在练习瑜伽的时候要注意一些小窍门，这样既能加强练习效果，还能练习起来更流畅。记住下面这些瑜伽练习小窍门,早日练出“S”形的曲线来。

小窍门 1：避开吃饭时间

练瑜伽前后，最好是一个小时内不要就餐，餐后的两个小时内也尽量避免做瑜伽练习。练习前如果不得不吃饭，也不要吃得太饱，半饱即可，以免练习时感到沉重和懒散。

小窍门 2：练习前做暖身动作

有些瑜伽动作难度很大，不要一上来就做，否则容易在做的过程中给身体带来伤害，最好暖身后再做练习，以免受伤。

小窍门 3：练习时要专注

练习时要专注，不要与人交谈聊天。专注地呼吸、专注做动作，特别是呼吸要均匀和保持规律性，这有助于身体舒适。

小窍门 4：持之以恒，适度休息

练习瑜伽贵在坚持，只有持之以恒、不间断地练习，才能达到减肥塑身的效果；完成每种姿势的练习时，也应耐心保持一段时间。另外，做完完整的动作后，要进行适度的休息，尽量避免直接从事其他活动。

小窍门 5：动作要自然随心

练习瑜伽动作时，应缓慢柔软、步骤分明，切忌随意地加快动作或动作做得过于勉强，尽量保持身体的舒适就好。应心随身动，动作频率应和呼吸节奏协调一致，使其成为一个整体，紧张放松也应交替进行。

享“瘦”篇：一招瑜伽，10分钟与肉肉说“拜拜”

瑜伽真的可以让我们远离赘肉的困扰吗？如果你没练过瑜伽，有这样的疑惑实在是非常正常。我们看到的瑜伽练习动作都是如此的缓慢，怎么能让人相信它具有神奇的瘦身效果呢？事实上，瑜伽的瘦身效果已经被很多人所证实。当下，瑜伽已经成为最佳的减肥瘦身运动，它可以让你在放松身心之余，轻松地与身上的肉肉说“拜拜”。闲暇时间练习瑜伽，不仅能让你获得美丽轻盈的身材与健康的身体，更能让你重新点燃生命的美好、激情、喜悦与感动。

瘦全身，塑造魔鬼线条

拜日式

动作图解

1 祈祷式：站于瑜伽垫一侧，双脚自然并拢，身体直立，肩部放松，两臂自然下垂。将双手在胸前合十，保持全身放松，眼睛向前平视。做几次深呼吸，让呼吸均匀平稳。

2 展臂式：吸气，将双臂平稳向上抬起，上臂紧紧贴在耳侧，微微向上抬起下颚。呼气，将胯部前顶，上身和头部要向后稍仰。保持这个姿势，做一次深呼吸，再次吸气时，带动身体回正。

3 站立前屈式：慢慢呼气，身体前屈，注意要从髋关节而不是从腰部向前屈体。双掌放在地面，将额头尽量向小腿靠拢，并触碰到小腿胫骨处。保持这个姿势不动，吸气时要略微抬起并伸展上身，呼气时要更好地向内屈伸。

4 骑马式： 吸气，将头部抬起，双掌撑住地面，将双膝慢慢弯曲；呼气，重心略微做一下调整，右脚后跨一大步。使整个右腿尽力贴向地面，吸气，抬头，带动上身直立，尽可能地将胯部向下压。呼气，上身向后仰，注意保持好身体的平衡。2 次呼吸后，抬头带动身体回正。

5 顶峰式： 呼气，放松背部，双手置于脚的两侧。吸气，双手撑住身体，将左脚向后与右脚并拢，伸直双膝，脚掌撑地，臀部上顶，肩背下压，尾骨转向天花板的方向。呼气，放下脚后跟，双脚踩地。双肩下沉，尽量用额头去触碰地板。保持平稳的呼吸，放松颈部。

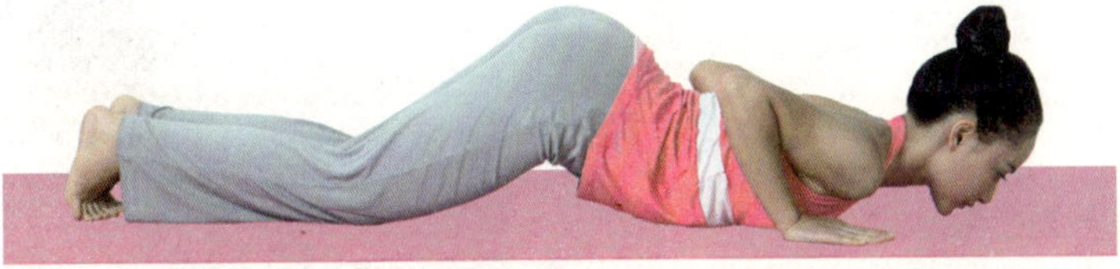

6 八体投地式： 从平板式进入，吸气，移动重心向前，呼气，双膝放在地面上。手肘弯曲，胸部下颌贴于地面，胯部和腹部稍微抬离地面，放松全身，保持平稳的呼吸。

7 眼镜蛇式：慢慢吸气，手臂伸直，头部带动身体向前向上，脚背绷直，臀部夹紧，尽量靠后背的力量使上身一节一节地离开地面，大腿和趾骨尽量贴于地面。双臂夹紧，眼睛盯向天花板，颈部向上扬起，带动脊柱后卷，双肩下沉，保持均匀的呼吸。

8 重复顶峰式

9 重复骑马式

瘦身功效

拜日式是一组身心练习，它包括了体位练习、调息练习和冥想（意念）练习。十二个体位可以使体内产生元气，元气能够激活人们的精神中心，还可以加强脊神经、开阔肺叶、伸展腹部脏器、促进消化、消除多余的脂肪，可以使练习者更好地保持健康，充满活力。

练习小叮咛

①练习者不要急于求成，应根据自己的身体情况，循序渐进地练习，待动作全部熟练后，再做完整的练习。②每天要多重复做几次，特别是时间紧张不能做其他动作时，更应该加做几次拜日式动作练习。

10 重复站立前屈式 | 11 重复展臂式 | 12 重复祈祷式

舞王式

动作图解

1 站立，双脚并拢，身体挺直，两臂自然垂于体侧，目视前方。

2 曲右膝，从身体后侧向上抬起右腿，同时向上方和后方两个方向拉伸右腿肌肉。

练习小叮咛

①舞王式要求身体多个部位协调配合，并保持整体平衡，属于较高难度的动作。②在练习的过程中，特别是抬腿时，容易膝盖外翻，导致重心不稳。如果一味追求将腿抬高，可能使上身无限向前而失去平衡。③要注意放松肩部肌肉，以免出现由于肩部肌肉过分僵硬而使身体无法得到有效伸展的现象。

3 保持右手紧握右脚，旋转右肘和右肩膀，使右手臂向后伸到头部上方。继续向上拉伸右手臂和右腿，直至在身体后部形成一个弓形。此时右腿大腿保持水平，胫骨垂直于地面。向身体前方伸展左手手臂，使其与肩齐平，同时手指指向前方。深呼吸，放松，使身体保持平衡，坚持这个姿势 10~15 秒。

4 放开右脚，两臂自然下垂，回到起始姿势。

5 身体左边重复相同动作。

✕ 易犯错误

切记直立的那条腿膝盖不要弯曲，上身始终朝向正前方不要朝外，头部不要来回扭动，保持眼睛直视正前方。

瘦脸，重塑巴掌小脸

狮子式（狮子吼）

动作图解

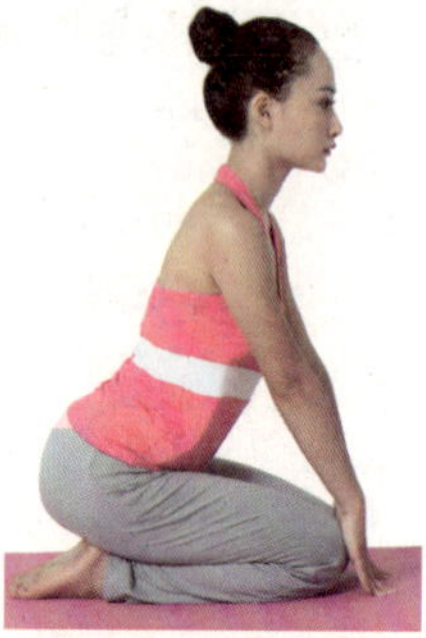

1 双膝并拢跪坐在地面上，臀部置于后脚跟上，脚背贴地。使双手四指并拢与大拇指分开，放在大腿上；上半身微微前倾，提腰，保持脊背挺直。

2 吸气，身体继续慢慢前倾。屏气，双手顺着大腿下滑，指尖触地，掌根紧贴两膝。

练习小叮咛

①舌头要自舌根部朝下用力伸出。②呼吸均匀缓慢，用鼻吸气，呼气时尽量使气息保持较长时间。

瘦身功效

狮子吼可以有效地使面部几乎所有肌肉都得到锻炼，可以预防脸部皮肤松弛下垂，并减缓皱纹的出现，对最难减掉的脸上的肉肉也有神奇效果。

加大难度：取全莲花坐姿，身体前倾，双手掌撑于身体前侧的地面上，抬起臀部，膝盖点地，目视前方。

3 臀部离开双脚，身体继续前倾，使手指、手臂、肩部及躯干部肌肉都处于绷紧状态。

4 用力睁大眼睛，张大嘴巴，向下方伸出舌头，双手紧贴两膝。

5 慢慢呼气，同时发出狮子般响亮的吼声：“哈”，并使声音一直持续到呼气结束。不要因为害羞或担心表情纠结而不敢放开做动作，勇敢一点，像森林之王那样尽情呐喊吧！请记住，认真的女人最美。

6 长长地呼完一口气，使劲大幅度地眨眼睛，可眨2~3遍，注意眨眼时要看着正前方，感到是抬起下眼睑的感觉。

7 缓慢收回舌头，轻轻闭上嘴巴。用鼻吸气，使身体慢慢回到起始姿势。

8 重复以上动作3~5次。

眼镜蛇式

动作图解

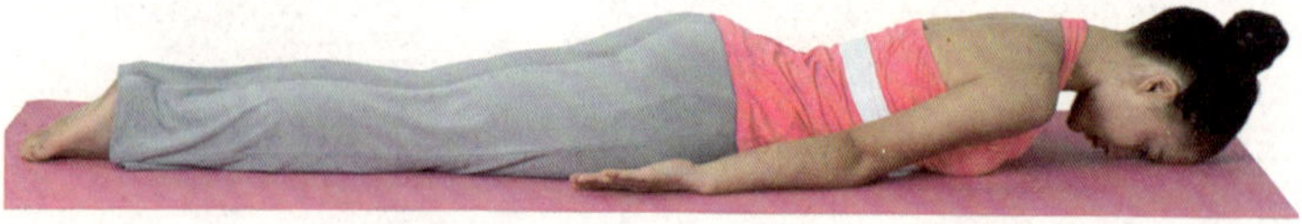

1 面朝下平躺，双腿伸直并拢，前额触地或者侧脸贴地均可，两臂自然垂放在身体两侧，掌心向上。

2 双手移置胸前，平放在地面上，掌心向下，手掌和前臂贴地，注意保持臀部和大腿部肌肉的紧绷感，目视前方的地面。

3 吸气，以手撑地，同时依次缓慢抬起头部、胸部、腰部和身体脊柱。注意抬起时应先依靠背部肌肉力量，再用手部支撑力量继续抬高。依据个人身体条件，抬到适当高度，使肚脐尽量接近地面，眼睛注视前方，均匀呼吸，坚持这个动作 10~30 秒。

4 呼气，依次缓缓放下腹部、胸部、头部，最后使脊柱一节一节地返回初始姿势。保持前额贴地，身体平直放松，重复这个动作 1~2 次。

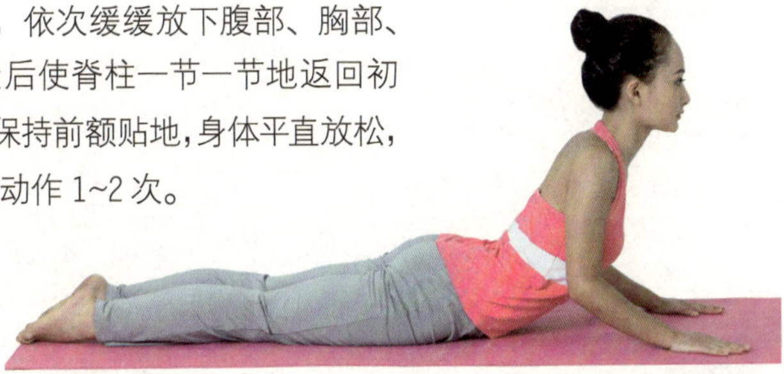

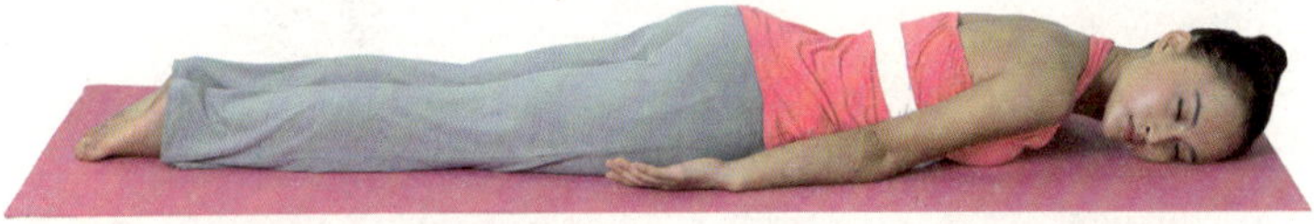

练习小叮咛

①尽可能依靠背部力量向上抬起上身，而不是肩部和臂部。②依据个人的柔韧情况，尽可能高地抬起上身，但也不必强求。③不要完全依靠手部和臂部力量向上举起上半身。④向上抬起身体时，肚脐也向上抬起是不对的，要保持肚脐下压靠近地面。

瘦身功效

眼镜蛇式能够使面部和颈部的肌肉得到有效的伸展，燃烧脸部和下巴的脂肪，促进脸部的血液循环，具有很好的瘦脸效果。

5 两臂放回身体两侧，掌心向上，头部贴在地面上，偏转到一侧，保持放松状态。

难度降级：（1）对于初学者，可以做到眼镜蛇式伸展动作即可；抬起上身有困难的练习者可以使双腿微微向两侧分开，脚不并拢，以减少腰部承受的压力。（2）做第三步时，可以不必停留数秒，抬起后直接返回地面。

铲斗式

动作图解

1 站立，双脚并拢，双臂自然下垂于体侧，目视前方。

2 双脚分开约一肩半宽，脚尖稍向外；吸气，双臂伸直上举，手腕放松，手指指尖指向前面，使手臂与背部在一条直线上。

3-1

3-2

3 呼气，以腰为轴，上身快速垂下，两臂在两腿之间自然摆动（双腿伸直，膝盖不可弯曲，尽量放松上身躯干，保持松动地摇摆）。

4 再吸气，以腰为轴，缓缓抬起腰部、背部、头部，同时使两臂始终紧贴双耳，逐渐抬起上身使其直立，上抬手臂。

5 再呼气，双臂从身体前部还原，归于身体两侧，脚尖收回指向前方，轻轻闭住双眼，调整呼吸，全身放松恢复初始状态。

6 重复此套动作 3 次。

练习小叮咛

①初学者容易急于求成，刻意摆动两臂及头部。②完成动作时一定要缓慢，同时按步骤配合深呼吸。③该组动作不适宜患有高血压和低血压的病人、眩晕病人以及经期妇女，头部受过伤害的练习者也要谨慎选择，应该在征得医生同意的情况下练习。

瘦身功效

铲斗式可以使练习者的脸部肌肉得到全面锻炼，改善脸部的血液循环，提拉脸部的线条。

难度降级:初练者可以将两腿分开大一些，刚开始也可以靠在墙边练习。如果两腿分大仍有难度，双臂可不用贴地，根据自身的情况压下上身。

瘦臂，甩掉蝴蝶臂

细臂式

动作图解

1 采用金刚式坐姿坐好，即双腿并拢跪在地面上，臀部坐在两脚之间，双手放在大腿上，腰背挺直，微闭双目。

2 提起左手臂贴着耳朵向上伸直，用右手握住左手的手肘，慢慢吸气。

3 缓慢吐气，右手将左臂逐渐向下压，给左肩以适当压力，将右上臂枕在头后，保持均匀呼吸。注意保持腰部、背部和颈后肌肉的挺直。

4 吸气，渐渐收回手臂。

5 换相反方向运动。双臂向上伸展，左手握住右臂的手肘。

6 慢慢吐气，将右臂向下压，保持均匀的呼吸。

7 吸气，渐渐收回手臂。

8 双手于头后互握手肘，手肘向后伸展，轻轻地向后仰，保持10分钟，自然地呼吸。

9 吐气，慢慢地还原。将双手打开，放松，调整呼吸。双臂轻轻垂下，放松，回到初始位置。

✕ 易犯错误

（1）下压手臂时容易出现手臂不直的情况。（2）也容易出现低头、身体前倾的情况。

难度降级：（1）如感觉握住手肘有困难，可以先握住手臂进行练习。（2）双手握住手肘，可以先尝试手肘向上伸展，刚开始练习就向后伸展容易因重心不稳而失去平衡。

握住手臂练习

练习小叮咛

①保持呼吸平稳均匀。②双手握住手肘向后扩展时身体不要向左或向右倾斜。③手臂尽量向下压，向后扩展手肘时注意腰部用力。

瘦身功效

细臂式能够有效地收紧手肘部肌肉，柔软和灵活肩关节，纤细手臂线条，收紧背部肌肉。

天线式

动作图解

1 跪坐，保持金刚式坐姿，挺胸收腹坐好，双手于胸前合掌，调整好呼吸。

2 吸气，双手渐渐打开，向身体两侧伸展，掌心向前。同时头部往上仰，身体逐渐向后仰，放松脖子，保持均匀呼吸。

3 渐渐地收回头，而双手在背后反向相握，十指交叉，头部向上，身体摆正。

练习小叮咛

①保持均匀呼吸。②练习时切不可急于求成，勉强练习，那样容易造成肌肉或软组织拉伤，要一点点加大难度，循序渐进，最终达到锻炼的效果。

4 上身往前倾，慢慢地将额头靠近地面，使手臂在后侧举高，尽量指向天花板，保持均匀的呼吸。坚持几秒。

难度降级：双手在背部反向相握有困难的话，可以先尝试以指尖互相勾住，或者两手靠近即可。在做第四步练习时，可以根据自身情况，身体轻轻前倾即可。

瘦身功效

天线式能够有效地使肩部、手臂得到全方位练习，使肌肉得到拉伸和锻炼，是瘦手臂的一个十分有效的练习。

5 再吸气，渐渐收起头，身体还原到最初位置，调整呼吸，放松。

× 易犯错误

跪坐时双腿没有并拢。手臂在身体后侧举高时，上半身弯曲。

鹰式

动作图解

1 自然站立，双脚并拢，双手放在身体两侧，挺直身体，目视前方，调整呼吸。

2 吸气，双手从体侧向上平举，与肩同高，两手臂尽量向两端延伸，感觉到手臂被拉长，注意背部保持直立，颈部挺直，平视前方。

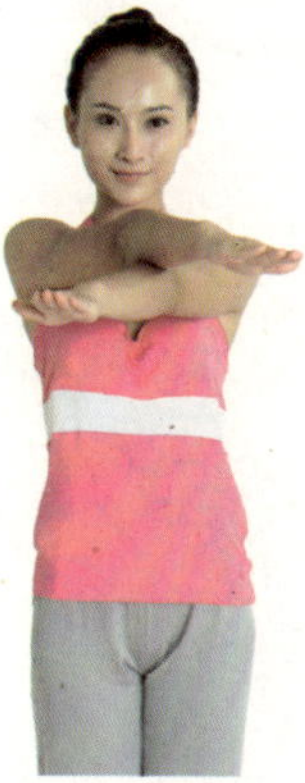

3 呼气，双臂向身体前侧平移至体前交叉，两手肘相叠，左臂在下，右臂在上。

4 双肘向内弯曲，左手环抱住右肩，右手环抱住左肩。

5 松开双手，两前臂向上举起，两手背相对。

6 两手臂向下交叠姿势不变，翻转手腕，让两掌心相对，肘关节重叠在一起。

难度降级：初练者可以将脚勾腿的姿势改为脚尖点住腿外侧的地面，以增加身体平衡感，其他姿势保持不变。

7 手臂姿势不变，右腿跨过左腿，右脚脚趾勾住左脚脚踝外侧的上方部位，双膝弯曲，身体微微下蹲，上半身向前倾，保持姿势15~20秒。

练习小叮咛

练习时，腹部肌肉要始终收紧，站立的那条腿要保持好身体平衡，不要左右晃动。

瘦身功效

鹰式能够有效地拉伸手臂肌肉，消除上臂堆积的脂肪，美化手臂线条。

8 放下左腿，松开双手，恢复站立姿势，休息片刻后，换另一条腿做重复动作。保持15~20秒。

瘦背，塑造骨感美背

脊柱扭转式

动作图解

1 坐在地面上，双腿向前并拢伸直，挺直腰背，双手自然垂放在身体两侧，掌心贴地，眼睛平视前方。

2 左腿伸直不动，弯曲右腿，抬起跨过左腿，上半身保持直立不动，两手分别扶住右大腿。

3 吸气，右手叠放在左手上或者双手十指交叉，两手臂端平，眼睛依然看向前方。

4 呼气，左臂环抱住右大腿和膝盖，右手移到臀部后方，指尖点地，手臂伸直，脊柱和头部向右后方扭转，眼睛看向身体后方。

瘦身功效

脊柱扭转式能够有效地锻炼背部的肌肉，减掉背部多余赘肉，还可减轻背痛，消除疲劳。

5 上身继续向右后方扭转，右手臂弯曲。左手臂穿过右膝盖窝向后，与右手在背后交叉相握，眼睛看向肩后方。保持此姿势 20 秒钟。

6 用相反的程序恢复原状，稍事休息，换身体另一侧做同样的练习。

难度降级：（1）部分人由于髋和腿后肌群较紧，所以后侧肩膀不能保持水平，这时可以将手外移一点。（2）如果身体无法扭转到双手在背后相握，可以只练习到第四步。

蝗虫式

动作图解

1 身体平趴于地面上，双手掌心向下放在身体两侧。

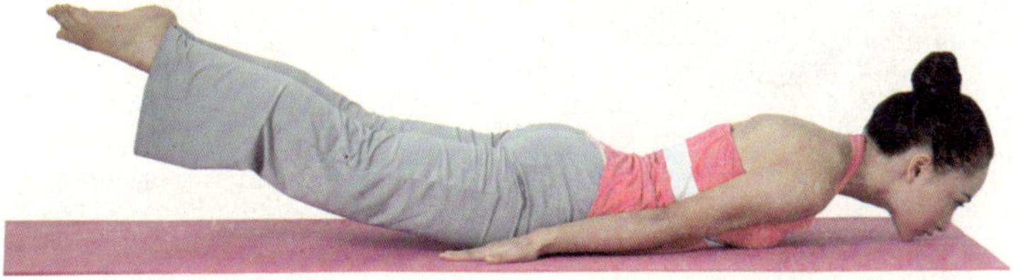

2 两臂两手绷紧，将双腿同时抬离地面，两腿保持并拢与笔直状态。注意力放在臀部肌肉收缩的感觉上，保持这个姿势 5~6 秒。

3 吸气，抬起双腿、头部、颈部、胸部，手臂同时向后向上伸展。

4 呼气，把腿和头部同时回复到初始姿势。

5 休息 5~10 秒，重复动作。

难度降级：对于初学者来说，可能抬起胸部和背部时感到有点困难，建议可以先利用椅子的辅助作用，把椅子放在身体前方，双手放在椅子上帮助抬起上身。

加大难度：经过一段时间的练习之后，当你能很轻松地完成以上动作时，就可以适当加大动作难度，在第三步的基础上，双手抓住双脚的脚背。

练习小叮咛

①每日练习不要超过 4 次，怀孕或背部受伤的练习者不宜做这组运动。②身体提起时，一定要收紧臀部和大腿肌肉，否则容易让下背部受伤。③预备姿势时，身体保持一条直线，均匀呼吸。

× 易犯错误

在做第三步练习时，容易胸部、双手没有一同提起，手臂也容易弯曲；两腿没有并拢，出现向两边分开或者一高一低的现象。

瘦身功效

蝗虫式能够有效地锻炼背部肌肉，促进背部血液循环，改善背部神经元，塑造完美的背部线条。

下蹲美背式

动作图解

1 站立，屈膝，保持两腿并拢，双手自然垂放于身体两侧，背部缓缓向前倾。

2 双臂上举保持侧平举，与肩同高，掌心向下，挺胸，背部向前推。

3 双臂缓缓下垂，双手在背部合十，指尖向上，背部继续缓缓向前推。

练习小叮咛

①整个运动过程中保持均匀平稳的呼吸。②做第四步动作时，喉咙一定要完全打开。

瘦身功效

下蹲美背式能够有效地收紧和锻炼背部，消除令人困扰的背部赘肉，让背部线条更加漂亮。

难度降级：对于初学者来说，如果在练习中感到些许困难，可以先尝试用毛巾辅助练习，用双手握住毛巾的两端，慢慢将头部向左肩扭转，感受背脊的伸展；再换相反方向，将头部向右肩扭转，同样感受背部脊椎的伸展，这样也可以实现背部肌肉的锻炼。

5 双臂在背后慢慢伸直，渐渐向上抬起，保持肩部肌肉紧张，同时紧压背部肌肉。

4 轻轻向上抬起头部，伸展喉咙，同时向后舒展背部肌肉。

✕ 易犯错误

站立屈膝时两腿没有并拢；双臂在背后抬起时两臂没有伸直。

瘦腰，塑造杨柳小蛮腰

腰转动式

动作图解

1 保持站立姿势，双脚打开，比肩略宽，十指交叉，双臂向下伸展，掌心向下。

2 吐气，翻转掌心向上，伸直手臂并指向天花板，挺直脊背。

3 慢慢地用手臂带动肩部、背部、腰部向前倾，直到背部与地面平行，与腿部呈90°，眼睛看着手背，注意腰背伸直。

4 先吸气，呼气时向右转动上身，做到最大限度。

× 易犯错误

弯腰扭转上身躯干时，手臂没有伸直，腰部和脊柱没有挺直。

5 吸气，渐渐收回到中央。

6 吐气，再向左侧转动，做到最大限度，努力控制手臂，感觉腰部的力量。

7 再吸气，收回手臂，收起背部，将身体还原，放松，调整呼吸，双脚收回。

练习小叮咛

①腿部可分开略大，以免重心不稳。②缓慢运动，并按动作要求配合呼吸，保持呼吸均匀平稳。③注意保持身体重心不要偏斜，逐渐加大动作难度。④刚开始练习时可借助支撑物，弯腰时予以扶住，起到支撑身体的作用。⑤在弯腰扭转上身躯干时，要注意手臂伸直，腰部和脊柱也要挺直。

瘦身功效

腰转动式能够有效地通过身体的左右扭转，收紧腰部两侧的赘肉，塑造腰部美丽的线条。

三角伸展式

动作图解

1 自然站立，双脚略分开，双臂自然下垂，目视前方，调整呼吸，保持心态平和。

2 双脚打开，约两个肩宽，双脚脚跟在同一条直线上，深吸气，双手手臂向两侧自然打开，与地面平行，保持侧平举，掌心向下。

3 呼气，将左脚向左旋转 90°，右腿从内侧保持伸展，膝部绷直，身体尽量在同一个平面上，保持平稳的呼吸。

4 脚掌撑地，深吸气，感觉身体渐渐伸展开来。呼气，向左侧弯曲躯干，直到左手扶住左脚腕。

5 眼睛注视手指尖方向，向上伸展右臂，双臂成一条直线，感受侧腰的拉伸，保持平稳的呼吸。深吸气，呼气时将右臂贴向耳部，掌心向下，放松颈部，上身尽量平行于地面，拉伸侧腰，保持 3 秒。

6 深吸气，吸气的时候弯曲膝盖，身体缓缓起身，将身体收回，活动一下双肩。

练习小叮咛

①保持呼吸均匀平稳。②动作要缓慢，身体要端正。③根据个人身体情况，让手找到自己最舒服的位置，小腿、脚踝、脚或地上，完全取决于身体柔韧情况。④注意膝盖要挺直，不要弯曲。

瘦身功效

三角伸展式能够有效地减少腰部多余脂肪，促进腰部血液循环，让腰部更加纤细漂亮，同时还能拉伸臀部和臂部肌肉，纠正腿部畸形。

7 换身体的另一侧做相同练习。

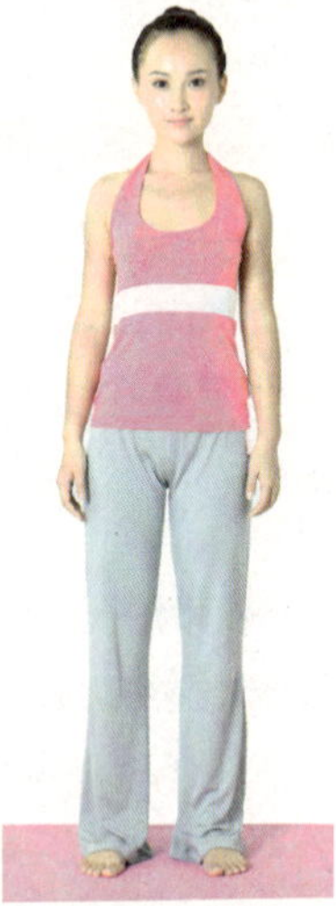

8 呼气，回到站立姿势。

难度降级：(1)侧弯时，可先尝试屈膝，手肘置于膝盖上。(2)可以先平视或俯视，不必仰视。(3)恢复姿势时可以先微微弯曲膝盖。(4)侧弯时，如果扶住脚腕有困难，可以先扶住小腿。

手肘置于膝盖上

扶住小腿

加大难度：经过一段时间的练习之后，当你能很轻松地完成以上动作时，就可以适当加大动作难度，做第四步练习时，可以将左手掌完全贴在地面上，可以是脚内侧，也可以是脚外侧。

✕ 错误姿势

侧弯上身，手掌撑地时，同侧膝盖容易出现屈膝的情况。

变形风吹树式

动作图解

1 自然站立，上身挺直，双脚分开，稍稍内扣，向脊柱方向推动肩胛骨，肘部向后推，双手头后合十，手指朝上。

2 向左侧平行推动手臂，保持手指合十。感觉到胸部及身体左侧强烈拉伸。

3 手臂尽力伸展，腹部收紧，注意腿部绷直，不要弯曲膝盖。保持一段时间，然后换另一侧练习。

练习小叮咛

①动作一定要缓慢，不要急于求成，达到身体极限就可以，边尝试边运动，以免拉伤肌肉。②身体向一侧弯曲时，注意腿部不要弯曲，腹部要绷紧。

瘦身功效

变形风吹树式能够使腰部肌群得到充分的锻炼，从而有助于腰腹部脂肪的消除，有效减少腰侧脂肪，同时有助于矫正脊柱不正，缓解脊柱压力。

收腹！瘦腹！打造平坦小腹

海浪式

动作图解

1 自然站立，双手自然下垂于身体两侧，身体垂直站立，保持颈部挺直，目视前方。

2 双脚打开，两脚之间的距离略比肩宽，脚尖朝向身体的正前方，双手打开与肩平，五指并拢，掌心向下，保持背部直立。

3 上身向左侧下沉，左手放到左脚的脚踝处，右手尽量向上延伸，两手臂要在同一直线上，眼睛看向右手指尖，胸背直立。

4 吐气，双腿成屈蹲姿势，大腿平行于地面。同时右手指尖点地，左手向上延伸，拉伸侧腹部肌肉，保持此姿势10秒钟。

5 双腿慢慢伸直，俯身向下，手臂自然垂直于地面，身体放松。

瘦身功效

海浪式能够有效地燃烧腹部的脂肪，减少腹部的赘肉，促进腹部的血液流动，让你的小腹更加平坦；同时，还可以减缓由压力造成的肌肉僵硬与酸痛。

难度降级：如果你的腰部弯曲有困难，可以双腿打开稍比肩宽，下蹲，手背放于膝盖上即可。

加大难度：在做第四步时，如果很容易做到，可以加大一些难度，可将指尖触地改为手掌撑地。

练习小叮咛

①做动作时，身体不要僵化、死板。②用手来带动身体，轻柔地左右摆动。③屈蹲时，膝盖不要超过脚尖，屈蹲的幅度避免过大或过小，注意掌握适宜的幅度。④运动时不要忘记配合呼吸。

6 身体回正，以胯部为轴，呼吸时手臂保持伸直，带动腰部顺时针画圈，使腰、腹部受到充分刺激。反方向重复一次。

磨豆式

动作图解

1 坐在地面上，双手手掌撑地，两腿向前伸出并挺直，脚背勾起，保持腰背直立，眼睛看向前方，注意调整呼吸。

2 将两臂向前平举，在身体前方十指交叉，并向前伸直，眼睛看向前方，注意呼吸的节奏。

练习小叮咛

做动作时，一定要配合以呼吸和意念，并保证呼吸的均匀。注意不要刻意地去呼吸，否则动作做起来会显得不自然。

瘦身功效

磨豆式能够有效地燃烧你的腰部脂肪，让你的腰部更加纤细，腹部更加平坦，同时还可以按摩腹部的内脏器官，有效缓解便秘。

3 吸气，将上身下压，两臂随着上身尽量向前伸直平推，并保持双臂水平。注意不要弯曲膝盖，在极限处停止。

4 呼气，保持两臂平直的状态，向右转动身体，同时带动双臂也转向右方。十指依旧紧握，双腿伸直，臀部不要离开地面。

5 慢慢地，将身体向后靠。双脚保持在地面上，不要抬起。双手伸直。

6 双手弯曲，经过胸前向左边伸出。手部动作就像是磨豆子一样做圆周运动。双腿伸直。调整呼吸的节奏。

7 身体跟着手部的动作靠向前方。注意身体肌肉的伸展，并注意不要拉伤肌肉。

8 呼气，将身体回至正中，恢复至坐姿状态。

加大难度：练习一段时间后，可以将脚尖尽量向身体一侧压靠，让腿部的肌肉保持紧绷的状态。

× 易犯错误

在做动作时，有些练习者的腿部可能伸不直，而且并拢不紧，脚背没有直立。

船式

动作图解

1 坐在地面上，双腿向前伸出，并保持挺直，双手手掌放于臀部的两侧手指指向前方，保持背部的直立，目视前方。

2 呼气，将躯干慢慢向后靠，同时从地面抬起两腿，保持膝盖紧绷，使腿笔直，脚趾冲向前方，双手离开地面，双臂向前方伸直，并靠近大腿。过程中，用臀部来维持自己的身体平衡。保持此姿势 30 秒钟。

3 身体继续后仰，双手握拳，用整个腰部支撑身体的平衡，保持正常均匀的呼吸，保持此姿势 30 秒钟。

4 呼气，将手臂放下，双腿放回到地面上，回到初始姿势。

练习小叮咛

①孕妇及患有低血压、心脏病、哮喘、失眠、头痛、腹泻等疾病的人士应避免做这组动作。

②背部尽量挺直，令脊椎往上提，否则尾椎会往下压，导致背痛。

瘦身功效

船式能够有效地消除腹部的脂肪，给你一个美丽平坦的腹部。

难度降级：双腿无法伸直的话，改做屈膝姿势即可，或利用一张椅子置于脚下，支撑双脚。

瘦大腿，修炼纤长玉腿

美腿式

动作图解

1 背部挺直，身体重心下降，左腿弯曲，小腿贴于地面，右腿向后延伸，尽量让腿部贴在地面上，双手放在身体的两侧，保持此姿势 30 秒钟。

2 吸气，右小腿向上弯曲，用自己的右手反向抓住右脚内脚踝处。呼气，左手臂向前上方延伸，保持身体稳定，自然呼吸 6 次。

难度降级：刚开始做第二步时，身体可能会不稳，可用伸展的那只手扶住墙或椅子，稳住身体，当能够达到规定动作标准后，再逐渐离开支撑物。

练习小叮咛

①身体的伸展幅度一定要到位，否则身体很难得到完全的伸展。②做动作时，要注意身体的协调性和控制力，身体不要乱晃、动作也不要太过僵化。

3 右手手臂放松，让右小腿回落到地面上，重心向后移，左腿屈腿姿势不变。翻转左腿，整个左腿内侧贴于地面，膝盖向前，左脚跟靠近左臀部，右手握住左脚。左手置于身前的地面上，支撑身体。保持此姿势 20 秒钟。

瘦身功效

美腿式是专门针对臀、腿等部位的一种练习，能够有效拉伸腿部肌肉，使腿部更加紧实、有力，腿型也更加细长优美。

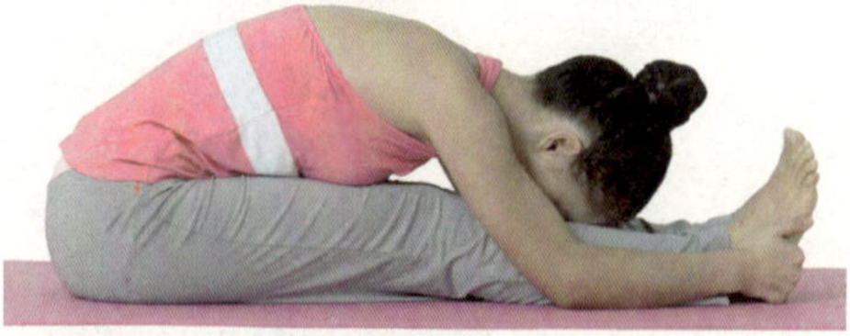

4 平坐，双腿向前伸直，身体前倾。呼气，将腹、胸、头依次向双腿靠近，双手握住双脚脚底，保持自然呼吸。保持此姿势 20 秒钟。

踩单车式

动作图解

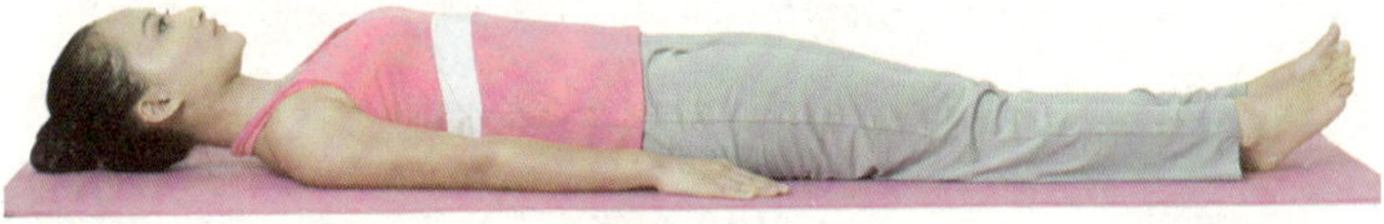

1 将身体仰卧在地面上，伸直双腿，双臂自然放于身体两侧，掌心向下，微闭目，调整呼吸，让呼吸变得均匀。

2 慢慢地将双腿抬离地面，与地面夹角在 60° 以上，上身放轻松。

加大难度：经过一段时间的练习，如果你能很轻松地完成以上动作，就可以适当加大动作难度，可以尽量让腰部直立起来，并用双手扶住腰部，以保持身体的平衡；次数可以根据你身体的状况，由12次适当增加。

3 像骑自行车似的运动双腿，正反两个方向各做12次，始终保持顺畅呼吸。

练习小叮咛

①练习这个体位时，膝盖要有伸直的过程。②长时间做这个动作，由于运动量大，呼吸容易急促，要注意动作配合均匀的呼吸来完成这个体位练习。

瘦身功效

踩单车式能够有效地燃烧大腿的脂肪，促进大腿部的血液流动，让腿部变得更加纤细和富有美感。

单腿天鹅平衡式

动作图解

1 站直身体，双脚并拢，双手自然放在身体两侧，挺直腰背，眼睛平视前方，均匀呼吸。

2 吸气，左腿伸直不变。右腿向后迈一步，右脚脚尖点地，两臂两侧平举，与肩同高。

3 呼气，双臂绕至背后，弯曲双肘，双手在背后合十，掌心相对，腰背挺直。

瘦身功效

单腿天鹅平衡式能够有效地增加腿部肌肉力量，拉伸大腿、小腿，消除腿部脂肪，让腿型变得更加笔直纤细，还能大大提高身体平衡感。

4 深呼吸，将身体重心移至左腿，上半身慢慢向前向下屈，同时向后伸展右腿，让右腿和整个背部在一条直线上。

5 左脚掌牢牢踩在地面上，保持身体平衡，上半身继续向下屈，右腿向上抬高至极限位置，保持此姿势约 15 秒。

6 慢慢放下右腿，回到初始姿势，休息片刻后，换另一条腿做重复动作。

瘦小腿，击退萝卜腿

小腿拉长式

动作图解

1 站立，双腿并拢，上身曲身向下压，双手掌心着地，并撑住地面，手臂与肩同宽，注意双腿一定要成直立的状态。

2 身体重心落在脚后跟上，勾脚将脚尖抬起向上，双眼看向脚尖，保持此姿势10秒。

3 脚尖着地，脚跟向上抬起，眼睛看向地面，保持此姿势10秒。

4 脚尖着地，脚后跟抬起，屈膝，尽量将双膝与胯部齐平，眼睛看向前下方。

5 脚掌慢慢回到地面，双臂环抱小腿后侧，额头尽量贴住小腿；双腿并拢，双膝不要弯曲，吐气可减轻疼痛感。

易犯错误

腿部绷得不直，双膝弯曲。

瘦身功效

小腿拉长式能够有效地燃烧小腿部的脂肪，拉伸腿部韧带，活动踝关节，让小腿显得更加匀称，帮助塑造纤纤细腿。

练习小叮咛

练习这个体位时，当脚跟或脚尖向上抬起时，臀部尽量上顶，注意保持均匀呼吸。

牵引腿肚式

动作图解

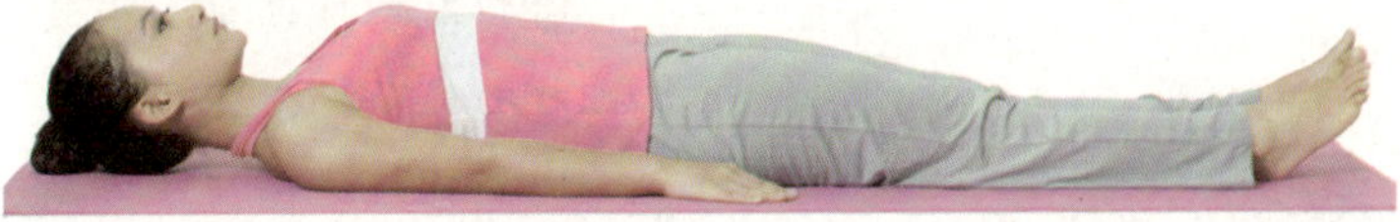

1 仰卧于地面上，双腿并拢伸直，双手放于身体两侧，掌心向下，微闭目。

2 双脚向上抬起，双腿抬高，与地面垂直，双手置于身体两侧，上身放松。

3 双脚脚尖回勾，感觉小腿肚的拉伸，保持此姿势20秒钟。

练习小叮咛

练习这个体位时，要尽量保持双腿的直立，背部紧贴地面，双手手掌支撑于身体两侧，起到平衡身体的作用，呼吸做到轻松自然。

4 双脚脚尖绷直，放松小腿肚，保持此姿势 20 秒钟。

瘦身功效

牵引腿肚式能够有效地上提小腿肚，燃烧小腿脂肪，也可以拉长小腿肚的线条，预防小腿肌肉外扩，还能消除大腿和腹部多余的脂肪。

5 重复勾、绷脚练习 5~10 次后，放下双腿，放松调息，整个练习过程中保持自然的呼吸。

难度降级：如果你是一个初学者，可能双腿在抬起的过程中不能并拢，可以借助瑜伽带或瑜伽绳，在脚踝处进行捆绑，也可借助瑜伽带辅助腿部的抬起。

✕ 易犯错误

练习这个体位时，腿部容易绷不直，腹部肌肉松懈。

后抬腿式

动作图解

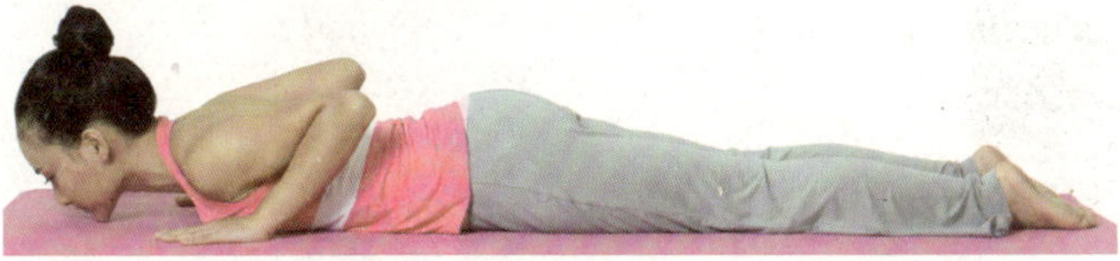

1 俯卧在地面上，双腿并拢伸直，下巴点地，双手和两前臂贴放在肩部两侧的瑜伽垫上，调整呼吸。

2 吸气，头部和肩部向上抬起，两前臂向前移动，让两手肘部尽量在肩部正下方，同时向上抬高左腿，左脚尖绷直。

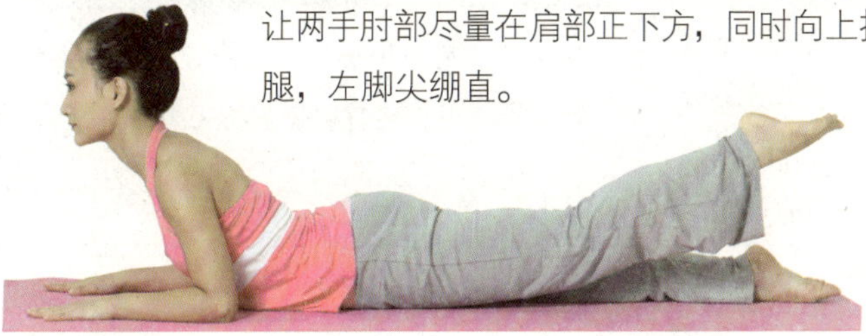

3 吸气，向上弯曲右膝，右脚脚掌抵住左膝盖，眼睛看向前方，保持此姿势 20 秒。

4 慢慢放下双腿，换另一边做重复的动作。然后身体呈仰卧姿势，放松休息。

瘦身功效

后抬腿式能够有效地促进下半身血液循环，全面拉伸腿部线条，锻炼腿部后侧肌肉，使腿部更纤细。

× 易犯错误

容易不自觉地出现含胸低头、抬起的腿部弯曲等情况，这样会影响练习效果。

练习小叮咛

注意腹部紧绷并紧贴地面，抬起的腿部保持挺直。

塑形篇：一招瑜伽，10分钟打造“S”形身材

拥有漂亮的“S”形身材，可以说是所有女人的梦想。拥有这样身材的女人，会平添一份魅力，多一份自信。但在我们身边的女人，很多并不是天生就拥有这样的身材，而是需要靠后天的减肥塑形来打造。因此，减肥塑形成了很多女人的一份永远不会辞掉的职业。瑜伽，作为减肥塑身的方式之一，它拥有独特的塑身纤体功效，为爱美的人们提供了一种时尚、安全、有效的塑身方式。

矫正脊柱弯曲，扶正歪掉的身形

扭转莲花脊柱式

动作图解

1 坐在地面上，上身直立，双腿向前伸直，双手放于身后，挺直腰背，目视前方。

2 曲左腿，将左脚放在右大腿根部，左脚脚掌向上。呼气，左臂向前伸出，左手抓住右脚脚趾，将右臂收向背部，右手手背揽住腰的左侧。

3 吸气，然后呼气，同时头部和上身躯干尽量向右转，保持 20 秒自然呼吸。

4 然后换另一侧，重复同样的动作。

× 易犯错误

上身含胸弓腰。

练习小叮咛

①向前伸手臂时，要注意背部不要弯曲，尽可能保持挺直的状态。②呼吸要与动作紧密配合。③注意坐正身体，伸直的那条腿不要弯曲。

塑形功效

扭转莲花脊柱式能够有效地伸展和活化脊柱，矫正脊柱弯曲，放松肩关节，还能预防背痛。

猫伸展式

动作图解

1 双膝跪地，掌心撑地，以双臂支撑身体。注意手臂伸直，双手下压，脚背紧贴地面，脚趾自然朝向身后。

练习小叮咛

① 注意动作配合呼吸一起做，要做得自然、连贯、顺畅。② 如果要放缓体位练习的节奏，可在练习中采用轻细的呼吸。③ 尾骨在拱背时内收，背部凹下时则抬高。

2 缓慢地吸气，脊柱轻缓向下部凹下，胸部和臀部尽力向上提，双手用力下压，保持手肘伸直，直视前方或稍往上看，保持 5~10 秒。

3 慢慢地呼气，将整个背部拱起，将头下垂，下巴和臀部轻轻内收，保持 5~10 秒。

4 交替做背部一凹一拱的动作，保持平稳顺畅地呼吸。重复这套动作 5~12 次。然后两手逐步收回，坐到脚跟上，放松身体。

难度降级：练习过程中，如果手腕感觉不适，可将毛巾卷起，掌根压在毛巾边缘，手指撑在地上，减小手腕的夹角。

塑形功效

猫伸展式可以有效地增强脊柱的弹性和髋部的灵活性，让脊柱的功能得到改善，矫正脊柱弯曲；同时，还可以放松紧绷的肩颈部，伸展背部，美化颈肩线条，消除老虎背。

盘腿前弯式

动作图解

1 在尾椎下方垫一条毯子，双腿自然盘腿；双手放于膝盖上，手心向下，上身保持直立，目视前方。

2 呼气，将身体往前延展，用双手的肘部撑住地面，前臂与地面完全接触，手心向上，注意背部挺直，颈部与背部尽量成一条直线。

难度降级：如果不能完全俯下上身，可适当降低俯身幅度，也可以在手臂下垫上瑜伽砖等辅助物，降低身体向下幅度，但伸直手臂时，要尽量前伸，以达到最佳的练习效果。

练习小叮咛

做第二步时，要保证坐骨不要离开地面，并尽量往下沉，背部注意挺直，并尽量往前延展，体会脊柱拉伸的感觉。

塑形功效

盘腿前弯式能够有效地延展和拉伸脊柱，改善脊柱的弯曲程度，并能美化臀部及大腿外侧肌肉的线条，减轻坐骨神经痛。

3 身体进一步往前延展，让额头轻触地面，翻转手心向下，前臂与地面完全接触，背部挺直，保持均匀呼吸，停留 1~2 分钟。

× 易犯错误

做这个体位练习时，容易出现背部不能挺直、弓腰的现象，会影响练习的效果。

塌式

动作图解

1 坐在地面上，双腿并拢向前伸直，绷直脚背，双手放于身体两侧，保持上身挺直，目视前方。

2 弯曲双膝，双腿盘成莲花坐姿，挺直腰背，目视前方，调匀呼吸。

3 吸气，利用腰腹的力量慢慢向后仰，先是手肘落地，支持身体的重量，也可双手握拳，增加手臂的力量。

4 呼气，头部继续向后仰，直到头顶点地，将胸部和腰背部慢慢向上抬起，让上半身呈拱形姿势，保持此动作 20 秒钟。

5 保持头部、腰背部、腿部的姿势不变，手肘离地，双手握住两脚尖，保持此姿势 20 秒钟。

练习小叮咛

①身体后仰时，背部注意挺直，腰腹内收，体会脊柱拉伸的感觉。②身体柔软度不好的练习者，要注意动作幅度，避免身体受到损伤。

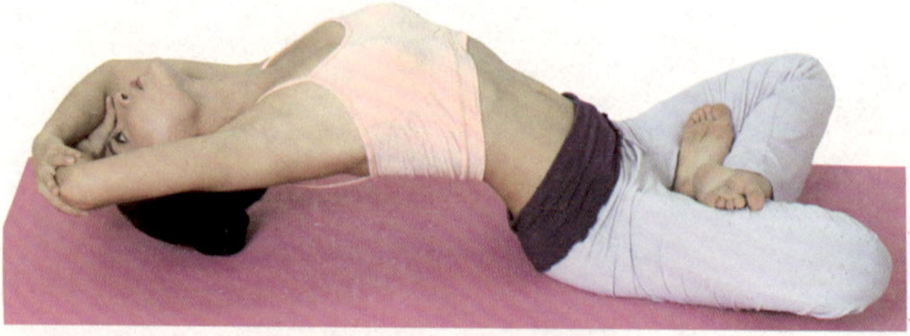

6 将两手臂移到头顶前方，互抱手肘，贴在地面上，保持此姿势20 秒钟。

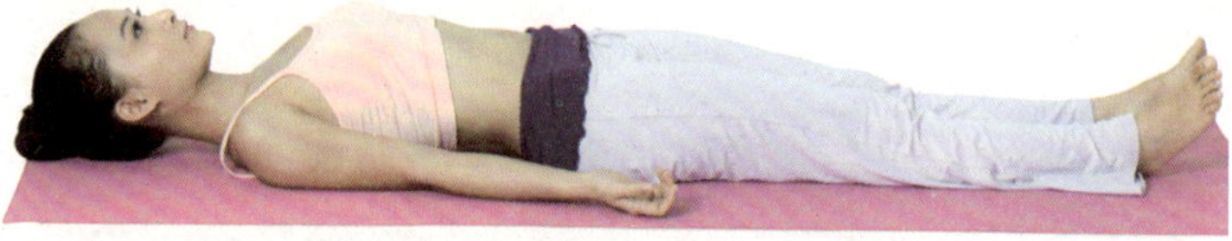

7 松开双手和双腿，仰卧在地面上，放松身体，休息一会儿。

塑形功效

塌式能够有效地延展和拉伸脊柱，改善脊柱的弯曲程度；最后的加强动作还能有效地拉开腿部的韧带，强化膝关节的活动。

祛皱紧肤，收紧脸部线条

抚脸式

动作图解

1 跪坐在地上，将双手虎口张开向上，在额头的发根处将发根向上提起，同时带动面部肌肉。

2 将双手五指并在一起，大拇指张开，其余四指覆盖在鼻翼旁，将面部肌肉向外拉。

3 将双手五指放于颈部的内侧位置，将颈部的肌肉向上推。

塑形功效

抚脸式能够轻松地抚平脸部的皱纹，紧致肌肤，并能燃烧脸部的脂肪，起到瘦脸的作用。

4 双手五指并拢，虎口张开，双手上下交叠，虎口轻微扣住颈部，下巴收回与手背紧贴，推拉面部肌肉。

5 双手指尖对在一起，指肚扶住脸颊，推拉面部的肌肉。左右两侧各做一次。

6 双手中指与无名指的指肚按住脸颊，在面部肌肉上先顺时针打圈，再逆时针打圈。重复这套动作数次。

练习小叮咛

①双手搓热，微温的指肚按摩脸颊，能使效果加倍。②让呼吸和动作连贯完美，尽量用心体会手指与面部和颈部接触受热的感觉。③每天重复多次，特别是时间紧张不能做其他动作时，更要加做几次这个体位的动作练习。

吉娃娃小狗脸式

动作图解

1 坐在椅子上或者跪坐在地面上，站着也行，目视前方，自然呼吸。

2 吸气，最大限度地噘起嘴巴，目视前方。

3 呼气，头保持不动，眼睛看向天花板，噘着的嘴巴随着眼睛向上移动。

练习小叮咛

① 初练者可以每天多重复做几次，效果会更好。② 在练习的过程中，要注意呼气、吸气的时机和节奏，不要屏住呼吸。③ 不要随着眼睛和嘴巴移动头部，头颈始终保持挺直状态。

塑形功效

吉娃娃小狗脸式是一组面部肌肉运动，可以刺激面部的各个肌肉群，燃烧面部脂肪，同时还能够有效地加快脸部血液循环，滋养和紧致面部肌肤，并帮助消除眼尾纹和唇纹。

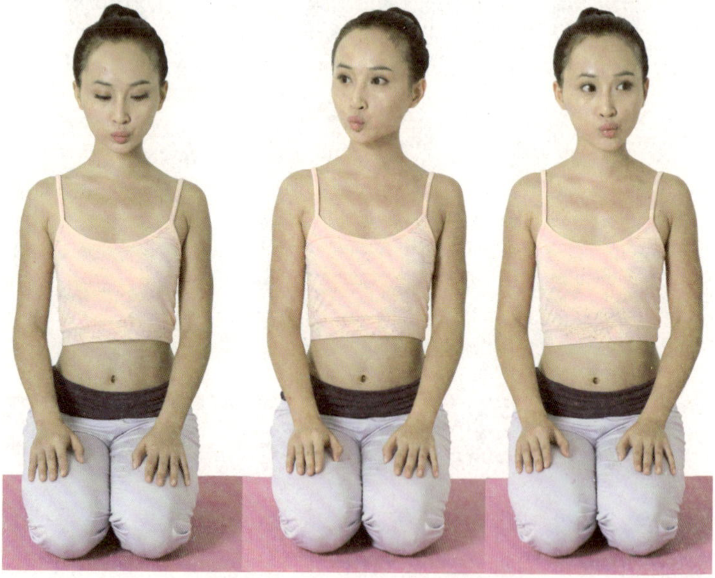

4 吸气，眼睛向下看向地板，噘着的嘴巴随着眼睛向下移动。

5 呼气，最大限度地噘起嘴巴，左右移动。

吐舌鼓嘴式

动作图解

1 头部抬起向天花板舒展，眼睛看向天花板，肩膀下沉，让脖子向下放松。

2 张开嘴巴，将舌头伸出，舌尖朝上伸展至极限处停住 5 秒，然后慢慢地收回，这样重复 3 次。

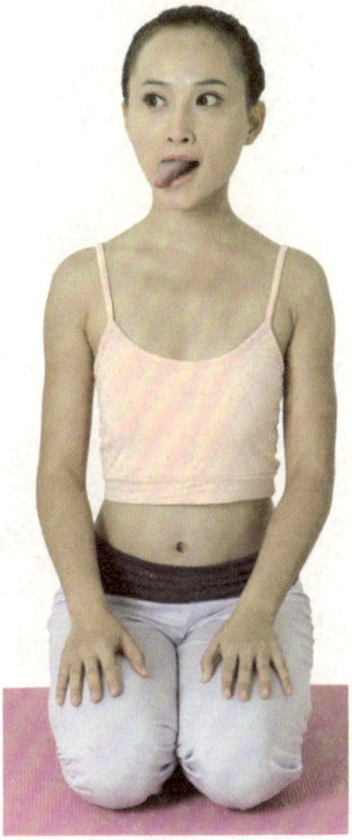

3 面向前方，嘴巴张开，将舌头向右侧伸出至极限处，保持 5 秒以上，然后慢慢地回到原位。

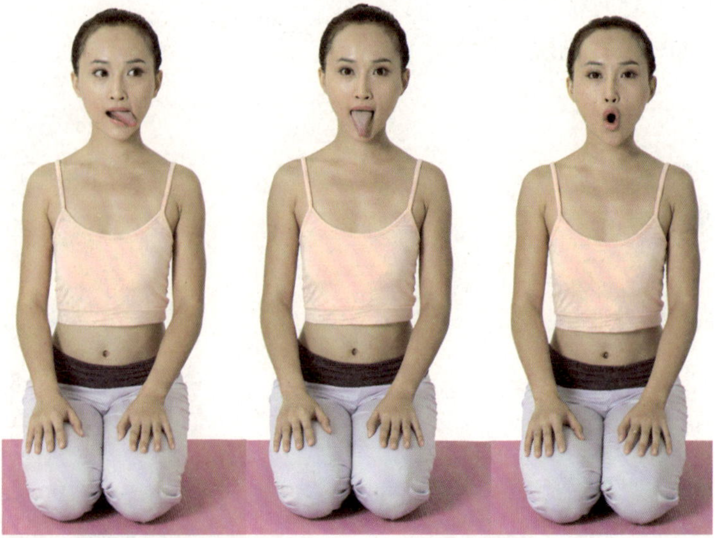

4 将舌尖向左伸展，在极限处保持5秒，再慢慢地收回口腔。左右各重复3次。

5 张开嘴巴，将舌头伸出，向下伸展至极限处，保持5秒。然后收回舌头，闭起嘴巴。重复该动作3次。

6 嘴巴张开成“O”型，然后尽量将嘴巴呈窄而垂直地张开。重复该动作3次。

练习小叮咛

①初练者可以每天多重复做几次，效果会更好。②在练习的过程中，要注意呼气吸气的时机和节奏，不要屏住呼吸。

塑形功效

吐舌鼓嘴式通过眼睛、嘴巴、舌头的运动，牵动整个面部肌肉，能够加快脸部血液循环，有效地燃烧脸部脂肪，打造一张紧致小脸。

7 将嘴巴张开成大笑状态，嘴角拉向左右两侧眼角，保持 5 秒，然后慢慢回到原位。重复该动作 3 次。

8 面向前方，眼睛睁大，嘴巴闭起，肩膀向下沉，下颚用力，放松全身。

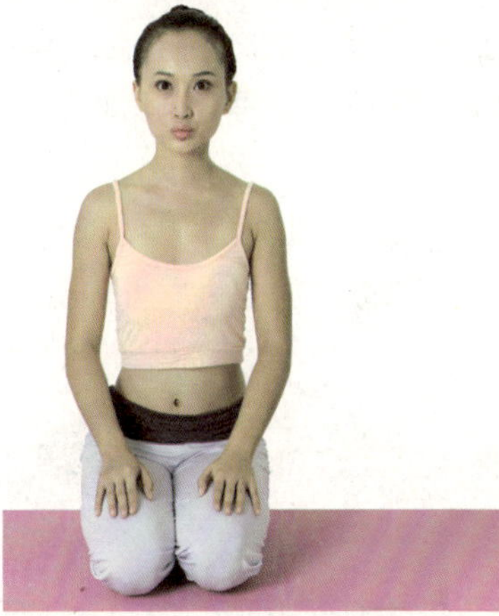

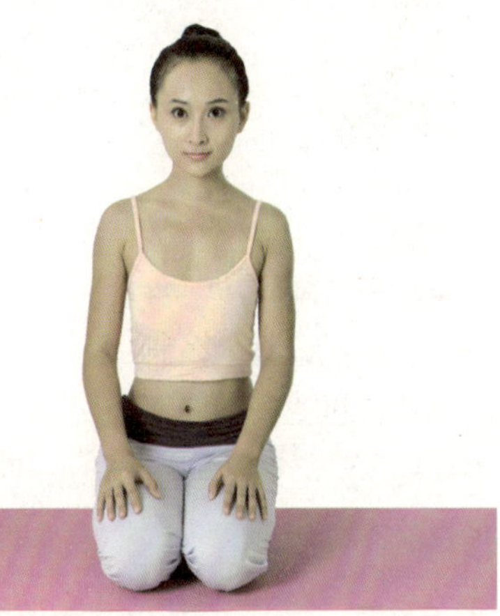

9 上唇卷曲起来，将两侧脸颊向上提拉，保持 5 秒，然后回到原位，重复 3 次。

10 面向前方，眼睛睁大，嘴巴闭起，肩膀向下沉，下颚用力，放松全身。

去双下巴、除颈纹，打造天鹅颈

叩首式

动作图解

1 跪坐在脚跟上，脚趾向后，挺直脊背，双手放在体侧，掌心向内，平视前方。

2 身体前倾，掌心向下贴于地面，置于双腿两侧。指尖向后，手臂向后伸直。

3 吸气时，脊柱向上伸展，保持脊柱的拉伸状态。呼气时，躯干慢慢从髋部往前弯，尽量让腹部、肋骨的下端贴在大腿上；前额触地，与膝盖相隔适当的距离。

4 抬高臀部，让头顶着地，大腿与地面垂直；双手在小腿两侧往前移或往后挪，直到可以伸直手臂。自然呼吸，保持 5~10 秒。

塑形功效

叩首式能够有效地消除颈部的皱纹，并能缓解背部紧张，伸展整个脊柱，让身心充满活力。

5 臀部慢慢地回到脚跟上，前额保持着地的姿势，持续数秒，然后慢慢地抬起头部和躯干。短暂休息。重复做 1~10 次。

6 两手从小腿两侧收回来，根据自己的舒服姿势，随意垂放，然后舒服地坐着或仰卧，让循环恢复正常。

练习小叮咛

①做动作时，上半身肌肉要尽量放松，借助地心引力下弯，不要勉强。②患有高血压及眼压高的人，有颈部问题，有眩晕、心脏或血液循环问题的人，不适合练习此式。③每天练习3~5次，完成时停留约5秒。④上半身弯曲时的放松与下垂，是做好此式的关键。⑤进入此式时，会有往前倾的感觉，握住脚跟或是把头靠近膝盖，会比较保险些。⑥从拱起的背部向上推送来伸展脊柱。

加大难度：如果能够轻松地做到完成式，可以让膝盖和头部距离再缩小一些。

蜥蜴式

动作图解

1 俯卧在瑜伽垫上，双腿并拢伸直，脚背贴地，双臂垂放于身体两侧，掌心向上，下巴点地，自然呼吸。

2 略抬起上身，双手抱臂，身体其他部位的姿势保持不变，目视地面。

3 呼气，上抬臀部，双臂向腿部慢慢滑动，额头抵在手臂上，胸部向下压，腋窝尽量向下贴地面。呼吸平缓，保持 10~15 秒。

✕ 易犯错误

做这个体位时，容易重心不稳，膝盖没有并拢在一起。

难度降级：（1）初练者可以在胸部下方垫上折叠在一起的毯子等辅助物。（2）做第三步练习时，如果有难度，可以双手向前伸直手臂，降低练习的难度。

加大难度：将臀部尽可能地向上翘起，同时小腿上下抬起，用脚跟点触臀部。

练习小叮咛

①移动身体时，上臂肌肉始终保持收紧，重心移至胸部，肩膀放松，胸贴地面；让大腿尽量与地面垂直。②练习者不要急于求成，要循序渐进地练习。③在练习的过程中，不要忘记呼吸的时机和节奏。

塑形功效

蜥蜴式对颈部有很好的伸展作用，可以有效地去除颈部的皱纹，同时还能帮助燃烧双下巴的脂肪，消除肉嘟嘟的双下巴。

颈部旋转活动

动作图解

塑形功效

颈部旋转活动能够有效地拉伸颈部，促进颈部血液流动，去除颈纹，让颈部更加迷人圆润，同时还能燃烧颈部多余的脂肪，消除双下巴。

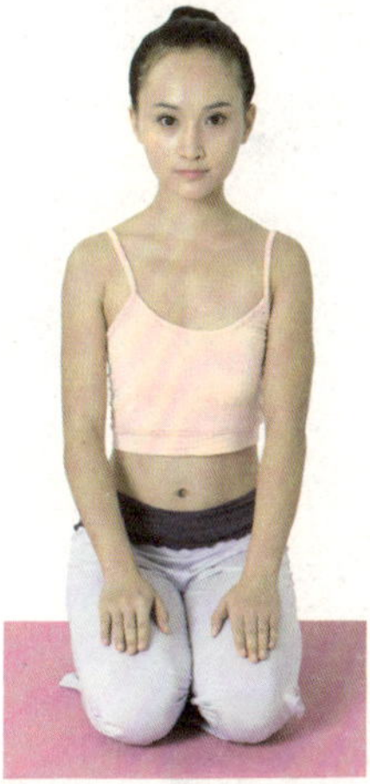

1 以一种稳定的姿势站立或坐直，肩膀放松且保持平直。

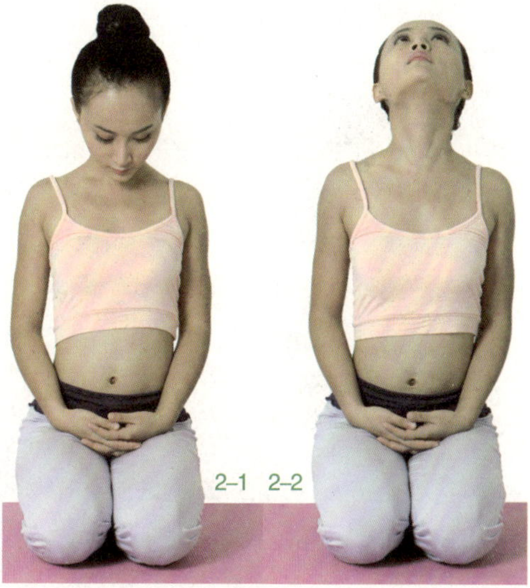

2 轻柔而缓慢地把头前低和后仰，重复 3~5 次。

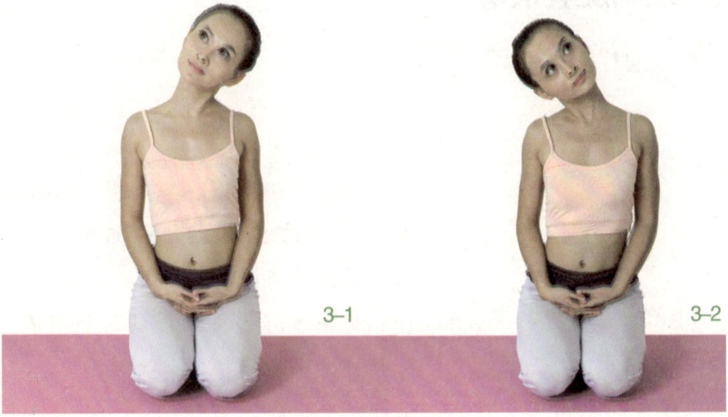

3 然后，依次向左、向右歪头，重复 3~5 次。

4 之后，将头部转向左侧，再转向右侧，重复 3~5 次。

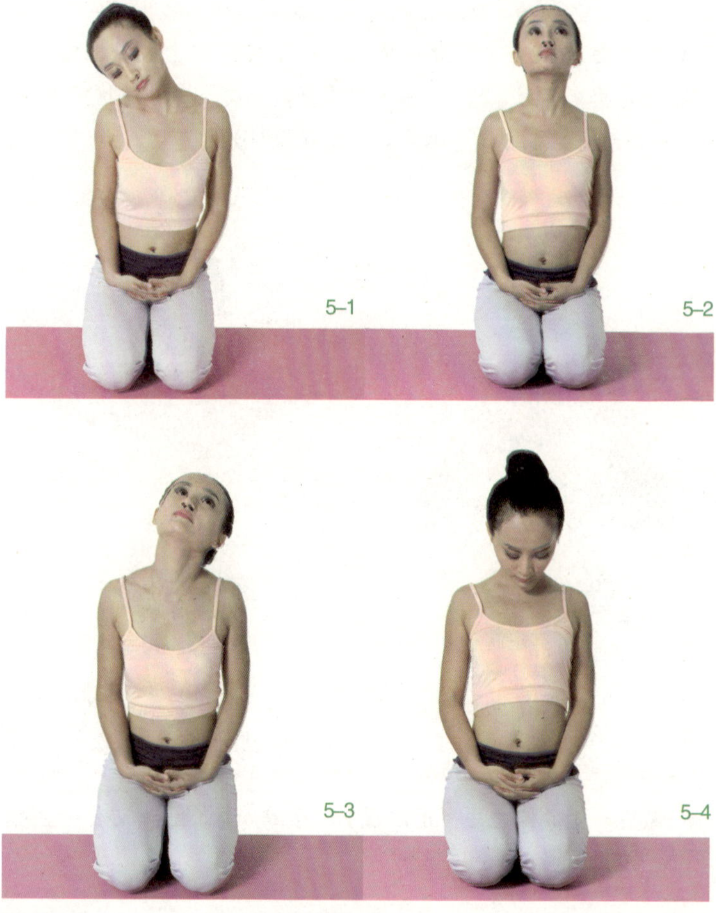

5–1 5–2 5–3 5–4

5 最后，将头部缓慢地旋转做圆圈运动，顺时针、逆时针最少各做 3~5 圈。

练习小叮咛

①练习者要根据自己身体情况，一个动作一个动作地练习。②在时间充裕的情况下，每天多重复做几次。③患脊椎病者练习时要小心。④练习过程中要注意保持肩部的直立。

6 做完一组动作之后，搓热双手，按摩一下颈部，放松一会儿，再做一次练习。

消除圆肩、高低肩，打造迷人美肩

展肩式

动作图解

1 采取简易的坐姿，将双手微握拳，放于膝盖上，背部挺直，平视前方，保持均匀的呼吸。

2 双手于背后进行十指交叉握拳，双肩夹紧，肘部伸直，胸部向前挺，平视前方。保持此姿势 10 秒钟。

练习小叮咛

在开始锻炼的时候，一定要紧紧夹住双肩，胸部前挺，肩部后收，让肩部尽可能地得到舒展。

塑形功效

展肩式能够很好地美化肩颈肌肉，匀称颈肩线条，预防肩膀酸痛。

3 上身慢慢地向前下沉，到达最大的限度，手臂向上延伸，保持背部挺直，目视前方的地板。保持此姿势5~10 秒。

4 上身慢慢地向左侧下压，左肩贴住左膝，眼睛向右上方看；右胸向上翻转，右手臂向斜上方尽量延伸，左手置于背部，保持自然呼吸。反方向再做一次。

易犯错误

初练者容易出现坐姿不端正、腰背部不能挺直、低头含胸、膝盖抬起等问题。

5 双手十指紧扣，双肩向两侧打开，双臂向上延伸至极限，使手臂线条拉长，在头上方交叉握拳。

美肩式

动作图解

1 成跪立的姿势，让四肢着地，双膝、肘部贴于地面，大腿、上臂尽量与地面垂直。

2 上身、肩部往下压，使额头点地，胸部尽量贴于地面，同时双手臂向前延伸贴于地面。保持姿势 5~10 秒钟。

塑形功效

美肩式能够锻炼肩部肌肉，促进肩部血液循环，缓解肩部僵硬，美化肩部线条，消除圆肩，同时还能锻炼到肩部骨骼，纠正高低肩。

3 手臂向身体两侧打开，与肩成一条直线，保持均匀自然的呼吸。

4 将双手放在臀部上面，吸气时手臂向上伸展，两肩向内侧收紧，保持此姿势 5~10 秒钟。

5 小腿离开地面并向上抬起，脚尖勾起。

加大难度：经过一段时间的练习之后，当你能很轻松地完成以上动作，就可以适当加大动作难度，将双脚抬起，使小腿与地面垂直，并紧绷脚背，从而加强练习的效果。

难度降级：可以跪立，屈前臂放于地面，将胸部下沉贴于地面，下颚着地，保持自然呼吸。也可以在做最后的完成式时，双臂向前伸直，掌心向下，双臂贴于地面。

✕ 易犯错误

初练者在练习这个动作时，容易肩部向后内收不够，也容易出现膝部靠拢不紧，或脚背绷得不直等问题，影响练习的效果。

练习小叮咛

①初练者做这个动作时，由于双手离开地面，身体容易失去平衡，致使跌倒受伤，所以在刚开始练习时，也可先将手置于身体两侧以维持身体平衡，待练习一段时间后，再将双手置于臀部的上面。

②初练者在练习这个动作时，容易肩部向后内收不够，也容易出现膝部靠拢不紧，或脚背绷得不直等问题，影响练习的效果，应注意避免这些情况的发生。

偶人式

动作图解

1 弯曲右膝，将右脚背放在左大腿根部上，再弯曲左膝，将左脚背放在右大腿根部之上，双腿呈莲花坐姿。双臂侧平举，掌心反转向上，双手握成拳状，平视前方。

2 双肘慢慢向上弯曲，上臂与地面平行，前臂与地面垂直，保持背部挺直。

3 慢慢地向前旋转肘部，掌心对着肩膀，臀部不要离开地面。

4 继续向下旋转，掌心向后，上臂与地面平行，上臂与前臂尽量呈90°。

5 向身体两侧伸直手臂，掌心向下，两臂与地面平行。

塑形功效

偶人式能够锻炼肩关节和肘关节，有效柔化肩关节，让肩部肌肉灵活、柔软、强韧，活动僵硬的肩部，同时还能很好地消除肩膀、手臂上的赘肉，美化肩部和手臂线条。

练习小叮咛

①练习这个体位时，要保持身体姿势的端正，动作要轻盈缓慢。②动作和呼吸保持协调自然，适当增加一些练习次数，可以使效果倍增。

6 缓缓放下手臂，回到初始坐姿，双手放在膝上，深呼吸。

拯救扁平、下垂胸，塑造立体饱满的胸型

展胸式

动作图解

1 坐在地面上，双腿并拢伸直，双手虎口打开，双手放于身体后面，掌心向下撑地，指尖指向后方，眼睛平视前方，调整呼吸。

2 吸气，臀部向上抬起，脚尖点地，腰部、胸部慢慢向上挺起，感觉气息进入胸大肌，下颚微收。

3 伸直双腿，将注意力放在下巴上，慢慢地向上抬起，感觉喉咙被完全打开，双肩尽量向后，向两肩胛骨靠拢。

飞翔式

动作图解

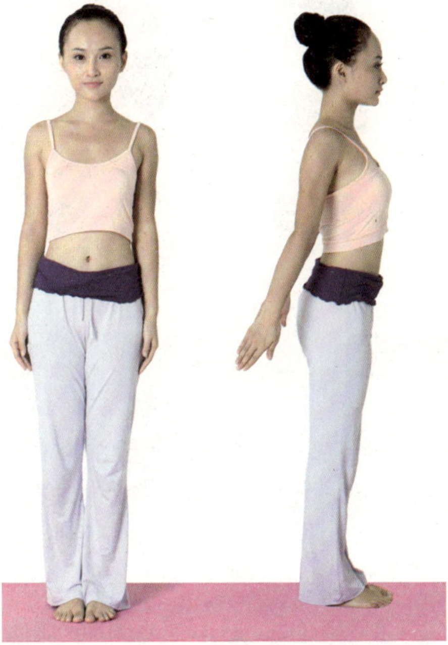

1 站立，双脚并拢，挺直腰身，双手自然放于身体两侧，眼睛平视前方，均匀呼吸。

2 保持双腿不动，将双臂向后伸展，双肩尽量向后扩展开，胸部向前挺出，收紧腹部，目视前方，想象自己像鸟儿一样自在地飞翔，保持此姿势 30 秒。

练习小叮咛

①整个运动过程中保持均匀平稳的呼吸，想象自己像一只鸟儿一样在自由地展翅飞翔。②注意腿部不要弯曲，呼吸、冥想与动作要能融会贯通。

加大难度：头部尽力后仰，胸部前送，双肩后送，腿部保持直立，身体成反弓形，可以增加练习的效果。

吉祥骆驼式

动作图解

1 跪在地上，两大腿与双脚略分开，脚背贴于地面，脚趾指向后方，臀部坐于双脚脚跟之间，双手放在身体两侧，指尖触地，眼睛平视前方，调整呼吸。

2 抬起臀部，直立起身体，大腿与小腿垂直，双手扣住腰部，拇指向前，其余四指在后。挺直腰背，深吸一口气。

3 呼气，收紧腹部和臀部，上半身慢慢地向后弯曲，髋部向前推出，头部跟着上仰，眼睛看向天花板。

塑形功效

吉祥骆驼式能够很好地促进胸部的血液循环，让乳房更发达和丰满，还能够防止乳房下垂，改善乳腺增生和扁平胸。

练习小叮咛

①练习过程中，可以将注意力集中在胸部，想象自己的乳房已经丰满，乳腺增生的毛病已经根除。②当腰弯至最大限度时，会出现一种酸麻胀的感觉，不用担心，这是正常现象。③呼气后倾时，腹部尽最大能力往里收缩。

4 上半身继续向后弯曲，髋部继续向前推出，慢慢伸出左手，向下握住左脚跟。

5 身体感觉稳定后，接着再慢慢伸出右手向下握住右脚跟，然后两手臂伸直，头向上抬起，眼睛平视前方。保持此姿势 10 秒钟。

6 将上半身的重心移至臀部，胸部高高挺起，尽可能呈拱形，头部尽量后弯，喉部伸长，眼睛仰视后方，要感受到颈部、胸部和腹部慢慢地在伸展，胸部和腰部最大限度地向后弯。保持此姿势 30 秒钟。

7 头部还原，调息 5 秒钟左右，重复这套动作 3 次。

8 取任意坐姿，放松休息。

胸扩展式

动作图解

1 双膝并拢跪在地面上，臀部下压坐在脚跟上，双手放于大腿上，保持脊背挺立，目视前方。

2 吸气，双手臂侧平举，掌心向前。

3 呼气，头颈部尽量向上后方仰起；保持手臂平行地面的高度，尽量张开，充分扩展胸部。

练习小叮咛

①初练者可以先做动作的分解练习，稍熟悉后也不要急于求成，每次练习一遍即可，等完全熟练后再进行连贯的动作练习。
②动作掌握熟练后，可适当增加练习的次数，会有更明显的效果。

4 吸气，双臂侧平举，掌心向前。

6 吸气，双臂侧平举，掌心向前。

5 呼气，头颈部向前弯曲，胸腹部向后弓，目视肚脐的位置；双臂伸直收拢，合掌，双手拇指相扣，手臂平行地面，尽量向前伸直。

塑形功效

胸扩展式能有效地促进胸部血液循环和淋巴循环的正常运行，使胸部的肌肉更加紧凑和富有弹性。同时，经常做此练习还能促进乳腺组织的发育，调节激素平衡，改善扁平胸。

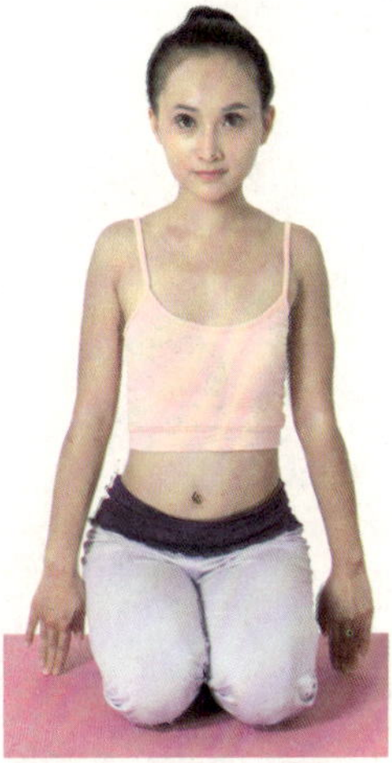

7 吸气，经体前向上伸举双臂，尽量向上，掌心向前。

8 呼气，经体前向下滑落手臂，并向后方伸直，做到最大限度。

9 吸气，双臂侧平举，掌心向前。再重复一次这套动作。

单脚扭转式

动作图解

1 坐在地面上，左腿向身体前侧伸直，右腿弯曲并将右脚贴在左膝的内侧。

2 用左臂抱住右膝，将右手支撑在臀部的后方，视线向正前方看，注意保持身体直立，不要驼背。

3 保持上半身挺直的姿势，将上身往右后方扭转，同时将视线转向右后方。

4 确认两侧坐骨力量平均坐于垫上后，缓慢将右臂向上举起，保持3~5个呼吸后，再换另一侧做同样的练习。

练习小叮咛

有些人在扭转时会感觉腰部或背部特别疼痛，这属于正常现象，因为通常人们工作时会惯用同侧的肌肉，为此你可以将双臂都向上伸直，加强腹部扭转的力量，让肌肉有不同方向的活动，增强身体的平衡能力。

加大难度：将右腿弯曲，并将右脚外侧靠在左膝的外侧。

× 易犯错误

伸直贴在地面的那条腿容易出现膝盖弯曲的情况；在做完成式时，仅用手轻轻扶在膝盖上，达不到练习效果。

塑形功效

单脚扭转式有助于打开髋部，促进骨盆附近的血液循环，软化腹部的内脏肌肉，按摩肠胃。

“扶正”骨盆，是身体塑形的基础

蝴蝶式

动作图解

塑形功效

蝴蝶式对扶正骨盆很有益处，有助于打开髋部，促进骨盆区域的血液循环。

1 坐在地面上，双腿并拢向前伸直，绷直脚背，双手放于身体两侧，保持上身挺直，目视前方。

2 将两脚靠拢在一起，脚心相对，膝部向外伸展，双手十指交叉，放在脚趾的前方，并尽可能地让脚后跟往会阴处内收。

练习小叮咛

① 练习过程中，要注意控制动作的幅度与呼吸的节奏；无论是身体前俯还是身体直立，注意腰背部的挺直，不要出现弓腰搭背的现象。② 注意不要让肌肉过于用力而疲累，要循序渐进地伸展这些肌肉。

3 将身体尽可能地向上挺立，随着匀速呼吸，双侧膝盖慢慢下压，再慢慢抬起，让双腿像蝴蝶的翅膀一样上下扇动，重复 30~60 次。

4 取任意舒适的坐姿，双手拍打腿部，放松全身。

加大难度：可以让双侧手臂向上举，并十指交叉，同时振动腿部来完成这套练习。

难度降级：如果双侧髋部打不开的话，可以在臀部下方垫一个厚一点的垫子或者一块瑜伽砖，这样会感觉容易一些。也可以双手扶住膝盖，帮助膝盖做上下扇动的动作。

牛面式

动作图解

塑形功效

牛面式有助于打开髋部，扶正骨盆；同时也可使脚踝、臀部和大腿得到伸展，肩膀腋窝和三头肌以及胸部也得到了锻炼。

1 平坐于地面上，双腿并拢伸直，挺直腰背，双手放于身体两侧，掌心贴地，平视前方。

2 弯曲左腿，将左腿跨过右腿，右小腿置于左大腿下方，左脚脚背贴地，左手拉右小腿使其向后弯曲。右脚跟置于左腿下，右脚背贴地，两膝盖上下交叠在一起，双手按于脚底，挺直腰背，收腹调息。

3 抬起右手臂，弯曲肘部；将右手由上向下放在背后颈部以下两肩之间的位置。

4 向后曲左肘，左手置于背后，并由下向上抬起，直至两手于背后紧扣，注意保持颈部和头部的挺直，眼睛注视前方，保持数秒，深呼吸。

4–1

4–2

练习小叮咛

① 患有严重的颈部或者肩膀疾病者，避免做此练习，以免损伤身体，让病痛加剧。② 注意腰部要挺直，否则容易扭曲身体，影响练习效果。

难度降级：刚开始练习时，可能你的双手在背后紧扣不住，双手尽量向一起靠拢即可，也可用毛巾替代，时间长了，就会有所改善。

5 还原调息。再根据以上步骤做另一侧练习。

提塑肥大下垂臂，打造性感小翘臂

虎式

动作图解

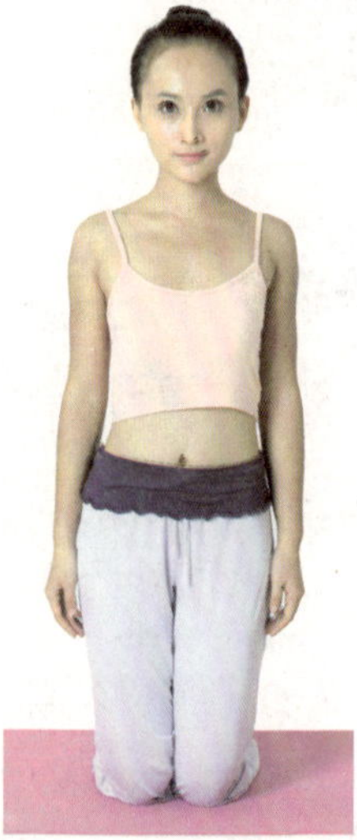

1 双膝微张与肩同宽，跪于地面上，小腿和脚背尽量贴在地面上，大腿与小腿呈 90°，双臂自然垂放于身体两侧，挺直腰身，眼睛平视前方。

2 俯身向前，双手手掌触地，指尖向前，手臂垂直于地面，同时使背部与地面平行，调整呼吸。

3 右腿跪姿不变，抬起左腿，并让它在身体后侧笔直伸展，左脚尖点地，目视双手前面的地面。

塑形功效

虎式能够有效地锻炼臀部肌肉，燃烧臀部多余的脂肪，使臀部的肌肉更加紧凑和富有弹性，提升臀部曲线。

4 吸气，脊椎下沉，形成一条向下的弧线，同时抬头，眼睛望向前上方，抬高下巴，伸展颈部，左腿最大限度地向后伸直并向上抬起，注意膝盖和左脚背绷直，保持此姿势 20 秒钟。

5 呼气，把左腿慢慢收回，抬起脊椎，呈拱形；同时低头，收回下颌，左膝盖尽量靠近下颌，保持此姿势 20 秒钟。

6 换另一侧做上述动作。配合呼吸，完成动作 5~10 次。完成后，采取随意坐姿，调整休息。

练习小叮咛

①动作不易太快，吸气时，伸直的腿部切勿在身体后摆动。②中途不可换气，如果练习者气息不足，可根据呼吸频率加快动作速度。③患严重腰部、背部疾病者慎做该动作。

下蹲式

动作图解

1 身体直立，双腿、双脚打开比肩部略宽，双手交叉，手臂下垂。

2 双脚向两侧外撇，呼气，屈双膝慢慢下蹲，同时将身体的重心向后移，至大腿与地面平行，膝关节不要超过脚趾，小腿与地面垂直，上身尽量保持直立，均匀呼吸。

3 吸气，起身，恢复直立姿势，慢慢放松双肩。

4 呼气，屈膝下蹲，同时抬起脚跟，尽可能只用前脚掌着地，至大腿、臀部与地面平行，上身保持直立姿势，均匀呼吸。

5 吸气，起身，脚跟随之继续立起，前脚掌着地。

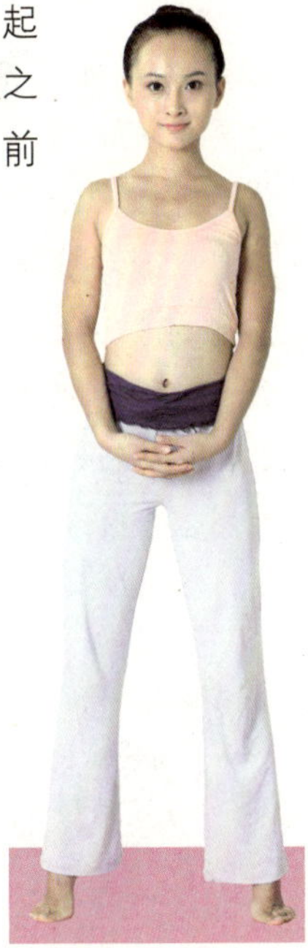

6 呼气，落回双脚跟，恢复直立，调整呼吸。

练习小叮咛

①在练习的过程中，一定要控制好重心，保持身体的平稳。②初练者可以将双腿打开得稍宽些，练习时会更简单和容易一些。③可以重复几次，并注意控制好呼吸的节奏与动作的衔接。

塑形功效

下蹲式通过松紧有节奏的练习，让臀部的肌肉得到有效的伸展和收缩，可塑形臀部肌肉，燃烧臀部脂肪，使臀部更加紧实上翘。

7 呼气，屈膝下蹲的同时，将双膝关节向内并拢在一起，至大腿、臀部与地面平行。

8 吸气，起身，脚跟随之继续立起。

9 呼气，落回脚跟，恢复直立，双臂自然下垂，放松四肢。

跪姿舞蹈式

动作图解

1 腰背挺直坐在地面上，双腿向前并拢伸直，双手放在身体两侧，掌心贴地，眼睛平视前方，调整呼吸。

2 左腿伸直不变，弯曲右膝，右脚跟抵住会阴处。

3 呼气，左腿向后弯曲，左脚跟尽量靠近臀部，双手撑住臀部后方的地面。

塑形功效

跪姿舞蹈式通过松紧有节奏的练习，可以锻炼大腿肌肉群，收紧臀部，削减大腿和臀部赘肉，美化臀形。

练习小叮咛

①在练习的过程中，身体后弯时，手臂、侧腰和胸部尽量拉伸到最大程度。②初练者容易重心不稳，要注意控制好重心。③初练者可以将双膝宽度打开得稍大些，动作练习会更简单和容易一些。④可以重复多做几次，并注意控制好呼吸的节奏与动作的衔接。

4 深呼吸，身体慢慢向右侧弯曲，右手掌向下置于右膝侧面的地面上，右臂用力，慢慢将臀部抬离地面，左臂向头顶上方伸展，眼睛看向左手指尖的方向，保持姿势20秒。

5 臀部慢慢落回垫面，恢复初始姿势，休息片刻后，换另一侧重复动作。

矫正问题腿型，打造笔直玉腿

毗湿奴式

动作图解

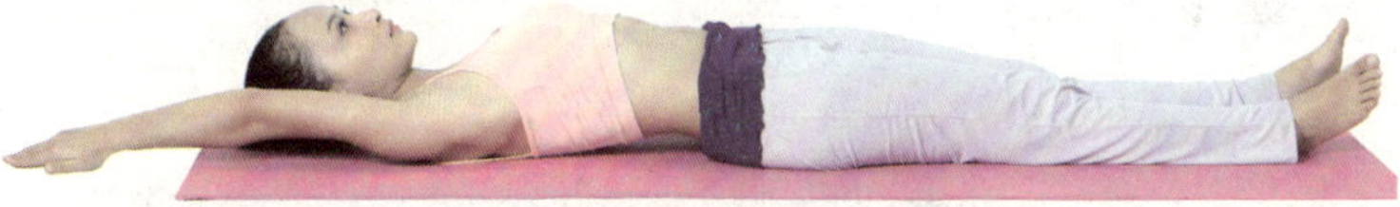

1 仰卧在地面上，呼气，伸展右臂过头，手臂贴在地面上，掌心向下，并与身体成一条直线。

2 身体转向一侧，抬起头，弯曲右肘，抬右前臂，用右手掌撑着头，右掌应该在右耳之上。保持这个体式 5~10 秒，配合正常或深长的呼吸。

3 屈左膝，用左手大拇指、食指和中指勾住左脚大脚趾。

4 呼气，伸展左臂与左腿，同时向上，注意手臂和腿都要绷直。保持这个体式15~20秒，正常地呼吸。

5 吸气，弯曲左膝，左手放开左脚大脚趾，回到第2步体式。

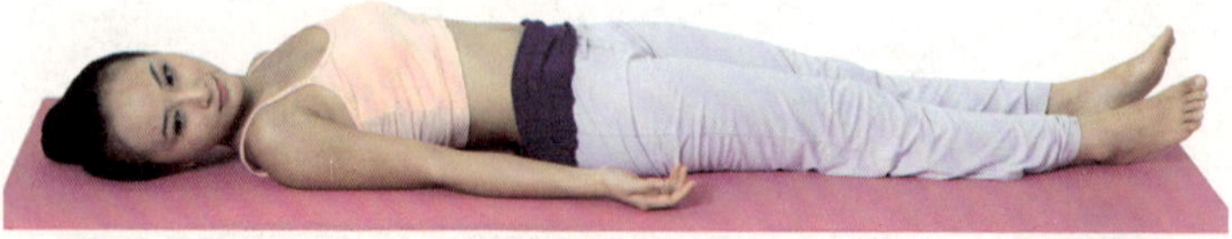

6 放下头部，翻转身体回到平躺姿势。换另一侧重复这个体式。最后放松身体。

难度降级：身体较僵硬的练习者可以用手抓住腿后侧的任意位置，慢慢地练习，不要着急。

加大难度：向上举起的那条腿尽量向头部方向靠近。

× 易犯错误

双腿弯曲导致全身各个部位都出现错误的姿势，使向下压的大腿变成前拉姿势，侧腰得不到锻炼。

塑形功效

毗湿奴式有助于拉伸腿部的韧带，矫正弯曲的腿骨，让双腿变得更加笔直纤细。同时，这个姿势还能平衡自律神经，充分伸展背部、髋部肌肉及双腿后部肌肉群，消除腰腹部脂肪，促进消化吸收，保持轻盈体态。

练习小叮咛

①注意两腿要挺直，韧带要有拉伸的感觉。②练习过程当中，可能身体会不稳定向后倒，所以自己要有意识地控制整个髋关节，把臀肌收紧，而且伸向天花板的那条腿要尽量向后靠，想象你的后面正有一面墙，你要把身体后侧都贴到这面墙上。

坐角式

动作图解

1 坐于地面上，双腿向前伸直，双脚并拢，双手放于身体两侧，手指向前撑于地面。

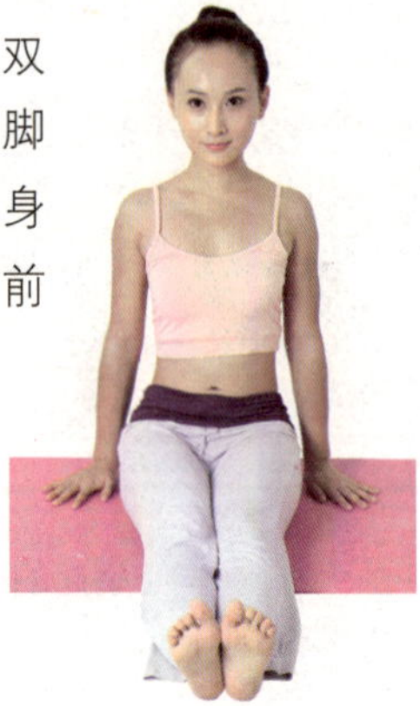

2 双腿依次尽可能地向两边打开，注意自始至终都要保持双腿伸直，双腿的后部紧贴地面，双手扶住两腿保持平衡，保持此姿势30秒钟。

练习小叮咛

①将上身躯体尽量贴近地面，不要拱背。②配合呼吸，练习效果会更好。

3 将双臂缓慢地向上举起，双臂贴近耳部，掌心相对，缓慢地吸气收腹，并同时将双脚向上勾起，保持此姿势30秒钟。

4 掌心翻转向前，上半身前倾，两臂随上半身下落并向前延伸，将上身尽量贴近地面，手臂贴地并最大限度地向前伸展，保持此姿势 30 秒钟。

5 用双手的食指分别抓住两脚的大脚趾，保持脊柱挺直，扩展肋骨，试着将胸部贴近地面，然后伸展颈部，把下巴贴在地面上。保持此姿势 30 秒钟，正常呼吸。

塑形功效

坐角式能够很好地伸展腿部筋腱，促进血液循环，同时还能矫正腿骨弯曲、长短不一等问题，帮你远离“问题腿”的困扰。

6 吸气，躯干缓缓伸直，松开双手，双脚并拢，放松，回到初始位置。

难度降级：（1）初学者可适当缩短两腿之间的距离。（2）在做第五步时，如果抓不到脚趾，抓住脚腕或是小腿部位也可以。（3）也可以身体稍向前倾，双肘着地，双手支在脸颊处，感到身体有拉伸的感觉就好。

✕ 易犯错误

容易不自觉地出现膝盖弯曲、腿挺不直的情况，影响练习的效果。

鹫式

动作图解

1 坐在地面上，双腿并拢伸直，绷直脚背和脚尖，双手放在身体两侧，挺直腰背，眼睛平视前方，调整呼吸。

2 吸气，左腿伸直不变，向后弯曲右腿，右脚跟尽量贴近右侧臀部，右脚背贴地。

练习小叮咛

这个动作对腰部柔韧性有一定要求，腰部有过严重损伤的人最好不要练习。

塑形功效

鹫式可以拉伸大腿和小腿肌肉群，消除萝卜腿和水肿现象，加速体内静脉血液循环，增加身体柔韧度，同时还能纠正腿骨变形，比如“X”形腿或“O”形腿。

✕ 易犯错误

初练者在单腿向上移动时，抬起的那条腿容易出现弯曲伸不直的情况，影响练习的效果。

3 呼气，向上弯曲左腿，双手托住左脚脚后跟，胸部和腹部贴紧左大腿。

4 深呼吸，双臂用力，慢慢抬起左小腿，直到左腿完全伸直，绷直脚背，目视脚尖，保持此姿势 20 秒。

5 慢慢放下左腿，伸直右腿，恢复初始姿势，休息片刻后，换另一侧重复。

6 取任意舒适的坐姿，双手拍打腿部，放松全身。

塑造优雅姿态，提升女人魅力

树式

动作图解

1 挺直站立，双脚并拢在一起或稍稍分开一点距离，双手自然垂放于身体两侧，眼睛平视前方。

2 将右脚跟提起，脚趾点地，身体重心都放在左脚上。

3 吸气，弯曲膝盖，抬起右脚，将右脚脚跟向上移至会阴处，右脚掌紧贴左大腿内侧，脚趾朝下。保持髋部朝向正前方，右膝朝向右外侧。

4 呼气，屈肘，双手于胸前合十，指尖向上，两前臂端平。

5 站稳以后，进行一次深呼吸，双臂慢慢向上高举过头，保持肩膀下沉，手肘可以根据自己的情况伸直或弯曲。躯干从腰往上延伸，轻轻收腹。平稳均匀地呼吸，保持10~60秒钟。

塑形功效

树式使人姿态优雅、挺拔，能培养人良好的体态和气质，同时它还能很好地提高身体的平衡能力，促进心态的平和。

练习小叮咛

① 有高血压等心脏和血液循环问题的练习者，用双手在胸前合掌代替举臂。② 眼睛注视前方固定的一点，有助于稳定姿势。③ 初练者可以背部靠墙站立，有助于保持平衡。

6 合掌回到胸前，右脚放回地上，两臂放到体侧。换另一边重复。

难度降级：如果感觉将脚跟放到会阴的位置有困难，可将脚心放到另一条腿的膝盖内侧上方或小腿内侧，这样做起来会相对容易一些。

云雀式

动作图解

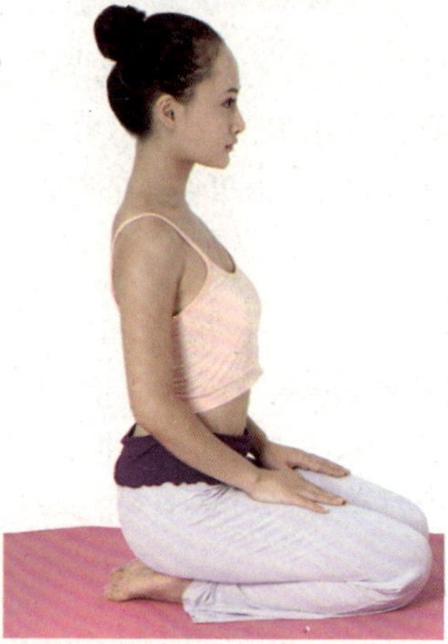

塑形功效

云雀式能够很好地促进全身的血液循环，按摩柔软僵硬的颈部，增强平衡感，让女人的姿态更加轻盈平稳，更富有女人魅力。同时还能够调节自律神经，提高心智与自信心。

1 采取金刚坐式的姿势，眼睛平视前方，调整好呼吸，让身体自然放松。

2 两手向前扶住地面，保持屈左腿，脚背贴地，左脚回收，左脚脚跟贴于会阴下。右脚向后直伸出去，脚背贴地。腰背立直，双手放于身体两侧。

3 吸气，双手张开，向后伸展，感觉力量延伸到手指尖。

4 呼气，挺起胸部，上半身慢慢向后弯，头部后仰，颈部尽量拉长，双臂保持与肩相同的高度，持续 10 秒，深呼吸。

5 慢慢还原，放松，换相反方向做同样的动作。

练习小叮咛

①在保持腰部直立的状态下，增大身体后仰幅度，颈部与地面平行，也会增加练习的效果。②初练者前腿的脚跟可能不能直接收到会阴处，达到最大限度即可。③意念集中在后腰背，一边做一边想象自己化身一只美丽的云雀，在蓝天展翅飞翔，心情自由而快乐，体态轻盈而美丽！

× 易犯错误

初练者上身容易倾斜，不能保持身体的平衡；伸直贴地面的那条腿容易出现屈膝的情况。

门闩式

动作图解

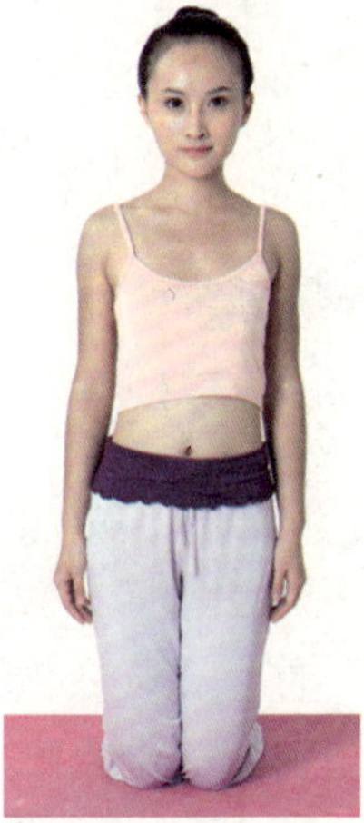

1 两膝并拢，跪在地面上，大腿与小腿垂直，腰背挺直，双手垂放于身体两侧，眼睛平视前方，调整呼吸。

2 右腿呈跪立姿势不变，将左腿向左方伸直，与右膝在一条直线上，左脚指尖指向左方。

3 吸气，两臂侧平举，与地面平行，掌心向下，上半身挺直。

练习小叮咛

要注意控制身体的平衡，腹部收紧，同时要保持身体适度的紧张感。

4 呼气，上半身向左弯曲，左手掌从左大腿由上向下滑落至左脚踝上，伸直右臂向上伸展，与地面垂直，头部转向右侧，眼睛看向右手指尖的方向，保持 30~45 秒。

5 吸气，直起上半身，两臂还原体侧，左腿收回。再按照以上步骤做另一侧练习。

加大难度：在第四步的基础上，侧弯腰贴近左腿，左耳贴近左臂，右臂画圈贴近右耳，右手掌心尽量靠近左手手背，保持 30~45 秒钟。

塑形功效

门闩式能够有效地促进全身的血液循环，减少腰部多余的脂肪，强壮腹部器官，灵活脊柱神经，消除背部僵硬感，使身体逐渐变得柔软、协调与舒展，不正确的姿态也能得到纠正，变得端庄优雅。

见缝插针，随时随地练瑜伽

如果你很忙，是个大忙人，没办法专门抽出一段时间来练习瑜伽，而你又特别渴望拥有完美的身材，那你就要学会在日常生活中，见缝插针地进行瑜伽练习，比如工作、做家务、走路，都是很好的练习瑜伽的时间，千万不要浪费掉哟！

边工作边练瘦身瑜伽

上班族，尤其是办公室丽人们，由于长时间坐着不动、伏案工作、紧盯电脑、敲击键盘，而且精神也长期处于高度紧张的状态，很容易出现腹部赘肉、脊柱变形、身体僵硬这些不适，为了改善这一状况，可以边工作边练习办公室瑜伽，能起到瘦身美体、放松身心的效果。

椅上转身式

动作图解

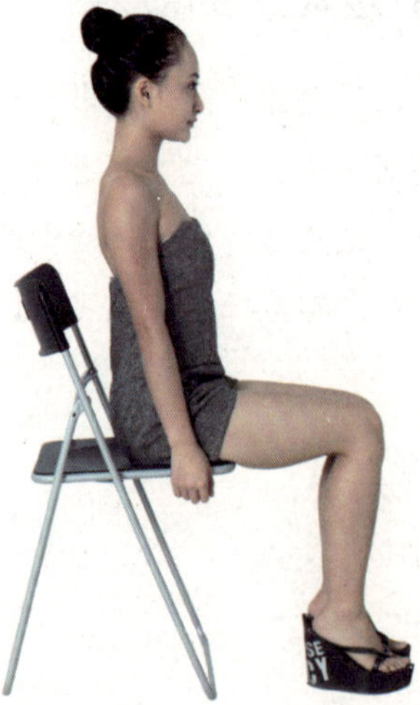

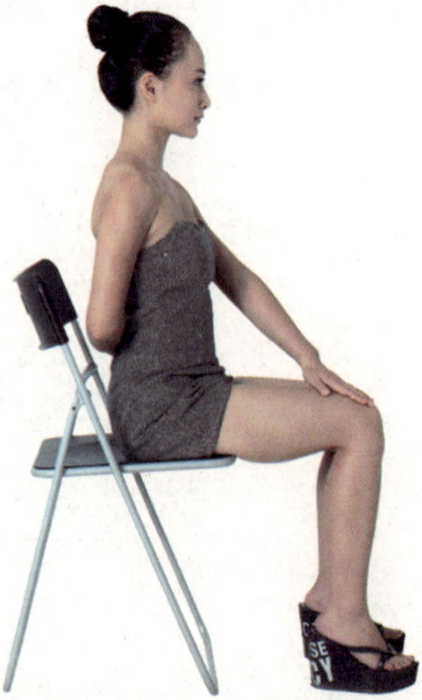

1 正坐于椅子上 1/2 或 1/3 处，挺直腰背，目视前方，双手放于身体两侧。

2 左手扶在右膝关节上，右手手背置于背后或左髋关节上。

3 吸气时向右转体，注意腰、胸、颈、头要随着身体一起转动，但脚要保持不动，背肌伸直，保持此姿势15~30秒，自然呼吸。

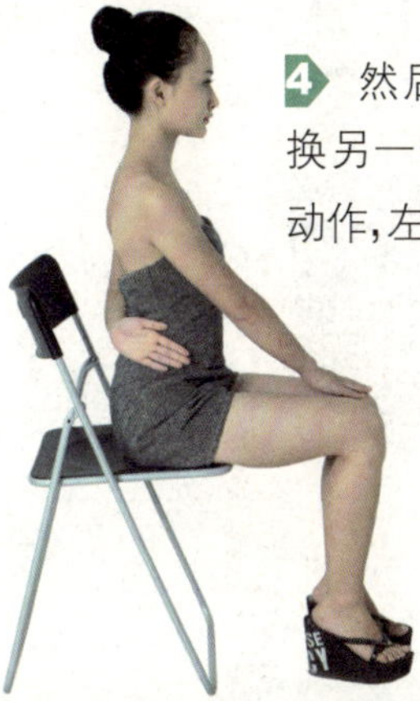

4 然后还原呼气，换另一侧做同样的动作，左右各做4次。

瘦身功效

椅上转身式通过扭转身体，可以刺激脊柱和各内脏器官，促进体内激素的分泌，令人焕发青春活力，而且通过扭转脊柱，还可消除长时间伏案工作所致的背骨弯曲，同时通过扭转腹部，可促进胃肠蠕动，改善便秘，消除腹部脂肪。另外，头颈转动可消除紧张感和疲劳感，使头脑清晰，增强工作活力。

✕ 易犯错误

由于长时间伏案，腰背会有疼痛感，特别是在做扭转动作时，这种疼痛感会加剧，于是为了减轻疼痛感，练习者会不自觉地含胸驼背，这样就会影响练习的效果。

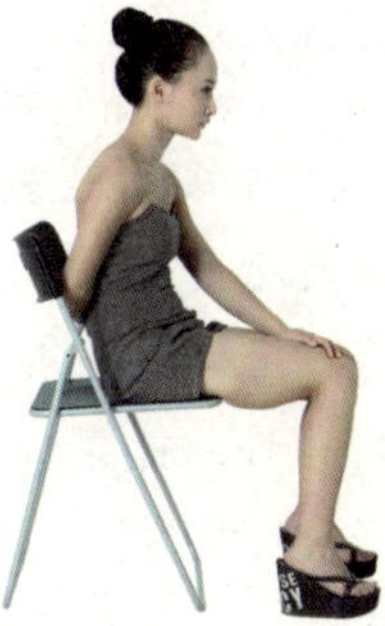

骑士虚坐式

动作图解

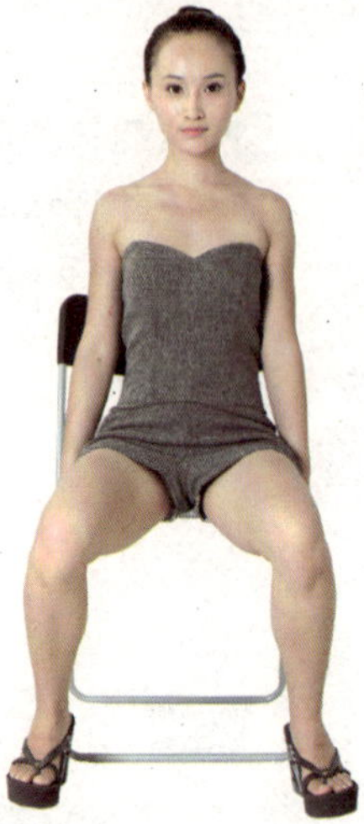

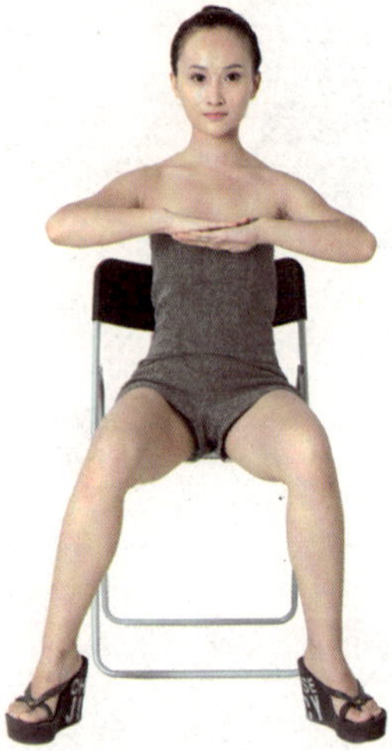

1 端坐在椅子上，双腿左右分开放在椅子两侧边沿，腰背挺直，脖颈伸直，即从头到尾骨都要保持挺直。

2 右手掌心贴于左手手背上，使双手上下重叠，将双手慢慢抬至胸前，注意要挺胸直腰，收紧下颌。

练习小叮咛

注意将意念集中在腰腹上；如果能够将呼吸与体位相互配合好，效果会更好；双脚要站稳。

瘦身功效

骑士虚坐式可以提高脊柱和腰部的活力，改善长期伏案所致的腰背酸痛以及纠正脊柱弯曲，同时还能增强胃肠功能，消除因便秘所致的腹部肥胖。另外，还能修饰手臂和腿部线条，消除蝴蝶袖和大象腿。

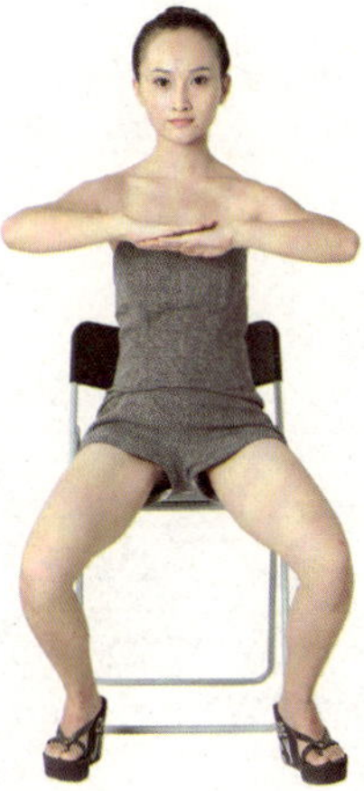
3-1

3-2

3 抬高双手的同时，抬高臀部，使之离开椅子 10 厘米，呈马步蹲式。注意要屈膝下腰，颈、背部尽量伸直，呼气，保持此姿势 15~30 秒。可重复做 10 次。

加大难度：可在相重叠的手背上放一块瑜伽砖，或者其他有一定重量的物品，能增强瘦臂、塑造手部线条的效果。

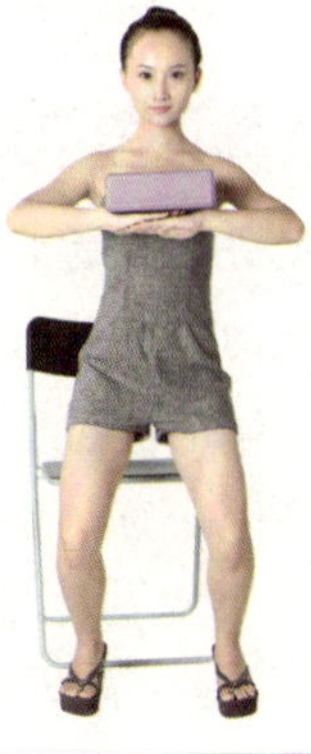

✕ 易犯错误

练习过程中，容易出现身体前倾的错误姿势，一定要避免这种情况的发生，否则会影响练习效果。

椅上身印式

动作图解

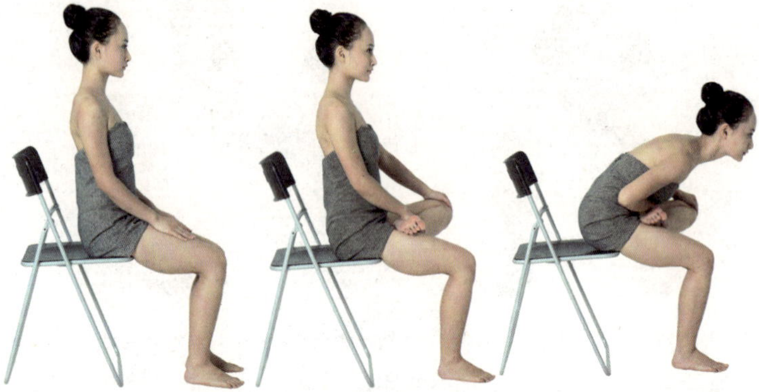

1 正坐于椅子上1/2或1/3处，双脚并拢，双手放于大腿上，腰、背、颈挺直，目视前方。

2 将左脚掌拉放到右大腿上，左手扶住左膝盖，右手扶住左脚掌或脚踝，腰、背、颈继续保持挺直，目视前方。

3 吸气，上身缓慢向前压，腰背尽量拉长。抬头，目视前方，保持此姿势15~30秒。

练习小叮咛

在最终完成动作后，注意此时肩颈放松，自然下垂，面部肌肉也完全放松下来，让地心引力将身体重心自然地往下牵引。

瘦身功效

椅上身印式可促进全身的血液循环和新陈代谢，帮助身体燃脂，同时还能帮助消化，缓解便秘和腹部胀气，消除腹部多余脂肪。另外，头部下垂还有助于气血回流至头部，防止头昏脑涨，增强工作效率。

4 吐气，身体尽量贴向大腿，双手抓住右小腿或脚踝，也可以放在右脚两边的地面上，头自然下垂，深呼吸，保持 15~30 秒。

5 还原，换另一侧腿做同样动作。可重复做 5 分钟。

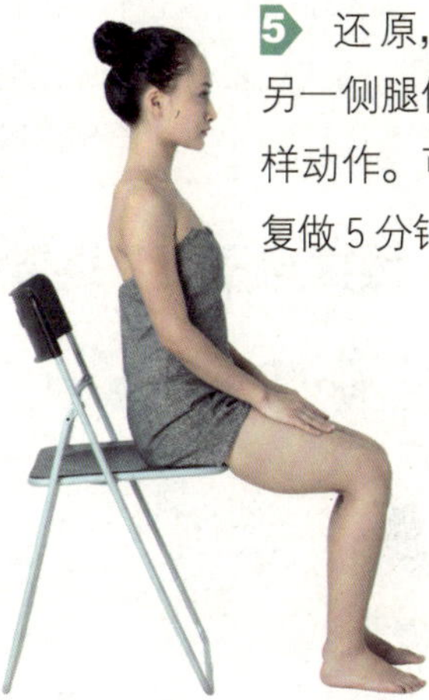

加大难度：将着地的那条腿伸直，脚后跟着地，吐气，上身尽量向下压向腿部，尽可能让上身完全贴紧腿部（初学者如果无法做到贴紧大腿，不必勉强，只要腿部有拉紧感即可），双手抓住右小腿或脚踝，保持 15~30 秒，做深呼吸。

✕ 易犯错误

做第二、三步时含胸弓腰，会影响练习效果。

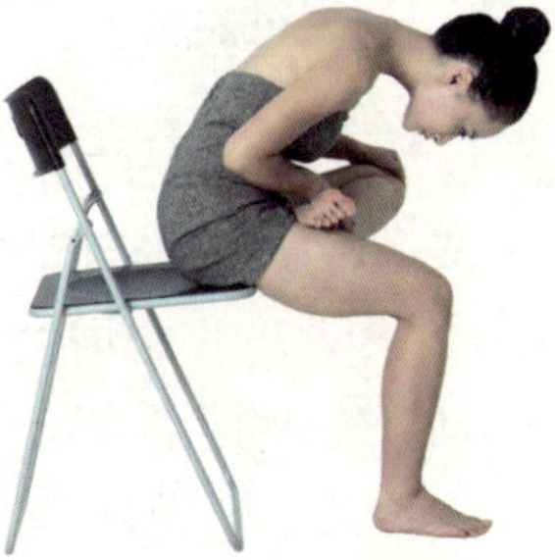

边做家务边练瘦身瑜伽

女性朋友除了工作，还有很多家务要做，常常感叹没有时间练瑜伽。其实只要有心，你完全可以做到家务、瑜伽两不误，比如边做家务边巧妙地练习瑜伽，既可以塑身，又不耽误你做完美主妇。

擦拭桌子 VS 绕臂画圆

动作图解

2-1

1 站在要擦的桌子前，左、右手各拿一条抹布，从身体左边开始以顺时针方向擦拭桌面。再慢慢绕至另一边，约 10 次之后再换逆时针方向擦拭。

2 站在要擦的桌子前，左、右手各拿一条抹布，左右腿交替抬起，每次抬腿保持 10 秒，重复 10 次。

2–2

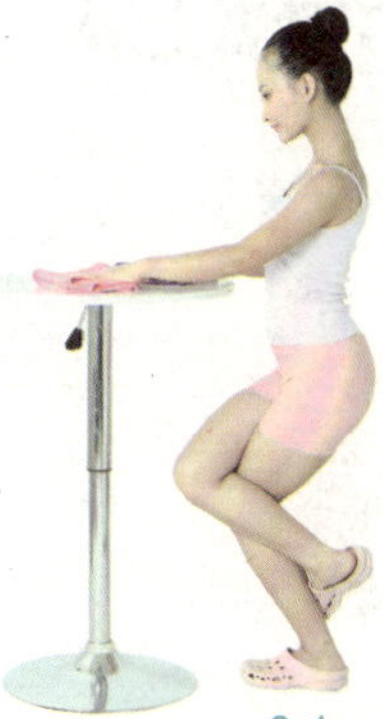

3–1

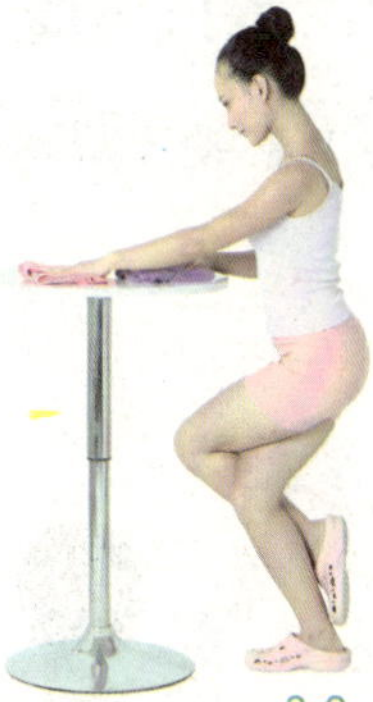

3–2

瘦身功效

可消除蝴蝶袖、去除罗圈腿，修饰手臂、腿部线条。

3 站在要擦的桌子前，左、右手各拿一条抹布，屈膝的同时，一条腿环扣在另一条腿上，保持此姿势 10 秒钟，左右腿交替进行。

4 站在要擦的桌子前，左、右手各拿一条抹布，身体后退一大步，上身尽最大限度下压，双手做擦桌子的动作，保持此姿势 20 秒钟。

5 站在要擦的桌子前，左、右手各拿一条抹布，双脚同时抬起脚跟，前脚掌着地，保持此姿势 20 秒钟。

擦拭墙面 VS 举臂上滑

动作图解

瘦身功效

可丰胸，塑造胸型、胸线，改善胸下垂，使胸部更圆润、坚挺。

1 站在墙面处约一手臂距离，两手各拿一条抹布，顶住墙面两侧。

2 两手沿着墙面慢慢向上滑，至顶端后，胸部微微下压。可重复做 5 分钟。

拖地 VS 双脚左右跨

动作图解

瘦身功效

可伸展大腿内部肌肉，消除大象腿，美化腿部线条。第二组动作还可以刺激到腰背部和上肢，消除老虎背、水桶腰和蝴蝶袖，修饰上身线条。

1 自然站立，双脚与肩同宽，将拖把置于体前，左右摆臀到最大位置，拖把随着臀部左右移动。

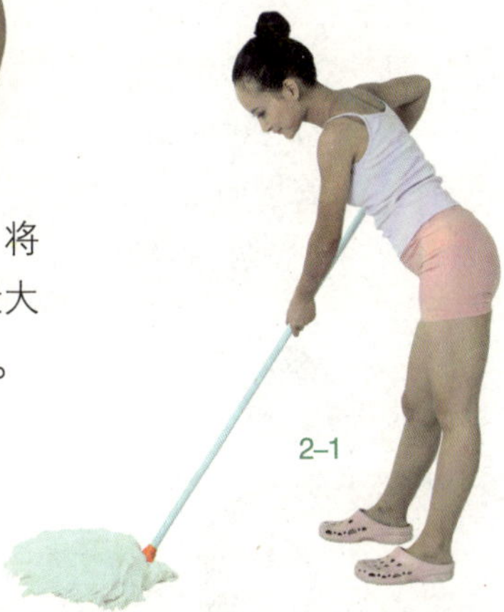

2–1

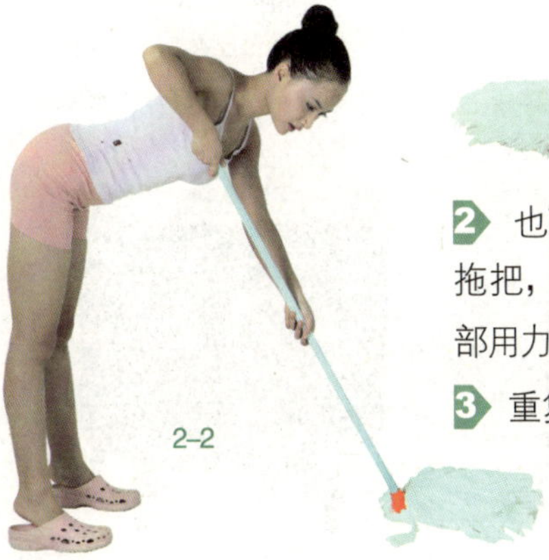

2–2

2 也可以在擦地的时候双手握住拖把，身体向前屈，双手伸直，腰部用力收紧，双手向左右摆动拖把。

3 重复上述动作，直至把地拖完。

看电视 VS 开肩牛面式

动作图解

1 坐在沙发上，背部挺直，屈右膝放在左大腿上交叉，身体往前让膝盖相叠，并垂直于地面。臀部坐在沙发上，脚后跟放在臀部两侧，或者臀部坐在下面那条腿的脚后跟上。

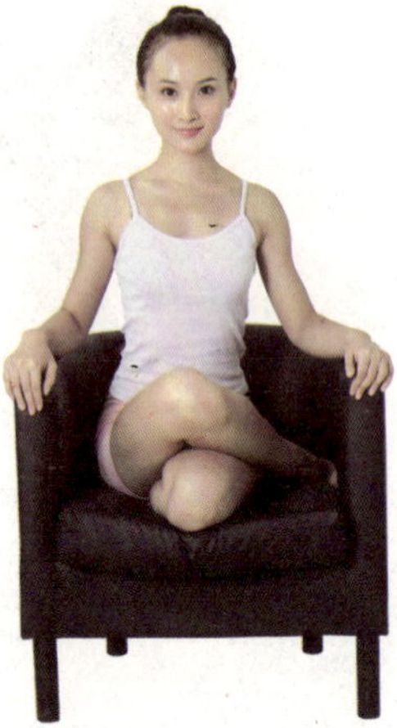

2 右手举高，屈肘向后。左手背于身后，屈左肘向上，左手尽可能握住右手，使两手手指相扣。

2-1

2-2

4-1

3 在第一步的基础上，双手在背后合掌，有助于打开肩胛骨和胸廓。

瘦身功效

可以消除肩和手臂上的赘肉，美化肩部和手臂线条，同时还有很好的丰胸、塑胸的效果。另外，由于脊柱一直处于挺直的状态，还能纠正脊柱的弯曲度，改善身体歪斜的状况。

4-2

4 在第一步的基础上，双手抓住瑜伽毛巾的两头，向头顶上方举起，伸直手臂，然后向后拉伸，落到身体的后方，注意不要弯曲手臂。

5 上述动作每天约各做 10 次。

接电话、看书 VS 瑜伽经典坐姿

动作图解

1 金刚坐：跪在沙发上，双膝并拢，两小腿胫骨贴着沙发，两脚脚背平放在沙发上。臀部落在分开的两脚脚跟之间。上半身保持直立，双手拿着杂志、报纸或书本阅读。

2 半莲花坐：坐在地板上，将两腿向前伸直。弯起左小腿，让左脚脚背顶紧右大腿内侧，靠近腹股沟处。弯起右小腿，并把右脚放在左大腿下面。头、颈和躯干保持在一条直线上。做这个练习时，可以看电视、看书、打电话。

3 全莲花坐：坐在地板上，将两腿向前伸直。将右脚放在左大腿根部，脚跟抵左侧小腹处。将左脚脚心朝上，尽量放在右大腿根部，脚跟抵在右侧小腹处。双膝尽量贴向地面。做这个练习时，可以看电视、看书、打电话。

瘦身功效

凡是瑜伽坐姿，要注意挺直脊柱，将臀部肌肉推出坐在坐骨上，可以纠正脊柱弯曲，扶正身体，同时还能加强血液循环。

刷牙 VS 伸展腿脚

动作图解

1 刷牙时，可将左腿抬起放在稍高一些的洗手台上，双腿伸直，尽量不要屈膝。如果膝部比较僵硬，左膝可微屈。

2 依次将腹部、胸靠向大腿，并尽可能向左脚的方向靠近，直至左脚后侧有明显的拉伸感，再继续刷牙，保持2分钟。然后换右腿练习。

3 刷牙时，取树式站姿，左右腿交替进行，直至刷干净牙齿为止。

瘦身功效

可按摩腹部及盆腔器官，增强消化功能，改善便秘，消除腹部赘肉；也可灵活双腿，修饰腿部线条；还可拉伸脚后的膀胱经，改善水肿型肥胖。

刷牙 VS 踮脚和后展腿

动作图解

1 洗脸时，踮起脚跟，保持5秒钟，然后放下，接着再踮起，重复做此动作直到洗脸完毕。

2 洗脸时，可将一条腿向后伸展，如果有墙的话，可沿着墙向上伸展，如果没有墙，可向后上方伸直腿。

3 刷完牙后，踮起脚跟将牙刷和杯子放到高处的台子上，保持此姿势10秒钟。

瘦身功效

这个小动作不仅可以帮助塑形，还可以锻炼小腿肌肉，防止静脉曲张，增强踝关节的稳定性。